高等职业教育"十四五"药学类专业系列教材

生物化学

(第二版)

李玉珍　赵丽　主编　　孙百虎　石岩　副主编

肖怀秋　主审

化学工业出版社

·北京·

内容简介

《生物化学》共分为4大部分，16个项目。第一部分为生物分子的结构与功能，主要介绍糖类、蛋白质、脂类、核酸、酶和维生素与辅酶等的化学组成、结构、性质、生理功能和其与医药学的关系，以及相关代谢疾病等内容。第二部分为生物分子的代谢途径，主要介绍了糖、脂类、蛋白质和核苷酸的合成与分解代谢、肝脏生物化学、血液生物化学、水盐代谢及酸碱平衡，并介绍了生物氧化等能量代谢及代谢调控。第三部分为生物分子遗传，主要介绍了蛋白质的生物合成体系。第四部分为生物化学实验，主要开设了探究糖、氨基酸、蛋白质、脂类、酶等理化性质与功能的实验。全书内容丰富，注重理论与实践相结合。

本书可作为高职高专院校药学类、药品生产类、生物技术及相关专业的教材，也可作为从事药学、生物制药生产及科学研究等工作人员的参考书目。

图书在版编目（CIP）数据

生物化学/李玉珍，赵丽主编．—2版．—北京：化学工业出版社，2022.9（2024.2重印）
ISBN 978-7-122-41875-3

Ⅰ.①生⋯ Ⅱ.①李⋯②赵⋯ Ⅲ.①生物化学-教材 Ⅳ.①Q5

中国版本图书馆CIP数据核字（2022）第128618号

责任编辑：蔡洪伟　　　　　　　　　文字编辑：丁　宁　陈小滔
责任校对：宋　玮　　　　　　　　　装帧设计：关　飞

出版发行：化学工业出版社（北京市东城区青年湖南街13号　邮政编码100011）
印　　装：河北鑫兆源印刷有限公司
787mm×1092mm　1/16　印张20¾　字数607千字　2024年2月北京第2版第2次印刷

购书咨询：010-64518888　　　　　　　售后服务：010-64518899
网　　址：http://www.cip.com.cn
凡购买本书，如有缺损质量问题，本社销售中心负责调换。

定　价：49.80元　　　　　　　　　　　　　　　　　　　版权所有　违者必究

前言

  本教材自2017年9月首次出版以来，在全国各高职院校药学、药品生产技术等专业广泛使用，受到各教材使用单位的一致好评。随着职业教育的快速发展以及药品生产等相关行业转型升级发展，教材知识结构以及教学内容体系需要进行及时更新，为更好地满足高职院校药学、药品生产技术及相关专业学生学习的需要，在化学工业出版社的精心组织下，教材编写组对教材进行了内容更新。教材第二版在保持第一版特色和优势的基础上，主要做了如下调整：一是生命科学发展迅速，在教材编写时尽量将学科的最新进展体现在教材中，新增了大量的知识链接，在增强知识趣味性的同时，将学科发展新知识传授给学生；二是在课程思政的大背景下，深入挖掘知识与技能的思政元素，将部分内容联系课程思政体现在教学内容中；三是鉴于基因表达调控与物质代谢调控内容较为深奥，将原有物质代谢调节、基因表达与调控等内容进行了删除，增加了肝脏生物化学、血液生物化学及水盐代谢与酸碱平衡等与药学及药品生产技术等专业后续课程学习相关的新内容；四是每个章节新增了练习题，以帮助学生进行巩固复习；五是每个项目以相关医药学案例进行导学，激发学生学习兴趣和阅读欲望；六是全书采用双色印刷，知识结构一目了然。

  全书由绪论导入，共分为16个项目。项目一~项目六为生物分子的结构与功能，主要介绍糖类、蛋白质、脂类、核酸、酶和维生素与辅酶等化学组成、结构、性质、生理功能，与医药学的关系和相关代谢疾病等内容。项目七~项目十一为生物分子的代谢途径，主要介绍了糖、脂类、蛋白质和核苷酸的合成与分解代谢及肝脏、血液生物化学和水盐代谢与酸碱平衡，并介绍了生物氧化等能量代谢及代谢调控。项目十二~项目十五为生物分子遗传，主要介绍了蛋白质的生物合成体系，重点介绍了DNA复制、RNA转录以及蛋白质翻译。项目十六为生物化学实验，主要开设了探究糖、氨基酸、蛋白质、脂类、酶等理化性质与功能的实验。

  教材绪论、糖类化学、蛋白质化学、糖代谢和蛋白质分解代谢由湖南化工职业技术学院李玉珍编写；脂类化学和酶化学由河南牧业经济学院赵丽编写；脂类代谢、维生素与辅酶由河南牧业经济学院王瑞宁编写；生物氧化由河北化工医药职业技术学院崔润丽编写；核酸化学、核苷酸代谢和蛋白质的生物合成体系由沈阳市化工学校石岩编写；肝脏生物化学由湖南食品药品职业学院王婧编写；血液生物化学、水盐代谢与酸碱平衡由石家庄职业技术学院孙百虎和朱金梅编写。生物化学实验部分由湖南化工职业技术学院李玉珍和河南牧业经济学院赵丽编写。全书由李玉珍统稿，由湖南化工职业技术学院肖怀秋教授审稿。教材编写过程得到化学工业出版社的大力支持。书稿编写过程中参考借鉴了大量教材及文献资料，谨向参考文献原作者表示衷心的感谢。

  限于编者水平，书中难免有疏漏之处，恳请读者提出宝贵意见。

编者

2022年10月

第一版前言

生物产业是21世纪创新最为活跃、影响最为深远的新兴产业,是我国战略性新兴产业的主攻方向。根据《中华人民共和国国民经济和社会发展第十三个五年规划纲要》和《"十三五"国家战略性新兴产业发展规划》,为加快推动生物产业成为国民经济的支柱产业,国家层面制定了"十三五"生物产业发展规划(2016~2020年),并明确提出要创新人才培养模式,加强人才培养能力建设,建立多层次人才培养基地,重点培养生物领域的原始创新人才、工程化开发人才和高技能人才等各类人才,而高职院校正是高技能人才培养的"摇篮"。《生物化学》是药学类、药品生产技术及生物技术类专业的重要专业基础课程,也是学习专业课程的重要基础。本教材是以全国高职药学类专业教学要求和培养目标为依据编写的,教材编写过程中充分考虑学生对专业知识的需求以及专业培养对课程教学提出的要求,以学生为中心,以提高教学效果为目的,在教学内容的选取和编排等方面融入了现代药学的新内容,把生物化学与现代药学充分融合,为学生以后考取执业药师奠定良好的专业基础。考虑到药学专业对医学知识的要求,本书选取了大量医药学案例进行生物大分子结构与功能以及生物分子代谢、基因遗传、蛋白质翻译等知识的讲解,同时,在每一个项目后面均附有知识拓展内容,知识拓展内容丰富且集趣味性、知识性于一体,增强了学生的阅读欲望。

本教材编写人员均来自职业院校多年从事《生物化学》教学工作一线的教师,全书共分为4大部分,15个项目。第一部分为生物分子的结构与功能,主要介绍糖类、蛋白质、脂类、核酸、酶和维生素与辅酶等的化学组成、结构、性质、生理功能及其与医药学的关系和相关代谢疾病等内容。第二部分为生物分子的代谢途径,主要介绍了糖、脂类、蛋白质和核苷酸的合成与分解代谢及物质代谢的调控,并介绍了生物氧化等能量代谢及代谢调控。第三部分为生物分子遗传,主要介绍了蛋白质的生物合成体系和基因的表达与调控,重点介绍了DNA复制、RNA转录以及蛋白质翻译及其调控。第四部分为生物化学实验,主要开设了探究糖、氨基酸、蛋白质、脂类、酶等理化性质与功能的实验。

本教材绪论、糖类化学、蛋白质化学、糖代谢和蛋白质分解代谢由湖南化工职业技术学院李玉珍编写,脂类化学和酶化学由河南牧业经济学院赵丽编写,维生素与辅酶和脂类代谢由河南牧业经济学院王瑞宁编写,生物氧化由河北化工医药职业技术学院崔润丽编写,核酸化学、核苷酸代谢和蛋白质的生物合成体系由沈阳市化工学校石岩编写,物质代谢的调节、基因的表达与调控由石家庄职业技术学院孙百虎和朱金梅编写,生物化学实验部分由李玉珍和赵丽编写。全书由湖南化工职业技术学院肖怀秋副教授审稿。教材编写过程中,湖南化工职业技术学院外籍教师Dr. Bub 给予了很好的编写建议,同时,也得到了化学工业出版社的大力支持。

本书可作为高职高专院校药学类、制药类、生物技术及相关专业的教材,也可作为从事药学、生物制药生产及科学研究等工作人员的参考书目。由于生物化学领域发展迅速,知识更新快,而编者水平有限,再加上编写时间仓促,书中疏漏之处在所难免,敬请使用本教材的广大师生和读者批评指正,以便再版时进一步修订,谢谢!

编者
2017年7月

目录

绪论 / 001

任务一　生物化学的特色与发展历程 / 001
　一、生物化学的特色 / 001
　二、生物化学的发展历程 / 002
　三、我国对生物化学发展的贡献 / 003
任务二　生物化学研究的主要内容 / 004
　一、生物大分子的结构与生理功能 / 004
　二、物质代谢、能量代谢及代谢的调节 / 004
　三、基因复制、表达及基因调控 / 004
任务三　生物化学与医药学的关系 / 005

项目一　糖类化学 / 007

任务一　糖类概述 / 007
　一、糖的概念与分布 / 007
　二、糖类的主要生物学作用 / 008
　三、糖的分类 / 009
任务二　常见单糖的结构与性质 / 010
　一、单糖的结构 / 010
　二、单糖的主要化学性质 / 012
任务三　常见寡糖的结构与性质 / 013
　一、二糖 / 014
　二、三糖 / 015
任务四　常见多糖的结构与性质 / 016
　一、同多糖 / 016
　二、杂多糖 / 019
任务五　常见糖复合物的结构与生理功能 / 020
　一、糖蛋白 / 020
　二、蛋白聚糖 / 020
任务六　糖类药物概述 / 021
　一、糖类药物来源及作用特点 / 021
　二、多糖类药物的药理活性 / 022
　三、糖基化工程与糖类药物 / 023

项目二　蛋白质化学 / 027

任务一　蛋白质的分子组成 / 027
　一、蛋白质的元素组成 / 027
　二、蛋白质的基本组成单位——氨基酸 / 028
　三、肽和肽键 / 038
任务二　蛋白质的分子结构 / 040
　一、蛋白质的一级结构 / 040
　二、蛋白质的空间结构 / 041
　三、蛋白质的分类 / 045
任务三　蛋白质结构与功能的关系 / 045
　一、蛋白质一级结构与功能的关系 / 045
　二、蛋白质空间结构与功能的关系 / 046
　三、蛋白质结构改变与疾病 / 047
任务四　蛋白质的理化性质 / 048
　一、蛋白质的紫外吸收特性 / 048
　二、蛋白质的呈色反应 / 048
　三、蛋白质的胶体性质 / 050
　四、蛋白质的两性电离与等电点 / 050
　五、蛋白质的变性与复性 / 051

六、蛋白质沉淀技术 / 052
任务五　蛋白质的分离与纯化 / 053
　一、蛋白质的提取 / 054
　二、蛋白质的分离与纯化 / 054

任务六　氨基酸、多肽和蛋白质类药物 / 057
　一、临床常用氨基酸类药物 / 057
　二、临床常用多肽和蛋白质类药物 / 058

项目三　脂类化学 / 062

任务一　脂类的概述 / 062
　一、脂类分类与分布 / 062
　二、脂类的生理功能 / 063
任务二　脂肪的结构、性质及分类 / 064
　一、脂肪的结构与性质 / 064
　二、脂肪的分类 / 065
任务三　类脂的结构与性质 / 066
　一、磷脂 / 066
　二、糖脂 / 067
　三、胆固醇和胆汁酸 / 067
任务四　脂质体、脂质体药物与脂肪替代物 / 068
　一、脂质体 / 068
　二、脂质体药物 / 069
　三、脂肪替代物 / 070

项目四　核酸化学 / 074

任务一　核酸的化学组成 / 075
　一、戊糖 / 075
　二、碱基 / 075
　三、核苷 / 076
　四、核苷酸及其衍生物 / 077
任务二　核苷酸的组成与结构 / 079
　一、DNA 的组成与结构 / 079
　二、RNA 的组成与结构 / 082
任务三　核酸的理化性质 / 084
　一、核酸的物理性质 / 084
　二、核酸的化学性质 / 085
任务四　核酸类药物 / 087
　一、核酸类药物的定义 / 087
　二、核酸类药物的分类 / 088
　三、临床常见的核酸类药物及其药理作用 / 088

项目五　酶化学 / 093

任务一　酶的概述 / 093
　一、酶的定义与生物学功能 / 093
　二、酶的存在与分布 / 094
　三、酶的催化特性 / 094
　四、酶的应用 / 095
任务二　酶的化学组成与结构 / 097
　一、酶的化学组成 / 097
　二、单体酶、寡聚酶、多酶复合体 / 097
　三、酶原 / 098
　四、酶的活性中心 / 099
　五、别构酶、诱导酶与结构酶 / 100
　六、同工酶和抗体酶 / 100
任务三　酶的分类与命名 / 101
　一、酶的分类 / 101
　二、酶的命名 / 102
任务四　影响酶促反应的因素 / 103
　一、底物浓度对酶促反应速率的影响 / 103
　二、酶浓度对酶促反应速率的影响 / 105
　三、温度对酶促反应速率的影响 / 105
　四、pH 对酶促反应速率的影响 / 105

五、激活剂对酶促反应速率的影响 / 106
六、抑制剂对酶促反应速率的影响 / 106

任务五 酶的活性调节 / 109

一、别构调节与化学修饰调节 / 109
二、酶含量调节、酶原及酶原激活 / 110
三、同工酶 / 111

项目六 维生素与辅酶 / 115

任务一 概述 / 115

一、维生素的概念与生物学功能 / 115
二、维生素的分类和命名 / 116
三、维生素药物 / 116

任务二 水溶性维生素及其辅酶和生物功能 / 117

一、维生素 B_1 和焦磷酸硫胺素及功能 / 117
二、维生素 B_2 和黄素辅酶及功能 / 118
三、维生素 B_3 和辅酶 A 及功能 / 119
四、维生素 PP 和辅酶Ⅰ、辅酶Ⅱ及功能 / 119
五、维生素 B_6 和磷酸吡哆醛及功能 / 120
六、维生素 B_7 和羧化酶辅酶及功能 / 121
七、叶酸和叶酸辅酶及功能 / 122
八、维生素 B_{12} 和辅酶及功能 / 122

九、维生素 C 及其功能 / 123

任务三 脂溶性维生素 / 124

一、维生素 A / 124
二、维生素 D（抗佝偻病维生素） / 125
三、维生素 E / 127
四、维生素 K / 127
五、鱼肝油与深海鱼油 / 128
六、复合维生素 / 129

任务四 其他辅酶和辅基 / 129

一、α-硫辛酸 / 129
二、铁卟啉 / 129
三、金属辅基 / 130
四、辅酶 Q / 130

项目七 生物氧化 / 134

任务一 概述 / 134

一、生物氧化的概念 / 134
二、生物氧化的特点 / 134

任务二 生物氧化体系 / 135

一、生物氧化体系的类型 / 135
二、生物氧化酶类 / 138

任务三 生物氧化过程中能量转变 / 139

一、高能化合物 / 139
二、ATP 的生成 / 141
三、生物体放能与贮能偶联 / 142

任务四 生物氧化中 CO_2 和 H_2O 的生成 / 143

一、CO_2 的生成 / 143
二、H_2O 的生成 / 143

项目八 糖代谢 / 146

任务一 糖代谢概述 / 146

任务二 糖的分解代谢 / 147

一、糖的无氧分解 / 147
二、糖的有氧分解 / 153
三、磷酸戊糖途径 / 160

任务三 糖原的合成与分解 / 163

一、糖原合成 / 163
二、糖原的分解 / 164
三、糖原合成与分解的生理意义 / 165
四、糖原代谢的调节 / 166

任务四 糖异生 / 167

一、糖异生的途径 / 167

二、糖异生的生理意义 / 168
三、糖异生的调节 / 169
任务五　血糖及其调节 / 170
一、血糖的来源与去路 / 170
二、血糖水平的调节 / 171
三、血糖水平异常及疾病 / 172

项目九　脂类代谢 / 177

任务一　脂类代谢概述 / 177
一、脂类的生理功能 / 177
二、脂类的消化吸收 / 178
任务二　脂肪的氧化分解 / 179
一、脂肪动员与脂肪细胞分化 / 179
二、甘油的分解代谢 / 179
三、脂肪酸的分解代谢 / 180
任务三　酮体的代谢 / 183
一、酮体的生成过程 / 184
二、酮体的氧化 / 184
三、酮体生成的生理与病理意义 / 184
任务四　类脂代谢 / 185
一、磷脂代谢 / 185
二、胆固醇的代谢 / 187
任务五　血浆脂蛋白 / 190
一、血脂的组成与含量 / 190
二、血脂的来源和去路 / 191
三、血浆脂蛋白 / 191
任务六　脂类的代谢调节 / 193
一、脂肪的代谢调节 / 193
二、胆固醇的代谢调节 / 194
任务七　脂类代谢紊乱 / 195
一、高脂血症 / 195
二、动脉粥样硬化 / 196
三、肥胖症 / 196

项目十　蛋白质分解代谢 / 200

任务一　蛋白质的营养作用 / 200
一、氮平衡 / 201
二、蛋白质的需要量 / 201
任务二　蛋白质的消化吸收和腐败 / 201
一、蛋白质的消化 / 201
二、肽和氨基酸的吸收 / 202
三、蛋白质的腐败作用 / 203
任务三　氨基酸的一般代谢 / 204
一、氨基酸的代谢概况 / 204
二、氨基酸的脱氨基作用 / 205
三、氨的代谢 / 208
四、α-酮酸的代谢 / 214
任务四　某些氨基酸的特殊代谢 / 215
一、氨基酸的脱羧基作用 / 215
二、一碳单位代谢 / 217
三、个别氨基酸的分解代谢与代谢疾病 / 219

项目十一　核苷酸代谢 / 226

任务一　核苷酸代谢概述 / 227
一、核苷酸的生理功能 / 227
二、核酸酶及核苷酸分解代谢 / 227
任务二　嘌呤核苷酸的代谢 / 229
一、嘌呤核苷酸的分解代谢 / 229
二、嘌呤核苷酸的合成代谢 / 230
任务三　嘧啶核苷酸的代谢 / 233
一、嘧啶核苷酸的分解代谢 / 233

二、嘧啶核苷酸的合成代谢 / 233

任务四 核苷酸的抗代谢药物 / 235
　一、嘌呤核苷酸抗代谢药物 / 235
　二、嘧啶核苷酸抗代谢药物 / 235

任务五 核苷酸代谢异常疾病 / 235
　一、嘌呤核苷酸代谢异常病 / 235
　二、嘧啶核苷酸代谢异常病 / 237

项目十二　蛋白质的生物合成体系 / 240

任务一 概述 / 240
　一、基因的概念 / 240
　二、遗传信息的传递与中心法则 / 241

任务二 DNA 的复制与修复 / 241
　一、DNA 复制 / 241
　二、DNA 逆转录合成 / 245
　三、DNA 突变(损伤)与修复 / 245

任务三 RNA 转录与加工 / 247
　一、转录的条件 / 247
　二、参与转录的酶类及蛋白因子 / 247
　三、转录过程及转录后加工 / 248

　四、RNA 的复制 / 248

任务四 蛋白质翻译、转运与加工 / 249
　一、氨基酸的活化 / 249
　二、合成阶段 / 250
　三、蛋白质的转运 / 251
　四、翻译后蛋白质前体的加工 / 251

任务五 蛋白质代谢病及药物对蛋白质合成体系的影响 / 252
　一、异常蛋白质与分子病 / 252
　二、药物对蛋白质合成体系的影响 / 252

项目十三　肝脏生物化学 / 256

任务一 肝在物质代谢中的作用 / 256
　一、肝在物质代谢中的作用 / 256
　二、肝在维生素和激素代谢中的作用 / 259
　三、肝脏在药物代谢中的作用 / 259

任务二 肝脏的生物转化作用 / 260
　一、生物转化的概念及反应类型 / 260
　二、生物转化的特点及影响因素 / 262

任务三 胆汁酸的代谢 / 263
　一、胆汁酸的生成及其肠肝循环 / 263
　二、胆汁酸的生理功能 / 265

任务四 血红素的代谢 / 266
　一、血红素的合成代谢 / 266
　二、血红素的分解代谢 / 268

项目十四　血液生物化学 / 273

任务一 血液的组成 / 273
　一、蛋白质 / 274
　二、非蛋白质含氮物 / 275
　三、不含氮的有机物 / 276
　四、无机盐 / 276

任务二 血浆蛋白质 / 276
　一、血浆蛋白质的种类与分离方法 / 276
　二、血浆蛋白质的功能 / 277
　三、疾病与血浆蛋白 / 278

项目十五　水盐代谢与酸碱平衡　/ 281

任务一　水盐代谢 / 281
　一、水和无机盐在体内的生理功能 / 281
　二、体液的含量和分布 / 283
　三、体液平衡及其调节 / 283
　四、水盐代谢紊乱 / 286

任务二　酸碱平衡 / 287
　一、体内酸碱性物质的来源 / 287
　二、酸碱平衡的调节 / 288
　三、酸碱平衡紊乱 / 291

项目十六　生物化学实验　/ 295

实验一　糖的显色反应 / 295
实验二　还原糖和总糖的测定 / 297
实验三　邻甲苯胺法测定血糖含量 / 299
实验四　氨基酸的薄层色谱分离和鉴定 / 300
实验五　双缩脲法测定血清白蛋白的含量 / 302
实验六　蛋白质等电点测定 / 303
实验七　蛋白质的盐析与透析 / 304
实验八　卵磷脂的提取与鉴定 / 306
实验九　血清中磷脂的测定 / 307
实验十　动物肝脏 RNA 的制备及琼脂糖电泳的鉴定 / 308
实验十一　二苯胺显色法测定 DNA 的含量 / 310
实验十二　碱性磷酸酶 K_m 值的测定 / 311
实验十三　pH 对酶促反应速率的影响 / 313
实验十四　温度对酶促反应速率的影响 / 314

附录　生物化学常用实验数据　/ 316

参考文献　/ 321

绪 论

 要点导航

掌握：生物化学基本概念；生物化学的发展阶段，生物化学的特点等。
熟悉：生物化学的主要研究内容。
了解：生物化学与医药学的关系。

生物化学（biochemistry）即生命的化学（chemistry of life），是研究生物体的化学组成和生命过程中化学变化规律的科学，可分为动物生物化学、植物生物化学、微生物生物化学和医学生物化学等，是以化学、生物学、遗传学、免疫学、生理学、解剖学、组织学等学科为基础，与病理学、药理学等后续专业基础课程和专业课程的学习有密切关系，起着承前启后的重要作用。随着医学理论与技术的发展，生物化学的理论与实验技术越来越多地应用到临床疾病诊断、预防和治疗中，从分子水平和细胞水平研究生理与病理变化，是临床医学与药学重要的专业基础课程。医学和药学与生物化学有重要的关系，对于药学、药品生产、医学等专业的学生，学好"生物化学"可以更好地理解临床生理与病理，以及药物代谢等相关知识，是非常重要的专业基础课程。

任务一 生物化学的特色与发展历程

生物化学是在细胞分子水平研究生物体的结构与功能。生物化学有200多年历史，随着技术的发展，生物化学与其他学科有交叉，如遗传学、生物工程学、生物信息学等。生物化学是一门古老的学科，也是一门新兴的学科，还是一门边缘学科、交叉学科。生物化学研究的最终目的是在分子水平揭示生命活动的本质，以及致病机制和治疗原理。根据其研究阶段不同，可以分为静态生物化学、动态生物化学以及功能生物化学3个发展阶段。静态生物化学是研究生物体内物质的化学组成、理化性质和生物学功能。动态生物化学是关注生物体代谢过程。功能生物化学则是研究生物大分子结构与功能的关系。

一、生物化学的特色

生物化学相比其他的化学学科有其独特的特点，主要有：

① 研究对象为生物体内的化学物质。因此，具有明显的化学特色，与其他的化学学科交叉，但更重视其体内物质的生物学活性或生物学意义。

② 不同生物大分子其合成、结构和功能等方面各有特色。

③ 代谢过程是分步进行的，而且受到精确的调控。如葡萄糖在空气中燃烧生成 CO_2 和 H_2O 是剧烈的放热反应，而在体内，却在温和的条件下进行，经过3大途径（葡萄糖分解为丙酮酸、丙酮酸氧化为乙酰CoA和乙酰CoA氧化）、20多个连续反应才能完成，反应过程受酶及代谢物的精确控制。

④ 生物氧化过程主要以脱氢方式进行（如乙醇脱氢酶），而直接加氧反应在生物体代谢过程具有特殊的意义。

⑤ 强调分解代谢与合成代谢的偶联，物质代谢与能量代谢的偶联，合成代谢所需能量来源于分解代谢（能量守恒定律）。

⑥ 关注生物大分子的结构与功能的关系。其中，蛋白质结构与功能、核酸结构与功能、核酸的复制和蛋白质的生物合成更具有生物化学特色。

⑦ 注重代谢过程的调控，使生物体内物质分解与合成过程有条不紊地进行。

⑧ 没有局限于分子水平研究生命现象，也在细胞或细胞器水平研究生命现象。如生物体的代谢调控可以在细胞、分子水平进行。高等动植物还可以通过激素进行调控。酶活力调节是典型的分子水平调节，生物体内酶促反应（代谢过程）受反馈抑制影响。酶含量的调节可发生在细胞水平。生物过程中酶的合成受诱导与阻遏的控制。

⑨ 生物体内的代谢调控具有时空性。代谢调节受物种遗传基因的影响，环境因素也会影响基因的表达（如双胞胎或多胞胎患病情况有差异）。

简单地说，生物体通过核酸、蛋白质等生物大分子的复制、合成来控制生命活动的过程。生命现象通过蛋白质功能实现。但从调控的时空分析，DNA是真正的出发点，而RNA是蛋白质合成过程中不可或缺的中间体，它参与遗传物质的转录与翻译。核糖体是蛋白质的合成场所。转录过程将隐藏在DNA的分子信息转录到mRNA的三联体密码上，再通过tRNA翻译其中的遗传密码指导蛋白质合成。

二、生物化学的发展历程

1. 静态生物化学阶段（叙述生物化学阶段）

生物化学早期是从生理学学科中分出来的。生理学是以研究人体生理功能为主的学科，如心血管功能、消化道功能、骨骼功能、内分泌功能、肌肉功能等。在功能基础上，深入研究后就进入到细胞水平，生物化学就因此形成了一门独立的学科，最初叫生理生物化学，这一阶段主要为静态生物化学阶段，也称叙述生物化学阶段。这一阶段的特点是对生命现象有零星的了解，主要研究生物体的化学组成，包括糖类、脂类、蛋白质和核酸等有机物组成，并对生物体各种组成成分进行分离、纯化、结构鉴定、合成及理化性质的研究，客观描述组成生物体的物质含量、分布、结构、性质与功能。虽然也有生物体内的一些化学过程被发现，并进行过研究，但总的来说，还是以分析和研究生物体的组成成分为主，是生物化学的萌芽时期。

2. 动态生物化学阶段

从20世纪初期开始，生物化学进入了蓬勃发展阶段。科学家发现必需氨基酸、必需脂肪酸、多种维生素、激素等生物分子的结构，脲酶、胃蛋白酶及胰蛋白酶等酶也相继被分离纯化。在体内新陈代谢方面，由于化学分析及同位素示踪技术的发展与应用，如放射性核素示踪法，对生物体内主要物质代谢途径展开了深入研究并确定了部分生物分子的代谢过程，如糖酵解、三羧酸循环、脂肪酸β-氧化及鸟氨酸循环等过程。所以，此时期称为动态生物化学阶段。研究变得更加系统，主要研究大分子是什么？结构是什么？功能是什么？了解个体从发育到衰老过程的动态变化，细胞内的大分子的动态变化，更全面了解高分子化合物、小分子化合物的代谢途径、结构与功能。

3. 功能生物化学阶段

从20世纪中叶以来，生物化学发展的最显著特征是分子生物学的崛起。20世纪50年代后期揭示了蛋白质的生物合成途径，确定了合成代谢与分解代谢网络组成的"中间代谢"。细胞内两类重要的生物大分子——蛋白质与核酸成为研究焦点，核酸结构和蛋白质生物合成途径被阐明。特别是在Jamdes D. Watson和Francis H. Crick提出DNA双螺旋结构后，证明了遗传中心法则，推动分子生物学的发展并成为生物化学的主体。X射线和多肽链氨基酸序列分析技术是20世纪50年代后分子生物学研究的两大技术支柱。1973年Paul Bery、Herbert和Stanley Cohen建立了体外重组DNA技术，标志着基因工程的诞生。1981年T. Cech发现了核酸酶，拓展了酶学研究内容。1985 年 Kary Mullis 发明了聚合酶链式反应（PCR）技术，使体外高效率扩增 DNA 得以实现。1990 年开始的人类基因组计划（human genome project，HGP）是生命科学领域的重大项目，2000 年完成了人类基因组"工作框架图"。2003 年 4 月，人类基因组序列图绘制成功。

> **知识链接**
>
> **人类基因组计划**
>
> 人类基因组计划（human genome project，HGP）是一项规模宏大，跨国跨学科的科学探索工程。其宗旨在于测定组成人类染色体（指单倍体）中所包含的 30 亿个碱基对组成的核苷酸序列，从而绘制人类基因组图谱。选择人类的基因组进行研究是因为人类是在"进化"历程上最高级的生物，对它的研究有助于认识自身、掌握生老病死规律、疾病的诊断和治疗、了解生命的起源。测出人类基因组 DNA 的 30 亿个碱基对的序列，发现所有人类基因，找出它们在染色体上的位置，破译人类全部遗传信息。在人类基因组计划中，还包括对五种生物基因组的研究：大肠埃希菌、酵母菌、线虫、果蝇和小鼠，称之为人类的五种"模式生物"。人类基因组计划由美国于 1987 年启动，中国于 1999 年 9 月积极参加到这项研究计划中的，承担其中 1% 的任务，即人类 3 号染色体短臂上约 3000 万个碱基对的测序任务。中国因此成为参加这项研究计划的唯一的发展中国家。

三、我国对生物化学发展的贡献

在我国古代的夏禹时代，人们就可以成功利用粮食进行酒类的酿造；到商周时期，酿酒与制酱技术已经十分盛行了，这些都是古代人民在无意识的情况下利用了生物活性物质——酶。在公元前 6 世纪，春秋战国时期，我国就有利用曲进行消化疾病治疗的记载；公元 4 世纪晋朝时，就有利用海藻（含碘）进行地方性甲状腺肿瘤的治疗；公元 7 世纪唐朝初期就有利用谷粮、中草药治疗雀目（即夜盲症）的记载。可以说，在我国古代，人们虽然不清楚生物化学机理，但在无意中，已经在生产、生活中以及医药领域中使用了生物化学知识，为生物化学的发展做出了巨大的贡献。

我国生物化学研究起步较晚，但在 20 世纪 30～40 年代我国生物化学工作者在临床生物化学、血液学、营养学、蛋白质变性学及免疫学等学科或领域做了大量的工作，并取得了巨大的成绩。我国生物化学的奠基人是吴宪（1893—1989），他率先提出了蛋白质变性学说，对于研究蛋白质大分子的高级结构有重要价值，他还在血液分析、食物营养和免疫化学等领域作出了杰出贡献，至今在临床诊断方面还在使用他提出的血液系统分析法，特别是在 1965 年，我国科学家在世界上首次人工合成具有生物活性的牛胰岛素，1971 年用 X 射线测定了猪胰岛素的分子结构，分辨率极高，达到了 0.18nm。20 世纪 80 年代中期对内源性吗啡物质进行了大量研究并成功合成了内啡肽，所有这些成绩都是由于我国生物化学家付出了巨大的努力才取得的。进入 21 世纪后，我国科学家参与了人类基因组计划，并且是唯一参与该计划的发展中国家，标志着我国生物化学研究处于世界的前列。2014 年开始，启动我国全部重大疾病人类蛋白质组计划。由此，我国生物化学走在世界的前列，并成为世界蛋白质组学的领头羊。

> **知识链接**
>
> **中华人民共和国成立前生物化学发展史**
>
> 我国在 20 世纪 20 年代尚无生物化学专业教学和科研机构，仅少数医学院设有生物化学系，Bodansky 编写的《Introduction of Biochemistry》是我国采用的第一本外国生物化学教科书。30 年代，著名生物学家秉志教授主持的中国科学社生物研究所、张宗汉教授

筹备成立的生理学研究室以及郑集教授筹备生物化学研究室算是我国第一批生物化学专业机构。1937年，日本入侵我国时，前中央大学医学院及生物研究室的两个生物化学实验室均由郑集负责迁入成都原华西大学校园继续工作，由美国归来的任邦哲博士任教授。当时成立的"成都生物化学会"是我国第一个生物化学专业的学术组织。1946年郑集教授在前中央大学医学院于成都布后街成立生物化学研究所，这是我国生物化学发展史上第一个生物化学专业研究所。解放前我国没有一本中文的生物化学教科书和实验教程，各院校生物化学系除编写生物化学实验教程外，多采用课堂口讲笔记法，1938年由郑集编写，由成都华英书局正式出版的《生物化学实验手册》（A Laboratory Manual of Biochemistry）是我国第一本自编的生物化学原理书，也是我国第一本生物化学参考书。

任务二　生物化学研究的主要内容

生物体的生命现象都是生物化学的研究内容，所有生命现象都与生物体的物质代谢、能量代谢及调控有重要关系。生物化学研究的内容十分广泛，主要集中在以下几个方面。

一、生物大分子的结构与生理功能

生物体是由糖、脂类、氨基酸、蛋白质、核酸和维生素与辅酶等生物分子在严密调控下形成的有序整体，生物体是由成千上万种化学成分构成。研究这些基本物质的化学组成、结构、理化性质、生物功能及结构与功能的关系是生物化学的研究重点。此外，生物大分子之间的互作机制也是生物化学的研究重点。如蛋白质与蛋白质的相互作用在细胞信号转导过程中有重要作用，蛋白质与核酸的相互作用以及核酸与核酸的相互作用是基因表达与调控的重要手段。分子结构、分子识别及分子调控是生物信息传递与功能表达的重要研究内容，而这些也是当前功能生物化学的研究热点。总体来说，当前生物化学研究的重点为生物大分子的结构与功能。

二、物质代谢、能量代谢及代谢的调节

组成生物体的物质不断地进行着各种有规律的化学变化，即新陈代谢（metabolism）或物质代谢。新陈代谢是生物体的基本特征，也是医学与药学生物化学学习内容中最基本、最重要和最具特色的部分。生物体在生长发育和繁殖及病理等过程中，除与外界环境进行能量与物质交换外，在生物体内还进行了大量的能量与物质代谢，以维持其生物体内环境的相对恒定。如生物体每日需要从环境中获得营养物质，并经消化吸收后生成葡萄糖、脂、氨基酸、水、维生素及无机盐等物质和能量，并以这些物质进行生物大分子的合成。生物体的合成代谢和分解代谢在正常情况下，是保持动态平衡的，物质代谢也是在生物体的调节控制之下有条不紊进行的。若物质代谢发生紊乱则可引起疾病。因此，研究物质代谢与物质代谢相互间的关系和代谢调控也是生物化学的重要组成部分。生物体内所有的生物化学过程均在酶的催化作用下有条不紊地进行，掌握生理条件下各种生物大分子的物质代谢及调控规律，有利于研究代谢异常可能引发的相关疾病，如糖尿病、高脂血病、地中海贫血、肥胖症、骨质疏松等。研究物质代谢、能量代谢及代谢调控规律是医药生物化学课程的主要内容，与病理学、药理学及临床相关学科有重要关联。

三、基因复制、表达及基因调控

基因信息以DNA为模板，通过DNA碱基序列的形式储存在细胞核内染色体中，通过DNA复制、RNA转录和蛋白质翻译实现基因的表达与调控。基因表达是基因通过转录和翻译等一系

列复杂过程指导合成具有特定功能的产物,其调控有多个层次,如转录水平的调控、翻译水平的调控和翻译后水平的调控等,是一个错综复杂而协调有序的过程。基因信息的正确传递和翻译与细胞的增殖、分化、衰老、细胞凋亡等正常生理过程有重要关系,也与细胞的病理过程,如肿瘤、免疫疾病、高血压、心血管疾病、血液疾病等有重要关联。在细胞水平和分子水平研究正常的生理及病理机制,观察药物对生理过程的干预机制,也是当前药学生物化学和医学生物化学的重要研究内容。对基因表达调控的研究将进一步阐明生物大分子的结构、功能及疾病发生发展机制,从而在分子水平上为疾病的预防、诊断及治疗提供科学依据和技术支持。目前,基因表达及其调控是生物化学与分子生物学研究最重要、最活跃的领域之一。

任务三　生物化学与医药学的关系

　　生物化学相比解剖学、组织学、病理学等课程的学习来说,由于学习内容的抽象性,学习难度相对要大一点。医学生物化学或药学生物化学是应用化学结构式和反应式来研究生物体的生物大分子的结构与功能,描述生物分子的性质以及生命过程中物质与能量的代谢规律以及调控,而这些在生物细胞水平和分子水平研究的内容中无法直观展示。从分子水平探究生命本质,为研究疾病发生机制及其诊疗方法提供更为科学的依据。如目前国际上基于单核苷酸多态性(SNPs)分析产生的"个体化诊疗"特点与中医的"辨证论治"有相似之处,中医辨证论治治疗疾病时,相同的疾病,辨证分型不同,治疗方药也不同;而不同的疾病,辨证分型相同,可用相同方药治疗。SNPs与疾病诊断和药物治疗的关联性分析不仅可通过检测出的SNPs来预测、确定与疾病有关的基因,还能够事先把握患者个体对于某种药物的反应特点,选择治疗效果最好、不良反应少等危险性最小的治疗方案进行精准的疾病治疗。

　　药学生物化学是研究与药学科学相关的生物化学理论、原理与技术及其在药物研究、药物生产、药物质量控制与药物临床应用的基础学科。20世纪末,以化学模式为主体的药学科学迅速转向与生物学和化学相结合的新模式,各种组学技术,如基因组学、蛋白质组学、转录组学、代谢组学以及系统生物学的迅速发展为新药的发现和中医药研究提供了重要的理论基础和技术手段。应用现代生化技术从生物体获得的生理活性物质可开发为生物药物。生物化学药物是运用生物化学的研究结果,将生物体的重要活性物质用于疾病防治的一大类药物,在临床应用的已达数百种。中草药学药效成分的分离纯化及作用机理的研究也应用了生物化学的原理与技术。各种药用天然产物以及微生物活性物质的生物合成和生物转化技术正在成为开创现代绿色化学制药工业的有效手段。

　　生物化学发展迅速,生物化学的理论和方法在基础医学学科中也得到广泛应用并衍生出许多新的学科分支。总之,生物化学是现代药学科学的重要理论基础,是药学、药品生产技术等专业的学生学好专业课程及今后从事药物研究、生产、质量控制与药品临床应用等的重要基础。

重点小结

重　点	难　点
1. 生物化学即生命的化学,是研究生物体的化学组成和生命过程中化学变化规律的科学。 2. 生物化学的发展历程:静态生物化学、动态生物化学和功能生物化学。 3. 生物化学研究的主要内容:生物分子的结构与功能、物质代谢、能量代谢及代谢的调节、基因复制、表达及基因调控	1. 生物化学的发展史:从研究生物体的组成成分为主的叙述生物化学,发展到研究体内新陈代谢动态化学及研究生物大分子为主的功能生物化学(分子生物学)阶段。 2. 生物化学学科的特色。 3. 生物化学与医药学的关系

 课后习题

一、名词解释

生物化学、静态生物化学、动态生物化学、功能生物化学。

二、简答题

1. 什么是生物化学？生物化学的研究内容主要有哪些？
2. 生物化学的发展分为哪几个阶段？
3. 生物化学的特色是什么？与医药学有什么关系？

项目一 糖类化学

要点导航

掌握：糖、单糖、寡糖、多糖、淀粉、糖原、同多糖、杂多糖、糖蛋白、蛋白聚糖、糖类药物等基本概念；糖的分类；常见单糖的结构与性质（成苷反应、成酯反应、氧化反应与还原反应）等。

熟悉：糖的主要生理作用；常见低聚糖的结构与性质；常见多糖的结构与性质；糖类药物的特点及作用；多糖的药理活性等。

了解：常见同多糖与杂多糖；常见多糖的生理功能；常见糖蛋白及其生理功能；常见蛋白聚糖及其生理功能等。

导学案例

先天性葡萄糖、半乳糖吸收不良症多发于婴幼儿，患儿如果喂食含葡萄糖、半乳糖的食物会随着腹泻的加重而出现脱水、营养不良等症状，为什么？

糖类是指多羟基醛或多羟基酮，或多羟基醛酮的缩合物及其衍生物。糖类化合物占到地球总生物量的 50% 以上，在植物中占到其干重的 80% 以上，主要来源于绿色植物、海洋藻类及部分微生物的光合作用，在植物、动物和微生物中广泛存在，是机体供能的主要来源。植物通过光合作用可生成糖，植物淀粉和纤维素等糖类化合物含有从太阳转化来的化学能。糖是人类食物的主要成分，也是人体获得能量的主要源泉。糖类是生物体诸多含碳物质分子的前体，可转化为多种非糖物质，并与蛋白质、脂类等物质组成复合糖，参与细胞识别、信息传递等多种重要生物学功能。糖类也称碳水化合物（carbohydrate），根据其化学组成的复杂程度可分为单糖（monosaccharide）、寡糖（oligosaccharide）和多糖（polysaccharide）。

任务一 糖类概述

一、糖的概念与分布

糖类（carbohydrate，saccharide）是地球上最丰富的有机化合物，广泛存在于生物界，特别是在植物界。糖类若按干重计可占到植物的 85%～90%，如谷物淀粉、甘蔗和甜菜的蔗糖、水果中的果糖、秸秆中的纤维素等均属于糖类。人体和动物组织器官中含糖量一般在 2% 左右，如血液中的葡萄糖、肝糖原、肌糖原、乳糖等。微生物体内的糖约占到微生物菌体的 10%～30%。

糖类主要由碳、氢、氧三种元素构成，可用通式 $C_n(H_2O)_m$ 表示，符合水分子中氢和氧的比例，旧称碳水化合物。随着糖类研究的深入，发现部分糖类并不符合上述通式，如脱氧核糖（$C_5H_{10}O_4$）和岩藻糖（$C_6H_{12}O_5$）等，而有些非糖类物质却符合这一通式，如甲醛（CH_2O）、乙酸（$C_2H_4O_2$）和乳酸（$C_3H_6O_3$）等。因此，碳水化合物的概念并不能确切表示糖类化合物。糖类化合物根据其结构特性定义为多羟基醛或多羟基酮及其缩聚物或衍生物的统称。

> **知识链接**
>
> **碳水化合物名称的由来**
>
> 碳水化合物（carbohydrate）由碳、氢和氧三种元素组成，是自然界存在最多、具有广谱化学结构和生物功能的有机化合物，可用通式 $C_n(H_2O)_m$ 来表示。由于结构中所含的氢氧比例为 2∶1，和水一样，故称为碳水化合物，可为人体提供热能，可分为人体可以吸收利用的有效碳水化合物和人体不能消化的无效碳水化合物。随着糖类结构研究的深入，发现碳水化合物这一名称并不能完全反映其结构特征。首先，在碳水化合物分子中氢和氧并不是以水的形式存在，而且，已经发现的有些碳水化合物分子中氢与氧的比例并不都等于 2∶1。如1879年德国化学家哈姆柏格水解栎树中栎素得到鼠李糖（$C_6H_{12}O_5$）就是一例。有些等于 2∶1 的，如乙酸 $C_2H_4O_2$ 和乳酸 $C_3H_6O_3$ 从性质上不属于碳水化合物，即便如此，碳水化合物这个名称还是被保留下来。我国化学家们曾创造"醣"代替它，现今化学教材多用"糖"字。1887年，E•费歇尔从立体化学研究葡萄糖类分子，得出它具有 16 个空间异构体。到1929年，英国化学家霍沃思发表《糖的构造》明确肯定葡萄糖等单糖有环状结构，并进一步测定了许多碳水化合物的结构，提出蔗糖、麦芽糖、乳糖等二糖是以氧桥把两个单糖单元结合起来的分子，而纤维素和淀粉也是不同构型的葡萄糖联接起来的。

二、糖类的主要生物学作用

糖类广泛存在于自然界的生物体内，是细胞内的重要组分，在生物体内具有重要的生理功能，其主要作用如下。

1. 提供机体代谢所需能量

糖类在生物体内可通过糖酵解途径、三羧酸循环及线粒体生物氧化等途径产生能量，供机体物质代谢和能量代谢所需。糖类是机体获得能量的最主要来源。动物主要利用淀粉作为能量来源，食草类动物和部分微生物能利用纤维素作为能源物质。摄入到机体多余的能量可以贮存起来，植物主要以淀粉作为能量贮存方式，而动物体主要以糖原形式贮存能量，如肝糖原、肌糖原等。

2. 作为机体重要的结构物质

植物的细胞壁中含有大量的纤维素、半纤维素和果胶等物质，它们均为多糖，是构成植物细胞壁结构的主要成分，是植物组织中主要起结构支持作用的物质。细菌细胞壁中的肽聚糖也是糖类物质，对维持细胞的结构具有重要作用。昆虫和甲壳类外骨骼为壳多糖，也是多糖成分。细胞间质中的黏多糖也是结构性物质。此外，细胞膜结构的蛋白质、脂类等也常与糖形成糖蛋白或脂蛋白，参与细胞信号传导、细胞识别、物质转运、物质代谢调控等生理过程。

3. 为其他物质的合成提供原料

糖酵解、三羧酸循环、磷酸戊糖途径等糖代谢途径可产生大量中间体，这些中间体是合成蛋白质、脂肪和糖的重要原料。三羧酸循环生成的中间产物如柠檬酸、延胡索酸、α-酮戊二酸、琥珀酰 CoA 和草酰乙酸等是连通蛋白质、脂肪酸和糖代谢的重要中间体。琥珀酰 CoA 可与甘氨酸合成血红素，α-酮戊二酸加氨基可生成谷氨酸，草酰乙酸氨基化生成天冬氨酸，乙酰 CoA 在细胞质中用于脂肪酸合成，丙酮酸、草酰乙酸和 α-酮戊二酸接受氨基可转变为丙氨酸、天冬氨酸和谷氨酸，用于蛋白质合成。α-酮戊二酸是合成谷氨酸、谷氨酰胺、脯氨酸、羟脯氨酸和精氨酸的前体物质，草酰乙酸是合成天冬氨酸、天冬氨酰胺、赖氨酸、苏氨酸、甲硫氨酸、异亮氨酸的前体物质，延胡索酸是酪氨酸、苯丙氨酸代谢的产物，与蛋白质代谢有关，琥珀酰 CoA 是合成叶绿素和血红素的前体。此外，磷酸戊糖途径可产生 C_3、C_4、C_6 和 C_7 等不同含碳数目的糖，可提供不同的含碳单位用于核酸、蛋白质等生物合成。

4. 具有多种生物学功能

糖蛋白和糖脂是生物体内重要的复合糖，具有多种生物学功能。如糖蛋白和糖脂在细胞识别、增强免疫保护、参与代谢调控、受精机制、细胞的衰老、细胞的癌变、决定血型、器官移植排异等方面有重要作用。部分糖还被研制成药物用于临床疾病的治疗，如1,6-二磷酸果糖可用于急性心肌缺血性休克的治疗；真菌多糖，如香菇多糖、猪苓多糖可用于心血管疾病、肿瘤细胞抑制等方面；右旋糖酐（葡聚糖）可作为补铁制剂的载体。此外，还有降血糖、抗病毒和增强机体免疫等重要的生物学功能。

 知识链接

血型与氨基糖

人的血型可分为 A 型、B 型、AB 型和 O 型四类。O 型血能与其他三种血相匹配，但其他三者却不能成为 O 型血者的血源，否则将发生凝血，危及生命，这是为什么呢？原来，人的红细胞质膜上结合着一个寡糖链，不同的血型其血液中红细胞表面的寡糖链不同。A 型血的糖链末端为 N-乙酰半乳糖，B 型血为半乳糖，AB 型血两种糖基都有，O 型血则两种糖基都没有。

三、糖的分类

根据糖类物质的聚合程度和能否水解以及水解后的产物情况，可分为单糖、寡糖和多糖3类。

1. 单糖

单糖（monosaccharide）是糖类化合物中最简单的，不能再继续水解成更小分子的糖。常见单糖如葡萄糖、果糖和核糖等。结构中只含一个多羟基醛或多羟基酮单位，目前发现的天然单糖超过 200 种。根据单糖含碳数目不同，可分为丙糖、丁糖、戊糖和己糖等，特别是戊糖和己糖在自然界分布最广泛、也最为重要，如核糖、脱氧核糖、葡萄糖、果糖、半乳糖等。根据单糖羰基的特点，又分为醛糖（aldose）和酮糖（ketose）。葡萄糖和果糖分别为醛糖和酮糖。

2. 寡糖

寡糖（oligosaccharide）也称低聚糖，是由 2~10 个单糖单位通过糖苷键连接形成的短链聚合物。根据寡糖含有单糖单位的数目不同分为双糖、三糖、四糖和五糖等，其中，最重要的寡糖是双糖。如麦芽糖由两分子葡萄糖缩合形成，蔗糖由 1 分子葡萄糖和 1 分子果糖缩合形成，乳糖由 1 分子葡萄糖和 1 分子半乳糖缩合形成。三糖是 3 分子单糖缩合形成，如棉籽糖分别由 1 分子半乳糖、葡萄糖和果糖组成。细胞内三糖以上的寡糖通常以结合形式存在，如与蛋白质形成糖蛋白，与脂类形成糖脂等。在细胞内还存在四糖、五糖和六糖等。

3. 多糖

多糖（polysaccharide）是由 10 个以上单糖单位缩合形成的高分子化合物。根据多糖的组成单元的不同，分为同多糖和杂多糖两个大类。同多糖（homopolysaccharide）是由相同的单糖单位通过缩合形成的高分子化合物，水解时仅能得到一类单糖，如植物淀粉、纤维素、动物肝糖原、肌糖原、右旋糖苷（也称葡聚糖）等。杂多糖（heteropolysaccharide）是指由一种以上的单糖或（和）单糖衍生物构成，如透明质酸、硫酸软骨素、硫酸角质素、肝素等。此外，糖类可与蛋白质、脂类等生物分子通过共价键形成糖蛋白、糖脂、肽聚糖、蛋白聚糖等复合糖。

根据糖的来源不同，可分为植物性糖（如蔗糖、果糖、淀粉、纤维素等）、动物性糖（如肝糖原、肌糖原等）及微生物糖（如肽聚糖）。也可根据糖的功能进行分类，可分为支持性糖（如纤维素）、储备性糖（淀粉和糖原）和凝胶性糖（果胶、琼脂）等。

任务二　常见单糖的结构与性质

单糖是组成多糖的基本结构单元，单糖是多羟基醛或多羟基酮。

$$\begin{array}{c} CHO \\ | \\ (CHOH)_n \\ | \\ CH_2OH \end{array} \qquad \begin{array}{c} CH_2OH \\ | \\ C=O \\ | \\ (CHOH)_n \\ | \\ CH_2OH \end{array}$$

醛糖　　　　　　酮糖

单糖至少含两个羟基，含羟基的碳原子多为手性碳原子，可形成具有不同立体结构（构型）的化合物。所有单糖中己碳糖最重要，特别是葡萄糖，它既是生物体内最丰富的单糖，又是寡糖和多糖最主要的组成成分。下面以葡萄糖为例介绍单糖的化学结构及主要理化性质。

一、单糖的结构

（一）葡萄糖

1. 葡萄糖的开链结构和构型

单糖是多羟基醛或多羟基酮，最简单的单糖是三碳醛糖或三碳酮糖。三碳醛糖也称为甘油醛，分 D-型甘油醛和 L-型甘油醛。三碳酮糖也称为二羟基丙酮，其他的单糖可理解为在此基础上进行碳链的延长。

L-甘油醛　　　　D-甘油醛　　　　二羟基丙酮　　　　D-葡萄糖　　　　L-果糖

单糖链状结构（醛糖和酮糖）均含有不对称的碳原子，也称为手性碳原子，用 C^* 表示。单糖有 D-型和 L-型两种异构体。D-型和 L-型的区分是以甘油醛的结构为标准规定的，—OH 在甘油醛的右侧称为 D-型，而位于甘油醛左侧的称为 L-型。单糖构型则根据其分子中离羰基最远的手性碳原子（C^*）连接的—OH 的空间位置与甘油醛对比，在右边为 D-型，在左边为 L-型。

葡萄糖是自然界发现最早的单糖，分子式为 $C_6H_{12}O_6$，是含有 5 个羟基和 1 个醛基的己醛糖，其开链结构中有 4 个手性碳原子（C^*2、C^*3、C^*4、C^*5）。含多个手性碳原子的单糖分子，其相对构型也是根据离羰基最远的手性碳原子连接的—OH 来确定。具有不对称手性碳原子的分子通常都具有旋光性，能使偏振光偏振面发生旋转。具有旋光性的物质称为旋光物质。旋光物质使偏振光的偏振面旋转的角度称为旋光度。在标准条件下（1mL 含 1g 旋光性物质浓度的溶液，放在 1dm 长的旋光管中）测得的旋光度称为该物质的比旋度，通常用 $[\alpha]_t^\lambda$ 表示（λ 为测定时光的波长，t 为测定时的温度）。对于旋光方向，规定用（+）表示偏振面向右（即顺时针方向）旋转，简称右旋；用（-）表示偏振面向左（即逆时针方向）旋转，简称左旋。D-葡萄糖可使偏振光右旋（+52.2°），D-果糖可使偏振光左旋（-92.4°）在生物体内的葡萄糖几乎都为 D-构型。

2. 葡萄糖的环式结构

葡萄糖以水溶液存在时，其中两种为环状结构，一种为开环结构。

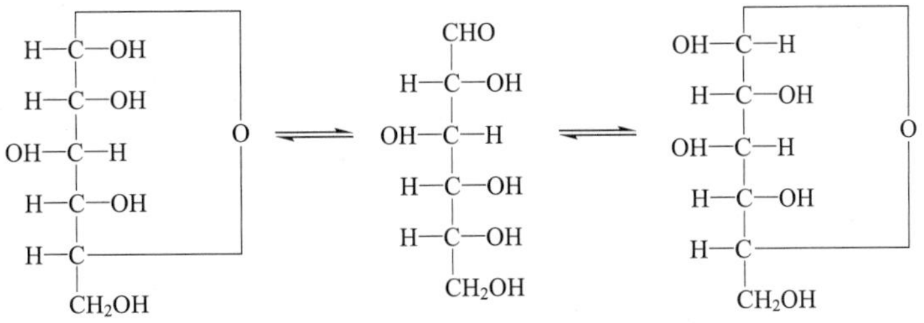

α-D-(+)葡萄糖(36%)　　D-(+)葡萄糖(0.024%)　　β-D-(+)葡萄糖(64%)
(环式结构)　　　　　　(链式结构)　　　　　　(环式结构)

在水溶液中，D-葡萄糖 C_5—OH 与 C_1—CHO 发生分子内加成反应，形成环式半缩醛，C_1 成为手性碳原子。C_1 通过加成得到的羟基叫半缩醛羟基。上述 3 种形式在葡萄糖水溶液中最终会达到平衡。平衡时，其中 α-D-(+) 葡萄糖占 36% 左右，而 β-D-(+) 葡萄糖占 64% 左右，开链结构葡萄糖构型占比仅为 0.024%。α-葡萄糖和 β-葡萄糖必须经由开链结构葡萄糖才能进行相互转变。根据葡萄糖键投影位置不同，分为 α 构型（半缩醛羟基投影在右边）和 β 构型（半缩醛羟基投影在左边），上述结构为葡萄糖的 Fischer 投影式。

3. 葡萄糖的 Haworth 透视式

用 Fischer 投影式表示单糖环状结构无法准确表征环中氧桥长度（太长）和成环时绕 C4 和 C5 之间的键发生旋转的事实。1926 年，英国化学家 Haworth 建议使用一种透视式来表示单糖环状结构，称为 Haworth 投影式或 Haworth 透视式。单糖环式结构用 Haworth 透视式表示更为合理。

在写 Haworth 透视式时，把糖环横写（成环碳原子省略不写，与成环碳原子相连的氢原子有时也省略不写），为一平面，朝向读者一面的 3 个 C—C 键用粗实线表示。连在环上的原子或原子团则垂直于糖平面，将 Fischer 投影式中碳链左边的原子或基团写在环的上面，右边的原子或基团写在环的下面。溶液中单糖有两种环式结构：一种结构的环式骨架类似于吡喃，称为吡喃糖；另一种结构的环式骨架类似于呋喃，称为呋喃糖。葡萄糖的两种环式结构骨架类似吡喃，因此，葡萄糖的环式结构也称吡喃葡萄糖，分别命名为 α-D-(+)-吡喃葡萄糖和 β-D-(+)-吡喃葡萄糖，化学结构如图 1-1。

吡喃　　α-D-(+)-吡喃葡萄糖　　β-D-(+)-吡喃葡萄糖

图 1-1　α-D-(+)-吡喃葡萄糖和 β-D-(+)-吡喃葡萄糖化学结构

4. 葡萄糖的构象

Haworth 透视式虽然将葡萄糖的环氧结构用平面环表示，但无法确切表示葡萄糖的空间结构，也无法解释为什么葡萄糖水溶液中 α-D-(+)-葡萄糖和 β-D-(+)-葡萄糖在平衡状态时，其比值为 36%∶64%。

构象是通过旋转单糖使分子中的原子或基团在空间产生的不同排列形式。吡喃葡萄糖有椅式和船式等典型构象。葡萄糖为六元环氧结构，其在空间分布时就肯定有构象，由于氧原子参与成环，氧的电负性较大，使环上电子云分布不均匀，同时，环上有多个羟基存在（图 1-2）。其中，1 位 OH 在平面下为 α-D-吡喃葡萄糖椅式结构，1 位 OH 在平面上为 β-D-吡喃葡萄糖椅式结构。

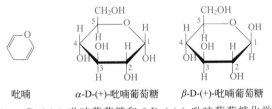

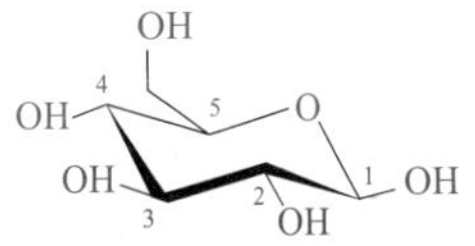

图 1-2　葡萄糖椅式结构

（二）其他单糖的 Haworth 结构

单糖结构中含 C 数量在 5 个以上的都有环式和开式结构。在溶液中以环式结构为主要存在形式，基本上也存在两种环式同分异构体，可参考葡萄糖环式结构的命名分为 α 构型和 β 构型 2 种类型。

1. 果糖、半乳糖

果糖（fructose）为己酮糖，半乳糖（galactose）为己醛糖，在溶液中，结合型果糖主要以呋喃糖形式存在，游离型果糖和半乳糖则以吡喃糖形式存在。果糖和半乳糖糖的成环方式与葡萄糖基本相同，结构如图 1-3 所示。

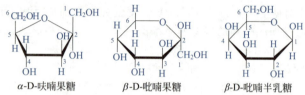

图 1-3　果糖与半乳糖结构

2. 核糖、脱氧核糖

核糖（ribose）和脱氧核糖（deoxyribose）都属五碳醛糖，都具有开链结构和环式结构，环式结构的核糖和脱氧核糖以呋喃形式存在，化学结构如图 1-4 所示。

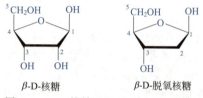

图 1-4　β-D-核糖和 β-D-脱氧核糖结构

二、单糖的主要化学性质

单糖结构中含有羟基，能发生醇的反应，也有醛或酮基团，可发生醛或酮的反应，环式单糖的半缩醛羟基还能发生特殊反应。

（一）成苷反应

环状单糖的半缩醛（或半缩酮）羟基可与另一化合物发生缩合形成的缩醛（或缩酮），称为糖苷或苷（glycoside）。糖苷分子中提供半缩醛羟基的糖部分称为糖基，与之缩合的"非糖"部分称糖苷配基或配基，这两部分之间的连键称为糖苷键。

β-D-葡萄糖　　　甲醇　　　β-D-甲基葡萄糖苷

糖苷键可以是通过氧、氮（或硫原子）起连接作用，也可以使碳碳直接相连，它们的糖苷分别简称 O-苷、N-苷、S-苷、C-苷，自然界中最常见的是 O-苷，称 O-糖苷键，其次是 N-苷，称 N-糖苷键（如核苷酸的糖苷键），S-苷和 C-苷少见。糖苷结构中没有游离半缩醛羟基，因此，没有还原性。糖苷广泛分布在自然界的生物体内，中药中很多药效成分就是糖苷，如苦杏仁中的苦杏仁苷有止咳平喘的作用，人参中的人参皂苷有调节中枢神经系统和增强机体免疫功能等作用，槐花米中的芸香苷（也称芦丁）有维持血管正常机能的作用，洋地黄中的洋地黄苷有强心作用。

（二）成酯反应

单糖结构中的羟基能与磷酸形成酯。如甘油醛和葡萄糖与磷酸酯化生成 3-磷酸甘油醛和 6-磷酸葡萄糖、1-磷酸葡萄糖、1,6-二磷酸葡萄糖等。磷酸酯在生物体内有重要的生理功能，是人体内糖代谢的重要中间产物。体外条件下，单糖磷酸化不易发生，为耗能反应。在生物体内，糖的磷酸化常由 ATP 提供磷酸基团和能量。

3-磷酸甘油醛　　　　6-磷酸葡萄糖

（三）氧化反应

一定条件下，单糖分子中的醛基和羟甲基可被氧化，氧化条件不同则氧化产物不同。

1. 与碱性弱氧化剂反应

在碱性条件下，葡萄糖、半乳糖、核糖和果糖都能被弱氧化剂（托伦试剂或班氏试剂）氧化生成金属单质或低价金属银或砖红色氧化亚铜沉淀。醛糖具有还原性，能被托伦试剂或班氏试剂氧化，称为还原糖（reducing sugar）。酮糖在碱性条件下，可异构成醛糖，也可发生还原反应。因此，单糖不管具有醛还是酮结构，都具有还原性，都是还原糖。

$$单糖 + Ag(NH_3)_2OH \xrightarrow{\triangle} Ag\downarrow（银镜）+ 氧化物 + NH_3\uparrow$$

$$单糖 + Cu(OH)_2 \xrightarrow{\triangle} Cu_2O\downarrow（铜镜）+ 氧化物$$

班氏（Benedict）试剂是由硫酸铜、碳酸钠和柠檬酸钠配制而成的一种深蓝色溶液，试剂较稳定且不易受肌酸和尿酸等物质的干扰。临床上，常被用作尿糖（葡萄糖）的定性与半定量测试。医院或药房出售的家庭用糖尿病自测试剂盒就是应用 Benedict 反应。当尿中葡萄糖低于 0.1% 时，为阳性反应（黄红色）。由于班氏试剂与葡萄糖并非特异性反应，其他单糖或部分双糖有干扰。因此，在测定血糖时，常用葡萄糖氧化酶法进行测定。

2. 与非碱性弱氧化剂反应

葡萄糖等醛糖能被非碱性弱氧化剂（如溴水）氧化生成糖酸，溴水被还原而褪色。如葡萄糖与溴水反应生成葡萄糖酸。酮糖不发生此反应。所以，利用此反应可鉴别醛糖和酮糖。醛糖和酮糖在强氧化剂（如稀硝酸）作用下可生成糖二酸。

3. 酶促反应

在人体和动物的肝脏内，葡萄糖经酶促氧化生成尿苷二磷酸葡萄糖醛酸（UDP-葡萄糖醛酸），可参与肝脏的生物转化，具有保肝、解毒作用。此外，葡萄糖在生物体生物氧化系列酶的作用下，可彻底氧化成 CO_2 和 H_2O，并释放出大量热量（生成 ATP）。

（四）还原反应

单糖羰基在适当还原条件下，用硼氢化钠处理醛糖或酮糖，可被还原成多元醇，称为糖醇，如核糖还原得核（糖）醇，是维生素 B_2 的组成成分。葡萄糖 C1 醛基可还原为—OH 而生成山梨醇，山梨醇在糖尿病患者的晶状体中积聚引起白内障。酮糖也可发生类似反应，如甘露糖可还原成甘露醇，甘露醇在临床上常用作减少脑水肿的渗透性利尿剂。

任务三　常见寡糖的结构与性质

寡糖（oligosaccharide）也称低聚糖，由 2～10 个单糖通过糖苷键连接而成，为低聚合度的糖类。自然界主要以二糖和三糖为主，超过 6 个单糖残基连接而成的低聚糖较为少见。其中，最重要的寡糖是双糖，如麦芽糖、蔗糖和乳糖等，三糖如棉籽糖等。细胞内三糖以上的寡糖通常以结合形式存在，如与蛋白质形成糖蛋白，与脂类形成糖脂等。在细胞内还存在四糖、五糖和六糖等。目前已发现的低聚糖（含衍生物）有近 600 种，二糖 314 种、三糖 157 种、四糖 52 种、五糖 23 种、六糖 23 种、七糖 12 种、八糖 7 种等。

一、二糖

构成低聚糖的残基单位几乎全部为己糖，除果糖为呋喃环结构外，葡萄糖、甘露糖和半乳糖等均为吡喃环结构。单糖结构中的多个 C 原子可参与连接配体，如蔗糖的 1,2-糖苷键、纤维二糖的 1,4-糖苷键、海藻糖的 1,1-糖苷键、龙胆二糖的 1,6-糖苷键。构型可以是 α 型，也可以是 β 型的。

1. 蔗糖

蔗糖（sucrose）是由 α-D-吡喃葡萄糖的半缩醛羟基与 β-D-呋喃果糖的半缩醛羟基脱水缩合而成，连接键为 α,β-1,2-糖苷键，为非还原糖。

蔗糖

蔗糖广泛存在于植物中，如植物的果实、根、茎、叶、花及种子中。其中，以甘蔗和甜菜中含量最高，是重要的食品甜味剂。纯净的蔗糖为无色透明的单斜状晶体，相对密度为 1.588，熔点 160℃，200℃以上可发生焦糖化反应。易溶于水，有甜味，溶解度随温度的升高而变大，受盐类如 NaCl、KCl 等影响，溶解度增加，$CaCl_2$ 对溶解度有影响，会影响蔗糖的溶解。在乙醇、氯仿、醚等有机溶剂中难溶。比旋光度 $[\alpha]_D^{20}=+66.5°$，水解后因生成果糖比旋光度 $[\alpha]_D^{20}=-92.4°$，葡萄糖的比旋光度为 $[\alpha]_D^{20}=+52.5°$，因此平衡时，其比旋光度为 $[\alpha]_D^{20}=-19.9°$。在人体内，蔗糖在肠道内蔗糖酶的作用下，生成葡萄糖和果糖，可参与体内的生物氧化。高浓度蔗糖溶液对微生物有抑制作用。

> **知识链接**
>
> **黑糖与红糖的区别**
>
> 据《蔗糖史》记载，日本古代无糖，到了 16 世纪末（大约是明代）才有中国人带去蔗种，并开始学习制糖，而与此同时中国商船已经对日本出口黑糖（红糖）和白糖，那时候中国产的红糖经过海上漂泊，到达日本的时候红糖颜色变深，接近黑色，从历史源头上看，黑糖和红糖应该是同源的。据《蔗糖史》记载，唐朝的炼糖技术已到了一个很高水平。为了区分黑糖和红糖，中华人民共和国工业和信息化部对黑糖和红糖也进行了定义并发布对应的国家行业标准：黑糖 QB/T 4567 以及红糖 QB/T 4561。

2. 麦芽糖

麦芽糖俗称饴糖，是饴糖的主要组成成分。由 2 分子 α-D-葡萄糖通过 α-1,4-糖苷键结合形成，是淀粉在 β-淀粉酶水解作用下的产物，为还原糖，有变旋现象，可发生氧化还原反应。

麦芽糖

主要存在于麦芽、蜂蜜及大豆植物的根、茎及叶柄部。啤酒发酵所用的麦芽汁中主要含麦芽糖。常温条件下，麦芽糖为透明针状晶体，易溶于水，微溶于乙醇，但不溶于醚。熔点为102～103℃，相对密度为1.540，甜度是蔗糖的1/3。口感较蔗糖柔和。由于具有还原性，因此，麦芽糖能与过量苯肼形成糖脎。

3. 乳糖

乳糖由β-吡喃半乳糖与D-吡喃葡萄糖通过β-1,4-糖苷键缩合形成。溶解度为蔗糖的1/6。由于分子结构中存在半缩醛羟基，因此，有还原性，能成脎。有旋光性，比旋度为 $[\alpha]_D^{20}=+55.4°$，常温条件下为乳白色固体。

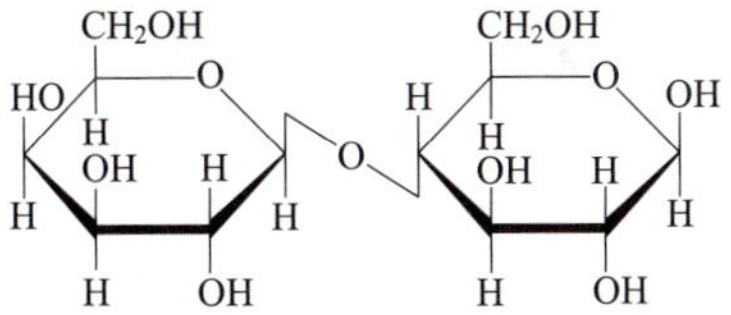

乳糖是哺乳动物乳汁的主要成分，在牛乳中含量约为4.6%～5.0%，人乳中约为5%～7%，乳糖有助于钙吸收，在婴幼儿肠道内能促进双歧杆菌因子的生长，在乳酸菌作用下可生成乳酸。在乳糖酶（β-半乳糖苷酶）的作用下可水解生成葡萄糖和半乳糖。部分乳糖酶缺失的患者可产生乳糖不耐受症。

知识链接

乳糖不耐受症

乳糖不耐受症，又称乳糖消化不良或乳糖吸收不良，是指人体内不产生分解乳糖的乳糖酶的状态。多发在亚洲地区的一种先天的遗传性表达。由于患者的肠道中不能分泌分解乳糖的酶，而不能使乳糖被人体消化吸收。乳糖会在肠道中由细菌分解变成乳酸，从而破坏肠道的碱性环境，而使肠道分泌出大量的碱性消化液来中和乳酸，所以容易发生轻度腹泻。鲜乳是幼儿断奶以前的主要食物，这期间出现乳糖不耐受症应及时咨询医生，以避免出现营养不良。断奶以后出现的乳糖不耐受症在白色人种以外的人中很常见。

有乳糖不耐受症的人不是一旦摄入微量乳糖就立即出现腹泻等症状，而是当摄入超过一定量之后才会出现。所以，大多数有乳糖不耐受症的人是可以喝牛奶的，但不能过量。如日本人九成以上有乳糖不耐受症，但大多数人可每天喝200mL的牛奶而没有任何不适。不经常性喝牛奶的正常人也会有腹泻现象，也是乳糖不耐受的表现。乳糖酶在人体中如果长期不用将消失，但随着长期喝牛奶，乳糖酶将再生，所以开始腹泻的人应该坚持喝牛奶一段时间，然后就不会有腹泻现象了。酸奶经过发酵可将牛奶中的乳糖发酵成乳酸，所以不会造成人体腹泻的症状，牛奶和酸奶的价值是一样的。

二、三糖

棉籽糖由α-D-吡喃半乳糖、α-D-吡喃葡萄糖和β-D-呋喃果糖按α（1→6）糖苷键及α、β（1→2）糖苷键缩水缩合而成。

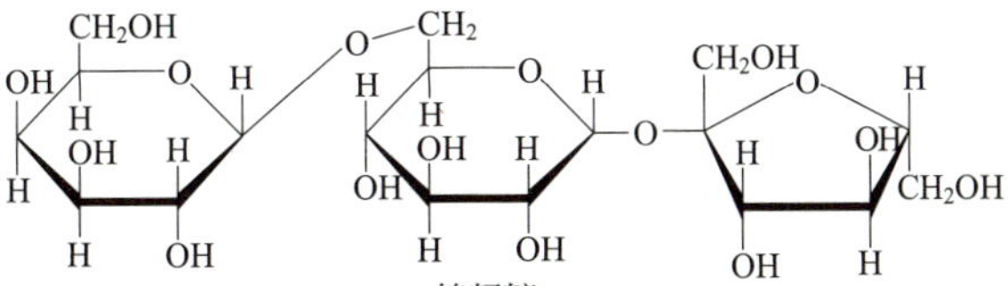

棉籽糖

棉籽糖为非还原糖，酵母不能利用棉籽糖进行发酵，是除蔗糖外广泛存在于植物中的低聚

项目一　糖类化学　015

糖，是大豆低聚糖的主要成分，主要来自于棉籽、甜菜、豆类植物、土豆及谷物粮食和蜂蜜等。纯净的棉籽糖为白色或淡黄色长针状晶体，晶体通常含5个结晶水，水溶液的比旋度为 $[\alpha]_D^{20}=+105°$，无水棉籽糖比旋度为 $[\alpha]_D^{20}=+123.1°$，含结晶水和不含结晶水的棉籽糖熔点分别为80℃和118~119℃。易溶于水，甜度约为蔗糖的1/5~2/5。微溶于乙醇，不溶于石油醚。吸湿性较差，在相对湿度90%的环境中不易吸水结块。140℃以下性质稳定，超过180℃分解为蜜二糖和果糖。在酸性条件下也保持较好的稳定性。棉籽糖主要从甜菜糖蜜和脱毒棉籽中提取。

任务四 常见多糖的结构与性质

多糖也称多聚糖，是重要的天然高分子聚合物，由单糖通过糖苷键连接而成。自然界中糖类主要以多糖形式存在，根据来源不同分为植物多糖、动物多糖和微生物多糖，分子量比较大，所有多糖均无还原性，无变旋现象，无甜味，大多不溶于水，其水溶液可形成胶体溶液。在植物中主要以淀粉形式存在，在人体和动物体内主要以糖原形式存在，如肝糖原、肌糖原。根据多糖组成成分的不同，可分为同多糖和杂多糖。按生物功能分，可分为贮存（或贮能）多糖和结构多糖。贮存多糖如淀粉、糖原、右旋糖酐和菊粉等。结构多糖如纤维素、壳多糖。常见多糖的组成成分如表1-1所示。

表1-1 常见多糖的组成成分

多糖类别			组成成分
同多糖	戊聚糖	阿拉伯聚糖	L-阿拉伯糖
		木聚糖	木糖
	己聚糖	淀粉	D-葡萄糖
		糖原	D-葡萄糖
		纤维素	D-葡萄糖
		壳聚糖	N-乙酰-β-D-葡萄糖胺
		葡聚糖	D-葡萄糖
		菊糖(果聚糖)	果糖
杂多糖	半纤维素		木糖、葡萄糖、甘露糖、己醛糖酸等
	阿拉伯胶		半乳糖、阿拉伯糖、鼠李糖、葡萄糖醛酸
	琼脂		D-半乳糖、L-半乳糖
	果胶		半乳糖醛酸、鼠李糖、阿拉伯糖、甘露糖、木糖
	黏多糖		己糖胺、糖醛酸
	细菌多糖	肽聚糖	肽、N-乙酰-D-葡萄糖胺、N-乙酰胞壁酸
		磷壁酸	磷酸、葡萄糖、甘油或核酸等
		脂多糖	多种己糖、辛酸衍生物、糖脂等
	免疫多糖	肺炎菌Ⅰ型多糖	D-葡萄糖胺、葡萄糖醛酸
		结核菌多糖	L-阿拉伯糖、葡萄糖、甘露糖

一、同多糖

同多糖（homopolysaccharide）是由相同的单糖单位通过缩合形成的高分子聚合物，水解时仅能得到一类单糖。重要的同多糖主要有淀粉、糖原和纤维素。

1. 淀粉

淀粉（starch）是植物生长期间以淀粉粒（granule）形式贮存于细胞中的贮存多糖，在种子、块茎和块根等器官中含量特别丰富，为植物多糖，是葡萄糖在植物中的主要存贮形式。大米中淀粉含量约75%~80%，小麦中约60%。淀粉分为直链淀粉（amylose）和支链淀粉（amylopectin)。

直链淀粉是 D-葡萄糖通过 α-1,4-糖苷键连接而成的线性分子,支链淀粉是由 D-葡萄糖通过 α-1,4-糖苷键和 α-1,6-糖苷键相连,有分支。大约每间隔 30 个 α-1,4-糖苷键就有一个 α-1,6-糖苷键的分支。直链淀粉一般存在于淀粉的内层,其 1′端为还原性末端,4′端为非还原性末端。直链淀粉不溶于冷水,能溶于热水,直链淀粉的分子量相当于 200~980 个葡萄糖单元,大约由 200~300 个葡萄糖以 α-1,4-糖苷键连接而成。图 1-5 中括号内的二糖基为麦芽糖基,相当于一个麦芽糖单位,直链淀粉就是以这个基本单位进行连接并延伸的。

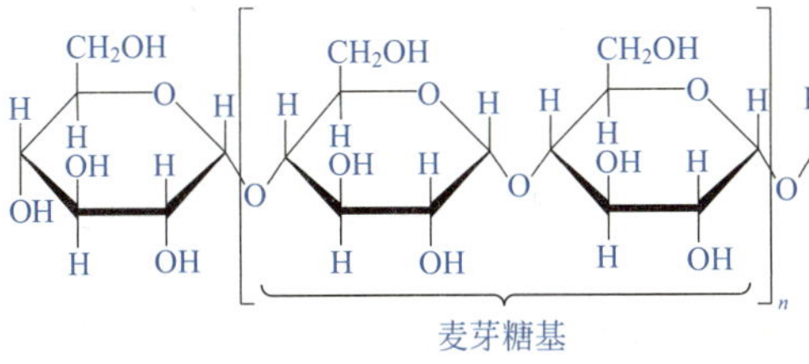

图 1-5 直链淀粉

支链淀粉存在于淀粉外层,由 D-葡萄糖通过 α-1,4-糖苷键连接成短链,并通过 α-1,6-糖苷键相连形成分支。支链淀粉分子量相当于 600~6000 个葡萄糖,含葡萄糖基约 1300 个,有 50 多个支链,每条支链由 20~30 个葡萄糖通过 α-1,4-糖苷键相连。在分支点,葡萄糖的第 1、4 和第 6 位羟基均参与了糖苷键的形成。见图 1-6。

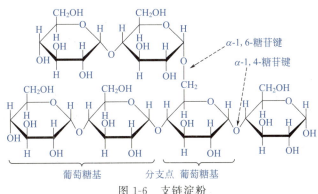

图 1-6 支链淀粉

支链淀粉在淀粉中占 70%~80%,不溶于水,在热水中膨胀而成糊状。多数淀粉直链淀粉:支链淀粉约为(20%~25%):(75%~80%)。糯米淀粉几乎全部为支链淀粉,皱缩豌豆直链淀粉高达 98%。淀粉遇碘呈蓝色,常用于淀粉定性试验。淀粉在酸或酶催化作用下可逐步水解,生成一系列分子大小不同的中间产物,与碘反应呈现不同颜色,分别称为紫色糊精、红色糊精和无色糊精等。

2. 糖原

糖原(glycogen)又称为动物淀粉,是由多个 D-葡萄糖组成的带分支的多糖聚合物,分子量约 $10^6 \sim 10^7$,以颗粒形式存在于动物细胞液内,是动物体内糖的重要贮存形式,分为肝糖原和肌糖原。糖原在肝脏和骨骼肌中约分别占湿重的 5% 和 1.5%。骨骼肌糖原贮量比肝脏多,平均 70kg 体重的成年男子贮存约 450g 肌糖原,肝糖原约 80g。在大肠杆菌和甜玉米中也发现糖原。糖原是人和动物餐间和肌肉剧烈运动时能动用的葡萄糖贮库。当血液中葡萄糖含量低于正常水平时,糖原可分解产生葡萄糖,供机体能量代谢用。

糖原结构类似支链淀粉,但分支程度更高且分支链更短,平均 8~12 个葡萄糖单位就有一个分支。纯净糖原为白色无定形颗粒,易溶于热水,与碘作用呈紫红色或红褐色。

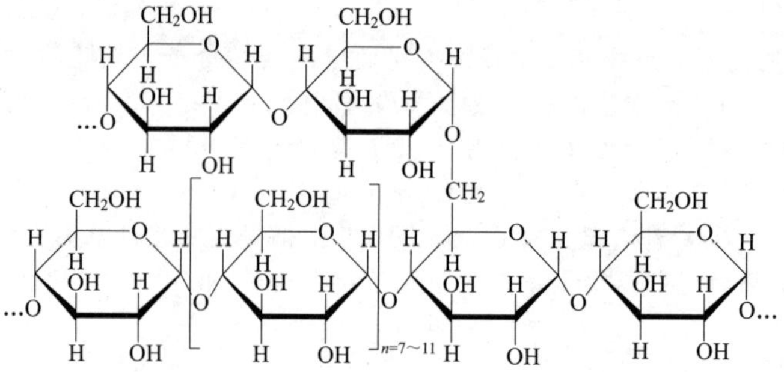

糖原

3. 纤维素

纤维素（cellulose）是地球上含量最多的一类多糖，占植物界碳素的50%以上，是植物细胞壁的主要成分。纤维素占叶干重的10%，木材的>50%，麻纤维的70%~80%，棉纤维的90%~98%，棉花中纤维素接近100%，脱脂棉和滤纸几乎全部为纤维素。纤维素由β-D-葡萄糖通过β-1,4-糖苷键相连而成，无支链。

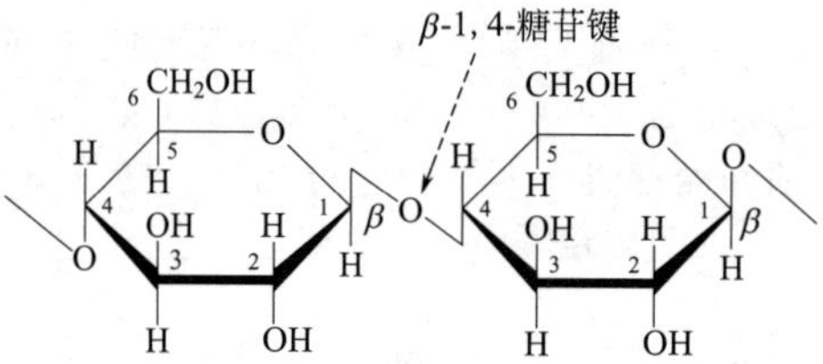

纤维素

纯净的纤维素为白色固体，无臭无味，不溶于水、稀酸、稀碱及乙醇等有机溶剂，能溶于浓硫酸及氢氧化钠溶液。纤维素在体外用浓碱或浓酸，经过高温、高压和长时间处理能水解产生β-D-葡萄糖。人和哺乳类动物缺乏纤维素酶，不能消化纤维素。反刍动物（如牛、羊）肠道共生能产生纤维素酶的细菌，能消化纤维素。白蚁消化木头是依赖于消化道中的原生动物。食物中的纤维素能和胆固醇代谢产物胆酸在肠道中结合，减少人体对胆固醇的吸收。纤维素还能促进肠蠕动，可防止便秘。纤维素还可给人以饱腹感。

常见几种多糖的结构与性质的区别见表1-2。

表1-2 常见几种多糖的结构与性质的区别

结构与性质	淀粉	糖原	纤维素
完全水解产物	α-D-葡萄糖	α-D-葡萄糖	β-D-葡萄糖
二糖基	麦芽糖	麦芽糖	纤维二糖
糖苷键	直链：α-1,4-糖苷键 支链：α-1,4-糖苷键和α-1,6-糖苷键	α-1,4-糖苷键和α-1,6-糖苷键	β-1,4-糖苷键
托伦试剂、费林试剂	无反应	无反应	无反应
苯肼	不成脎	不成脎	不成脎
变旋现象	无	无	无
水解酶类	淀粉酶	糖原酶类	纤维素酶类
与I_2反应	蓝紫色，纯直链淀粉显蓝色，纯支链淀粉显红色	显红色	无
来源	植物	动物	植物

4. 壳多糖

也称几丁质、甲壳质，是N-乙酰-β-D-葡萄糖胺同聚物，广泛分布于生物界，是自然界中第二丰富的多糖，是大多数真菌和一些藻类的组成成分，处于分裂期的酵母细胞胞间中隔中也发现有壳多糖。壳多糖主要存在于无脊椎动物，如昆虫、蟹虾、螺蚌等，是很多节肢动物和软体动物外骨骼的主要结构物质。低等植物、菌类和藻类细胞膜，高等植物细胞壁等也含有壳多糖，含量仅次于纤维素。

壳多糖结构与纤维素类似，但每个残基的C2上羟基被乙酰化的氨基所取代，是由 N-乙酰葡萄糖胺通过 β-1,4-糖苷键连接起来的同聚多糖。去乙酰化形成的聚葡萄糖胺称为脱乙酰壳多糖。脱乙酰壳多糖在水和饮料处理、化妆品、制药、医学、农业（种子包衣）及食品加工中应用广泛。

壳多糖

二、杂多糖

杂多糖（heteropolysaccharide）是指由一种以上的单糖或（和）单糖衍生物构成的多聚糖，是细胞外基质成分，可维持细胞、组织、器官的形态并具有重要生物学功能。以糖胺聚糖或氨基多糖最为重要。糖胺聚糖（glycosaminoglycan，GAG）也称黏多糖，是一类含氮的不均一多糖，由氨基己糖、己糖醛酸组成的二糖结构单位缩合形成的线性高分子多糖聚合物。因其溶液有较大黏性，故称黏多糖。部分黏多糖还有硫酸基团，呈酸性，是结缔组织基质的重要成分，腺体与黏膜分泌液、血及尿等体液都含有少量糖胺聚糖。常见杂多糖有透明质酸、硫酸软骨素和肝素等。

1. 透明质酸

透明质酸（hyaluronic acid，HA）是糖胺聚糖中结构最简单的，由 N-乙酰氨基葡萄糖和葡萄糖醛酸通过 β-1,3-糖苷键和 β-1,4-糖苷键反复交替连接而成，是分布最广的糖胺聚糖，在动物结缔组织细胞外基质、胚胎、滑液、玻璃体、脐带、鸡冠等组织中含量尤为丰富。细胞间质、关节液、某些细菌细胞壁及恶性肿瘤也发现有透明质酸。透明质酸表面含有很多亲水基因，能结合大量的水，形成透明的高黏性水合凝胶，有润滑和保护细胞的作用。牛玻璃体、人脐带和公鸡冠是提取透明质酸的重要原料。

2. 硫酸软骨素

硫酸软骨素（chondroitin sulfate，CS）是从动物软骨组织中分离得到的酸性黏多糖，在软骨中与蛋白质结合以蛋白糖形式存在。硫酸软骨素有 A（4-硫酸软骨素）、B（硫酸皮肤素）和 C（6-硫酸软骨素）3 种。药用硫酸软骨素主要含 A 和 C 两种异构体，在防止动脉粥样硬化和冠心病等方面有重要药理作用；同时，还具有缓和抗凝血作用、抗炎和加速伤口愈合以及抗肿瘤等作用。硫酸软骨素 A 由 D-葡萄糖醛酸和 2-N-乙酰氨基半乳糖-4-硫酸通过 β-1,3-糖苷键和 β-1,4-糖苷键反复交替连接而成。硫酸皮肤素作为结缔组织的大分子存在于皮肤、血管壁和心瓣膜中。

硫酸软骨素

3. 肝素

肝素（heparin）由 L-2-硫酸艾杜糖醛酸与二硫酸氨基葡萄糖通过 β-1,4-糖苷键和 α-1,4-糖苷键交替连接而成，广泛存在于动物的肝、肺、肾、脾、胸腺、肌肉、血管等组织细胞中，因肝脏中含量最为丰富，且最早由肝脏中发现而得名。肝素具有阻止血液凝固的特性，是天然抗凝血物质。临床上输血时以肝素为抗凝剂，也常用于防止血栓形成。

肝素

任务五　常见糖复合物的结构与生理功能

糖复合物（glycoconjugate）是由一条或多条糖链与蛋白质通过共价结合形成的糖蛋白或蛋白聚糖。糖链部分称为聚糖。糖蛋白或蛋白聚糖可分布于细胞膜表面或细胞内，或作为细胞外基质成分。由于糖蛋白与蛋白聚糖分子结构中的聚糖不同，因此，生理功能也完全不同。糖复合物中的糖链可为糖复合物提供亲水基团，对分子和细胞有保护作用，参与信号识别和细胞间信号的通讯。

一、糖蛋白

在细胞表面，糖通过共价结合的方式与蛋白质形成糖蛋白（glycoprotein）。其中，蛋白质质量百分比大于聚糖，其总体性质更接近蛋白质。糖蛋白如免疫球蛋白、细胞膜蛋白和血型糖蛋白等。

构成糖蛋白分子中的聚糖的单糖主要有 β-D-葡萄糖（Glc）、α-D-半乳糖（Gal）、α-D-甘露糖（Man）、N-乙酰葡萄糖胺（Glc-NAc）、N-乙酰半乳糖胺（GalNAc）和 N-乙酰神经氨酸（NeuAc）等。这些单糖构成的聚糖以两种方式与蛋白质共价连接，即 N-连接聚糖和 O-连接聚糖。所以，糖蛋白分为 N-连接糖蛋白和 O-连接糖蛋白。糖基上半缩醛羟基与肽链上的苏氨酸、丝氨酸、羟脯氨酸或羟赖氨酸的羟基形成 O-糖苷键。糖基上半缩醛羟基与肽链上的天冬酰胺的氨基形成 N-糖苷键。

糖蛋白分布极为广泛，所有动植物（包括细菌）组织和体液均含有糖蛋白。人类血浆蛋白除清蛋白外都是糖蛋白，如凝血酶原、纤维蛋白溶酶原、免疫球蛋白等。血液中存在的绒毛膜促性腺激素、卵泡刺激素、黄体生成素、促甲状腺激素等，以及血型蛋白、受体和酶等都主要为糖蛋白。细胞膜上糖蛋白还参与细胞识别、细胞通讯和细胞信号转导等过程。糖蛋白的聚糖还参与肽链折叠和缔合，并影响糖蛋白分泌、稳定性、溶解性和降解等。去除 N-糖链的免疫球蛋白不能被分泌到胞外。在真核细胞中表达的糖蛋白因含有糖链而不发生聚集，能分泌到胞外，在原核生物中表达的产物因为缺乏糖基化常在细胞内聚集成包涵体。

二、蛋白聚糖

蛋白聚糖（proteoglycan，PG）是一类特殊的糖蛋白，是由一条或多条糖胺聚糖和一个核心蛋白通过共价连接而成，其二糖单位之一是氨基己糖（由葡萄糖胺和半乳糖胺组成），故称糖胺聚糖；另一个为糖醛酸（葡萄糖醛酸或艾杜糖醛酸）。除糖胺聚糖外，蛋白聚糖还有一些 N-连接聚糖和 O-连接聚糖。蛋白聚糖中糖的比例高于蛋白质，糖含量可达95%或更高。糖部分主要是不分支的糖胺聚糖链。典型的每条约含 80 个单糖残基，通常无唾液酸。糖胺聚糖决定了蛋白聚糖的化学特性。重要的糖胺聚糖有透明质酸、硫酸软骨素、硫酸皮肤素、肝素、硫酸乙酰肝素等。

蛋白聚糖在细胞外基质、细胞表面及细胞内分泌颗粒中均有存在。蛋白聚糖中糖胺聚糖与蛋白质之间的连接方式主要有 3 种类型，即 D-木糖与丝氨酸羟基之间形成的 O-糖苷键、N-乙酰半乳糖胺与丝氨酸或苏氨酸之间形成的 O-糖苷键和 N-乙酰葡萄糖胺与天冬酰胺氨基之间形成的 N-糖苷键。其中，木糖与丝氨酸连接键为结缔组织蛋白聚糖所特有。蛋白聚糖中与糖胺聚糖共价结合的蛋白质叫核心蛋白。

蛋白聚糖主要存在于软骨、肌腱等结缔组织中，是构成细胞间质的重要成分。由于糖胺聚糖带有大量负电荷，在组织中可吸收大量水分而赋予黏性和弹性，具有稳定、支持和保护细胞的作用，并在保持水盐平衡等方面也具有重要作用。在多数细胞外间质中还含有一些低分子量的蛋白聚糖（胞外小分子间质蛋白聚糖），如饰胶蛋白聚糖、双糖链蛋白聚糖、纤调蛋白聚糖和光蛋白聚糖等。饰胶蛋白聚糖能调节胶原纤维的形成和基质的组装。纤调蛋白聚糖主要存在于关节软骨、肌腱、主动脉等组织中，能与Ⅰ型、Ⅱ型胶原及纤连蛋白结合并调节胶原纤维的形成。光蛋白聚糖存在于角膜中，对维持角膜透明度有重要作用。

任务六　糖类药物概述

近些年，随着人类对糖类研究的深入，发现有不少糖类及其衍生物具有很高的药用价值，并被开发成糖类药物用于临床疾病的治疗。多糖类药物在抗凝血、降血脂、提高机体免疫能力、抗肿瘤、抗辐射等方面有显著的药理作用。如 PS-K 多糖和香菇多糖对肿瘤细胞有明显抑制作用，猪苓多糖能起到免疫调节作用。在多糖药物中，有相当一部分属于黏多糖，如肝素、透明质酸、硫酸软骨素等。肝素可用于防治血栓以及周围血管病、心绞痛、充血性心力衰竭与肿瘤等辅助治疗。硫酸软骨素有利尿、解毒和镇痛等作用。右旋糖酐能代替血浆蛋白以维持血液渗透压，中分子量的右旋糖酐常用于增加血容量、维持血压，以抗休克为主；而低分子量的右旋糖酐则主要用于改善微循环，降低血液黏度，改善血液流变学特性；小分子量右旋糖酐是一种安全有效的血浆补充剂。海藻酸钠能增加血容量，使血压恢复正常。一些硫酸化修饰的多糖还可以用于抗病毒治疗。目前，糖类药物主要来源于动植物和微生物，可通过提取、发酵生产和酶法制备。动植物来源的糖类药物多采取直接提取法，微生物来源则主要选择发酵法生产。

一、糖类药物来源及作用特点

糖类药物（carbohydrate drug）是指以糖类为基础的药物，包括多糖、寡糖以及糖衍生物等。常见的糖类药物见表 1-3。

表 1-3　常见的糖类药物

类型	品名	来源	作用和用途
单糖及其衍生物	甘露醇	海藻糖提取或葡萄糖提取	降低颅内压、抗脑水肿
	山梨醇	葡萄糖氢化或电解还原	降低颅内压、抗脑水肿、治疗青光眼
	葡萄糖	淀粉水解	葡萄糖输液
	葡萄糖醛酸内酯	葡萄糖氧化	治疗肝炎、肝中毒、解毒、风湿性关节炎
	葡萄糖酸钙	淀粉或葡萄糖发酵	钙补充剂
	植酸钙	玉米、米糠提取	营养剂、促进生长发育
	肌醇	植酸钙制备	治疗肝硬化、血管硬化、降血脂
	1,6-二磷酸果糖	酶转化法制备	治疗急性心肌缺血性休克、心肌梗死

续表

类型	品名	来源	作用和用途
多糖	右旋糖酐	微生物发酵	血浆扩充剂、改善微循环、抗休克
	右旋糖酐铁	右旋糖酐与铁络合	治疗缺铁性贫血
	糖酐酯钠	由右旋糖酐水解酯化	降血脂、防治动脉硬化
	猪苓多糖	真菌猪苓提取	抗肿瘤转移、调节免疫作用
	海藻酸	海带或海藻提取	增加血容量、抗休克、抑制胆固醇吸收、消除重金属离子
	透明质酸	由鸡冠、眼球、脐带提取	化妆品基质、眼科用药
	肝素钠	由肠黏膜和肺提取	抗凝血、抗肿瘤转移
	肝素钙	由肝素制备	抗凝血、防治血栓
	硫酸软骨素	由喉骨、鼻中隔提取	治疗偏头疼、关节炎
	冠心舒	由猪十二指肠提取	治疗冠心病
	甲壳素	由甲壳动物外壳提取	人造皮、药物赋型剂
	脱乙酰壳多糖	由壳多糖制备	降血脂、金属解毒、止血等

多糖类药物根据其来源分为植物多糖类药物、动物多糖类药物和微生物多糖类药物。植物多糖类药物主要来源于植物组织，如人参多糖、刺五加多糖、黄芪多糖、枸杞多糖、当归多糖、牛膝多糖、海藻多糖等，具有免疫调节、抗肿瘤、抗辐射等药理作用。动物多糖类药物主要存在于动物结缔组织或细胞间质中，如肝素、类肝素、透明质酸、硫酸软骨素、壳多糖等。肝素具有抗凝血作用。硫酸软骨素具有保护结缔组织弹性的作用，可防治动脉硬化和骨质增生等。刺参中提取的酸性黏多糖对肿瘤有显著抑制作用。贝类壳聚糖有抗癌活性。微生物多糖类药物是一类无毒、高效、无残留的免疫增强剂，能提高机体非特异性免疫和特异免疫反应，增强抗感染能力和抗肿瘤能力。

《中华人民共和国药典》（以下简称《中国药典》）（2020版）收载的部分多糖类药物见表1-4。

表1-4 《中国药典》收载的部分多糖类药品

品　种	来源	类别	剂型
右旋糖酐20	发酵	血浆代用品	粉剂
右旋糖酐20葡萄糖注射液	右旋糖酐20、葡萄糖	血浆代用品	注射剂
右旋糖酐20氯化钠注射液	右旋糖酐20、氯化钠	血浆代用品	注射剂
右旋糖酐40	发酵	血浆代用品	粉剂
右旋糖酐40葡萄糖注射液	右旋糖酐40、葡萄糖	血浆代用品	注射剂
右旋糖酐40氯化钠注射液	右旋糖酐40、氯化钠	血浆代用品	注射剂
右旋糖酐70	发酵	血浆代用品	粉剂
右旋糖酐70葡萄糖注射液	右旋糖酐70、葡萄糖	血浆代用品	注射剂
右旋糖酐70氯化钠注射液	右旋糖酐40、氯化钠	血浆代用品	注射剂
右旋糖酐铁	络合物	抗贫血药	粉剂
右旋糖酐铁片	右旋糖酐铁	抗贫血药	片剂
右旋糖酐铁注射液	右旋糖酐铁	抗贫血药	注射剂
肝素钠	猪、牛肠黏膜	抗凝血药	注射剂
肝素钠注射液	肝素钠	抗凝血药	注射剂
肝素钠乳膏	肝素钠	抗凝血药	软膏
硫酸软骨素钠片	硫酸软骨素钠	酸性黏多糖类	片剂
硫酸软骨素胶囊	硫酸软骨素钠	酸性黏多糖类	胶囊剂

二、多糖类药物的药理活性

多糖类药物有提高免疫功能、降血脂、抗凝血、抗病毒、抗衰老、抗肿瘤和抗辐射等生理活性。

1. 提高机体免疫机能

多糖类药物可作为免疫治疗的免疫促进剂，其免疫调节主要是通过促进淋巴细胞增生、激活吞噬细胞功能、激活补体系统、促进抗体产生、增强抗体消炎和抗疲劳能力等方式实现。如香菇多糖、黄芪多糖、人参多糖、灵芝多糖、党参多糖、银耳多糖等。其中，香菇多糖、猪苓多糖和云芝多糖等已开发成新药用于临床疾病的治疗。

2. 抗肿瘤和抗凝血

抗肿瘤多糖药物分为两类。第一类是通过增强机体免疫机能发挥抗肿瘤作用，如灵芝多糖可提高 NK 细胞活性，人参多糖、黄芪多糖等多糖药物能增强淋巴因子激活的杀伤细胞的杀伤能力和增殖能力，云芝蛋白多糖可促进白细胞介素-2 的分泌。第二类是多糖药物本身具有细胞毒性，能直接抑制或杀伤肿瘤细胞。如五味子多糖能诱导甲状腺癌细胞凋亡，枸杞多糖能降低肝癌细胞血管内皮生长因子的表达，抑制肿瘤增殖，并且这些多糖能阻止血小板的凝血和破坏，临床上广泛应用于抗血栓和肿瘤治疗。

3. 抗病毒

多糖衍生物硫酸酯多糖具有良好的抗免疫缺陷病毒作用，通过与 HIV-1 病毒包被膜蛋白 gp120 结合，阻止其与淋巴细胞、单核细胞及巨噬细胞表面的 $CD4^+$ T 细胞受体结合，阻止病毒进入宿主细胞。临床试验发现，香菇多糖、裂褶菌多糖、右旋糖酐、木聚糖等经硫酸酯化后均有明显抗病毒活性。

4. 降血糖和降血脂

硫酸软骨素、小分子肝素、壳多糖及其衍生物等多糖药物能降低胃肠道中胆汁酸和胆固醇的吸收和消化，降低血液中甘油三酯和低密度脂蛋白含量，升高高密度脂蛋白与甘油三酯的比值。如仙人掌多糖可提高糖尿病小鼠免疫功能，调节胰岛素与受体结合，提高机体对胰岛素的敏感性。壳多糖有降血糖和降血脂活性。甘蔗多糖、茶叶多糖、紫菜多糖、木耳多糖等也具有降血糖、降血脂活性。

5. 其他活性

来源于黑木耳、海带、灵芝、枸杞、银耳、云芝等食品与中药的多糖具有一定的抗辐射活性，可用于肿瘤的辅助治疗。一些中药多糖还有很强的自由基清除能力，如灵芝多糖、黑木耳多糖、发菜多糖等，可用于抗衰老等保健药品中。

三、糖基化工程与糖类药物

糖基化是真核细胞蛋白质翻译修饰的重要手段，是保证糖蛋白生物学活性的重要前提。在酶的催化作用下，蛋白质或脂质连接糖类的过程称为糖基化。糖基化主要有 N-糖基化和 O-糖基化。糖类药物通常无毒或低毒，进入人体后，在体内糖酶的作用下可水解并被代谢，糖类药物对细胞表面的受体有特异性的识别机制，能增加药物的靶向性，对抗生素类药物进行糖基化修饰和结构改造，能增强抗菌活性及降低耐药性，如氯霉素糖基化修饰后，其溶解性明显改善，药物体内的生物利用度也显著提升。

知识拓展

多糖药物的生物学活性

临床上除常见的单糖，如葡萄糖、甘露糖、1,6-二磷酸果糖等用于药物治疗外，多糖也用于诸多疾病的治疗。多糖具有多种生物学功能，如增强机体的免疫功能、抗肿瘤、抗炎、抗病毒、抗凝血、抗衰老和降血糖等。*Panax quinquefolius* L. 根茎中提取的多糖具有刺激肺巨噬细胞分泌 TNF-α 的作用。用热水和碱水从一种韩国药用植物黄柏的皮层中提取、分离纯化得到一种杂多糖，表现出有效的 B 淋巴细胞刺激活性。*Vernonia kotschyana*

根茎可治疗胃炎、十二指肠溃疡,从其根茎中提取的多糖具有促进 B 细胞增殖、激活 T 细胞的作用。在研究天然硫酸化多糖的免疫调节特性时发现,葡聚糖衍生物和褐海藻能影响脂多糖(LPS),刺激巨噬细胞(Mφ 细胞)引起的致炎细胞因子释放。韩国红人参中提取的红人参酸多糖,通过刺激巨噬细胞产生 NO 调节免疫和抗肿瘤。*Pleurotus citrinopileatus* 中提取的主要由葡萄糖和甘露糖组成的可溶性多糖 SPPC 可显著增加肺转移性肿瘤小鼠体内 T 细胞、CD_4^+ T 细胞、CD_8^+ T 细胞和巨噬细胞数量,抑制肿瘤细胞的增殖。

Glucurono-xylomannan(GXM)是 *Cryptococcus neoformans* 中主要的荚膜多糖,它在上调抗炎因子 IL10 表达的同时抑制 IL2 的表达而达到抗炎作用。一些硫酸化的海藻多糖具有抗包膜病毒的能力,如红海藻多糖片段 F_6 不仅能有效地抑制疱疹单纯病毒 I 型的复制,还可选择性地抑制疱疹单纯病毒 II 型、人巨细胞病毒、流感病毒 A/B 型、塔卡里伯病毒的增殖。硫酸化岩藻聚糖能提高抗凝血酶因子Ⅲ(ATW)或肝素辅助因子Ⅱ的活性,抑制凝血过程所必需的丝氨酸蛋白酶、凝血酶的活性而发挥作用。芦笋多糖可明显拮抗 D-半乳糖所致衰老小鼠免疫器官及组织的萎缩,使皮质厚度增加、皮质细胞数增加、脾小节增大及淋巴细胞数增加,延缓衰老。分别从 *Spirulina platensis* 和 *Sargassum thunbeergii* 提取的多糖 PSP 和 PST 按 1∶1 组成的复合物可降低四氧嘧啶所致的糖尿病小鼠血清血糖、总胆固醇、三酰甘油、一氧化氮、内皮素和增加高密度脂蛋白胆固醇的水平,具有降糖作用。

重点小结

重　点	难　点
1. 糖类是指多羟基醛或多羟基酮,或多羟基醛酮的缩合物及其衍生物,根据聚合程度和能否水解及水解后的产物情况,可分为单糖、寡糖和多糖三类。 2. 糖类的主要生物学作用有提供机体代谢所需能量、作为机体重要的结构物质、为其他物质的合成提供原料和具有多种生物学功能。 3. 重要的单糖有葡萄糖、核糖、脱氧核糖等。天然单糖大多为 D 构型。戊糖和己糖既有开链结构又有环式结构,环式结构的单糖包括吡喃糖和呋喃糖。 4. 单糖的主要化学性质有成苷反应、成酯反应、氧化反应和还原反应。能够被弱氧化剂所氧化的糖叫还原糖,不能被弱氧化剂所氧化的糖叫非还原糖。 5. 根据多糖组成成分不同,可分为同多糖和杂多糖。按生物功能分,可分为贮存或贮能多糖和结构多糖。由相同单糖单位构成的多糖叫同多糖,包括淀粉、糖原、纤维素、壳多糖等。由不同单糖单位构成的糖叫杂多糖,最常见的杂多糖是糖胺聚糖,包括透明质酸、硫酸软骨素和肝素等。 6. 淀粉是植物糖的贮存形式,包括直链淀粉和支链淀粉。直链淀粉由多个葡萄糖以 α-1,4-糖苷键连接而成,没有分支结构。支链淀粉由 β-1,6-糖苷键连接而成,存在分支结构。糖原是动物体内糖的贮存形式,只不过有更多的分支。	1. 单糖构型根据其分子中离羰基最远的手性碳原子(C^*)连接的—OH 的空间位置与甘油醛对比,在右边为 D-型,在左边为 L-型。单糖存在链式结构和环式结构,在溶液状态下,葡萄糖 C5 羟基与 C1 醛基发生分子内加成反应,形成环式半缩醛结构,使 C1 成为手性碳原子,得到两个构型不同的分子。 2. 单糖环式结构用 Haworth 透视式表示,环式骨架类似吡喃,称吡喃糖。环式骨架类似呋喃,称呋喃糖。 3. 在碱性条件下,葡萄糖、半乳糖、核糖和果糖都能被弱氧化剂(托伦试剂或班氏试剂)氧化生成金属单质或低价金属银或砖红色氧化亚铜沉淀。醛糖具有还原性,能被托伦试剂或班氏试剂氧化,称为还原糖(reducing sugar)。酮糖在碱性条件下,可异构成醛糖,也可发生还原反应。因此,单糖不管具有醛还是酮结构,都具有还原性,都是还原糖。 4. 低聚糖也称寡糖,由 2~10 个单糖通过糖苷键连接而成,为低聚合度的糖类。自然界主要以二糖和三糖为主。 5. 蔗糖由 α-D-吡喃葡萄糖与 β-D-呋喃果糖通过 α,β-1,2-糖苷键缩合而成,麦芽糖由 2 分子 α-D-葡萄糖通过 α-1,4-糖苷键结合形成。乳糖由 β-吡喃半乳糖与 D-吡喃葡萄糖通过 β-1,4-糖苷键缩合形成。棉籽糖由 α-D-吡喃半乳糖、α-D-吡喃葡萄糖和 β-D-呋喃果糖组成。

重 点	难 点
7. 糖类药物是指以糖类为基础的药物,包括多糖、寡糖以及糖衍生物等。多糖类药物根据其来源分为植物多糖类药物、动物多糖类药物和微生物多糖类药物。多糖类药物具有多种药理活性。可通过作用于免疫系统、血液系统、消化系统以及神经系统等发挥抗炎、抗辐射、抗肿瘤和提高机体免疫力等作用	6. 糖复合物是由一条或多条糖链与蛋白质通过共价结合形成的糖蛋白或蛋白聚糖。糖链部分称为聚糖。糖蛋白或蛋白聚糖可分布于细胞膜表面或细胞内,或作为细胞外基质成分。糖蛋白分子中蛋白质的质量百分比通常大于聚糖,而蛋白聚糖正好相反

课后习题

一、名词解释

糖、单糖、寡糖、多糖、同多糖、杂多糖、糖蛋白、蛋白聚糖、糖类药物。

二、简答题

1. 糖的主要生物学作用有哪些?
2. 请简述糖的分类及特点。
3. 简述单糖的主要化学性质。
4. 常见低聚糖有哪些?其结构特点是什么?
5. 常见的植物多糖和动物多糖有哪些?各有何结构特点?
6. 什么是糖类药物?多糖药物的药理活性有哪些?并举例说明。

三、选择题

1. 下列单糖中属于酮糖的是（   ）。
   A. 葡萄糖　　　　　B. 果糖　　　　　C. 半乳糖　　　　　D. 甘露糖
2. 均一多糖（同多糖）完全水解产物为（   ）。
   A. 葡萄糖　　　　　B. 果糖　　　　　C. 半乳糖　　　　　D. 蔗糖
3. 下列不具有还原性的糖为（   ）。
   A. 葡萄糖　　　　　B. 果糖　　　　　C. 半乳糖
   D. 蔗糖　　　　　　E. 麦芽糖
4. 有关多糖的叙述中不可能的是（   ）。
   A. 它们是生物的主要能源物质　　　　B. 它们是植物细胞壁的主要成分
   C. 它们是遗传信息的载体　　　　　　D. 它们的分子质量大
5. 植物细胞和动物细胞中储藏能量的物质依次是（   ）。
   A. 纤维素和糖原　　　　　　　　　　B. 麦芽糖和乳糖
   C. 淀粉和糖原　　　　　　　　　　　D. 葡萄糖和纤维素
6. 下列属于植物二糖的是（   ）。
   A. 蔗糖、纤维素　　　　　　　　　　B. 麦芽糖、葡萄糖
   C. 淀粉、纤维素　　　　　　　　　　D. 蔗糖、麦芽糖
7. 在人体的肝脏和骨骼肌中含量较多的糖是（   ）。
   A. 乳糖　　　　　　B. 淀粉　　　　　C. 麦芽糖　　　　　D. 糖原
8. 当两个葡萄糖分子结合形成一分子麦芽糖时,麦芽糖分子式不是 $C_{12}H_{24}O_{12}$ 而是 $C_{12}H_{22}O_{11}$,原因是（   ）。
   A. 发生了水解作用　　　　　　　　　B. 发生了蒸腾作用
   C. 发生了同化作用　　　　　　　　　D. 发生了缩合作用

9. 下列选项中，属于动植物细胞共有的糖类是（　　）。
A. 葡萄糖、核糖、脱氧核糖　　　　　　B. 葡萄糖、淀粉、果糖
C. 淀粉、脱氧核糖、乳糖　　　　　　　D. 麦芽糖、果糖、乳糖

10. 糖原经过酶的催化作用，最后水解成（　　）。
A. 麦芽糖　　　　　B. 乳糖　　　　　C. 葡萄糖　　　　　D. CO_2 和 H_2O

选择题答案：1—5：BADCC　6—10：DDDAC

项目二 蛋白质化学

要点导航

掌握：蛋白质、氨基酸、必需氨基酸、氨基酸等电点、肽与肽键，蛋白质一级结构、二级结构、三级和四级结构，蛋白质等电点、蛋白质变性与复性等基本概念；氨基酸的分类；氨基酸的两性解离与等电点；蛋白质一级结构特点；常见蛋白质二级结构（α-螺旋、β-折叠、β-转角和无规则卷曲）特点；蛋白质三级结构特点；蛋白质四级结构特点等。

熟悉：蛋白质的晶体形状、熔点、味感、溶解度、旋光性、紫外吸收特性、疏水性等物理性质；氨基酸 α-氨基参与的反应、α-羧基参与的反应、α-氨基和 α-羧基共同参与的反应；蛋白质的理化性质（紫外吸收特性、呈色反应、胶体性质、两性解离与等电点、变性与复性、沉淀技术）等。

了解：蛋白质的超二级结构和结构域；蛋白质一级结构、空间结构与功能的关系；蛋白质分子病；蛋白质分离纯化技术；常见氨基酸、多肽和蛋白质药物等。

导学案例

2008年9月，我国爆发了奶粉污染事件，由于某奶制品公司生产的婴幼儿奶粉中掺入三聚氰胺，婴幼儿食用这样的问题奶粉后造成许多孩子发生泌尿生殖系统的损害，患上膀胱肾部结石，并导致4人死亡。请思考：为什么奶制品生产公司要在生产的奶粉中掺入三聚氰胺？三聚氰胺在化学结构上与蛋白质有何相似之处？三聚氰胺让人们对奶粉蛋白质含量测定方法有了怎样的再认识？

蛋白质（protein）是生物体内一类最重要的生物大分子，是生命现象的执行者，具有重要的生理作用。从简单的低等生物如病毒、细菌到复杂的高等动植物，都含有蛋白质。蛋白质是生物体内含量最丰富的有机化合物。人体几乎所有的组织器官中都含有不同类型的蛋白质，约10万种，占人体总固体成分的45%。细菌蛋白质含量约50%～80%，病毒除少量核酸外几乎都由蛋白质组成，甚至朊病毒只含蛋白质而不含核酸。高等植物细胞原生质和种子中也含有较多的蛋白质，如大豆蛋白质含量高达40%。许多重要的生命现象和生理活动都是通过蛋白质来实现的，每一种蛋白质都有其特有的生物学功能，决定生物体的代谢类型及生物学特性。人体内的酶、抗体、凝血因子、多肽激素、转运蛋白、收缩蛋白和调控蛋白等蛋白质在物质代谢、能量代谢、血液凝固、肌肉收缩、细胞信息传导、生长发育以及组织修复等生理过程中发挥着极为重要作用。可以说，蛋白质是生命活动的物质基础。

任务一 蛋白质的分子组成

一、蛋白质的元素组成

在生物体内，蛋白质的种类很多，其结构和功能也各异，但蛋白质的组成元素基本相似，主要由 C（50%~55%）、H（6%~7%）、O（19%~24%）、N（13%~19%）和 S（0~4%）组成，部分蛋白质还含有其他一些元素，如 P、Fe、Cu、Zn、Mg、Ca、I 和 Mo 等。不同蛋白质平均含氮量比较接近，约为 16%，这是蛋白质元素组成的一个特点，也是凯氏定氮法（Kjeldahl）测定蛋白质含量的计算基础，通过测定蛋白质样品中的含氮量可推算蛋白质的含量。

100g 样品中蛋白质含量(%)＝每克样品含氮克数×6.25×100

二、蛋白质的基本组成单位——氨基酸

蛋白质是由氨基酸通过酰胺键（肽键）组成的多聚生物大分子，结构复杂，种类繁多，用酸（H_2SO_4 或 HCl 进行）、碱（NaOH）或酶（如胰蛋白酶、胃蛋白酶等）水解均可得到含有不同氨基酸的混合液。因此，蛋白质的基本组成单位是氨基酸（amino acid，AA）。

（一）氨基酸的结构

自然界中氨基酸种类超过 300 种，但构成蛋白质的天然氨基酸只有 20 种，有相应的氨基酸遗传密码，称为编码氨基酸或标准氨基酸。氨基酸结构中与羧基直接相连的 C 原子称为 α-碳原子，在 α-碳原子上连接一个氨基，因此，称为 α-氨基酸（脯氨酸为 α-亚氨基酸）。20 种标准氨基酸中，除甘氨酸外，其 α-碳原子都是手性碳原子，有 D-型和 L-型结构差异，但构成天然蛋白质的氨基酸均为 L-α-氨基酸，其结构通式见图 2-1。

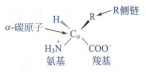

图 2-1 氨基酸通式

除常见的 20 种标准氨基酸外，在自然界还存在许多非编码氨基酸，以游离或结合形式存在，有些在代谢中是重要的前体或中间体，在生物体发挥重要的生理功能。如 β-丙氨酸是构成维生素泛酸的主要成分；D-苯丙氨酸参与组成抗生素短杆菌肽 S；同型半胱氨酸是甲硫氨酸代谢产物；瓜氨酸和鸟氨酸是尿素合成中间产物；γ-氨基丁酸（γ-GABA）是谷氨酸脱羧产物，是抑制性神经递质，在大脑中含量较高。当前，一些非蛋白质氨基酸已被开发并作为药物应用于临床的疾病治疗中。

 知识链接

氨基酸的发现

氨基酸的发现始于 1806 年的法国，当时化学家 Louis Nicolas Vauquelin 和 Pierre Jean Robiquet 通过从芦笋中分离出一种化合物（后来称为天冬酰胺），发现了第一个氨基酸。这一发现激起了科学界对整个生命构成要素的兴趣，并促使人们寻找其他氨基酸。在随后的几十年中，化学家在肾结石中发现胱氨酸（1810 年）和单体半胱氨酸（1884 年）。在 1820 年，化学家又从肌肉组织中提取到了亮氨酸（最重要的氨基酸之一）与甘氨酸。由于在肌肉中的这一发现，因此亮氨酸与缬氨酸和异亮氨酸一起被认为是肌肉蛋白质合成所必需的氨基酸。到了 1935 年，所有 20 种常见氨基酸被发现并归类，这促使生物化学家和营养学家 William Cumming Rose 成功地确定了每日的最低氨基酸的需求量。

（二）氨基酸的分类

1. 根据侧链 R 基团化学结构分类

根据氨基酸侧链 R 的结构不同，将常见的 20 种标准氨基酸分为脂肪族氨基酸、芳香族氨基酸和杂环族氨基酸 3 类。其中，以脂肪族氨基酸最多。根据脂肪族氨基酸结构差异，又分为一氨基一羧基氨基酸（甘氨酸、丙氨酸、缬氨酸、亮氨酸、异亮氨酸 5 种）、含羟基氨基酸（丝氨酸和苏氨酸 2 种）、含硫氨基酸（半胱氨酸和甲硫氨酸 2 种）、含酰胺基氨基酸（天冬酰胺和谷氨酰胺 2 种）、一氨基二羧基氨基酸（天冬氨酸和谷氨酸 2 种）和二氨基一羧基氨基酸（赖氨酸和精氨酸 2 种），共 15 种。芳香族氨基酸有苯丙氨酸和酪氨酸 2 种。杂环族氨基酸有色氨酸、组氨酸

和脯氨酸 3 种。常见 20 种氨基酸的结构如图 2-2 所示。

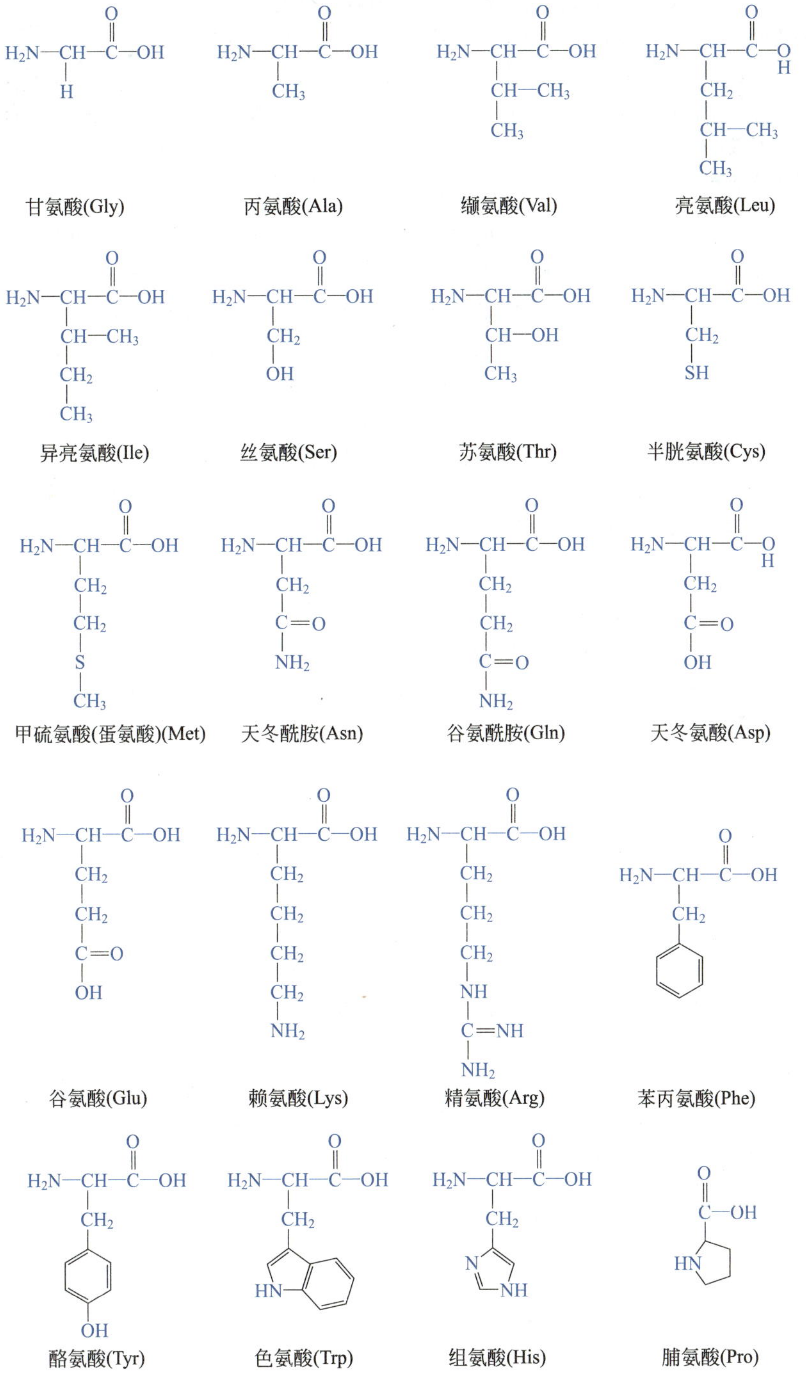

图 2-2 常见 20 种氨基酸的结构

根据 R 侧链基团的酸碱性质可分为酸性氨基酸、中性氨基酸和碱性氨基酸。酸性氨基酸有天冬氨酸和谷氨酸 2 种，碱性氨基酸有赖氨酸（侧链有氨基）、精氨酸（侧链有胍基）和组氨酸（侧链有咪唑基）3 种，酸性氨基酸和碱性氨基酸以外的均归类到中性氨基酸，共 15 种氨基酸。

根据 R 侧链基团的极性和带电特性，可将 20 种标准氨基酸分成 4 组：非极性 R 基氨基酸（疏水氨基酸）、不带电荷的极性 R 基氨基酸、带正电荷的 R 基氨基酸、带负电荷的 R 基氨基酸

(表 2-1)，后两者称为亲水性氨基酸。

表 2-1 按其 R 基的极性和带电特性分类（在 pH=7 时）

氨基酸类别	氨基酸
非极性 R 基氨基酸	丙氨酸、缬氨酸、亮氨酸、异亮氨酸、苯丙氨酸、色氨酸、甲硫氨酸、脯氨酸
不带电荷的极性 R 基氨基酸	甘氨酸、丝氨酸、苏氨酸、半胱氨酸、酪氨酸、天冬酰胺、谷氨酰胺
带正电荷的 R 基氨基酸	赖氨酸、精氨酸、组氨酸
带负电荷的 R 基氨基酸	天冬氨酸、谷氨酸

非极性 R 基氨基酸共有 8 种，有丙氨酸、缬氨酸、亮氨酸、异亮氨酸 4 种侧链为脂肪烃侧链的氨基酸和苯丙氨酸、色氨酸 2 种侧链含芳香环的氨基酸以及侧链含硫的甲硫氨酸和含亚氨基的脯氨酸，这些氨基酸在水中的溶解度比极性氨基酸小，其中，丙氨酸 R 基疏水性最小，介于非极性 R 基氨基酸和不带电荷的极性 R 基氨基酸之间。不带电荷的极性 R 基氨基酸有 7 种，包括甘氨酸、丝氨酸、苏氨酸、酪氨酸、天冬酰胺、谷氨酰胺和半胱氨酸，其侧链为不解离的极性基团或亲水性基团，能与水形成氢键。其中，甘氨酸侧链介于极性与非极性之间。这些氨基酸中半胱氨酸和酪氨酸 R 基极性最强。带正电荷的 R 基氨基酸为碱性氨基酸，在 pH7 时带正净电荷，侧链为高极性基团，包括赖氨酸、精氨酸和组氨酸。带负电荷的 R 基氨基酸为酸性氨基酸，包括天冬氨酸和谷氨酸。在 pH7 左右侧链羧基完全解离，带负电荷。

2. 根据营养价值分类

根据人体或动物体对氨基酸的需求以及氨基酸在人体和动物体的合成情况，可将氨基酸分为必需氨基酸（人体不能合成或合成量较少）、半必需氨基酸和非必需氨基酸 3 个大类。必需氨基酸有 8 种，包括异亮氨酸、亮氨酸、赖氨酸、甲硫氨酸、苯丙氨酸、苏氨酸、色氨酸和缬氨酸。半必需氨基酸 2 种，包括组氨酸和精氨酸。如组氨酸是婴幼儿必需氨基酸，若缺乏时会患湿疹。

（三）氨基酸的物理性质

1. 氨基酸的两性电离与等电点

除脯氨酸外，所有氨基酸分子中均含有酸性的 $\alpha\text{-COOH}$ 和碱性的 $\alpha\text{-NH}_2$，在酸性溶液中，氨基酸可与 H^+ 结合形成阳离子（$-NH_3^+$）；在碱性溶液中，氨基酸可与 OH^- 结合，失去 H^+ 形成阴离子（$-COO^-$）。因此，氨基酸是两性电离物质，称为两性电解质。氨基酸的解离与所处溶液的酸碱性有重要关系，同一氨基酸在不同 pH 条件下解离方式不同，可带正或负电荷。当氨基酸处于某 pH 溶液时，所带正、负电荷相等，氨基酸成为兼性离子，呈电中性，氨基酸净电荷为零，此时溶液的 pH 称为该氨基酸等电点（isoelectric point，pI）。不同氨基酸由于侧链解离程度不同而有不同的等电点。当溶液 pH<pI 时，氨基酸带正电荷；当溶液 pH>pI 时，氨基酸带负电荷。氨基酸的两性解离与等电点变化示意图见图 2-3。

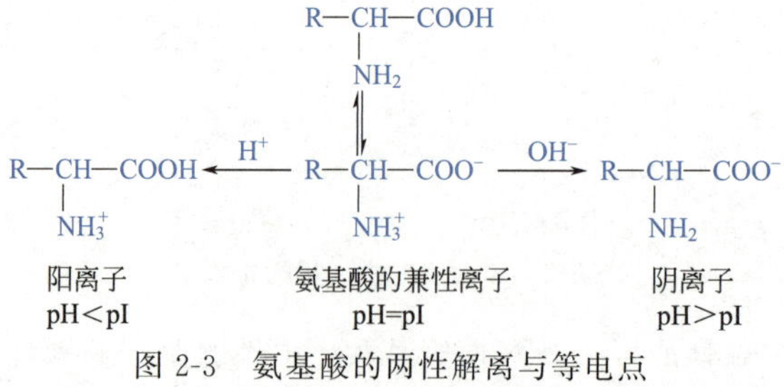

$$R-CH-COOH \quad \underset{H^+}{\overset{}{\rightleftharpoons}} \quad R-CH-COO^- \quad \underset{OH^-}{\overset{}{\rightleftharpoons}} \quad R-CH-COO^-$$
$$|NH_3^+ |NH_3^+ |NH_2$$

阳离子　　　　　氨基酸的兼性离子　　　　阴离子
pH<pI　　　　　　　pH=pI　　　　　　　pH>pI

图 2-3 氨基酸的两性解离与等电点

一般情况下，中性氨基酸 pI 在 5.0~6.3 左右，酸性氨基酸在 2.8~3.2 左右，碱性氨基酸在 7.6~10.8 之间。等电点是氨基酸的一个重要物理常数。对于中性氨基酸来说，由于其侧链 R 基团不解离，所以，$pI=(pK_1'+pK_2')/2$，如甘氨酸、丙氨酸、缬氨酸、亮氨酸、异亮氨酸、丝氨酸、苏氨酸、天冬酰胺、谷氨酰胺、半胱氨酸、甲硫氨酸、苯丙氨酸、酪氨酸、色氨酸和脯氨酸。对于酸性氨基酸来说，由于其结构中含有 3 个可解离基团，完全质子化时可看作一个三元酸，所以，pI=(pK'_1+pK'_R)/2，如天冬氨酸和谷氨酸。碱性氨基酸 pI=(pK'_2+pK'_R)/2，如赖氨酸、精氨酸和组氨酸。在等电点时，氨基酸溶解度最小，可基于此原理进行氨基酸的分离。常见氨基酸表观解离常数和等电点如表 2-2 所示。

表 2-2　常见氨基酸表观解离常数和等电点

氨基酸	pK'_1 (α-COOH)	pK'_2 (α-NH$_3^+$)	pK'_R (R 基)	pI	氨基酸	pK'_1 (α-COOH)	pK'_2 (α-NH$_3^+$)	pK'_R (R 基)	pI
甘氨酸	2.34	9.60	—	5.97	谷氨酰胺	2.17	9.13	—	5.65
丙氨酸	2.34	9.69	—	6.02	精氨酸	2.17	9.04	12.48(胍基)	10.76
缬氨酸	2.32	9.62	—	5.97	赖氨酸	2.18	8.95	10.53(ε-NH$_3^+$)	9.74
亮氨酸	2.36	9.60	—	5.98	组氨酸	1.82	9.17	6.00(咪唑基)	7.59
异亮氨酸	2.36	9.68	—	6.02	半胱氨酸	1.71	8.33	10.78(巯基)	5.02
丝氨酸	2.21	9.15	—	5.68	甲硫氨酸	2.28	9.21	—	5.75
苏氨酸	2.63	10.43	—	6.53	苯丙氨酸	1.83	9.13	—	5.48
天冬氨酸	2.09	9.82	3.86(β-COOH)	2.97	酪氨酸	2.20	9.11	10.07(酚羟基)	5.66
天冬酰胺	2.02	8.80	—	5.41	色氨酸	2.38	9.39	—	5.89
谷氨酸	2.19	9.67	4.25(γ-COOH)	3.22	脯氨酸	1.99	10.60	—	6.30

2. 晶体形状

不同氨基酸可形成不同的晶体形状，如 L-谷氨酸是四角柱形。同一氨基酸在不同结晶体系中形成的晶体也有差异。如脯氨酸在水中的结晶为柱状体晶形，而在乙醇中晶体为针状晶形。所有氨基酸均为无色结晶，晶形可作为氨基酸鉴定的重要依据。除胱氨酸和酪氨酸外的氨基酸都能溶于水，均能溶于稀酸、稀碱溶液，除脯氨酸和羟脯氨酸能溶于乙醇或乙醚外，其他均不能溶于有机溶剂。常见氨基酸的晶体形状见表 2-3。

表 2-3　常见氨基酸的晶体形状

氨基酸	分子量	晶体形状	氨基酸	分子量	晶体形状
甘氨酸	75.05	白色单斜晶	谷氨酰胺	146.08	—
丙氨酸	89.06	菱形晶[1]、柱状晶[1]	精氨酸	174.4	柱状晶[1]、片状晶[2]
缬氨酸	117.09	六角形叶片状晶[2]	赖氨酸	146.13	扁六角形片状晶[2]
亮氨酸	131.11	无水叶片状晶[1]	组氨酸	155.09	叶片状晶
异亮氨酸	131.11	菱形叶片或片状晶[2]	半胱氨酸	121.12	晶粉
丝氨酸	105.06	六角形片或柱状晶	甲硫氨酸	149.15	六角形片状晶
苏氨酸	119.18	斜方晶	苯丙氨酸	165.09	叶片状晶
天冬氨酸	133.6	菱形叶片状晶	酪氨酸	181.09	丝状针晶[1]
天冬酰胺	132.6	—	色氨酸	204.11	六角形叶片状晶
谷氨酸	147.08	四角柱形晶	脯氨酸	115.08	柱状晶[1]、针状晶[2]

注：[1]表示自水中结晶。
　　[2]表示自乙醇中结晶。
　　色氨酸、天冬酰胺、谷氨酰胺在 5mol/L HCl 中不稳定，故在较低的 HCl 浓度下测定。

3. 熔点

由于氨基酸以兼性离子形式存在，故熔点比相应羧酸或胺类要高些，一般在 200～300℃ 之间。熔点较低的氨基酸如半胱氨酸为 178℃，较高的如酪氨酸为 342℃。常见氨基酸的熔点见表 2-4。

表 2-4　常见氨基酸的熔点

氨基酸	熔点/℃	氨基酸	熔点/℃	氨基酸	熔点/℃	氨基酸	熔点/℃	氨基酸	熔点/℃
DL-丙氨酸	295*	L-丙氨酸	297*	DL-精氨酸	228*	L-缬氨酸	244*		
DL-天冬酰胺	213～215*	L-天冬酰胺	236*	DL-天冬氨酸	278～280*	L-天冬氨酸	269～271*		
DL-瓜氨酸	220～221*	L-瓜氨酸	234～237*	L-半胱氨酸	240*	L-半胱氨酸盐酸盐	178*		
DL-胱氨酸	260*	L-胱氨酸	258～261*	DL-谷氨酸	225～227*	L-谷氨酸	247～249*		
L-谷氨酰胺	184～185*	甘氨酸	292*	DL-组氨酸	285～286*	L-组氨酸	277*		
L-组氨酸二盐酸盐	245～246*	L-羟脯氨酸	270*	DL-异亮氨酸	292*	L-异亮氨酸	285～286*		
DL-高丝氨酸	184～187*	L-赖氨酸	224*	L-赖氨酸盐酸盐	263～264*	DL-甲硫氨酸	281*		
L-甲硫氨酸	283*	DL-鸟氨酸	195	DL-鸟氨酸盐酸盐	225～232*	L-鸟氨酸	226～227*		
L-鸟氨酸盐酸盐	230～232*	DL-苯丙氨酸	318～322*	L-苯丙氨酸	283～284*	DL-脯氨酸	213		
L-脯氨酸	220～222*	DL-丝氨酸	246*	L-丝氨酸	223～228*	DL-苏氨酸	235*		
L-苏氨酸	253*	DL-色氨酸	283～285*	L-色氨酸	281～282*	DL-酪氨酸	316*		
L-酪氨酸	342*	DL-缬氨酸	293*	L-精氨酸	315*	L-精氨酸盐酸盐	220*		
DL-精氨酸盐酸盐	243～246*	L-高丝氨酸	203*						

注：*表示熔点分解。

4. 味感

各种氨基酸都有一定的味感，味感与氨基酸的结构和构型有关。一般 D-型氨基酸多数有甜味，而 L-型氨基酸有甜、苦、鲜、酸 4 种味感。其中，疏水性氨基酸多具有苦味，而亲水性氨基酸多具有甜味，天冬氨酸和谷氨酸钠盐有显著鲜味。常见氨基酸味感见表 2-5。

表 2-5　常见氨基酸的味感

味感	氨基酸	界限值[①]	甜味	苦味	鲜味	酸味	咸味
甜味	甘氨酸	110	+++				
	丙氨酸	60	+++				
	丝氨酸	150	+++			+	
	苏氨酸	260	+++	+		+	
	羟脯氨酸	50	++	+			
	赖氨酸盐酸盐	50	++	++	+		
	谷氨酰胺	250	+		+		
	脯氨酸	300	+++	++			
苦味	缬氨酸	150	+	+++			
	亮氨酸	380		+++			
	异亮氨酸	90		+++			
	甲硫氨酸	30		+++	+		
	苯丙氨酸	150		+++			
	色氨酸	90		+++			
	精氨酸	10		+++			
	精氨酸盐酸盐	30		+++			
	组氨酸	20		+++			
酸味	组氨酸盐酸盐	5		+		+++	+
	天冬酰胺	100		+		++	
	天冬氨酸	3				+++	
	谷氨酸	5				+++	
鲜味	天冬氨酸钠	100			+++		+
	谷氨酸钠	30			++		

①界限值单位为 mg/100mL。

知识链接

呈味氨基酸

氨基酸是维系人体生命活动的重要物质,它不仅具有各种生理功能,而且大多数氨基酸及其盐具有甜味或苦味,少数几种具有鲜味或酸味。一般意义上把谷氨酸、天冬氨酸、苯丙氨酸、丙氨酸、甘氨酸和酪氨酸这6种能呈现出特殊鲜味的氨基酸称为呈味氨基酸。其中L-谷氨酸钠盐是味精的主要成分,是天然氨基酸中鲜味最强的物质,其次为天冬氨酸及其钠盐。

知识链接

味精的发现与发展史

1907年,日本东京帝国大学研究员池田菊苗发现,海带汤蒸发后会留下一种棕色晶体,即谷氨酸。继而,他为大规模生产谷氨酸晶体的方法申请了专利,将谷氨酸钠称之为味之素,传入中国后改名"味精",学名谷氨酸钠。其发展大致有三个阶段:(1)1866年德国人 H·Ritthasen 从面筋中分离出谷氨酸。1908年日本东京大学池田菊苗从海带中分离出L-谷氨酸结晶体,这种结晶体和从蛋白质水解得到的L-谷氨酸一样,且都是有鲜味的;(2)以面筋或大豆粕为原料通过用酸水解的方法生产味精,这个方法消耗大,成本高,劳动强度大,对设备要求高;(3)1965年以后我国味精厂都以粮食为原料通过微生物发酵、提取、精制而得到符合国家标准的谷氨酸钠,谷氨酸是目前生产规模最大的一类氨基酸。

5. 溶解度

由于氨基酸均有 α-氨基和 α-羧基等极性基团,因此均能溶于水,但在水中的溶解性有显著差异。L-氨基酸和DL-氨基酸在不同温度条件下在水中的溶解度分别见表2-6和表2-7。

表2-6 L-氨基酸在不同温度条件下在水中的溶解度 单位:g/100mL

氨基酸	在水中的溶解度					氨基酸	在水中的溶解度				
	0℃	25℃	50℃	75℃	100℃		0℃	25℃	50℃	75℃	100℃
丙氨酸	12.73	16.65	21.79	28.51	37.30	精氨酸	8.3	14.8	40.0	—	174.1
精氨酸盐酸盐	45.0	90.0	144.0	—	900	天冬酰胺	0.85	3.0	9.1	24.1	55
天冬氨酸	0.21	0.50	1.20	2.875	6.989	瓜氨酸	—	12	50		
胱氨酸	0.005	0.011	0.0239	0.0523	0.114	谷氨酸	0.34	0.864	2.186	5.532	14.00
谷氨酰胺	3.6(18℃)	4.25	4.8(30℃)	—		甘氨酸	14.18	24.99	39.10	54.39	67.17
组氨酸	2.3	4.3	6.4	—	42.8	组氨酸盐酸盐	29.1	39.0	50.1	—	93.5
羟脯氨酸	28.86	36.11	45.18	51.67	70.70	异亮氨酸	3.79	4.117	4.82	6.076	8.22
亮氨酸	2.27	2.426	2.89	3.823	5.64	赖氨酸盐酸盐	53.6	89	111.5	142.8	—
甲硫氨酸	3.0	5.6	7.4	—		鸟氨酸盐酸盐	—	55	68	86(60℃)	
苯丙氨酸	1.983	2.965	4.431	6.624	9.900	脯氨酸	127.20	162.3	206.7	239.0	335.4
丝氨酸	2.20	5.02	10.34	19.21	32.24	苏氨酸	—	10.6	14.1	19.0(61℃)	
色氨酸	0.823	1.136	1.706	2.795	4.987	酪氨酸	0.020	0.0453	0.1052	0.2438	0.565
缬氨酸	8.34	8.85	9.62	10.24							

表 2-7　DL-氨基酸在不同温度条件下在水中的溶解度　　　　　单位：g/100mL

氨基酸	在水中的溶解度					氨基酸	在水中的溶解度				
	0℃	25℃	50℃	75℃	100℃		0℃	25℃	50℃	75℃	100℃
丙氨酸	12.11	16.72	23.00	31.89	44.01	天冬酰胺	—	2.16	—	—	—
天冬氨酸	0.262	0.778	2.000	4.456	8.594	胱氨酸	—	0.003	0.01	—	—
谷氨酸	0.855	2.054	4.934	11.86	28.49	高丝氨酸	—	125	—	—	—
异亮氨酸	1.826	2.229	3.034	4.607	7.802	亮氨酸	0.797	0.991	1.406	2.276	4.206
甲硫氨酸	1.818	3.381	6.070	10.52	17.60	苯丙氨酸	0.997	1.411	2.187	3.708	6.886
丝氨酸	2.204	5.023	10.34	19.21	32.24	苏氨酸	—	20	—	55	—
色氨酸	—	0.25	—	—	—	酪氨酸	0.0147	0.0351	0.0836	—	—
缬氨酸	5.98	7.09	9.11	12.61	18.81						

6. 旋光性

除甘氨酸外，蛋白质中的氨基酸均有旋光性，因为 α-氨基酸中的 α-碳原子是不对称碳原子，即与 α-碳原子相连的 4 个取代基各不相同，分别为羧基、氨基、氢原子和侧链，由于 α-碳原子连接的 4 个取代基在空间有不同的排布，所以氨基酸有 D-型和 L-型构象，它们为镜像结构或左右手关系。这两种形式称为光学异构体、对映体或立体异构体。氨基酸的其中一个异构体使偏振光向左旋转（称左旋，记为"—"），另一个异构体使偏振光向右旋转（称右旋，记为"+"），两者旋转程度相等。α-氨基酸具有的这一性质称为旋光性或光学活性，也称为分子的手性（chirality）。氨基酸的旋光度除与侧链 R 基性质有关外，还与测定 pH 有关。这是因为氨基酸为两性电解质，在不同 pH 条件下氨基和羧基的解离状态不同。比旋度是一个可以进行氨基酸鉴别和纯度测定的物理常数。常见氨基酸的比旋度见表 2-8。

表 2-8　常见氨基酸的比旋度

氨基酸	分子量	比旋度(水中)/(°)	比旋度(5mol/L HCl)/(°)
甘氨酸	75.05	—	—
丙氨酸	89.06	+1.8	+14.6
缬氨酸	117.09	+5.6	+28.3
亮氨酸	131.11	−11.0	+16.0
异亮氨酸	131.11	+12.4	+39.5
丝氨酸	105.06	−7.5	+15.1
苏氨酸	119.18	−28.5	−15.0
天冬氨酸	133.6	+5.0	+25.4
天冬酰胺	132.6	−5.3	+33.2(3mol/L HCl)
谷氨酸	147.08	+12.0	+31.8
谷氨酰胺	146.08	+6.3	+31.8(1mol/L HCl)
精氨酸	174.4	+12.5	+27.6
赖氨酸	146.13	+13.5	+26.0
组氨酸	155.09	−38.5	+11.8
半胱氨酸	121.12	−16.5	+6.5
甲硫氨酸	149.15	−10.0	+23.2
苯丙氨酸	165.09	−34.5	−4.5
酪氨酸	181.09	—	−10.0
色氨酸	204.11	−33.7	+2.8(1mol/L HCl)
脯氨酸	115.08	−86.2	−60.4

7. 紫外吸收特性

氨基酸在可见光区都没有光的吸收，但对于侧链基团含有芳香环的氨基酸（如酪氨酸、色氨酸和苯丙氨酸）因具有共轭双键结构，所以，对紫外光区具有光吸收现象，可吸收一定波长的紫外线，酪氨酸和色氨酸的紫外光区吸收峰在 280nm 左右，苯丙氨酸紫外吸收峰在 260nm 左右

（图 2-4）。由于绝大多数蛋白质均含有这些含芳香环侧链的氨基酸（酪氨酸和色氨酸残基），因此，也具有共轭双键结构，在 280nm 处也有紫外光吸收现象，可以利用蛋白质在 280nm 的吸光度值测定样品中的蛋白质含量，这种方法称为紫外分光光度法测定蛋白质含量。

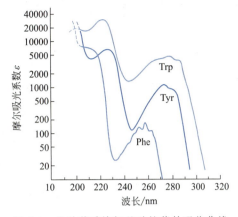

图 2-4　几种芳香族氨基酸的紫外吸收曲线

8. 疏水性

蛋白质在水中的溶解度与氨基酸侧链的极性有重要关系。氨基酸侧链的极性基团（带电荷或不带电荷）和非极性（疏水）基团的分布情况与蛋白质的溶解性、结构及脂质结合能力等有重要关系。氨基酸的疏水性（hydrophobicity）为 1mol 氨基酸从水溶液转移至乙醇溶液时所产生的自由能变化。不考虑活度系数变化的前提下，$\Delta G^{\ominus} = -RT\ln(S_{乙醇}/S_{水})$，其中 $S_{乙醇}$ 和 $S_{水}$ 分别为氨基酸在乙醇和水中的溶解度，单位为 mol/L。氨基酸结构可分为甘氨酸基和侧链，假定甘氨酸侧链（R=H）的 $\Delta G^{\ominus}$ 为 0，则 $\Delta G^{\ominus} = \Delta G^{\ominus}_{(甘氨酸)} + \Delta G^{\ominus}_{(侧链)}$，所以，氨基酸侧链残基的疏水性 $G^{\ominus}_{(侧链)} = \Delta G^{\ominus} - \Delta G^{\ominus}_{(甘氨酸)}$。氨基酸侧链残基的疏水性常用 Tanford 法测定。常见氨基酸侧链的疏水性见表 2-9。

表 2-9　常见氨基酸侧链的疏水性

氨基酸	$G^{\ominus}_{(侧链)}$/(kJ/mol)	氨基酸	$G^{\ominus}_{(侧链)}$/(kJ/mol)	氨基酸	$G^{\ominus}_{(侧链)}$/(kJ/mol)
丙氨酸	2.09	亮氨酸	9.61	精氨酸	3.10
赖氨酸	6.25	天冬酰胺	0	甲硫氨酸	5.43
天冬氨酸	2.09	苯丙氨酸	10.45	半胱氨酸	4.18
脯氨酸	10.87	谷氨酰胺	−0.42	丝氨酸	−1.25
谷氨酸	2.09	苏氨酸	1.67	甘氨酸	0
色氨酸	14.21	组氨酸	2.09	酪氨酸	9.61
异亮氨酸	12.54	缬氨酸	6.27		

$G^{\ominus}_{(侧链)}$ 数值较大时，表示该氨基酸侧链是疏水的，常位于蛋白质的结构内部；而疏水性数值为较大负值时，表示该氨基酸为亲水性，常位于蛋白质结构的外部。赖氨酸是一个例外，该氨基酸为亲水性氨基酸，但疏水值却为正数，这是由于赖氨酸分子中含有 4 个易溶于有机相的亚甲基。

（四）氨基酸的化学性质

1. α-氨基参与的反应

（1）与亚硝酸反应　氨基酸的游离 α-氨基可与亚硝酸反应生成 α-羟基酸和氮气。

$$\begin{array}{c} NH_3 \\ | \\ CH-COOH \\ | \\ R \end{array} + HNO_2 \longrightarrow \begin{array}{c} OH \\ | \\ CH_3-COOH \\ | \\ R \end{array} + N_2\uparrow + H_2O$$

该反应生成 N_2 的 50% 来自于氨基酸、50% 来自于亚硝酸，是范式（Van Slyke）定氮法的理论基础。ε-NH_2 与 HNO_2 反应较慢。脯氨酸为亚氨基酸结构，没有游离 α-氨基，不能与 HNO_2 反应。组氨酸和色氨酸被环结合的 N 也不能发生此反应。赖氨酸除了 α-氨基外，含有的 ε-氨基也能与亚硝酸反应生成氮气，但反应速率较慢，控制反应时间在 3～4min，α-氨基可作用完全。

（2）酰基化和烃基化反应　氨基酸的氨基可与酰基化试剂或烃基化试剂反应，α-氨基上的 H 原子被酰基或烃基取代生成相应的产物。其反应通式为：

$$H_2N-\underset{\underset{R}{|}}{CH}-COOH + R'X \longrightarrow NHR'-\underset{\underset{R}{|}}{CH}-COOH + HX$$

R′ 为酰基或烃基；X 为卤素，Cl 和 F

该取代产物对氨基酸的氨基有保护作用,在多肽及蛋白质人工合成时常用于保护氨基,以及蛋白质一级结构测定时进行 N 末端氨基酸分析与测定。常用的酰基化试剂有苄氧甲酰氯、叔丁氧甲酰氯、对甲苯磺酰氯、邻苯二甲酸酐、丹磺酰氯等。常用烃基化试剂有 2,4-二硝基氟苯(DNFB,也称 Sanger 试剂)和苯异硫氰酸酯(PITC)。DNFB 在弱碱性溶液中与氨基酸发生取代反应,生成黄色化合物二硝基苯基氨基酸(DNP 氨基酸),常用来鉴定蛋白质和多肽的 N 末端氨基酸残基。苯异硫氰酸酯(PITC)和氨基酸反应比较特殊,在弱碱性条件下,先和氨基酸反应生成烃基化产物苯氨基硫甲酰氨基酸(PITC-AA),在硝基甲烷中与酸作用发生环化,生成苯乙内酰硫脲衍生物(PTH-AA)。此反应在多肽和蛋白质氨基酸序列分析中具有特殊重要作用。

(3) 脱氨基反应　氨基酸在氧化剂或氨基酸氧化酶的作用下发生氧化脱氨,生成相应的 α-酮酸。

$$\underset{R}{\overset{COOH}{\underset{|}{H_2N-C-H}}} \xrightarrow[\text{酶}]{[O]} \underset{R}{\overset{COOH}{\underset{|}{C=O}}} + NH_3$$

该反应是生物体氨基酸分解代谢的第一步,氨基酸只有脱除氨基后才能进行体内代谢。

2. α-羧酸参加的反应

(1) 成盐或成酯反应　氨基酸成盐或成酯反应常在多肽与蛋白质合成中应用。

$$\underset{R}{\overset{COOH}{\underset{|}{H_2N-C-H}}} + R'-OH \longrightarrow \underset{R}{\overset{COOR'}{\underset{|}{H_2N-C-H}}} + H_2O$$

氨基酸与碱作用(如 NaOH)即生成盐,如氨基酸钠盐。氨基酸重金属盐不溶于水。氨基酸羧基与醇反应可生成酯。如在干燥 HCl 气体条件下,氨基酸与无水甲醇或乙醇反应可生成相应的甲酯或乙酯。氨基酸成盐或成酯后,羧基被保护,氨基化学性质加强,容易与酰基、烃基等发生取代反应。但有一个例外,氨基酸与对硝基苯酚生成相应对硝基苯酯后,羧基反应活性反而增强了,易发生酰化反应,这种酯称为活化酯。

(2) 成酰氯反应　氨基酸氨基经保护后,结构上的羧基可与五氯化磷或二氯亚砜等反应生成相应的酰氯,羧基被活化,容易与另一个氨基酸的氨基形成肽键,在人工合成多肽中经常使用。

(3) 叠氮反应　氨基酸氨基用适当基团保护后,羧基经酯化后生成相应的酯,再与肼和亚硝酸反应生成叠氮化合物,使羧基被活化,也常应用于多肽的人工合成。

(4) 脱羧基反应　氨基酸在生物体内的氨基酸脱羧酶的催化下,脱去羧酸生成相应伯胺并放出 CO_2。氨基酸脱羧酶有严格的专一性。一种氨基酸脱羧酶只能催化一种特定氨基酸脱羧。氨基酸发酵过程中,可利用该反应进行氨基酸产量的测定,加入特定氨基酸脱羧酶后,利用瓦勃呼吸计可以定量测定 CO_2 的量,从而进行氨基酸的计量。

3. α-氨基和 α-羧基共同参加的反应

(1) 茚三酮反应　在弱酸性条件下,氨基酸与茚三酮水合物共热时,氨基酸氧化脱氨脱羧,茚三酮水合物被还原并与氨和另一分子茚三酮缩合成为蓝紫色化合物,该蓝紫色化合物最大吸收波长为 570nm,其颜色深浅与蛋白质浓度呈正比,茚三酮反应非常灵敏,可用于氨基酸和蛋白质的定性与定量分析。

$$\text{水合茚三酮} + H_2N-\underset{R}{\overset{}{\underset{|}{C}}H}-COOH \longrightarrow \text{还原茚三酮} + R-CHO + NH_3 + CO_2$$

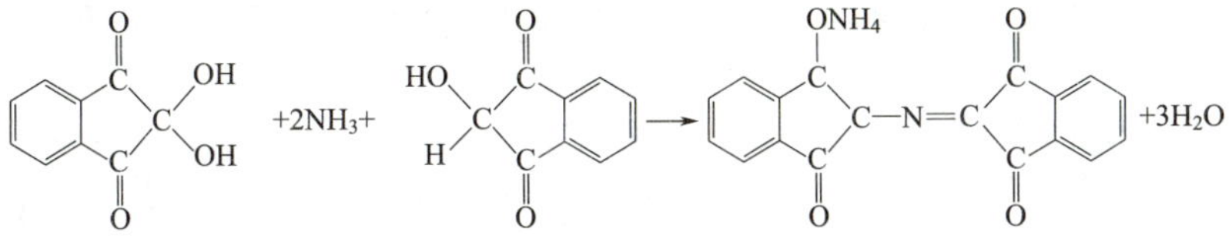

氨基酸在 0.5~50μg/mL 范围内，含量与吸光度值成正比。脯氨酸是亚氨基酸，与茚三酮反应生成一种黄色物质，其最大吸收波长在 440nm 处。

科学典故

茚三酮的发现

遍观科学史，有很多重要的发明和发现均是源于意外和偶然，茚三酮也是如此。德裔英国化学家 Siegfried Ruhemann 发现茚三酮其实是源于他对烯醇化环状羰基化合物的研究兴趣，那时他发现化合物Ⅰ主要以烯醇形式存在并且推测环外的乙酰基对烯醇互变有影响。为验证这一猜想，他设计了具有相似结构的化合物Ⅱ，并决定采用 1-茚酮（1-indanone）为起始原料进行合成。根据最初设想，1-茚酮被 4-亚硝基二甲苯胺氧化后得到的亚胺中间体水解即可得到邻二酮产物。但事与愿违，他始终没法合成期待的亚胺中间体，后来才发现 1-茚酮的两个亚甲基均参与了反应，实际得到的是双亚胺中间体，水解后得到了三酮的单水合物（monohydrate of triketone），即茚三酮。虽然茚三酮的发现是偶然的，但这与科学家本身具备的科学素养有重要关系，也与科学家的科研敏感性有关。

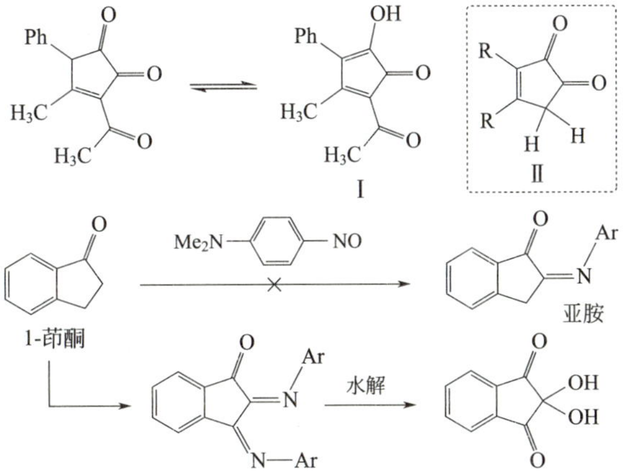

（2）合成肽反应　一个氨基酸的氨基与另一个氨基酸的羧基之间脱水缩合生成酰胺化合物，形成的酰胺键为肽键。由两个氨基酸组成的肽称为二肽。如甘氨酸和丙氨酸反应如下：

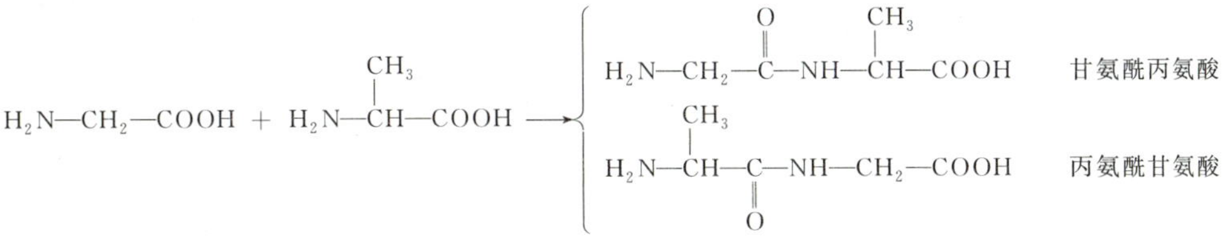

两种不同的氨基酸可形成两种二肽，三种不同的氨基酸可形成 6 种三肽，n 种不同的氨基酸可以形成 $n!$ 种不同的多肽。

4. 侧链 R 基参与的反应

氨基酸侧链 R 基团上存在可发生多种化学反应的官能团，如 Ser 和 Thr 的羟基、Tyr 的酚羟基、Cys 的巯基、Trp 的吲哚基、His 的咪唑基、Arg 的胍基、Met 的甲硫基、Lys 的 ε-氨基、

Asp 和 Glu 的侧链羧基等。侧链参与的化学反应可用于氨基酸的定性定量分析和蛋白质的化学修饰。

（1）半胱氨酸巯基参与的反应　半胱氨酸巯基（—SH）化学性质很活泼，在较弱的氧化剂作用下，两个 Cys 巯基之间发生氧化形成二硫键，产物是胱氨酸，反应可逆。

$$\underset{\text{半胱氨酸}}{\begin{array}{c}\text{COOH}\\|\\H_2N-CH\\|\\CH_2-SH\end{array}} + \underset{\text{半胱氨酸}}{\begin{array}{c}\text{COOH}\\|\\H_2N-CH\\|\\HS-CH_2\end{array}} \underset{\text{还原}}{\overset{\text{氧化}}{\rightleftharpoons}} \underset{\text{胱氨酸}}{\begin{array}{c}\text{COOH}\qquad\text{COOH}\\|\qquad\qquad|\\H_2N-CH\qquad CH-H_2N\\|\qquad\qquad|\\CH_2-S-S-CH_2\end{array}}$$

在还原剂如 β-巯基乙醇、二硫苏糖醇等作用下，胱氨酸—S—S—键打开重新形成两个 Cys。二硫键广泛存在于蛋白质分子中，可存在于同一条肽链中，也可以是两条肽链之间的连接键，对于稳定蛋白质空间结构有重要作用。在较强氧化剂如过甲酸作用下，巯基或二硫键被氧化成磺酸基，此反应不可逆，常用于蛋白质一级结构测定时打开二硫键。巯基易与烷化剂，如碘乙酸、对氯汞苯甲酸等作用生成相对稳定的烷基化衍生物。当烷化剂与巯基作用后可使这些蛋白质失去活性。

（2）酪氨酸酚羟基参与的反应　酪氨酸酚羟基在碱性条件可使 Folin-酚试剂（含磷钼酸和磷钨酸）还原生成钼蓝和钨蓝，产物在 680nm 有最大光吸收。利用 Folin 试剂可进行酪氨酸含量测定。因大多数蛋白质含有酪氨酸，因此，可用 Folin-酚法进行定量测定，也可用于蛋白酶酶活力测定。Tyr 酚基在羟基两侧的 3 位和 5 位容易发生亲电取代反应，如碘化和硝化，还可和重氮化合物结合生成橘黄色化合物（Pauly 反应），也可用于酪氨酸测定。

氨基酸侧链基团参与的部分化学反应见表 2-10。

表 2-10　氨基酸侧链基团参与的部分化学反应

反应基团	反应种类	重要性和应用
苯环（如 Phe、Trp、Tyr）	与浓硝酸作用产生黄色物质	黄蛋白反应，可以用于蛋白质的定性
Tyr 的酚羟基	(1) Folin-酚试剂反应生成蓝色物质 (2) 和重氮化合物反应生成橘黄色的物质 (3) 与 $HgNO_3$、$Hg(NO_3)_2$ 和 HNO_3 生成红色	可用于 Tyr 及蛋白质定性定量分析 Pauly 反应基础，用于检测 Tyr Millon 反应基础，用于检测 Tyr
Trp 的吲哚基	(1) 与乙醛酸及浓硫酸作用生成紫红色物质 (2) 与 Folin-酚试剂反应生成蓝色物质	可用于 Tyr 及蛋白质的定性定量分析 Pauly 反应基础，用于检测 Tyr Millon 反应的基础，用于检测 Tyr
Arg 的胍基	(1) 碱性条件下与 α-萘酚和次溴酸盐生成红色物质 (2) 与硝酸反应生成硝基取代产物	Sakaguchi 反应基础，可用于蛋白质定性 可作为胍基保护剂，用于人工合成肽
His 的咪唑基	咪唑基中的亚氨基与三苯甲基或磷酸基结合	有保护咪唑基的作用
Cys 的巯基	(1) —SH/—S—S—之间相互转化 (2) 氧化成磺酸基 (3) 与烷化剂作用	组成氧化还原体系，维持蛋白质结构 Cys 代谢中的反应，打开二硫键 作为巯基酶的抑制剂
羟基（Ser、Tyr）	通过乙酰化、磷酸化作用成酯	人工合成肽时保护羟基，是生物体内对蛋白质修饰调控的手段

三、肽和肽键

1. 肽键

肽键是一个氨基酸的 α-羧基和另一个氨基酸的 α-氨基缩合脱去 1 分子水形成的酰胺键（图 2-5）。

酰胺键为特殊共价键，较稳定。从键长来看，肽键键长（0.132nm）介于 C—N 单键（0.147nm）和双键（0.127nm）之间，具有部分双键性质，其 C═O 具有部分单键性质，肽键

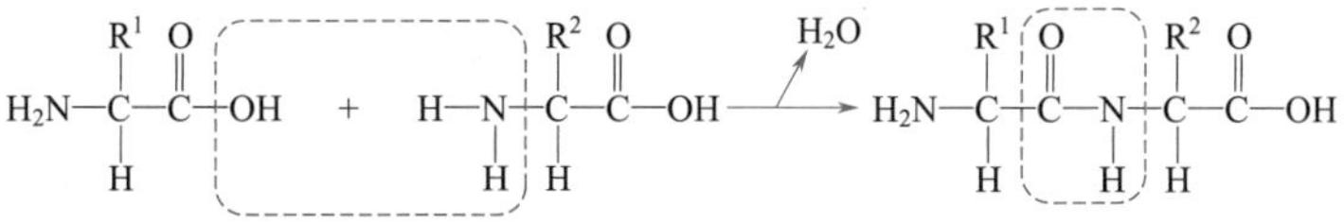

图 2-5 肽键形成及结构

不能自由旋转。从键角看，肽键中键与键夹角均为 120°。与肽键相连的 6 个原子（C_a、C、O、N、H、C_a）始终处在同一平面上，称"肽键平面""酰胺平面"或肽单元。与 C—N 相连的氢和氧原子与两个 α-碳原子呈反向分布。见图 2-6。

图 2-6 肽单元结构
1Å＝0.1nm

2. 肽

肽是氨基酸的线性聚合物，由氨基酸通过肽键形成。由 2 个氨基酸形成的肽称为二肽，3 个氨基酸形成的肽称为三肽。10 个以下氨基酸形成的肽常称为寡肽（oligopeptide），10 个以上氨基酸形成的肽称为多肽（polypeptide）。多肽链中形成肽链的原子和 α-碳原子交替重复排列构成主链骨架，伸展在主链两侧的 R 基称为侧链。蛋白质分子结构可含有一条或多条共价主链和许多侧链。

每一条多肽链有自由 α-氨基的一端称为氨基末端或 N 端，有自由 α-羧基的一端称为羧基末端或 C 端。由于氨基酸之间通过脱水缩合形成酰胺键，因此氨基酸结构不再完整，常称为氨基酸残基（amino acid residue）。见图 2-7。

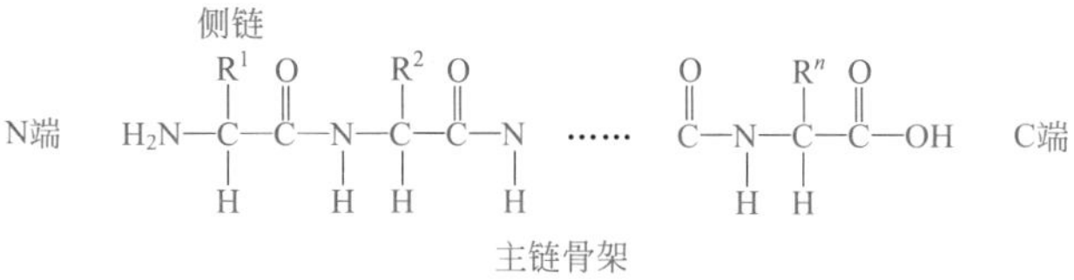

图 2-7 多肽链结构

在表示蛋白质（或肽）分子时，常以氨基末端的氨基酸为第 1 个氨基酸残基，习惯命名时，从氨基末端开始，在每个氨基名称后面加上"酰"字，阅读时，常由左至右进行。如下列由甘氨酸和丙氨酸组成的二肽，由于氨基酸的顺序不同，可生成甘氨酰丙氨酸和丙氨酰甘氨酸。

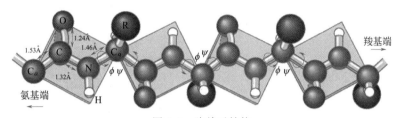

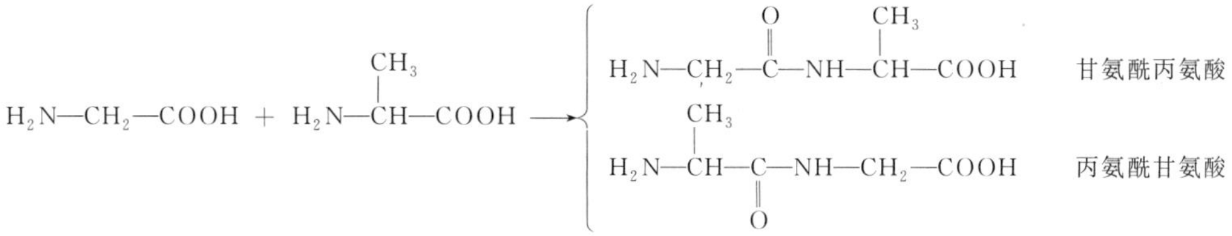

由两种不同氨基酸组成的二肽有两种异构体，而由 20 种不同氨基酸组成的二十肽其异构体有 2×10^{18} 种，这就可以解释为什么蛋白质结构具有多样性了。不同蛋白质分子，由于其组成的氨基酸种类不同以及氨基酸排列顺序不同，就构成了自然界蛋白质的多样性。

3. 生物活性肽

在生物体内存在许多活性肽，它们具有特殊的生物学功能，如催产素、加压素和舒缓激肽等。在生物体内也存在着许多具有生物活性的低分子量的肽，如谷胱甘肽、抗利尿激素、血管紧张素Ⅱ、β-内啡肽及表皮生长因子等（表 2-11），在生物体的能量代谢、物质代谢和代谢调控及神经传导等过程中发挥重要作用。

表 2-11　体内重要的生物活性肽

肽（激素）中文名称	氨基酸残基数	生理功能
抗利尿激素	9	维持体内水平衡和渗透压
催产素	9	强烈刺激子宫收缩
促甲状腺素释放激素	3	促进垂体分泌促甲状腺素
脑啡肽	5	与痛觉的调节及情绪活动有关
β-内啡肽	31	主要涉及疼痛、心血管和免疫等相关功能
P 物质	11	传递痛觉、使肠管收缩等作用
表皮生长因子	53	调节表皮细胞生长、分化，促进伤口愈合
血管紧张素Ⅱ	8	使血管收缩，刺激醛固酮分泌，升高血压

临床应用

缩宫素注射液

缩宫素注射液主要成分是缩宫素（催产素），活性成分是猪或牛的脑垂体后叶提取（或化学合成）的九肽。临床上主要用于引产、催产、产后及流产后因宫缩无力或者缩复不良而引起的子宫出血，禁用于有剖宫产史、子宫肌瘤剔除术及臀位产者，偶有恶心、呕吐、心率加快或心律失常等不良反应。

还原型谷胱甘肽（glutathione，GSH）是由谷氨酸 γ-羧基与半胱氨酸和甘氨酸通过肽键相连形成的三肽（图 2-8）。分子结构中的巯基具有还原性，具有保护细胞膜结构和细胞内酶蛋白分子巯基的还原性的作用，使其处于活性状态。巯基还具有嗜核特性，能与一些致癌剂、药物、重金属离子结合，避免这些毒物与 DNA、RNA 及蛋白质结合，并促使其排出体外。

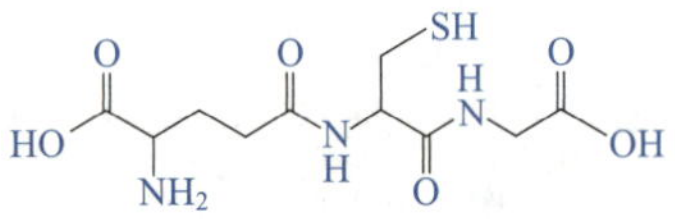

图 2-8　还原型谷胱甘肽（GSH）

任务二　蛋白质的分子结构

蛋白质是由氨基酸为基本结构单元通过肽键连接形成的具有三维空间结构的生物大分子。蛋白质的氨基酸序列及空间结构构成了蛋白质结构的多样性。每一种天然蛋白质都有其独特的空间结构（或称三维结构）。根据蛋白质肽链的折叠方式与复杂性，蛋白质分子结构可分为一级结构和空间结构。蛋白质一级结构是空间结构的基础，也是蛋白质功能的基础，一级结构决定蛋白质的空间结构与功能。空间结构也称高级结构，包括二级、三级和四级结构。

一、蛋白质的一级结构

蛋白质的一级结构（primary structure）是指氨基酸在蛋白质多肽链中的排列顺序，也称初级结构或基本结构，一般指 N-端至 C-端的氨基酸排列顺序。蛋白质一级结构包括构成蛋白质的多肽链数目、每一条多肽链的氨基酸顺序以及多肽链内或链间的二硫键数量和位置等。蛋白质一级结构中的氨基酸排列顺序是由遗传密码决定的，是蛋白质特异性、空间结构差异性和生物学功能多样性的基础。维持蛋白质一级结构的主要作用键是肽键，有些还含有少量的二硫键。二硫键（—S—S—）也是维持蛋白质一级结构的重要键，可存在于链内或链间。牛胰岛素是第一个被测定一级结构的蛋白质分子。1954 年，英国生物化学家 Sanger 报道了胰岛素（insulin）的一级结构，并于 1958 年获 Nobel 化学奖。

牛胰岛素由 A 链和 B 链两条肽链组成，共 51 个氨基酸残基构成，其中，A 链有 21 个氨基酸残基、B 链有 30 个氨基酸残基。将氨基酸序列从 N-端氨基酸向 C-端氨基酸依次编号，牛胰岛素有 3 个二硫键，1 个位于 A 链的链内，由 A 链第 6 位和第 11 位半胱氨酸的巯基脱氢形成，称链内二硫键。另外 2 个位于链间，称链间二硫键。牛胰岛素一级结构见图 2-9。

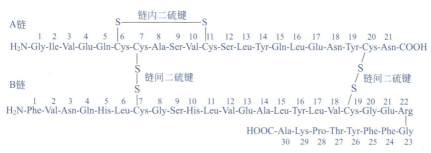

图 2-9　牛胰岛素一级结构

二、蛋白质的空间结构

蛋白质的空间结构包括二级结构（secondary structure）、三级结构（tertiary structure）和四级结构（quaternary structure），是在一级结构基础上通过旋转、折叠、转曲等形成的结构。蛋白质空间结构也称立体结构、高级结构和空间构象等，其决定蛋白质的性质和功能。维持蛋白质空间结构的作用力包括氢键、范德华力、疏水作用力以及共价键和配位键等。

（一）二级结构

蛋白质的二级结构是指局部多肽链的主链骨架若干单元盘绕折叠形成的空间结构，是主链的结构，不涉及氨基酸侧链构象，是蛋白质的构象单元。主要包括 α-螺旋、β-折叠、β-转角和无规则卷曲等。维持蛋白质二级结构的主要作用力是主链内或主链间所形成的氢键。

1. α-螺旋

α-螺旋（α-helix）是蛋白质分子中最稳定的二级结构，广泛存在于各类蛋白质中，第一个被阐明的蛋白质（肌红蛋白）二级结构几乎都是 α-螺旋，其结构见图 2-10。

α-螺旋的结构特点如下。

① 多肽链以肽单元为基本单位，以 α-碳原子为折点旋转盘绕形成右手螺旋（也可以是左手螺旋）。螺旋一圈需 3.6 个氨基酸残基，螺距 0.54nm，每个氨基酸残基高度为 0.15nm，肽键平

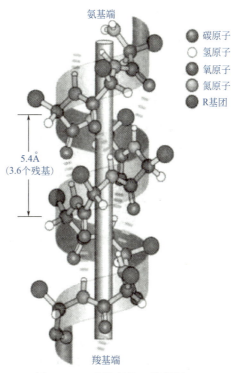

图 2-10　α-螺旋结构（见彩插 1）

面与螺旋长轴平行。

② 相邻 2 个螺旋之间形成氢键，氢键由两个氨基酸残基的 N—H 与前面隔 3 个氨基酸残基的羰基氧（C═O）形成氢键，是维持二级结构稳定的主要作用力。氢键取向与中心轴基本平行。肽链中所有肽键的 N—H 和 C═O 都可形成氢键。

③ 氨基酸残基 R 侧链分布在螺旋外侧，其形状、大小及电荷影响 α-螺旋的形成和稳定性。如多肽中连续存在酸性或碱性氨基酸，由于电荷排斥，阻止链内氢键形成，则不利于 α-螺旋形成。较大的氨基酸残基 R 侧链（如异亮氨酸、苯丙氨酸、色氨酸等）集中的区域，因空间位阻，也不利于 α-螺旋形成。脯氨酸或羟脯氨酸残基也阻碍 α-螺旋的形成，因其 N 原子位于吡咯环中，C_α—N 单键不能旋转，加之其 α-氨基形成肽键后，N 原子无氢原子，不能生成维持 α-螺旋所需氢键，所以，蛋白质分子中氨基酸组成和排列顺序对 α-螺旋的形成和稳定性有决定性的影响。

2. β-折叠

β-折叠（β-pleated sheet）又称 β-片层，其结构如图 2-11 所示。

β-折叠的结构特点如下。

① 多肽链主链走向呈折叠纸状，以 C_α 为旋转点，相邻肽键平面依次折叠成锯齿状，平面之间夹角为 110°，R 侧链交错伸向锯齿样结构左下方。

② 两条以上肽链（或同一条多肽链的不同部分）平行排列，相邻肽链之间靠肽键的羰基氧（C═O）和亚氨基氢（N—H）形成氢键相连，氢键方向与肽链长轴垂直。

③ β-折叠有顺式和反式两种结构。肽链 N 端在同侧为顺式，两残基间距为 0.65nm；在不同侧为反式，两残基间距为 0.70nm。反式结构比顺式结构要稳定。链间有氢键相连，氢键也是维持 β-折叠结构的主要作用力。形成 β-折叠的氨基酸残基较小且不带同种电荷。如甘氨酸和丙氨酸在 β-折叠中出现频率较高。蚕丝蛋白几乎都是 β-折叠结构。

3. β-转角

β-转角是球蛋白广泛存在的结构形式，其结构如图 2-12 所示。

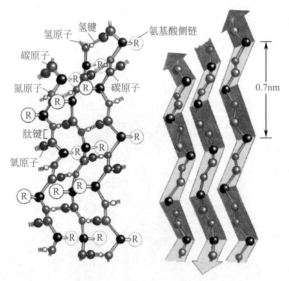

图 2-11　β-折叠结构（见彩插 2）

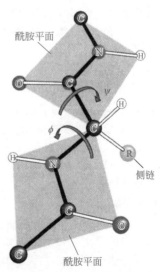

图 2-12　β-转角结构图
$\phi=180°$，$\psi=180°$

球状蛋白是由 β-转角通过肽链不时扭转走向形成。β-转角通常由 4 个连续的氨基酸残基构成，由多肽链残基的第 n 氨基酸的羰基氧（C═O）和第 $n+3$ 氨基酸的氨基氢（N—H）形成氢键，是维持该构象的主要作用力。β-转角的第二个氨基酸残基常为脯氨酸，其他残基有甘氨酸、天冬酰胺、天冬氨酸和色氨酸等。

4. 无规则卷曲

无规则卷曲也称自由回转，是指没有一定规律的松散肽链结构。多肽链中除上述几种比较规则的构象外，其余没有确定规律性的肽链构象统称为无规则卷曲（random coil），是蛋白质分子中许多无规律空间构象的总称。无规则转曲大体分为紧密环和连接带两种。酶的功能部位常处于这种构象区域。

（二）蛋白质的超二级结构

超二级结构（super-secondary structure）由美国物理学家和微生物学家 Rossmann M. G. 在 1973 年提出，其结构见图 2-13。

螺旋-环-螺旋结构　　β-α-β 结构　　发夹结构

图 2-13　蛋白质的超二级结构

超二级结构是由两个或两个以上的二级结构在空间折叠中彼此靠近，相互作用形成有规则的二级结构聚集体。常见超二级结构有 α-螺旋组合（αα）、β-折叠组合（βββ）和 α-螺旋 β-折叠组合（βαβ）等，可直接作为三级结构或结构域的组成单位，是介于二级结构和结构域间的一个构象层次，但没有聚集形成功能的结构域。

（三）蛋白质的结构域

结构域（domain）由 Edelman 在 1970 年提出，介于超二级结构和三级结构的一个结构层次。多肽链往往形成几个紧密的球状构象，彼此分开并以松散肽链相连，此球状结构称为结构域。纤连蛋白是由两条多肽链通过 C 端的两个二硫键相连而成，含有 6 个结构域，每个结构域执行一种功能，可分别与细胞、胶原、DNA 或肝素等配体结合。纤连蛋白分子结构域见图 2-14。

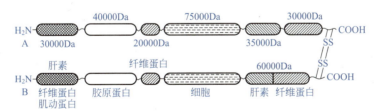

图 2-14　纤连蛋白分子结构域

结构域通常是几个超二级结构的组合，对于分子量较小的蛋白质，结构域与其三级结构等同；较大的蛋白质为多结构域，它们可能是相似的，也可能是完全不同的。结构域一般由 100~200 个氨基酸残基组成，氨基酸可以是连续的，也可以是中断的，结构域之间常形成裂隙，较为松散，是蛋白酶的优化酶解部位。酶的活性中心常位于两个结构域的界面，结构域使蛋白质分子具有一定柔性。根据组成结构域二级结构与超二级结构不同，结构域可以分为 4 个大类：①全 α 结构域，即全部由 α-螺旋组成，如蚯蚓血红蛋白；②全 β 结构域，即全部由 β-折叠组成，如清蛋白；③α/β 结构域，即由 α-螺旋和 β-折叠相间排列，如丙酮酸激酶；④α+β 结构域，即由 α-螺旋和 β-折叠混合排列，如己糖激酶。

(四) 蛋白质的三级结构

蛋白质三级结构是指具有二级结构的多肽链进一步折叠盘曲形成的空间结构,一般为球状或椭圆状,有一定的生物学活性,是整条肽链全部氨基酸的相对空间位置。蛋白质三级结构稳定的主要作用力为疏水键、离子键(盐键)、氢键、范德华力及少量的二硫键等。其中,以疏水键最为重要,氢键是次级键中键能最弱的,但数量最多。次级键都是非共价键,容易受到环境pH、温度、离子强度的影响。二硫键、配位键为共价键,对于三级结构的稳定性有重要影响。见图2-15。

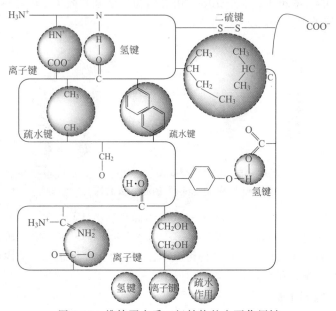

图2-15 维持蛋白质三级结构的主要作用键

疏水键是由两个非极性基团因避开水相而群聚在一起形成的次级键,是蛋白质三级结构维持的最主要次级键。非极性疏水侧链因疏水作用趋向分子内部形成疏水核,而极性基团分布在分子表面形成亲水区。有些球状蛋白质分子的亲水表面常有一些疏水微区,或者在分子表面形成一个内陷的"洞穴"或"裂缝",某些辅基就镶嵌其中,常常是蛋白质分子的活性部位。离子键也称盐键,是蛋白质分子中正、负电荷基团之间静电吸引形成的次级键。范德华力是原子、基团或分子间一种弱的相互作用力,对蛋白质维持稳定性也有重要作用。

(五) 四级结构

蛋白质四级结构是指由两条或两条以上具有独立三级结构的多肽亚基通过非共价键结合而成的高级结构。在四级结构中,每一条多肽链都具有独立的三级结构,称其为该蛋白质的亚基。有些蛋白质由相同的几个亚基聚合形成,称为同聚体,否则称为异聚体。由2个亚基组成的称为二聚体,由3个亚基组成的称为三聚体,由4个亚基组成的称为四聚体。一般将由多个亚基组成的蛋白质称为寡聚蛋白质。亚基单独存在时没有活性,需聚合后才能表现蛋白质的生物学功能。维持蛋白质四级结构的作用力主要是各亚基之间所形成的次级键,包括氢键、离子键、疏水键、范德华力等,并非所有蛋白质均有四级结构。

血红蛋白是最早被阐明的具有四级结构的蛋白质。正常健康人体血红蛋白HbA含有两个α-亚基和两个β-亚基,α、β两种亚基的三级结构极为相似,每个亚基都结合一个血红素辅基。4个亚基通过8个离子键相连,形成血红蛋白四聚体($\alpha_2\beta_2$)结构,发挥携带氧和CO_2的生理功能。在一定条件下,血红蛋白四聚体可解聚,亚基聚合和解聚对血红蛋白运输氧的功能有调节作用。血红蛋白的四级结构见图2-16。

三、蛋白质的分类

1. 按化学组成分类

根据蛋白质分子组成不同，可分为单纯蛋白和结合蛋白。单纯蛋白是指蛋白质分子组成中仅含氨基酸，如清蛋白、球蛋白、精蛋白、组蛋白等。结合蛋白是指蛋白质分子组成中，除含有氨基酸外，还含有非氨基酸组分，其中，非蛋白质部分称为辅基，一般通过共价键与蛋白质部分相连。

图 2-16　血红蛋白四级结构

2. 按分子形状和溶解度分类

蛋白质根据形状和溶解度可分为纤维状蛋白、球状蛋白和膜蛋白等。纤维状蛋白在生物体内主要起结构作用，典型的纤维状蛋白有胶原蛋白、弹性蛋白、角蛋白和丝蛋白等，不溶于水和稀盐溶液。有些纤维状蛋白如肌球蛋白和血纤蛋白原可溶于水。球状蛋白形状接近球形或椭球形，其疏水性氨基酸侧链位于分子内部，亲水侧链在外部，在水溶液中溶解性好。细胞中的大多数可溶性蛋白质，如胞质酶类，都属于球状蛋白。膜蛋白常与细胞的各种膜系统结合存在，膜蛋白的疏水氨基酸侧链伸向外部，因此，不溶于水但能溶于去污剂溶液，膜蛋白所含的亲水氨基酸残基比胞质蛋白质少。

任务三　蛋白质结构与功能的关系

蛋白质是生命活动的物质基础，蛋白质都具有特殊的生物学功能，其功能取决于特定空间构象。蛋白质一级结构是空间结构的基础。蛋白质空间结构发生改变，常会影响到蛋白质的生物学功能。

一、蛋白质一级结构与功能的关系

蛋白质一级结构决定多肽链中氨基酸残基种类、数量及排列顺序，也决定多肽链中氨基酸残基 R 侧链的位置。侧链大小、性质决定着肽链如何盘曲折叠形成空间结构。因此，蛋白质一级结构决定了蛋白质的空间结构。蛋白质的一级结构与蛋白质生物学功能有密切关系，主要体现在以下几个方面。

1. 一级结构种属差异与分子进化

研究发现，结构相似的蛋白质常具有类似的生理功能，即一级结构相似的多肽或蛋白质，其空间结构以及功能也相似。因此，常通过比较蛋白质一级结构来预测蛋白质的同源性。同源蛋白质是由同一基因进化而来的一类蛋白质，其一级结构、空间结构和生物学功能极为相似。如不同哺乳类动物胰岛素一级结构均由 A、B 两条链组成，除个别氨基酸有差异外，其二硫键配对位置和空间结构比较相似，具有一定的保守性。又如神经垂体释放的催产素和抗利尿激素均为环八肽，仅两个氨基酸不同，催产素和抗利尿激素的生理功能也有相似之处，催产素兼有抗利尿激素的作用，抗利尿激素也兼有催产素的作用。此外，在生物体内有一个同源蛋白质——细胞色素c，其结构也是比较接近的，也比较保守。细胞色素 c 广泛存在于需氧真核细胞线粒体内，是一种与血红素辅基共价结合的单链蛋白质，在细胞呼吸链中起传递电子作用，不同生物细胞色素 c 的同源性较高。如 104 个氨基酸中有 35 个氨基酸是相当保守的，其中，第 14、第 17 位是半胱氨酸，第 18 位是组氨酸，第 48 位是酪氨酸，第 59 位是色氨酸，第 80 位是甲硫氨酸。这些氨基酸所在部位是细胞色素 c 的关键部位，其中第 14、第 17 位两个 Cys 是与血红素辅基连接的关键位置。亲缘关系越近的生物，其细胞色素 c 的同源性越高，可以通过测定细胞色素 c 的氨基酸序列进行生物亲缘性和种属的鉴定。人体与其他生物细胞色素 c 氨基酸残基相异的数目见表 2-12。

表 2-12 人体与其他生物细胞色素 c 氨基酸残基相异的数目

生物来源	相异氨基酸残基数目	生物来源	相异氨基酸残基数目	生物来源	相异氨基酸残基数目
黑猩猩	0	猕猴	1	兔	9
袋鼠	10	猪、牛、羊	10	犬	11
驴	11	马	12	鸡	13
响尾蛇	14	海龟	15	金枪鱼	21
狗鱼	23	小蝇	25	天蚕蛾	31
小麦	35	粗糙链孢霉	43	酵母菌	45

2. 一级结构与分子疾病

分子病是由于蛋白质一级结构的氨基酸序列与正常顺序有所不同导致的遗传疾病。典型的分子病如镰刀形贫血病。镰刀形细胞贫血病患者血红蛋白分子（HbS）β 链 N 端第 6 个氨基酸残基由谷氨酸变成缬氨酸，仅一个氨基酸的差别，使正常水溶性的蛋白质聚集成棒状析出，导致红细胞扭曲成镰刀状，很容易破裂溶血。谷氨酸为酸性带负电的极性氨基酸，而缬氨酸为中性不带电荷的非极性氨基酸，氨基酸的变化导致血红蛋白表面的负电荷减少，亲水基团变为疏水基团，使血红蛋白携氧能力降低。镰刀形细胞相比正常血红细胞，其平滑性和弹性变差，通过毛细血管时易破裂，不利于血液循环，易造成组织损伤。常见分子遗传病与相关蛋白质见表 2-13。

表 2-13 常见分子遗传病与相关蛋白质（酶）

分子遗传病	相关蛋白质（酶）	分子遗传病	相关蛋白质（酶）
镰刀型细胞贫血病	血红蛋白	白化病	酪氨酸酶
痛风	磷酸核糖焦磷酸合成酶	蚕豆病	6-磷酸葡萄糖脱氢酶
苯丙酮尿症	苯丙氨酸羟化酶	腺苷酸脱氨酶缺陷病	腺苷酸脱氨酶
维生素 D 依赖性佝偻病	1,25-(OH)$_2$-D$_3$-羟化酶	家族性高胆固醇血症	低密度脂蛋白受体
同型半胱氨酸尿症	胱硫醚合成酶	肝豆状核变性	铜转运 ATP 酶

3. 一级结构的局部断裂与酶原激活

在生物体内，许多酶、蛋白激素和凝血因子在合成时并没有活性，以酶原形式存在。这些酶原一级结构中的部分肽段被切除后可表现生物学活性。如胃蛋白酶原本有 392 个氨基酸，在胃酸的作用下，酶原的第 42、第 43 个氨基酸的肽键被破坏，失去 42 个氨基酸后即表现催化活性。胰蛋白酶原在进入到小肠后，在 Ca^{2+} 催化作用下，受到肠激酶的作用而激活，酶原中的赖氨酸和异亮氨酸之间的肽键被破坏，失去 6 个氨基酸肽段，成为有催化活性的胰蛋白酶。

二、蛋白质空间结构与功能的关系

蛋白质空间结构是其生物活性的基础，空间结构发生改变，蛋白质的功能活性也随之改变。蛋白质空间结构被破坏，虽然其一级结构没有发生变化，但其生理功能发生了显著的改变。下面以牛胰核糖核酸酶和血红蛋白空间结构改变对其功能的影响介绍蛋白质空间结构与其生理功能的关系。

1. 牛胰核糖核酸酶空间结构改变影响其催化功能

牛胰核糖核酸酶是具有三级结构的单链蛋白质，分子内的 4 个二硫键和次级键对于维持牛胰核糖核酸酶的活性具有非常重要的作用。若这些键被破坏，则酶催化活性会消失。如用尿素和 β-巯基乙醇处理牛胰核糖核酸酶溶液，维持空间结构的二硫键和次级键被破坏，肽链完全伸展，空间结构被破坏，但一级结构仍是完整的。此时，酶失去了催化功能。用透析法除去尿素和 β-巯基乙醇，牛胰核糖核酸酶活性可慢慢恢复，又恢复了其催化活性（见图 2-17）。通过这一实验可以说明，蛋白质一级结构决定了蛋白质的空间构象，而空间构象决定了蛋白质的生物学功能。

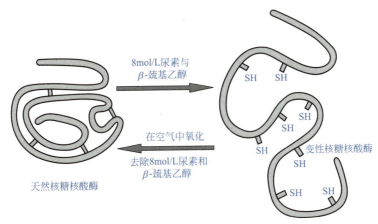

图 2-17　牛胰核糖核酸酶的变性与复性

2. 血红蛋白空间结构改变与生物功能的关系

正常健康人体的血红蛋白（hemoglobin，Hb）为 4 亚基寡聚蛋白质，具有四级结构，由 2 个 α-亚基和 2 个 β-亚基聚合通过 8 对盐键连接 4 个亚基形成亲水性的球状蛋白，每个亚基含有一个亚铁血红蛋白辅基，辅基中含有 Fe^{2+}，能与 O_2 可逆性结合，1 分子 Hb 可结合 4 分子 O_2，主要功能是在血液中结合并转运 O_2，存在于血液红细胞中。在红细胞成熟期间产生大量的血红蛋白。血红蛋白未结合 O_2 时，结构紧致，称为紧张型（tense state，T 型）血红蛋白，T 型 Hb 与 O_2 亲和力小，随着 Hb 与氧的结合，亚基羧基末端的盐键断裂，其二级、三级和四级空间构象发生改变，结构变得松散，称为松弛型（relaxed state，R 型）血红蛋白，R 型血红蛋白与 O_2 亲和力大。第 1 个 O_2 与 Hb 结合时，发生构象的改变，促进第 2、第 3 和第 4 个亚基与 O_2 结合，而血红蛋白的构象由松弛型向紧张型变化，R 型对 O_2 的亲和力是 T 型的数百倍。由此可以看出，蛋白质的空间构象改变对其生物学功能有显著影响。

三、蛋白质结构改变与疾病

蛋白质要发挥正确的生物学功能必须有正确的一级结构和空间结构。无论是一级结构还是空间结构的改变都有可能改变蛋白质生物功能，甚至导致分子遗传病的出现。如镰刀形细胞贫血病就是一种因为蛋白质一级结构发生改变而引发的血红蛋白异常病，为遗传病，其发病机制是由于患者血红蛋白的遗传密码发生了改变，导致 β 链第 6 位氨基酸残基由正常人的谷氨酸残基变为缬氨酸残基，使血红蛋白分子表面带电特性发生了变化，细胞在氧分压较低的情况下呈现镰刀形状并极易溶血，从而影响了血红蛋白的携氧能力。类似这种由遗传物质突变或缺失导致某特定蛋白质一级结构变化并导致蛋白质生物学功能改变的遗传病称为分子遗传病。与血红蛋白突变有关的地中海贫血病也是分子遗传病，患者血红蛋白结构不完整，缺少了 α 或 β 链，分别称为 α-和 β-地中海贫血病。

除了因编码蛋白质一级结构的遗传密码引起的分子遗传病外，蛋白质空间结构的变化也可能影响蛋白质的生物学功能。生物体内蛋白质的合成、加工和成熟过程极其复杂，其中，多肽链的正确折叠对空间构象形成和蛋白质功能发挥非常重要。这类因蛋白质空间结构引发的蛋白质生物学功能改变的疾病称为蛋白质构象病。主要是由于蛋白质在空间结构形成时，折叠发生了错误，使形成的蛋白质与天然蛋白质结构差异显著，从而引起机体出现严重的疾病，如肌萎缩性脊髓侧索硬化症。该病患者体内超氧化物歧化酶蛋白空间构象形成过程中存在错误折叠，因此构象改变，并引发蛋白质功能的改变。又如牛海绵状脑病病原体朊病毒是由牛脑中正常的蛋白质分子因空间结构变化形成。在正常条件下，此蛋白质空间结构中含3个α-螺旋，而在某些因素作用下，此蛋白质的3个α-螺旋转变成了β-折叠，虽一级结构相同，但蛋白质空间结构发生了显著改变，并产生致病性。此外，阿尔茨海默病、人纹状体脊髓变性症、亨廷顿舞蹈症等也是因为蛋白质错误折叠后相互聚焦，形成抗蛋白水解的淀粉样纤维沉淀，产生病理病变，主要表现为蛋白质淀粉样纤维沉淀病理改变。

 知识链接

牛海绵状脑病

牛海绵状脑病（俗称疯牛病）是由朊病毒蛋白（Prion protein，PrP）引起的一种人和动物神经退行性病变的疾病，具有极强的传染性。朊病毒蛋白有两种，即正常的PrPc和异常的PrPSc，后者具有神经毒性。PrPc主要以α-螺旋形式存在，而PrPSc是由连续的β-折叠构成分子，易于相互积聚成纤维，导致淀粉样的神经毒性作用而致病。加强牛肉等相应肉制品的进出口检验检疫是防范牛海绵状脑病爆发的重要途径。

任务四　蛋白质的理化性质

蛋白质是由许多氨基酸通过酰胺键构成的高分子化合物。因此，蛋白质也具有氨基酸类似的物理化学性质，如两性解离、等电点、紫外吸收及呈色反应等，但也有氨基酸不具备的理化性质，如变性和复性、胶体性质、沉降与沉淀等。

一、蛋白质的紫外吸收特性

大多数蛋白质分子中都含有酪氨酸和色氨酸残基，这两种氨基酸分子中的共轭双键在紫外线280nm波长处有特征性吸收峰，特别是色氨酸吸收能力最强。紫外吸收强弱与蛋白质浓度成正比。因此，可以利用蛋白质在280nm处的紫外吸收强度来对蛋白质进行定量分析，也可以用于蛋白质的纯度分析。需要注意的是，由于核酸在260nm的特征性吸光会影响到蛋白质测定，因此需进行校正，校正公式为：蛋白质浓度（mg/mL）＝$1.55A_{280}-0.76A_{260}$，测定范围为0.1～0.5mg/mL。

二、蛋白质的呈色反应

蛋白质分子中的肽键与氨基酸侧链基团可以与许多化学试剂发生呈色反应，常用于蛋白质的定性和定量分析。

1. 双缩脲反应

双缩脲（$H_2NOC-NH-CONH_2$）为两分子尿素在180℃左右加热释放出一分子氨（NH_3）后得到的产物。在碱性条件下，含有2个或2个以上氨基甲酰基（$-CONH_2$）的化合物均能与Cu^{2+}反应生成紫红色复合物，称为双缩脲反应。蛋白质分子中肽键数量越多，反应溶液颜色越深，而氨基酸及二肽无此反应。双缩脲反应常用于蛋白质和多肽的定性与定量分析。由于氨基酸不具备此反应，因此，蛋白质随着水解的进行，反应物颜色深浅会逐步变浅，可监测蛋白质的水解过程。临床上常用于血清总蛋白、血浆纤维蛋白原的含量测定。

2. Folin-酚试剂反应

酚试剂最早由Folin于1912年首先发现，因此，也称Folin-酚试剂。1922年吴宪等将酚试剂用于蛋白质的定量分析，1951年Lowry改良了酚试剂反应。酚试剂由A和B两部分组成。试剂A相当于双缩脲试剂，试剂B为磷钨酸和磷钼酸。首先，在碱性条件下，蛋白质分子中酪氨酸和色氨酸与试剂 A 中的 Cu^{2+} 形成蛋白-铜紫红色络合物，然后再与试剂 B 反应。蛋白质中的酪氨酸中的酚基能将试剂 B 中磷钼酸和磷钨酸还原为蓝色化合物（钼蓝和钨蓝混合物），颜色深浅与蛋白质含量成正比，是蛋白质含量测定最常用方法。该法灵敏度高，比双缩脲反应灵敏度高 100 倍，比紫外分光光度法提高 10~20 倍，可测定微克水平的蛋白质含量。缺点是 Folin-酚试剂只与蛋白质中个别氨基酸反应，受蛋白质中氨基酸组成的特异性影响，即不同蛋白质所含酪氨酸、色氨酸不同而使显色强度有所差异，要求作为标准的蛋白质其显色氨基酸的量应与样品接近，以减少误差。临床上常用于测定血清黏蛋白、脑脊液中的蛋白质等微量蛋白质的含量。

3. 米伦试剂反应

米伦试剂为 $HgNO_3$ 及 $Hg(NO_3)_2$、硝酸和亚硝酸的混合物，加入到蛋白质溶液后可产生白色沉淀，沉淀加热后变成红色，这是由于蛋白质分子结构中含有酚基。酪氨酸以及含酪氨酸的蛋白质均有此反应。

4. 考马斯亮蓝反应

当 pH＜pI 时，蛋白质分子带正电荷（呈阳离子），能与阴离子染料结合产生颜色反应，产物色泽深浅与蛋白质含量成正比。常见染料有溴甲酚绿、邻苯三酚红和考马斯亮蓝 G250 等。其中，考马斯亮蓝应用最为广泛。考马斯亮蓝 G250 在游离状态下呈红色，最大吸收波长为 465nm，当与蛋白质结合后变为青色，最大吸收波长变成 595nm，可测定微克级蛋白质（Bradford 法）。此外，考马斯亮蓝 R250 与 G250 结构类似，也含有 6 个苯环和带 2 个负电荷，但比 G250 更加敏感，常用于电泳凝胶上的蛋白质显色。在临床上，常用于血清白蛋白和脑脊液中总蛋白等蛋白质的含量测定。

5. 茚三酮反应

在 pH5~7 条件下，蛋白质中的 α-氨基可与茚三酮反应生成蓝紫色化合物，产物最大吸收波长为 570nm。可通过测定 570nm 处可见光吸收强度来测定蛋白质的含量，常用于蛋白质的定性与定量分析。

6. 黄色反应

蛋白质溶液遇到浓硝酸后先产生白色沉淀，白色沉淀加热后变为黄色，再加碱，颜色更深呈橘黄色。其原理是硝酸能将蛋白质芳香环的苯环硝化产生黄色硝基苯衍生物。所有含有芳香环（包括苯丙氨酸、酪氨酸和色氨酸）的蛋白质均有此反应。

7. 乙醛酸反应

往乙醛酸和蛋白质的混合溶液中缓慢加入浓硫酸，可发现两液层之间出现紫色环，这是由于吲哚基参与了反应。因此，含色氨酸的蛋白质及色氨酸可有此反应。

8. 坂口反应

精氨酸分子中的胍基能与次氯酸钠（或次溴酸钠）及 α-萘酚在碱性条件下（NaOH 溶液）产生红色反应物。此反应可用于精氨酸及含精氨酸的蛋白质的定性与定量分析。

9. 醋酸铅反应

含有半胱氨酸、胱氨酸的蛋白质均能与醋酸铅反应生成黑色的硫化铅沉淀，这是由于半胱氨酸、胱氨酸及含巯基蛋白质的分子结构中含有—S—S—或—SH 基团。

常见蛋白质的呈色反应见表 2-14。

表 2-14　常见蛋白质的呈色反应

呈色反应	试剂	颜色	反应基团	备注
米伦反应	$HgNO_3$ 及 $Hg(NO_3)_2$、硝酸、亚硝酸混合物	红色	酚基	鉴定含 Tyr 残基蛋白质

续表

呈色反应	试剂	颜色	反应基团	备注
黄色反应	浓硝酸及碱	黄色至橘黄色	苯基	鉴定含 Phe 和 Tyr 残基蛋白质
乙醛酸反应	乙醛酸	紫色	吲哚基	鉴定含 Trp 残基蛋白质
茚三酮反应	茚三酮	蓝色	自由氨基及羧基	游离氨基酸与蛋白质含量测定,脯氨酸呈黄色反应
酚试剂反应	硫酸铜及磷钼酸-钼酸	蓝色	酚基,吲哚基	鉴定含 Tyr 残基的蛋白质,蛋白质含量测定
坂口反应	α-萘酚、次氯酸盐	红色	胍基	鉴定含 Arg 残基的蛋白质
双缩脲反应	NaOH、硫酸铜	紫红色	两个以上相邻肽键	蛋白质含量测定
醋酸铅反应	醋酸铅	黑色	—S—S—或—SH 基团	半胱氨酸、胱氨酸及含巯基蛋白质的定性与定量

三、蛋白质的胶体性质

蛋白质是生物大分子,分子量一般在 $10\sim1000kDa\left(1kDa=\dfrac{1}{6.022\times10^{23}}g\right)$,蛋白质在溶液中的形状常为球形、椭圆形和纤维状等,分子颗粒直径大小在 $1\sim100nm$ 之间,为胶体溶液,具有胶体性质,如布朗运动、丁达尔效应以及不能透过半透膜等。

蛋白质水溶液是一种比较稳定的亲水胶体,其稳定性维持有两个重要因素:①蛋白质表面有水化层。蛋白质表面多为亲水性基团(如—COO^-、—NH_3^+、—CO—NH_2、—OH、—SH、酰胺键等),可吸引水分子在蛋白质表面形成"水化层",每克蛋白质可结合 $0.3\sim0.5g$ 水,有利于蛋白质颗粒的隔离而不聚集。②蛋白质表面带有相同电荷。蛋白质在等电点时,表面净电荷为零。在非等电点,蛋白质表面均带有同性电荷,在酸性条件下带正电荷,在碱性条件下带负电荷。蛋白质分子靠近时,由于同性电荷的相斥,使蛋白质颗粒很难聚焦而沉淀出来。破坏蛋白质表面的水化层或电荷可使蛋白质沉淀析出,如盐析法等。蛋白质的亲水胶体性质具有非常重要的生理意义,因为,生物体中含大量水分,蛋白质与水分结合后能形成各种流动性不同的胶体系统,如生物细胞的原生质就是复杂且非均相的胶体系统,物质代谢、能量代谢均可以在此进行。此外,蛋白质的弹性、组织细胞的形状、体液的黏度等均与蛋白质的亲水胶体性质有关。

由于蛋白质不能透过半透膜,因此,常利用透析除去蛋白质溶液的小分子。将蛋白质装入透析袋中,置于蒸馏水中,由于小分子可以自由透过半透膜,在膜内外浓度差的作用下,小分子物质从膜内透析出来,蛋白质溶液得到了纯化,这种操作方法称为透析法。常用半透膜为玻璃纸或高分子合成膜。生物膜也具有半透膜的性质。如人体细胞膜、线粒体膜和微血管壁等,有利于体内蛋白质专属性分布在膜内外,对维持细胞内外的水和电解质平衡有重要生理意义。如血浆蛋白等大分子胶体物质不能通过毛细血管壁,成为影响血管内、外两侧水平衡的重要因素。球状蛋白的表面多为亲水基团,在溶液中具有强烈的吸引水分子作用,使蛋白质分子表面形成水化膜,将蛋白质分子相互隔开,阻止其聚集而沉淀。

四、蛋白质的两性电离与等电点

蛋白质是由氨基酸缩合形成的,除两端的氨基和羧基可解离外,侧链中的某些基团,如天冬氨酸、谷氨酸残基的 β-羧基和 γ-羧基,赖氨酸残基中的 ε-氨基,精氨酸残基的胍基和组氨酸的咪唑基等在一定条件下也可解离。因此,和氨基酸一样,在纯水溶液中和结晶状态下均以两性离子形式存在,即蛋白质分子可同时带有正负两种电荷,羧基带负电荷,氨基带正电荷。蛋白质的解离状态可用下式表示:

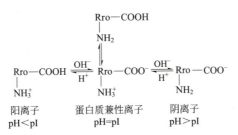

溶液中蛋白质的带电特性与溶液 pH 有关。当蛋白质溶液处于某特定 pH 时,其解离成正、负离子趋势相等,呈兼性离子状态,净电荷为零,此时溶液的 pH 称为该蛋白质的等电点(pI),溶解度最小,能沉淀析出。不同蛋白质由于氨基酸组成类别和数量不同,具有不同的等电点。等电点是蛋白质的非特征性常数,与所含氨基酸种类和数目有关(表 2-15)。

表 2-15 蛋白质的氨基酸组成与 pI

蛋白质	酸性氨基酸数	碱性氨基酸数	pI
胃蛋白酶	37	6	1.0
胰岛素	4	4	5.35
RNA 酶	10	18	7.8
细胞色素 c	12	25	9.8~10.8

通常情况下,含酸性氨基酸较多的酸性蛋白质其等电点偏酸(如胃蛋白酶、丝蛋白等),而含碱性氨基酸较多的碱性蛋白质其等电点偏碱(如鱼精蛋白、组蛋白等)。当溶液 pH>pI 时,蛋白质带负电荷;pH<pI 时,则带正电荷。人体内蛋白质种类繁多,大多数蛋白质等电点在 pH=5.0 左右,所以,在生理条件下(pH 为 7.4),蛋白质多以阴离子存在。人体内部分蛋白质的等电点见表 2-16。

表 2-16 人体内部分蛋白质的等电点

蛋白质	pI	蛋白质	pI
清蛋白(血浆)	4.80	γ-球蛋白(血浆)	6.30~7.20
α-球蛋白(血浆)	4.80~4.85	纤维蛋白原	5.80
β-球蛋白(血浆)	5.60	组蛋白	10.8
胰蛋白酶	5.0~8.0		

当蛋白质溶液 pH 远离蛋白质等电点 pI 时,由于蛋白质本身所带电荷,在电场作用下会向与电性相反的方向移动,这种现象称为蛋白质电泳(electrophoresis)。由于蛋白质所带电荷不同、分子形状和分子量不同,在电泳过程中泳动的速度也不同,因此,可以利用电泳进行蛋白质的分离与纯化。此外,离子交换色谱技术、等电点沉淀技术也常用于蛋白质的分离与纯化。临床上利用三氯乙酸沉淀蛋白质制备无蛋白血滤液。

五、蛋白质的变性与复性

蛋白质在某些理化因素作用下,空间结构受到破坏,导致其理化性质和生物学活性改变或丧失的现象称为蛋白质变性(denaturation)。其主要作用机制是由于蛋白质结构中的非共价键和二硫键断裂,不涉及肽键的断裂。蛋白质变性后,高度折叠的空间结构变为松散,疏水基团外露,溶解性降低、黏度增加、不对称性增加,失去结晶能力,生物学功能减弱或丧失,易受到酶的水解。引起蛋白质变性的因素有高温、高压、紫外线、超声波、强酸、强碱、重金属离子、生物碱试剂等,可分为可逆变性和不可逆变性两类。

变性蛋白质在一定条件下去除其变性因素,能恢复或部分恢复原来的空间构象,并再现其生物学活性的现象称为蛋白质复性(renaturation)。在牛胰核糖核酸酶溶液中加入尿素和 β-巯基乙醇后,维持酶空间结构的四个—S—S—被破坏,酶失去催化活性。当用透析法去除尿素和 β-巯基乙醇后，—S—S—重新形成，原有空间结构及催化活性得以恢复（图 2-17）。一般情况下，蛋白质变性是不可逆的，蛋白质复性与变性因素、蛋白质类型、分子结构改变程度等有关。如鸡蛋蛋白加热凝固就是不可逆变性，胰蛋白酶在酸性环境条件下短暂加热可变性，但缓慢冷却又可复性。

药品在生产过程中可利用蛋白质变性原理进行药物的灭菌或除菌。如利用乙醇、紫外线、高温及高压等使致病微生物蛋白质变性而灭菌。在中草药有效成分提取或其注射液制备时利用加热和浓乙醇等除去杂蛋白。在酶、蛋白质或生物制品（疫苗、抗生素等）生产时，常采用低温保存蛋白质生物制剂，或加入保护剂、抑制剂等增强蛋白质抗变性能力。

六、蛋白质沉淀技术

蛋白质从溶液中析出的现象称为蛋白质沉淀，分为可逆沉淀和不可逆沉淀。用透析等方法除去沉淀因素后，蛋白质能恢复其天然构象，称为可逆沉淀。重金属盐类、有机溶剂、生物碱试剂等使蛋白质沉淀后无法用透析等方法去除沉淀剂而使蛋白质恢复天然构象的称为不可逆沉淀。常用的沉淀方法有盐析法（中性盐沉淀）、有机溶液沉淀法、等电点沉淀法、金属盐沉淀法、生物碱试剂沉淀、有机聚合物沉淀、聚电解质沉淀法等。

1. 盐析法沉淀

在蛋白质溶液中加入中性盐后（如硫酸铵、硫酸钠、氯化钠等）可产生"盐溶"和"盐析"反应。在中性盐浓度较低时，随着盐浓度的增加，蛋白质溶解度增加的现象称为"盐溶"。主要是由于低盐浓度可使蛋白质表面吸附某种离子，蛋白质颗粒表面携带同种电荷而排斥，同时与水分子作用也增强，增强了蛋白质的溶解度。一般情况下，无机盐浓度在生理离子强度范围内（0.15～0.2mol/kg）时，蛋白质溶解度最大。而高盐浓度时，因破坏蛋白质水化层和中和电荷，使蛋白质颗粒相互聚集而沉淀的现象称为"盐析"。

蛋白质经盐析后，其分子内部结构并没有发生改变，不会引起蛋白质变性，并保持原有生物活性，沉淀剂透析去除后，可重新溶解，盐析为可逆沉淀。一般蛋白质分子量越大，所需中性盐浓度越小，可利用这种差异分离不同分子量的蛋白质，这种方法称为分段盐析法。如用半饱和硫酸铵溶液沉淀血清球蛋白，饱和硫酸铵溶液分离血清清蛋白。盐析时溶液 pH 越接近蛋白质 pI，效果越好。盐析法常用于酶、激素等具有生物活性的蛋白质药物生产。

2. 有机溶剂沉淀

在蛋白质溶液中，加入适量与水互溶的有机溶剂（如乙醇、丙酮、甲醇等）能破坏蛋白质表面水化膜，使蛋白质相互聚集而析出，称为有机溶剂沉淀法（organic solvent precipitation）。常用于蛋白质、酶、核酸和多糖等药物的提取。有机溶剂沉淀法的优点有：①提取溶剂易挥发，不易残存在蛋白质溶液中，产品纯度较高；②沉淀的蛋白质与母液密度差较大，可利用离心分离法进行产物的收集，但往往会引起蛋白质变性，需在低温条件下进行。有机溶剂易燃易爆，车间和设备需做好防护。有机溶剂沉淀的原理是由于亲水性有机溶剂的加入降低了介质的介电常数，使溶质分子间静电引力增加，从而聚集形成沉淀。常见的溶剂的介电常数见表 2-17。其中，乙醇和丙酮由于介电常数较低，是最常用的沉淀用溶剂。2.5mol/L 甘氨酸介电常数很高，可用作蛋白质溶液的稳定剂。此外，水溶性的有机溶剂还能降低自由水浓度，使蛋白质表面水化层厚度降低并降低蛋白质亲水性，导致蛋白质脱水聚集。在有机溶液沉淀中，脱水作用比静电作用更突出。

表 2-17 常见的溶剂的介电常数

溶剂	介电常数	溶剂	介电常数	溶剂	介电常数
水	80	20%乙醇	70	40%乙醇	60
60%乙醇	48	100%乙醇	24	2.5mol/L 甘氨酸	137
2.5mol/L 尿素	84	5mol/L 尿素	91	丙酮	22
甲醇	33	丙醇	23		

利用有机溶剂进行蛋白质沉淀时，溶液 pH 应尽量选择在蛋白质等电点附近。此外，应减少无机盐的使用，因为少量中性盐的存在，会出现"盐溶"现象。如用硫酸铵析出的蛋白质进一步用有机溶剂沉淀法纯化时，应先脱盐。同时，要考虑到蛋白质在低温下的稳定性和溶解性，应在低温下（最好低于 0℃）进行。对不耐热蛋白质，常采取搅拌和少量多次加入的方法，避免有机溶剂与水混合时产生的热量使蛋白质变性。一般将蛋白质冷却至 0℃ 左右，然后在充分搅拌下加入预冷（−10℃）的有机溶剂进行蛋白质的沉淀。乙醇沉淀法目前常用于血浆蛋白质（如血清白蛋白）的制备，也常用于食品药品级酶制剂的沉淀。

3. 等电点沉淀法

两性物质（如蛋白质、氨基酸）在等电点时净电荷为零，容易沉淀析出。等电点法操作简单、试剂消耗少，分离过程中引入杂质少，是常用的分离纯化方法，主要适用于水化程度不高，在等电点时溶解度很低的物质。如四环素在等电点 pI＝5.4 左右难溶于水而沉淀。对于亲水性很强的蛋白质，在等电点左右仍不产生沉淀，或由于不同蛋白质等电点较为接近，常与其他沉淀法联合应用。在部分药物生产过程中，常利用等电点沉淀法进行杂质去除，如胰岛素纯化时，调 pH 至 8.0 以除去碱性杂蛋白，调 pH3.0 以除去酸性杂蛋白。

4. 金属盐沉淀法

蛋白质在 pH＞pI 的溶液中呈阴离子，可与金属离子（Cu^{2+}、Hg^{2+}、Pb^{2+}、Ag^{2+}、Ca^{2+} 等）结合成不溶性蛋白盐而沉淀。重金属盐沉淀法在临床上常用于抢救误食重金属盐中毒的患者。通过灌服大量牛奶、豆浆等蛋白质，使灌服的蛋白质与重金属离子形成不溶性络合物，减轻重金属离子对机体的损害。长期从事重金属作业的人员，提倡多吃高蛋白食物，以防止重金属离子被机体吸收而造成损害。金属盐沉淀法常用于生物活性物质的分离纯化，如锌盐用于杆菌肽和胰岛素的沉淀。$CaCO_3$ 用于人血清白蛋白、柠檬酸及乳酸等分离。在进行细胞胞内产物提取时，也常用锰盐选择性除去核酸，降低溶液黏度。如 E. coli 小规模连续分离 β-半乳糖苷酶时，在细胞匀浆中加入 0.05mol/L Mn^{2+} 可除去 30%～40% 核酸，对酶无损失。红霉素发酵液中杂蛋白可用 $ZnSO_4$ 沉淀除去。DNA 和其他核酸可用 $MgSO_4$ 除去。金属盐沉淀有时分解困难，并容易使蛋白质变性，需注意操作条件。

5. 生物碱试剂沉淀

蛋白质含有与生物碱相似的含氮基团，能与生物碱试剂结合形成不溶性的沉淀。主要是由于蛋白质在酸性溶液中（相对于蛋白质等电点来说）带正电荷，能与生物碱试剂的负电离子结合形成不溶性盐，反应不可逆。当 pH＜pI 时，蛋白质呈正离子，可与生物碱试剂（如苦味酸、单宁、磷钨酸、磷钼酸、三氯乙酸和磺基水杨酸等）的酸根离子结合成不溶性的盐而沉淀。临床上，常用三氯乙酸和磷钨酸沉淀血液中的蛋白质以制备无蛋白滤液，或者用苦味酸检验尿蛋白以及进行中草药注射液中蛋白质的检查。单宁、苦味酸的收敛作用等原理也是利用生物碱对蛋白质的沉淀作用。生物碱试剂可引起蛋白质变性。蛋白质变性和沉淀反应是两个不同的概念。变性可表现为沉淀和溶解状态，而蛋白质沉淀并不一定变性。

任务五　蛋白质的分离与纯化

蛋白质分离与纯化是研究蛋白质化学组成、结构及生物学功能的关键。生物制药中蛋白类药物生产制备的关键技术是蛋白质的分离与纯化。所谓蛋白质分离纯化是从生物样本中提取具有生物活性及化学结构完整的特定蛋白质的过程。由于蛋白质种类繁多，在组织器官及细胞中含量极低，从复杂的体系中提取蛋白质，且要保持蛋白质的天然构象及生物活性是相当困难的。利用蛋白质物理化学性质及免疫学等的差异可以对蛋白质进行分离。目前，蛋白质分离与纯化的发展趋势是精细而多样化技术的综合运用，实际工作中应按不同的要求和可能的条件选用不同的方法。

一、蛋白质的提取

蛋白质的理化性质由氨基酸组成、数量以及序列决定；不同蛋白质其氨基酸组成有差异，其理化性质也存在差异，这是蛋白质分离的物质基础。由于大多数蛋白质位于细胞内，因此，要想成功提取细胞内的蛋白质，需要采取合适的方法进行破壁处理。细胞破碎后，蛋白质常与脂肪、糖以及核酸等结合，常用化学裂解液进行处理，如十二烷基磺酸钠（SDS）、Triton 等。为避免蛋白质分离纯化过程中变性，常在低温条件下进行，如冰浴或 4℃ 水浴中。蛋白质提取过程为：样本的选择→细胞破碎→蛋白质提取。

蛋白质提取时尽可能选择蛋白质含量较高的样本。如果由于研究目的的特殊需要，就只能根据研究的特殊要求选择特定的生物材料。胞外蛋白质可直接提取，若在细胞内，则需要破壁处理后再进行提取。由于动植物细胞、微生物细胞结构不同，可采取合适的破壁方式。蛋白质在提取过程中，要避免细胞内外的蛋白酶对其降解。同时，也要注意提取条件对蛋白质构象及生物学活性的影响。稀盐和缓冲系统对蛋白质构象有稳定作用，且蛋白质溶解性也较好。提取过程中要注意提取液用量、提取温度和提取 pH 等关键工艺参数。碱性蛋白质常用偏酸性提取液提取，而酸性蛋白质则用偏碱性提取液提取。

二、蛋白质的分离与纯化

（一）透析与超滤

透析是利用蛋白质生物大分子为胶体物质，不能穿透半透膜，而蛋白质溶液中的其他小分子可透过半透膜，从而实现蛋白质与杂质的分离。透析袋一般用超小微孔的膜如玻璃纸或醋酸纤维素膜制成，分子量低于 10kDa 的可透过微孔膜。用硫酸铵或氯化钠等中性盐盐析得到的蛋白质常用透析法除去中性盐。如果在袋外放入吸水剂（如 PEG），透析袋内的水分随小分子流出，则可起到浓缩蛋白质的作用。

超滤是利用正压或离心力使蛋白质溶液透过有一定截留量的超滤膜，从而实现蛋白质溶液浓缩的目的。通过选择不同孔径的超滤膜，可实现不同分子量的蛋白质分离。超滤可选择性分离蛋白质、无相态变化、条件温和、不易变性，广泛应用于蛋白质溶液浓缩、脱盐和分级纯化等过程。

（二）低温有机溶剂沉淀法

低温有机溶剂沉淀法是在低温条件下，利用有机溶剂对蛋白质的沉淀作用进行蛋白质的提纯的操作。其原理是有机溶剂介电常数比较低，如 20℃ 时，水为 79，乙醇为 26，丙酮仅为 21。因此，丙酮常用作蛋白质有机溶剂沉淀溶剂。但需注意的是，丙酮沉淀操作通常在 0~4℃ 下进行，丙酮用量为蛋白质样品的 10 倍。蛋白质经丙酮沉淀后，需立即分离，否则易变性。乙醇也是较为常见的有机沉淀溶剂。如用冷乙醇法从血清分离制备人体清蛋白和球蛋白。

（三）盐析沉淀法

在盐析时，常用硫酸铵、氯化钠、硫酸钠等中性盐。利用中性盐能中和蛋白质表面电荷和破坏水化膜，从而使蛋白质胶体溶液的稳定因素破坏，蛋白质出现聚沉。每种蛋白质盐析所需盐浓度和 pH 不尽相同。如血清白蛋白溶于 pH7.0 的半饱和硫酸铵溶液，而血清球蛋白则在该溶液中沉淀析出。当硫酸铵达到饱和时，白蛋白也随之析出。盐析法常用于蛋白质的初步提纯，需与其他分离纯化方法联用才能保证获得高纯度蛋白质。一般情况下，单价离子的中性盐（NaCl）比二价离子的中性盐 $[(NH_4)_2SO_4]$ 对蛋白质溶解度的影响要小些。

（四）免疫沉淀法

蛋白质具有抗原性，与特异性抗体结合可形成免疫沉淀反应。利用特异性抗体可识别对应的抗原蛋白，并形成抗体-抗原复合体，从而从复杂的蛋白质混合液中分离纯化特异性的抗原蛋白，这种方法称为免疫沉淀法。在具体操作中，常将抗体交联至固定化的琼脂糖珠上，将含抗原的蛋白质混合液通过该柱子,从而获得特异性结合的抗原-抗体复合物。将复合物溶于含 SDS 和二巯基丙醇的缓冲液后加热,抗原可从复合物中分离出来。

(五) 电泳法

当蛋白质溶液偏离 pI 时,蛋白质颗粒带有正电荷或负电荷,在电场中会向与其电性相反的电极泳动,这种因电荷性质、数量和分子量不同而在电场中泳动速度不同,进而实现蛋白质分离的技术,称为电泳。根据支持物不同可分为薄膜电泳和凝胶电泳两类。薄膜电泳以薄膜作为电泳支持物,如醋酸纤维素薄膜在临床中常用于血浆蛋白的电泳分析。凝胶电泳的支持物主要有琼脂糖和聚丙烯酰胺凝胶(PAGE)等。

1. 十二烷基磺酸钠-聚丙烯酰胺凝胶电泳(SDS-PAGE)

十二烷基磺酸钠(SDS)为常见阴离子表面活性剂,能断裂蛋白质分子内和分子间氢键,使蛋白质空间结构破坏,在蛋白质样品和凝胶中加入 SDS 后,蛋白质聚合物解聚为多肽链,解聚后的氨基酸侧链与 SDS 结合形成蛋白质-SDS 胶束,SDS 所带负电荷远远超过蛋白质分子原有的电荷量,结合后能消除蛋白质本身所带电荷对电泳的影响。由于不同蛋白质-SDS 胶束短轴长度都相同,蛋白质在电泳时,电荷和分子形状对电泳的影响可以消除,而仅取决于蛋白质的分子量。聚丙烯酰胺凝胶有分子筛效应,电泳分辨率高。如醋酸纤维素薄膜电泳分离人血清只能分出 5~6 种蛋白质成分,而 SDS-PAGE 可分出 20~30 种蛋白质成分,且样品需要量少,一般用 1~100μg 即可,常用于蛋白质分子量测定。

2. 等电聚焦电泳

等电聚焦电泳(isoelectric focusing electrophoresis,IFE)是利用在凝胶中加入人工合成的两性电解质,电泳时形成一个由阳极到阴极逐渐增加的 pH 梯度,蛋白质在其等电点相应的 pH 区域实现分离,分辨率极高,蛋白质 pI 相差 0.01pH 单位可完全分开,是分离蛋白质等两性物质的重要分离纯化和分析方法。常用电解质 Ampholine 是人工合成的含多氨基和多羧基的脂肪族混合物,具有导电性能好、在电场中分布均匀、水溶性好、缓冲能力强、紫外吸收低、易从聚集蛋白质中洗脱等优点。根据蛋白质的特点可以选择较宽 pH 梯度范围(pH3~10)的两性电解质,也可选择 pH 梯度范围较窄(pH7~8)的两性电解质,两性电解质 pH 范围越小,分辨率越高。利用 IFE,可从人血清蛋白中分离出 40~50 种蛋白质组分,而一般的 PAGE 仅能分离出 20~30 种蛋白质。在 PAGE 中为一条带的蛋白质,在 IFE 中表现为 3 个区带。IFE 主要用于蛋白质的分离分析,也可用于高纯度蛋白质的制备,成本较高,但操作简单,分辨率极高,也可用于未知蛋白质等电点的测定。将已知等电点的标准蛋白质与未知蛋白质同时进行 IFE,并根据标准蛋白质区带到凝胶某一侧的距离作标准 pI 曲线,然后通过标准曲线可测定未知蛋白质样品的 pI。IFE 主要采取水平平板电泳,常采用低浓度的 PAGE(如 4%)薄层电泳。

3. 聚丙烯酰胺凝胶双向电泳

聚丙烯酰胺凝胶双向电泳(two-dimensional polyacrylamide gel electrophoresis,2-D PAGE)是将 IEF 和 SDS-PAGE 结合起来的一种电泳技术,是当前获得组织细胞内蛋白质表达情况的重要手段。在混合蛋白质中,只要 pI 和分子量有差异的均可以实现分离,分辨率极高,可直接检测细胞内某特定蛋白质的表达。如蛋白质 mRNA 转入到青蛙卵母细胞中,通过对转入和对照细胞蛋白质提取液进行双向电泳,对比分析图谱可鉴定 mRNA 转入后产生的特异性蛋白质,可直接检测 mRNA 的表达情况。

双向电泳第一向为 IEF(等电点信息),第二向为 SDS-PAGE 凝胶电泳(分子量信息)。将 IEF 分离后的凝胶紧贴在 SDS-PAGE 上面,即可进行第二向电泳。第二向电泳主要根据蛋白质分子量进行分离,经第一向和第二向分离后,蛋白质将根据等电点和分子量显示在双向图谱中。细胞提取液经双向电泳后可分离 1000~2000 个蛋白。双向电泳是目前所有电泳技术中分辨率最高、信息量最多的技术,广泛应用于蛋白质组学的研究。

聚丙烯酰胺凝胶双向电泳分为蛋白质样品的制备、IEF 和 SDS-PAGE、凝胶染色与显色、二维图谱的分析等过程。蛋白质样品要经过变性、还原等手段破坏蛋白质之间的相互作用力,去除非蛋白成分(如核酸)、IEF 完成后要在含 SDS 缓冲液中平衡 30min,以保证二向电泳时组分的均匀性,提高蛋白质的转移效率。

(六) 色谱法

由于待分离蛋白质分子量、电荷及亲和力等不同,当待分离蛋白质溶液(流动相)经过一个固定相时,待分离蛋白质组分在两相中反复分配,并以不同速度流经固定相,从而分离蛋白质。常用色谱方法有凝胶过滤色谱和亲和色谱等。

1. 凝胶过滤色谱

也称分子筛色谱,适用于各类生化物质,如肽、激素、蛋白质、多糖、核酸等的分离纯化、脱盐、浓缩以及分子测定等,分离范围较宽,Sephadex G 分离分子量范围为 $10^2 \sim 10^5$,Sepharose 类为 $10^5 \sim 10^8$。其分离原理是通过凝胶的分子筛效应,利用蛋白质分子量的差异实现蛋白质的分离,分离原理见图 2-18。一般采用葡聚糖凝胶。葡聚糖凝胶是以葡聚糖与交联剂形成网状结构物,孔径大小用 G 表示。G 越小,交联度越大、孔径越小。大分子蛋白质被排阻于胶粒之外。小分子蛋白质则进入凝胶分子内部。在色谱柱洗脱时,大分子受阻小而最先流出,小分子受阻大而最后流出。

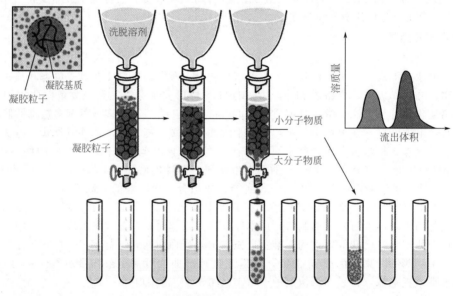

图 2-18 凝胶过滤色谱示意图

2. 亲和色谱法

又称选择色谱、功能色谱或生物特异吸附色谱,是利用共价键连接有特异配体的色谱介质来分离蛋白质混合物中能特异结合配体的目标蛋白质或其他分子的色谱分离技术。在某些生物分子结构中有能与其他分子识别并结合的位点,如酶的活性中心与底物的识别结合,抗体与抗原的特异性结合,受体与配体的识别结合等。配体与待分离物具特异结合能力,即具有亲和性,基于这种具有特异亲和力的化合物之间能可逆结合与解离的性质建立的色谱方法称为亲和色谱法。常用亲和配体有底物类似物、抑制剂、辅酶等。抗体常作为抗原、病毒和细胞纯化的亲和配体,凝集素常作为糖蛋白纯化的亲和配体,核酸互补碱基序列常用于 DNA 聚合酶或 RNA 聚合酶、核酸结合蛋白等的配体,金属离子常用于聚组氨酸融合蛋白表面含组氨酸、半胱氨酸和(或)色氨酸残基的蛋白质纯化的配体。本法具有简单、快速、纯化倍数高等显著优点,是一种高度专一性分离纯化蛋白质的有效方法,亲和色谱分离的原理见图 2-19。

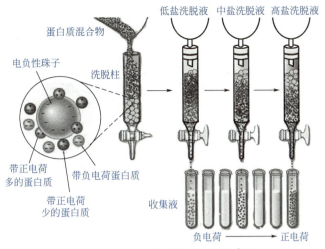

图 2-19　亲和色谱分离原理的示意图

（七）超速离心法

离心力常用地球引力的倍数表示，也称相对离心力（RCF），表示为数字乘以"g"（0.98m/s²），如 1000g。相对离心力与每分钟转速的关系为 $RCF = 1.119 \times 10^{-5} \times (r/min)^2 R$，$R$ 为离心机转头半径。离心机转头通常都配有相互转换表格。如果用 r/min 表示离心力大小时，必须指出离心机的品牌及转头型号，而 RCF 与离心机转头半径无关。一般真核细胞在 1000g 离心 5min 即可沉淀，核糖体蛋白质需在 100000g 离心 3h 以上才能沉淀。颗粒物质越小，离心沉淀所需的离心力就越大。

普通离心机的 RCF 一般为 5000～6000g，可用于组织碎片、真核细胞等大颗粒物质的分离。高速冷冻离心机 RCF 一般为 80000～90000g，可在 0～4℃ 条件下进行低温冷冻离心，常用于微生物菌体、细胞碎片、大细胞器、盐析沉淀和抗体-抗原免疫沉淀等颗粒物的分离。超速离心机其 RCF 可达到 500000～600000g，可用于核酸、病毒、蛋白质和多糖等的分离。普通低速离心机对称离心管允许的重量误差在 0.1g 左右，而高速冷冻离心机和超速离心机则要求误差在 0.01g 以下。

超速离心法既可以用来分离纯化蛋白质，也可以用于测定蛋白质的分子量。蛋白质在离心场中的行为用沉降系数（sedimentation coefficient，S）表示。沉降系数与蛋白质的密度和形状相关。因为沉降系数 S 大体上和分子量成正比关系，故可应用超速离心法测定蛋白质分子量，但对分子形状高度不对称的大多数纤维状蛋白质不适用。

任务六　氨基酸、多肽和蛋白质类药物

一、临床常用氨基酸类药物

1. 临床常用氨基酸类药物的特点

临床上常用的氨基酸类药物有甘氨酸、丙氨酸、丝氨酸、胱氨酸、赖氨酸、精氨酸、天冬氨酸和组氨酸等。

甘氨酸是结构最简单的氨基酸类药物，为白色至类白色结晶性粉末，无臭，味甜，溶于水，微溶于吡啶，不溶于乙醇、乙醚。与盐酸反应能生成盐酸盐。常用作氨基酸营养输液，头孢菌素的原料。

丙氨酸为白色至类白色结晶性粉末，有香气，味甜，易溶于水，不溶于乙醇、丙酮和乙醚，

可预防肾结石，协助葡萄糖代谢，缓和低血糖等。

丝氨酸为白色结晶或结晶性粉末，无臭、味甜，易溶于水，不溶于乙醇、乙醚和丙酮。有助于免疫球蛋白产生。在脂肪和脂肪酸物质代谢及肌肉生长中有重要作用，可用于治疗结核病、稳定滴眼液 pH，是重要的自然保湿因子，可以保持皮肤角质层水分。

胱氨酸为白色结晶或结晶性粉末，溶于稀酸和碱溶液，极难溶于水，不溶于乙醇。具有促进毛发生长和防止皮肤老化等作用，可防治先天性同型半胱氨酸尿症、继发性脱发症、慢性肝炎、放射线损伤等。也可用于改善各种原因引起的白细胞减少症和药物中毒，辅助治疗支气管哮喘、湿疹和烧伤等。

赖氨酸可促进发育、增强免疫、提高中枢神经组织功能、增强记忆力、促进细胞生长、增强体质、增进食欲、改善营养不良状况、改善睡眠，帮助产生抗体、激素和酶，提高免疫力、增加血色素，帮助钙的吸收、防治骨质疏松症，降低血液中三酰甘油，预防心脑血管疾病等。

精氨酸对治疗高氨血症、肝功能障碍等疾病有效果。天冬氨酸钾、镁盐可用于消除疲劳，治疗低钾血症性心脏病、肝病、糖尿病等。组氨酸可扩张血管，降低血压，用于心绞痛、心功能不全等疾病的治疗。

2. 临床常用氨基酸类药物的应用

氨基酸在医药上主要用来制备复方氨基酸输液，也可用作治疗药物和用于合成多肽类药物。目前用作药物的氨基酸有 100 多种。氨基酸及其衍生物主要用于下列疾病的治疗：①治疗消化道疾病。如谷氨酸及其盐酸盐、谷氨酰胺、乙酰谷氨酰胺铝、甘氨酸及其铝盐、磷酸甘氨酸铁等。②治疗肝病。如精氨酸盐酸盐、谷氨酸钠、甲硫氨酸、瓜氨酸等。③治疗脑及神经系统疾病。如谷氨酸钙盐及镁盐、氢溴酸谷氨酸、色氨酸、5-羟色氨酸及左旋多巴等。④用于肿瘤治疗。如偶氮丝氨酸、氯苯丙氨酸、磷天冬氨酸及 6-重氮-5-氧代-L-正亮氨酸等。⑤用于其他疾病治疗。如天冬氨酸的钙、镁盐可用于缓解疲劳，治疗低钾血症性心脏病、肝病、糖尿病等。组氨酸可扩张血管、降低血压，可用于心绞痛和心功能不全等疾病的治疗。

二、临床常用多肽和蛋白质类药物

多肽、蛋白质类药物根据其应用可分为多肽激素类药物、细胞因子、抗体药物、抗菌肽和酶类药物 5 种类型。来源于动、植物的多肽和蛋白质类药物称为生化药物，而来源于基因工程菌表达生产的多肽、蛋白质类药物称为基因工程药物。

1. 多肽激素类药物

多肽激素类药物具有浓度低、活性强的特点，易被机体吸收利用。根据作用机制和存在部位分为以下几类：①下丘脑-垂体肽激素，如促甲状腺释放激素、促生长抑制素、促性腺激素释放激素、促肾上腺皮质激素、促黑素、促黑素抑制素、缩宫素、加压素等；②甲状腺激素，如甲状旁腺素、降钙素等；③胰岛激素，如胰高血糖素等；④消化道激素，如肠抑胃肽、胃泌素、肠泌素、缓激肽等；⑤胸腺激素，如胸腺肽等；⑥心脏激素，如心房肽等。

2. 细胞生长因子

细胞生长因子能调节细胞生长分化、免疫功能、抗炎、抗病毒和促进伤口愈合等，不包括免疫球蛋白和补体，在生物体内含量极低，目前主要依靠基因工程获得。根据其功能不同，可分为白细胞介素、集落刺激因子、干扰素、肿瘤坏死因子、趋化因子和其他细胞因子（如转化生长因子、表皮生长因子和成纤维细胞生物因子）等。

3. 抗体药物

抗体是机体受抗原刺激后由 B 淋巴细胞产生，能与抗原发生特异性结合，是具有免疫功能的球状蛋白质，主要分布于血清、组织液和外分泌液中。抗体药物主要用途有：①用于器官移植排斥反应；②肿瘤免疫诊断、免疫显像、导向治疗等；③哮喘、银屑病、类风湿关节炎、红斑狼疮、急性心肌梗死、脓毒症、多发性硬化症及其他自身免疫疾病等。

4. 抗菌肽

抗菌肽是指分子量在10kDa以下，具有某种抗菌活性的多肽类物质。根据其分子结构及功能特征不同，可分为α-螺旋结构类（如天蚕素）、伸展性螺旋结构类、环链结构类和β-折叠型，具有抗菌活性、免疫活性、抗氧化作用、结合矿物质、杀虫、抗病毒等药理作用。

5. 酶类药物

酶类药物是直接用各种剂型的酶以改变体内酶活力，或改变体内某些生理活性物质和代谢产物的数量等，从而达到治疗某些疾病的目的。按临床作用不同，可分为：①消化酶类，如胰酶、胰脂酶、胃蛋白酶、纤维素酶、淀粉酶等；②抗炎、黏痰溶解酶，如胰蛋白酶、糜蛋白酶、胶原酶、超氧化物歧化酶、葡聚糖酶等；③溶解纤维素的酶类，如链激酶、尿激酶、纤溶酶、蛇毒抗凝酶等；④抗肿瘤酶类，如谷氨酰胺酶、神经氨酸苷酶、米曲溶栓酶等；⑤其他生理活性酶类，如青霉素酶、透明质酸酶、弹性蛋白酶等；⑥复合酶，如双链酶、复方磷酸酯酶、风湿宁三合酶、过敏宁复合酶等。

 知识拓展

氨基酸药物、多肽药物和蛋白质药物

氨基酸在医药上主要用于制备复方氨基酸输液，由多种氨基酸组成的复方制剂在现代静脉营养输液以及"要素饮食"疗法中占有非常重要的地位。氨基酸药物可分为复方氨基酸输液、治疗消化道疾病、治疗肝病、治疗脑及神经系统疾病、治疗肿瘤和其他等类别。目前，复方氨基酸输液已由单一氨基酸营养液发展到尿毒症、肝病等专用复方氨基酸输液。谷氨酸盐酸盐可治疗胃液缺乏症、消化不良及食欲不振。L-天冬氨酸可促进鸟氨酸代谢循环、促进氨和CO_2形成尿素、降低血氨和CO_2、增强肝功能、消除疲劳，常用于慢性肝炎、肝硬化及高氨血症等病症。酪氨酸亚硫酸盐可用于治疗脊髓灰质炎、结核性脑膜炎急性期、精神分裂症、无力综合征及早年老年性精神病等中枢神经系统疾病。偶氮丝氨酸用于治疗急性白血病及霍奇金病。

多肽普遍存在于生物体内，广泛参与和调节机体内系统、组织器官和细胞的功能活动。分子量500～10000，生物活性高，特异性强，免疫原性低，纯度高，成本相对较低。但稳定性差、半衰期短。目前主要通过选择合适给药途径和化学修饰来优化代谢动力学和延长半衰期。IQVIA数据显示，全球多肽药物市场规模2010年约152亿美元，到2020年已达430亿美元，全球每年增长率10%～16%，并呈现逐年递增趋势。中国多肽药物市场正处于蓬勃发展期，呈现外资驱动、头部集中的市场特点。国际上多肽药物主要分布在7大疾病治疗领域，包括罕见病、肿瘤、糖尿病、胃肠道、骨科、免疫、心血管疾病等，其中罕见病、肿瘤和糖尿病是拉动多肽药物市场的"三驾马车"。多肽药物主要给药途径为注射，还有经鼻腔、口腔、肺部、直肠、阴道、皮肤及口服等非注射给药途径。多肽药物修饰主要有主链末端修饰、侧链修饰、聚乙二醇（PEG）修饰及糖基化修饰等，以PEG修饰应用最广，如PEG化重组集成干扰素变异体注射液、PEG修饰胰岛素、PEG修饰人甲状旁腺素等得到广大患者认可。

蛋白质药物可分为多肽和基因工程药物、单克隆抗体和基因工程抗体、重组疫苗等，具有高活性、特异性强、低毒性、生物功能明确、有利于临床应用等特点，如人白蛋白、人丙种球蛋白、血纤维蛋白、抗血友病球蛋白、硫酸鱼精蛋白、胰岛素、生长素、催乳素、绒毛膜促性腺激素（糖蛋白）、垂体促性腺激素（糖蛋白）、卵泡刺激素（糖蛋白）、胃膜素（黏蛋白）等。此外，还有血浆蛋白质类、蛋白酶抑制剂、黏蛋白、胶原蛋白等其他生化药物等。

重点小结

重　点	难　点
1. 蛋白质是生物体内一类最重要的生物大分子，主要由C、H、O、N和S组成，不同蛋白质平均含氮量约为16%，通过测定蛋白质样品中的含氮量可推算蛋白质的含量。 2. 蛋白质的基本组成单位是L-α-氨基酸，共有20种。根据R侧链不同，可分为脂肪族氨基酸、芳香族氨基酸和杂环族氨基酸3类。根据R侧链基团酸碱性质可分为酸性氨基酸、中性氨基酸和碱性氨基酸。根据R侧链基团极性和带电特性，分为非极性R基氨基酸（疏水氨基酸）、不带电荷的极性R基氨基酸、带正电荷的R基氨基酸、带负电荷的R基氨基酸4类。 3. 侧链基团含有芳香环的氨基酸（酪氨酸和色氨酸、苯丙氨酸）具有共轭双键，对紫外线有光吸收，酪氨酸和色氨酸紫外吸收峰在280nm左右，苯丙氨酸紫外吸收峰在260nm左右，利用蛋白质在280nm吸光度值测定样品中的蛋白质含量，称为紫外分光光度法测定蛋白质含量。 4. 氨基酸通过肽键连接形成肽类化合物。形成肽键的6个原子处于同一个平面，称"肽键平面"或肽单元。 5. 蛋白质的一级结构是指氨基酸在蛋白质多肽链中的排列顺序，一般指N端至C端的氨基酸排列顺序，包括多肽链数目、每条肽链氨基酸顺序及二硫键数量和位置等。二级结构是指局部多肽链主链骨架若干单元盘绕折叠形成的空间结构，是主链的结构，不涉及氨基酸侧链构象，包括α-螺旋、β-折叠、β-转角和无规卷曲等。三级结构是指具有二级结构的多肽链进一步折叠盘曲形成的空间结构，一般为球状或椭圆状，有一定的生物学活性，是整条肽链全部氨基酸的相对空间位置。主要作用力为疏水键、离子键（盐键）、氢键、范德华力及少量的二硫键等。以疏水键最为重要。四级结构是指由两条或两条以上具有独立三级结构的多肽亚基通过非共价键结合而形成的高级结构，作用力主要是各亚基之间所形成的次级键，并非所有蛋白质均有四级结构。	1. 氨基酸是两性电离物质。同一氨基酸在不同pH条件下，可带正或负电荷。当氨基酸处于某pH溶液时，所带正负电荷相等，称为兼性离子，呈电中性，净电荷为零，此时溶液的pH称为该氨基酸的等电点。不同氨基酸有不同等电点。当溶液pH＜pI时，氨基酸带正电荷；当溶液pH＞pI时，氨基酸带负电荷。 2. 在弱酸性条件下，氨基酸与茚三酮水合物共热时，氨基酸氧化脱氨脱羧，茚三酮水合物被还原并与氨和另一分子茚三酮缩合成为蓝紫色化合物，该蓝紫色化合物最大吸收波长为570nm，其颜色深浅与蛋白质浓度呈正比，茚三酮反应非常灵敏，可用于氨基酸和蛋白质的定性与定量分析。 3. α-螺旋的结构特点：以肽单元为基本单位，螺旋一圈需3.6个氨基酸残基，螺距0.54nm，每个氨基酸残基高度为0.15nm，肽键平面与螺旋长轴平行；相邻2个螺旋之间形成氢键，是维持二级结构稳定性的主要作用力。氢键取向与中心轴基本平行。肽链中所有肽键的N—H和C=O都可形成氢键；氨基酸残基R侧链分布在螺旋外侧，其形状、大小及电荷影响α-螺旋的形成和稳定性。 4. 蛋白质一级结构是空间结构和功能的基础。一级结构相似的蛋白质，其空间结构及功能也相似。蛋白质空间构象发生改变，可导致其理化性质和生物学活性的丧失。 5. 利用蛋白质在280nm处的紫外吸收强度来对蛋白质进行定量分析，蛋白质浓度（mg/mL）=$1.55A_{280}-0.76A_{260}$，测定范围为0.1～0.5mg/mL。 6. 蛋白质肽键与氨基酸侧链基团可发生许多呈色反应，常用于蛋白质的定性和定量分析。如双缩脲反应、Folin-酚反应、考马斯亮蓝反应、茚三酮反应等。 7. 蛋白质在纯水溶液中和结晶状态下均以两性离子形式存在，同时带有正负两种电荷。某特定pH时，解离成正负离子趋势相等，净电荷为零，此pH称该蛋白质等电点(pI)，溶解度最小，能沉淀析出。不同蛋白质具有不同等电点

课后习题

一、名词解释

蛋白质、氨基酸、必需氨基酸、氨基酸等电点、肽与肽键、蛋白质一级结构、蛋白质二级结构、蛋白质三级和四级结构、蛋白质等电点、蛋白质变性与复性。

二、简答题

1. 蛋白质的组成元素有哪些？哪种元素或用于蛋白质定量分析？

2. 请简述氨基酸的分类。
3. 请阐述氨基酸的两性电解与等电点。
4. 请简述氨基酸的化学性质有哪些?
5. 什么是蛋白质的一级结构?与高级结构的关系如何?
6. 请简述蛋白质的二级结构有哪些?各有何特点?
7. 请举例说明蛋白质一级结构与功能的关系。
8. 请举例说明蛋白质空间结构与生物功能的关系。
9. 蛋白质常见的呈色反应有哪些?有何作用?
10. 请简要介绍蛋白质常用的沉淀技术有哪些?
11. 举例说明临床常用氨基酸类药物的特点及应用。

三、选择题

1. 一个生物样品的含氮量为5%,它的蛋白质含量为( )。
   A. 12.50%   B. 16.00%   C. 38.00%   D. 31.25%
2. 天然蛋白质中不存在的氨基酸是( )。
   A. 半胱氨酸   B. 瓜氨酸   C. 丝氨酸   D. 甲硫氨酸
3. 在下列所有氨基酸溶液中,不引起偏振光旋转的氨基酸是( )。
   A. 丙氨酸   B. 亮氨酸   C. 甘氨酸   D. 丝氨酸
4. Glu 的 $pK_1=2.19$ (a-COOH)、$pK_2=9.67$ (α-NH_3)、$pK_3=4.25$ (α-COOH) pI=( )。
   A. 1/2 (2.19+9.67)   B. 1/2 (9.67+4.25)
   C. 1/2 (2.19+4.25)   D. 1/3 (2.17+9.04+9.67)
5. 维持蛋白质二级结构稳定的主要因素是( )。
   A. 静电作用力   B. 氢键   C. 疏水键   D. 范德华力
6. 在寡聚蛋白质中,亚基间的立体排布、相互作用以及接触部位间的空间结构称之为( )。
   A. 三级结构   B. 缔合现象   C. 四级结构   D. 变构现象
7. 下列不属于蛋白质的变性在实际生活中的应用的是( )。
   A. 酒精消毒   B. 理疗
   C. 高温灭菌   D. 煮熟后的食物蛋白易消化
8. ( )使蛋白质沉淀又不变性。
   A. 加入硫酸铵溶液   B. 加入三氯醋酸
   C. 加入氯化汞   D. 加入 1molHCl
9. 混合蛋白质溶液中各蛋白质等电点分别是3.2、4.8、6.6、7.5,电泳时要使所有蛋白质泳向正极,缓冲液的pH应该是( )。
   A. 8.0   B. 7.0   C. 6.0   D. 5.0
10. 蛋白质电泳是由于其具有( )性质。
    A. 酸性   B. 碱性   C. 两性解离   D. 亲水性
11. 蛋白质在280nm紫外光区有最大光吸收的主要原因是存在( )。
    A. 碱性氨基酸   B. 酸性氨基酸   C. 亲水性氨基酸
    D. 疏水性氨基酸 E. 芳香族氨基酸
12. 下列蛋白质为多亚基蛋白的是( )。
    A. 血红蛋白   B. 肌红蛋白   C. 胰岛素   D. 核糖核酸酶

选择题答案:
1—5: DBCCB 6—10: CBAAC 11—12: EA

项目三 脂类化学

要点导航

掌握：脂类、油脂、饱和脂肪酸、单（多）不饱和脂肪酸、酸败、皂化值、磷脂、糖脂、脂质体、脂质体药物等基本概念；脂肪的结构；脂质体包埋药物的特点等。

熟悉：脂类的生理功能；类脂的生理功能；脂肪的物理与化学性质；脂质体的分类与结构等。

了解：脂类的分类；脂肪的分类；类脂的结构与功能；脂质体制备方法；脂质体药物分离与灭菌方法；脂肪替代物及其应用等。

导学案例

> 刘先生，43岁，办公室主管，上腹部不适半年，B超检查为脂肪肝，肝功能正常。刘先生体形偏胖，平日里搞接待，他是饭桌上的主力。去年年底，各种答谢宴、聚会越来越多，刘先生整日频繁地应酬饭局。有一段时间，他感到上腹部有些不适，以为吃错了东西，当时没太在意。最近单位体检，发现自己得了脂肪肝（中度），如今已有半年。医生告诉他：当前的首要任务是减肥。请思考：脂肪的结构及其物理、化学性质；刘先生的饮食习惯和脂肪肝有什么关系？

脂类是脂肪与类脂的总称。脂肪是甘油和3分子脂肪酸通过酯键形成的一类化合物，常温下呈液态的称为油（oil），主要来源于植物；来源于高等动物（包括人体），在常温下呈固态或半固态的称为脂（fat）。类脂（lipid）的化学结构和理化性质与油脂类似，包括磷脂、糖脂、胆固醇及胆固醇酯等，是动物和植物体内重要的能量物质，其组成、结构、理化性质和生物学功能差异较大，是易溶于非极性有机溶剂（如丙酮、乙醚、氯仿等）而难溶于水的生物分子。由于其能溶于有机溶剂，故常用有机溶液从细胞或组织中提取。

人体脂肪主要用于能量储存和供能，分布在脏器周围，还兼有调节体温和缓冲摩擦损伤等生理功能。磷脂、糖脂和胆固醇是生物膜的重要组成成分。胆固醇在体内经生物转化后可变为类固醇化合物，是合成维生素D的原料，也是激素（如肾上腺素、皮质激素等）重要的前体物质。花生四烯酸衍生物是前列腺素、血栓素和白三烯等功能分子的重要前体物质。

任务一 脂类的概述

一、脂类分类与分布

脂类是脂肪（甘油三酯）和类脂及其衍生物的总称，是一类不溶于水而易溶于有机溶剂（醇、醚、氯仿、苯等）并能被机体利用的有机化合物。脂肪由甘油和脂肪酸（饱和或不饱和脂肪酸）通过酯键生成。常见脂类中饱和脂肪酸（saturated fatty acid, SFA）、单不饱和脂肪酸（monounsaturated fatty acid, MUFA）和多不饱和脂肪酸（polyunsaturated fatty acid, PFA）的含量如表 3-1 所示。

表 3-1 常见脂类中 SFA、MUFA 和 PFA 的含量　　　　　　　　单位：%

脂类来源	SFA	MUFA	PFA	脂类来源	SFA	MUFA	PFA
大豆油	15	22	63	花生油	20	42	38
玉米油	15	37	48	菜籽油	6	64	28
葵花籽油	12	19	69	棉籽油	28	16	56
芝麻油	12	41	47	棕榈油	51	39	9
猪油	43	46	9	牛油	52	42	6
羊油	63	33	4	鸡油	26	48	26

类脂包括磷脂、糖脂、胆固醇及胆固醇酯等。脂类广泛存在于生物体内，根据脂类在体内的分布可分为储存脂和组织脂两大类。储存脂主要为中性脂肪，广泛分布在人体或动物体的结缔组织、肾脏周围、肠系膜等组织器官部位，约占人体的 10%～20%，这些储存脂肪的组织称为脂库（lipid pool），为可变脂，随机体的营养状况及代谢状况发生改变。组织脂主要由类脂构成，分布在生物体的所有细胞中，是构成细胞器膜的重要组分，在机体中的含量相对较稳定，一般为体重的 5% 左右，不受营养状况的影响，也称为固定脂。常见食物中脂肪的含量见表 3-2。

表 3-2 常见食物中脂肪的含量　　　　　　　　单位：g/100g

食物来源	脂肪含量	食物来源	脂肪含量	食物来源	脂肪含量
猪肉(肥肉)	88.6	猪肉(肥瘦)	37.0	牛肉(肥瘦)	14.2
羊肉(肥瘦)	14.1	鸡肉	9.4	奶粉(牛)	21.2
鸡蛋	8.8	黄豆	16.0	花生仁(干)	44.3
核桃仁(干)	58.8	芝麻	39.4	葵花籽仁	53.4
松子仁	70.6	大枣(干)	0.4	栗子(干)	1.7
南瓜子(炒)	46.1	西瓜子(炒)	44.8	水果	0.1～0.5
蔬菜	0.1～0.5	水果(除小枣、酸枣等)	0.8～1.5	椰子	12.1

二、脂类的生理功能

脂类具有多种生理功能，在生物体中具有重要作用。如磷脂是构成细胞膜或细胞器膜的重要组分，脂肪是机体能量储存与供给的重要来源。

1. 脂肪的生理功能

脂肪的生理功能主要有以下几个方面。

（1）脂肪最重要的生理功能是提供能量和储存能量。1g 脂肪完全氧化可生成约 39.94kJ 的能量，是等量糖和蛋白质的 2 倍，主要起作用的是甘油三酯。正常情况下，人体每日能量有 20% 左右来自于脂肪的氧化。空腹状态下，脂肪动员加速，人体能量的 50% 来自于脂肪的氧化供能。禁食 1～3 天，机体所需能量超过 80% 由脂肪氧化提供。因此，脂肪是空腹或饥饿时能量的主要产生来源。

（2）提供机体所必需的必需脂肪酸。人体的不饱和脂肪酸，如亚油酸、亚麻酸和花生四烯酸不能在机体合成或合成量无法满足机体需求，需由食物供给。此外，脂肪还有利于脂溶性营养成分（如脂溶性维生素）或脂溶性药物的吸收和转运，可帮助肠梗阻患者进行脂类的消化吸收。

（3）体温保持和保护脏器免受损伤。脂肪不易传热，可保持体温。脂肪组织柔软，能起到保护内脏，缓冲外界机械撞击对内脏造成的损伤。

> **知识链接**
>
> **必需脂肪酸**
>
> 必需脂肪酸是指对维持机体功能不可缺少、但机体不能合成、必须由食物提供的脂肪酸，如亚油酸和α-亚麻酸，均为多不饱和脂肪酸。人体摄入了亚油酸（linoleic acid）后，通过人体自身的机能可以代谢出γ-亚麻酸及花生四烯酸，属于ω-6系列的不饱和脂肪酸。通常将亚油酸称为ω-6系列不饱和脂肪酸的母体。肉类、花生中也含有一定量的花生四烯酸；人体摄入了α-亚麻酸（α-linolenic acid）后，可以代谢出二十碳五烯酸（eicosapentaenoic acid，EPA）和二十二碳六烯酸（docosahexenoic acid，DHA），二十碳五烯酸（EPA）和二十二碳六烯酸（DHA）属于ω-3系列的多不饱和脂肪酸。通常将α-亚麻酸称为ω-3系列多不饱和脂肪酸的母体。

2. 类脂的生理功能

类脂的生理功能主要有以下几个方面。

（1）类脂是细胞膜或细胞器膜的重要组成组分。如磷脂和胆固醇是生物膜的重要组成构件，鞘磷酸还是神经髓鞘的重要组成成分。

（2）以脂蛋白形式参与脂类的转运。磷脂和胆固醇是血浆脂蛋白的重要组成成分，也是血液脂蛋白的主要运输形式。

（3）类脂是合成体内生物活性物质的前体。如胆固醇在体内可变为胆汁酸，参与食物的消化，还可以转变为类固醇激素和维生素 D_3 以及前列腺素，是体内激素和维生素 D 合成前体。

（4）其他生理功能。如磷脂酰肌醇二磷酸是细胞信号传导的重要分子，二软脂酰胆碱是肺表面重要的活性物质。卵磷脂、脑磷脂是肝病、神经衰弱及动脉粥样硬化等疾病治疗重要的药物。多不饱和脂肪酸如 DHA、EPA 是预防动脉粥样硬化和降血脂的重要药物，熊脱氧胆酸、鹅脱氧胆酸等可用于胆结石、胆囊炎的治疗。

> **知识链接**
>
> **EPA 和 DHA**
>
> 二十碳五烯酸（EPA）、二十二碳六烯酸（DHA）均属于ω-3族多不饱和脂肪酸，在脑及睾丸中含量丰富，是脑及精子正常生长发育不可缺少的组分，这类脂肪酸具有降血脂、抗血小板聚集、延缓血栓形成、保护脑血管等特殊生理效应，对心脑血管疾病的防治具有重要价值。近年来发现深海鱼油中亦富含 EPA 和 DHA。北极地区的因纽特人摄食含 EPA 的海水鱼类食物，经研究发现，EPA 的抗血小板聚集及抗凝血作用较强，被认为是摄食深海鱼油的因纽特人不易患心肌梗死的重要原因之一。

任务二　脂肪的结构、性质及分类

脂肪是机体的能量储存形式，也是生物体获得能量的主要来源。人体由食物摄入的糖、脂肪等均可在肝脏、脂肪组织及小肠内合成脂肪，特别是肝脏合成脂肪能力最强。合成的脂肪可储存于脂肪组织中，机体需要时这些脂肪可被分解利用。

一、脂肪的结构与性质

1. 脂肪的结构

脂肪（fat）是由 1 分子甘油和 3 分子脂肪酸通过形成酯键生成，也称为甘油三酯（triglyceride，TG）。由于不同脂肪酸的结构差异，使甘油三酯的性质也不完全相同。随脂肪酸种类和链长的不同，使脂肪在常温下呈现液态或固态。脂肪的性质主要取决于所连接的脂肪酸性质，脂肪酸一般由4～24个碳原子组成，自然界存在40多种脂肪酸。根据甘油与脂肪酸连接的数量不同，可分为甘油一酯、甘油二酯和甘油三酯，其结构见图3-1。

$$\begin{array}{c} CH_2-OH \\ OH-C-H \\ CH_2-OH \end{array} + 3R_iCOOH \longrightarrow \begin{array}{c} CH_2-OCOR^1 \\ R^2OCO-C-H \\ CH_2-OCOR^3 \end{array} + 3H_2O$$

i=1, 2, 3

甘油　　　脂肪酸　　　　　三酰基甘油

图 3-1　甘油酯的合成与结构

如果与甘油连接的脂肪酸相同，则形成的甘油三酯称为单纯甘油酯；若不同，则称为混合甘油三酯。生物体内主要为混合甘油三酯。由于C2为手性碳原子，因此，甘油三酯有D-型和L-型之分，天然油脂常为L-型。与甘油相连的脂肪酸通常为偶数碳原子（$n=16\sim20$），多为直链脂肪酸。

2. 脂肪的理化性质

（1）物理性质　纯净油脂常为无色，由于油脂溶解有色素，常呈现颜色。油脂的气味由非酯成分产生。天然油脂没有确切的熔点和沸点，一般熔点最高在40～55℃之间，与组成脂肪酸有关，熔点与脂肪的消化利用率有关。油脂沸点一般在180～200℃之间，也与脂肪酸有关。油脂的热稳定指标主要有烟点、闪点和着火点。烟点是指在避免通风并备有特殊照明的实验装置中觉察到冒烟时的最低加热温度。闪点是指释放挥发性物质时可能点燃但不能维持燃烧的温度，即油的挥发物与明火接触，瞬时发生火花，但又熄灭时的最低温度。着火点是指油脂的挥发物可以维持连续燃烧5s以上的温度。

油脂具有相同的化学组成但形成不同的晶体结构。每一种晶体有其特征性的熔点、X射线衍射方式、红外光谱、单向转变的特点。油脂熔点与组成油脂的脂肪酸有关，含饱和脂肪酸较多的油脂其熔点范围较高，含不饱和脂肪酸较多的油脂则其熔点范围较低。顺式构型比反式构型的熔点低。只有在很低温度下油脂才能完全变成固体，常温下呈固体的油脂多数是半固体的塑性脂肪，不是完全的固体脂。

（2）主要化学性质　所有脂肪都能在酸、碱或酶的作用下水解为脂肪酸和甘油。不饱和脂肪酸可在催化剂的作用下在不饱和键上加氢或卤化。天然油脂暴露在空气中会自发进行氧化作用，出现酸臭和口味变苦的现象，称为酸败。酸败的另一个原因是在微生物的作用下，脂肪分解为甘油和脂肪酸，脂肪酸经一系列的酶促作用后生成β-酮酸，脱羧后成为具有苦味及臭味的低级酮类。甘油也可被氧化为具有特臭的1,2-丙醚丙醛。中和1g脂肪中的游离脂肪酸所需KOH的质量数（mg）称为酸值，可表示酸败程度，酸值>6.0的脂肪不宜食用。《中国药典》对药用油脂的皂化值、酸值和碘值有严格的规定。油脂在碱催化条件下可生成脂肪酸盐（即肥皂）和甘油，1g油脂完全皂化所需KOH的质量数（mg）称为该油脂的皂化值。皂化值越大表示脂肪中脂肪酸的平均分子量越小。中性油脂的皂化值等于酯值，油脂中含有游离脂肪酸时，酯值等于皂化值减去酸值。

二、脂肪的分类

构成脂肪的脂肪酸根据其碳链长度不同，分为短链脂肪酸（C≤6）、中链脂肪酸（C=6～20）以及长链脂肪酸（C≥20）。根据其是否含有不饱和键以及含不饱和键的数量分为饱和脂肪酸（不含双键）、单不饱和脂肪酸（含有1个双键）和多不饱和脂肪酸（含有1个以上不饱和键）。饱和脂肪酸的区别在于含碳氢链的长短不同，不饱和脂肪酸主要区别在于碳氢链长度、双键数目及位置。脂肪酸的碳原子由羧基端开始计算，羧基C原子为1，不饱和键的位置用Δ标示。如油酸（18∶1，Δ^9 顺）表示含 18 个 C 原子，1 个不饱和键，在第 9~10 位碳原子之间有一个顺式双键。α-亚麻酸（18∶3，$\Delta^{9,12,15}$）表示含 18 个 C，有 3 个不饱和键，双键位置在 9~10、12~13 和 15~16。

脂肪酸的碳原子编号定位原则以离羧基最远端碳原子 ω 开始计数，依次编为 ω-1、ω-2、ω-3、⋯。不饱和键的位置用 ω-表示。如油酸（18∶1，ω-9）表示油酸含有 1 个不饱和键，第一个双键从甲基碳原子数在第 9~10 碳之间。亚麻酸（18∶3，ω-3）表示含 18 个碳原子，3 个不饱和键，第 1 个双键从甲基端数起在第 3~4 碳之间。

任务三　类脂的结构与性质

一、磷脂

磷脂是一类含有磷酸的类脂化合物。其中，含有甘油的磷脂称为甘油磷脂，不含甘油而含鞘氨醇的则称为鞘磷脂。磷脂广泛存在于植物的种子和动物脑、肝、蛋黄及微生物体中，它是细胞原生质的固定组成部分。磷脂以脑磷脂、神经磷脂和卵磷脂较为重要。

1. 甘油磷脂

甘油磷脂是机体含量最多的一类磷脂，可构成细胞膜，同时也是胆汁和膜表面活性成分的重要组分，在细胞信号识别和蛋白质识别等过程中发挥重要作用。甘油结构中的 C3 羟基被磷酸酯化，C1 和 C2 被脂肪酸酯化，均称为甘油磷脂。甘油磷脂与含羟基的化合物缩合可生成不同的甘油磷脂（图 3-2）。

图 3-2　各类磷脂的结构

重要的甘油磷脂有脑磷脂、卵磷脂、丝氨酸脑磷脂、磷脂酰甘油、磷脂酰肌醇等。卵磷脂和脑磷脂母体结构是磷脂酸，磷酸分子中磷酸可与某些含氮碱或羟基化合物形成酯，如脑磷脂和卵磷脂就是磷脂酸分别与胆胺、胆碱形成的酯。

卵磷脂也称为磷脂酰胆碱、胆碱磷脂，是生命的物质基础，在动植物细胞中广泛存在。在蛋黄中含量最高，因含有不饱和脂肪酸，在空气中很容易被氧化生成黄褐色。在生物体内主要与蛋白质结合，其结构上的脂肪酸具有疏水性，而胆碱具有亲水性，因此，具有"双亲"结构，在细胞膜上发挥重要作用。

脑磷脂也称磷脂酰乙醇胺、乙醇胺磷脂。结构和性质与卵磷脂基本相似，但结合的碱基不同，主要为丝氨酸和乙醇胺（胆胺），与血液凝结有关，有加速血液凝结的作用，在酶的作用下，失去 1 分子脂肪酸残基可变为溶血性脑磷脂。

丝氨酸脑磷脂也称为磷脂酰丝氨酸，是细胞膜的重要组成成分，主要存在于大脑组织中，能改善神经细胞的功能，有助于提高"记忆力"，与磷脂酰胆碱和磷脂酰乙醇胺相互转化。

肌醇磷脂也称为磷脂酰肌醇。在肝脏和心脏中，主要为一磷酸肌醇磷脂，在脑组织中主要为二磷酸或三磷酸肌醇磷脂。

心磷脂也称为双磷脂酰甘油，主要位于细胞膜与线粒体内膜上。由两个磷脂酸中磷酸基团分别与甘油 C1 和 C3 位羟基酯化形成，主要参与线粒体中的氧化磷酸化和 ATP 的生成。

2. 鞘磷脂

在动物的脑、神经及肾、肝等组织中，还含有另一种磷脂——神经磷脂，也称为神经鞘氨醇磷脂或神经鞘磷脂。由鞘氨醇、脂肪酸、磷酸和胆碱等组成。神经磷脂分子中与磷酸形成酯的醇是神经氨基醇而不是甘油，高级脂肪酸通过酰胺键与神经氨基醇的氨基相连，胆碱与磷酸相连，而磷酸通过酯键与神经氨基醇的伯醇基结合。组成神经磷脂的高级脂肪酸中，除了硬脂酸、软脂酸和二十四碳酸外，还有脑神经酸（顺，Δ^{15}-二十四碳烯酸）。鞘磷脂为非甘油衍生物，但结构与甘油磷脂相似，有2个非极性部位和1个极性部位，是构成生物膜的重要组成成分。神经磷脂的化学结构见图3-3。

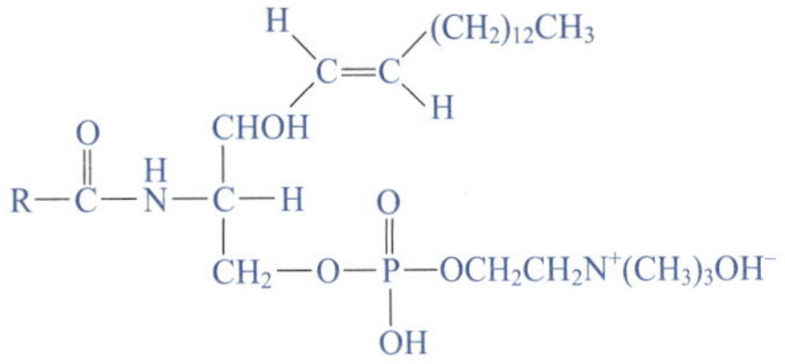

各种磷脂分子中都具有亲脂基和亲水基，具有表面活性，是一良好的乳化剂。磷脂在活细胞中常与蛋白质结合形成细胞膜，对细胞的渗透性和渗透作用起着重要的作用。在生物体内能使油脂乳化，有助于油脂在生物体内的运输、消化和吸收。

图3-3 神经磷脂的化学结构

二、糖脂

糖脂（glycolipid）是糖通过其还原末端半缩醛羟基以糖苷键与脂质相连的化合物，糖脂即含糖脂类。糖脂为"双亲"结构，其脂质部分为亲脂结构，糖链部分为亲水结构。糖脂在体内分布十分广泛，但含量较低，仅占脂类的很少部分。根据糖脂结构中脂质部分的不同，分为含鞘氨醇的糖脂（glycosylsphingolipid）、含甘油酯的甘油糖脂（glyceroglycolipid）、由磷酸多萜醇衍生的糖脂和由类固醇衍生的糖脂。其中，以鞘糖脂研究较为深入。鞘糖脂是糖链以糖苷键与神经酰胺相连而成，亲脂结构神经酰胺为鞘氨醇被脂肪酸酰化产生，脂肪酸一般是碳原子14～26的长链脂肪酸，以饱和和低不饱和脂肪酸为主。亲水糖链结构较短，一般在10个糖基以下。糖脂主要存在于脑组织中，脑苷脂属于糖脂中的一类。脑苷脂的组成与神经磷脂相似，如半乳糖脑苷脂结构中有神经氨基醇、半乳糖及脂肪酸各一分子。糖脂的糖基位于外表面，糖脂在细胞膜上呈不对称分布，这种不对称分布与其功能有关。葡萄糖脑苷脂和半乳糖脑苷脂的结构见图3-4。

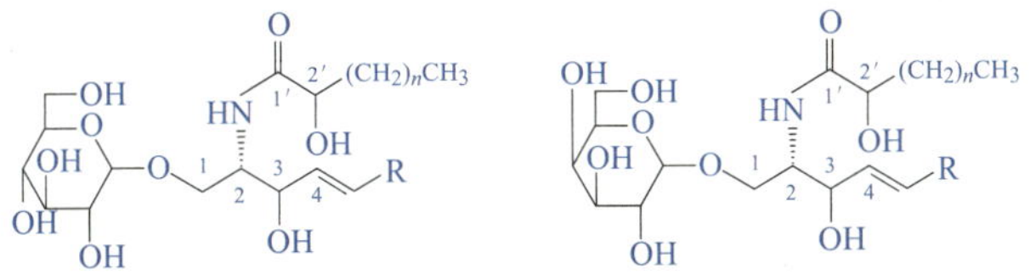

葡萄糖脑苷脂　　　半乳糖脑苷脂

图3-4 葡萄糖脑苷脂和半乳糖脑苷脂的结构

三、胆固醇和胆汁酸

胆固醇也称甾醇，胆固醇及其酯是人和动物体内重要的甾醇化合物。结构见图3-5。

胆固醇主要存在于动物的血液、脂肪、脑和胆汁中，胆固醇也存于植物中，如豆固醇。胆固醇是最早从胆石中分离得到的固体状醇类，是动物胆结石的主要成分。当人体血液中胆固醇代谢发生障碍时，血液中胆固醇含量就会增高，从而会引起动脉硬化。固醇类是环戊烷多氢菲的衍生物，是血浆蛋白质和细胞膜的重要组成成分，其结构中含有极性头部（羟基），也含有环戊烷烃链及固醇等疏水部分，为两性分子。

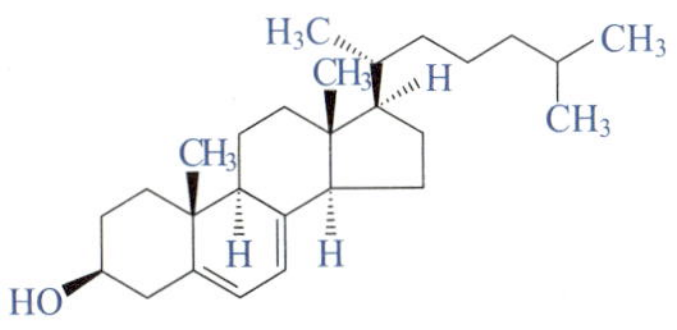

图3-5 胆固醇化学结构式

胆汁酸是胆汁的重要成分，大部分胆固醇在肝内转变为胆汁酸，再以胆汁酸盐的形式随胆汁排出，在脂肪代谢中起着重要作用。胆汁酸虽然为水溶性物质，但结构与胆固醇类似。胆汁酸有胆酸、脱氧胆酸、鹅去氧胆酸等。胆汁酸中仅有少部分进入外围循环，主要存在于肠肝循环系统并通过再循环起一定的保护作用。促进胆汁酸肠肝循环的动力是肝细胞的转运系统——吸收胆汁酸并将其分泌入胆汁、缩胆囊素诱导的胆囊收缩、小肠的推进蠕动、回肠黏膜的主动运输及血液向门静脉的流入。

任务四　脂质体、脂质体药物与脂肪替代物

一、脂质体

1. 脂质的定义与分类

脂质体（liposome）也称脂小球，是一种人工膜，是由两性分子如磷脂等分散于水相形成的双分子层封闭微型泡囊体，主要组成成分为磷脂和其他类脂化合物。在水中磷脂分子亲水头部插入水中，脂质体疏水尾部伸向空气，搅动后形成双层脂分子的球形脂质体，直径 25～1000nm 不等。脂质体可用于转基因，或制备药物载体。利用脂质体可以和细胞膜融合的特点将药物送入细胞内部的靶部位。

脂质体按照所包含类脂质双分子层的层数不同，分为单室脂质体和多室脂质体。小单室脂质体（SUV）粒径约 0.02～0.08μm；大单室脂质体（LUV）为单层大泡囊，粒径在 0.1～1.0μm 之间。多层双分子层的泡囊称为多室脂质体（MIV），粒径在 1～5μm 之间。按照结构分为单室脂质体、多室脂质体和多囊脂质体。按照电荷分为中性脂质体、负电荷脂质体和正电荷脂质体。按照性能分为一般脂质体和特殊功效脂质体。

脂质体可作为药物载体，具有制备工艺简单，无毒和无免疫原性以及易于到达靶细胞等优点，被称为"生物导弹"。利用脂质体，可将不良反应大、血液稳定性差以及易受细胞内酶降解的药物包裹在脂质体内，借助病灶部位细胞膜间隙大，脂质体可透过病灶部位细胞膜间隙直达病灶部位并释放药物，从而提高用药安全性；也可利用抗体抗原特异性的免疫反应，将单克隆抗体与脂质体连接，送入靶细胞，甚至可以利用脂质体将基因载体包埋进行基因的修复操作。目前，作为药物载体的脂质体有前体脂质体、长循环脂质体、免疫脂质体、热敏感脂质体和pH敏感脂质体等新型药物靶向运输载体。

2. 脂质体的组成与结构

脂质体由类脂质（磷脂）及附加剂两个部分组成。脂质体制备的材料主要有磷脂类和胆固醇类。磷脂类包括天然磷脂和合成磷脂两类。天然磷脂以卵磷脂为主，来源于蛋黄和大豆，呈中性。合成磷脂主要有二棕榈酰磷脂酰胆碱、二棕榈酰磷脂酰乙醇胺和二硬脂酰磷脂酰胆碱等，其均属氢化磷脂类，具有性质稳定、抗氧化性强、成品稳定等特点，是国外首选的药用辅料。此外，胆固醇也是脂质体药物的重要载体，胆固醇具有调节膜流动性的作用，称为"流动性缓冲剂"。胆固醇具有靶向性、淋巴定向性和肝、脾网状内皮系统的被动靶向性，用于肝寄生虫病、利什曼病等单核-巨噬细胞系统疾病的防治。如肝利什曼原虫药锑酸葡胺脂质体，其肝中浓度比普通制剂提高了 200～700 倍，同时具有缓释作用，缓慢释放，延缓肾排泄和代谢，延长作用时间。此外，还能降低药物毒性和有较好的稳定性。如两性霉素B脂质体可降低心脏毒性。胰岛素脂质体、疫苗等可提高主药的稳定性。脂质体的结构见图 3-6。

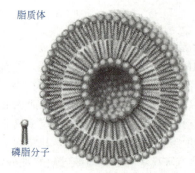

图 3-6　脂质体的结构

二、脂质体药物

脂质体药物是以脂质体为载体制备得到用于预防、诊断和治疗的药物。目前，常用的脂质体药物有抗肿瘤的脂质体药物（如紫杉醇脂质体、阿霉素脂质体和顺铂脂质体等）、抗寄生虫脂质体药物（如阿苯达脂质体、苯硫咪唑脂质体等）、抗菌脂质体药物（如庆大霉素脂质体和两性霉素 B 脂质体）以及激素类脂质体药物。脂质体在抗肿瘤药物载体方面具有很好的靶向性，应用前景很好。脂质体药物载体的结构见图 3-7。

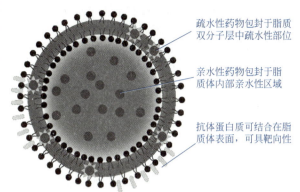

图 3-7　脂质体药物载体的结构

（一）脂质体包埋药物的特点

1. 具有良好的靶向性

药物经脂质体包埋后能提高药物的靶向性，提高药效。靶向性分为被动靶向性、主动靶向性和物理化学靶向性。药物被脂质体包埋后可被巨噬细胞作为异物吞噬产生靶向性，是脂质体静脉给药时的基本特征。在脂质体结构上连接一种识别分子（配体）可通过配体分子特异性专一地与靶细胞表面互补分子相互作用，使脂质体在指定的靶区释放药物，称为主动靶向性。脂质体的物理化学靶向性是利用物理化学因素的改变（如改变用药局部 pH、改变病变部位温度等）来改善脂质体膜的通透性产生靶向性，引发脂质体选择性地释放药物。最成功的案例是温度敏感脂质体，利用具有相变温度的脂质混合物作为膜材，在肿瘤局部热疗机的作用下，当温度敏感脂质体进入肿瘤区的毛细血管床时，脂质体达到相变温度转变为液晶态，使脂质体中药物迅速释放产生药效。

2. 具有缓释性

药物经脂质体包埋后在血液中停留时间比游离药物要长，而且基于药物释放要求，可制备不同半衰期的脂质体作为长效且缓释的药物载体，提高治疗指数。

3. 具有良好的细胞亲和性与组织相容性

脂质体具有类似生物膜结构的囊泡，有细胞亲和性与组织相容性，有利于药物充分向靶细胞或组织渗透，脂质体可通过融合方式进入细胞内并经溶酶体消化后释放药物，发挥药效。

4. 降低药物毒性

药物经脂质体包埋后可被单核-巨噬细胞系统吞噬并为细胞摄取（在肝、脾和骨髓等网状内皮细胞较丰富的器官中浓集），而药物在心、肾的累积量比游离药物低得多，降低了药物的心肾毒性，提高了药物的使用安全性。

5. 改善药物稳定性

药物经脂质体包埋后可帮助药物免受生物体酶的分解，增加药物的体内外稳定性，有利于药物以原型进入到靶细胞或靶组织。

（二）脂质体的制备方法

脂质体的制备方法有薄膜分散法、逆相蒸发法、主动包埋法和其他方法等。

1. 薄膜分散法

本法是脂质体制备最早和最经典的方法，适用于包埋脂溶性药物，对水溶性药物包埋效果不理想。具体操作过程为：将磷脂等脂质体包埋膜材和欲包埋的脂溶性药物用有机溶剂溶解，减压条件下蒸除有机溶剂并形成薄薄的薄膜，加入缓冲溶液振荡一定时间后，处理得到脂质体。常用的后处理手段有振荡、匀化、挤压和超声处理等。因此，根据后处理手段的不同，薄膜分散法又可细分为薄膜-振荡分散法、薄膜-匀化法、薄膜-挤压法和薄膜-超声处理法等。

2. 逆相蒸发法

本法主要适用于水溶性药物包埋制备脂质体药物，药物存在于脂质体的水相中。具体操作过程为：将磷脂等脂质体包埋膜材溶于与水互不相容且易挥发的有机溶液中，加入欲包埋的水溶性药物溶液，水溶液与有机溶液的配比常为 1∶(3～6)，在超声或匀浆机中进行搅拌，形成油包水乳剂（W/O），减压蒸去有机溶剂。制备得到的水溶性混悬液经凝胶色谱分离或超速离心除去未包埋药物的膜材，即可得到脂质体药物。逆相蒸发法具有比薄膜分散法更高的包埋率，可用于抗生素、胰岛素、免疫球蛋白、酶及核酸等药物的脂质体包埋。

3. 主动包埋法

在空脂质体中装入药物的制备技术称为主动包埋法。是利用亲水亲脂性的弱酸、弱碱药物能以电中性形式进入脂双层并在脂质体内水相中的缓冲溶液中电离，电离后不能再跨膜到脂质体外，实现药物的包埋。主动包埋法的技术难点在于通过透析、柱色谱等使空白脂质体膜内外形成电位差、pH 差以及其他适合药物包埋的梯度，促进膜外欲包埋的药物进入脂质体内膜并在脂质体水相中聚集。主动包埋法具有包埋率高，特别是解决了水溶性药物被动载药技术包埋率过低的缺陷。主动包埋法适用于药物在生理 pH 条件下有可解离的基团，且具有合适的油水分配系数并是弱酸或弱碱性药物的包埋，同时，药物和脂质体内水相缓冲液可生成较稳定的复合物或沉淀的药物。其制备过程包括制备空脂质体、透析除去脂质体膜内水相缓冲液和包埋 3 个阶段。主动包埋法主要有 pH 梯度法、硫酸铵梯度法和醋酸钙梯度法等。一般情况下，弱碱性药物可采取前面 2 种包埋方法，而弱酸性药物则主要采取醋酸钙梯度法。

4. 其他方法

除上述介绍的几种包埋方法外，还有注入法、复乳法、冷冻干燥法、熔融法、表面活性剂处理法、离心法、前体脂质体法和钙融合法等。

（三）脂质体药物的分离与灭菌

脂质体包埋不能做到 100%，因此，在脂质包埋的同时，仍有游离的药物存在于外水相溶液或沉淀于外水相中，需要进行分离。未包埋的水溶性药物存在于外水相中，常用的药物分离方法有透析法、柱分离法和离心分离法等。由于在 103.4kPa 和 121℃ 条件下，脂质体结构会发生不可逆的破坏，因此不能用高压蒸汽灭菌进行脂质体药物的灭菌，也不能用 γ 射线进行灭菌，因为 γ 射线会破坏脂质体脂双层的结构。脂质体药物常用的灭菌方式为过滤除菌和全程无菌操作。过滤除菌适用于粒径＜0.22μm 的脂质体药物的灭菌，将脂质体挤压通过 0.22μm 的聚碳酸酯膜，完成除菌操作，得到无菌脂质体。无菌操作因对设备和环境要求极高，因此很难工业化规模生产。

三、脂肪替代物

脂肪替代物是指能替代食物中脂肪的物质，有代脂肪（fat substitutes）和模拟脂肪（fat mimics）两类。其中，代脂肪较为接近天然油脂。代脂肪是对脂肪酸进行酯化形成的产物，代脂肪的酯键不能被人体内的脂肪酶水解，因此，不能进入生物氧化途径产生能量。如蔗糖聚酯是由蔗糖分子的羟基与 6～8 个脂肪酸酯化形成，人体只能对含 3 个脂肪酸的脂类进行消化吸收，对含有 4 个或 4 个以上脂肪酸的脂类不能利用，特别是 6 个脂肪酸的脂类基本不能利用。因此，蔗糖聚酯能量为 0kJ/g。如 Olestra 是一种酷似食用脂肪的人造蔗糖酯，可直接通过人体消化系统，不会被吸收，不会产生热量或胆固醇，其在外观、香味、热稳定性、闪点和品质方面均与天然脂肪相似。因此，适宜用作脂肪替换品，可在焙烤、煎炸等食品加工中应用。

模拟脂肪是以蛋白质或糖为原料，经物理方法处理后形成如脂肪润滑细腻口感的物质，如以牛奶或鸡蛋蛋白为原料，用特殊加热混合加工法（也称"微结粒"法）制成，蛋白质受热凝聚产生胶凝大颗粒，进一步混合变成极细球形小颗粒，饮用时口感是液体，而不是一个小颗粒，同时提供通常脂肪所特有的油腻和奶油感。目前，本品已广泛用于冷冻甜点、酸奶、稀奶酪、酸奶油、乳制品、沙拉盖料、蛋黄酱和人造奶油等产品，但不可用在烹调油或需要焙烤或煎炸的食物中。一些常见的脂肪替代物及其应用见表 3-3。

表 3-3　一些常见的脂肪替代物及其应用

脂肪替代物	功能	应用
代脂肪	乳化、防腐、改善面筋	焙烤类食品
	改善质地、赋予风味和松脆性、导热性好	油炸类食品
	乳化、赋予口感, 有助于增加风味	色拉类食品
	乳化, 改善质地	冷冻甜点类食品
	提供乳化、伸展性、提供风味和塑性	人造黄油、起酥油、涂抹类油和黄油类食品
	乳化, 改善质地	甜味食品
	乳化, 改善质地, 提供口感	肉类制品
	提供风味、口感、改善质地	乳制品
	提供口感和润滑感	汤汁类
	乳化, 提供风味	小食品
碳水化合物型	保持水分、防腐	焙烤食品
	改善质地, 赋予口感	色拉类食品
	提高黏度、改善质地、增稠	冷冻甜点类食品
	提供口感	人造黄油、起酥油、涂抹类油和黄油类食品
	提供口感, 改善质地	甜味食品
	提高保水性, 提供口感	肉类制品
	提高黏度、有助于胶凝、增稠、稳定	乳制品
	增稠, 改善质地, 提供口感	汤汁类
	改善质地, 优化配方	小食品
蛋白质型	改善质地	焙烤食品
	改善质地, 乳化	色拉类食品
	改善质地, 增加稳定性	冷冻甜点类食品
	改善质地	人造黄油、起酥油、涂抹类油和黄油类食品
	提供口感, 改善质地	甜味食品
	保水, 提供口感, 改善质地	肉类制品
	稳定, 乳化	乳制品
	改善质地	汤汁类
	改善质地	小食品

知识拓展

脂肪肝及预防

我国肥胖者已超过 7000 万，脂肪肝发病率呈逐年上升。脂肪肝是指由于各种原因引起的肝细胞内脂肪堆积过多的病变，是仅次于病毒性肝炎的第二大肝病。脂肪肝属可逆性疾病，早期诊断并及时治疗常可恢复正常。脂肪肝分为肥胖性脂肪肝、酒精性脂肪肝、快速减肥性脂肪肝、营养不良性脂肪肝、糖尿病脂肪肝、药物性脂肪肝、妊娠脂肪肝及其他脂肪肝等类型。早期消化道症状主要表现为食欲不振、乏力、恶心呕吐，早期上腹部症状主要表现为肝脏肿大、肝区疼痛或者压痛，以及白细胞增多、发热、头晕、脉搏缓慢、流涎等症状。

脂肪肝是可以预防的，最简单的方法就是多喝水、少喝饮料和酒。多喝水能减少毒素损害肝脏，尤其是初春寒冷干燥易缺水，多喝水可补充体液，增强血液循环，促进新陈代谢。多喝水还可促进腺体，尤其是消化液和胰液、胆汁的分泌，以利消化、吸收和废物的排除，减少代谢产物和毒素对肝脏的损害。少喝饮料和酒有利于肝脏阳气升发。少量饮酒有利于通经、活血、化瘀和肝脏阳气之升发，但不能过量。

项目三　脂类化学

重点小结

重　　点	难　　点
1. 脂类是脂肪与类脂的总称。脂肪是甘油和3分子脂肪酸通过酯键形成的一类化合物，类脂包括磷脂、糖脂、胆固醇及胆固醇酯等。脂类是易溶于非极性有机溶剂（如丙酮、乙醚、氯仿等）而难溶于水的生物分子。 2. 脂肪生理功能：重要的生理功能是提供能量和储存能量、提供机体所必需的必需脂肪酸以及体温保持和保护器官不受损。类脂生理功能：细胞膜或细胞器膜的重要组成组分、以脂蛋白形式参与脂类的转运、是合成体内生物活性物质的前体和具有其他生理功能。 3. 类脂结构与性质，如甘油磷脂、鞘磷脂、糖脂、胆固醇和胆汁酸等的结构与性质。 4. 脂质体是一种人工膜，是由两性分子如磷脂等分散于水相形成的双分子层封闭微型泡囊体，主要组成成分为磷脂和其他类脂化合物。按照所包含类脂双分子层的层数不同，分为单室脂质体和多室脂质体。可作为药物载体，具有制备工艺简单、无毒和无免疫原性以及易于到达靶细胞等优点，提高了用药安全性。 5. 脂质体包埋药物的特点：具有良好的靶向性、缓释性、良好的细胞亲和性与组织相容性、降低药物毒性和改善药物稳定性。脂质体制备方法有薄膜分散法、逆相蒸发法、主动包埋法和其他方法等	1. 油脂物理性质如熔点、沸点、烟点、闪点和着火点。所有脂肪都能在酸、碱、酶的作用下水解为脂肪酸和甘油。不饱和脂肪酸可发生加氢或卤化反应。天然油脂自发氧化，发生酸臭和口味变苦的现象，称为酸败，酸败也可在微生物作用下出现。甘油也被氧化为具有特臭的1,2-内醚丙醛。酸败可用酸值表示，酸值≥6.0的脂肪不宜食用。《中国药典》对药用油脂的皂化值、酸值和碘值也有严格的规定。 2. 构成脂肪的脂肪酸分为短链脂肪酸（C≤6）、中链脂肪酸（C=6~20）及长链脂肪酸（C≥20）。根据是否含有不饱和键以及含不饱和键的数量分为饱和脂肪酸（不含双键）、单不饱和脂肪酸（含有1个双键）和多不饱和脂肪酸（含有1个以上不饱和键）。饱和脂肪酸区别在碳氢链长短不同，不饱和脂肪酸主要区别在于碳氢链长度、双键数目及位置。 3. 目前，常用脂质体药物有抗肿瘤脂质体药物（如紫杉醇脂质体、阿霉素脂质体和顺铂脂质体等）、抗寄生虫脂质体药物（如阿苯达脂质体、苯硫咪唑脂质体等）、抗菌脂质体药物（如庆大霉素脂质体和两性霉素B脂质体）以及激素类脂质体药物。脂质体在抗肿瘤药物载体方面具有很好的靶向性

课后习题

一、名词解释

脂类、油脂、饱和脂肪酸、单（多）不饱和脂肪酸、酸败、皂化值、磷脂、糖脂、脂质体、脂质体药物。

二、简答题

1. 请简述脂类的定义与分类。
2. 脂类的生理功能有哪些？
3. 什么是脂质体？脂质体的组成与结构是什么？
4. 脂质体包埋药物的特点是什么？脂质体制备方法有哪些？

三、选择题

1. 卵磷脂中含有的含氮化合物是（　　）。
   A. 磷酸吡哆醛　　　　B. 胆胺　　　　C. 胆碱　　　　D. 谷氨酰胺
2. 1g脂肪皂化所需的KOH的mg数称为该脂肪的（　　）。
   A. 碘值　　　　B. 皂化值　　　　C. 氢化值　　　　D. 熔点
3. 下列属于脂肪酸的是（　　）。
   A. 苹果酸　　　　B. 柠檬酸　　　　C. 亚油酸　　　　D. 琥珀酸
4. 下列属于饱和脂酸的是（　　）。

A. 油酸 B. 亚油酸 C. 花生四烯酸
D. 棕榈酸 E. 亚麻酸

5. 胆固醇是（ ）的前体。
A. 辅酶 A B. 泛醌 C. 维生素 A
D. 维生素 D E. 维生素 E

6. 下列属于不饱和脂肪酸的是（ ）。
A. 辛酸 B. 月桂酸 C. 油酸 D. 硬脂酸

7. 称为可变脂的是（ ）。
A. 脂肪 B. 磷脂 C. 糖脂
D. 胆固醇 E. 胆固醇酯

8. 脂肪酸在血液中与（ ）结合运输。
A. 载脂蛋白 B. 清蛋白 C. β-球蛋白
D. 脂蛋白 E. γ-球蛋白

9. 胆固醇不能转化为（ ）。
A. 胆汁酸 B. 糖皮质激素 C. 胆红素
D. 维生素 D_3 E. 性激素

选择题答案：
1—5：CBCDD　6—9：CABC

项目四 核酸化学

 要点导航

掌握：核酸、DNA 一级结构与空间结构、RNA 一级结构与空间结构、DNA 的变性与复性、增色效应、减色效应、T_m 值、核酸药物等基本概念；核酸的组成；DNA 和 RNA 的碱基组成等。

熟悉：核苷酸及其衍生物；DNA 分子的组成特点；DNA 双螺旋结构的特点；RNA 分子组成；核酸的物理性质；核酸分子杂交等。

了解：核酸类药物的分类；临床常用核酸类药物；反义核酸药物等。

 导学案例

一名患者症状表现为：靠近右眼处的鼻梁部分有带状疱疹并逐渐向上蔓延。另一患者症状表现为：左眼带状疱疹性角膜炎和左额顶部带状疱疹。这两名患者都患了带状疱疹病毒感染疾病，请回答：治疗带状疱疹病毒感染疾病应该用哪类药物？这类药物的作用机制是什么？

核酸（nucleic acid）是生物遗传的物质基础。与蛋白质一样，是生命活动中重要的生物大分子，因最初从细胞核中分离且呈酸性，故称核酸。核酸是基因表达与基因调控的物质基础，是合成蛋白质、RNA 和酶的重要原料。核酸是一种多核苷酸（polynucleotide），基本结构单元是核苷酸。根据其组成戊糖结构的不同分为脱氧核糖核酸（deoxyribonucleic acid，DNA）和核糖核酸（ribonucleic acid，RNA）两大类。DNA 主要分布在细胞核中，是遗传信息的基础，而 RNA 则主要分布在细胞质和细胞核中，主要有信使 RNA（mRNA）、核糖体 RNA（rRNA）和转运 RNA（tRNA）3 种，在细胞中含量丰富。在真核生物中，还有核内不均一 RNA（hnRNA）和核小 RNA（snRNA）。核酸与细胞正常的生长繁殖、遗传变异、细胞分化以及细胞内的代谢调控等有重要关系，与细胞肿瘤发生、辐射损伤、分子遗传病、分子代谢疾病以及病毒感染等也有重要关系，是现代分子生物学、遗传学、医学生物化学及药学生物化学等学科的重要内容。

研究发现，核蛋白经水解后可生成蛋白质和核酸。核酸进一步水解可生成核苷酸，核苷酸水解后产生磷酸及核苷，核苷再进一步水解可生成戊糖（核糖或脱氧核糖）和含氮碱基（嘌呤或嘧啶）等成分。核蛋白及核酸的组成成分见图 4-1。

图 4-1 核蛋白及核酸的组成成分
A—腺嘌呤；G—鸟嘌呤；C—胞嘧啶；U—尿嘧啶；T—胸腺嘧啶

任务一 核酸的化学组成

核酸的基本化学元素有 C、H、O、N 和 P 五种元素，其中 P 的含量比较恒定，约占到核酸含量的 9%～10%，以磷酸分子的形式作为基本成分存在于核酸分子中，可通过定磷法进行核酸含量的测定，测定样品中磷的含量即可计算出核酸含量。核酸其余两种成分为戊糖和含氮碱基，戊糖分为脱氧戊糖和戊糖两类，分别为 DNA 和 RNA 的组成成分。含氮碱基为嘌呤和嘧啶，嘌呤有腺嘌呤（A）和鸟嘌呤（G）两种，嘧啶有胸腺嘧啶（T）、胞嘧啶（C）和尿嘧啶（U）三种。

> **知识链接**
>
> **定磷法**
>
> 通过测定核酸样品中核酸磷含量计算核酸含量的方法。用强酸将核酸样品中的有机磷转变为无机磷酸，无机磷酸与钼酸反应生成磷钼酸，磷钼酸在还原剂如抗坏血酸、氯化亚锡等的作用下，还原成钼蓝，钼蓝于 660nm 处有最大吸收峰，在一定浓度范围内，钼蓝溶液对 660nm 光的吸收度大小和无机磷酸的含量呈正比。因此，可用分光光度法测定样品中无机磷酸的含量。该法测得的磷含量为总磷量，需要减去原样品中无机磷的含量才是核酸磷的含量，核酸分子的平均含磷量为 9.5%，即 1g 核酸磷相当于 10.5g 核酸。

在生物体内，核酸常与蛋白质形成核蛋白形式存在，食物中的核蛋白在胃内经胃酸水解成核苷酸和蛋白质。核苷酸及其代谢产物可被机体吸收利用，戊糖和磷酸可参与核苷酸的生物合成，而嘌呤和嘧啶碱基则由相应的代谢途径降解后排出体外，较少被机体利用。实际上，人体核酸合成的原料主要来自于葡萄糖、氨基酸代谢产物，由生物体内的细胞自身合成。

一、戊糖

核酸中所含的糖为五碳糖，即戊糖。RNA 所含的糖为 β-D-核糖，DNA 所含的糖为 β-D-2-脱氧核糖，均为呋喃型结构，其结构图见图 4-2。脱氧核糖和核糖的区别在于脱氧核糖的第 2′位没有连接羟基。因此，DNA 分子相对更稳定，成为遗传物质的基础。

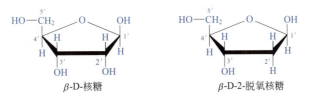

图 4-2　β-D-核糖和 β-D-2-脱氧核糖化学结构式

二、碱基

碱基也称含氮碱基，有嘌呤碱（purine）和嘧啶碱（pyrimidine）两类。常见的嘌呤碱基有腺嘌呤（adenine，A）和鸟嘌呤（guanine，G）两类。常见嘧啶碱基有尿嘧啶（uracil，U）、胞嘧啶（cytosine，C）和胸腺嘧啶（thymine，T）三类。DNA 分子中含有的碱基有 ATGC，而 RNA 含有的碱基有 AUGC。在 tRNA 分子中，还存在稀有碱基（minor bases）或经化学修饰的碱基，如次黄嘌呤、7-甲基鸟嘌呤、5-甲基胞嘧啶和二氢尿嘧啶等。

1. 嘌呤碱

嘌呤碱主要有腺嘌呤（A）和鸟嘌呤（G）两种，次黄嘌呤（hypoxanthine）与黄嘌呤（xanthine）是腺嘌呤的代谢产物。常见嘌呤碱及腺嘌呤代谢产物的化学结构见图 4-3。

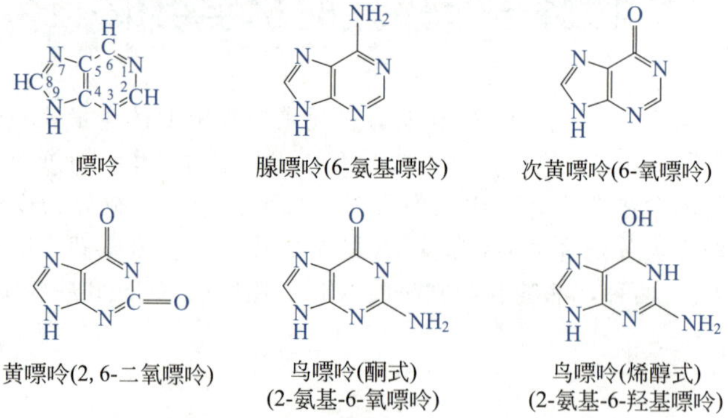

图 4-3　常见嘌呤碱及腺嘌呤代谢产物的化学结构

2. 嘧啶碱

嘧啶碱主要有胞嘧啶（C）、尿嘧啶（U）及胸腺嘧啶（T）三种。DNA 含胸腺嘧啶（T），不含尿嘧啶（U）。在高等植物、胸腺和小胚 DNA 中含少量 5-甲基胞嘧啶。在大肠杆菌（$E.coli$）和噬菌体 DNA 中发现有 5-羟甲基胞嘧啶代替胞嘧啶的现象。几种细菌 DNA 中含少量 6-甲氨基嘌呤，这些稀有碱基衍生物称为稀有碱基或修饰碱基，修饰方式主要有甲基化。常见嘧啶碱的化学结构见图 4-4。

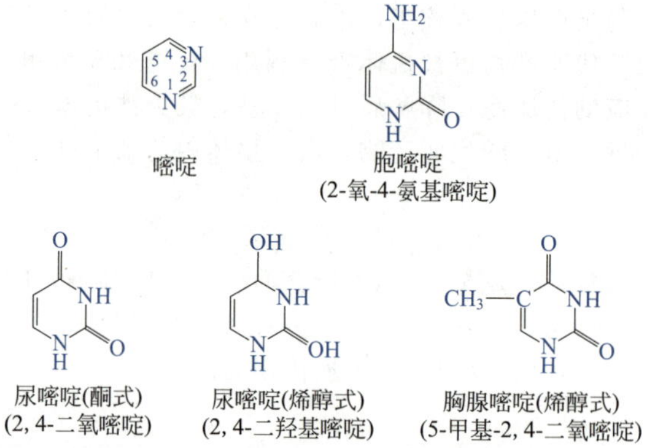

图 4-4　常见嘧啶碱化学结构

RNA 和 DNA 在组分上有一定的区别，主要体现在组成的核糖和碱基上，其区别见表 4-1。

表 4-1　RNA 和 DNA 组分区别

核糖核酸（RNA）		脱氧核糖核酸（DNA）	
D-核糖		D-2-脱氧核糖	
腺嘌呤	A	腺嘌呤	A
鸟嘌呤	G	鸟嘌呤	G
胞嘧啶	C	胞嘧啶	C
尿嘧啶	U	胸腺嘧啶	T

三、核苷

核苷由戊糖与碱基脱水缩合形成。由含氮碱基与戊糖通过糖苷键形成的化合物称为核苷。戊糖的 C1 与嘧啶碱基 N1 或嘌呤碱基 N9 之间形成 N-糖苷键。核苷分为脱氧核糖核苷和核糖核苷两类。如尿嘧啶为核糖核苷、腺嘌呤脱氧核苷为脱氧核糖核苷，其化学结构见图 4-5。其他的核苷如胸苷、鸟苷、胞苷结构基本类似，但碱基不同。为了区别核糖核苷和脱氧核糖核苷，常在脱氧核糖核苷前面加入"d"以示区别，如 dA、dT、dG 和 dC。

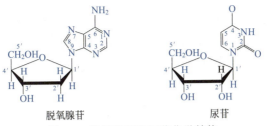

图 4-5　脱氧腺苷和尿苷化学结构

四、核苷酸及其衍生物

（一）核苷酸

核苷酸是构成核酸的基本结构单元，是核苷的磷酸酯，由嘌呤碱或嘧啶碱、核糖或脱氧核糖和磷酸共同组成。含核糖的核苷酸称为核（糖核）苷酸，含脱氧核糖的核苷酸称为脱氧核（糖核）苷酸。RNA 和 DNA 的基本核苷酸见表 4-2。

表 4-2　DNA 和 RNA 基本核苷酸类别

核（核糖）苷酸	代号	脱氧核（核糖）苷酸	代号
腺苷一磷酸	AMP	脱氧腺苷一磷酸	dAMP
鸟苷一磷酸	GMP	脱氧鸟苷一磷酸	dGMP
胞苷一磷酸	CMP	脱氧胞苷一磷酸	dCMP
尿苷一磷酸	UMP	脱氧胸苷一磷酸	dTMP

$5'$-腺嘌呤核苷酸和 $5'$-腺嘌呤脱氧核苷酸的结构见图 4-6。

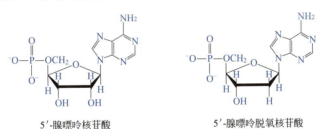

图 4-6　$5'$-腺嘌呤核苷酸和 $5'$-腺嘌呤脱氧核苷酸结构

（二）生物体内重要的核苷酸衍生物

在生物体内除普通的核苷酸外，还存在一些游离的核苷酸，它们有重要的生理功能，如多磷酸核苷酸、环核苷酸和辅酶类核苷酸等。

1. 多磷酸核苷酸

多磷酸核苷酸是指核苷酸分子结构中含有多个磷酸基团的核苷酸，主要是指 NDP、NTP（N 为可变碱基，包括 AGCU）和 dNDP 及 dNTP（N 为可变碱基，包括 AGCT）等。在生物体内存在磷酸型高能化合物和非磷酸型高能化合物，如 NDP、NTP、dNDP、dNTP、磷酸烯醇式丙酮酸、1,3-二磷酸甘油酸、乙酰 CoA、琥珀酰 CoA、脂肪酰 CoA 等。其中，以 ATP 最为重要。ATP 是生物体内能量的直接利用来源，在耗能代谢中发挥重要作用。此外，CTP、GTP 和 UTP 等也可以提供能量。CTP 还参与磷脂的生物合成，GTP 还参与蛋白质的生物合成，UTP 还参与糖的生物合成，它们可激活代谢物并生成活泼的物质，如 S-腺苷蛋氨酸（SAM）、尿苷二磷酸葡萄糖（UDPG）等。AMP、ADP 和 ATP 化学结构见图 4-7。

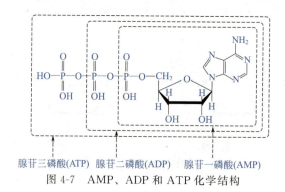

图 4-7　AMP、ADP 和 ATP 化学结构

> **科学典故**
>
> **高能化合物与 ATP 的发现**
>
> 　　1927 年，菲斯克和萨巴一罗从肌肉提取液中发现了一种高能化合物（磷酸肌酸）。肌肉收缩时，磷酸肌酸分解为磷酸和肌酸，而复原时又恢复为磷酸肌酸，即使没有乳酸生成，肌肉收缩也能发生。这是首次把高能化合物作为直接能源引进肌肉收缩，磷酸化合物因此引起高度重视。迈耶霍夫和助手罗曼在无脊椎动物肌肉中发现精氨酸，并证明磷酸肌酸和磷酸精氨酸水解时都释放大量热。1929 年，菲斯克和萨巴一罗，以及罗曼这两组科学家，分别独立地从肌肉中发现有一种焦磷酸盐同腺苷酸相联系的化合物。1935 年，罗曼将其称为三磷酸腺苷（adenosine triphosphate，ATP）。罗曼于 1934 年证明了 ATP 能促进磷酸肌酸分解，还证明了在肌肉中乳酸生成时，ATP 作用相当于辅酶。迈耶霍夫把这种变化归结为：ATP 的"失去"或 ADP 的"得到"在维持着乳酸生成。

常用的核苷酸及其简化符号见表 4-3。

表 4-3　常用的核苷酸及简化符号

核苷酸	一磷酸	二磷酸	三磷酸
腺苷	AMP	ADP	ATP
鸟苷	GMP	GDP	GTP
胞苷	CMP	CDP	CTP
尿苷	UMP	UDP	UTP
脱氧胸苷	dTMP	dTDP	dTTP

2. 环化核苷酸

　　在生物体内，重要的环化核苷酸有 3′,5′-环核苷酸，由 5′-核苷酸的磷酸基与戊糖上的 3′-OH 缩合形成，如 3′,5′-环化腺苷酸（cAMP）和 3′,5′-环化鸟苷酸（cGMP）。这两个环化核苷酸是某些激素产生作用的媒介物质，参与细胞代谢的调节，它们在组织细胞中起着传递信息的作用，称为"第二信使"。其化学结构见图 4-8。

3. 辅酶类核苷酸

　　在生物体内，有一些辅酶也是核苷酸衍生物，如辅酶Ⅰ（NAD^+）和辅酶Ⅱ（$NADP^+$）均为腺嘌呤与烟酰胺生成的化合物。黄素单核苷酸（FMN）是异咯嗪、核醇和磷酸缩合生成的化合物。黄素腺嘌呤二核苷酸（FAD）由黄素单核苷酸与腺嘌呤核苷酸组成。辅酶 A（CoA-SH）由腺嘌呤、氨基乙硫醇和叶酸组成。这些辅酶类核苷酸在生物氧化过程中起了重要作用，是糖、蛋白质和脂肪代谢途径中的重要物质。

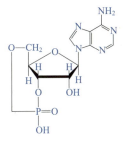

3′,5′-环化腺苷酸(cAMP)　　　3′,5′-环化鸟苷酸(cGMP)

图 4-8　3′,5′-环化腺苷酸和 3′,5′-环化鸟苷酸化学结构

任务二　核苷酸的组成与结构

核苷酸是组成核酸的基本结构单位，由磷酸、含氮碱基和戊糖组成。基因以脱氧核糖核酸（DNA）为化学形式存在于染色体上，是生物遗传的基础。

一、DNA 的组成与结构

（一）DNA 的分子组成

核酸是以核苷酸为基本结构单位的多聚化合物，连接方式为 3,5-磷酸二酯键。DNA 是遗传信息的主要载体。20 世纪 40~50 年代，Chargaff 发现了 DNA 分子中碱基组成的规律，称为 Chargaff 规则，该规则主要内容如下。

（1）DNA 的组成碱基有 A、T、G 和 C，在所有的生物体内，腺嘌呤（A）与胸腺嘧啶（T）相等，鸟嘌呤（G）与胞嘧啶（C）相等。

（2）DNA 具有多样性，即种属特异性。来自同一种属的 DNA 其碱基数量和比例基本相似，但来自不同种属的生物间存在较大的差异。

（3）DNA 碱基无组织器官特异性。对于同一生物体，来自于不同组织和器官中的 DNA 碱基基本相同，且随着动植物和微生物的生长繁殖、营养状态及环境条件的改变，DNA 碱基基本保持恒定。

（4）DNA 分子是由 4 种碱基组成的双链结构，碱基基本单元为脱氧腺苷酸（dAMP）、脱氧胸苷酸（dTMP）、脱氧鸟苷酸（dGMP）和脱氧胞苷酸（dCMP）。

 科学典故

查伽夫（Chargaff）

1952 年，奥地利裔美国生物化学家查伽夫（E.chargaff，1905—）测定了 DNA 中 4 种碱基的含量，发现其中腺嘌呤与胸腺嘧啶数量相等，鸟嘌呤与胞嘧啶数量相等，这一结论促使沃森、克里克想到 4 种碱基之间存在着两两对应的关系，形成了腺嘌呤与胸腺嘧啶配对、鸟嘌呤与胞嘧啶配对的概念，为探索 DNA 分子结构提供了重要的线索和依据。

科学典故

J. Watson 和 F. Crick

J. Watson 于 1950 年赴英国从事博士后研究。1951 年他第一次看到了由 R. Franlin 和 M. Wilkins 拍摄的 DNA 的 X 线衍射图像后，激发了研究核酸结构的兴趣。然后，在剑桥大学的卡文迪许实验室结识了 F.Crick，两人为揭示 DNA 空间结构的奥秘开始合作。当时 F.Crick 正在攻读博士学位，其课题是利用 X 线衍射研究蛋白质分子的结构。根据 R.Franlin 和 M.Wilkins 的高质量的 DNA 的 X 线衍射图像和前人的研究成果，他们于 1953 年提出了 DNA 双螺旋结构的模型。J.Watson 和 F.Crick 因而分享了 1962 年的诺贝尔生理学或医学奖，此前 R.Franlin 已不幸英年早逝。

（二）DNA 的一级结构

DNA 一级结构是指 DNA 链上 4 种碱基的排列顺序。由 3,5-磷酸二酯键相连形成的多聚核苷酸也称为 DNA 的碱基序列（DNA base sequence）。DNA 碱基顺序是遗传信息多样性的基础。每条 DNA 链都有 5′-末端和 3′-末端，书写时，5′-末端常写在左侧，3′-末端在右侧，如 5′-AGT-CACCT-3′。RNA 的书写方式与 DNA 相同。DNA 一级结构见图 4-9。

由于核酸分子中相邻核苷酸之间通过 3′,5′-磷酸二酯键连接，所以开链多核苷酸的戊糖 3′-羟基指向的一端称为 3′-末端，5′-羟基指向的末端称为 5′-末端。

（三）DNA 的空间结构

DNA 的空间结构包括二级结构和三级结构。

1. DNA 的二级结构

1953 年，Waston 和 Crick 研究得到 DNA 钠盐纤维的结构，这种 DNA 称为 B-DNA，并提出 DNA 分子的右手双螺旋结构模型，确定了 DNA 的二级结构。DNA 双螺旋结构的确立为现代分子生物学的奠基奠定了坚实的基础，是生物学发展史上的里程碑，为揭示生物遗传奥秘奠定了基础。DNA 双螺旋结构见图 4-10。

DNA 双螺旋结构模型的特点主要如下：

（1）DNA 由两条反向平行的多聚脱氧核苷酸链组成，其中一条链的走向为 5′→3′，另一链的走向为 3′→5′。两条脱氧核苷酸链围绕中心轴通过右手螺旋方式形成双螺旋结构。以脱氧核糖-磷酸为骨架，螺旋直径为 2nm，形成大沟及小沟相间的结构。大沟位于相邻的双股之间，而小沟位于双螺旋的互补链之间，大沟宽 1.2nm、深度为 0.85nm，小沟宽 0.6nm、深度为 0.75nm，大小沟对 DNA 与蛋白质互作非常重要。

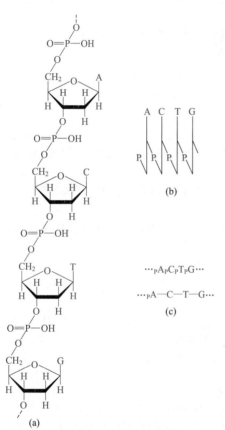

图 4-9 DNA 一级结构示意图
注：P 和斜线代表 3′,5′-磷酸二酯键，竖线表示核糖的碳链

（2）4 种碱基位于螺旋内部，磷酸和核酸位于螺旋外侧，碱基垂直螺旋轴，与对侧碱基形成氢键配对（A=T，G≡C）。在空间上可能的碱基配对只有腺嘌呤与胸腺嘧啶以及鸟嘌呤与胞嘧啶，所以两条链是互补的。一条链上的碱基次序由另一条链上的碱基次序来决定。这点对 DNA 复制具有重要作用。碱基平面与戊糖平面互相垂直，各碱基对的平面彼此平等，互相重叠，呈板状堆积。碱基对之间横向的氢键和碱基平面纵向的疏水性碱基堆积力是维持 DNA 双螺旋结构稳定性的重要化学键。

（3）相邻碱基平面距离 0.34nm，两个核苷酸的夹角为 36°，螺旋一圈螺距 3.4nm，一圈 10 对碱基。

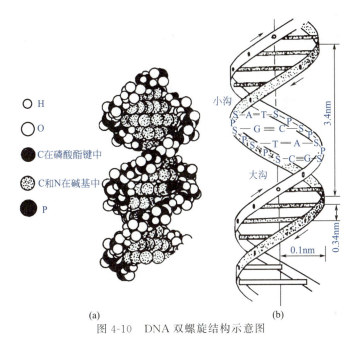

图 4-10　DNA 双螺旋结构示意图

Watson 和 Crick 提出的 DNA 双螺旋结构是以生理盐水溶液提取的 DNA 纤维在 92% 相对湿度条件下利用 X 射线衍射图谱数据推算出来的，是 DNA 在水性环境和生理环境条件下最稳定的结构，也是最常见的 DNA 结构。但值得注意的是，这并非是 DNA 唯一的二级结构。在相对湿度为 75% 时，DNA 分子 X 射线衍射得到的 DNA 结构为 A 型构象，称 A-DNA。该构象每个螺旋含有 11 个碱基对，大沟变窄而深，小沟变宽而浅。因此，DNA 与蛋白质的识别就会发生改变。当采取乙醇来纯化 DNA 时，大部分 DNA 由 B-DNA 经过 C-DNA，最终变为 A-DNA。DNA 转录状态下，其模板 DNA 与 RNA 形成的双链就是 A-DNA，对基因表达有重要意义。B-DNA 双链均被 RNA 链取代而得到两条 RNA 链组成的双螺旋也是 A-DNA 结构。此外，1979 年，A. Rich 在研究人工合成的寡核苷酸 d（CGCGCG）的 X 射线衍射图谱时，发现有左手螺旋，比右手螺旋螺距要长（约 4.5nm）且窄（约 1.8nm），每个螺旋含有 12 个碱基对，结构中的磷原子呈锯齿排列，呈 "Z" 字形，故称 Z-DNA。1981 年，Rich 在果蝇中发现了天然的 Z-DNA。随后，在植物细胞核以及人类胎儿球蛋白基因中也陆续发现 Z-DNA，约占到总 DNA 的 5%。Z-DNA 在原核生物中较少发现，主要存在于真核生物基因的 $5'$-端基因表达调控序列中。可以推断，Z-DNA 的出现与基因表达调控有重要关系，是 DNA 进化中出现的特殊构象。A-DNA、B-DNA 和 Z-DNA 结构区别见表 4-4。

表 4-4　A-DNA、B-DNA 和 Z-DNA 结构区别

项　目	A-DNA	B-DNA	Z-DNA
外貌形态	粗短	适中	细长
碱基对间距	0.23nm	0.34nm	0.38nm
螺旋直径	2.55nm	2.00nm	1.84nm
螺旋方向	右手	右手	左手
糖苷键构型	反式	反式	C、T 反式，G 顺式
每个螺旋单位的碱基对数目	11 对	10 对	12 对
螺距	2.46nm	3.40nm	4.56nm
碱基对与中心轴角度	19°	1°	9°
大沟	狭长,很深	宽且深	平坦
小沟	宽而浅	狭长而深	很狭长且深

项目四　核酸化学

2. DNA 的三级结构

DNA 双螺旋结构进一步扭曲和折叠形成的特定空间结构称为 DNA 的三级结构,为超螺旋结构,分正超螺旋和负超螺旋两种构象(图 4-11)。

图 4-11 DNA 三级结构(超螺旋)

放松 DNA 双螺旋形成的超螺旋称为负超螺旋,而旋紧 DNA 双螺旋形成的超螺旋称为正超螺旋。自然界,主要以负超螺旋构象比较常见,这种形式有利于超螺旋 DNA 复制和转录过程的解链。在线粒体、病毒和细菌中发现的环状 DNA 全都以负超螺旋构象存在,真核生物染色体 DNA 在核小体结构中的扭曲也是负超螺旋。超螺旋对 DNA 具有特殊意义,生物体内的大多数 DNA 以超螺旋形式存在,有利于很长的 DNA 分子被高度压缩,从而有利于 DNA 的进一步包装。有些 DNA 分子超螺旋数可达 20 或 30,典型的超螺旋是细菌染色体每 1000 个碱基就含有 5 个超螺旋,真核生物中超螺旋结构更为常见。在原核和真核生物中有能改变 DNA 超螺旋状态的酶,称为拓扑异构酶(topoisomerases)。拓扑异构酶 I 能切断 DNA 的一条链减少负超螺旋,拓扑异构酶 II 能催化双链 DNA 断裂。超螺旋构象的去除是自发过程,不需要外部能量驱动。

二、RNA 的组成与结构

RNA 分子与 DNA 分子一样,是由一个核苷酸的 3′位和另一个核苷酸的 5′位通过 3,5-磷酸二酯连接的聚核苷酸分子,是 DNA 翻译成蛋白质的"中介"。按照中心法则,贮存于 DNA 分子中的遗传信息需转录成 RNA 后,才能翻译成蛋白质。因此,RNA 分子在蛋白质的生物合成中和 DNA 遗传信息的表达过程中具有非常重要的作用。

(一) RNA 分子的组成

RNA 是另一类核酸生物大分子,其分子组成和结构与 DNA 有区别,主要体现在:

(1) RNA 分子为单链分子,但很多区域可以自身进行碱基配对形成回折,而 DNA 常为双螺旋分子结构;

(2) RNA 的核糖为 D-戊糖,而 DNA 为 D-2-脱氧戊糖;

(3) RNA 的四种碱基为 AUGC,而 DNA 为 ATGC,在 RNA 中还含有多种经修饰的碱基和核苷;

(4) RNA 由 DNA 转录生成,分子量比 DNA 要小,一般含有几十至几千个核苷酸,且 RNA 为多拷贝。

(二) RNA 分子的结构

1. RNA 分子的一级结构

RNA 分子的一级结构是指组成 RNA 分子的核苷酸按特定序列连接而成的多聚核苷酸线性结构,即多聚核苷酸链中碱基的排列顺序。RNA 分子组成的碱基为 AUGC。组成 RNA 核苷酸的连接键为 3′,5′-磷酸二酯键。用牛脾磷酸二酯酶水解天然 RNA,其产物中只有 3′-核苷酸,没有发现 2′-核苷酸,说明核苷酸结构中虽有 $C_{2'}$-OH,但不形成 2′,5′-磷酸二酯键。在 RNA 的碱基中,还有部分稀有碱基,如 tRNA 中的 5,6-二氢尿嘧啶(DHU)、次黄嘌呤、1-甲基鸟嘌呤 m^1G 等。

2. RNA 分子的空间结构

RNA 分子通常以单链形式存在,但在某些阶段可通过回折形成局部的双螺旋结构,回折处以 A=U 和 G≡C 配对,碱基之间形成氢键,不能配对的碱基膨出成环状,这种局部双螺旋与环状形成一种鼓槌形的发夹结构即 RNA 二级结构。tRNA 二级结构含有 3 个发夹结构,呈三叶草形。双螺旋区成了叶柄，突出区好像三叶草的三片小叶片。由于双螺旋所占比例较高，tRNA 二级结构十分稳定，由氨基酸臂、二氢尿嘧啶环、反密码环、额外环和 TψC 环五部分组成。见图 4-12。

RNA 二级结构特点如下：

（1）氨基酸臂：由 7 对碱基组成，富含鸟嘌呤，末端为-CCA，接受活化的氨基酸。

（2）二氢尿嘧啶环：由 8~12 个核苷酸组成，具有两个二氢尿嘧啶，通过 3~4 对碱基组成的双螺旋区与其余部分相连。

（3）额外环反密码环：由 7 个核苷酸组成，环中部为反密码子，由 3 个碱基组成，反密码环通过由 5 对碱基组成的双螺旋区与其余部分相连。

（4）额外环：由 3~18 个核苷酸组成，不同的 tRNA 具有不同大小的额外环，是 tRNA 分类的重要指标。

（5）假尿嘧啶-胸腺嘧啶核糖核苷环（TψC），由 7 个核苷酸组成，5 对碱基组成的双螺旋区与其余部分相连。

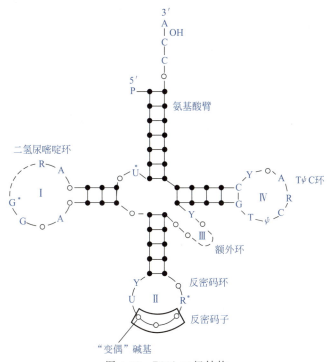

图 4-12　RNA 二级结构

1973~1975 年，S. H. Kim 等用高分辨率（0.3nm）X 射线衍射技术分析 tRNA 晶体，测定了酵母苯丙氨酸 tRNA（酵母 tRNA$_{phe}$）的三维空间结构，提出了 tRNA$_{phe}$ 分子的倒 L 形三级结构。随后，大肠杆菌起始 tRNA、大肠杆菌精氨酸 tRNA 和酵母起始 tRNA 等的三级结构陆续被鉴定，进一步明晰了所有真核和原核生物 tRNA 三级结构都是倒 L 形（图 4-13）。

tRNA 三级结构的特点如下：

（1）L 端是 3′端 CCA，另一端是反密码子，两端之间的距离为 7nm。

（2）分子中的碱基对之间有维系三级结构的氢键。碱基对中，除按 Watson-Crick 标准配对的外，还有许多非标准配对的氢键，例如碱基与核糖以及碱基与磷酸之间形成的氢键。

（3）tRNA 的三级结构分子中，对称性结构约占分子的 40%。

（4）tRNA 的倒 L 形模型虽然为一切 tRNA 所共有，但也有几种 tRNA 分子的精细结构存在着差异。这包含分子中拐角的大小、CCA 末端的伸展度、肽链折叠的松紧和反密码子臂的构象等。

mRNA 是 DNA 遗传信息的传递中间体，能将 DNA 的遗传信息从细胞核转移到细胞质并作为蛋白质合成的模板。mRNA 结构有如下几大特点。

（1）含量最少，约占细胞内 RNA 的 2%～5%，但种类很多，约有 10^5 种，寿命短。

（2）大多数真核生物细胞 mRNA 的 $3'$-末端有一段约 200 个 polyA（多聚腺嘌呤）尾巴，可能与 mRNA 由细胞核向细胞质转移以及 mRNA 稳定性有关。原核生物细胞 mRNA 一般无 $3'$ polyA 结构。

（3）真核生物细胞 $5'$-末端有特殊的"帽子"结构，即 7-甲基鸟苷三磷酸（$m^7G_{ppp}N$），可能与蛋白质合成起始有关。

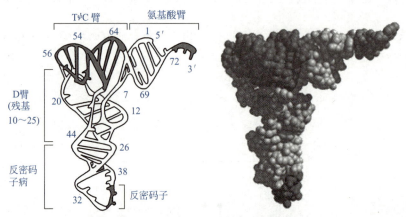

图 4-13　转运 tRNA 三级结构（见彩插 3）

rRNA 是细胞中含量最多的一类 RNA，约占细胞 RNA 总量的 80%。所有 rRNA 分子均由一条多核苷链组成，是构成核糖体的骨架，与蛋白质结合形成核糖体作为蛋白质合成的场所。核糖体由大小两个亚基组成，原核生物含 3 种 rRNA，其中 23S rRNA 和 5S rRNA 存在于核糖体的大亚基中，而 16S rRNA 则存在于小亚基中。真核细胞核糖体 rRNA 有四种，其中 5S rRNA、5.8S rRNA、28S rRNA 在核糖体的大亚基中，而 18S rRNA 存在于小亚基中。

任务三　核酸的理化性质

一、核酸的物理性质

1. 核酸的分子量

DNA 和 RNA 均为生物大分子。DNA 分子量比 RNA 要大，一般在 10^6～10^{10} 之间。不同生物和不同种属间 DNA 分子量差异很大。如多瘤病毒 DNA 分子量为 3×10^6，而果蝇染色体 DNA 分子量为 8×10^{10}。RNA 分子量变化范围较大，一般 tRNA 分子量最小的为 10^4 左右，mRNA 约为 0.5×10^6 或更大些，rRNA 则在（0.6～1）$\times10^6$ 左右。

2. 核酸的溶解性

DNA 纯品为白色纤维状固体，RNA 纯品为白色粉末或结晶，两者均为极性化合物，都溶于水，易溶于稀碱，其钠盐极易溶于水，但不溶于乙醇、乙醚、氯仿、戊醇和三氯乙酸等有机溶剂。常用 70% 乙醇或异丙酮来进行 DNA 的沉淀分离。DNA 和 RNA 在生物体内常与蛋白质共同存在，其溶解性受盐溶液浓度的影响。DNA-蛋白质复合物在低浓度盐溶液中随盐浓度的增加，溶解度呈递增趋势，在 1mol/L NaCl 溶液中溶解度要比纯水中高 2 倍，在 0.14mol/L NaCl 溶液中溶解度最低，几乎不溶。RNA-蛋白质复合物在盐溶液中的溶解度受盐浓度影响较少，在 0.14mol/L NaCl 溶液中溶解度较大。因此，常用 0.14mol/L NaCl 来分离 RNA 核蛋白和 DNA 核蛋白，分离后再用变性剂（如 SDS）除去核蛋白。此外，DNA 和 RNA 在酒精中的溶解性也不相同，DNA 在 50%酒精中易沉淀，RNA 在 75%酒精溶液中易沉淀，利用 DNA 和 RNA 在酒精中的溶解性差异可以进行核酸的分离与纯化。

3. 核酸的黏度

高分子溶液的黏度比普通溶液要大，特别是高分子形状不对称性越大，其黏度就更大。不规则线团分子比规则的球形分子黏度要大，线形分子黏度更大。由于 DNA 分子细长且呈线状分布，分子长度有的达数厘米，如人的第 13 对染色体 DNA 分子量为 6.4×10^{10}，伸展长度可达 3.2cm，因此，DNA 稀溶液的黏度也较大。DNA 变性时，分子形状由双螺旋变为无规则线团，空间伸展长度变短，使溶液黏度降低。因此，可用黏度作为 DNA 变性的指标。RNA 的黏度要小很多。

二、核酸的化学性质

（一）核酸的酸碱性

在 RNA 和 DNA 分子中，有很多呈酸式解离的磷酸残基和呈碱式解离的氮原子，因此，核酸为两性电解质，又因磷酸基的酸性远远超过碱基的碱性，因此，核酸的等电点通常偏酸性，低至 pH2.0～2.5，核酸也表现明显的酸性。核酸在水溶液中能发生两性电离，具有等电点。DNA 分子内氢键的形成与其解离状态有关，在 pH 4.0～11.0 范围内碱基最稳定。由于磷酸基 pK 值较低，当溶液 pH>4.0 时，核酸呈多价阴离子状态，易与碱性蛋白（如组氨酸）结合。在生理 pH 条件与近中性缓冲溶液中，由于体系 pH 远高于核酸等电点，因此，核酸带上负电荷，在电场中向阳极移动。目前，核酸分离常采用聚丙烯凝胶电泳（PAGE）和琼脂糖凝胶电泳进行。聚丙烯凝胶电泳常采用垂直式电泳，用于小片段 DNA 或 RNA 的分离与纯化；琼脂糖凝胶电泳常采取水平式电泳，常用于大片段 DNA 的分离与分析。由于 DNA 本身不显色，常在电泳系统中加入溴化乙啶（EB）进行检测，EB 很容易插入碱基对之间，在紫外光照射下可散发红橙色荧光。

（二）核酸的紫外光吸收

DNA 和 RNA 的嘌呤碱与嘧啶碱具有共轭双键。所以，碱基、核苷、核苷酸和核酸在 240～290nm 区间有紫外吸收，其中，在 260nm 处有最大光吸收值，蛋白质在紫外区间最大吸收波长在 280nm 处。因此，在核酸的分离与纯化过程中，可借助 A_{260nm}/A_{280nm} 比值判断样品纯度。纯的 DNA 样品其 A_{260nm}/A_{280nm} 应为 1.8，纯的 RNA 应为 2.0。核酸样品中若含有杂蛋白及苯酚，A_{260nm}/A_{280nm} 比值明显下降。不同的核苷酸具有不同的紫外吸收特性。因此，可以利用核酸样品的紫外吸收特性进行核酸含量的测定，但不纯的样品不能用紫外吸收法进行定量测定。纯的核酸样品可根据其 A_{260nm} 值求出核酸的含量，如 $1.0A_{260nm}$ 相当于 $50\mu g/mL$ 双螺旋 DNA，或 $40\mu g/mL$ 单链 DNA（或 RNA），或 $20\mu g/mL$ 寡核苷酸。这个方法既快速准确且不会浪费样品。

天然 DNA 样品在发生变性时，由于氢键断裂、双链解离、碱基暴露、共轭双键充分释放，所以变性后的 DNA 在 260nm 处的紫外吸光度值显著增加，称为 DNA 增色效应（hyper-chromic effect）。变性的 DNA 若重新恢复到双链结构，其紫外吸光度值又回到之前水平，称为 DNA 减色效应（hypochromic effect）。

（三）核酸变性、复性和杂交

1. 变性

维持核酸结构稳定性的作用键主要为氢键和碱基堆积力。在加热、强酸或射线等作用下，核酸的氢键和碱基堆积力遭到破坏，核酸空间结构发生改变，核酸的理化性质和生物学功能也发生改变，称为核酸的变性（denaturation）。变性后的核酸由于只是氢键与碱基堆积力的破坏，双螺旋结构解开，但没有核苷酸共价键的断裂，因此，其分子量并没有发生改变。引起核酸变性的因素主要有温度、pH、酰胺与尿素等。如将 DNA 稀盐溶液加热到 80～100℃时，双螺旋结构发生解体，形成无规则线团，260nm 处紫外吸收值升高（可增加 25%～40%）、黏度降低、浮力密度升高且生物活性丧失。

DNA 变性是"跃进"的过程，变性在很窄的温度范围内完成。通常将 DNA 双螺旋结构失去一半时所对应的温度称为该 DNA 的解链温度或熔解温度（melting temperature，T_m）。T_m 值一般在 70～85℃之间，与下列因素有关：①样品均一性，均一性越高的 DNA 样品，熔解过程中发生温度范围越窄；②（G+C）%含量，（G+C）%含量越高，T_m 越高，（G+C）%含量与 T_m 关系的经验公式为（G+C）% = (T_m − 69.3) × 2.44；③介质离子强度，离子强度较低的介质中，T_m 较低，熔解温度范围也很窄，在离子强度较高的介质中，情况相反。常用 1mol/L NaCl 保存 DNA 样品。

2. 复性

变性 DNA 在适当条件下，DNA 单链重新结合并恢复为双链螺旋结构的现象称为复性（renaturation）。DNA 复性后，其理化性质与生物学功能得以恢复，如紫外吸收值下降、黏度增高以及生物学活性恢复或部分恢复。常根据紫外吸收值的变化作为复性评判指标。热变性的 DNA 急冷时，DNA 无法复性，复性需要温度缓慢冷却。DNA 复性条件有：①有适当阳离子存在，如 Na^+ 浓度 ≥ 0.01mol/L；②适当 pH，常用 pH6.8 缓冲溶液；③适当的温度，一般 60℃；④适当的 DNA 浓度和复性时间。

3. 核酸分子杂交

将不同来源的 DNA 样品放在试管里，经热变性后并慢慢冷却可复性。若这些异源 DNA 之间在某些区域有相同的序列，则复性时，会形成 DNA-DNA 异源双链杂交分子。DNA 与互补的 RNA 之间也可发生杂交，形成 DNA-RNA 杂合双链，该过程称为核酸分子杂交（molecular hybridization）。核酸分子杂交实质上就是在一定条件下核酸分子间的互补碱基的氢键配对，可在液相或固相条件下进行。固相核酸杂交多在膜上进行，常用膜有硝酸纤维素滤膜、尼龙膜以及化学活化膜等。常用固相杂交的方法有 Southern 印迹杂交、Northern 印迹杂交、菌落杂交、斑点杂交和原位杂交等。Southern 印迹杂交主要用于检测经凝胶电泳分离且转移至膜上的 DNA 分子。Northern 印迹杂交主要用于检测经凝胶电泳分离且转移到膜上的 RNA 分子。菌落杂交主要用于检测固定在膜上，经裂解从细菌菌体释放的 DNA 分子。斑点杂交主要用于检测固定在膜上的 DNA 或 RNA 分子。原位杂交主要用于检测细胞或组织中的 DNA 或 RNA 分子。

以 Southern 印迹杂交为例介绍 DNA-DNA 核酸分子杂交：DNA 经限制性内切酶酶解后用琼脂糖凝胶电泳进行分离。分离完成后，将凝胶浸泡在 NaOH 溶液中，使 DNA 变性，DNA 变性完成后，将变性 DNA 转移到硝酸纤维素薄膜上（硝酸纤维素薄膜只吸附变性 DNA），80℃烘烤 4～6h，使 DNA 牢固地吸附在酸酸纤维素薄膜上，然后与放射性同位素标记的变性 DNA 探针杂交。杂交需在较高盐浓度及适当温度（一般 68℃）下进行数小时或数十小时，杂交完成后，通过洗涤除去未杂交标记物，将纤维素薄膜进行放射自显影确定杂交效果。

> **知识链接**
>
> **DNA 指纹技术及其应用**
>
> 人类不同个体间（除同卵双生外）的 DNA 各不相同，即 DNA 分子序列差异。如人类 DNA 分子中存在着高度重复序列，不同个体重复单位的数目不同，差异较大，但重复序列两侧的碱基高度保守，且重复单位有共同的核心序列。因此，针对保守序列选择同一种限制性内切酶，并对核心序列设计探针，将人基因组 DNA 进行酶切、电泳、分子杂交

及放射性显影等处理，可获得具有个体差异性的杂交图谱，如同人的指纹图形一样，各不相同，因此，把这种杂交图谱称为 DNA 指纹。DNA 指纹技术在法医学、亲子鉴定、器官配型、疾病诊断和肿瘤研究等领域有着广泛的应用基础，尤其在司法鉴定中有着独特而权威的应用。如 DNA 指纹技术结合 DNA 体外扩增技术，法医可对犯罪现场残留的血液、精液、烟头上的唾液、痰液、毛发、骨骼或其他肉体成分提取的 DNA 进行扩增和 DNA 指纹测定，通过比对而确定嫌犯。

知识链接

DNA 探针和核酸杂交技术在临床诊断上的应用

DNA 探针和核酸杂交技术可作为临床微生物学检测方法，与形态学、生化和血清学方法相比，具有特异性高、敏感性强、重复性好、快速、能直接检出微量病原体和一次性大量检测标本等优点，属第 4 代诊断技术，可检测乙肝病毒（HBV），诊断乙肝患者；可检测沙眼衣原体、EB 病毒、疱疹病毒、巨细胞病毒、人乳头状瘤病毒、轮状病毒、产毒性大肠埃希菌、淋球菌、恶性疟原虫、克氏锥虫和氏曼原虫等。将 DNA 探针技术用于临床检验学大大提高了临床诊断水平，促进了临床诊断学发展。DNA 探针还可作为遗传性疾病的产前诊断，如 α-地中海贫血、β-地中海贫血、苯丙酮尿症、Duchenne 氏肌营养不良、X-连锁隐性遗传病（如红绿色盲、DMD 等由携带病理基因的母亲传给儿子而发病）、镰刀型细胞贫血、血友病 B、鸟氨酸氨基甲酰转移酶缺陷缺乏症、Lesch-Nyham 症、α-抗胰蛋白酶缺乏症、甲状旁腺功能减退症等，使一些遗传性疾病和先天代谢性疾病的产前诊断成为现实。产前诊断遗传性疾病对预防患儿降生、减轻家庭和社会负担，实现优生、提高人口素质有着重要和深远的意义。

任务四　核酸类药物

随着人类基因组计划的完成，人类基因组全部碱基被成功破译，使 DNA 和 RNA 特定序列成为药物作用的新靶点成为了可能。1997 年，第一个人工合成的反义寡核苷酸 Formivisen 得到美国 FAD 批准并用于治疗巨细胞病毒引起的视网膜炎，标志着核酸药物成为药物研究的重要方向。核酸作为新一代生物药物，具有遗传、催化、能量贮藏、能量供给以及免疫增强等功能，利用核酸进行药物设计，并在抗癌、抗病毒、心肌梗死以及诱导干扰素等药物研究开发方面进行深入研究将具有非常好的应用前景。

一、核酸类药物的定义

从生物体内经提取获得的核酸，或用人工合成方法制备的具有核酸结构，且具有明确药理作用的物质称为核酸药物（nucleic acid drug）。广义核酸药物包括核苷酸药物、核苷药物、碱基及其衍生物以及反义核酸药物等，可作为生物体合成原料，改善人体代谢，修复受损组织，其类似物具有治疗病毒、肿瘤及制备干扰素或免疫制剂等作用。核酸类药物的制备方法有提取法、水解法、化学合成法、酶合成法以及微生物法等。在临床上应用的抗病毒核苷酸类药物有三氟胸苷、齐多夫定、5'-碘脱氧尿苷、利巴韦林、阿昔洛韦、丙氧鸟苷、阿糖腺苷、阿糖胞苷、双脱氧肌苷等。

二、核酸类药物的分类

核酸类药物分为两个大类,一类是具有天然结构的核酸类物质;另一类是碱基、核苷以及核苷酸类似物或聚合物等。

1. 具有天然结构的核酸类物质

这些具有天然结构的核酸类物质是生物体合成核酸的原料,或是蛋白质、糖和脂类代谢的辅酶。缺乏时,机体的生理机能出现障碍,补充后,能明显改善机体的物质与能量代谢,有利于受损组织器官的修复、促进缺氧组织的机能修复。临床上,主要用于放射性疾病、血小板减少症、白细胞减少症、急慢性肝炎、心血管疾病以及肌肉萎缩等疾病或代谢紊乱疾病的治疗。常见药物有辅酶A、辅酶Q、辅酶Ⅰ、辅酶Ⅱ、腺苷(酸)、尿苷(酸)、肌苷(酸)、胞苷(酸)、ATP、CTP和FAD等。

2. 碱基、核苷以及核苷酸类似物或聚合物

这一类物质是由自然的核苷酸经化学或酶学修饰改造后得到的,具有与天然核苷酸类似的结构,但不具有天然核苷酸的基本功能。如核苷酸类似物在DNA合成过程中掺入后,会使DNA的复制和转录中止,从而使病毒复制终止,常用于病毒、肿瘤、肝炎等疾病的治疗,也可以作为诱导干扰素生成和增强免疫抑制剂的临床药物。

三、临床常见的核酸类药物及其药理作用

1. 阿糖腺苷

其化学名为9-β-D-阿拉伯糖腺嘌呤,分子中含有一个结晶水,为白色结晶,熔点259~261℃,$[\alpha]_D^{27}=-5°$($c=0.25g/mL$)。紫外光最大吸收波长为260nm。阿糖腺苷体内代谢可生成阿糖腺苷三磷酸,能拮抗脱氧腺苷三磷酸(dATP),从而抑制以dATP为底物的病毒DNA聚合酶的活性,且阿糖腺苷三磷酸对病毒DNA聚合酶的亲和性比宿主DNA聚合酶高,从而选择性地抑制病毒DNA的复制。阿糖腺苷为广谱DNA病毒抑制剂,对单纯疱疹病毒Ⅰ型和Ⅱ型、带状疱疹病毒、巨细胞病毒、癌病毒等DNA病毒有明显抑制作用,临床上常用于治疗疱疹性角膜炎。静脉注射可将单纯疱疹引发的脑炎死亡率降低42%。20世纪70年代用于乙肝治疗,HBsAg转阴,并使病毒携带者失去传染能力。阿糖腺苷是治疗单纯性疱疹最好的抗病毒药物。

2. 阿昔洛韦

别名为无环鸟苷、舒维疗等,是核苷类抗病毒药物,为广谱抗病毒药物,对单纯疱疹病毒Ⅰ型和Ⅱ型有强烈抑制作用,对水痘带状病毒、EB病毒、巨细胞病毒以及乙肝病毒等也有一定的抑制作用。阿昔洛韦能选择性抑制疱疹病毒编码的胸腺嘧啶脱氧核苷激酶,磷酸化生成单磷酸阿昔洛韦,与细胞酶作用生成双磷酸和三磷酸阿昔洛韦,通过干扰病毒DNA聚合酶和在DNA聚合酶作用下与增长的DNA链结合,造成DNA链中断复制从而抑制病毒增殖。

3. 齐多夫定

商品名为齐多夫定,为抗病毒核酸类药物,为胸苷结构类似物,对病毒有高度活性。美国FDA批准用于AIDS治疗,也可与其他药物联合用于卡氏肺囊虫病或其他感染。口服吸收迅速。与病毒DNA聚合酶结合,终止DNA链延长,从而抑制病毒增殖,对人体α-DNA聚合酶影响少而对人体正常细胞的增殖无影响,但对人体体外逆转录病毒有高度特异性。最主要的不良反应为毒性反应,骨髓抑制、粒细胞缺乏及贫血发生率为25%~45%。疗程中应密切观察血象,并补充维生素B_{12}或叶酸,每次静滴时间不少于1h。

4. 6-氨基嘌呤

6-氨基嘌呤也称维生素B_4,已广泛应用于血液贮存,可维持红细胞内的ATP水平,延长血液中红细胞的存活时间,临床上常用于升高白细胞,用于因化疗或放疗引起的白细胞减少症。6-氨基嘌呤由嘌呤的6位碳原子的H被NH_2取代制备得到,为白色结晶粉末,无臭,无味,溶于

酸、碱溶液中，微溶于乙醇，难溶于冷水，几乎不溶于乙醚、三氯甲烷等有机溶剂。6-氨基嘌呤为核酸的重要组分，在体内参与 RNA 和 DNA 合成，当白细胞缺乏时，能促进白细胞的增生。

5. 6-巯基嘌呤

为微黄色结晶粉末或棱片状结晶，无臭，味微甜，含 1 分子结晶水。140℃ 失去结晶水，易溶于碱性水溶液，不稳定，空气中易氧化生成黑色，可溶于沸水、热乙醇、微溶于水，几乎不溶于冷乙醇、乙醚、丙酮及三氯甲烷等有机溶剂。熔点 313~314℃。6-巯基嘌呤属抑制嘌呤合成途径的细胞周期特异性药物，与次黄嘌呤结构类似，所以能竞争性抑制次黄嘌呤的生物转化过程。在人体细胞内由磷酸核糖转移酶转为 6-巯基嘌呤核糖核苷酸后具有药理活性。能通过负反馈作用抑制酰胺转移酶，所以能阻止 PRPP 转变为 PRA 过程，干扰嘌呤核苷酸合成起始。同时，也能抑制复杂的嘌呤相互转变，即抑制次黄嘌呤核苷酸转化为腺嘌呤核苷酸及次黄嘌呤核苷酸转化为黄嘌呤核苷酸、鸟嘌呤核苷酸的生物过程。还可抑制辅酶Ⅰ的合成，并减少 DNA 合成所需的 dATP 和 dGTP 的水平，从而抑制肿瘤细胞的增殖。对处于 S 期的细胞较为敏感，可抑制细胞 DNA 和 RNA 的合成。

6. 免疫核糖核酸

也称免疫核酸（immune nucleic acid），是由免疫活性细胞中提取的核糖核酸制品。通常从肿瘤痊愈患者淋巴结中提取，可使正常淋巴细胞转变为致敏淋巴细胞，产生特异性免疫反应，可与肿瘤细胞直接接触或通过细胞介导免疫，使肿瘤细胞膜裂解而死亡，主要用于恶性肿瘤，如肾癌、肺癌、消化道癌、乳腺癌等辅助治疗。也可用于慢性乙肝或流行性乙脑炎等的治疗。该品无特殊反应，但应注意过敏反应，应由低剂量开始使用。

7. 反义核酸药物

反义核酸药物（antisense nucleic acid drug）是以反义核酸为主的药物。反义核酸是与 mRNA 的一段顺序互补的核酸序列，可阻断 mRNA 的翻译。通过与 mRNA 配对形成杂交双链，经 RNaseH 水解 DNA/RNA 杂交双链中的 RNA 链，从而阻断基因的表达。包括反义 DNA、反义 RNA、核酶、脱氧核酶、三链形成寡核苷酸（TFO）等。反义药物靶点是引起疾病的基因，通过基因产物的调控表达而发挥作用，可用于传统药物不能治愈的基因疾病，比基因治疗更安全，不良反应较少，也比传统药物治疗成本更低。

福米韦生是 FDA 批准的第 1 个上市的反义核酸药物，用于 AIDS 患者并发的巨细胞病毒视网膜炎。目前，国外已有 10 多个反义药物进入临床的 Ⅱ/Ⅲ 期。Bcl-1 是人肿瘤细胞中广泛存在的抗凋亡蛋白质。美国 Genta 公司的抗肿瘤药物 G3139 是针对 Bcl-2 的第 1~6 密码子的反义药物，体外试验中，G3139 可显著抑制 Bcl-2 mRNA 及其蛋白质的表达，降低 DoHH2 淋巴瘤细胞的生存能力，可用于恶性黑色素瘤、多发性骨髓瘤、急性髓性白血病和慢性白血病 4 种疾病的治疗。目前处于Ⅲ期临床试验后期。

知识拓展

核酸类药物

核酸类产品已形成了大规模产业，产值仅次于抗生素和氨基酸，主要用作药物、保健品和食品添加剂。用作食品添加剂的主要是鲜味肌苷酸（IMP）、鸟苷酸（GMP）等，产量已达到 5000t。作为保健品，它对促进婴儿生长发育，提高成年人和老年人抗病、抗衰老能力均有显著作用。作为美容和抗紫外线辐射化妆品也逐渐成为人们生活的必需品。作为药物在临床已应用于中枢神经、泌尿、代谢和心血管等许多方面。而在美国，核酸类药物市场近年来在抗病毒、抗肿瘤方面显示了不可替代的作用。美国 FDA 批准的治疗艾滋病药物 AZT、ddC、ddI、d4T、3TC 都是核酸类物质，抗病毒首选药物利巴韦林、阿昔洛韦等也是核酸类药物。

抗代谢紊乱、治疗肿瘤药物也大都是核酸类药物。其中有抗恶性肿瘤药物氟铁龙，中国开发的一类药物氯腺苷等。近年来开发的反义类核酸药物可通过和 mRNA 结合阻止病毒和癌基因表达，其临床使用效果显著。核酸类药物将继磺胺药、抗生素之后成为新一代药物。核酸类药物作为抗病毒药物，以低毒性、不生产抗药性等特点，被广泛应用于临床。用于治疗肿瘤的药物有5-氟尿嘧啶、5-脱氧氟尿嘧啶等。还有些核酸衍生物具有抗肿瘤和抗病毒双重作用，如合成的阿拉伯糖苷类衍生物中的阿糖胞苷、安西他滨，除抗肿瘤外，还用于抗疱疹病毒感染及治疗疱疹性脑炎。

核苷酸目前国内市场需求在2000t以上，国内产量不足200t，基本依赖进口。国际核酸类药物市场一直由日本垄断，其产量近2万吨，80％自用、20％出口。在中国，仅有一部分核苷酸用于抗肿瘤抗病毒药物，食品方面极少应用，核酸类药物市场潜力巨大。

重点小结

重　点	难　点
1. 核酸由核苷酸组成，分为 DNA 和 RNA 两大类。DNA 主要分布在细胞核中，是遗传信息的基础，而 RNA 主要分布在细胞质和细胞核中，有 mRNA、rRNA 和 tRNA 3 个类别。核酸与细胞正常生长繁殖、遗传变异、细胞分化以及细胞内的代谢调控等有重要关系，与细胞肿瘤发生、辐射损伤、分子遗传病、分子代谢疾病以及病毒感染等也有重要关系。 2. 核酸基本化学元素有 C、H、O、N 和 P 五种元素，其中 P 的含量比较恒定，约占到核酸含量的 9％～10％，以磷酸分子的形式作为基本成分存在于核酸分子中，因此可以通过定磷法进行核酸含量的测定，故测定样品中磷的含量即可计算出核酸含量。 3. 核酸是由磷酸、戊糖和含氮碱基组成。核酸中的糖为五碳糖，即戊糖。RNA 所含的糖为 β-D-核糖，DNA 所含的糖为 β-D-2-脱氧核糖，均为呋喃型结构；碱基有嘌呤碱和嘧啶碱两类。常见嘌呤碱基有 A 和 G 2 类。嘧啶碱基有 U、C 和 T 3 类。核苷酸是核苷的磷酸酯，由嘌呤或嘧啶碱、核糖或脱氧核糖和磷酸共同组成。 4. DNA 组成规则：①组成碱基有 A、T、G 和 C，A 与 T 相等，G 与 C 相等；②DNA 具有种属特异性；③无组织器官特异性；④DNA 分子为双链结构。 5. RNA 分子的一级结构是指组成 RNA 分子的核苷酸按特定序列连接而成的多聚核苷酸线性结构，即多聚核苷酸链中碱基的排列顺序。RNA 分子组成的碱基有 AUGC。组成 RNA 核苷酸的连接键为 $3',5'$-磷酸二酯键。二级结构含有 3 个发夹结构，呈三叶草形。tRNA 三维空间结构为倒 L 形。 6. 核酸的分子量、溶解性和黏度等物理性质以及酸碱性、紫外吸收、变性、复性和杂交等化学性质。核酸分子中具有很多呈酸式解离的磷酸残基和呈碱式解离的氮原子，因此核酸是两性电解质，在水溶液中能发生两性电离，具有等电点。pH 4.0～11.0 范围内碱基最稳定。嘌呤碱与嘧啶碱具有共轭双键，使碱基、核苷、核苷酸和核酸在 240～290nm 处有吸收峰，其中在 260nm 波段处有最大的吸收值	1. DNA 一级结构是指 DNA 链上 4 种碱基的排列顺序。DNA 空间结构包括二级结构和三级结构。DNA 双螺旋结构模型的特点主要有：①DNA 双链由反向平行的多聚脱氧核苷酸链组成，一条链走向为 $5'\rightarrow 3'$，另一链走向为 $3'\rightarrow 5'$。以右手螺旋方式形成双螺旋结构。以脱氧核糖-磷酸为骨架，螺旋直径为 2nm，形成大沟及小沟相间的结构。大沟位于相邻的双股之间，而小沟位于双螺旋的互补链之间，大沟宽 1.2nm，深度为 0.85nm，小沟宽 0.6nm，深度为 0.75nm，大小沟对于 DNA 与蛋白质互作非常重要。②4 种碱基位于螺旋内部，磷酸和核糖位于螺旋外侧，碱基垂直螺旋轴，与对侧碱基形成氢键配对（A═T，G≡C）。碱基对之间横向的氢键和碱基平面纵向的疏水性碱基堆积力是维持 DNA 双螺旋结构稳定性的重要化学键。③相邻碱基平面距离 0.34nm，两个核苷酸的夹角为 36°，螺旋一圈螺距 3.4nm，一圈 10 个碱基对。DNA 双螺旋结构进一步扭曲和折叠形成的特定空间结构称为 DNA 的三级结构。DNA 三级结构是超螺旋结构，分正超螺旋和负超螺旋两种构象。 2. RNA 结构特点：①RNA 分子为单链分子，但很多区域可以自身进行碱基配对形成回折，而 DNA 常为双螺旋分子结构；②RNA 的核糖为 D-戊糖，而 DNA 为 D-2-脱氧戊糖；③RNA 的四种碱基为 AUGC，而 DNA 为 ATGC，在 RNA 中还含有多种经修饰的碱基和核苷；④RNA 由 DNA 转录生成，分子量比 DNA 要小，一般含有几十至几千个核苷酸，且 RNA 为多拷贝。 3. 从生物体内经提取获得的核酸，或用人工合成方法制备的具有核酸结构，且具有明确药理作用的物质称为核酸药物。广义核酸药物包括核苷酸药物、核苷药物、碱基及其衍生物以及反义核酸药物等。核酸类药物有两个大类，一类是具有天然结构的核酸类物质；另一类是碱基、核苷以及核苷酸类似物或聚合物等

 课后习题

一、名词解释

核酸、DNA 一级结构、DNA 空间结构、RNA 一级结构、RNA 空间结构、DNA 的变性、DNA 复性、增色效应、减色效应、T_m 值、核酸药物。

二、简答题

1. 简述核酸的化学组成成分。
2. 简述 DNA 分子的组成特点。
3. 什么是 DNA 的一级结构、二级结构、三级结构？
4. 简述 DNA 双螺旋结构模型的特点。
5. 简述 RNA 分子的一级结构、二级结构和三级结构。
6. 请解释利用不同浓度 NaCl 分离 DNA 和 RNA 的原理。
7. 请解释紫外线分光光度法进行核酸定性与定量分析的原理。
8. 简述 RNA 与 DNA 在分子组成和结构上的异同点。
9. 什么是核酸药物？请举例说明常见的核酸药物有哪些？有何药理功能？

三、选择题

1. 核酸的组成单元是（　　）。
   A. 碱基和戊糖　　　B. 磷酸　　　C. 核苷酸　　　D. 核苷
2. 核苷酸之间以（　　）连接形成。
   A. 1′,9-糖苷键　　　　　　　　　B. 1′,1-糖苷键
   C. 3′,5′-磷酸二酯键　　　　　　　D. 2′,5′-磷酸二酯键
3. 核酸分子含有的含氮碱基具有共轭双键，碱基、核苷、核苷酸和核酸最大吸收波长在（　　）nm 处。
   A. 240　　　B. 260　　　C. 280　　　D. 300
4. 某双链 DNA 纯样品含 15% 的 A，该样品中 G 的含量为（　　）。
   A. 35%　　　B. 15%　　　C. 30%　　　D. 20%
5. DNA 片段中一链的碱基顺序为 5′-G-T-C-A-3′，其互补链的碱基顺序为（　　）。
   A. 5′-T-G-A-C-3′　　　　　　　B. 5′-U-G-A-C-3′
   C. 5′-U-G-A-C-3′　　　　　　　D. 5′-C-A-G-U-3′
6. RNA 和 DNA 彻底水解后的产物（　　）。
   A. 核糖相同，部分碱基不同　　　B. 碱基相同，核糖不同
   C. 碱基不同，核糖不同　　　　　D. 碱基不同，核糖相同
7. 下列关于 DNA 分子中的碱基组成的定量关系不正确的是（　　）。
   A. C+A=G+T　　B. C=G　　C. A=T　　D. C+G=A+T
8. tRNA 的二级结构是（　　）。
   A. 三叶草叶形结构　B. 倒 L 形结构　C. 双螺旋结构　D. 发夹结构
9. 下面关于 Watson-Crick DNA 双螺旋结构模型的叙述中正确的是（　　）。
   A. 两条单链的走向是反平行的　　　B. 碱基 A 和 G 配对
   C. 碱基之间共价结合　　　　　　　D. 磷酸戊糖主链位于双螺旋内侧
10. T_m 是指（　　）的温度。
    A. 双螺旋 DNA 达到完全变性时　　B. 双螺旋 DNA 开始变性时
    C. 双螺旋 DNA 结构失去 1/2 时　　D. 双螺旋结构失去 1/4 时

11. 热变性的 DNA 分子在适当条件下可以复性，条件之一是（   ）。
A. 骤然冷却　　　　　B. 缓慢冷却　　　　　C. 浓缩　　　　　D. 加入浓的无机盐
12. 双链 DNA 的解链温度的增加，提示其中含量高的是（   ）。
A. A 和 G　　　　　B. C 和 T　　　　　C. A 和 T　　　　　D. C 和 G
13. 稀有核苷酸碱基主要见于（   ）。
A. DNA　　　　　B. mRNA　　　　　C. tRNA　　　　　D. rRNA
14. 可用于测量生物样品中核酸含量的元素是（   ）。
A. 碳　　　　　B. 氢　　　　　C. 氧
D. 磷　　　　　E. 氮
15. DNA 的二级结构是（   ）。
A. α-螺旋　　　　　B. 双螺旋结构　　　　　C. β-折叠　　　　　D. 无规则卷曲

选择题答案：
1—5：CCBAA　6—10：CDAAC　11—15：BDCDB

项目五 酶化学

要点导航

掌握：酶、胞内酶、胞外酶、单体酶、寡聚酶、多酶复合体、酶原激活、酶的活性中心、别构酶、诱导酶、结构酶、同工酶、抗体酶、酶的比活力、酶活力单位、酶的激活剂、酶的抑制剂、别构激活剂、别构抑制剂等基本概念；酶的化学组成；底物浓度、酶浓度、温度、pH、激活剂和抑制剂等对酶催化的影响；米氏方程及应用等。

熟悉：酶的催化特性；酶的系统命名法；抑制剂的类型及抑制剂对酶促反应速率的影响；酶活性调节的方式等。

了解：酶的生物学作用；酶的应用；酶活性中心的特点；米氏方程 K_m 和 V_{max} 的意义；酶活性调节的方式及生理意义等。

导学案例

果农张某被送进医院，出现恶心、呕吐、无力，瞳孔明显缩小，呼吸困难、流涎、肺水肿等症状，胆碱酯酶活力为40%，诊断为急性有机磷农药中毒。医院给予洗胃消除体内毒物，并肌内注射解毒剂解磷定和阿托品等进行治疗。请思考：患者临床表现发生的生化机制。

酶（enzyme）是由活细胞产生的，在细胞内外均具有催化活性且具有高度专一性的蛋白质。与蛋白质一样，酶也具有一级结构、二级结构、三级结构和（或）四级结构，但并非所有蛋白质都是酶，只有具有催化功能的蛋白质才能称为酶。酶是生物体新陈代谢的基础，体内所有的生物化学反应都是在酶的精密调控作用下进行的。人类对酶的认识比较早，早在我国古代就已将酶应用于生产与疾病治疗中，如在夏禹时期，人们就利用酶制作酱。春秋战国时期，就利用曲进行消化不良等疾病的治疗。西方国家研究酶的时间相对较晚，19世纪之初对酒的发酵过程进行了研究，并认为酒精发酵是酵母细胞活动的结果，1897年用无酵母细胞液进行发酵，证明催化活动并非由细胞活动完成。尽管如此，人们对酶的作用机制与化学本质一直存在争议，直到1926年，Summer首次从刀豆中分离到脲酶结晶并证明了酶的化学本质是蛋白质，并提出了酶的化学本质是蛋白质的观点，这一观点于1982年T. Cech和S. Altam研究四膜虫26S RNA时发现具有催化功能的RNA，即核酶，才得到修正。总的来说，在生物体催化生物化学反应的酶主要是蛋白质，也有少量RNA酶。随后，陆续有科学家发现不少具有催化功能的RNA，还发现了与酶催化机制相关的结构。1994年，Breaker发现切割RNA的DNA分子，即脱氧核酶（deoxyribozyme）。至今，人类对酶的化学本质有了较为全面的认识。在生物体内起催化作用的除少数为核糖核酸酶或脱氧核糖核酸酶外，其余的均为蛋白质。

任务一 酶的概述

一、酶的定义与生物学功能

1. 酶的定义

酶是由生物活细胞产生的一种高效能、高专一性、高度可变，以蛋白质为主要化学组分的高分子生物催化剂，其化学本质主要为蛋白质，具有蛋白质的所有特性，如具有特定的免疫原性和高分子性质、具有两性解离性质、由氨基酸组成等。近年来，随着对酶分子的研究深入，人们发现除蛋白质可作为生物催化剂外，还有具有催化活性的其他物质，如抗体、核糖核酸、脱氧核糖核酸等也具有催化活性，前者称为抗体酶，后两者称为核酶。

> **科学典故**
>
> **证明酶是蛋白质**
>
> 最先确定酶的化学本质是蛋白质的科学家是詹姆斯·巴彻勒·萨姆纳（James Batcheller Sumner, 1887—1955年），美国化学家，萨姆纳1946年获诺贝尔化学奖。20世纪20年代，萨姆纳相信酶是蛋白质。他从1917年开始用刀豆粉为原料，分离提纯其中的脲酶（刀豆中脲酶多，易于测定）。1926年他成功地分离出一种脲酶活性很强的蛋白质。这是生物化学史上首次得到的结晶酶，也首次直接证明了酶是蛋白质，推动了酶学的发展。1937年他又得到了过氧化氢酶的结晶，还提纯了几种其他的酶。由于脲酶和其他酶的发现，他于1946年获得诺贝尔化学奖。

2. 酶的生物学功能

酶的基本功能是催化体内的生物化学反应，作用广泛，几乎所有体内的生物化学反应都有酶的广泛参与。生物体内的生理调节、遗传信息的复制转录和翻译、机体免疫调节、细胞的增殖与衰老、神经信号的传导、能量传递、机体有毒有害物质的消除及机体的生长发育等均有酶分子的参与。酶的催化功能在体内和体外条件下均可发挥，并在医学、分子生物学、生理与病理分析及疾病的预防、诊断与治疗等领域广泛应用。

二、酶的存在与分布

酶在生物体活细胞中合成。除少数酶在细胞内合成需要分泌到细胞外发挥作用外，多数酶在细胞内直接参与生物化学反应，为胞内酶。目前，在人体和哺乳动物体内发现超过5000种酶，它们通常位于细胞质中，或位于细胞膜或细胞器膜上，需要发挥活性时，才被激活，这些酶称为胞内酶（endoenzyme）。当然，也有少量酶在细胞内合成后需分泌到细胞外才能发挥活性，称为胞外酶（exoenzyme）。不同种属的生物或同一生物的不同组织中，酶的分布不同，如线粒体含有脂肪酸 β-氧化的酶、TCA循环的酶、电子传递与氧化磷酸化的酶，细胞质内含有糖酵解的相关酶。一般情况，动物体内酶催化的合适温度与动物的体温比较接近，在35～40℃之间。植物体内的酶其最适作用温度在40～50℃之间。动物体内酶的最适作用pH在6.5～8.0之间，植物体内酶的最适pH在4.5～6.5之间，人体和动物体内胃蛋白酶最适pH一般在2.0左右。

三、酶的催化特性

酶作为生物催化剂具有一般催化剂的特点，如用量少、催化效率高，不能改变反应平衡点但能改变化学反应的速率、能降低反应 E_a、能改变反应历程、酶反应前后其结构基本保持不变等，但也具有一般催化剂不具备的一些催化特点。

1. 高度的催化效率

酶的催化效率比非酶催化反应高 $10^8 \sim 10^{20}$，比一般催化反应高 $10^7 \sim 10^{13}$。如1mol过氧化氢酶1min内可催化 5×10^6 mol的 H_2O_2 分解。若用无机催化剂 Fe^{2+} 进行催化，1mol Fe^{2+} 仅能催化 6×10^{-4} mol的 H_2O_2 分解，催化效率相距约 10^{10} 倍。又如蛋白质在6mol/L的HCl 120℃催化需要24～72h，而在体内经消化酶进行水解，在37℃仅需2～3h就完成了，且反应条件相对较为温和。酶高效催化的分子机制是因为酶能降低反应的活化能，如酵母蔗糖酶催化蔗糖水解时，其反应活化能为 48kJ/mol，而用酸解时，其活化能为 108.8kJ/mol，降低了 55.88%。由此可见，利用酶进行催化确实能大大提高反应的效率。

2. 高度的专一性（特异性）

酶对催化底物具有严格的选择性，称为酶的专一性或特异性。一种酶只能作用于一种或一类物质，或催化一种或一类化学反应。如蛋白酶仅催化蛋白质的水解，脂肪酶仅催化脂肪的水解，脲酶仅催化尿素的水解，纤维素酶仅催化纤维素的水解等。根据酶对底物的专一性不同，将酶的专一性分为绝对专一性、相对专一性和立体异构专一性三类。

（1）绝对专一性　绝对专一性是指酶仅能作用于一种底物，催化一种反应。如脲酶只催化尿素分解，麦芽糖酶只催化麦芽糖分解，对其他二糖不具有催化作用。

（2）相对专一性　相对专一性是指酶能作用于一类化合物或化学键，专一性不高，可分为基团专一性和键专一性。基团专一性对化学键种类及其某一侧的基团种类有要求，而键专一性只对化学键的种类提出要求。

（3）立体异构专一性　几乎所有已知的酶都具有立体异构专一性，可分为旋光异构专一性和顺反异构专一性。旋光异构专一性只作用于某一构型的化合物。而顺反异构专一性只对顺式或反式双键起作用。如 L-AA 氧化酶只作用于 L-AA；延胡索酸酶只作用于延胡索酸（反丁烯二酸，加水生成苹果酸），而不作用于顺丁烯二酸；乳酸脱氢酶只作用于 L-乳酸转变为丙酮酸，对 D 乳酸无催化作用。

3. 反应条件温和且具有不稳定性

因为酶的化学本质主要为蛋白质，对周围环境，如强酸、强碱、高温、重金属以及紫外线等敏感，易变性而失活。所有酶通常都在常温、常压和接近中性条件下进行反应，而非酶催化反应通常需在高温高压或极端 pH 条件下进行，如淀粉水解用酸解法时，常要求在 0.25～0.3MPa（表压）、140～150℃和耐酸反应釜中进行，若用淀粉酶进行水解，则只需要 65℃条件下一般的设备即可完成淀粉水解制备葡萄糖。

4. 酶催化活性的可调控性

酶的催化活性受到许多因素的调节，产物浓度、底物浓度以及环境条件改变都有可能影响酶的催化活性。如酶与代谢物在细胞内的区域分布、代谢物对酶催化反应的正向与反向调节、代谢过程中关键酶活性的调节、酶含量的调节、酶诱导与酶阻遏等都可能对酶催化有调节作用。在生物体内，酶活性调节的方式有很多，包括抑制剂调节、反馈调节、共价修饰调节、酶原激活及激素控制等。

5. 酶催化活性与辅酶、辅基和金属离子有关

有些酶蛋白结构中有辅基、辅酶或金属离子结合，其活性与这些结合部分有关，若辅基、辅酶和金属离子脱落，则会影响到酶的活性甚至使酶失活。

四、酶的应用

1. 酶在疾病诊断上的应用

正常人体内酶催化活性和酶的分布均保持适当水平，若机体出现器官或组织损伤后，酶的分布会发生改变，某些酶会由组织器官细胞内释放到血液中。因此，在血液、尿液中可检测到相关酶的活性。如患急性肝炎、肝硬化或阻塞性黄疸肝炎时，谷丙转氨酶和谷草转氨酶在血液中活性会增加。肝炎和其他原因肝脏受损，肝细胞坏死或通透性增强，大量转氨酶释放入血，使血清转氨酶升高。心肌梗死时，血清乳酸脱氢酶和磷酸肌酸激酶明显升高。急性胰腺炎时，血清和尿中淀粉酶活性显著升高。有机磷农药中毒时，胆碱酯酶活性受抑制，血清胆碱酯酶活性下降。

酶与疾病的诊断

诊断用酶是一类酶分析试剂,利用检测体内某些疾病有关的代谢物质或与疾病有关的酶的变化来诊断病情。酶法检测快速、简便、准确、灵敏、发展很快,如用转氨酶升高诊断肝病,乳酸脱氢酶升高诊断心肌病,淀粉酶增加诊断急性胰腺炎等。

2. 酶在临床治疗上的应用

酶疗法目前在临床疾病治疗中也广泛应用。如胰蛋白酶、糜蛋白酶等能催化蛋白质分解,可用于外科扩创、化脓伤口净化及胸、腹腔浆膜粘连的治疗等。纤溶酶、链激酶、尿激酶等可以溶解血块和防止血栓的形成等,在血栓性静脉炎、心肌梗死、肺梗死以及弥漫性血管内凝血等病的治疗中被广泛应用。蛋白酶也广泛应用于消化道疾病、消炎以及治疗高血压等疾病。纳豆激酶应用于血纤维蛋白水解,激活纤溶酶原成纤溶酶,能溶血栓。弹性蛋白能水解结缔组织中的弹性蛋白,激活磷脂酶A,降低血清中胆固醇以及增加胆固醇的排泄,还能增加血管弹性,具有降低血压、扩张血管以及提高心肌血流量的作用。β-酪氨酸酶能催化L-酪氨酸氧化,生成二羟苯丙氨酸(多巴),用于帕金森综合征的治疗。

3. 酶在医药生产中的应用

酶在手性药物的拆分和合成中也有广泛应用。目前世界上化学合成药物中约有40%属于手性药物,在这些手性药物中只有约10%以单一对映体药物销售,大多以外消旋体(两种对映体等量混合)使用。不少手性药物,其对映体的药理作用相差较大,甚至部分药物的对映体中的一个具有致癌、致畸等作用,需要进行拆分。常用手性药物中的两种对映体的药理作用见表5-1。

表5-1 常用手性药物两种对映体的药理作用

药物名称	有效对映体的药理作用	对映体的副作用
普萘洛尔	S构型,治疗心脏病,β受体阻断剂	R构型,钠通道阻滞剂
萘普生	S构型,消炎、解热、镇痛	R构型,疗效很弱
青霉素胺	S构型,抗关节炎	R构型,突变剂
羟基苯哌嗪	S构型,镇咳	R构型,有神经毒性
沙利度胺	S构型,镇静剂	R构型,致畸(胎儿)
酮洛芬	S构型,消炎	R构型,防治牙周病
曲托喹酚	S构型,扩张支气管	R构型,抑制血小板聚集
乙胺丁醇	S,S构型,抗结核病	R,R构型,致失明
萘必洛尔	右旋体,治疗高血压,β受体阻断剂	左旋体,舒张血管

酶在氨基酸药物的生产中也被广泛应用。如DL-氨基酸的N-酰基衍生物用霉菌生产的氨基酰化酶催化可以进行L-氨基酸的不对称水解生产。利用聚杂环丁烷固定大肠杆菌可连续生产L-天冬氨酸。利用固定化青霉素酰化酶可连续生产6-APA青霉素母核结构。利用固定化酶(巨大芽孢杆菌脱酰酶),以苯乙酰基-7-氨基脱乙酰基头孢烷酸生产7-ADCA(7-氨基脱乙酰氧基头孢烷酸)。利用黑根霉和犁头霉对甾体的C11进行羟化转化,11α-羟化可生产11α-羟基孕酮,进而合成可的松,11β-羟化可直接一步生成氢化可的松。

4. 酶的其他应用

在食品工业中也广泛应用到酶,如α-淀粉酶、β-淀粉酶、糖化酶、异淀粉酶、蛋白酶、右旋糖酐酶以及葡萄糖异构酶等(表5-2)。

表 5-2 酶在食品工业中的应用

酶	来　源	在食品工业中的应用
α-淀粉酶	枯草杆菌、米曲霉、黑曲霉、地衣芽孢杆菌等	淀粉液化,制造糊精、葡萄糖、果葡糖浆等
β-淀粉酶	麦芽,巨大芽孢杆菌、多粘芽孢杆菌等	麦芽加工、啤酒生产
糖化酶	根霉、黑曲霉、红曲霉、内孢霉等	淀粉的糖化、葡萄糖和果葡糖浆的生产
异淀粉酶	气杆菌、假单胞杆菌等	直接淀粉、麦芽糖的生产
蛋白酶	胰脏、木瓜、菠萝、枯草杆菌、霉菌等	啤酒的澄清、蛋白质水解,多肽、寡肽和氨基酸的生产
右旋糖苷酶	霉菌	糖果的生产
葡萄糖异构酶	放线菌、细菌	制造葡萄糖、果葡糖浆
葡萄糖氧化酶	黑曲霉、青霉	蛋白食品加工,食品保鲜
柑橘苷酶	黑曲霉	柑橘加工,柑橘汁脱苦
天冬氨酸酶	大肠埃希菌、假单胞杆菌	由反丁烯二酸生产天冬氨酸
磷酸二酯酶	橘青霉、米曲霉	降解 RNA、生产核苷酸呈味料
纤维素酶	木霉、青霉	生产葡萄糖
溶菌酶	蛋清、微生物	食品杀菌保鲜

此外,在日用化学品和化妆品中也有酶的应用,如加酶洗衣粉,在化妆品中添加超氧化物歧化酶等。

任务二　酶的化学组成与结构

目前所认识的酶,其绝大多数是由蛋白质组成,有些仅由蛋白质组成,而有些酶除酶蛋白部分外,还包含非蛋白部分,如辅酶、辅基或金属离子。

一、酶的化学组成

根据酶的化学组成不同,可分为单纯酶和结合酶两大类。单纯酶完全由蛋白质组成,不含辅助因子。常见水解酶,如脲酶、蛋白酶、淀粉酶、脂肪酶、核糖核酸酶等属单纯酶。结合酶则由蛋白质部分和非蛋白质部分结合而成,如氧化还原酶类、转氨酶类、乳酸脱氢酶(LDH)、碳酸酐酶等均属结合酶。结合酶中的蛋白质部分称为酶蛋白(apoenzyme),非蛋白质部分称为辅助因子(cofacters)。酶蛋白与辅助因子单独存在时均无催化活性,只有二者结合成完整酶分子才具有催化活性,此完整的酶分子称为全酶(holoenzyme)。

酶辅助因子有金属离子、辅酶或辅基 3 类。酶蛋白决定酶反应专一性及高效性,辅助因子决定酶的催化类型,辅助因子常直接作为电子、原子或某些化学基团的载体起传递作用,参与反应并促进整个催化过程。辅酶与辅基并没有明显的区分,通常将与酶蛋白结合疏松,通过透析技术可以分离的称为辅酶,如辅酶Ⅰ和辅酶Ⅱ。而与酶结合相对较为紧密,通过透析无法除去的称为辅基,如 FMN 和 FAD 等。有些酶在发挥催化作用时,还需要金属离子参与,金属离子不直接参与酶催化反应,称为酶的辅助因子。辅助因子主要有金属离子、金属有机化合物、B 族维生素等。金属离子 Mg^{2+}、Zn^{2+}、Fe^{2+}(或 Fe^{3+})、Cu^{2+}、Mn^{2+} 等与酶的空间结构维持、电子传递或酶-底物"架桥"或降低反应静电斥力等有重要关系。细胞色素的辅基铁卟啉也参与酶的催化,大多数 B 族维生素可作为酶辅助因子参与 H 的传递、基团的转移(如酰基转移、氨基转移和甲基转移等)等。如 NAD^+ 可作为醇脱氢酶、乳酸脱氢酶、苹果酸脱氢酶、α-磷酸甘油脱氢酶以及 3-磷酸甘油醛脱氢酶的辅酶。

二、单体酶、寡聚酶、多酶复合体

按酶分子亚基组成不同,可将酶分为单体酶、寡聚酶和多酶复合体(多酶体系)3 类。单体酶是指酶蛋白只由一条多肽链组成,其分子量约为 1.3 万~3.5 万,主要为水解酶,如胃蛋白酶、溶菌酶、胰蛋白酶和核糖核酸酶等。寡聚酶是指由2个或2个以上亚基组成，亚基可以是相同的肽链，也可能是不同的肽链。单个亚基没有催化活性，必须要由几个亚基聚合形成完整的酶分子才表现催化活性，亚基间以非共价键结合，分子量从3.5万至几百万，酶蛋白具有四级结构，常见的寡聚酶如糖原磷酸化酶、乳酸脱氢酶等。多酶复合体，也称多酶体系，是由几种独立的酶彼此结合形成的聚合体，后一种酶的底物正好是前一种酶的产物。多酶复合体有利于酶反应的连续性，以提高酶的催化效率和精密调控，分子量均在几百万以上，典型的多酶复合体有脂肪酸合成酶系、丙酮酸脱氢酶系等。

三、酶原

在生物体内，有部分酶在合成之初时无催化活性，需要经过修饰加工后才能转变为有活性的酶，这种无活性的酶称为该酶的酶原（zymogen）。无活性酶原转变为有催化活性的酶的过程称为酶原激活，其本质是酶活性中心的形成与暴露。典型的以酶原形式合成的是胰蛋白酶，该酶合成之初并没有水解活性，随胰液进入到小肠后，在Ca^{2+}存在下受肠激酶催化，N端水解脱去一个六肽片段，酶空间结构发生变化，形成酶的活性中心，从而转变为有催化活性的胰蛋白酶（图5-1）。

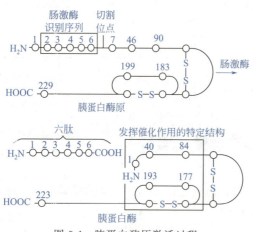

图5-1 胰蛋白酶原激活过程

胰蛋白酶在体内的激活具有联级反应，被激活的胰蛋白酶除激活胰蛋白酶原本身外，还能激活胰凝乳蛋白酶原（也称糜蛋白酶原）、羧肽酶原A和弹性蛋白酶原，在这些酶的共同作用下，能加速食物中蛋白质的水解和消化利用。

常见酶原激活过程见表5-3。

表5-3 常见酶原激活过程

酶原	激活条件	激活后形成的酶	水解片段
胃蛋白酶原	H^+或胃蛋白酶	胃蛋白酶	六个多肽片段
胰蛋白酶原	肠激酶或胰蛋白酶	胰蛋白酶	六肽片段
糜蛋白酶原	胰蛋白酶或糜蛋白酶	糜蛋白酶	两个二肽
羧肽酶原A	胰蛋白酶	羧肽酶A	几个碎片
弹性蛋白酶原	胰蛋白酶	弹性蛋白酶	几个碎片

酶原激活在生物体中有重要作用，可避免对细胞自身蛋白质进行消化，又可起到酶活性调节的作用，保证机体代谢的有序进行。如胰蛋白酶原若合成便有活性，则可能使胰腺本身组织蛋白被水解，从而引发胰腺炎；血液中的凝血酶若合成之初就有凝血活性，则可能造成大面积血栓。

 知识链接

急性胰腺炎与酶原的激活

急性胰腺炎是一种常见的疾病，有多种病因，是胰腺内消化酶被异常激活并引起胰腺组织自身消化、水肿、出血，甚至坏死的炎症反应。胰腺能合成并分泌多种消化酶，如胰蛋白酶、糜蛋白酶、胰脂肪酶、胰淀粉酶等10多种。除胰淀粉酶、胰脂肪酶、核糖核酸酶外，正常情况下，多数酶是以酶原形式合成并储存在胰腺细胞内，这些酶原进入小肠后，在肠激酶作用下转变为有活性的酶，但在胆结石、酗酒、暴饮暴食等因素刺激下，这些酶原可在胰腺组织内被异常激活，使胰腺自身的细胞蛋白被水解，胰腺组织被破坏，导致胰腺出血、肿胀、甚至坏死，从而引发急性胰腺炎。提醒学生要注意规律的作息，规律的饮食，不要酗酒、暴饮暴食。

四、酶的活性中心

1. 酶活性中心的定义与组成

酶的活性中心是指酶与底物结合并发挥其催化功能的特定空间部位，一般处于酶的分子表面或裂隙中，其一级结构可能相距较远，通过酶分子的空间折叠而靠近，形成一个特殊的空间区域。对于结合酶来说，酶的辅酶、辅基和金属离子参与酶活性中心的组成。酶分子很大，酶分子由很多化学基团构成，如—NH_2、—SH、—COOH 和—OH 等，但这些基团并不是都与酶活性有关。通常将与酶活性中心有密切关系的基团称为酶的必需基团，酶活性中心的必需基团有两种，即结合基团（也称结合中心）和催化基团（也称催化中心）。结合中心的主要作用是与底物的结合，它决定酶促反应的类型，即酶的催化性质。而催化中心的主要作用是催化底物转化，它决定酶对底物的专一性。活性中心中有的必需基团可同时具有这两方面的功能。此外，还有些必需基团虽然不参加酶的活性中心的组成，但却是维持酶活性中心应有的空间构象所必需的，这些基团是酶活性中心以外的必需基团。部分酶在活性中心外还存在必需基团，这些基团对维持酶的空间结构有重要作用，是酶空间构象形成的必需构件。酶活性中心的结构如图 5-2 所示。

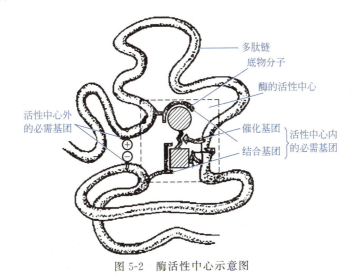

图 5-2　酶活性中心示意图

2. 酶活性中心的特点

对于不需要辅酶的酶来说，活性中心就是酶分子在三维结构中比较靠近的少数几个氨基酸残基或是这些残基上的某些基团，虽然一级结构可能相距较远，但通过肽链的盘绕、折叠在空间上构象相互靠近。对于需要辅酶的酶来说，辅酶分子或辅酶分子上的某一个部位往往就是活性中心的组成部分。具体来说，虽然各种酶在结构和专一性等方面差别较大，但作为酶活性部位有其共同的特点。

（1）活性部位在整个酶分子中只占一小部分　通常情况下，酶分子结构中参与底物结合和催化的基团只是复杂酶分子的很小一部分，实质只是少数几个氨基酸残基。

（2）活性部分是具有三维结构的裂隙　酶的活性部分具有复杂的三维空间结构，构成活性部位的氨基酸残基处于酶分子一级结构的不同部位，有的残基相距很远，有些则相距很近，可协同结合和催化底物。如溶菌酶分子中有 129 个氨基酸残基，活性部位的重要基团则由 Glu_{35}、Asp_{52}、Trp_{62}、Trp_{63} 和 Asp_{101} 5 个氨基酸残基提供。

（3）酶活性中心与底物结合是通过次级键完成　酶与底物复合物 ES 的平衡常数在 $10^{-8}\sim 10^{-2}$ mol/L 范围内，其相互作用自由能变化区间在 $-50\sim -13$ kJ/mol 范围，共价键自由能变化在 $-460\sim -209$ kJ/mol 范围内，相比之下，酶与底物的结合力是很弱的。

（4）活性部位的裂隙具有高度疏水性　在已知结构的酶分子中，与底物分子结合的活性部位裂隙通常水分子是进不去的，除非水分子本身是底物分子。裂隙中也含有几个对结合和催化来说必需的极性残基，但并不影响整个裂隙的疏水性。因此，活性部位为"疏水口袋"。活性部位的疏水性增加了与底物的结合，是酶高效催化的重要原因之一。参与底物结合的基团统称为结合部位，参与催化过程的基团统称为催化部位，这两个部位的几何位置并不能截然分开，采用这两个名字是为了方便阐述酶作用机制。

（5）活性部位构象的柔性　酶催化的专一性取决于酶分子活性部位必需基团各原子的空间排布以及酶与底物之间的多点结合。1890 年 Fisher 提出酶与底物相互作用的"锁-匙模型"，但后来很多研究表明，酶的活性部位并非刚性不变的。在与底物结合时，酶分子的活性部位构象发生了改变，这个过程是动态变化的，称为诱导契合（induced fit）。我国著名生物学家邹承鲁先生提出酶分子的活性部位柔性理论，并指出这种柔性是酶催化所必需的。

五、别构酶、诱导酶与结构酶

别构酶（allosteric enzyme）通常具有 1 个或多个调控位点，可以与调控因子结合，通常对于每个调控因子都有一个特异性的调控位点。在同促酶中，活性位点与调控位点合二为一。别构酶多为多亚基蛋白，为寡聚酶。如天冬氨酸转氨甲酰酶由 12 条肽链分别组成 6 个催化亚基和 6 个调节亚基，ATP 和 CTP 可与调节亚基上的别构中心结合，CTP 能促使酶从分离的构象转变为紧密的构象，降低酶的活性。别构酶在酶分子结构中除具有催化中心外，还有别构中心（别构位点），其与别构剂结合后，会影响酶空间构象，影响酶与底物的亲和力和催化效力。能增加酶与底物的亲和力和催化效力的别构剂称为别构激活剂（allosteric activator），反之称为别构抑制剂（allosteric inhibitor）。酶活性受别构剂调节的作用称为别构调节作用。别构酶的别构剂往往是一些生理性小分子及该酶作用的底物或该代谢途径的中间产物或终产物，故别构酶的催化活性受细胞内底物浓度、代谢中间物或终产物浓度的调节。终产物抑制该途径中的别构酶称为反馈抑制（feedback inhibition）。别构酶在细胞物质代谢上的调节发挥重要作用，故别构酶又称调节酶。

诱导酶（induced enzyme）是指在细胞中加入特定诱导物后酶产量显著提升，酶含量与诱导物存在有显著关系，这些诱导物通常为酶的底物或底物类似物，这种因诱导物诱导而生成的酶称为诱导酶。诱导酶合成除受环境中诱导物影响外，还受基因控制。诱导酶在微生物中比较常见。如大肠杆菌分解乳糖的半乳糖苷酶就属于诱导酶。催化淀粉分解为糊精和麦芽糖等的 α-淀粉酶也是一种诱导酶。人体内降解酒精的乙醇脱氢酶也属诱导酶。凝乳酶也是诱导酶。长期服用巴比妥催眠药的人，因为细胞色素 P_{450} 等药物代谢酶的诱导产生，从而产生耐药性。

结构酶（constitutive enzyme）是细胞中天然存在的酶，含量比较稳定，受外界因素影响较少，如糖代谢的酶、电子传递链中的酶、三羧酸循环中的酶等，与生长发育条件无关。结构酶是细胞的固定组分和结构组分，其合成仅受细胞内因控制，所以，其合成量是由附着在启动子上的 RNA 聚合酶的亲和性等决定。

诱导酶与结构酶的区分并不是绝对的，只是数量上的区别，本质上并没有太大区别。

六、同工酶和抗体酶

同工酶（isoenzyme）是指催化相同的化学反应，但酶分子组成结构、理化性质和免疫性能以及电泳行为等均存在明显差异的一组酶，可存在于同一种属或同一生物体的不同组织器官或细胞中，可起到代谢调控的作用。最典型的同工酶是 L-乳酸脱氢酶（lactate dehydrogenase，LDH）

同工酶。该酶由 H 亚基和 M 亚基组成四聚体，其中，H 亚基为心肌型，M 亚基为骨骼肌型。根据两种亚基组成不同分为 5 个亚型，即 LDH_1（H_4）、LDH_2（H_3M_1）、LDH_3（H_2M_2）、LDH_4（H_1M_3）和 LDH_5（M_4）。通过电泳可将其分离，其中，LDH_1 向正极泳动速度最快，而 LDH_5 最慢。乳酸脱氢酶同工酶在不同组织中催化特点不同，如心肌组织中富含 LDH_1，对乳酸亲和力强，主要催化乳酸脱氢生成丙酮酸，丙酮酸再氧化产生供心肌的能量，因此，心肌为乳酸氧化的主要器官。骨骼肌中富含 LDH_5，对丙酮酸亲和力强，主要催化丙酮酸还原为乳酸，乳酸经血液循环至心脏、肝脏进一步代谢。因此，骨骼肌是乳酸的主要产生组织器官，有利于缺氧条件下能量的利用。人体各组织器官中 LDH 同工酶的分布见表 5-4。

表 5-4 人体各组织器官中 LDH 同工酶的分布　　　　　　　　　　单位：%

组织器官	同工酶百分比					组织器官	同工酶百分比				
	LDH_1	LDH_2	LDH_3	LDH_4	LDH_5		LDH_1	LDH_2	LDH_3	LDH_4	LDH_5
心肌	67	29	4	<1	<1	肺	10	20	30	25	15
肾脏	52	28	16	4	<1	胰腺	30	15	50	—	5
肝脏	2	4	11	27	56	脾脏	10	25	40	25	5
骨骼肌	4	7	21	27	41	子宫	5	25	44	22	4
红细胞	42	36	15	5	2	血清	18～33	28～44	18～30	6～16	2～13

抗体酶（abzymes），也称催化抗体（catalytic antibody），是指具有催化活性的抗体蛋白质分子，同时具有酶的高效催化活性和抗体的高选择性，是一种新型人工酶制剂，可由诱导法、引入法和拷贝法制备抗体酶。诱导法是通过设计过渡态类似物作为半抗原，通过与载体蛋白（常用牛血清白蛋白）偶联制成抗原，采用单克隆抗体技术制备并筛选得到抗体酶。引入法是利用基因工程技术采取化学修饰法，将催化基团或辅助因子引入抗体的抗原部位，使其获得催化活性。拷贝法是利用酶免疫动物得到酶的抗体，再利用此抗体刺激免疫动物得到单抗，经过筛选得到具有原酶活性的抗体酶。

任务三　酶的分类与命名

一、酶的分类

1961 年，国际生物化学联合会酶学委员会（enzyme commission，简称 EC）根据酶的催化反应性质，将酶分为六大类。

1. 氧化还原酶类

凡能催化底物发生氧化还原反应的酶都可称为氧化还原酶（oxidoreductases），分为氧化酶和脱氢酶两类。氧化酶催化反应时，氧直接参与氧化还原反应。脱氢酶则以脱氢氧化进行，如乳酸脱氢酶、琥珀酸脱氢酶等。该类酶的辅酶是 NAD^+ 或 $NADP^+$、FMN 或 FAD。生物体内的氧化还原反应以脱氢为主，还有脱电子及直接与氧化合的反应。反应通式为：

$$AH_2 + B \longleftrightarrow A + BH_2$$

2. 裂解酶类

凡能催化底物分子中 C—C、C—O、C—N 等化学键断裂，生成两分子化合物或逆向将两分子化合物催化生成一种化合物的酶，称为裂解酶（lyases），如碳酸酐酶、醛缩酶等。这类酶催化的反应多数可逆，从左向右进行为裂解反应，逆反应为合成反应，也称为裂合酶。反应通式为：

$$AB \longleftrightarrow A + B$$

3. 水解酶类

凡能催化底物发生水解反应的酶称为水解酶（hydrolases），实质上是需加水反应的酶。常见的水解酶有淀粉酶、麦芽糖酶、蛋白酶、肽酶、脂酶及磷酸酯酶等。反应通式为：
$$AB + H_2O \longleftrightarrow AOH + BH$$

4. 转移酶类

凡能催化底物发生基团转移或交换的酶称为转移酶（transferases）。常见的转移酶有氨基转移酶、酰基转移酶、甲基转移酶、激酶及磷酸化酶等，如甲基转移酶、氨基转移酶、己糖激酶等。反应通式为：
$$AR + B \longleftrightarrow A + BR \quad (R\text{ 为被转移的基团})$$

5. 合成酶类

能催化两分子底物合成一分子化合物的酶称为合成酶（ligases），常偶联 ATP 的磷酸基团断裂释放，也称连接酶。如谷氨酰胺合成酶、氨基酰 tRNA 连接酶等。

6. 异构酶类

能催化各种同分异构体间相互转化的酶类称为异构酶类（isomerases）。如磷酸丙糖异构酶、消旋酶、磷酸葡萄糖异构酶等。异构酶所催化的反应都是可逆的。

二、酶的命名

1. 习惯命名法

1961 年以前，酶的命名常采用习惯命名法。一般根据底物、催化反应类型以及酶的来源和酶的特性进行命名。如根据酶作用底物进行命名，如淀粉酶、蛋白酶、脲酶、脂肪酶等。也有根据酶催化反应类型进行命名的，如脱氢酶、异构酶、氧化还原酶等。或根据底物和催化类型命名，如乳酸脱氢酶、葡萄糖氧化酶、葡萄糖异构酶、天冬氨酸转移酶、丙酮酸羧化酶等。也有一些在酶的名称前面加上酶的来源或酶的性质，如胃蛋白酶、胰蛋白酶、木瓜蛋白酶、菠萝蛋白酶、细菌淀粉酶、黑曲霉糖化酶、血清谷氨酸-丙酮酸转氨酶、中性蛋白酶、碱性蛋白酶和酸性蛋白酶等。习惯命名法虽比较简单，但没有系统性，常出现同一酶有不同名称，或不同酶有相同名称的情况。所以，1961 年，国际生物化学联合会酶学委员会建议对酶进行系统命名。

2. 国际系统命名法

系统命名法规定，每一种酶都有唯一的系统名，并给予 4 组数字的分类编号，同时推荐一个俗名。酶的命名由反应物加反应类型并加上"酶"组成，底物有两个时，均要写出来并用"："隔开，若底物之一为水时，可省略不写。如 L-乳酸脱氢酶的系统命名为 L-乳酸：NAD^+ 氧化还原酶，酶系统编号为 EC1.1.1.27，俗名为乳酸脱氢酶。EC 后面的 4 组数字分别表示酶的大类、亚类、亚亚类和此酶在该亚类中的发现顺序。

国际系统命名法根据酶反应的类型不同，将酶分为 6 个大类，即氧化还原酶、转移酶、水解酶、裂合酶、异构酶和连接酶（或合成酶），分别用 1、2、3、4、5 和 6 进行编号。每一大类下面又分为若干个亚类，亚类再分为若干亚亚类，亚亚类的编号则根据发现先后顺序进行分类。见表 5-5。

表 5-5　EC 国际命名法的酶催化反应类型

酶的分类与编号	反应类型	实例
氧化还原酶类（EC 1.）	电子的转移	葡萄糖氧化酶（EC1.3.4）、乳酸脱氢酶（EC1.1.1.27）
转移酶类（EC2.）	转移功能基团	谷草转氨酶（EC2.3.2.7）、谷丙转氨酶（EC2.6.1.2）
水解酶类（EC3.）	水解反应	胃蛋白酶 A（EC3.4.23.1）、磷酸二酯酶（EC3.1.4.1）
裂合酶类（EC4.）	键的断裂或生成	丙酮酸脱羧酶（EC4.1.1.1）、醛缩酶（EC4.1.2.7）

续表

酶的分类与编号	反应类型	实例
异构酶类(EC5.)	分子内基团的转移	葡萄糖异构酶(EC5.3.1.5)、6-磷酸葡萄糖异构酶(EC5.3.1.9)
连接酶类或合成酶类(EC6.)	由2分子连接1分子,键的形成偶联ATP	丙酮酸羧化酶(EC6.4.1.1)、L-酪氨酰tRNA合成酶(EC6.1.1.1)

由于系统命名法酶的名字比较长,而且不方便使用。因此,习惯命名法命名的酶的名称也经常使用。

任务四 影响酶促反应的因素

酶促反应速率及其影响因素是酶促反应动力学研究的重要内容。酶促反应速率通常是指酶促反应开始的速率,即初速率。酶活力是指酶催化某一反应的能力,其活力高低常用酶活力单位表示。1961年,国际酶学委员会规定,酶促反应速率是指被催化的反应的起始速率(v_0),可用酶活力单位(U)或"Kat"表示。酶活力单位(U)是指在该酶最适作用条件下,25℃每分钟催化1μmol底物转化为产物所需要的酶量。Kat为酶活力的国际单位(IU),是指在特定条件下,反应速率为每秒转化1mol底物所需要的酶量。U与Kat的转换公式为$1U=1\mu mol/min=16.67nKat$。在实际应用中,为了更准确地表示酶的活力,常采取酶的比活力进行酶活性的表示。比活力是指每毫克酶蛋白中酶活力单位的数量,单位为U/mg。比活力更能表示酶的纯度。

酶活力受许多因素影响,如酶浓度[E]、底物浓度[S]、酶解pH、酶解温度、抑制剂和激活剂等。为了充分发挥酶的催化活性,需研究这些影响因素对酶活力的影响。

一、底物浓度对酶促反应速率的影响

在酶浓度[E]、酶解温度、酶解pH等其他因素保持基本恒定的情况下,酶反应速率与底物浓度[S]的关系可用图5-3进行表示。

从图5-3中可看出,当底物浓度[S]很低时,酶促反应速率V与[S]呈近似直线关系,酶促反应速率与底物浓度增加速率呈正比,为一级反应。随着[S]浓度的增加,酶促反应速率减缓,为混合级反应。当底物浓度[S]继续增加到一定程度后,酶促反应速率不再增加,酶达到饱和状态,为零级反应。酶促反应速率V达到最大值时,称为酶最大反应速率,用V_{max}表示。

V-[S]的变化关系可用中间产物学说进行解释。底物浓度较低时,只有少数酶与底物作用生成中间产物,增加底物浓度,就会增加中间产物,酶促反应速率自然上升,但是当底物浓度足够大时,所有酶都与底物结合生成中间产物[ES],没有游离酶了,酶达到了饱和状态。因此,酶促反应速率不再继续上升。饱和浓度是指酶活性中心全部被底物分子结合时的底物浓度。

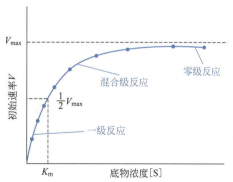

图5-3 底物浓度对酶促反应速率的影响
注:V表示酶促反应速率;[S]表示底物浓度;V_{max}表示最大反应速率;K_m表示米氏常数

1. 米氏方程

如果固定酶浓度,改变底物浓度,底物浓度与酶促速率有何关系呢?1913年,利用中间产物学说,Michaelis-Menten提出了酶促反应动力学理论,并得出了一个底物浓度[S]与酶促反

应速率 V 之间定量关系的数学方程式,即米氏方程(Michaelis equation)。

$$V=\frac{V_{\max}[S]}{K_m+[S]}$$

式中,$V_{\max}$ 为酶促反应最大速率;[S] 为底物浓度;K_m 为米氏常数;V 为在某一底物浓度时对应的反应速率。

2. K_m 与 $V_{\max}$ 的意义

(1) 当酶促反应速率为酶最大反应速率的一半时,即 $V=1/2V_{\max}$,米氏常数与底物浓度相等,即 $K_m=[S]$,单位与底物浓度一样,是 mol/L。测定酶活时,如果要使测得的酶反应初速率基本接近 $V_{\max}$,[S] 必须过量。为了使过量的底物不至于抑制酶的活性,一般 [S] 值需达到 K_m 值的 10 倍以上,以 20~100 倍 K_m 比较合适。K_m 是酶的特征性常数,只与酶的结构、催化的底物以及反应环境有关,与酶的浓度没有关系。常见酶的 K_m 值见表 5-6。

表 5-6 常见酶的 K_m 值

酶	底物	K_m/(mmol/L)
己糖激酶(脑)	ATP	0.4
	D-葡萄糖	0.05
	D-果糖	1.5
过氧化氢酶	H_2O_2	25
碳酸酐酶	H_2CO_3	9
糜蛋白酶	甘氨酰酪氨酰甘氨酸	108
β-半乳糖酐酶	D-乳糖	4.0

(2) 反映酶与底物的亲和力。对一个酶来说,其 K_m 值越小,表示酶与底物的亲和力就越大;相反,就表示酶与底物亲和力越小。在同一酶的多种底物中,其中,K_m 值最小的底物为该酶的天然底物或最适底物,表示催化该反应只需要少量的酶就可以达到酶的最大反应速率。$V_{\max}$ 值是酶完全被底物饱和时的反应速率,与酶浓度成正比。

(3) 反映酶的种类。K_m 值对某一特定酶来说是个常数,可以利用 K_m 值比较来源于同一器官不同组织,或同一组织不同发育期的具有同样作用的酶(特别是催化同一反应的同工酶),来判断这些酶是完全相同的酶还是催化同一类反应的同工酶。

(4) 已知某酶的 K_m 值,可推算底物浓度在某一浓度时,酶促反应速率可达到最大反应速率的百分率。如 $[S]=5K_m$ 时,$V=\frac{V_{\max}[S]}{K_m+[S]}=\frac{5}{6}V_{\max}=83\%V_{\max}$。也可求在已知 K_m 条件下,达到酶最大反应速率某一百分率时所需要的底物浓度。

(5) 催化可逆反应的酶,对正向和逆向底物的 K_m 时常常不同,测定该酶正向与逆向反应的 K_m 值的差别以及细胞内正向和逆向底物的浓度,可粗略推算出该酶催化正向和逆向反应的效率,对了解酶在细胞内催化的反应方向以及生理功能有重要意义。

(6) 测定不同抑制剂对酶的 K_m 和 $V_{\max}$ 的影响,可区别是竞争性抑制还是非竞争性抑制。

3. $V_{\max}$ 和 K_m 的测定

米氏方程可采取多种方式进行转换,求出相关动力学的参数 $V_{\max}$ 和 K_m。这里仅介绍较为常用的双倒数法,即 Lineweaver-Burk 作图法。由于米氏方程 V-[S] 双曲线外推 $V_{\max}$ 和 K_m 很不准确,1924 年,Lineweaver 和 Burk 将米氏方程两边同时取倒数,得到:

$$\frac{1}{V}=\frac{K_m}{V_{\max}}\frac{1}{[S]}+\frac{1}{V_{\max}}$$

以 $1/V$ 与 $1/[S]$ 作图可得到一条直线,该直线的斜率为 $K_m/V_{\max}$,截距为 $1/V_{\max}$。见图 5-4。

二、酶浓度对酶促反应速率的影响

在酶促反应中,如果底物足够多且酶促反应不受其他因素影响,则酶促反应速率(V)与酶浓度$[E]$成正比(图5-5)。即$V=k[E]$,式中k为反应速率常数。

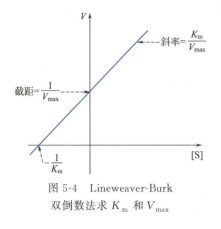

图5-4　Lineweaver-Burk双倒数法求K_m和V_{max}

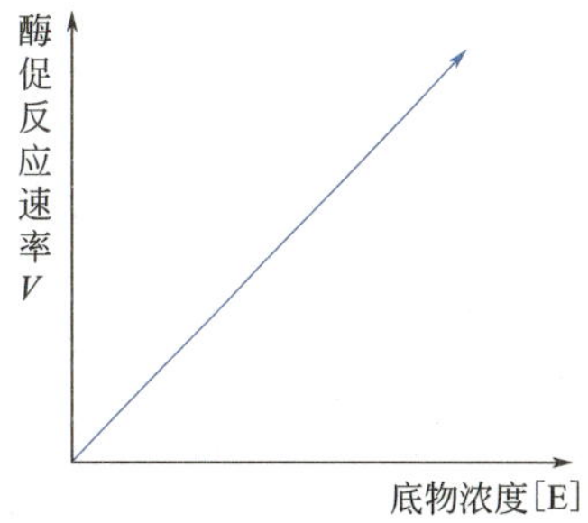

图5-5　酶浓度对酶促反应速率的影响

在最适温度和pH条件下,酶促反应在底物浓度$[S]$大于$100K_m$时,酶促反应速率与酶的浓度成正比。因为随着酶浓度的增加,$[ES]$也在增加,而且$V=k_2\cdot[ES]=k_2\cdot[E]$。因为,在底物充分过量的情况下,酶数量越多,生成的中间产物越多,反应速率也就越快。如果反应体系中底物不足,酶分子过量,反应体系中原有酶分子尚未发挥作用,中间产物数目比游离酶分子数还少,再增加酶浓度也不会增大酶促反应速率。

三、温度对酶促反应速率的影响

酶的化学本质是蛋白质,温度过高会引起酶蛋白变性,而温度过低,酶无法充分发挥其催化作用。温度对酶促反应速率的影响分为两个方面:一方面,在一定范围内,随着温度的提高,酶促反应速率有增加的趋势,对大多数酶来说,温度增加10℃,其反应速率可增加1~2倍;但另一方面,如果温度超过限度,温度的增加对酶的催化反而起到抑制作用,因为酶蛋白在高温条件下发生了不可逆的变性。因此,温度对酶促反应的影响曲线常为倒 V 形或倒 U 形曲线(图5-6)。酶最大反应速率对应的温度为酶最适作用温度。人体和动物体内酶最适温度一般在35~40℃,与体温比较接近。植物体内酶最适温度为40~55℃。大多数酶在温度达到60℃时,酶蛋白就开始变性,超过80℃多数酶蛋白发生不可逆的变性。

酶的最适温度是条件性参数,与环境因素有关。酶催化活性在一定温度范围内,随温度的升高而升高,随温度的降低而降低,酶本身不会被破坏。临床上低温麻醉就是利用酶的这一性质以减慢组织细胞代谢速度,提高机体对氧和营养物质缺乏的耐受性,有利于进行手术治疗。酶制剂和酶检测标本(如血清等)等样本应注意低温保存,一般保存在10℃以下。

四、pH对酶促反应速率的影响

由于酶蛋白为两性解离物质,酶解体系pH会影响到酶蛋白的解离状态。因此,pH对酶促反应速率有重要影响。酶促反应速率达到最大时对应的pH为该条件下酶的最适作用pH。大多数酶pH对酶活性的影响呈钟形曲线(图5-7),但并非所有酶都是如此。如胃蛋白酶只有钟形的一半,有些甚至是直线,如木瓜蛋白酶,该酶既表现酸碱催化机制,又表现共价催化机制,木瓜蛋白酶的底物虽然在环境pH影响下发生电荷变化,但此种变化对于催化没有什么影响。又如蔗糖转化酶,其作用于电中性的蔗糖时,在pH3.0~7.5间酶活性几乎不变,其pH-酶活性曲线与木瓜蛋白酶极为相似。

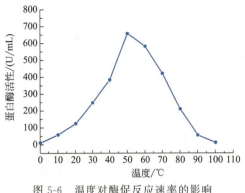

图 5-6 温度对酶促反应速率的影响

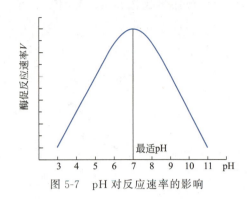

图 5-7 pH 对反应速率的影响

酶最适作用 pH 同样也是酶的非特征性常数，与酶的纯度、底物类型和底物浓度等有关。高于或低于酶最适作用 pH 时，酶的催化效率会受到影响。pH 对酶促反应影响的主要原因有 3 个：首先，酶所处环境 pH 会影响酶蛋白的空间构象，过酸或过碱环境可能使酶蛋白中的氢键破坏，导致酶空间构象发生改变，酶蛋白失活。其次，由于酶蛋白结构中含有许多可解离的基团，如羧基、氨基、巯基、羟基、咪唑基和胍基等，在不同 pH 条件下，这些基团的解离会影响到酶活性中心的结构，因此，影响到酶的活性。如胃蛋白酶和胰蛋白酶分别在阳离子解离状态和阴离子解离状态下才能发挥最佳活性。最后，pH 的改变能影响底物的解离状态，酶与底物的结合要求底物保持合适的空间结构，这样酶的活性中心才能与底物最佳结合。此外，许多底物和辅酶的结构，如 ATP、NAD^+ 或 CoA 等受 pH 的影响。

动物体内的酶，最适 pH 大多在 6.5～8.0 之间。胰蛋白酶最适作用 pH 为 7.7，过氧化氢酶最适作用 pH 为 7.6，精氨酸酶最适作用 pH 为 9.8，延胡索酸酶最适作用 pH 为 7.8，核糖核酸酶最适作用 pH 为 7.8。植物及微生物体内的酶，最适 pH 多在 4.5～6.5 之间，但也有例外，如胃蛋白酶为 1.9，精氨酸酶（肝脏中）为 9.8。

五、激活剂对酶促反应速率的影响

凡能使酶由无活性变为有活性或能提高酶活性的物质均称为激活剂（activator）。酶的激活剂大多为离子或简单有机化合物，如 K^+、Na^+、Mg^{2+}、Zn^{2+}、Fe^{2+}、Ca^{2+}、H^+、Cl^- 等。根据酶对激活剂的依赖度可将激活剂分为必需激活剂和非必需激活剂两类。必需激活剂是指对酶来说是必不可少的，如 Mg^{2+} 对磷酸激酶。非必需激活剂是指对酶来说不是必需的，激活剂能增强酶的催化能力，没有激活剂酶仍具有催化活性，只是酶活力相对较低些。如 Cl^- 对于唾液淀粉酶就是非必需激活剂。

除无机阳离子（如 K^+、Na^+、Mg^{2+}、Cu^{2+}、Mn^{2+}、Fe^{2+} 等）和无机阴离子（如 Cl^-、Br^- 等）可作为酶的激活剂外，一些简单的有机分子也可以作为激活剂，如还原型谷胱甘肽、半胱氨酸、抗坏血酸等能激活某些酶，使含巯基酶中被氧化的二硫键还原成巯基，从而提高酶活性。金属螯合剂，如 EDTA 可解离重金属对酶的抑制作用，从而恢复酶的活性。此外，还有一类激活剂可直接作用于酶，提高酶的活性。如 ADP 是利用 ATP 的酶的激活剂。激活剂和抑制剂不是绝对的，有些物质在低浓度时为某种酶的激活剂，而高浓度时则成为该酶的抑制剂。

六、抑制剂对酶促反应速率的影响

凡能使酶的活性下降但不引起酶蛋白变性的物质称为酶的抑制剂（inhibitor）。抑制剂通常是一种与酶结合的物质，通过阻断 ES 的形成或阻断 ES 分解实现酶活性的抑制。根据抑制剂与酶蛋白结合紧密程度可分为不可逆抑制作用与可逆抑制作用两大类。可逆抑制剂主要与酶活性中心外的非必需基团结合，抑制剂去除后，酶可恢复活性。不可逆抑制主要由于抑制剂与酶活性中心的必需基团结合，使酶失去活性，用常规的透析或超滤等方法无法解除抑制。

1. 不可逆抑制作用

抑制剂与酶的活性中心的必需基团以共价键结合，使酶失去活性，不能用透析或超滤等物理手段解除抑制，但可用化学方法解除对酶的抑制作用，恢复酶的活性，这种抑制作用称为不可逆抑制。常见不可逆抑制剂有有机磷化合物，如二异丙基氟磷酸（DIFP）、1605、敌百虫、敌敌畏等农药以及 Pb^{2+}、Cu^{2+}、Hg^{2+} 等重金属和对氯汞苯甲酸等。根据其抑制机制的不同，分为巯基酶抑制剂和丝氨酸酶抑制剂。

巯基酶是酶分子的活性中心的必需基团中含有半胱氨酸巯基（—SH）的一类酶。某些重金属（Pb^{2+}、Cu^{2+}、Hg^{2+}）及对氯汞苯甲酸等能与巯基（—SH）不可逆共价结合，从而使酶失活。临床上常用二巯基丁二酸钠或二巯基丙醇作为重金属离子对酶的抑制的解除剂。主要是由于这些解毒剂中含有两个游离的—SH，可与重金属离子结合，从而置换出巯基酶的活性—SH，进而恢复酶的活性。

丝氨酸酶是指酶分子活性中心的必需基因中含有丝氨酸羟基（—OH）的一类酶，典型的丝氨酸酶为胆碱酯酶。敌百虫、敌敌畏等有机磷农药能与乙酰胆碱酯酶活性中心的丝氨酸残基—OH 共价键结合，使胆碱酯酶失活，失去水解乙酰胆碱（Ach）的活性，造成 Ach 蓄积，持续作用于胆碱酶受体，从而出现神经过度兴奋的一系列症状，如心跳减慢、瞳孔缩小、多汗和呼吸困难等，甚至会出现昏迷和呼吸衰竭而死亡。临床上常用解磷定来解除有机磷对胆碱酯酶的危害。这是由于解磷定与磷酰化胆碱酯酶结合生成磷酰化胆碱酯酶和碘解磷定的复合物，后者进一步裂解成为磷酰化碘解磷定，使胆碱酯酶游离，恢复其活性。

2. 可逆抑制作用

可逆抑制剂通常以非共价键与酶或酶-底物复合物可逆性结合，使酶的活性降低或丧失。抑制剂可用透析、超滤等方法除去，这种抑制作用叫做可逆抑制作用。根据抑制剂与底物的关系，可逆抑制作用分为竞争性抑制、非竞争性抑制和反竞争性抑制三种类型。

（1）**竞争性抑制** 在竞争性抑制作用中，抑制剂 I 只与游离的酶分子结合，由于竞争性抑制剂 I 与酶（E）分子结合，使参与催化的酶分子减少，部分阻断了 E 和 S 的结合后，使酶活性降低。当 I 与 E 结合后，就阻止了 S 与 E 的结合形成 ES。因此，E 与 S 结合后也能阻止 I 与 E 结合，也就是说，S 和 I 与酶的结合是竞争性的。当体系中 S 和 I 都存在时，酶能够结合形成 ES 的比例取决于 S 和 I 的相对浓度以及对酶的亲和性，增加 S 可使 EI 形成逆转。因此，在竞争性抑制时，S 浓度足够大时，E 仍可能与 S 饱和结合，因此，酶催化反应的 V_{max} 与没有 I 存在时是一样的。但由于竞争性抑制剂的存在，要使酶与底物的结合达到半饱和或饱和就需要更多底物。所以，竞争性抑制剂浓度增加，反应 K_m 也会相应增加。竞争性抑制表示为：

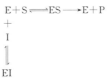

竞争性抑制是由于竞争性抑制剂与酶分子的活性中心结合，使酶的活性中心无法与底物分子结合，此时，酶分子的特定空间构象并没有改变。由于竞争性抑制剂与酶结合是可逆的，因此加入大量底物提高底物竞争力可消除竞争性抑制作用。如，琥珀酸脱氢酶可催化琥珀酸脱氢变成延胡索酸，与琥珀酸结构相似的丙二酸、草酰乙酸、苹果酸是该酶的竞争性抑制剂。

很多药物都是酶的竞争性抑制剂。如苯甲脒是 Arg 类似物，能竞争性抑制胰蛋白酶活性。吲哚类似于色氨酸侧链的吲哚基团，也能竞争性抑制胰凝乳蛋白酶的活性。胰蛋白酶催化蛋白质中的 Arg 和 Lys 羧基侧的肽键水解，由于苯甲脒极性头部类似 Arg 侧链胍基，所以能竞争性抑制胰蛋白酶活性。胰凝乳蛋白酶能特异性催化包括 Try 在内的芳香族氨基酸残基部位，所以，吲哚能与 Try 竞争性结合胰蛋白酶活性中心。

此外，磺胺类药物与对氨基苯甲酸（PABA）结构类似，对氨基苯甲酸、二氢蝶啶及谷氨酸是部分细菌合成二氢叶酸（合成四氢叶酸的原料）的原料，四氢叶酸是细菌合成核酸不可缺少的辅酶。由于磺胺类药物竞争性抑制了二氢叶酸合成酶的活性，使四氢叶酸合成受阻或合成水平降低，所以，细菌出现死亡。甲氧苄啶（TMP）能特异地抑制细菌二氢叶酸还原酶的活性，使四氢叶酸合成减少，从而起到增强抗菌作用。见图5-8。

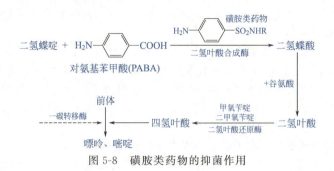

图 5-8　磺胺类药物的抑菌作用

 知识链接

磺胺药物影响正常人体代谢吗？

磺胺药是抑菌药，对磺胺药敏感的细菌不能直接利用其生长环境中的叶酸，而是利用环境中的对氨基苯甲酸（PAPB）和二氢蝶啶、谷氨酸在菌体内的二氢叶酸合成酶催化下合成二氢叶酸。二氢叶酸在二氢叶酸还原酶的作用下形成四氢叶酸。四氢叶酸作为一碳单位转移酶的辅酶，参与核酸前体物（嘌呤、嘧啶）的合成，核酸是细菌生长繁殖所必需的成分。磺胺药化学结构与PABA类似，能与PABA竞争二氢叶酸合成酶，影响了二氢叶酸的合成，因而使细菌生长和繁殖受到抑制。由于磺胺药只能抑菌而无杀菌作用。所以，消除体内病原菌最终需依赖机体的防御能力。人和哺乳动物细胞可直接利用食物中的叶酸还原成二氢叶酸和四氢叶酸，因此，磺胺类药物对人体内叶酸的利用无直接影响。

磺胺药在临床用药时应注意：①用量充足，首次剂量必须加倍，使血中磺胺的浓度大大超过PABA；②脓液和坏死组织中含有大量PABA，应洗创后再用药；③应避免与体内能分解出PABA的药物合用，如普鲁卡因等。

（2）非竞争性抑制　非竞争性抑制剂不与底物竞争酶的活性中心，而是与活性中心以外的必需基团相结合，其既可与E结合，还可以与ES结合，生成的ESI是失活形式的复合体。当非竞争性抑制剂与E和ES结合的亲和性一样时，称纯非竞争性抑制作用，此时，V_{max}减少，但K_m不变。由于非竞争性抑制结合的是酶的活性中心以外的部分，抑制作用通过增加底物浓度无法消除掉。当抑制剂与E和ES的亲和性不同时，称为混合型非竞争性抑制作用，此时，V_{max}减少，K_m可能出现增大或减少的情况。非竞争性抑制作用可用下式表示：

$$\begin{array}{ccc} E+S & \rightleftharpoons ES & \longrightarrow E+P \\ + & + & \\ I & I & \\ \updownarrow & \updownarrow & \\ EI+S & \rightleftharpoons ESI & \end{array}$$

大部分非竞争性抑制作用都是由一些可以与酶的活性中心之外的巯基可逆结合的试剂引起的，某些金属离子（Cu^{2+}、Hg^{2+}、Ag^+、Pb^{2+}等）的抑制作用也属于此类。

（3）反竞争性抑制　反竞争性抑制的抑制剂只能与ES结合，不与游离酶和底物结合，一些酶分子转换成了没有活性的 ESI，此时，V_{max} 减少，通过增加底物无法阻止 V_{max} 减少。反竞争性抑制也能减少反应的 K_m，是因为 ES 和 ESI 形成的平衡有利于 ESI 复合物的形成。反竞争性抑制作用主要出现在多底物反应中，可表示为：

$$E+S \rightleftharpoons ES \longrightarrow E+P$$
$$+$$
$$I$$
$$\Updownarrow$$
$$ESI$$

反竞争性抑制剂的化学结构不一定与底物分子结构类似，抑制剂与底物能同时与酶的不同部位结合，反竞争性抑制现象必须有底物存在，抑制剂才能对酶产生抑制作用，抑制程度随底物浓度增加而增加。

任务五 酶的活性调节

酶的活性调节是指通过改变代谢过程中一个或几个关键酶的活性来调节代谢速度的调控方式，分为酶的激活与酶的抑制两个方向。能引起酶活力增强或抑制的化合物分别称为该酶的激活剂和抑制剂。

一、别构调节与化学修饰调节

1. 别构调节

酶分子结构中的非催化部位与某些化合物可逆、非共价结合引起酶分子结构发生构象的改变，从而改变酶活性状态，称为酶的别构调节。能进行别构调节的酶称为别构酶（allosteric enzyme）。能对别构酶活性起调节作用的物质称为别构剂，分为别构激活剂与别构抑制剂，通常是一些小分子或辅助因子。别构调节通常是可逆的，别构酶结构中的别构位点通常有多个，不同调节位点的别构调节物具有特异性。别构调节物为该酶的酶促底物时，称为同促酶，此别构效应称同促效应；反之称为异促酶，催化的别构效应称为异促效应。若别构酶受别构调节后其活性增加，称为正协同别构作用，反之称为负协同别构作用。

别构酶多为多亚基寡聚酶，酶分子结构有底物结合中心和别构中心。两个中心可能位于同一个亚基蛋白，也可能分属不同的亚基蛋白。结合别构剂的亚基称为调节亚基，别构剂与别构酶结合后，通常会改变酶分子的空间构象。

2. 化学修饰调节

化学修饰调节是通过别构调节物与酶分子形成共价键改变酶分子的空间构象，从而影响酶的催化活性的调节方式。酶的化学修饰调节是生物体内重要的调节方式，也是生物体内细胞水平快速调节的重要方式。化学修饰调节的方式多样，如磷酸化与脱磷酸化、乙酰化与脱乙酰化、甲基化与脱甲基化、腺苷化与脱腺苷化、—SH 与—S—S—互变等。其中，以磷酸化与脱磷酸化最为重要和常见。化学修饰调节的酶常存在无活性形式和有活性形式，且相互转变，其互变在相应的酶催化作用下完成，而且具有高效放大效应。化学修饰常常为级联酶促反应（即酶对酶的催化反应），催化效率高，此外，经济节能，如磷酸化和去磷酸化作为细胞内最重要的化学修饰调节方式，仅消耗 1 分子 ATP。

磷酸化调节是细胞内最为普遍的酶活性调节方式，许多细胞内信息的转导都与激酶有重要关系，蛋白质磷酸化具有能促进转录因子的核转位、能调节转录因子与 DNA 的结合以及调节转录因子转录的激活活性等功能。磷酸化是由 ATP 提供磷酸基并在蛋白激酶催化下完成，由磷酸酶催化完成其逆反应。有的酶经磷酸化修饰后活性降低，而有些酶磷酸化修饰后活性增强。酶蛋白分子中带羟基的氨基酸残基，如 Thr、Ser 与 Tyr 常是磷酸化修饰的重要位点。

别构调节与化学修饰调节都是酶的重要调节方式，其区别见表 5-7。

表 5-7 别构调节与化学修饰调节的区别

调节方式	别构调节	化学修饰调节
酶构象的改变	改变酶分子构象	两种形式之间存在相互转变，如磷酸化与去磷酸化
化学键	非共价键结合	共价键结合
调节因素	代谢物	多种因素共同作用
能量	不耗能	耗能
放大效应	无	有

二、酶含量调节、酶原及酶原激活

(一) 酶含量调节

除通过改变酶分子构象进行活性调节外，改变酶含量也可以进行活性调节。常通过改变合成和（或）降解速度来实现调节，耗能较多，需时较长，属迟缓性调节。

1. 酶合成的调节

酶合成的调节分为诱导调节和阻遏调节，通过影响蛋白质生物合成的转录与翻译过程实现酶的调节，以影响蛋白质转录较为常见。酶底物或产物、药物及激素等均能影响酶的合成。常将加强酶合成的化合物称为诱导剂（inducer），反之称为阻遏剂（repressor）。如摄入较多蛋白质时，氨基酸分解代谢加强，可诱导参与鸟氨酸循环的相关酶的活性增强。胰岛素能诱导 EMP 和脂肪合成途径中的关键酶的活性。又如肝内 HMG-CoA 还原酶可被胆固醇阻遏，但肠道内该酶不受胆固醇的阻遏，从而使高胆固醇人群的胆固醇含量有升高的风险。

下面对酶底物或产物、药物及激素等对酶合成的调节进行简要介绍。

（1）底物对酶合成的诱导 在低等细菌中，常存在诱导酶，当环境中有底物存在时，可诱导相应酶合成。如乳糖诱导大肠杆菌产生半乳糖苷酶、蛋白质诱导细胞产生蛋白酶、纤维素可诱导产生纤维素酶。在高等生物中，由于有激素的作用，底物诱导对酶的合成影响相对较少，但部分代谢途径中的关键酶也受底物诱导调节。如食物消化后引起血液中多种氨基酸浓度增加，从而诱导氨基酸分解代谢中的关键酶合成，如苏氨酸脱水酶和酪氨酸转氨酶等，这种诱导作用对保持体内游离氨基酸浓度相对恒定具有重要的生理意义。

（2）产物对酶合成的阻遏 代谢终产物不仅可通过变构调节抑制关键酶或起催化起始反应作用的酶的活性，还可阻遏酶的合成。如胆固醇生物合成中，HMG-CoA 还原酶是关键酶，受胆固醇反馈阻遏，但仅发生在肝脏和骨髓中，肠黏膜中胆固醇合成不受影响。摄食大量胆固醇食物有增加血液中胆固醇的风险。又如 δ-氨基-γ-酮戊酸（ALA）合成酶是血红素合成酶系中的起始反应酶，它受血红素的反馈阻遏。

（3）激素对酶合成的诱导 激素是高等动物体内影响酶合成的最重要调节因素。如糖皮质激素能诱导部分氨基酸分解代谢和糖异生途径关键酶的合成。胰岛素能诱导 EMP 和脂肪合成途径中的关键酶的活性。

（4）药物对酶合成的诱导 如长期服用镇静催眠药苯巴比妥能引起耐药性，其主要原因是由于药物诱导肝微粒体中加单氧酶及葡萄糖醛酸基转移酶的生成，药物在肝内的生物代谢增强。甲氨蝶呤用于肿瘤治疗时，也因诱导叶酸还原酶合成而使原剂量不足出现药物失效。

2. 酶降解的调节

细胞内酶蛋白降解速度的改变能影响到代谢速度。如饥饿情况下，精氨酸酶活性增加，主要是由于酶蛋白降解速度减慢所致。饥饿也可使乙酰辅酶 A 羧化酶浓度降低。苯巴比妥等药物可使细胞色素 b_5 和 NADPH-细胞色素 P_{450} 还原酶降解减少，从而产生耐药性。通常情况下，通过酶降解以调节酶含量的重要性不如酶合成的调节作用。

（二）酶原及酶原激活

在动物体内，部分酶（主要是消化系统中的蛋白酶和一些防御性的酶）在合成之初时没有活性，经特异性蛋白质水解后释放部分肽片段后就转变为有活性的酶，从而发挥酶催化作用，这些在细胞内合成的不具有催化活性的酶称为酶原（zymogen）。如人体消化道中的胃蛋白酶原、胰蛋白酶原和胰凝乳蛋白酶原等。从无活性的酶原变为有活性的酶的过程称为酶原激活，使酶激活的物质称为激活剂（activator）。从化学本质来看，酶原激活实质是酶活性中心的重构和暴露。如胰蛋白酶原在小肠内受肠激酶作用，第6位Lys与第7位Ile残基之间的肽键被酶切，脱除一个六肽，胰蛋白酶分子结构重构形成酶的活性中心，从而表现出催化活性。又如，正常情况下血浆中大多数凝血因子均以无活性酶原形式存在，在组织或血管内膜受损时，无活性酶原激活转变为有活性的酶，并触发一系列级联式酶促反应，使可溶性纤维蛋白原转变为稳定的纤维蛋白多聚体及网络血小板等形成血凝块，从而达到止血的作用。

酶原激活在动物体内有重要的生理意义：①可保证合成酶的细胞本身不受蛋白酶的消化破坏；②在特定生理条件和特定部位受到激活并发挥特定的生理作用。

酶原激活过程必需要精确调控，否则会造成生理障碍。如蛋白酶原在未进小肠时就被激活会导致出血性胰腺炎发生，激活的蛋白酶水解自身的胰腺细胞，导致胰腺出血、肿胀。组织或血管内膜受损后，如果凝血酶原不能被激活，则会造成凝血障碍。

三、同工酶

1959年，C. Markert在研究大鼠时，发现了乳酸脱氢酶具有多种分子形式，并称其为同工酶（isoenzyme）。同工酶是指催化相同的化学反应，但酶蛋白的分子结构、理化性质甚至酶的免疫学性质均不相同的一组酶。同工酶常存在于同一种属或同一个体不同组织或同一组织或细胞中。在临床疾病诊断中，常见的同工酶有乳酸脱氢酶同工酶、肌酸激酶同工酶、碱性磷酸酶同工酶。其中，发现最早和研究最为广泛的同工酶为乳酸脱氢酶（LDH）同工酶。

乳酸脱氢酶为四亚基的多聚蛋白质，分子量在130000～150000左右，每一亚基由334个氨基酸组成的肽链构成，每一亚基均存在一个活性中心，LDH亚基有骨骼肌型（M型）和心肌型（H型）两类，根据这两种亚基组成的比例分为LDH_1～LDH_5。由于不同亚基氨基酸序列的差异，因此，具有不同的催化活性，LDH可将乳酸氧化为丙酮酸（碱性条件，受体为NAD^+），也可将丙酮酸还原为乳酸（中性条件，由NADH提供氢）。见图5-9。

组成	H_4	H_3M	H_2M_2	HM_3	M_4
名称	LDH_1	LDH_2	LDH_3	LDH_4	LDH_5

图5-9　LDH同工酶结构模式图

LDH同工酶在不同组织器官中分布不一样，一般在骨骼肌及肝中含LDH_5及LDH_4较多，而心肌中主要为LDH_1及LDH_2两个型的同工酶。LDH_1和LDH_2对乳酸有很好的亲和力，可将乳酸脱氢氧化为丙酮酸，而LDH_5与LDH_4对丙酮酸亲和力高，可还原丙酮酸为乳酸，保证肌肉在短暂缺氧时仍可获得能量。乳酸脱氢酶在人体正常情况下，在血清中仅能检测到微量酶的活性，当机体出现器质性病变，如心肌炎、肌炎时，在血清中才能检测到乳酸脱氢酶的活性，而且通过测定乳酸脱氢酶同工酶活性可以为临床疾病的诊断提供帮助。测定乳酸脱氢酶总活性可反映器质受损的严重程度，而确定血清中同工酶类型，可辅助确定病变的器官类型，如心肌梗死患者其LDH_1含量高，而患有肝损伤的患者，其LDH_5含量较高。

知识拓展

常见溶解血栓的酶类药物

溶栓药物是一组通过对纤溶酶原转变为纤溶酶、激活纤溶、将已经形成的血栓溶解的药物。目前用于临床且有效的有以下5种。①链激酶（SK），是一种从C组溶血性链球菌产生的蛋白激酶提纯的制剂，可用基因工程方法制备。其作用是与纤溶酶原结合成复合物，裂解其560精氨酸及561缬氨酸肽链，形成纤溶酶而激活纤溶。②酰基纤溶酶原链激酶活化剂复合物（APSAC），现常用的复合物制剂是酰基纤溶酶原链激酶活化剂复合物（APSAC），酰基化的部位是在链激酶的丝氨酸酶区。APSAC不具活性，但注入血液后，在血栓的纤维蛋白上，酰基被水解，丝氨酸蛋白酶区暴露，激活纤溶酶原。APSAC优于SK，因SK血浆半衰期只有15～30min，APSAC延长至60min，APSAC对纤维蛋白有亲和力，故溶解血块纤维蛋白的作用较强。剂量与用法为APSAC 30U一次，静脉注射2～5min。③尿激酶（UK），临床上所用的尿激酶是从尿中提取，UK制品中含有高分子量UK（分子量54000）及低分子量UK（分子量33000），后者能激活全身性纤溶的作用，容易引起出血。故质量高的UK制剂中高分子量的UK含量应在90%以上。UK一般首剂用4000U/kg，10min内注射完毕，以后每小时4000U/kg，静脉滴注。UK虽有很强的溶栓作用，但也可引起全身纤溶系统的激活，而造成出血。④组织型纤溶酶原活化剂（t-PA），以前t-PA从黑色素细胞瘤培养液中提取，产量很低。现已用基因工程大量制备，t-PA的优点是对纤维蛋白血栓有特异性的选择性溶栓作用，而全身性溶栓作用小，不会引起高纤维溶酶血症。现临床上用的t-PA是重组单链t-PA，总量80～100mg，其中10%静脉一次注射，其余从静脉滴注30～60min。⑤单链尿激酶（pro-UK），单链尿激酶是单链u-PA，又称尿激酶前体，是一种单链糖蛋白，现已运用重组技术制备，其优点是有选择性溶栓作用，但不与纤维蛋白结合，全身性纤溶系统的激活作用小，半衰期只有5min。

重点小结

重　点	难　点
1. 酶是由活细胞产生的,在细胞内外均具有催化活性且具有高度专一性的蛋白质。具有一级结构、二级结构、三级结构和(或)四级结构,但并非所有蛋白质都是酶,只有具有催化功能的蛋白质才能称为酶。 2. 通常位于细胞质中或位于细胞膜或细胞器膜上,需要发挥活性时才被激活,这些酶称为胞内酶。在细胞内合成后需分泌到细胞外才能发挥活性的酶称为胞外酶。 3. 酶的催化特性:高度的催化效率、高度的专一性(特异性)、反应条件温和且具有不稳定性、酶催化活性的可调控性,酶催化活性与辅酶、辅基和金属离子有关。 4. 酶的活性中心是指酶与底物结合并发挥其催化功能的特定空间部位,一般处于酶的分子表面或裂隙中。酶活性中心有结合中心和催化中心。结合中心主要作用是与底物的结合,它决定酶促反应的类型,催化中心主要作用是催化底物转化,决定酶对底物的专一性。 5. 酶的分类:氧化还原酶类、裂解酶类、水解酶类、转移酶类、合成酶类和异构酶类。	1. 根据酶化学组成不同,可分为单纯酶和结合酶。单纯酶完全由蛋白质组成,不含辅助因子,主要为水解酶。结合酶则由蛋白质部分和非蛋白质部分结合而成,如氧化还原酶类、转氨酶类、乳酸脱氢酶(LDH)、碳酸酐酶等均属结合酶。结合酶中的蛋白质部分称为酶蛋白,非蛋白质部分称为辅助因子。酶蛋白与辅助因子单独存在时均无催化活性,只有二者结合成完整酶分子才具有催化活性,此完整的酶分子称为全酶。按酶分子亚基组成不同,可将酶分为单体酶、寡聚酶和多酶复合体(多酶体系)3类。 2. 部分酶合成之初时无催化活性,经修饰后转变为有活性的酶,这种无活性的酶称为该酶的酶原。无活性酶原转变为有催化活性的酶的过程称为酶原激活,其本质是酶活性中心的形成与暴露。 3. 酶活性中心的特点:活性部位在整个酶分子中只占一小部分,具有三维结构的裂隙、与底物结合是通过次级键完成、活性部位裂隙具有高度疏水性、活性部位构象具有柔性。

重 点	难 点
6. V_{max} 和 K_m 的测定：将米氏方程两边同时取倒数，以 $1/V$ 与 $1/[S]$ 作图可得到一条直线，该直线的斜率为 K_m/V_{max}，截距为 $1/V_{max}$。 7. 凡能使酶由无活性变为有活性或能提高酶活性的物质均称为激活剂，大多为离子或简单有机化合物。激活剂可分为必需激活剂和非必需激活剂两类。必需激活剂是指对酶来说是必不可少的。非必需激活剂是指对酶来说不是必需的，激活剂能增强酶的催化能力，但没有时，酶仍具有催化活性，只是酶活力相对较低些。 8. 凡能使酶活性下降但不引起酶蛋白变性的物质称为酶的抑制剂，分为不可逆抑制剂与可逆抑制剂。可逆抑制剂主要与酶活性中心外非必需基团结合，抑制剂去除后酶可恢复活性。不可逆抑制剂主要与酶活性中心的必需基团结合，使酶失去活性，用常规透析或超滤等方法无法解除抑制。 9. 酶原激活在动物体内有重要的生理意义：可保证合成酶的细胞本身不受蛋白酶的消化破坏、在特定生理条件和特定部位受到激活并发挥特定的生理作用	4. 底物浓度[S]与酶促反应速率 V 之间的关系为米氏方程。 5. K_m 与 V_{max} 的意义：①酶促反应速率为酶最大反应一半时，米氏常数与底物浓度相等，即 K_m＝[S]，单位与底物浓度一样，是 mol/L。②反映酶与底物的亲和力。③反映酶的种类。④已知某酶的 K_m 值，可推算底物在某一浓度时，酶促反应速率可达到最大反应速率的百分率。⑤测定酶正向与逆向反应的 K_m 值可粗略推出该酶催化正向和逆向反应的效率。⑥测定不同抑制剂对酶 K_m 和 V_{max} 的影响可区别是竞争性抑制还是非竞争性抑制。 6. 酶分子结构中的非催化部位与某些化合物可逆、非共价结合引起酶分子结构发生构象的改变，从而改变酶活性状态，称为酶的别构调节。能进行别构调节的酶称为别构酶。能对别构酶活性起调节作用的物质称为别构剂，分为别构激活剂与别构抑制剂。别构调节通常是可逆的。别构调节物为该酶的酶促底物时，称为同促酶，此别构效应称为同促效应；反之称为异促酶，催化的别构效应称为异促效应。若别构酶受别构调节后其活性增加，称为正协同别构作用，反之称为负协同别构作用

课后习题

一、名词解释

酶、胞内酶、胞外酶、单体酶、寡聚酶、多酶复合体、酶原激活、酶的活性中心、别构酶、诱导酶、结构酶、同工酶、抗体酶、酶的比活力、酶活力单位、酶的激活剂、酶的抑制剂，别构激活剂、别构抑制剂。

二、简答题

1. 什么是酶？其生物学功能有哪些？
2. 酶具有哪些独特的催化特性？
3. 什么叫全酶？全酶中酶蛋白和辅酶在催化反应中各有何作用？常见的辅助因子有哪些？
4. 什么是酶原与酶原激活？有什么生理意义？并简述胰凝乳蛋白酶原的激活过程。
5. 何谓酶的活性中心？什么是酶的必需基团？必需基团有几类？它们的功能有哪些？
6. 简述影响酶促反应速率的因素。
7. 简述米氏方程及米氏方程的意义。
8. 温度和 pH 影响酶的催化活性的机制是什么？
9. 举例说明何谓竞争性抑制作用和非竞争性抑制作用。
10. 简述酶的别构调节和化学修饰调节的内涵与区别。
11. 请简述酶的应用领域。

三、选择题

1. 下面关于酶的描述，不正确的是（　　）。
   A. 所有的酶都是蛋白质

B. 酶是生物催化剂
C. 酶具有专一性
D. 酶是在细胞内合成的，但也可以在细胞外发挥催化功能

2. 全酶是指（　　）。
A. 酶的辅助因子以外的部分
B. 酶的无活性前体
C. 一种酶—抑制剂复合物
D. 一种需要辅助因子的酶，具备了酶蛋白、辅助因子各种成分

3. 酶催化专一性主要取决于（　　）部分。
A. 辅酶　　　　　　B. 酶蛋白　　　　　　C. 辅基　　　　　　D. 全酶

4. 磺胺类药物能竞争性抑制二氢叶酸还原酶是因为其结构相似于（　　）。
A. 对氨基苯甲酸　　B. 二氢蝶呤　　　　　C. 苯丙氨酸　　　　D. 谷氨酸

5. 酶原激活的生理意义是（　　）。
A. 加速代谢　　　　　　　　　　　　　　B. 恢复酶活性
C. 生物自我保护的方式　　　　　　　　　D. 保护酶的方式

6. 胰蛋白酶原经肠激酶作用后切下六肽，使其形成有活性的酶，这一步骤是（　　）。
A. 诱导契合　　　　B. 酶原激活　　　　　C. 反馈调节　　　　D. 同促效应

7. 目前公认的酶与底物结合的学说是（　　）。
A. 活性中心说　　　B. 诱导契合学说　　　C. 锁匙学说　　　　D. 中间产物学说

8. 酶具有高度催化能力的原因是（　　）。
A. 酶能降低反应的活化能　　　　　　　　B. 酶能催化热力学上不能进行的反应
C. 酶能改变化学反应的平衡点　　　　　　D. 酶能提高反应物分子的活化能

9. 酶促反应速度为其最大反应速度的80%时，K_m 等于（　　）。
A. [S]　　　　　　B. 1/2 [S]　　　　　　C. 1/4 [S]　　　　　D. 1/3 [S]

10. 辅酶与酶的结合比辅基与酶的结合更为（　　）。
A. 紧　　　　　　　B. 松　　　　　　　　C. 专一　　　　　　D. 快

11. 米氏常数 K_m 是一个用来度量（　　）。
A. 酶和底物亲和力大小的常数　　　　　　B. 酶促反应速度大小的常数
C. 酶被底物饱和程度的常数　　　　　　　D. 酶的稳定性的常数

12. 竞争性抑制剂的动力学特点是（　　）。
A. K_m 值变大，V_{max} 不变　　　　B. K_m 值变大，V_{max} 增大
C. K_m 值变小，V_{max} 增大　　　　D. K_m 值不变，V_{max} 变小
E. K_m 值不变，V_{max} 变大

13. 关于酶的抑制剂的叙述正确的是（　　）。
A. 酶的抑制剂中一部分是酶的变性剂　　　B. 酶的抑制剂只与活性中心上基团结合
C. 酶的抑制剂均能使酶促反应速度下降　　D. 酶的抑制剂一般是大分子物质

14. 某酶今有4种底物（S），其 K_m 值如下，该酶的最适底物为（　　）。
A. S_1：$K_m = 5 \times 10^{-5}$ M　　　　B. S_2：$K_m = 1 \times 10^{-5}$ M
C. S_3：$K_m = 10 \times 10^{-5}$ M　　　D. S_4：$K_m = 0.1 \times 10^{-5}$ M

选择题答案：
1—5：ADBAC　6—10：BDACB　11—14：AACD

项目六　维生素与辅酶

要点导航

掌握：维生素、辅酶、维生素药物、复合维生素等基本概念；B族维生素的化学本质与生理功能；维生素C的化学本质与生理功能；维生素A、维生素D、维生素E和维生素K的化学结构与生理功能等。

熟悉：维生素的分类与命名；B族维生素参与的对应辅酶的生理功能等。

了解：常见维生素缺乏症有哪些；常见辅酶和辅基的结构与功能等。

导学案例

某远航客轮在海上遇到风暴，没有按期返航。由于所带的蔬菜、水果已经全部食用完，完全靠罐头食品维持日常饮食近4个月，结果成年人大多出现面色苍白，倦怠无力、食欲减退等症状，儿童则表现易怒、低热、呕吐和腹泻等体征。请思考：此艘轮船上乘客的症状可能是由哪种维生素缺乏引起的？试分析该维生素缺乏引起的疾病是什么？

任务一　概　述

维生素（vitamin）是参与生长发育和生理代谢所必需的微量有机化合物，在体内不能合成或合成量不足，无法满足机体的需求，需由食物供给。不同生物对维生素的需求有所不同，受到生物体年龄、性别、生理与病理条件（如妊娠、哺乳、肠道疾病等）的影响。维生素主要作为酶的辅酶或辅酶的组成因子，是机体代谢调节的重要物质。健康人体通过正常的饮食可以满足机体对维生素的需求。如果营养不均衡、营养不良、营养失调以及维生素缺乏或严重缺乏时会使维生素水平无法满足机体需求，容易出现因维生素不足而引发的疾病。此外，临床上长期使用抗生素能杀死或抑制肠道微生物生成维生素的能力，容易出现如维生素K、维生素H和维生素B_{12}等缺乏。维生素在生物体内只有小部分能贮藏，维生素缺乏能引起皮肤、血细胞以及神经系统等出现障碍，常通过补充营养物质或药物来补充维生素。维生素过量摄入可能会导致维生素中毒，如脂溶性维生素A和维生素D。一般情况下，过量的水溶性维生素可随尿液排出体外。维生素的代谢及补充见图6-1。

一、维生素的概念与生物学功能

维生素是维持人和动物正常生理功能所必需的，体内无法合成或合成量不能满足机体需要的低分子微量营养元素时，需由食物提供其前体化合物。对于反刍动物，其瘤胃微生物可合成机体所需的B族维生素和维生素K。维生素不参与机体组织器官的组成，也不是能量的来源，主要作为辅酶和辅基参与机体的代谢调节，从而保证机体组织器官的细胞结构与正常生理功能，以维持人和动物机体的健康和各类生命活动。维生素缺乏可导致机体代谢紊乱并引发一系列代谢疾病，称为维生素缺乏症，如坏血病（缺维生素C）、维生素D缺乏性佝偻病（缺维生素D）、夜盲症

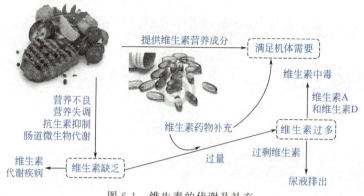

图 6-1 维生素的代谢及补充

（缺维生素 A）。维生素摄入过多时，也会引起中毒现象，称为维生素过多症。正常饮食不会出现过多症，只有在临床上使用维生素制剂（主要是脂溶性维生素 D 和维生素 A）的量过多时，才可能会出现维生素过多症。维生素除具有重要的生理功能外，部分维生素还具有自由基清除、作为风味物质形成的前体以及作为还原剂和参与酚类物质的褐变等功能。

二、维生素的分类和命名

由于维生素类化合物的化学结构与化学性质之间存在的共性较少，因此很多维生素的功能还没有弄清楚。在维生素发现之初一般以发现先后顺序进行维生素的命名，如维生素 A、维生素 B、维生素 C、维生素 D、维生素 E 等，或根据其生理功能或结构特点进行命名，如抗坏血酸、硫胺素等。鉴于维生素结构复杂，无法根据其化学结构进行分类，因此，目前维生素的分类一般根据其溶解性质分为脂溶性维生素（fat-soluble vitamins）和水溶性维生素（water-soluble vitamins）两大类。其中，脂溶性维生素包括维生素 A、维生素 D、维生素 E、维生素 K，水溶性维生素包括 B 族维生素和维生素 C。脂溶性维生素在脂肪作用下可以促进吸收，大部分由胆汁酸盐帮助吸收，随淋巴系统转运到身体各组织器官。脂溶性维生素可以在生物体内积累，食物脂溶性维生素的缺乏和过量需要一定时间才能在机体显现，过量摄入脂溶性维生素可导致机体中毒。水溶性维生素吸收较简单，易溶于水而不溶于非极性溶剂，在机体贮存较少，过量维生素随尿液排出体外。

维生素除根据其溶解性分类外，还可以根据以下 4 种方法进行分类。按照维生素发现的先后顺序以英文字母顺序命名，如维生素 A、维生素 B、维生素 C、维生素 D、维生素 E 等；按照维生素生理功能命名，如抗坏血酸、抗眼干燥症维生素、抗佝偻病维生素等；按照维生素的化学结构命名，如生育酚、核黄素、硫胺素、生物素等；有些维生素在最初发现的时候被认为是一种，后证明是多种维生素混合存在，命名时便在其字母下方标注 1、2、3 等数字加以区别，如维生素 B_1、维生素 B_2、维生素 B_6 等。维生素的分类见表 6-1。

表 6-1 维生素的分类

脂溶性维生素	水溶维生素		
维生素 A（抗眼干燥症维生素）	维生素 B_1（硫胺素、抗脚气病维生素）		维生素 B_2（核黄素）
维生素 D（抗佝偻病维生素）	维生素 PP（烟酸、烟酰胺、抗癞皮病维生素）		泛酸
维生素 E（抗不育症维生素）	维生素 B_6（吡哆胺、吡哆醇、吡哆醛、抗皮炎病维生素）		维生素 H（生物素）
维生素 K（凝血维生素）	维生素 B_{12}（钴胺素、抗恶性贫血病维生素）		叶酸
	硫辛酸		维生素 C（抗坏血酸）

三、维生素药物

维生素药物是指用于治疗由于某种维生素缺乏而引起的疾病的一大类药物，包括水溶性药物和脂溶性药物、复合维生素片剂或液体针剂，以及与维生素代谢相关的药物。临床上维生素药物可用于预防和治疗维生素缺乏症，主要用于维生素缺乏症的对症治疗，也可以作为辅助治疗药物用于某些疾病的治疗，常作为"能量剂"的成分。维生素药物不能过量服用，否则会造成维生素中毒。

任务二　水溶性维生素及其辅酶和生物功能

水溶性维生素主要包括 B 族维生素、维生素 C 和硫辛酸，能溶于水而不溶于非极性溶剂。B 族维生素包括维生素 B_1、维生素 B_2、维生素 PP、维生素 B_6、泛酸、生物素、叶酸和维生素 B_{12} 等。水溶性维生素中 B 族维生素主要通过参与辅酶或辅基组成成分而发挥对物质代谢的调控。B 族维生素在肝脏中含量丰富。水溶性维生素在机体不能贮存，过量即随尿排出体外，需每天补充。

一、维生素 B_1 和焦磷酸硫胺素及功能

1. 化学本质

维生素 B_1 又称硫胺素或抗神经炎素，是最早被发现的一种维生素，由一个嘧啶环和一个噻唑环通过亚甲基桥连接而成。

维生素B_1

主要存在于种子外皮及胚芽（未研磨大米、全麦粒）中、酵母以及瘦肉中，豆类、青绿饲料、白菜、芹菜中也富含维生素 B_1。维生素 B_1 为白色结晶性粉末，味苦，易吸潮。碱性溶液中易分解，pH3.5 溶液可耐 100℃ 高温，pH＞5 时易失效。对光敏感，应避光阴凉处保存，且不宜久存。在酸性溶液中很稳定，碱性溶液中不稳定且易氧化和受热分解。

在生物体内，在硫胺素激酶的催化作用下，维生素 B_1 与 ATP 作用转变为焦磷酸硫胺素（thiamine pyrophosphate，TPP），它是维生素 B_1 在体内的活性形式。成人每天摄入量应为 1.0～1.5mg，妊娠期和哺乳期妇女每天摄入量应为 1.3～1.6mg。

2. 生理功能

焦磷酸硫胺素（TPP）可作为辅酶参与丙酮酸或 α-酮戊二酸脱羧反应，硫胺素分子中噻唑环 C_2 上的 H 原子容易解离出一个质子形成负碳原子，作为亲核试剂与 α-酮酸的 α-碳原子结合形成中间复合物，然后再一步脱去 CO_2 生成醛。

TPP 是丙酮酸脱氢酶系、转酮醇酶、α-酮戊二酸脱氢酶系的辅酶，参与糖、脂肪和蛋白质的代谢。丙酮酸和 α-酮戊二酸是糖代谢重要中间产物，其氧化脱羧过程需 TPP 作为辅酶。在正常情况下，神经组织和心肌能量主要源于糖代谢，当维生素 B_1 缺乏时，TPP 含量减少，丙酮酸和 α-酮戊二酸氧化脱羧作用受阻，糖代谢受到影响，因此，神经组织和心肌器官的能量供应受到影响，出现手足麻木、四肢无力等多发性周围神经炎的症状。而且，由于丙酮酸或 α-酮戊二酸脱羧过程受阻，丙酮酸还原生成乳酸，使神经组织和血液中乳酸含量增加，这些积累的酸性物质能刺激神经末梢诱发神经炎，并且伴有健忘、易怒或忧郁等病症，因此，

也称为抗神经炎维生素。

此外，维生素 B_1 还能通过抑制胆碱酯酶活性抑制乙酰胆碱的分解。乙酰胆碱能刺激胃肠蠕动和促进消化液分泌。缺乏时，胆碱酯酶活性增强，乙酰胆碱迅速被水解，造成胃肠蠕动减慢，从而出现消化不良或食欲不振等症状。在临床上常用维生素 B_1 作为辅助药物治疗神经炎、消化不良、食欲不良、心肌炎等疾病。

二、维生素 B_2 和黄素辅酶及功能

1. 化学本质

维生素 B_2 为含有核糖醇基的黄色化合物，也称核黄素，由维生素 B_2 核糖醇与 6,7-二甲基异咯嗪缩合而成，其异咯嗪环 N_1 和 N_{10} 之间有一对活泼的共轭双键，容易发生可逆的加氢和脱氢反应，可传递 1 个或 2 个电子。

维生素B_2

在 TCA 循环、氧化磷酸化、α-酮戊二酸脱羧反应、脂肪酸 β-氧化、氨基酸脱氨以及嘌呤氧化等过程中作为 H 载体或电子载体。维生素 B_2 主要以磷酸酯形式存在于黄素单核苷酸（FMN）和黄素腺嘌呤二核苷酸（FAD）两种辅酶中，作为黄素蛋白类脱氢酶的辅酶，也称黄素辅酶。

FMN   FAD

维生素 B_2 广泛存在于谷物外皮、油饼、酵母、青绿饲料、青贮饲料、发酵饲料、小麦、青菜、黄豆以及动物的肝脏和心脏中，尤其是苜蓿叶片中含量丰富。在人和动物体内，维生素 B_2 主要以黄素单核苷酸（FMN）和黄素腺嘌呤二核苷酸（FAD）形式存在。而 FMN 和 FAD 是多种氧化还原酶的辅基，在氧化还原反应中传递氢原子，参与生物氧化过程，促进物质代谢。以 FMN 或 FAD 为辅基的酶统称为黄素酶，相应地将 FMN 和 FAD 称为黄素辅酶。见表 6-2。

表 6-2 与 FMN 和 FAD 相关的氧化酶

辅酶	酶	底物	产物
FAD	D-氨基酸氧化酶	D-氨基酸	α-酮酸
FAD	NAD^+ 细胞色素还原酶	NADH	NAD
FMN	羟基乙酸氧化酶	羟基乙酸	乙醛酸
FAD	琥珀酸脱氢酶	琥珀酸	反丁烯二酸
FAD	α-磷酸甘油脱氢酶	3-磷酸甘油酸	磷酸二羟基丙酮
FAD	酰基辅酶 A 脱氢酶（C6~C12）	酰基辅酶 A	烯脂酰辅酶 A

2. 生理功能

绿色植物、某些细菌和霉菌能合成维生素 B_2。维生素 B_2 是合成 FMN 和 FAD 的原料，缺乏维生素 B_2 时，黄素辅酶合成受阻，体内生物氧化途径发生障碍，缺乏维生素 B_2 常引发口角炎、

舌炎、阴囊炎及角膜血管增生和巩膜充血等病症。幼畜缺乏时易出现生长迟缓和脱毛等情况。维生素 B_2 能促进糖、脂肪，特别是蛋白质的代谢。对维持皮肤、黏膜以及视觉的正常功能有很好的作用，食物中的维生素 B_2 在小肠近段最易被吸收，在尿中以原形或代谢物排出体外。

三、维生素 B_3 和辅酶 A 及功能

1. 化学本质

维生素 B_3 也称泛酸（pantothenic acid），由 β-丙氨酸通过肽键与 α,γ-β,β-二甲基-丁酸缩合而成，因广泛存在于自然界，也称泛酸或遍多酸。

$$CH_2-C-CH-CO-NH-CH_2-CH_2-COOH$$
（OH CH₃ / CH₃ OH）

维生素B_3

2. 生理功能

泛酸的活性形式是辅酶，维生素 B_3 在体内能合成辅酶 A（coenzyme A，简写为 CoASH）。CoA 由 3 个部分组成，含有游离巯基（—SH）的巯基乙胺、泛酸单位（β-丙氨酸与泛酸缩合形成的酰胺）以及 3′-羟基被磷酸酯化的 ADP。CoA 是酰基转移酶的辅酶，在糖、脂肪和蛋白质代谢中发挥重要作用。CoA 的化学结构式见图 6-2。由于泛酸广泛存在于动植物中，因此，很少有泛酸缺乏症。

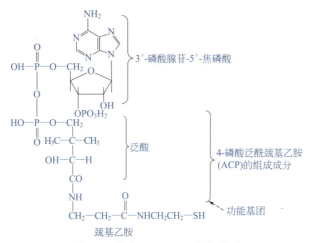

图 6-2　辅酶 A（CoA）的结构式

CoA 分子中反应部位为巯基，酯酰基与巯基可共价形成硫酯，具有很高的自由能，常携带酰基参与各类酰基化反应，CoA 是酰基化反应重要的辅酶。蛋白质酰基化修饰的酰基主要由 CoA 提供，乙酰 CoA 还是蛋白质、糖和脂类的共同代谢中间物，还可作为许多生物大分子合成的原料。在酵母、蜂王浆、肝脏和花生等中含有丰富的泛酸，人体肠道中维生素 B_3 可以合成。CoA 的泛酰巯基乙胺部分被磷酸酯化后，形成的化合物称为磷酸泛酰巯基乙胺，是酰基载体蛋白（ACP）的辅基，脂肪酸合成的中间产物就与 ACP 辅基的巯基相连。

四、维生素 PP 和辅酶Ⅰ、辅酶Ⅱ及功能

1. 化学本质

维生素 PP 又称抗癞皮病因子、烟酸、维生素 B_5，是维生素中结构最简单、性质最稳定的一种，不易被酸、碱、热破坏，是吡啶 3-羧酸及其衍生物的总称，包括烟酸（nicotinic acid）和烟

酰胺（nicotinamide）两种化合物。维生素 PP 在谷物胚芽、花生饼、酵母、苜蓿饲料、大豆以及动物肝脏中含量丰富，在人体可由色氨酸合成维生素 PP。

尼克酸　　　尼克酰胺

2. 生理功能

烟酸是烟酰胺的前体，烟酸在体内可转变为烟酰胺。烟酰胺是合成烟酰胺腺嘌呤二核苷酸（NAD^+ 或辅酶Ⅰ）和烟酰胺腺嘌呤二核苷酸磷酸（$NADP^+$ 或辅酶Ⅱ）的组分。NAD^+ 或 $NADP^+$ 是不需氧脱氢酶的辅酶，参与体内氧化还原反应，起传递氢的作用。见表 6-3。

NAD^+ 或 $NADP^+$　　　　　NADH 或 NADPH

用简式表示为：

$$NAD^+（或\ NADP^+）+2H \rightleftharpoons NADH（或\ NADPH）+H^+$$

上式表示底物分子的一个质子（H^+）和两个电子传递给 NAD^+（或 $NADP^+$）的烟酰胺环，使 N 原子由 5 价变为 3 价，同时，第 4 位 C 原子添加一个 H 原子，变成还原型 NADH（或 NADPH），底物的另一个质子则释放在溶液中。

表 6-3　以 NAD^+ 或 $NADP^+$ 作辅酶的氧化还原酶

酶	辅酶	底物	产物
乙醇脱氢酶	NAD^+	乙醇	乙醛
异柠檬酸脱氢酶	NAD^+ 或 $NADP^+$	异柠檬酸	α-酮戊二酸，CO_2
磷酸甘油脱氢酶	NAD^+	α-磷酸甘油	磷酸二羟基丙酮
乳酸脱氢酶	NAD^+	乳酸	丙酮酸
3-磷酸甘油醛脱氢酶	NAD^+	3-磷酸甘油醛	1,3-二磷酸甘油酸
6-磷酸葡萄糖脱氢酶	$NADP^+$	6-磷酸葡萄糖	6-磷酸葡萄糖酸
谷氨酸脱氢酶	NAD^+,$NADP^+$	L-谷氨酸	α-酮戊二酸，NH_3
谷胱甘肽还原酶	NADPH	氧化型谷胱甘肽	还原型谷胱甘肽
苹果酸脱氢酶	NAD^+	苹果酸	草酰乙酸
硝酸还原酶	NADH	硝酸盐	亚硝酸盐

维生素 PP 缺乏会导致辅酶Ⅰ和辅酶Ⅱ合成不足，影响生物氧化。动物缺乏维生素 PP 可引起烟酸缺乏症（又称癞皮病），伴有口炎、舌炎、胃肠功能失常，导致腹泻。

五、维生素 B_6 和磷酸吡哆醛及功能

1. 化学本质

维生素 B_6 是一组含氮的化合物，为吡啶衍生物，包括吡哆醇、吡哆醛及吡哆胺 3 种物质，统称吡哆素。在体内吡哆醇可转变为吡哆醛和吡哆胺，吡哆醛和吡哆胺不能转变为吡哆醇，吡哆醛和吡哆胺可互变。维生素 B_6 在自然界分布很广，谷物、豆类、种子外皮及禾本科植物含量较多，酵母、蛋黄和肝脏也富含维生素 B_6，人和动物肠道细菌可合成少量维生素 B_6。

吡哆醇　　　吡哆醛　　　吡哆胺

2. 生理功能

维生素 B_6 以磷酸酯形式参与辅酶组成，在氨基酸代谢中发挥重要作用，是氨基酸转氨酶、脱羧酶和消旋酶等酶的辅酶。磷酸吡哆醛作为辅酶参与氨基酸反应时形成 Schiff 碱（—N＝CH—），然后与不同酶蛋白结合参与转氨、脱羧和消旋等反应。在生物体内，维生素 B_6 可与磷酸结合成磷酸吡哆醛、磷酸吡哆胺，两者是转氨酶的辅酶。磷酸吡哆醛还是某些氨基酸脱羧酶的辅酶，可促进氨基酸转变为胺，并释放二氧化碳。维生素 B_6 缺乏时，幼小动物生长缓慢或停止，发生血红蛋白过少性贫血。人类未发现维生素 B_6 缺乏的典型病例。由于维生素 B_6 可促进抑制性神经递质物质——γ-氨基丁酸（γ-GABA）的合成，临床上常用于妊娠呕吐、婴儿惊厥等症状的辅助治疗。

知识链接

服用异烟肼时，要同时加服维生素 B_6 的原因

维生素 B_6 广泛存在于动植物中，酵母、蛋黄、肉类、肝、鱼类和谷类中含量均很丰富，同时，肠道细菌也能少量合成，因此，人类一般很少缺乏，至今尚未发现典型的维生素 B_6 缺乏病，但在服用抗结核药——异烟肼的患者中可出现维生素 B_6 缺乏，原因是异烟肼可与维生素 B_6 结合，形成异烟腙从尿中排出，特别是长期服用异烟肼的患者要注意补充维生素 B_6，以防出现维生素 B_6 的缺乏，如中枢兴奋、周围神经炎和小细胞低色素性贫血。

六、维生素 B_7 和羧化酶辅酶及功能

1. 化学本质

维生素 B_7 又称维生素 H、生物素等，由 3 部分组成，即噻吩和尿素缩合成的双环化合物和戊酸侧链，自然界至少有 2 种生物素，即 α-生物素和 β-生物素。广泛分布于动植物组织中，如肝、肾、蛋黄、酵母、蔬菜和谷物中都有，肠道细菌能合成。

α-生物素　　　　　β-生物素

2. 生理功能

维生素 B_7 是糖类、脂类和蛋白质代谢必需的辅酶。在糖类代谢中，生物素是羧化酶的辅酶，具有催化羧化反应和脱羧反应；在蛋白质代谢中，生物素间接参与核酸中嘌呤的合成，直接参与亮氨酸和异亮氨酸等氨基酸的脱氨基和核酸代谢，在多种氨基酸和降解过程中需要生物素转移羧基；在脂类代谢中，生物素参与长链脂肪酸的生物合成。维生素 B_7 是多种羧化酶（如丙酮酸羧化酶）的辅基，参与 CO_2 羧化反应，参与体内脂肪酸和碳水化合物代谢；促进蛋白质的合成；还参与维生素 B_{12}、叶酸、泛酸的代谢。

长期使用抗生素会抑制肠道细菌生长，也可造成生物素缺乏。维生素 B_7 在植物中分布广泛，肠道细菌又能合成，人体一般不会缺乏。大量食用生鸡蛋时会导致维生素 B_7 缺乏，因生鸡蛋清中含有抗生物素的蛋白质，由 4 个相同亚基组成四聚体，每个亚基均可紧密结合一个生物素分子，与生物素结合后使生物素失活，又不易被肠道吸收。人类缺少维生素 B_7 可能导致皮炎、肌肉疼痛、感觉过敏、怠倦、厌食、轻度贫血等症状。

七、叶酸和叶酸辅酶及功能

1. 化学本质

叶酸（folic acid，FA），又叫蝶酰谷氨酸（pteroylglutamic acid，PGA），由 2-氨基-4-羟基-6-亚甲基蝶呤、对氨基苯甲酸与 L-谷氨酸三种成分组成。叶酸在绿色蔬菜、新鲜水果、动物内脏、谷物类、坚果等食物中含量丰富，肠道细菌可合成叶酸。

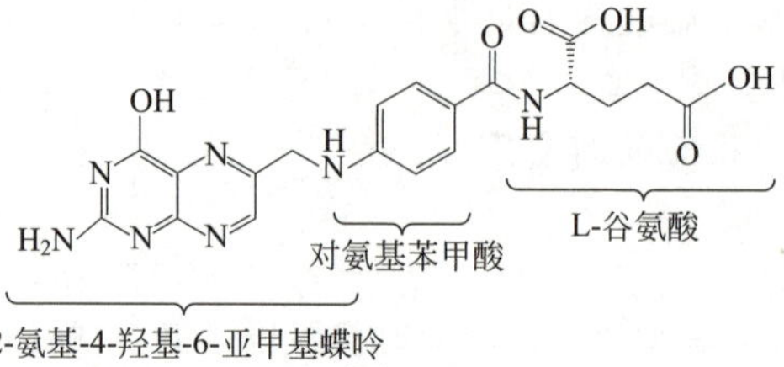

叶酸

2. 生理功能

叶酸辅酶形式为四氢叶酸（tetrahydrofolate，THF 或 FH_4）。叶酸在体内叶酸还原酶催化作用下，以 NADPH 为辅酶，在维生素 C 参与下，还原生成二氢叶酸及四氢叶酸。FH_4 是体内一碳单位转移酶系统中的辅酶，又称为辅酶 F（CoF），作为一碳单位载体参与一碳单位的代谢和氨基酸代谢；由于叶酸参与核苷酸合成，缺乏时会影响骨髓中巨红细胞和白细胞的成熟和分裂，造成巨幼红细胞性贫血症。在怀孕前 3 个月内缺乏叶酸可导致胎儿神经管发育缺陷、裂脑儿、无脑儿、腭裂（兔唇）等先天性畸形。人类肠道细菌能合成叶酸，常不会发生缺乏症，但当吸收不良、代谢失常或组织需要过多，以及长期使用肠道抑菌药物或叶酸拮抗药等状况下，则可造成叶酸缺乏。

八、维生素 B_{12} 和辅酶及功能

1. 化学本质

维生素 B_{12} 分子是所有维生素中结构最复杂的一个维生素。分子结构中含有金属钴和氰基（—CN），故又称为氰钴胺素。分子中除含钴元素外，还含有 5,6-二甲基苯并咪唑、3′-磷酸核糖、氨基丙醇和类似卟啉环的咕啉环成分，主要有 5′-脱氧腺苷钴胺素、氰钴胺素、羟钴胺素和甲基钴胺素等类型，其中 5′-脱氧腺苷钴胺素是维生素 B_{12} 在体内的主要存在形式，又称为维生素 B_{12} 辅酶。

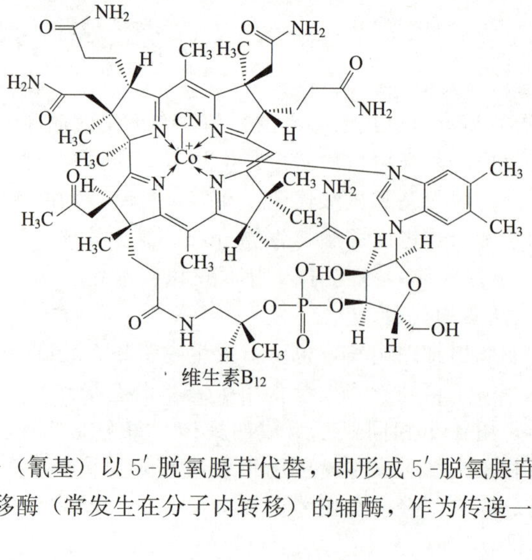

维生素 B_{12}

2. 生理功能

维生素 B_{12} 中的 CN—（氰基）以 5′-脱氧腺苷代替，即形成 5′-脱氧腺苷钴胺素或辅酶维生素 B_{12}，它是某些变位酶、甲基转移酶（常发生在分子内转移）的辅酶，作为传递一碳基团的辅酶参与甲硫氨

酸、胸腺嘧啶等的合成。动物体内的甲基丙二酸单酰 CoA 变位酶催化的反应需维生素 B_{12} 参与，促进红细胞发育和成熟。5′-脱氧腺苷钴胺素和四氢叶酸作用是相互联系的。动物性食品如肝、肉、鱼、蛋等富含维生素 B_{12}，一般不缺乏。长期素食者维生素 B_{12} 很容易缺乏，还有维生素 B_{12} 的吸收与胃分泌的一种糖蛋白有关，缺乏这种糖蛋白则人体无法吸收维生素 B_{12}，造成恶性贫血等疾病，通过注射维生素 B_{12} 可得到治疗。

九、维生素 C 及其功能

1. 化学本质

维生素 C 为含 6C 的酸性多羟基化合物，以内酯形式存在，C2 和 C3 上的烯醇式羟基易解离释放出 H^+ 生成脱氢维生素 C，具有有机酸性质，能防治坏血病并有显著酸味，故名抗坏血酸。维生素 C 是较强的还原剂，弱氧化剂可将其氧化，常用作抗氧化剂，食品加工常用 D-抗坏血酸作抗氧化剂。在微量 Cu^{2+}、Fe^{3+} 或活性炭存在时，在空气中也可以氧化。在中性或碱性溶液中加热更易破坏，在常规的烹调加工中，约有 5%～50% 维生素 C 遭到破坏。抗坏血酸有 4 种异构体，即 L-抗坏血酸、D-抗坏血酸、L-异抗坏血酸和 D-异抗坏血酸。L-抗坏血酸活性高，其他无活性。

维生素 C 主要存在蔬菜和水果中，蔬菜中的番茄、辣椒、菜花及各种深色叶菜和野菜类，水果中的柑橘、柠檬、猕猴桃等含量十分丰富，尤其是酸枣。由于维生素 C 在植物组织中抗坏血酸氧化酶的作用下很容易发生氧化，因此，食物经干燥或存放时间过长，维生素 C 常遭到破坏，干菜中基本不含维生素 C。

2. 生理功能

维生素 C 通过自身氧化还原体系在生物氧化中作为氢载体，能防治坏血病，还可参与体内其他代谢。

（1）参与体内的羟化反应　如促进胶原蛋白的合成，胶原蛋白肽链上的某些脯氨酸残基和赖氨酸残基需羟化生成羟脯氨酸和羟赖氨酸，而维生素 C 就是羟化酶的重要辅助因子之一。未经羟化的 α-链所构成的前胶原之间不能交联成为正常的胶原纤维，胶原蛋白不能正确折叠形成正常结构，会导致毛细血管壁的通透性增加，易裂开出血，伤口溃烂之处也难以愈合，骨骼和牙齿易折断和脱落，即坏血病；体内大部分胆固醇要转变为胆汁酸参与脂类代谢，维生素 C 是这一过程关键酶 7α-羟化酶的辅助因子，缺乏维生素 C 可导致胆汁合成减少，血浆胆固醇含量增加，肾上腺皮质激素的羟化反应也需要维生素 C 参与。

此外，在色氨酸羟化脱羧生成 5-羟色胺、苯丙氨酸羟化为酪氨酸、酪氨酸脱氨生成对羟基苯丙酮酸再转化为尿黑酸以及酪氨酸羟化为多巴胺再羟化为去甲基肾上腺素等生物过程中均需要维生素 C 参与羟化反应过程。

（2）参与体内氧化还原作用　在生物体内，维生素 C 作为重要还原剂参与许多生化代谢，如保护巯基酶活性和谷胱甘肽还原状态。动物体内许多巯基酶催化活性需要有自由巯基（—SH），维生素 C 能使酶分子中—SH 保持还原状态，并保持酶活性。铅、砷和苯等毒物能与体内巯基酶的巯基（—SH）共价结合失活，以致发生中毒。

维生素C可使氧化型谷胱甘肽（G—S—S—G）转变为还原型谷胱甘肽（G—SH），后者与重金属结合排出体外，故维生素C能保护巯基酶活性，具有解毒作用；促进铁吸收和利用，维生素C能将Fe^{3+}还原成易吸收的Fe^{2+}，促进铁吸收；维生素C能促进红细胞中高铁血红蛋白还原为血红蛋白，提高血红蛋白输氧功能；还能促进叶酸转变为四氢叶酸，对缺铁性贫血和巨幼细胞性贫血的治疗起辅助作用。维生素C可由葡萄糖在体内转变而来，故一般情况下不会缺乏，但临床上为了促进伤口愈合或解毒时则经常用它。

主要水溶性维生素的辅酶名称、主要功能及主要缺乏病见表6-4。

表6-4 主要水溶性维生素的辅酶名称、主要功能及主要缺乏病

维生素名称	辅酶名称	主要功能	主要缺乏症
维生素B_1（硫胺素）	焦磷酸硫胺素（α-酮酸氧化脱羧酶的辅酶）	α-酮酸氧化脱羧酶的辅酶，抑制胆碱酯酶的活性	脚气病，多发性神经炎，胃肠机能障碍
维生素B_2（核黄素）	FMA、FAD（脱氢酶的辅基）	黄素酶类的辅酶，参与体内氧化还原反应	口腔发炎，舌炎，角膜炎，皮炎等
维生素B_5（烟酸与烟酰胺）	NAD^+、$NADP^+$（不需氧脱氢酶的辅基）	为NAD^+、$NADP^+$的组成成分，参与体内氧化还原反应，起传递氢的用	神经营养障碍，出现癞皮病（烟酸缺乏症）
维生素B_6（吡哆醇、吡哆醛与吡哆胺）	磷酸吡哆醛与磷酸吡哆胺（转氨酶的辅基）	构成转氨酶、脱羧酶辅酶组成成分，参与氨基酸代谢	幼小动物生长缓慢或停止，血红蛋白过少性贫血
泛酸（维生素B_3）	辅酶A	酰基转移酶的辅酶组成成分，参与酰基的转移作用	角膜炎，出现神经症状
生物素（维生素B_7）	生物素（羧化酶的辅酶）	生物素是多种羧化酶的辅酶，参与CO_2的羧化过程	精神抑郁，皮肤炎，脱屑红皮病等
叶酸（维生素B_9）	四氢叶酸（一碳单位转移酶的辅酶与一碳载体）	以四氢叶酸形式，参与一碳单位的代谢；参与核酸和蛋白质合成、红细胞和白细胞的成熟	巨幼红细胞性贫血
维生素B_{12}（钴胺素）	（N^5-甲基FH_4转甲基酶的辅酶）	参与一碳单位代谢；参与核酸和蛋白质合成以及其他中间代谢	巨幼红细胞性贫血，神经系统损害
维生素C（L-抗坏血酸）	羟化酶的辅助因子	参与氧化还原反应；参与体内羟化反应，促进胶原蛋白的合成；促进铁的吸收	坏血病

任务三 脂溶性维生素

脂溶性维生素包括维生素A、维生素D、维生素E和维生素K，因为它们不溶于水，而易溶于脂肪及脂溶性溶剂，因此，称为脂溶性维生素，常与食物中的脂溶性成分共存，脂溶性维生素在小肠吸收与脂类的吸收有密切关系，需在胆汁酸的协助下完成。若机体脂类代谢有障碍，会影响脂溶性维生素的消化吸收，甚至产生缺乏病。脂溶性维生素在血液中与血浆脂蛋白或特殊的结合蛋白结合，因而，在机体内可以贮存，摄入过量会引起维生素中毒。

一、维生素A

1. 化学结构

维生素A又称视黄醇或抗干眼病维生素，是含有脂环的不饱和一元醇，有维生素A_1和维生

素 A_2 两种。维生素 A_1 为视黄醇，主要存在于哺乳动物及海鱼肝脏中，维生素 A_2 为 3-脱氢视黄醇，主要存在于淡水鱼肝脏中，植物中不存在维生素 A，但胡萝卜、黄玉米、红辣椒中含有维生素 A 的前体——类胡萝卜素和玉米黄素等，在体内能转变成维生素 A，虽本身不具有维生素 A 活性，但可转化为有活性的维生素 A，称为维生素 A 原。其中，β-胡萝卜素可在小肠黏膜由 β-胡萝卜素加氧酶催化为 2 分子视黄醛，再经还原为视黄醇，视黄醇氧化可变为视黄酸。维生素在体内的活性形式有视黄醇、视黄醛和视黄酸。

视黄醇　　　　　　　视黄醛

全反视黄酸　　　　　　9-顺视黄酸

维生素 A 极易被氧化，在加热或光照时更易氧化。烹调时由于热作用和氧化作用，维生素 A 可被破坏，冷藏可保藏食物中的大部分维生素 A。维生素 A 主要来自于动物性食品，以肝、乳制品及鱼肝油中含量最多，在淡水鱼肝油中还发现另一种维生素 A，称为维生素 A_2，其生理功能仅及维生素 A_1 的 40%。从化学结构上比较，维生素 A_2 在 β-白芷酮环上比维生素 A_1 多一个双键。

2. 生理功能

维生素 A 的主要生理功能有维持上皮组织功能与促进生长发育、维持正常视觉、抗癌、抗衰老以及基因调节等。近年来还发现，维生素 A 具有增强机体抗感染力，参与蛋白质的合成和维持骨骼正常生长代谢等生理功能。维生素 A 的生理功能主要有以下几个方面。

（1）构成视觉细胞内感光物质　人和动物视网膜内有视锥细胞和视杆细胞两类细胞。视杆细胞对弱光敏感，与暗视觉有关。视杆细胞内的感光物质是视紫红质，由维生素 A 在体内转化的 11-顺视黄醛与视蛋白结合生成。当人和动物缺乏维生素 A 时，视紫红质合成不足，对弱光敏感性降低，暗适应时间延长，严重时会产生夜盲症。

（2）维持上皮组织的完整性和促进生长发育　上皮组织生长分化及完整性与维生素 A 有密切关系。缺乏维生素 A 时，上皮细胞分泌黏液能力丧失，出现上皮干燥、角化、脱屑，如果泪腺上皮受波及，会使泪液分泌减少，结膜、角膜上皮组织变性，结膜出现皱纹，失去正常光泽，造成眼干燥症，故维生素 A 又称为视黄醇或抗眼干燥症维生素。此外，维生素 A 还能促进幼小动物正常生长发育，维生素 A 具有类似固醇激素的作用，影响细胞分化和发育。缺乏维生素 A 时，会引起幼小动物生长迟缓，发育不良。

（3）抗衰老和抗癌作用　维生素 A 能诱导细胞分化和癌细胞凋亡，缺乏维生素 A，对化学致癌物诱发的癌症更敏感。维生素 A 和类胡萝卜素在氧分压较低的情况下，能直接消灭机体产生的自由基，有助于保护细胞膜与细胞器膜的脂质双层结构，从而有利于机体抵抗衰老。

二、维生素 D（抗佝偻病维生素）

1. 化学结构

维生素 D 是类固醇衍生物，具有抗佝偻病的作用，故称抗佝偻病维生素，维生素 D 中最常见的有维生素 D_2 和维生素 D_3 两种。维生素 D_2 又名钙化醇，由植物和酵母中的麦角固醇经紫外线照射后产生，人体肠道不易吸收麦角固醇，麦角固醇是人工制备维生素 D_2 的原料。维生素 D_3

又名胆钙化醇，是由 7-脱氢胆固醇经紫外线照射而得，这是人体维生素 D 的主要来源。一般情况下，人体通过皮肤生物合成的维生素 D_3 可以满足机会需要，适当日光浴和户外活动有利于 7-脱氢胆固醇转化为维生素 D_3。维生素 D_2 的侧链比维生素 D_3 的侧链多一个甲基和双键。维生素 D 对光敏感，见光容易发生氧化，避光保存时，食物中维生素 D 较为稳定。

糖、脂肪-乙酰辅酶A → 麦角固醇 →(UV) 维生素D_2

胆固醇 →($-H_2$) 7-脱氢胆固醇 →(UV) 维生素D_3

知识链接

骨质疏松症

骨质疏松症（osteoporosis，OP）是一种常见的全身性代谢性骨病，是由于多种原因导致的骨密度和骨质量下降，骨微结构破坏，导致骨脆性增加和容易发生骨折的全身性疾病。该病可发生于不同性别和任何年龄，但多见于绝经后妇女和老年男性。随人类寿命的延长和社会老年化的到来，骨质疏松症已成为人类重要的健康问题。关注老年人健康，及时补充维生素 D，多晒太阳。

维生素 D_3 在鱼肝油、肝、牛奶和蛋黄内含量丰富，也可由皮下的 7-脱氢胆固醇经紫外线照射转变而来。7-脱氢胆固醇也称为维生素 D_3 原。青草和酵母中含有麦角固醇，经紫外线照射可转变为维生素 D_2，称角固醇，为维生素 D_2 原。

2. 生理功能

维生素 D 本身无生物活性，需在肝脏内羟化生成 25-(OH)-维生素 D_3 和肾脏再羟化生成 1,25-$(OH)_2$-维生素 D_3 才具有生理功能。1,25-$(OH)_2$-维生素 D_3 是维生素 D_3 的主要活性形式，其生物体内的活性是维生素 D_3 的 5～10 倍，是 25-(OH)-维生素 D_3 的 2～5 倍。1,25-$(OH)_2$-维生素 D_3 作用于肠黏膜细胞和骨细胞，与受体结合后启动钙结合蛋白的合成，能促进小肠对钙和无机磷的吸收与转运，也能促进肾小管对无机磷的重吸收，还能协同甲状旁腺素增强破骨细胞对钙盐的溶解作用，释放出钙盐，从而使血钙和血磷浓度升高，促进骨样组织钙化，具有成骨作用，有利于骨和牙齿内钙磷的沉积，使骨正常钙化。

维生素 D 的主要生理作用是调节血钙和磷代谢，维持血钙和血磷水平，使钙沉淀形成羟基磷灰石 $[Ca_3(PO_4)_2 \cdot 3Ca(OH)_2]$，从而维持牙齿和骨骼的正常生长和发育。由于维生素 D 的生物活性是通过逐步羟化形成的，因此，当维生素 D 缺乏或羟化受阻时，均可导致体内钙磷代谢紊乱，导致佝偻病和软骨病。如果是因为维生素 D 不足，补充维生素 D 可以治疗疾病。如果是由于羟化障碍，则补充维生素 D 是无效的。长期服用或过量服用维生素 D 可能引起维生素 D 过多症。临床表现有食欲下降、恶心、呕吐、腹泻、头痛等慢性症状，严重时可引起骨破坏、软组织钙化和动脉硬化等。

三、维生素 E

1. 化学结构

维生素 E 是结构相关的一组化合物的总称，其结构由羟化的色烷醇环和植物醇侧链组成。根据色烷醇上甲基的数目、位置不同，可以分为 α、β、γ、δ 四个亚型，其中以 α 型活性最高，α-生育酚与 α-生育酚醋酸酯化学结构如下：

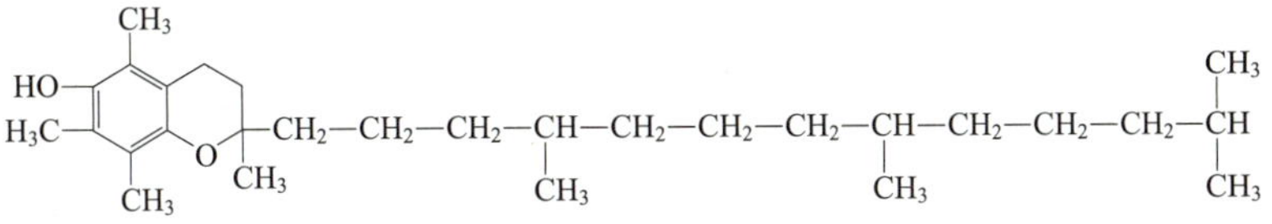

α-生育酚

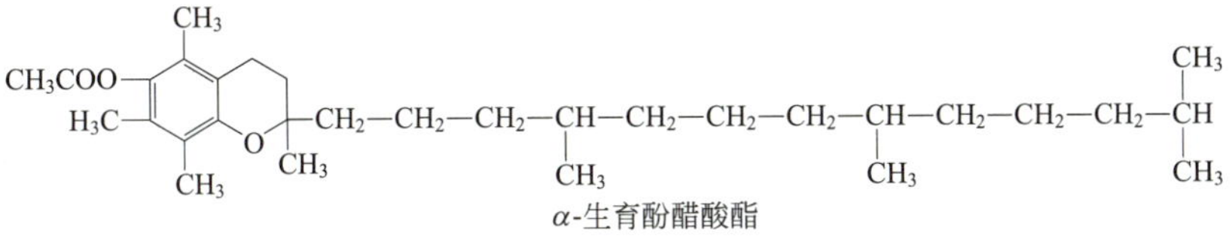

α-生育酚醋酸酯

维生素 E 的活性顺序依次为 α、β、γ 和 δ。色烷醇的羟基决定了维生素 E 的活性，其具有还原性，可提供电子，当失去一个电子后则生成生育酚自由基，后者与氧自由基结合生成无活性生育酚。植物醇侧链与生物膜上的磷脂疏水区多不饱和脂肪酸，特别是花生四烯酸通过脂-脂结合，具有亲脂性。其色烷醇位于生物膜的极性表面，而植物醇则位于生物膜的非极性表面，维生素 E 是最为重要的阻断自由基链式反应的脂溶性维生素。

α-生育酚广泛存在于小麦胚油、棉籽油、玉米油、花生油、芝麻油、未精制的谷类制品和蛋等动植物组织细胞中。绿莴苣叶及橘柑皮也含有较多的 α-生育酚，几乎所有绿叶植物都含有维生素 E。

2. 生理功能

维生素 E 含酚羟基极易被氧化，可保护生物体内不饱和脂肪酸、疏基化合物等免受破坏，维生素 E 的酚羟基易与酸形成酯，比较稳定而作为药用形式。维生素 E 与生殖有关，以 α-生育酚活性最强。在生物体代谢过程中，不断产生自由基，自由基有强氧化性，易损害生物膜并促进细胞衰老。维生素 E 能清除体内自由基、能使细胞膜中不饱和脂肪酸免受氧化破坏、避免生物膜脂质过氧化反应和保护生物膜的结构，延长红细胞寿命和延缓衰老。维生素 E 能维持生殖器官正常生殖能力和维持正常产生精子以及胚胎正常发育。对维持肌肉及外周血管系统的结构与功能的正常以及维持中枢神经系统机能的完整性也有重要作用。缺乏时可引起肌肉萎缩及营养性退化，造成溶血性贫血。

四、维生素 K

1. 化学结构

维生素 K 是脂溶性的萘醌类衍生物，具有萘醌结构，也称抗出血维生素。天然维生素 K 有维生素 K_1、维生素 K_2 两种，都由 2-甲基-1,4-萘醌构成。

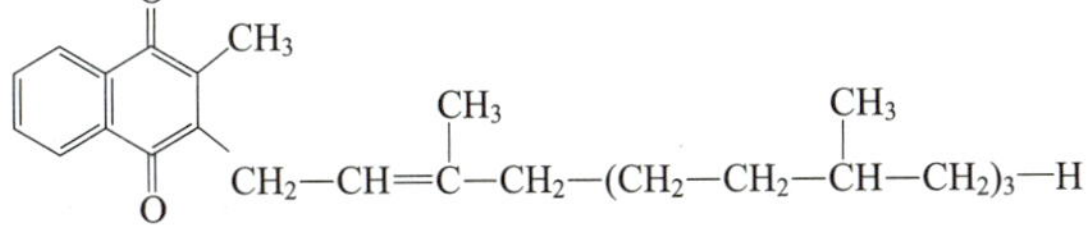

维生素K_1

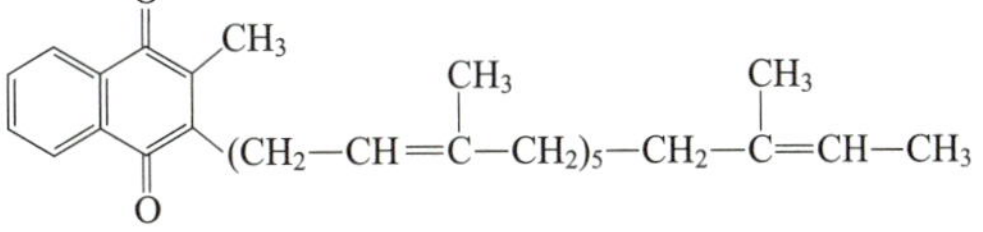

维生素K_2

维生素 K_1（叶绿醌）主要存在于青绿植物，如苜蓿、菠菜、菜花及动物肝脏中。维生素 K_2 主要存在于微生物体内。人工合成的维生素 K，即甲基萘醌，称为维生素 K_3。天然存在的维生素 K 是黄色油状物质，人工合成的维生素 K 是黄色结晶。维生素 K 耐热，但易受酸、碱、光照以及氧气的影响。

2. 生理功能

维生素 K 能促进肝脏合成凝血因子Ⅱ、Ⅶ、Ⅸ和Ⅹ，参与凝血作用，是凝血酶原所必需的组成部分。缺乏维生素 K 时，血中凝血酶原及凝血因子浓度降低，凝血时间延长。外科手术前常预先注射维生素 K 以减少手术过程中的出血或避免大出血；维生素 K 还可作为电子传递体系组成部分参与氧化磷酸化，有可能参与黄素酶与细胞色素之间的氢和电子传递。维生素 K 缺乏时肌肉 ATP 及磷酸肌酸含量减少。研究还发现，维生素 K 依赖的蛋白质和肽参与了钙的代谢，老年妇女骨折发生率与血液维生素 K 水平呈负相关，骨矿物质密度值与血液维生素 K 水平呈正相关，而与血浆未羧化骨钙素水平呈负相关。维生素 K 还能抑制前列腺素 E_2 和白细胞介素-6 的合成，从而抑制了它们刺激骨重吸收的作用。

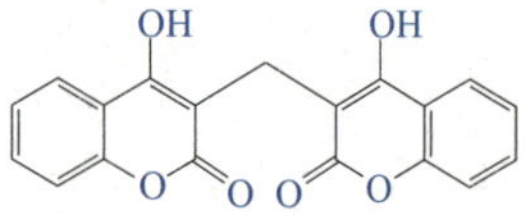

图 6-3 双香豆素化学结构

双香豆素化学结构（图 6-3）与维生素 K 相似，是维生素 K 的拮抗物。家畜过食双香豆素含量高的苜蓿，会使凝血因子的合成减少，发生维生素 K 缺乏症。另外，口服大量抗菌药物，会杀灭肠道细菌，出现维生素 K 的缺乏。

脂溶性维生素的主要性质、来源、功能及缺乏病见表 6-5。

表 6-5 脂溶性维生素的主要性质、来源、功能及缺乏病

维生素名称	主要性质	主要来源	主要生理功能	主要缺乏病
维生素 A（视黄醇或抗眼干燥症维生素）	耐热，但易受紫外线及氧化剂破坏	鱼肝油、蛋黄。有胡萝卜素存在的植物：胡萝卜、甜菜、绿叶和青草	维持上皮组织的健全和正常视觉；诱导上皮细胞分化，促进生长发育	夜盲症、干眼病、上皮组织角质化、牙齿发育不正常
维生素 D（钙化醇或抗佝偻病维生素）	稳定，不易被酸、碱、热等破坏	鱼肝油、干草。经日光照射在体内生成	促进肠壁对钙和磷的吸收，有利于新骨的生成与钙化	佝偻病、软骨病
维生素 E（生育酚、抗不育维生素）	对热、酸稳定，对碱较不稳定，易氧化	植物油、绿色植物、谷物种子	维持动物的生殖功能（抗动物不育症），具有抗氧化作用	溶血性贫血、生殖机能障碍、肌肉萎缩、麻痹症
维生素 K（抗出血维生素）	耐热，但易被光、碱破坏	绿色植物，肠内细菌能合成	促进肝脏合成凝血酶原，调节凝血因子Ⅶ、Ⅸ、Ⅹ合成	凝血时间延长，会发生皮下、肌肉和胃肠道出血

五、鱼肝油与深海鱼油

鱼肝油提取自鱼的肝脏，和所有动物一样，肝脏的主要营养是维生素 A、B 族维生素、维生素 E、蛋白质、脂肪和矿物元素（如铁）。在补钙的同时，还可增进对钙的吸收，主要用来预防夜盲症和佝偻病。深海鱼油是从深海鱼类动物体中提取出来的，包括体油、脑油、肝油，深海鱼油是富含二十碳五烯酸（EPA）和二十二碳六烯酸（DHA）的鱼体内的油脂。EPA 和 DHA 均为不饱和脂肪酸，是人体不能合成的必需脂肪酸。市售深海鱼油除含 EPA 和 DHA 外，还含有卵磷脂和维生素 E，主要作用是调节血脂、降低胆固醇和甘油三酯的储量，防止血管凝固，促进血液循环，预防脑溢血、脑血栓、阿尔茨海默病，减少动脉硬化及高血压，促进脑部和眼睛的发育。

六、复合维生素

多种维生素组合在一起的药物制剂称为复合维生素，由不同维生素组成，是包括维生素 A、维生素 B、维生素 C、维生素 E 等多种维生素的复合制剂。普通维生素一般只含一种成分，如维生素 C、维生素 A 等。复合维生素主要用于预防因饮食不平衡所引起的维生素缺乏，也可用于长时间运动或训练时预防维生素（维生素 A、B 族维生素、维生素 D、维生素 PP）的"流失"。

任务四　其他辅酶和辅基

一、α-硫辛酸

α-硫辛酸（α-lipoic acid）的化学结构是 6,8-二硫辛酸，脱氢能还原为二氢硫辛酸，通过氧化型与还原型之间的相互转变实现 H 原子的传递，是 α-酮酸氧化脱羧过程的辅酶之一，起递氢和酰基转移的作用，为硫辛酸乙酰转移酶的辅酶，起转移酰基的作用，其羧基与二氢硫辛酰转移酶的赖氨酸残基的 ε-氨基以酰胺键结合，从而转移酰基。硫辛酸作为辅酶在丙酮酸脱氢酶系和 α-酮戊二酸脱氢酶系中的关键性氧化脱羧反应中起作用，催化酰基产生和转移。

$$\underset{\alpha\text{-硫辛酸}}{\underset{S-S}{\bigcirc}-(CH_2)_4-COOH} \quad \underset{-2H}{\overset{+2H}{\rightleftharpoons}} \quad \underset{\text{二氢硫辛酸}}{\underset{HS\ HS}{\bigcirc}-(CH_2)_4-COOH}$$

此外，硫辛酸有抗脂肪肝和降低胆固醇的作用。它很容易进行氧化还原反应，故可保护巯基酶免受重金属离子毒害。硫辛酸在自然界广泛分布，肝和酵母细胞中含量尤为丰富。食物中硫辛酸常和维生素 B_1 共存，人体可合成硫辛酸。目前，尚未发现硫辛酸缺乏症。

二、铁卟啉

卟啉类化合物的基本骨架是卟啉吩，即由 4 个吡咯构成。4 个吡咯通过四个甲炔基相连形成一个环形。卟吩的衍生物称为卟啉。铁卟啉是一种金属有机配合物，Fe^{2+} 和 Fe^{3+} 均可与卟啉形成金属络合物，Fe^{2+} 位于环中心，别名 1,3,5,8-四甲基-2,4-二乙基-6,7-二丙酸铁卟啉，也称原卟啉，为一种小分子化合物类型的辅酶及辅基，常作为细胞色素的辅基进行电子传递，是一种营养强化剂。

铁卟啉

金属与卟啉形成的配位化合物称为金属卟啉，是许多金属酶的辅基，也是色蛋白的辅基。原卟啉的铁配位化合物称为铁卟啉，即血红素，为红色，是血红蛋白和细胞色素的重要辅基，体内约 75% 的铁以铁卟啉形式存在；卟啉的镁配位化合物为叶绿素，为绿色。

三、金属辅基

金属离子是最常见的酶的辅助因子，有超过 60% 的酶在发挥催化作用时，需要有金属离子的参与。根据金属离子与酶蛋白的结合程度，将这些酶分为金属酶（metalloenzyme）和金属激活酶（metal activated enzyme）两大类。金属酶中金属离子与酶蛋白结合紧密，金属是酶的结构成分，不易与酶分离，加入游离金属离子后酶活性不会增加。金属酶中金属离子作为酶的辅助因子，在酶促反应中通过自身化合价的变化来传递电子、原子或功能团，完成生物体内的氧化还原反应。另外，在维持生物体内水和电解质平衡等方面亦需要金属离子。金属激活酶中的金属离子与酶蛋白结合不紧密，分离纯化时常可以除去，这类酶在发挥作用时，需要金属离子参与，游离的金属离子可增加酶的活性。金属酶中的金属离子大多为元素周期表中第一过渡系后半部的微量元素，如 Mn、Fe、Co、Cu、Zn 和 Mo 等。表 6-6 为一些常见的金属酶。

表 6-6　一些常见的金属酶

金属离子	酶	酶的作用
Fe（非血红素）	铁氧还蛋白 铁硫蛋白 琥珀酸脱氢酶	参与光合作用与固氮作用 在呼吸作用中传递电子 糖类有氧氧化
Fe（血红素中）	醛氧化酶 细胞色素 过氧化氢酶、过氧化物酶	醛类的氧化 呼吸链电子传递 过氧化氢的水解
Cu	血浆铜蓝蛋白 细胞色素氧化酶 单胺氧化酶 超氧化物歧化酶 酪氨酸酶 质体蓝素	氧载体、铁的利用 呼吸链电子传递 氧化一元胺 处理超氧离子自由基（另含 Zn 或 Mn） 黑色素的形成 光合作用中电子的转移
Zn	碳酸酐酶 羧肽酶 醇脱氢酶 中性蛋白酶 DNA(RNA)聚合酶	碳酸的分解与合成 水解蛋白质（由羧基端开始水解） 醇类的脱氢氧化降解 水解蛋白质 DNA 和 RNA 的合成
Co	核苷酸还原酶 谷氨酸变位酶	脱氧核苷酸的合成 谷氨酸代谢
Mn	精氨酸酶 丙酮酸脱羧酶 RNA 聚合酶	尿素的生成 丙酮酸的分解 RNA 合成
Co	黄嘌呤氧化酶 硝酸还原酶	嘌呤的分解（另含 Fe） 硝酸盐的利用

此外，在体外还存在除卟啉外的金属螯合物，如维生素 B_2 异咯嗪和维生素 B_{12} 的咕啉，这些金属螯合物都起到重要的辅酶作用。

四、辅酶 Q

辅酶 Q（coenzyme Q）广泛存在于生物界并属醌类化合物，又称泛醌，是生物体内广泛存在的脂溶性醌类化合物。泛醌含有一个苯醌的环，环上带有一个很长的脂肪族侧链，不同来源的辅酶 Q 其侧链异戊烯单位的数目不同，常用 CoQ_n 表示，人类和哺乳动物是 10 个异戊烯单位，故称辅酶 Q_{10}。高等动物和植物一般为 CoQ_{10}，微生物为 $CoQ_{6\sim 9}$。辅酶 Q 在体内呼吸链中质子移位及电子传递中起重要作用，它是细胞呼吸和细胞代谢的激活剂，也是重要的抗氧化剂和非特异性免疫增强剂。CoQ 能参加 1 个或 2 个电子的传递，所以能够提供 2 个电子，在接受 1 个电子的反应中作为中间媒介。CoQ 在与线粒体膜结合的电子传递链中起中心作用。

$$\text{辅酶 Q}$$

辅酶 Q 是脂溶性物质，可在人体肝脏合成，CoQ 的合成需要多种 B 族维生素、维生素 C 和无机盐参与。因此，营养不良或饮食不均衡以及运动或疾病（如心血管疾病、癌症或服用降脂药）等都会影响到 CoQ 的生物合成。人体生成 CoQ 的能力在 20 岁左右达到高峰，中年时常常严重缺乏，50 岁以后出现心脏疾病与体内辅酶 Q 下降有关。辅酶 Q 主要来源有多脂肪的鱼类，如沙丁鱼，动物的肝脏、牛肉、蛋黄及豆油、花生油、芝麻以及坚果等。

知识拓展

维生素 C 的发现

几百年前，随着欧洲国家的海外探险，商业贸易和殖民扩张的兴起，远洋航行迅速发展。远航者最可怕的不是遇上暴风雨和海盗，而是一种让人精神消退、肌肉酸痛、牙龈出血、牙齿脱落、皮肤大片出血、严重疲惫、腹泻、呼吸困难甚至死亡的疾病——坏血病，当时人们对此病束手无策。15~16 世纪，坏血病曾波及整个欧洲，英法等国的航海业也因此处于瘫痪状态。直到 18 世纪末，一个叫詹姆斯·伦达的英国医生意外发现用蔬菜和水果可以防治坏血病，但不明其理。直到 20 世纪，预防坏血病的物质才被发现，命名为抗坏血酸，这就是维生素 C。

重点小结

重　点	难　点
1. 维生素是维持人和动物正常生理功能所必需的，体内无法合成或合成量不能满足机体需要的低分子微量营养元素，需由食物提供其前体化合物。 2. 维生素根据其溶解性质分为脂溶性维生素和水溶性维生素两大类。脂溶性维生素包括维生素 A、维生素 D、维生素 E、维生素 K，水溶性维生素包括 B 族维生素和维生素 C。 3. 维生素药物是指用于治疗由于某种维生素缺乏而引起的疾病的一大类药物，包括水溶性药物和脂溶性药物、复合维生素片剂或液体针剂，以及与维生素代谢相关的药物。 4. 焦磷酸硫胺素（TPP）可作为辅酶参与丙酮酸或 α-酮戊二酸脱羧反应，是丙酮酸脱氢酶系、转酮醇酶、α-酮戊二酸脱氢酶系的辅酶，参与糖、脂肪和蛋白质的代谢。 5. 烟酸是烟酰胺的前体，在体内可转变为烟酰胺。烟酰胺是合成烟酰胺腺嘌呤二核苷酸（NAD^+ 或辅酶 Ⅰ）和烟酰胺腺嘌呤二核苷酸磷酸（$NADP^+$ 或辅酶 Ⅱ）的组分。NAD^+ 或 $NADP^+$ 是不需氧脱氢酶辅酶，参与体内氧化还原反应，起传递氢的作用。	1. 水溶性维生素主要包括 B 族维生素、维生素 C 和硫辛酸，能溶于水而不溶于非极性溶剂。B 族维生素主要通过参与辅酶或辅基组成成分而发挥对物质代谢的调控。 2. 维生素 B_2 主要以磷酸酯形式存在于黄素单核苷酸（FMN）和黄素腺嘌呤二核苷酸（FAD）两种辅酶中，作为黄素蛋白类脱氢酶的辅酶，也称黄素辅酶。 3. 泛酸的活性形式是辅酶，维生素 B_3 在体内能合成辅酶 A（coenzyme A，简写为 CoASH）。CoA 由游离巯基（—SH）的巯基乙胺、泛酸单位（β-丙氨酸与泛酸缩合形成的酰胺）以及 3′-羟基被磷酸酯化的 ADP 组成。CoA 是酰基转移酶的辅酶。 4. 维生素 B_6 以磷酸酯形式参与辅酶组成，是氨基酸转氨酶、脱羧酶和消旋酶等的辅酶。磷酸吡哆醛作为辅酶参与氨基酸反应时形成 Schiff 碱，与不同蛋白结合参与转氨、脱羧和消旋等反应。在生物体内，维生素 B_6 可与磷酸结合成磷酸吡哆醛、磷酸吡哆胺，两者是转氨酶的辅酶。

重　点	难　点
6. 叶酸辅酶形式为四氢叶酸(FH_4)。在体内叶酸还原酶催化作用下,以 NADPH 为辅酶,在维生素 C 参与下,还原生成 FH_2 及 FH_4。FH_4 是体内一碳单位转移酶系统中的辅酶,作为一碳单位载体参与一碳单位代谢和氨基酸代谢。 7. 维生素 C 通过自身氧化还原体系在生物氧化中作为氢载体,能防治坏血病,还参与体内羟化反应和氧化还原作用。 8. 维生素 D 最常见的有维生素 D_2 和维生素 D_3 两种。维生素 D_2 又名钙化醇,由植物和酵母中的麦角固醇经紫外线照射后产生,人体肠道不易吸收,麦角固醇是人工制备维生素 D_2 的原料。维生素 D_3 又名胆钙化醇,是由 7-脱氢胆固醇经紫外线照射而得,这是人体维生素 D 的主要来源。 9. 维生素 E 含酚羟基极易被氧化,可保护生物体内不饱和脂肪酸、巯基化合物等免受破坏,维生素 E 的酚羟基易与酸形成酯,比较稳定而作为药用形式。维生素 E 与生殖有关,以 α-生育酚活性最强	5. 维生素 A 的主要生理功能有维持上皮组织功能与促进生长发育、维持正常视觉、抗癌、抗衰老及基因调节等,以及增强机体抗感染能力,参与蛋白质的合成和维持骨骼正常生长代谢等生理功能。 6. 维生素 D 需在肝脏内羟化生成 25-(OH)-维生素 D_3 和在肾脏再羟化生成 1,25-$(OH)_2$-维生素 D_3 才具有生理功能。1,25-$(OH)_2$-维生素 D_3 是维生素 D_3 的主要活性形式,作用于肠黏膜细胞和骨细胞,与受体结合后启动钙结合蛋白的合成,能促进小肠对钙和无机磷的吸收与转运,也能促进肾小管对无机磷的重吸收,还能协同甲状旁腺素增强破骨细胞对钙盐的溶解作用,释放出钙盐,从而使血钙和血磷的浓度升高,促进骨样组织钙化,具有成骨作用,有利于骨和牙齿内钙磷的沉积,使骨正常钙化。 7. 维生素 K 能促进肝脏合成凝血因子Ⅱ、Ⅶ、Ⅸ和Ⅹ,参与凝血作用,是凝血酶原所必需的组成部分。缺乏维生素 K 时,血中凝血酶原及凝血因子浓度降低,凝血时间延长

 课后习题

一、名词解释

维生素、辅酶、维生素药物、复合维生素等。

二、简答题

1. 什么是维生素?维生素的主要生理功能有哪些?
2. 船员在海上航行常常吃不到新鲜的蔬菜和水果,最有可能产生什么样的营养缺乏症?
3. 常见水溶性维生素有哪些?缺乏时常导致哪些疾病?
4. B族维生素缺乏分别患哪些疾病?B族维生素在体内的辅酶分别是什么?
5. 维生素 C 的生理功能是什么?
6. 常见脂溶性维生素有哪些?缺乏时常导致哪些疾病?

三、选择题

1. 维生素 B_1 常用为(　　)的组成部分。
   A. 焦磷酸硫胺素　　　　B. 黄素辅酶　　　　C. 辅酶 A
   D. 辅酶Ⅰ和辅酶Ⅱ　　　E. 磷酸吡哆醛

2. 维生素 PP 常用为(　　)的组成部分。
   A. 辅酶 A　　　　　　　B. 辅酶Ⅰ和辅酶Ⅱ
   C. 磷酸吡哆醛　　　　　D. 叶酸辅酶

3. 治疗妊娠呕吐和小儿惊厥常用维生素(　　)辅助治疗。
   A. B_1　　　　B. B_2　　　　C. B_6　　　　D. B_{12}

4. 一碳单位的载体是(　　)。
   A. 叶酸　　　　B. 二氢叶酸　　　　C. 四氢叶酸　　　　D. 维生素 B_2

5. 人及动物皮肤中含有的（　　），经日光或紫外线照射后可得维生素 D_3。
A. 3-脱氢胆固醇　　　　B. 3-脱氢胆固醇　　　　C. 7-脱氢胆固醇　　　　D. 9-脱氢胆固醇

6. 含 B 族维生素的辅酶在酶促反应中的作用是（　　）。
A. 传递电子、质子和化学基团　　　　B. 稳定酶蛋白的构象
C. 提高酶的催化性质　　　　　　　　D. 决定酶的专一性

7. NAD^+ 在酶促反应中转移（　　）。
A. 氨基　　　　B. 氢原子　　　　C. 氧原子　　　　D. 羧基

8. FMN 和 FAD 的维生素前体是（　　）。
A. 维生素 B_1　　　　B. 维生素 B_2　　　　C. 维生素 B_6　　　　D. 维生素 PP

9. 辅酶磷酸吡哆醛的主要功能是（　　）。
A. 传递氢　　　　B. 传递二碳基团　　　　C. 传递一碳基因　　　　D. 传递氨基

10. 含叶酸的辅酶其主要作用为（　　）。
A. 为电子载体　　　　　　　　B. 为一碳基团载体
C. 为羧化酶辅酶　　　　　　　D. 参与 a-酮酸的氧化作用

选择题答案：1—5：ABCCC　6—10：ABBDB

项目七 生物氧化

要点导航

掌握：生物氧化、底物水平磷酸化、氧化磷酸化、高能化合物等基本概念；生物氧化中 H_2O 和 CO_2 的生成等。

熟悉：生物氧化的特点；呼吸链的类型；常见的高能化合物；底物水平磷酸化和氧化磷酸化的过程等。

了解：呼吸链中重要的蛋白质和酶；生物氧化酶类；常见的氧化酶类和脱氢酶类等。

导学案例

2013年2月，位于北京市朝阳区一居民房内，5名在某医院实习的学生，被发现死于屋内，他们均是某医科大学的学生，初步认定5人因CO中毒而亡。请思考：通过学习，你能解释CO使机体中毒的相关机制吗？

任务一 概 述

生命活动所需要的能量主要来自于生物氧化，生物氧化产生的能量可用于机体的代谢过程。动物通过肺部吸收的 O_2 主要用于生物氧化，呼出的 CO_2 也源自生物氧化。生物氧化是发生在细胞内或组织内的耗氧且生成二氧化碳的过程，因此，生物氧化也称为细胞呼吸或组织呼吸。

一、生物氧化的概念

生物氧化（biological oxidation）是指糖类、脂肪、蛋白质等有机物质在细胞中进行氧化分解生成 CO_2 和 H_2O，并释放出能量以供机体生命活动需要的过程。生物氧化在线粒体内和线粒体外均可进行，参与的酶和代谢途径也不一样。线粒体内的生物氧化是由多种酶、辅酶或辅基共同构成的线粒体氧化体系，催化糖、脂和蛋白质等营养物质的生物氧化，并生成ATP。线粒体外的氧化则由微粒体、过氧化物酶体及超氧化物酶体中的需氧脱氢酶和氧化酶等组成的氧化体系（也称非线粒体氧化体系）催化非营养物质（如药物、毒物和致癌物等）氧化，没有ATP的生成，与药物、毒物或代谢物的细胞内生物转化有重要关联。

本任务主要介绍线粒体的生物氧化。生物氧化分为3个阶段：①大分子降解为基本结构单位，如多糖降解为葡萄糖、脂肪降解为甘油和脂肪酸、蛋白质降解为氨基酸等；②代谢生成共同的中间产物（如丙酮酸、乙酰CoA等）；③共同中间产物进入TCA循环彻底氧化生成 CO_2 和 H_2O。生物氧化中释放大量能量，一部分能量以磷酸化的形式贮存在ATP分子中。

二、生物氧化的特点

生物体内的氧化过程与体外的氧化过程（如燃烧）其化学本质是相同的，氧化过程的耗氧量、终产物以及能量生成量都是相同的，但体内生物氧化速度受生理生化因素以及环境等因素的共同调节，具有其独特的特点：

① 生物氧化在细胞内进行，氧化温度与生物体体温基本一致，需要一系列酶的参与，反应条件温和（水溶液，中性 pH 和常温）。

② 在生物氧化中，C 和 H 的氧化不同步。生物氧化中 CO_2 主要通过有机酸脱羧方式产生，根据有机酸脱羧是否伴随氧化反应，分为单纯脱羧和氧化脱羧两种类型。根据有机酸脱羧位置的不同，分为 α-脱羧和 β-脱羧。氧化过程中脱下来的 H 质子和电子，通常由各种载体，如 NADH 等传递给氧并生成 H_2O。水是许多生物氧化反应的氧供体，通过加水脱氢作用直接参与了氧化反应，生物体内的氧化方式有加氧、脱氢和失电子。其中，脱氢是最常见和最主要的氧化方式。生物体内主要以脱氢氧化为主。生物氧化过程中代谢物常脱下一对氢原子，并由脱氢酶的辅酶或辅基生成还原型辅酶或辅基，如 NAD^+ 和 $NADP^+$ 接受 H 后生成对应的还原型 $NADH+H^+$ 和 $NADPH+H^+$，还原型辅酶接受的 H 可通过线粒体生物氧化途径，传递给氧生成水。

③ 生物氧化是一个分步进行的连续过程，每一步均由特殊的酶催化，每一步反应的产物都可以分离出来。这种分步推进的模式有利于温和条件下的能量逐步释放，提高能量利用率。生物氧化释放的能量通过与 ATP 合成偶联，转换成生物体能够直接利用的生物能 ATP。

④ 生物氧化的速度受体内代谢物以及环境等因素的影响和调节。

任务二　生物氧化体系

生物氧化体系的核心问题是氧化代谢物如何脱氢以及脱下的氢的去向这两个关键问题。在生物氧化途径中，代谢物在脱氢酶的作用下脱去 1 分子 H_2，脱下的 H_2 由氧化型辅酶或辅基等接受，变为还原型辅酶或辅基，然后还原型的辅酶或辅基经过线粒体途径进行 H 质子与电子的传递，最终生成能量及 H_2O。因此，生物氧化的实质分为脱氢、递氢和受氢 3 个关键环节。

一、生物氧化体系的类型

不同的生物体，由于机体所含的氧化还原酶种类不同，因此，其氧化方式也不尽相同，即脱氢、递氢和受氢方式有所区别，因此，构成了不同的氧化体系。根据生物氧化体系中是否有氧参与，分为有氧氧化体系和无氧氧化体系。

（一）有氧氧化体系

有氧氧化体系是指生物氧化过程中，以分子态氧作为 H 的最终受体，生成 CO_2 和 H_2O，并释放出大量能量，也称有氧呼吸。线粒体是真核细胞内的一种细胞器，是生物氧化和能量转换的主要场所。参与生物氧化的各种酶类如脱氢酶、电子传递体、偶联磷酸化酶类等都分布在线粒体内膜和嵴上。有氧呼吸中代谢物脱下的氢经过一系列的传递体进行传递并最终生成 CO_2 和 H_2O 的过程称为呼吸链。生物氧化过程中 H 原子的传递实质是电子的传递，也称电子传递链。电子传递链在真核生物细胞内，位于线粒体内膜上，而原核生物则位于细胞膜上。

1. 电子呼吸链中重要的蛋白质和酶

目前已发现的参与呼吸链的成分有 20 多种，其中重要的蛋白质和酶可分为五类。

（1）以 NAD^+ 或 $NADP^+$ 为辅酶的脱氢酶　这类酶也称烟酰胺脱氢酶，能催化代谢物脱氢，脱下的氢由其氧化型辅酶 NAD^+ 或 $NADP^+$ 接受并被还原成 $NADH+H^+$ 和 $NADPH+H^+$。

（2）黄素酶　也称黄素脱氢酶，是一类以黄素单核苷酸（FMN）或黄素腺嘌呤二核苷酸（FAD）为辅基的不需氧脱氢酶。代谢物脱下氢并分别加到 FMN 或 FAD 分子的异咯嗪的 N_1 和 N_{10} 位上，使其氧化态的 FMN 或 FAD 变成还原态的 $FMNH_2$ 或 $FADH_2$。

（3）铁硫蛋白　铁硫蛋白（简写为 Fe-S）又称为铁硫中心，是存在于线粒体内膜上的一类金属蛋白质，参与电子的传递，其分子结构中含有辅基铁硫中心，借助 Fe^{2+} 和 Fe^{3+} 化合价的转变实现电子的传递，主要以 2Fe-2S 或 4Fe-4S 形式存在。

（4）辅酶 Q（CoQ） 是一种脂溶性醌类化合物，在自然界广泛存在，也称泛醌。不同的 CoQ 侧链异戊二烯基数目不同。CoQ 醌型结合两个氢而被还原为氢醌，其分子结构中的苯醌能可逆地进行加氢和脱氢，在呼吸链中起传递氢的作用，是电子传递链中唯一的非蛋白质电子载体。

  科学典故

辅酶 Q

辅酶 Q 存在广泛，不同来源的辅酶 Q 其侧链异戊烯单位数目不同，人类和哺乳动物是 10 个异戊烯单位，故称辅酶 Q_{10}，于 1957 年被发现。1958 年，辅酶 Q_{10} 研究之父——美国德克萨斯大学的卡鲁福鲁卡斯博士确认其化学结构，并因此获得了美国化学学会的最高荣誉——Priestly Medal。在实际生活中，他 40 多年来坚持服用 Q_{10}，直到 91 岁去世，这也使得他一直被认为精力最充沛的教授之一。辅酶 Q_{10} 能激活人体细胞和细胞能量的营养，具有提高人体免疫力、增强抗氧化、延缓衰老和增强人体活力等功能，医学上广泛用于心血管系统疾病，也作为营养保健品及食品添加剂使用。

（5）细胞色素（Cyt） 细胞色素是一类含有血红素辅基的含铁电子传递体，铁原子位于卟啉环中心，构成血红素。线粒体呼吸链中主要含有细胞色素 a、a_3、b、c 和 c_1 等，辅基分别为血红素 A、B 和 C。细胞色素 a、b 和 c 通过紫外-可见吸收光谱进行鉴别，但目前对细胞色素 a 和 a_3 分开比较困难，也写成细胞色素 aa_3。细胞色素铁卟啉中的铁原子以共价键和配位键与卟啉环和蛋白质结合，卟啉环中心的铁原子可以进行 Fe^{3+} 和 Fe^{2+} 的互变，从而起传递电子的作用。

2. 电子呼吸链的类型

生物氧化体系根据其是否需要传递体可分为不需要传递体的生物氧化体系和需要传递体的生物氧化体系两类。

不需要传递体的生物氧化体系代谢物经氧化酶（含金属离子的酶）和需氧脱氢酶（以 FAD 或 FMN 为辅酶）脱氢可直接传递给分子态氧，生成 H_2O。氧化酶催化的生物氧化只能以分子氧作为最终的电子受体，因此，只能在有氧条件下进行。需氧脱氢酶能激活代谢物分子中的 H 并脱下，解离后释放出两个 H 离子和 2 个电子，需氧脱氢酶的辅酶（FAD 或 FMN）可将代谢物脱下的氢传递给分子氧，并生成 H_2O_2。过氧化氢可氧化体内的其他物质（如醛氧化为酸）或分解为 H_2O 和 O_2。无氧条件下，可以以亚甲蓝或醌为氢的受体，因此，需氧脱氢酶也可在无氧条件下进行生物氧化。

需要传递体的生物氧化体系是机体内最主要的氧化体系。呼吸链是典型的多酶氧化还原复合体系，根据受氢体的不同，分为 NADH 氧化呼吸链和 $FADH_2$ 氧化呼吸链两类。

NADH 氧化呼吸链在自然界的生物中普遍存在，糖、脂肪和蛋白质的生物氧化均由该生物氧化途径进行，是以 NAD^+ 为辅酶的脱氢酶催化的生物氧化，是细胞中最重要的电子传递呼吸链和生物体最主要的生物氧化方式。代谢物脱下的 H 由氧化型 NAD^+ 接受并被还原为 NADH+H^+，NADH+H^+ 再通过呼吸链将氢传给氧生成水。实验证明，NADH 氧化呼吸链每传递 2 个 H 约生成 2.5 分子 ATP。以 $NADPH^+$ 为辅酶的脱氢酶催化代谢物脱氢生成的 NADPH 大多存在于线粒体外，主要提供合成代谢"还原力"。线粒体内生成的少量 NADPH 可由转氢酶催化生成 NADH，再进入呼吸链被氧化。NADH 氧化呼吸链顺序见图 7-1。

$FADH_2$ 氧化呼吸链也称琥珀酸氧化呼吸链，是以 FAD 为辅基的脱氢酶催化的生物氧化。TCA 循环中的琥珀酸脱氢酶和脂肪酸 β-氧化中的脂酰 CoA 脱氢酶的辅基为 FAD，能催化底物脱下的 2H 交由 FAD 生成 $FADH_2$ 进行电子传递。实验证明，$FADH_2$ 氧化呼吸链每传递 2H 约生成 1.5 分子 ATP。$FADH_2$ 氧化呼吸链顺序见图 7-2。

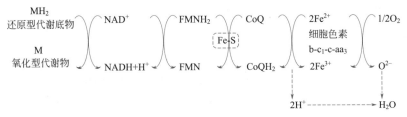

图 7-1　NADH 氧化呼吸链顺序

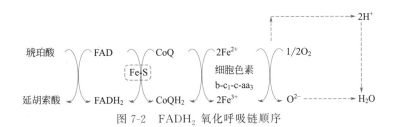

图 7-2　$FADH_2$ 氧化呼吸链顺序

(二) 无氧氧化体系

无氧氧化体系是在无氧条件下，以有机物或无机物为最终氢受体的生物氧化，根据受氢体的不同，可以分为以有机物为最终氢受体的无氧氧化体系和以无机物为最终氢受体的无氧氧化体系。

以有机物为最终氢受体的无氧氧化体系通常是将代谢物脱下的 H 传递给氧化型 $NADP^+$ 并将其还原为 $NADPH+H^+$，然后再由 $NADPH+H^+$ 将 H 交给代谢分解产生的新有机物并使之还原。如葡萄糖的乙醇发酵。3-磷酸甘油醛被 3-磷酸甘油醛脱氢酶脱氢，氧化为 1,3-二磷酸甘油酸，脱下的氢交给脱氢酶辅酶 NAD^+ 并将其还原为 $NADH+H^+$，而乙醛在乙醇脱氢酶（辅酶为 NAD）催化作用下，接受 $NADH+H^+$ 的 H 所携带的 2H 还原生成乙醇。

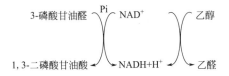

以无机物为最终氢受体的无氧氧化体系主要以 NO_3^-、NO_2^-、SO_4^{2-}、$S_2O_3^{2-}$、CO_2 等无机物作为代谢物脱氢的 H（电子）受体，H（电子）传递过程中不仅有 NAD^+ 参与，还有细胞色素参与。由于最终 H 受体的不同，传递体的组成结构也不尽相同，如脱磺脱硫弧菌的无氧氧化体系见图 7-3。

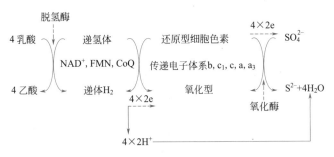

图 7-3　脱磺脱硫弧菌的无氧氧化体系

二、生物氧化酶类

1. 氧化酶类

氧化酶一般是含金属 Cu^{2+} 和 Fe^{3+} 的金属酶,能以氧作为电子接受体。它们在催化代谢物脱氢的同时,通过 Cu^{2+} 和 Fe^{3+} 氧化态与还原态的互变,将传递体或底物的 2e 传给氧并使其激活为 O^{2-},再与 $2H^+$ 结合生成水。常见的氧化酶有细胞色素氧化酶和抗坏血酸氧化酶等。氧化酶类的作用机制见图 7-4。

2. 脱氢酶类

脱氢酶类是指能使底物分子结构中的氢活化、脱落并传递给受氢体或中间传递体的一类酶的总称。脱氢酶类其作用机制见图 7-5。根据氢受体不同,分为需氧脱氢酶和不需氧脱氢酶 2 类。

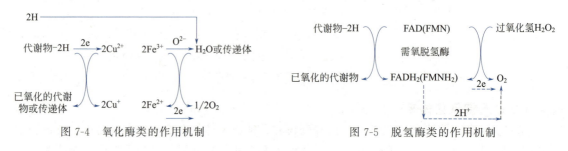

图 7-4 氧化酶类的作用机制　　　　图 7-5 脱氢酶类的作用机制

常见不需氧脱氢酶见表 7-1。

表 7-1 常见不需氧脱氢酶

酶	辅酶	催化的反应
乙醇脱氢酶	NAD^+	乙醇 + NAD^+ ⟶ 乙醛 + $NADH + H^+$
3-磷酸甘油醛脱氢酶	NAD^+	3-磷酸甘油醛 + Pi + NAD^+ ⟶ 1,3-二磷酸甘油酸 + $NADH + H^+$
磷酸甘油脱氢酶	NAD^+	α-磷酸甘油 + NAD^+ ⟶ 磷酸二羟基丙酮 + $NADH + H^+$
丙酮酸脱氢酶	NAD^+	丙酮酸 + CoA + NAD^+ ⟶ 乙酰 CoA + CO_2 + $NADH + H^+$
乳酸脱氢酶	NAD^+	乳酸 + NAD^+ ⟶ 丙酮酸 + $NADH + H^+$
异柠檬酸脱氢酶	NAD^+ 或 $NADP^+$	异柠檬酸 + NAD^+ ⟶ 草酰琥珀酸 + $NADH + H^+$
α-酮戊二酸脱氢酶	NAD^+	α-酮戊二酸 + CoA + NAD^+ ⟶ 琥珀酰 CoA + CO_2 + $NADH + H^+$
苹果酸脱氢酶	NAD^+	苹果酸 + NAD^+ ⟶ 草酰乙酸 + $NADH + H^+$
6-磷酸葡萄糖脱氢酶	$NADP^+$	6-磷酸葡萄糖 + $NADP^+$ ⟶ 5-磷酸葡萄糖酸内酯 + $NADP + H^+$
6-磷酸葡萄糖酸脱氢酶	$NADP^+$	6-磷酸葡萄糖酸 + $NADP^+$ ⟶ 5-磷酸核酮糖 + $NADP + H^+$
β-羟脂酰 CoA 脱氢酶	NAD^+	β-羟脂酰 CoA + NAD^+ ⟶ β-酮脂酰 CoA + $NADH + H^+$
L-谷氨酸脱氢酶	NAD^+ 或 $NADP^+$	L-谷氨酸 + H_2O + NAD^+ ⟶ α-酮戊二酸 + $NADH + H^+$ + NH_3
琥珀酸脱氢酶	FAD	琥珀酸 + FAD ⟶ 延胡索酸 + $FADH_2$
脂酰 CoA 脱氢酶	FAD	脂酰 CoA + FAD ⟶ 烯脂酰 CoA + $FADH_2$
NADH 脱氢酶	FMN	$NADH + H^+$ + FAD ⟶ NAD^+ + $FADH_2$

根据氢受体不同,可分为以黄素核苷酸为辅基的脱氢酶和以烟酰胺核苷酸为辅酶的脱氢酶两类。以黄素核苷酸为辅基的脱氢酶是以黄素单核苷酸（FMN）或黄素腺嘌呤二核苷酸（FAD）为辅基,酶蛋白与辅基以共价键相连,能催化代谢物脱氢氧化,并以氧分子为氢受体,生成过氧化氢（H_2O_2）,常见的这类酶如黄嘌呤氧化酶、氨基酸氧化酶等。而以烟酰胺核苷酸为辅酶的脱氢酶是以 NAD^+ 或 $NADP^+$ 为辅酶,催化代谢物脱氢,NAD^+ 或 $NADP^+$ 为氢受体,变为 $NADH + H^+$ 和 $NADP + H^+$。通过电子传递体,最终传给氧生成水。这类酶不能以氧为直接受氢体,属于不需氧脱氢酶。目前,已发现以烟酰胺核苷酸为辅酶的脱氢酶有 200 多种。常见的以 NAD^+ 或 $NADP^+$ 为辅酶的脱氢酶见表 7-2。

表 7-2 常见以 NAD^+ 或 $NADP^+$ 为辅酶的脱氢酶

酶	底物	产物	辅酶
乙醇脱氢酶	乙醇	乙醛	NAD^+
异柠檬酸脱氢酶	异柠檬酸	α-酮戊二酸，CO_2	NAD^+、$NADP^+$
磷酸甘油脱氢酶	α-磷酸甘油	磷酸二羟基丙酮	NAD^+
乳酸脱氢酶	乳酸	丙酮酸	NAD^+
3-磷酸甘油醛脱氢酶	3-磷酸甘油醛	1,3-二磷酸甘油醛	NAD^+
6-磷酸葡萄糖脱氢酶	6-磷酸葡萄糖	6-磷酸葡萄糖	$NADP^+$
谷氨酸脱氢酶	L-谷氨酸	α-酮戊二酸，NH_4^+	NAD^+、$NADP^+$
谷胱甘肽还原酶	氧化型谷胱甘肽	还原型谷胱甘肽	NADPH
苹果酸脱氢酶	苹果酸	草酰乙酸	NAD^+
硝酸还原酶	硝酸	亚硝酸盐	NADH

任务三　生物氧化过程中能量转变

一、高能化合物

高能化合物是生物体贮存能量、释放能量的重要中间体。通常情况下，将水解或基团转移时能释放出超过 20.9kJ/mol 能量的化学键称为高能键，含有高能键的化合物称为高能化合物，高能键常用符号～或 ⌇⌇ 表示。常用的高能键有高能磷酸酯键和硫酸酯键。生物体内常见的高能化合物有 1,3-二磷酸甘油酸、磷酸烯醇式丙酮酸、乙酰 CoA、磷酸肌酸以及 ATP 等。最典型的高能化合物就是 ATP，即腺苷三磷酸，结构见图 7-6。

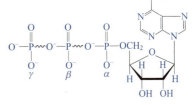

图 7-6　腺苷三磷酸（ATP）的高能键
"⌇⌇"代表水解时产生高能的键

腺苷三磷酸结构中的 γ 和 β 磷酸基团可依次从 ATP 的 γ 端水解，分别形成腺苷二磷酸（ADP）和腺苷一磷酸（AMP），ATP 的前两个磷酸基团水解时各释放出 30.5kJ/mol 能量，第三个磷酸基团水解时释放出 14.2kJ/mol 能量。需注意的是，这里所说的高能键需与物理化学上的高能键区别开来。物理化学上，键能是断裂一个键所需要的能量；生物化学上，高能键是指水解反应或基团转移反应中的标准自由能变化，水解时释放的自由能愈多，这个键就愈不稳定，愈容易被水解而断裂。

生物机体内高能化合物种类繁多，主要有磷氧键型、氮磷键型、硫酯键型和甲硫键型等形式的高能化合物。磷氧键型的高能化合物可分为酰基磷酸化合物、焦磷酸化合物和烯醇式磷酸化合物三个主要类型。酰基磷酸化合物主要有 1,3-二磷酸甘油酸、乙酰磷酸、氨甲酰磷酸、酰基腺苷酸（图 7-7）；焦磷酸化合物主要有无机焦磷酸和 ATP；烯醇式磷酸高能化合物如磷酸烯醇式丙酮酸。

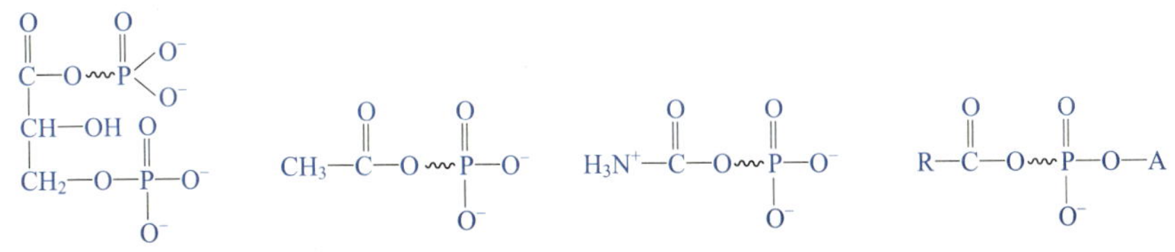

1,3-二磷酸甘油酸　　乙酰磷酸　　氨甲酰磷酸　　酰基腺苷酸

图 7-7　常见酰基磷酸高能化合物的化学结构

氮磷键型高能化合物如磷酸肌酸、磷酸精氨酸，结构见图 7-8。

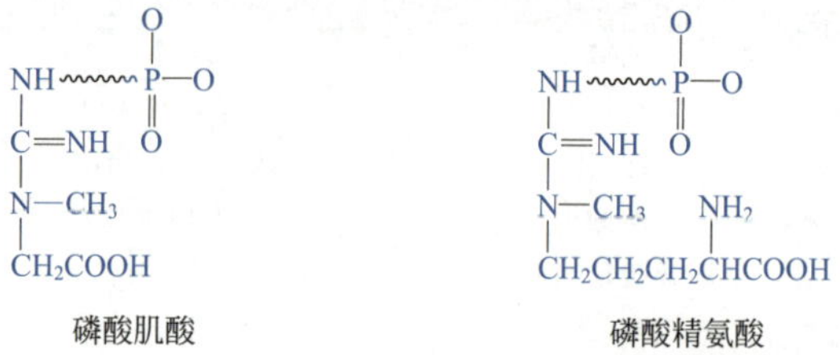

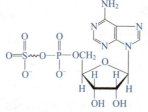

磷酸肌酸　　　　　　　　　磷酸精氨酸

图 7-8　氮磷键型高能化合物的化学结构

知识链接

磷酸肌酸的临床应用

磷酸肌酸担当着补充腺苷三磷酸能量储备的作用，外源性的磷酸肌酸能够维持细胞的高能磷酸水平。磷酸肌酸是心肌保护剂，临床用于治疗横纹肌活性不足，作为心脏疾病的辅助治疗药物，但不能代替心脏的动力学治疗，还可加入心脏停搏液中，作为对心脏手术的保护手段之一。国外资料显示，磷酸肌酸还可作为营养补充药物，用于治疗代谢性疾病。

硫酯键型高能化合物主要有活性硫酸基类化合物 3′-磷酸腺苷-5′-磷酸硫酸（结构见图 7-9）和酰基辅酶 A。

甲硫键型高能化合物如 S-腺苷甲硫氨酸，结构见图 7-10。

图 7-9　3′-磷酸腺苷-5′-磷酸硫酸高能化合物的化学结构 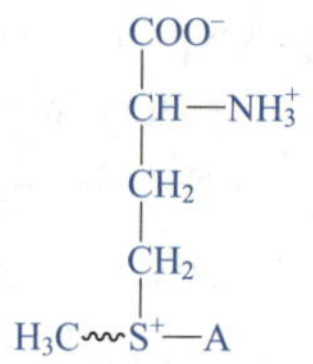　　　图 7-10　S-腺苷甲硫氨酸高能化合物的化学结构

高能化合物以含磷酸基团化合物居多，但并非所有含磷酸基团的化合物均为高能化合物，如 6-磷酸葡萄糖和磷脂酰甘油等化合物，水解时每摩尔释放的能量<20.9kJ/mol，称为低能磷酸化合物。常见磷酸化合物水解的标准自由能见表 7-3。

表 7-3　常见磷酸化合物磷酸基团释放的能量

类别	化合物	磷酸基团释放的能量/(kJ/mol)
高能化合物	磷酸烯醇式丙酮酸	-61.9
	1,3-二磷酸甘油酸	-49.3
	磷酸肌酸	-43.1
	乙酰磷酸	-42.3
	磷酸精氨酸	-32.2
	ATP(→ADP+Pi)	-30.5
	ADP(→AMP+Pi)	-30.5

续表

类别	化合物	磷酸基团释放的能量/(kJ/mol)
低能化合物	AMP(→腺苷＋Pi)	−14.2
	1-磷酸葡萄糖	−20.9
	6-磷酸果糖	−15.9
	6-磷酸葡萄糖	−13.8
	1-磷酸甘油	−9.2

ATP 在磷酸型高能化合物中具有特殊意义。在细胞酶促磷酸基团转移中是一个"共同中间体"，其作为磷酸基团共同中间传递体的作用可用图 7-11 表示。

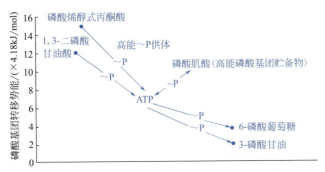

图 7-11　ATP 作为磷酸基团共同中间传递体示意图

ATP 是能量的携带者和转运者，并非为能量最终贮存者。ATP 在体内很快被消耗殆尽，因此，机体需源源不断地合成 ATP 才能保证机体正常生理功能。在生物体内，主要以磷酸型物质贮藏能量，如脊椎动物的磷酸肌酸。ATP 浓度较高时，肌酸接受 ATP 高能磷酸基团形成磷酸肌酸。ATP 浓度低时，磷酸肌酸释放高能磷酸基团转移给 ADP。磷酸肌酸仅通过此唯一途径转移磷酸基团，是 ATP 高能磷酸基团的贮存库。肌肉中磷酸肌酸的含量比 ATP 高 3～4 倍，以保证 ATP 处于相对稳定的水平。对于无脊椎动物来说，则以磷酸精氨酸作为磷酸原贮藏能量。

二、ATP 的生成

在生物氧化过程中，氧化放能反应常常伴有磷酸化反应，将氧化释放的一部分自由能以 ATP 形式存在。ATP 水解可以生成 ADP 和高能磷酸键，而 ADP 接受高能磷酸键又生成了 ATP，ATP 和 ADP 之间的相互转变保证了机体能量代谢的平衡。生物体 ATP 生成的主要方式有底物水平磷酸化和氧化磷酸化两种方式，其中，以氧化磷酸化最为主要。

底物水平磷酸化（substrate level phosphorylation）是指底物在代谢时，因发生脱氢或脱水反应，分子结构内部重新进行能量分布，形成高能磷酸化合物并将高能磷酸基团转移给 ADP 生成 ATP 的氧化磷酸化方式。EMP 途径中的 1,3-二磷酸甘油酸变为 3-磷酸甘油酸和磷酸烯醇式丙酮酸变为丙酮酸的两步反应均以底物水平磷酸化形式实现。在 TCA 循环中，琥珀酰辅酶 A 转变为琥珀酸也是以底物水平磷酸化形式完成的，是三羧酸循环途径中唯一一次底物水平磷酸化。

氧化磷酸化（oxidative phosphorylation）是生物体最主要的 ATP 生成方式，约占到体内 ATP 生成总量的 80% 以上。氧化磷酸化是指在生物氧化过程中，底物脱下的 H 通过电子呼吸链传递给 O 生成水，所释放的能量偶联 ADP 磷酸化生成 ATP 的过程，也称呼吸链磷酸化或氧化磷酸化偶联。

氧化磷酸化在细胞内的线粒体中进行。研究氧化磷酸化最常用的方法是测定线粒体的 P/O 比值或氧化还原对电位差。P/O 比值是指每消耗 1mol 氧所消耗无机磷酸的物质的量（摩尔）。根据 P/O 值可测定氧化磷酸化过程中所产生的 ATP 的数量。实验证明，在呼吸链中存在 3 个氧化磷酸化的偶联部分，有 3 个部位释放的自由能能使 ADP 磷酸化生成 ATP，这 3 个部位分别为 NADH→CoQ、Cytb→Cytc 和 Cytaa$_3$→O$_2$。通过 NADH 氧化呼吸链，每传递 2 个 H 可生成 2.5mol ATP；FADH$_2$ 氧化呼吸链，每传递 2 个 H 可生成 1.5mol ATP。见图 7-12。

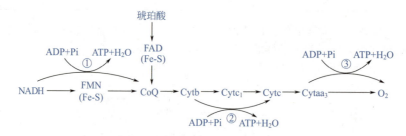

图 7-12　线粒体呼吸链氧化磷酸化偶联产生 ATP 的部位
图中的①、②、③分别为氧化磷酸化偶联部位

此外，也可测定氧化磷酸化过程中氧化还原电子对之间的电位差，若电位差大于 0.2V 时，即有 1mol ATP 生成。NADH→CoQ、Cytb→Cytc 和 Cytaa$_3$→O$_2$ 这 3 个部位的氧化还原对电位差分别为 0.33V、0.31V 和 0.58V，均大于 0.2V，在此部位可各生成 1 分子 ATP，结论与测定线粒体 P/O 值一致。

 知识链接

ATP 的临床应用

纯净的 ATP 呈白色粉末状，能溶于水。作为一种药品，ATP 有提供能量和改善患者新陈代谢状况的作用，常用于辅助治疗肌肉萎缩、脑出血后遗症、心肌炎等疾病。ATP 片剂可以口服，注射液可供肌内注射或静脉滴注。

三、生物体放能与贮能偶联

生物合成、肌肉收缩和蛋白质主动运输等都需要能量，这些能量需与氧化反应偶联才能获得。生物体内放能反应与贮能反应偶联是通过高能化合物或载体实现的，氢载体循环和磷酸循环就是生物体放能与贮能偶联的最常见形式。见图 7-13。

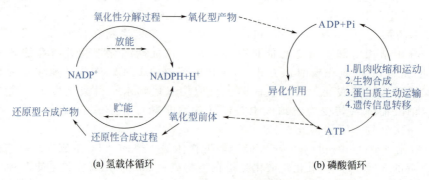

图 7-13　生物体放能与贮能偶联示意图

任务四 生物氧化中 CO_2 和 H_2O 的生成

一、CO_2 的生成

生物体内的 CO_2 生成并非碳与氧直接化合生成，而是通过脱羧生成，糖和脂肪等转变生成的有机酸通过脱羧生成 CO_2。根据脱羧位置分为 α-脱羧和 β-脱羧。α-氧化脱羧如丙酮酸与 CoA 在丙酮酸氧化脱羧酶系的作用下生成乙酰 CoA（脱羧过程伴随氧化），β-氧化脱羧如苹果酸脱羧生成丙酮酸（脱羧过程伴随氧化）。

$$CH_3COOH + CoASH + NAD^+ \xrightarrow{丙酮酸脱羧酶} CH_3CSCoA + CO_2 + NADH + H^+$$
（丙酮酸） （辅酶 A） （乙酰辅酶 A）

$$\begin{matrix}COOH\\|\\CHOH\\|\\CH_2\\|\\COOH\end{matrix} + NADP^+ \xrightarrow{苹果酸酶} \begin{matrix}COOH\\|\\C=O\\|\\CH_3\end{matrix} + CO_2 + NADPH + H^+$$
（苹果酸） （丙酮酸）

根据脱羧过程是否伴随氧化分为氧化脱羧和直接脱羧两种。氧化脱羧如丙酮酸脱羧生成乙醛，而直接脱羧如草酰乙酸脱羧生成丙酮酸。

$$CH_3CCOOH \xrightarrow{丙酮酸脱羧酶} CH_3CHO + CO_2$$
（丙酮酸） （乙醛）

$$HOOCCH_2CCOOH \xrightarrow{草酰乙酸脱羧酶} CH_3CCOOH + CO_2$$
（草酰乙酸） （丙酮酸）

二、H_2O 的生成

生物氧化中水的生成是由代谢物脱下的氢原子经电子呼吸传递链与氧结合形成。生物氧化中水的形成可以概括为两个阶段：第一阶段是脱氢酶将底物上的氢激活，氢脱落下来；第二阶段是氧化酶将从空气中吸收的氧活化，活化的氧作为底物脱下来的氢的最终受体生成水。植物和部分微生物还可以利用硝酸根、硫酸根等氧化物作为受氢体。

知识拓展

影响氧化磷酸化的因素

呼吸抑制剂：对递氢或递电子过程和 ADP 磷酸化均有抑制作用的药物和毒物称为氧化磷酸化的抑制剂，如异构巴比妥（麻醉药）、鱼藤酮（杀虫剂）、大黄酸等抑制 NADH→Q 之间的氢传递，抗霉素 A 抑制 Q→Cytc 之间的电子传递，氰化物、叠氮化物、CO 和 H_2S 则抑制细胞 $Cytaa_3$ 与氧之间的电子传递。

解偶联剂：不影响呼吸链电子传递，而解除氧化磷酸化的偶联作用。如 2,4-二硝基苯酚（DNP），使 ADP 不能磷酸化形成 ATP。又如感冒或患某种传染性疾病时，体温升高就是细菌或病毒产生某种解偶联剂，影响氧化磷酸化的正常进行，导致较多的能量转变成热能。

> 离子载体抑制剂：这些物质可与 K^+、Na^+ 形成脂溶性复合物，将线粒体内的 K^+、Na^+ 转移到胞液，在转移过程中消耗了能量，从而抑制了 ADP 磷酸化生成 ATP 的作用，如短杆菌肽、缬氨霉素等。

重点小结

重 点	难 点
1. 生物氧化是指糖类、脂肪、蛋白质等有机物质在细胞中进行氧化分解生成 CO_2 和 H_2O，并释放出能量以供机体生命活动需要的过程。生物氧化分为大分子降解为基本结构单位、代谢生成共同的中间产物和共同中间产物进入 TCA 循环彻底氧化生成 CO_2 和 H_2O 3 个阶段。 2. 电子呼吸链中重要的蛋白质和酶有以 NAD^+ 或 $NADP^+$ 为辅酶的脱氢酶、黄素酶、铁硫蛋白、辅酶 Q(CoQ) 和细胞色素(Cyt)。 3. 生物氧化体系根据其是否需要传递体可分为不需要传递体的生物氧化体系和需要传递体的生物氧化体系两类。不需要传递体的生物氧化体系代谢物经氧化酶(含金属离子的酶)和需氧脱氢酶(以 FAD 或 FMN 为辅酶)脱氢可直接传递给分子态氧，生成 H_2O。需要传递体的生物氧化体系是机体内最主要的氧化体系。呼吸链是典型的多酶氧化还原复合体系，根据受氢体的不同，分为 NADH 氧化呼吸链和 $FADH_2$ 氧化呼吸链两类。 4. 底物水平磷酸化是指底物在代谢时，因发生脱氢或脱水反应，分子结构内部重新进行能量分布，形成高能磷酸化合物并将高能磷酸基团转移给 ADP 生成 ATP 的氧化磷酸化方式。氧化磷酸化是生物体最主要的 ATP 生成方式，是指在生物氧化过程中，底物脱下的 H 通过电子呼吸链传递给 O 生成水，所释放的能量偶联 ADP 磷酸化生成 ATP 的过程，也称呼吸链磷酸化或氧化磷酸化偶联	1. 氧化酶催化的生物氧化只能以分子氧作为最终电子受体，只能在有氧条件下进行。需氧脱氢酶能激活代谢物分子中的 H 并脱下，释放出两个 H 离子和 2 个电子，辅酶(FAD 或 FMN)可将脱下的 H 传递给分子氧，并生成 H_2O_2。无氧条件下，可以以亚甲蓝或醌为氢受体，可在无氧条件下进行生物氧化。 2. NADH 氧化呼吸链每传递 2H 约生成 2.5 分子 ATP。以 $NADPH^+$ 为辅酶的脱氢酶催化代谢物脱氢生成的 NADPH 大多存在于线粒体外，主要提供合成代谢"还原力"。线粒体内生成的少量 NADPH 可由氢酶催化生成 NADH，再进入呼吸链被氧化。$FADH_2$ 氧化呼吸链每传递 2H 约生成 1.5 分子 ATP。 3. 生物机体内高能化合物种类繁多，主要有磷氧键型、氮磷键型、硫酯键型和甲硫键型等形式的高能化合物。 4. 在呼吸链中存在 3 个氧化磷酸化的偶联部分，有 3 个部位释放的自由能能使 ADP 磷酸化生成 ATP，这 3 个部位分别为 NADH→CoQ、Cytb→Cytc 和 Cytaa_3→O_2。通过 NADH 氧化呼吸链，每传递 2 个 H 可生成 2.5mol ATP；$FADH_2$ 氧化呼吸链，每传递 2 个 H 可生成 1.5mol ATP。 5. 生物体内放能反应与贮能反应偶联是通过高能化合物或载体实现的，氢载体循环和磷酸循环就是生物体放能与贮能偶联的最常见形式。 6. 生物体内的 CO_2 生成是通过脱羧生成，糖和脂肪等转变生成的有机酸通过脱羧生成 CO_2，分为 α-脱羧和 β-脱羧。生物氧化中 H_2O 的生成是由代谢物脱下的氢原子经电子呼吸传递链与氧结合形成

课后习题

一、名词解释

生物氧化、底物水平磷酸化、氧化磷酸化、高能化合物。

二、简答题

1. 什么是生物氧化？生物氧化有何特点？
2. 请阐述电子呼吸链中重要的蛋白质和酶有哪些？

3. 请简述电子呼吸链的类型及各类型的特点是什么？
4. 什么是高能化合物？常见的高能化合物有哪些？
5. 请简述底物水平磷酸化和氧化磷酸化的定义及生理意义。
6. 什么是 P/O 值？
7. 生物氧化中 H_2O 和 CO_2 生成的途径主要有哪些？

三、选择题

1. 下列化合物中不含高能键的是（　　）。
   A. 磷酸烯醇式丙酮酸　　　　　　　B. 磷酸肌酸
   C. ADP　　　　　　　　　　　　　D. G-6-P
2. ATP 含有（　　）个高能键。
   A. 1　　　　　B. 2　　　　　C. 3　　　　　D. 4
3. 生物体内 ATP 最主要的来源是（　　）。
   A. 糖酵解　　　B. TCA 循环　　　C. 磷酸戊糖途径　　　D. 氧化磷酸化作用
4. 线粒体外 NADH 经 α-磷酸甘油穿梭作用，进入线粒体内实现氧化磷酸化，其 P/O 值为（　　）。
   A. 0　　　　　B. 1.5　　　　　C. 2.5　　　　　D. 3.5
5. 当电子通过呼吸链传递给氧被 CN^- 抑制后，这时偶联磷酸化（　　）。
   A. 在部位 1 进行　　　B. 在部位 2 进行　　　C. 部位 1、2 仍可进行
   D. 在部位 1、2、3 都可进行　　　E. 在部位 1、2、3 都不能进行，呼吸链中断
6. NADH 经苹果酸-天冬氨酸穿梭系统进入线粒体，可以产生 ATP 的数量为（　　）。
   A. 1　　　　　B. 1.5　　　　　C. 2.5　　　　　D. 3.5
7. 肌肉组织中肌肉收缩所需要的大部分能量以（　　）形式贮存。
   A. ADP　　　　　　　　　　　　　B. 磷酸肌酸
   C. ATP　　　　　　　　　　　　　D. 磷酸烯醇式丙酮酸
8. CO 影响氧化磷酸化的机制为（　　）。
   A. 加速 ATP 水解为 ADP 和 Pi
   B. 解偶联作用
   C. 使物质氧化所释放的能量大部分以热能形式消耗
   D. 影响电子在细胞色素 aa_3 与 O_2 之间的传递
9. 调节氧化磷酸化的重要激素是（　　）。
   A. 甲状腺激素　　　B. 生长素　　　C. 胰岛素　　　D. 肾上腺素
10. 代谢物每脱下 2 个 H 经 NADH 氧化呼吸链可生成（　　）mol ATP。
    A. 1.5　　　　　B. 2　　　　　C. 2.5　　　　　D. 3
11. 生物体内最主要的直接供能物质是（　　）。
    A. ADP　　　　　B. ATP　　　　　C. 磷酸肌酸　　　　　D. GTP
12. 各种细胞色素在呼吸链中的排列顺序是（　　）。
    A. c→b→c_1→aa_3　　　　　　　B. c→c_1→b→aa_3
    C. b→c→c_1→aa_3　　　　　　　D. b→c_1→c→aa_3

选择题答案：
1—5：DBDBE　6—10：CBDAC　11—12：BD

项目八 糖代谢

要点导航

掌握：糖酵解、激酶、底物水平磷酸化、三羧酸循环、磷酸戊糖途径、糖原、糖异生、血糖等基本概念；糖酵解途径；糖酵解反应的生理意义；三羧酸循环途径；三羧酸循环的生理意义；糖原合成与分解代谢途径及生理意义；糖异生途径及生理意义；血糖的来源与去路等。

熟悉：糖酵解反应的特点；三羧酸循环的反应特点；磷酸戊糖途径及生理意义；血糖水平的调节等。

了解：糖酵解反应的调节；三羧酸循环的调节；磷酸戊糖途径的调节；糖原合成与分解代谢的调节；糖异生的调节；血糖水平异常导致的代谢疾病等。

导学案例

患者，男性40岁，多食、多饮、消瘦半年。半年前无明显诱因，逐渐食量增加，由原来每天400g逐渐增至500g以上，最多达750g，半年内体重逐渐下降，半年内下降达5kg以上，同时出现烦渴多饮伴尿量增多，经体检：甲状腺（一）。实验室检查：尿蛋白（一），尿糖（＋＋＋），镜检（一），空腹血糖11mmol/L。请分析：该患者可诊断为什么疾病？诊断的依据是什么？

任务一 糖代谢概述

糖类（carbohydrate）是多羟基醛或多羟基酮及其衍生物的总称，是地球上最丰富的生物资源，广泛存在于动植物体内，特别是植物中含量尤为丰富，约占其干重的85%～95%，是人体最重要的能源物质。人体内糖的主要形式是葡萄糖和糖原，人体含糖量约占干重的2%。正常人体所需能量约有50%～70%是由糖分解代谢提供。植物中糖的主要形式为葡萄糖和淀粉。淀粉是人体获得能量的主要来源。糖原和淀粉是葡萄糖的多聚化合物。糖原（或淀粉）和葡萄糖在生物体可通过生物氧化途径提供能量，如糖酵解途径、三羧酸循环、磷酸戊糖途径等（见图8-1）。在生物体处于不同的代谢环境时，生物体可以根据环境的变化采取不同的代谢途径。如缺氧时，葡萄糖可以利用糖酵解途径生成丙酮酸，丙酮酸再还原为乳酸，在氧气供应充足时，葡萄糖可通过三羧酸循环彻底氧化为CO_2和H_2O，并释放出大量的热量。葡萄糖还可以通过磷酸戊糖途径生成5-磷酸核糖和CO_2，同时也生成少量的能量。当食物供应充足时，食物中的糖类经消化道分解成葡萄糖后，葡萄糖可由小肠吸收转运到血液中，并运输到相应的组织中进行糖原合成（如肝脏和肌肉组织中）；而当机体饥饿时，肝糖原可分解为葡萄糖并转运到血液中维持血糖水平。一些非糖物质如乳酸、丙氨酸、丙酮等可经由糖异生途径转化为葡萄糖或糖原。

食物中糖类主要是淀粉，还包括纤维素、糖原、双糖（如麦芽糖、蔗糖、乳糖）及单糖（如葡萄糖和果糖）等。纤维素不能被消化，但纤维素能促进肠道蠕动。无论是多糖还是双糖均需要

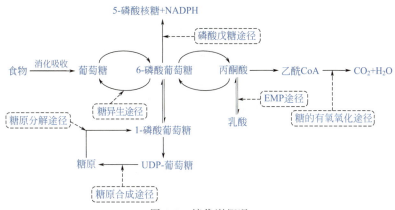

图 8-1　糖代谢概况

在酶的催化作用下，最终水解为单糖（主要是葡萄糖）才能被吸收进入体内代谢。唾液中含有唾液淀粉酶，胃液中不含水解糖的酶类，肠液中有胰腺分泌的胰淀粉酶。肠黏膜细胞存在蔗糖酶和乳糖酶分别水解蔗糖和乳糖。通过消化道酶的作用，可将多糖、寡糖和二糖等分解为葡萄糖。有些成人由于消化道缺乏乳糖酶，在食用牛奶后发生乳糖消化吸收障碍，可引起腹胀、腹泻等症状，称为乳糖不耐受症（lactose intolerance）。葡萄糖在小肠上段处被吸收入血并经门静脉流入肝脏，可在肝脏经糖原合成途径生成肝糖原，也可以经肝静脉进入体循环，转运到全身各组织器官中进行生物氧化。葡萄糖的吸收途径为：单糖→小肠肠腔→小肠黏膜细胞吸收→门静脉入肝→部分在肝内代谢→部分入血循环→被输送到全身各组织代谢。

糖是人体重要的能量来源，1mol 葡萄糖完全氧化成 CO_2 和 H_2O 可产生 2840kJ 的能量，人体所需能量的 50%～70% 来自于糖代谢的氧化供能。糖还是体内重要的结构与信息物质，如细胞膜上的糖脂和糖蛋白，这些糖复合物是细胞膜、神经组织、结缔组织等的主要组分，其糖链部分还参与细胞间识别、细胞黏着、细胞间信息的传导等生物过程。核糖和脱氧核糖还是构成细胞内遗传物质的基础。某些生理功能的活性物质，如免疫球蛋白、部分激素以及大部分凝血因子均为糖蛋白复合体。

任务二　糖的分解代谢

糖的分解代谢是大多数细胞获得能量的主要来源。不同组织器官和细胞中代谢途径有差异，所有组织细胞均可进行糖的分解代谢。糖类分解代谢途径主要有在缺氧条件下进行的糖酵解途径（EMP 途径）、在有氧条件下进行的有氧氧化（如 TCA 循环）和生成 5-磷酸核糖为中间产物的磷酸戊糖途径等。其中，以有氧氧化产生的能量最多。糖代谢产生的众多中间产物可以相互转变，分解代谢产生的能量可提供机体的能量需要，也可为蛋白质的合成、脂肪的合成、糖的合成等提供原料。

一、糖的无氧分解

糖的无氧分解是指葡萄糖或糖原在无氧或缺氧条件下分解成为乳酸并产生少量 ATP 的过程。该过程与酵母菌糖生醇的发酵过程相似，称为糖酵解（glycolysis），该途径也称为 EMP 途径（embden-meyerhol-parnas pathway，EMP）。催化糖酵解的全部系列酶均分布在细胞质中。糖酵解生成乳酸共有 11 个反应步骤，若由糖原开始，则需要 12 个连续反应步骤。糖酵解过程分为两个阶段，即葡萄糖（或糖原）分解生成丙酮酸阶段和丙酮酸还原成乳酸的阶段。

项目八　糖代谢　147

科学典故

糖酵解的发现

1897年,德国生化学家 E. 毕希纳发现离开活体的酿酶具有活性以后,极大地促进了生物体内糖代谢的研究。酿酶发现后的几年之内,就揭示了糖酵解是动植物和微生物体内普遍存在的过程。英国的 F. G. 霍普金斯等于1907年发现肌肉收缩同乳酸生成有直接关系。英国生理学家 A. V. 希尔和德国的生物化学家 O. 迈尔霍夫、O. 瓦尔堡等许多科学家经历了约20年,从每一个具体的化学变化及其所需用的酶、辅酶以及化学能的传递等各方面进行探讨,于1935年终于阐明了从葡萄糖(6碳)转变成为乳酸(3碳)或酒精(2碳)经历的12个中间步骤,并且阐明在这过程中有几种酶、辅酶和 ATP 等参加反应。催化糖酵解反应的一系列酶存在于细胞质中,因此糖酵解全部反应过程均在细胞质中进行。糖酵解是所有生物体进行葡萄糖分解代谢所必须经过的共同阶段。2019年,研究发现,肿瘤细胞会出现不同于正常细胞的代谢变化,同时肿瘤细胞自身可通过糖酵解和氧化磷酸化(OXPHOS)之间的转换来适应代谢环境的改变。

(一) 糖酵解反应历程

1. 丙酮酸的生成

(1) 6-磷酸葡萄糖的生成(葡萄糖的活化) 葡萄糖在肝外己糖激酶(hexokinase,HK)或肝内葡萄糖激酶的催化下,活化为 6-磷酸葡萄糖(6-P-G),反应不可逆。经磷酸化的葡萄糖不能自由通过细胞膜。因此,磷酸化后可以防止葡萄糖由细胞膜内逸出。己糖激酶为糖酵解途径的关键酶,Mg^{2+} 是酶的必需激活剂。己糖激酶活性受到产物 6-磷酸葡萄糖的别构抑制。

糖原在糖原磷酸化酶的催化下从非还原端葡萄糖基进行磷酸化,分解生成 1-磷酸葡萄糖,在磷酸葡萄糖变位酶异构作用下变成 6-磷酸葡萄糖。该反应的磷酸来源于细胞质中无机磷,反应不耗能。

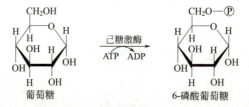

激酶(kinase)是指将 ATP 的磷酸基团转移给特定底物并使底物磷酸化的酶。己糖激酶是以六碳糖为底物,催化磷酸基因从 ATP 转移到己糖分子,反应由 ATP 提供磷酸基团,需要 Mg^{2+} 参与,广泛存在于各组织中,可作用于葡萄糖、果糖、甘露糖、氨基葡萄糖等多种己糖。哺乳动物发现有4种己糖激酶的同工酶,分别称为 Ⅰ~Ⅳ 型,主要存在于肝外组织。对葡萄糖有极强的亲和力,K_m 值较低(约 0.1mmol/L),在极低浓度的葡萄糖条件下,也能进行磷酸化,保证大脑等重要器官即使在饥饿、血糖浓度较低情况下也能获得足够能量。

肝细胞内存在的是 Ⅳ 型己糖激酶,也称为葡萄糖激酶(glucokinase,GK),专一性较强,只催化葡萄糖磷酸化,K_m 值较高(约 10mmol/L),与葡萄糖的亲和力弱,只有饱食或血糖浓度较高时能进行葡萄糖的磷酸化,有利于餐后大量吸收葡萄糖进入肝脏和起到缓冲血糖的作用。

(2) 6-磷酸葡萄糖异构为 6-磷酸果糖 6-磷酸葡萄糖在磷酸己糖异构酶或磷酸葡萄糖异构酶的作用下异构为 6-磷酸果糖,这是醛糖-酮糖同分异构化反应,反应可逆,需要 Mg^{2+} 参与。果糖在 ATP 供能条件下也可由己糖激酶催化转变为 6-磷酸果糖。

(3) 6-磷酸果糖转变为 1,6-二磷酸果糖　在磷酸果糖激酶-1（F-6-PK-1）的催化作用下，6-磷酸果糖 C1 磷酸化生成 1,6-二磷酸果糖（F-1,6-BP），消耗 1 分子 ATP，需 Mg^{2+} 参与，反应不可逆。磷酸果糖激酶-1 为寡聚酶。ATP 和柠檬酸对该酶有抑制作用。6-磷酸果糖激酶-2（F-6-PK-2）能催化 6-磷酸果糖 C2 磷酸化生成 2,6-二磷酸果糖，它不是酵解途径的中间产物，但可以调控糖酵解途径。

(4) 1,6-二磷酸果糖裂解为磷酸丙糖　在醛缩酶催化作用下，1,6-二磷酸果糖裂解为 2 分子磷酸丙糖，即磷酸二羟基丙酮和 3-磷酸甘油醛。该裂解反应是糖酵解过程的重要步骤，反应可逆。

(5) 磷酸丙糖的同分异构化　3-磷酸甘油醛和磷酸二羟基丙酮是同分异构体，在磷酸丙糖异构酶的催化下可互相转变。由于细胞内 3-磷酸甘油醛浓度低，磷酸二羟基丙酮会往 3-磷酸甘油醛方向代谢，可视为 1 分子葡萄糖生成了 2 分子 3-磷酸甘油醛。果糖、半乳糖和甘露糖等已糖也可转变成 3-磷酸甘油醛。磷酸二羟基丙酮是连接糖代谢与甘油代谢的中间代谢物。

(6) 3-磷酸甘油醛氧化生成 1,3-二磷酸甘油酸　3-磷酸甘油醛是糖酵解过程中唯一一次氧化反应，在 3-磷酸甘油醛脱氢酶的催化下，3-磷酸甘油醛经脱氢、磷酸化形成 1,3-二磷酸甘油酸，1,3-二磷酸甘油酸为高能磷酸化合物。反应脱下的氢由 NAD^+ 接受，还原为 $NADH+H^+$。反应中的磷酸来自细胞质中的无机磷。该酶活性中心有半胱氨酸残基，为巯基酶，可被碘乙酸不可逆抑制。

反应（1）～反应（5）为糖酵解途径的耗能步骤，反应（6）开始形成高能磷酸化合物。

(7) 1,3-二磷酸甘油酸转变为 3-磷酸甘油酸　在磷酸甘油酸激酶的催化下，1,3-二磷酸甘油酸将分子内 C1 上具有高能键的磷酸基团转移给 ADP 生成 ATP 和 3-磷酸甘油酸，反应需 Mg^{2+}。这种由高能化合物分子中的高能磷酸基直接使 ADP 磷酸化生成 ATP 的方式称为底物水平磷酸化 (substrate phosphorylation)，是体内生成 ATP 的一种方式，这也是糖酵解过程中第一个产生 ATP 的反应。

1,3-二磷酸甘油酸还可通过磷酸甘油酸变位酶催化生成 2,3-二磷酸甘油酸，它使 ADP 磷酸化生成 ATP，在调节血红蛋白运输氧的过程中起重要作用，故在人体红细胞中含量较高。

研究发现，在第（6）步反应中加入砷酸盐（AsO_4^{3-}）可与 PO_4^{3-} 竞争，形成 1-砷酸-3-磷酸甘油酸，并自发水解生成 3-磷酸甘油酸，但不生成 ATP。砷酸盐能使上述氧化反应与磷酸化解偶联，不影响糖酵解但不生成 ATP。

(8) 3-磷酸甘油酸变位为 2-磷酸甘油酸　在磷酸甘油酸变位酶催化下，3-磷酸甘油酸分子中的 C3 的磷酸基团位移到 C2 上，生成 2-磷酸甘油酸，需 Mg^{2+} 参与，反应可逆。

(9) 2-磷酸甘油酸转变为磷酸烯醇式丙酮酸　在烯醇化酶催化作用下，2-磷酸甘油酸脱去 1 分子水，生成磷酸烯醇式丙酮酸（PEP）。这是糖酵解途径中第 2 个高能磷酸化合物，反应需要 Mg^{2+} 或 Mn^{2+} 参与。由于 F^- 能与 Mg^{2+} 形成络合物并结合到烯醇化酶上，因此，氟化物能抑制烯醇化酶活性。

这是一个分子内脱水形成双键的反应，在脱水过程中发生歧化反应，第 2 个碳原子被氧化，第 3 个碳原子被还原，分子内的能量重新排布生成高能磷酸化合物——磷酸烯醇式丙酮酸。

(10) 丙酮酸生成　在丙酮酸激酶催化下，磷酸烯醇式丙酮酸结构中的高能磷酸基团转移给 ADP 生成 ATP，同时生成烯醇式丙酮酸。丙酮酸激酶催化的这一反应是糖酵解途径中第 2 次底物水平磷酸化，需要 Mg^{2+}、K^+ 或 Mn^{2+} 参与，反应不可逆。丙酮酸激酶为糖酵解的第 3 个关键酶。产物烯醇式丙酮酸极不稳定，能自发进行分子重排形成稳定的丙酮酸。

糖酵解反应全部步骤如图 8-2 所示。

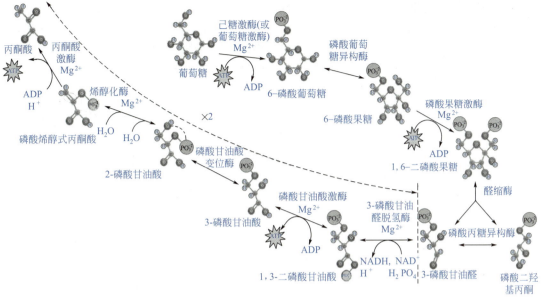

图 8-2 糖酵解反应步骤

2. 丙酮酸还原为乳酸

当机体的组织器官或细胞供氧不足（如剧烈运动的肌肉组织）或缺氧时，在乳酸脱氢酶的催化作用下，丙酮酸经加氢还原可生成乳酸。丙酮酸还原为乳酸的供氢体来自于糖酵解第 6 步（3-磷酸甘油醛脱氢氧化产生的 $NADH+H^+$）。还原型 $NADH+H^+$ 重新氧化转变成 NAD^+ 以保证糖酵解的继续进行。

$$\begin{matrix} COOH \\ | \\ C=O \\ | \\ CH_3 \end{matrix} \xrightarrow[NAD^+]{\overset{乳酸脱氢酶}{NADH+H^+}} \begin{matrix} COOH \\ | \\ CHOH \\ | \\ CH_3 \end{matrix}$$

丙酮酸　　　　　　　　　　乳酸

凡是葡萄糖经发酵只单纯产生 2 分子乳酸的发酵过程称为同型乳酸发酵（lactic acid fermentation），主要微生物有干酪乳杆菌（*Lactobacillus casei*）、德氏乳杆菌保加利亚亚种（*L. bulgaricus*）、嗜酸乳杆菌（*L. acidophilus*）、嗜热链球菌（*Streptococcus thermophilus*）等乳酸菌。若在产生乳酸的同时，还产生如乙醇、乙酸和 CO_2 等多种产物的称为异型乳酸发酵（heterolactic fermentation）。

在有氧条件下，3-磷酸甘油醛脱氢产生的 $NADH+H^+$ 可通过苹果酸穿梭途径和甘油磷酸穿梭从细胞质中进入线粒体，经电子传递链进行生物氧化生成 H_2O 和 ATP。

糖酵解的总反应式可表示为：

$$C_6H_{12}O_6 + 2NAD^+ + 2ADP + 2H_3PO_4 \longrightarrow 2CH_3CHOCOOH + 2ATP + 2H_2O$$

除葡萄糖外，其他己糖也可转变成磷酸己糖进入酵解途径。例如，果糖可在己糖激酶催化下转变成 6-磷酸果糖；半乳糖经半乳糖激酶催化生成 1-磷酸半乳糖，再转变为 1-磷酸葡萄糖，又经变位酶催化生成 6-磷酸葡萄糖；甘露糖经己糖激酶催化生成 6-磷酸甘露糖，后者在异构酶的作用下转变成 6-磷酸果糖。

（二）糖酵解反应的特点

糖酵解反应的特点主要如下。

① 糖酵解反应全部在细胞质中完成，起始物为葡萄糖或糖原，终产物为乳酸。全程无氧参

与。糖酵解反应中生成的 NADH＋H$^+$ 只能用于丙酮酸的还原，生成乳酸。

② 糖酵解通过底物水平磷酸化可产生少量能量，这对于厌氧微生物来说至关重要。糖酵解过程的能量产生发生在 1,3-二磷酸甘油酸变为 3-磷酸甘油酸和磷酸烯醇式丙酮酸变为丙酮酸这两个反应步骤，共生成 4 分子 ATP。由于葡萄糖磷酸化和 6-磷酸果糖转变为 1,6-二磷酸果糖消耗 2 分子 ATP。因此，糖酵解反应（EMP）净生成 ATP 数量为 2。若从糖原开始酵解生成 2 分子乳酸，仅消耗 1 分子 ATP，则净生成 3 分子 ATP。

③ 糖酵解反应 3 个关键酶为肝外己糖激酶（肝内为葡萄糖激酶）、6-磷酸果糖激酶-1 和丙酮酸激酶，催化反应均为不可逆反应，其中，6-磷酸果糖激酶-1 催化活性最低，是最重要的关键酶。

（三）糖酵解的生理意义

糖酵解具有普遍性，从单细胞生物到高等动植物都存在该代谢途径，其生理意义如下。

① 糖酵解是葡萄糖有氧和无氧分解代谢的共同代谢途径，是生物体获得有限能量的主要途径。生物体在剧烈运动或长期运动时，虽通过呼吸和循环加快增加氧的供应，但仍不能满足能量需要。糖酵解获得的能量尽管有限，却是机体在供氧不足或有氧氧化受阻时的能量补救途径。如初到高原时，人体组织细胞常通过增强糖酵解来获得足够能量以适应高原缺氧反应。

② 糖酵解是人体和动物体无氧时获得能量的有效方式。成熟红细胞没有线粒体，不能利用氧进行有氧氧化，糖酵解成为成熟红细胞获得能量的唯一方式。此外，糖酵解也是神经细胞、白细胞和骨髓等组织细胞在有氧情况下获得部分能量的有效方式。

③ 糖酵解中间产物可提供其他物质的合成原料。如磷酸二羟基丙酮是甘油合成原料。丙酮酸可变为丙氨酸或乙酰 CoA，而乙酰 CoA 是脂肪酸合成的原料。3-磷酸甘油醛是丝氨酸、甘氨酸和半胱氨酸合成的原料，可用于蛋白质合成。丙酮酸是丙氨酸和草酰乙酸合成原料，可为蛋白质合成和脂肪合成提供原料。

（四）糖酵解的调节

糖酵解过程中 3 个关键酶催化的反应不可逆，构成 3 个重要的调控节点，特别是 6-磷酸果糖激酶-1 是调节糖酵解最重要的酶。糖酵解受变构效应剂和激素的双重调节。

1. 变构效应剂对关键酶的变构调节

生物体内有多种变构效应剂（代谢物）可调节糖酵解速度，主要通过改变 3 个关键酶的活性来实现。

（1）6-磷酸果糖激酶-1 的调节 6-磷酸果糖激酶-1 是四聚体的变构酶，其催化活性最低，是糖酵解途径的决定性酶，受多种变构效应剂影响。ATP 和柠檬酸是 6-磷酸果糖激酶-1 的变构抑制剂，其结构中具有结合 6-磷酸果糖和 2 个 ATP 的部位，一个位于活性中心内，ATP 是底物结合物；另一个位于活性中心外，ATP 作为变构效应剂结合，亲和力较低，一旦与 ATP 结合，酶活性受到抑制。

当细胞内 ATP 不足时，ATP 主要作为反应底物与活性中心结合，保证酶促反应进行。当 ATP 较多时，ATP 与 6-磷酸果糖激酶-1 的调节部位结合，降低酶活性，减缓糖酵解反应速度。ADP、AMP、1,6-二磷酸果糖和 2,6-二磷酸果糖是 6-磷酸果糖激酶-1 的变构激活剂。AMP 可与 ATP 竞争性结合变构部位，消减了 ATP 的抑制作用。1,6-二磷酸果糖可对 6-磷酸果糖激酶-1 实施正反馈调节，有利于葡萄糖分解。2,6-二磷酸果糖是 6-磷酸果糖激酶-1 最强的变构激活剂，可与 AMP 协同消除 ATP、柠檬酸对 6-磷酸果糖激酶-1 的变构抑制作用。2,6-二磷酸果糖在体内是由 6-磷酸果糖激酶-2 催化 6-磷酸果糖 C2 位磷酸化形成，可被二磷酸果糖磷酸酶-2 去磷酸化生成 6-磷酸果糖，失去调节作用。

（2）丙酮酸激酶的调节 丙酮酸激酶是糖酵解第 2 个重要的调控节点，催化的反应不可逆。1,6-二磷酸果糖、ADP 是其变构激活剂，ATP 和丙酮酸是其变构抑制剂。肝内的丙氨酸也有变构异构抑制作用。此外，依赖 cAMP 的蛋白激酶和钙调蛋白激酶均能使其磷酸化而失去活性。

胰岛素可诱导丙酮酸激酶的合成，胰高血糖素可通过 cAMP 抑制丙酮酸激酶的活性。

(3) 葡萄糖激酶或已糖激酶的调节　6-磷酸葡萄糖对己糖激酶有反馈抑制作用，而肝内的葡萄糖激酶不受 6-磷酸葡萄糖的抑制。长链脂酰 CoA 对葡萄糖激酶有变构抑制作用，这样在饥饿时可减少肝脏等组织摄取葡萄糖。葡萄糖和胰岛素能诱导葡萄糖激酶合成。

2. 激素调节

胰岛素能诱导体内葡萄糖激酶、磷酸果糖激酶、丙酮酸激酶的合成。一般情况下激素的调节作用对关键酶的变构调节或化学修饰调节作用慢，但作用时间较持久。

二、糖的有氧分解

糖在无氧或缺氧条件下产生的能量是极为有限的，大多数细胞都是通过糖的有氧氧化获得大量能量。在供氧充足时，葡萄糖或糖原在糖酵解产生的丙酮酸可由细胞质进入到线粒体进行有氧氧化生成 CO_2 和 H_2O，并释放大量能量，这一过程称为糖的有氧氧化（aerobic oxidation），是糖氧化供能的主要途径。

糖的有氧氧化可分为 3 个阶段：第一阶段为葡萄糖或糖原在细胞质中分解为丙酮酸，在细胞质中完成；第二阶段为乙酰 CoA 的生成，由丙酮酸在丙酮酸脱羧酶系的作用下生成乙酰 CoA，在线粒体中完成；最后一个阶段为 TCA 循环，乙酰 CoA 在线粒体中彻底氧化为 CO_2 和 H_2O，并产生大量能量。

（一）糖有氧氧化的反应历程

1. 葡萄糖或糖原分解为丙酮酸

这一阶段与糖酵解反应基本相同。其区别在于，在糖酵解中，在乳酸脱氢酶的催化作用下，丙酮酸经加氢还原生成乳酸；而在有氧氧化时，3-磷酸甘油醛脱氢生成的 $NADH+H^+$ 通过穿梭方式从细胞质进入线粒体，经过线粒体的电子呼吸链进行电子的传递，并将 H 传递给氧生成水和 ATP。NADH 可以通过苹果酸穿梭途径和甘油磷酸穿梭途径进入线粒体，而绝大多数情况下，NADH 都是经苹果酸穿梭途径进入线粒体电子传递系统氧化，并且 1 分子 NADH 可以产生 2.5 分子 ATP。若 NADH 经甘油磷酸穿梭进入线粒体，则 1 分子 NADH 可以产生 1.5 分子 ATP。

2. 丙酮酸转化为乙酰 CoA

由于葡萄糖或糖原经糖酵解生成 2 分子丙酮酸在细胞质中完成，而乙酰 CoA 的氧化在线粒体中进行，因此，丙酮酸需由细胞质进入到细胞的线粒体基质中。该反应是连通糖酵解与三羧酸循环的重要纽带。丙酮酸氧化脱羧生成乙酰 CoA 的反应如下：

$$\begin{array}{c} COOH \\ | \\ C=O \\ | \\ CH_3 \end{array} + CoA\text{-}SH \xrightarrow[NAD^+ \quad NAD+H^+]{\text{丙酮酸脱氢酶系}} \begin{array}{c} CH_3 \\ | \\ CO\sim SCoA \end{array} + CO_2$$

线粒体是由线粒体内膜和外膜包被的一个细胞器，膜间有空隙，线粒体中央是基质，丙酮酸可以扩散通过线粒体外膜，进入线粒体内膜需借助蛋白质转运。镶嵌在内膜中的丙酮酸转运酶可将丙酮酸由膜间转运到线粒体基质中，在丙酮酸脱氢酶系的作用下进行脱羧氧化生成乙酰 CoA，并在 TCA 循环中彻底氧化，这一步反应是关键性的不可逆的反应，连通了糖酵解与 TCA 循环。丙酮酸脱氢酶系由 3 种酶和 6 种辅助因子组成，这 3 种酶为丙酮酸脱氢酶、二氢硫辛酸脱氢酶和二氢硫辛酸转乙酰基酶，6 个辅助因子为焦磷酸硫胺素（TPP）、辅酶 A、FAD、NAD^+、硫辛酸和 Mg^{2+}。

丙酮酸脱氢酶系催化的反应共有 5 步（图 8-3）：

① 在 TPP 参与下，由丙酮酸脱氢酶催化丙酮酸脱羧生成羟乙基-TPP。

② 在二氢硫辛酸转乙酰基酶催化作用下，羟乙基-TPP 氧化生成乙酰基，并将其转移给硫辛酸生成乙酰硫辛酸。

③ 在二氢硫辛酸转乙酰基酶的作用下，乙酰硫辛酸将乙酰基转移给 CoA 生成乙酰 CoA，同时生成二氢硫辛酸。

④ 在二氢硫辛酸脱氢酶作用下，二氢硫辛酸脱氢，FAD接受氢生成$FADH_2$。

⑤ $FADH_2$将2H交给NAD^+，使之生成$NADH+H^+$。生成的$NADH+H^+$经呼吸链传递给氧生成水，并生成ATP。

丙酮酸脱氢酶复合体作用机制见图8-3。

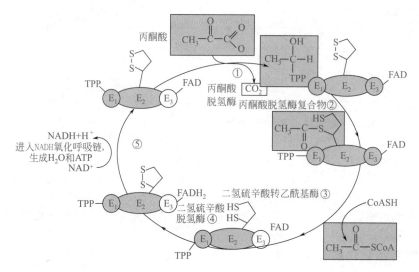

图8-3 丙酮酸脱氢酶复合体作用机制

E_1—丙酮酸脱氢酶；E_2—二氢硫辛酸转乙酰基酶；E_3—二氢硫辛酸脱氢酶

3. 三羧酸循环反应历程及特点

TCA循环由2C的乙酰CoA和4C的草酰乙酸缩合生成6C柠檬酸开始，经过一系列脱氢（氧化）和脱羧等反应，再生成的4C草酰乙酸进入下一轮循环。因TCA循环中由3个含有羧基的柠檬酸开始，因此也称为三羧酸循环（TCA循环），又因由德国科学家Hans Krebs于1973年首先提出，因此也称Krebs循环。

(1) 三羧酸循环反应历程

① 乙酰CoA与草酰乙酸缩合生成柠檬酸 在柠檬酸合成酶的催化下，乙酰CoA与草酰乙酸缩合生成柠檬酸，反应的能量来自于乙酰CoA高能硫酯键水解，并释放出辅酶A，反应不可逆。柠檬酸合成酶是TCA循环的第一关键酶，也是TCA循环的第一个限速步骤。

$$\underset{\text{草酰乙酸}}{\begin{array}{c}O\\\|\\C-COOH\\|\\CH_2\\|\\COOH\end{array}} + \underset{\text{乙酰CoA}}{\begin{array}{c}O\\\|\\C-CH_3\\|\\SCoA\end{array}} + H_2O \xrightarrow{\text{柠檬酸合成酶}} \underset{\text{柠檬酸}}{\begin{array}{c}CH_2COOH\\|\\OH-C-COO^-\\|\\CH_2COOH\end{array}} + \underset{\text{辅酶A}}{HSCoA} + H^+$$

② 柠檬酸异构成异柠檬酸 在顺乌头酸酶（aconitase）的催化下，柠檬酸脱水生成中间产物顺乌头酸，再加水生成异柠檬酸（isocitrate）。反应完成后，柠檬酸C3的羟基转移到C2上生成异柠檬酸。

$$\underset{\text{柠檬酸}}{\begin{array}{c}COOH\\|\\CH_2\\|\\COOH-C-OH\\|\\CH_2\\|\\COOH\end{array}} \xrightarrow{H_2O} \underset{\text{顺乌头酸}}{\left[\begin{array}{c}COOH\\|\\CH\\\|\\C-COOH\\|\\CH_2\\|\\COOH\end{array}\right]} \xrightarrow{H_2O} \underset{\text{异柠檬酸}}{\begin{array}{c}COOH\\|\\H-C-OH\\|\\COOH-C-H\\|\\CH_2\\|\\COOH\end{array}}$$

③ 异柠檬酸氧化脱羧生成 α-酮戊二酸　在异柠檬酸脱氢酶（isocitrate dehydrogenase）的催化下，异柠檬酸氧化脱羧将异柠檬酸（6C）转化为 α-酮戊二酸（5C），反应不可逆。异柠檬酸氧化脱羧生成 α-酮戊二酸分两步进行。首先，异柠檬酸氧化脱氢，NADH（NADPH）接受 H 后还原成 NADH（NADPH）+H$^+$，并生成草酰琥珀酸。

$$\begin{array}{c}\text{HO-CH-COOH}\\|\\\text{H-C-COOH}\\|\\\text{CH}_2\text{COOH}\end{array} + NAD^+ \text{（或} NADP^+\text{）} \xrightarrow{\text{异柠檬酸脱氢酶}} \begin{array}{c}\text{COCOOH}\\|\\\text{CHCOOH}\\|\\\text{CH}_2\text{COOH}\end{array} + NADH+H^+ \text{（或} NADPH+H^+\text{）}$$

异柠檬酸　　　　　　　　　　　　　　　草酰琥珀酸

草酰琥珀酸在异柠檬酸脱氢酶催化下，迅速脱羧生成 α-酮戊二酸和 CO_2。

$$\begin{array}{c}\text{COCOOH}\\|\\\text{CH-COOH}\\|\\\text{CH}_2\text{COOH}\end{array} \xrightarrow[Mn^{2+}]{\text{异柠檬酸脱氢酶}} \begin{array}{c}\text{COCOOH}\\|\\\text{CH}_2\\|\\\text{CH}_2\text{COOH}\end{array} + CO_2$$

草酰琥珀酸　　　　　　　　　　α-酮戊二酸

上述两步反应均由异柠檬酸脱氢酶催化，该酶具有脱氢和脱羧能力，需要 Mn^{2+} 参与。细胞内有两种异柠檬酸脱氢酶，一种是以 NAD^+ 和 Mn^{2+} 为辅酶，存在于线粒体内，主要参与三羧酸循环；另一种以 $NADP^+$ 和 Mn^{2+} 为辅酶，主要存在于细胞质中，线粒体内也有该酶，主要功能是作为还原剂 NADPH 的一种来源，提供氧化还原反应的"还原力"。异柠檬酸脱氢酶是 TCA 循环关键酶，也是第二个限速反应。本反应之前都是三羧酸的转化，后续反应为二羧酸的转化。

④ α-酮戊二酸氧化脱羧生成琥珀酰 CoA　在 α-酮戊二酸脱氢酶系的催化作用下，α-酮戊二酸脱羧生成琥珀酰 CoA，琥珀酰 CoA 含有高能硫酯键，反应不可逆。本反应是 TCA 循环的第 3 个关键步骤，α-酮戊二酸脱氢酶系也是第 3 个关键酶。α-酮戊二酸脱氢酶系的组成和催化机制与丙酮酸脱氢酶系类似。α-酮戊二酸脱羧、脱氢和高能硫酯键的形成等能快速完成，也由 3 种酶和 6 种辅助因子构成。反应脱下的氢由 NAD^+ 接收，Mg^{2+} 参与此反应。

$$\begin{array}{c}\text{COOH}\\|\\\text{C=O}\\|\\\text{CH}_2\\|\\\text{CH}_2\\|\\\text{COOH}\end{array} + NAD^+ + HSCoA \xrightarrow{\text{α-酮戊二酸脱氢酶系}} \begin{array}{c}\text{O}\\||\\\text{C~SCoA}\\|\\\text{CH}_2\\|\\\text{CH}_2\\|\\\text{COOH}\end{array} + NADH+H^+ + CO_2$$

α-酮戊二酸　　　　　　　　　　　琥珀酰CoA

⑤ 琥珀酰 CoA 生成琥珀酸　在琥珀酰 CoA 合成酶（也称琥珀酸硫激酶）的催化下，琥珀酰 CoA 高能硫酯键发生水解，并使 GDP 磷酸化生成 GTP，自身转变为琥珀酸。在植物中，琥珀酰 CoA 高能硫酯键水解生成 ATP。本反应是 TCA 循环中唯一通过底物水平磷酸化直接生成高能磷酸化合物的反应。

$$\begin{array}{c}\text{O}\\||\\\text{C~SCoA}\\|\\\text{CH}_2\\|\\\text{CH}_2\\|\\\text{COOH}\end{array} \xrightarrow[GDP\ \ GTP\ \ H_2O^+\ \ HS\text{-}CoA]{\text{琥珀酸CoA合成酶}} \begin{array}{c}\text{O}\\||\\\text{C-OH}\\|\\\text{CH}_2\\|\\\text{CH}_2\\|\\\text{COOH}\end{array}$$

琥珀酰CoA　　　　　　　　　　　　琥珀酸

⑥ 琥珀酸脱氢生成延胡索酸　在琥珀酸脱氢酶（succinate dehydrogenase）的催化下，琥珀酸被氧化脱氢生成延胡索酸（反丁烯二酸），FAD 接受琥珀酸脱下的氢并被还原为 $FADH_2$。该反应是 TCA 循环中第 3 个氧化还原反应，也是 TCA 循环中唯一以 FAD 作为氢受体的脱氢反应。

琥珀酸脱氢酶是 TCA 循环中唯一与线粒体内膜结合的酶（其他的酶均分布在线粒体基质中），可参与 TCA 循环和电子传递过程。由琥珀酸脱氢酶催化的反应脱下的氢和电子能直接进入线粒体内膜的电子传递链。

$$\text{琥珀酸} \xrightleftharpoons[\text{FADH}_2]{\text{琥珀酸脱氢酶, FAD}} \text{延胡索酸}$$

丙二酸和戊二酸与琥珀酸结构类似，能竞争性抑制琥珀酸脱氢酶活性。

⑦ 延胡索酸水化生成苹果酸　在延胡索酸酶（fumarase）催化下，延胡索酸加水生成苹果酸。延胡索酸酶具有立体结构专一性，只能催化延胡索酸生成 L-苹果酸，反应可逆。

$$\text{延胡索酸} \xrightleftharpoons[]{\text{延胡索酸酶, H}_2\text{O}} \text{L-苹果酸}$$

⑧ 苹果酸脱氢生成草酰乙酸　在苹果酸脱氢酶（malate dehydrogenase）催化下，L-苹果酸氧化脱氢生成草酰乙酸。苹果酸脱下的氢由 NAD^+ 接受并还原成 $NADH+H^+$，反应可逆。生成的草酰乙酸参与下一轮 TCA 循环。该反应是 TCA 循环中的第 4 个氧化还原反应，也是 TCA 循环的最后一步。

$$\text{L-苹果酸} \xrightleftharpoons[\text{NADH+H}^+]{\text{苹果酸脱氢酶, NAD}^+} \text{草酰乙酸}$$

TCA 循环的总反应过程见图 8-4。

(2) TCA 循环反应的特点　TCA 循环反应的主要特点如下。

① TCA 循环由草酰乙酸和乙酰 CoA 缩合生成柠檬酸开始，在有氧条件下进行，氧间接参与 TCA 循环，整个循环有 4 次脱氢，其中，3 次脱氢的受体为 NAD^+，1 次脱氢的受体为 FAD。每 1 分子 $NADH+H^+$ 进入到苹果酸穿梭途径经氧化可生 2.5 分子 ATP，而 $FADH_2$ 进入到线粒体氧化可生成 1.5 分子 ATP，因此，共生成 9 分子 ATP。

② TCA 循环每循环 1 次有 1 个乙酰基彻底氧化，反应过程有 2 次脱羧，生成两分子 CO_2。CO_2 的碳原子来自草酰乙酸。由于 TCA 循环有一次底物水平磷酸化（GDP→GTP），可生成 1 个高能磷酸键，故 TCA 循环 1 次可生成 10 分子 ATP。

③ TCA 循环中有柠檬酸合成酶、异柠檬酸脱氢酶和 α-酮戊二酸脱氢酶系 3 个关键酶，特别是异柠檬酸脱氢酶是 TCA 循环中最重要的调节酶，其催化的反应在生理条件下不可逆，保证了线粒体供能的稳定性。

④ TCA 循环中，草酰乙酸在循环过程完成后又会再生，其含量影响循环速度。草酰乙酸主要来自丙酮酸直接羧化，也可通过丙酮酸加氢还原和羧化生成苹果酸，苹果酸脱氢可生成草酰乙酸。

⑤ 三羧酸循环是连通蛋白质代谢、糖代谢和脂代谢的枢纽，代谢过程形成的中间产物可用于氨基酸和脂肪酸的合成。三羧酸循环的中间产物常参与其他代谢途径，如草酰乙酸可转变为天冬氨酸或先转变为丙酮酸再转变为丙氨酸，参与蛋白质的合成。琥珀酰辅酶 A 可用于血红素合成。α-酮戊二酸可转变为谷氨酸等。为维持 TCA 循环中间产物的一定浓度和正常运转以满足细胞能量代谢的需要，消耗的中间产物必须及时补充，称为回补反应。

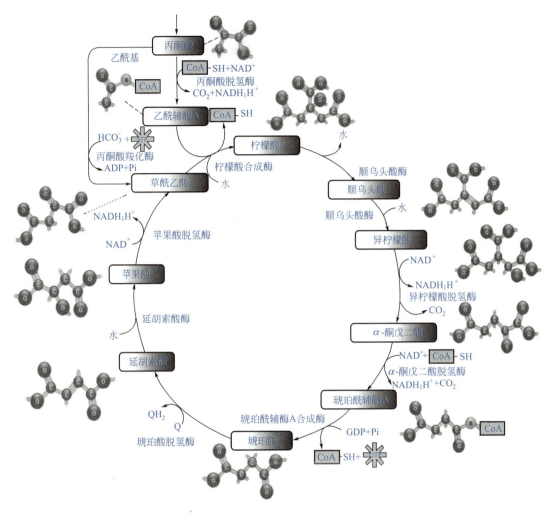

图 8-4　TCA 循环的总反应过程示意图

4. 三羧酸循环的生理意义

（1）是体内糖、脂肪和蛋白质彻底氧化分解的共同途径　TCA 循环中乙酰 CoA 可由糖酵解产生的丙酮酸氧化生成，也可由脂肪水解生成的甘油转化为磷酸二羟基丙酮后再氧化生成，也可经脂肪酸 β-氧化分解生成，还可以由氨基酸经过脱氨基生成的 α-酮酸进一步氧化产生。体内糖、脂肪和蛋白质均可通过 TCA 循环彻底氧化成 CO_2、H_2O 和大量 ATP。TCA 循环实际上是糖、脂肪和蛋白质三种主要有机物在体内氧化供能的通路，人体内有近 70% 的有机物通过 TCA 循环被分解。

（2）是体内糖、脂肪和氨基酸代谢相互联系的枢纽　葡萄糖（或糖原）分解生成丙酮酸，丙酮酸再氧化脱羧生成乙酰 CoA，随 TCA 循环可与草酰乙酸合成柠檬酸，在细胞质可用于合成脂肪酸并进一步合成脂肪。糖和甘油代谢生成草酰乙酸等 TCA 循环中间产物可用于非必需氨基酸的生物合成。氨基酸分解代谢生成草酰乙酸等 TCA 循环中间物也可用于糖或甘油的生物合成。因此，TCA 循环是体内连接糖、脂肪和氨基酸代谢相互联系的枢纽。

糖、脂肪和氨基酸的代谢关系见图 8-5。

（3）能提供其他生物大分子生物合成的前体物质　TCA 循环的中间产物有柠檬酸、延胡索酸、α-酮戊二酸、琥珀酰 CoA 和草酰乙酸等，它们是连通蛋白质、脂肪和糖代谢等的重要

项目八　糖代谢

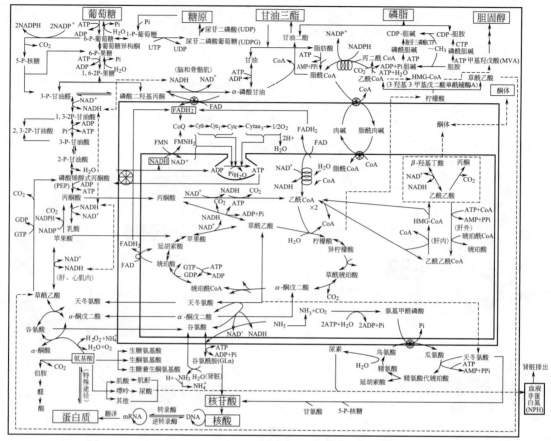

图 8-5 糖、脂肪、氨基酸代谢关系

中间体。如琥珀酰 CoA 可与甘氨酸合成血红素。α-酮戊二酸加氨基可生成非必需氨基酸谷氨酸。草酰乙酸氨基化生成天冬氨酸。乙酰 CoA 在细胞质中可用于脂肪酸的合成。线粒体中乙酰 CoA 不能通过线粒体膜，但可经乙酰基穿梭系统进入细胞质，在穿梭系统中，乙酰 CoA 可与草酰乙酸缩合生成柠檬酸，并经线粒体膜进入细胞质，在柠檬酸裂解酶的作用下生成细胞质中的乙酰 CoA，参与脂肪酸的生物合成。丙酮酸、草酰乙酸和 α-酮戊二酸接受氨基可转变为丙氨酸、天冬氨酸和谷氨酸，用于蛋白质合成代谢，草酰乙酸在酶的催化下可转变为丙酮酸而被消耗。此外，α-酮戊二酸还是合成谷氨酸、谷氨酰胺、脯氨酸、羧脯氨酸和精氨酸的前体物质。草酰乙酸是合成天冬氨酸、天冬酰胺、赖氨酸、苏氨酸、甲硫氨酸、异亮氨酸的前体物质。延胡索酸是酪氨酸、苯丙氨酸代谢的产物，与蛋白质代谢有关。琥珀酰 CoA 是合成叶绿素和血红素的前体。脂肪氧化生成的乙酰 CoA 能进入到 TCA 循环，乙酰 CoA 又能经乙醛酸途径变为琥珀酸，通过糖异生作用合成葡萄糖等碳水化合物。因此，TCA 循环是联系各类代谢的枢纽。

（二）糖有氧氧化的生理意义

糖有氧氧化的主要意义是为全身各个组织提供能量。葡萄糖有氧氧化是机体获得能量的主要方式。TCA 循环中 4 次脱氢生成的还原型 NADH＋H^+ 和 $FADH_2$ 可进入到线粒体进行生物氧化。其中，每分子 NADH 传递氢产生 2.5 分子 ATP，$FADH_2$ 传递氢产生 1.5 分子 ATP，加上底物水平磷酸化产生的 1 分子 ATP，体内 1 分子葡萄糖彻底氧化可净生成 30（或 32）分子 ATP，糖有氧氧化产生的能量见表 8-1。

表 8-1 1mol 葡萄糖有氧氧化生成 ATP 的数量

反应阶段与细胞定位		反应	受氢体	生成 ATP 的数量
细胞质	第一阶段（糖酵解）	葡萄糖→6-磷酸葡萄糖		−1
		6-磷酸葡萄糖→1,6-二磷酸葡萄糖		−1
		2×3-磷酸甘油醛→2×1,3-二磷酸甘油酸	NAD^+	2×2.5 或 2×1.5 [①②]
		2×1,3-二磷酸甘油酸→2×3-磷酸甘油酸		2×1
		2×磷酸烯醇式丙酮酸→2×丙酮酸		2×1
		共计		5 或 7
线粒体	第二阶段（丙酮酸→乙酰 CoA）	2×丙酮酸→2×乙酰 CoA	NAD^+	2×2.5
	第三阶段（TCA 循环）	2×异柠檬酸→2×α-酮戊二酸	NAD^+	2×2.5
		2×α-酮戊二酸→2×琥珀酰 CoA	NAD^+	2×2.5
		2×琥珀酰 CoA→2×琥珀酸		2×1
		2×琥珀酸→2×延胡索酸	FAD	2×1.5
		2×苹果酸→2×草酰乙酸	NAD^+	2×2.5
		净生成		30 或 32

① 1 分子葡萄糖经糖酵解分解为 2 分子 3-磷酸甘油醛，因此，乘以 2。
② 糖酵解途径产生的 $NADH+H^+$ 经历不同的穿梭途径，产生的 ATP 数量不同，若经苹果酸穿梭机制进入线粒体进行生物氧化可产生 2.5 分子 ATP；若经由甘油磷酸穿梭途径则产生 1.5 分子 ATP。

（三）糖有氧氧化的调节

糖有氧氧化是机体获得能量的主要方式，其调节是为了适应机体或不同器官对能量的差异化需求。糖有氧氧化第一阶段（葡萄糖生成丙酮酸）调节在糖酵解中已阐述，不再赘述。这里主要讨论丙酮酸氧化脱羧生成乙酰 CoA 和进入到 TCA 循环进行彻底氧化的第二、第三阶段的调节。

1. 丙酮酸脱氢酶系的调节

丙酮酸脱氢酶系促进丙酮酸脱氢脱羧生成乙酰 CoA，是丙酮酸进入 TCA 循环的限速酶。丙酮酸脱氢酶系的磷酸化和去磷酸化是其失活和激活的重要方式。丙酮酸脱氢酶系受别构效应和化学修饰两种方式的调节。ATP、乙酰 CoA、NADH、长链脂肪酸等是丙酮酸脱羧酶系的变构抑制剂，降低氧化速度，特别是 ATP 和长链脂肪酸有较强的抑制作用；AMP、CoA、NAD^+ 和 Ca^{2+} 等是丙酮酸脱羧酶系的别构激活剂，进入 TCA 循环的乙酰 CoA 减少，AMP、CoA 和 NAD^+ 堆积时对丙酮酸脱羧酶系有激活作用。

丙酮酸脱氢酶系可被磷酸化，当其结构中的丝氨酸被磷酸化后，引起酶蛋白变构而失活，脱磷酸化后又恢复活性。NADH 和乙酰 CoA 增加可通过增强丙酮酸脱氢酶的活性，加强对丙酮酸脱氢酶系的抑制作用协同减弱糖的有氧氧化，而 NAD^+ 和 ADP 则有相反作用。胰岛素可增加丙酮酸脱氢酶活性，促进糖的氧化分解。丙酮酸脱氢酶复合体的调节见图 8-6。

2. TCA 循环的调节

柠檬酸合酶、异柠檬酸脱氢酶和 α-酮戊二酸脱氢酶系是 TCA 循环关键酶，催化的反应为不可逆反应。其中，异柠檬酸脱氢酶和 α-酮戊二酸脱氢酶系所催化的反应是主要调节点。

当 ATP/ADP 与 $NADH/NAD^+$ 比值较高时，即能荷较高时，异柠檬酸脱氢酶和 α-酮戊二酸脱氢酶系可被反馈抑制，有氧氧化速度减缓。若 ATP/ADP 比值下降，即能荷较低时，可激活异柠檬酸脱氢酶和 α-酮戊二酸脱氢酶系的活性。TCA 循环的中间代谢产物对酶的活性也有影响，如柠檬酸能抑制柠檬酸合成酶的活性，琥珀酰 CoA 可抑制 α-酮戊二酸脱氢酶系的活性。细胞线粒体内 Ca^{2+} 浓度升高时，Ca^{2+} 可直接与异柠檬酸脱氢酶和 α-酮戊二酸脱氢酶系结合，增强酶对底物的亲和力，也可激活丙酮酸脱氢酶系的活性，有利于糖的有氧氧化。线粒体生物氧化生成的还原型辅酶 $NADH+H^+$ 和 $FADH_2$，通过氢和电子通过呼吸传递链氧化磷酸化生成 ATP，使氧化型 NAD^+ 和 FAD 得以再生，对电子传递链有抑制作用的药物或化学试剂均可破坏 TCA 循环。

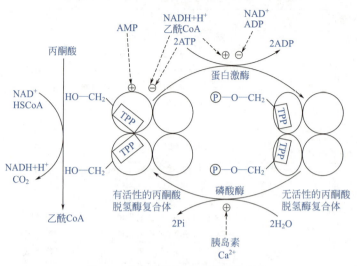

图 8-6 丙酮酸脱氢酶复合体的调节

三、磷酸戊糖途径

在生物体内，糖代谢除糖酵解和糖的有氧氧化外，还存在其他的分解代谢途径。在组织匀浆中加入糖酵解的抑制剂（如氟化钠或碘乙酸），糖酵解过程被完全抑制，但研究发现，仍有葡萄糖消耗，说明葡萄分解还存在其他的代谢途径。用同位素 ^{14}C 分别标记葡萄糖的 C1 和 C6，如果葡萄糖只存在糖酵解的假设是成立的，那么己糖裂解生成的两分子磷酸丙糖在代谢过程中生成的 CO_2 应该是等量的。然而，实验发现，$^{14}C1$ 比 $^{14}C6$ 更容易氧化生成 $^{14}CO_2$，这也更直观地证明了葡萄糖存在其他的代谢途径。1954 年 Racker、1955 年 Gunsalus 等人发现了葡萄糖的磷酸戊糖途径，也称磷酸己糖支路。其主要特点是葡萄糖直接氧化脱氢和脱羧，不需经 EMP 途径和 TCA 循环，脱氢过程中产生的 H 由 NADP 接受，生成 NADP＋H^+。产生的 NADPH 可为生物体的加氢还原反应提供"还原力"，而不是传递给 O 生成水，也无 ATP 的生产和消耗。

> **知识链接**
>
> **磷酸戊糖途径的发现与生理意义**
>
> 人们发现当肝脏、乳腺组织、脂肪组织、白细胞、睾丸及肾上腺皮质等组织细胞的糖无氧酵解和三羧酸循环受阻时，仍然有一部分葡萄糖被氧化代谢。1931 年，发现了 6-磷酸葡萄糖脱氧酶，随后又发现了 6-磷酸葡萄糖酸脱氢酶等，还发现在多种组织细胞的胞液中进行着糖的另一条代谢途径，即磷酸戊糖途径。这一途径的重要意义在于提供具有特殊功能的产物，如 5-磷酸核糖，它参与合成各种核苷酸辅酶及核苷酸，后者是合成核酸的原料。由于核酸参与蛋白质合成，因此凡是损伤后修复再生作用强烈的组织，如心肌梗死后的心肌、肝部分切除后残存肝脏再生之时，此途径往往进行得比较活跃。此外，磷酸戊糖途径中的脱氢反应，都是以辅酶Ⅱ（$NADP^+$）为受氢体，因此产生大量还原型辅酶Ⅱ（NADP＋H^+），后者具有多种生理功用，参与脂肪酸、胆固醇及类固醇激素的生物合成，故在合成此类物质旺盛的组织，如脂肪组织、乳腺、肾上腺皮质及睾丸等组织中，磷酸戊糖途径较为活跃。还原型辅酶Ⅱ又是单加氧酶体系的供氢体，因此与肝细胞的生物转化功能密切相关。

1. 磷酸戊糖途径的反应历程

磷酸戊糖途径从 6-磷酸葡萄糖开始，经脱氢生成 6-磷酸葡萄糖酸、脱羧转变为磷酸戊糖，再在转酮酶和转醛酶的催化下互变异构及重排，生成 6-磷酸果糖和 3-磷酸甘油醛。此反应可以产生 C_3、C_4、C_5、C_6 和 C_7 等不同含碳的糖。磷酸戊糖途径在细胞质中完成，分为氧化阶段和非氧化阶段。磷酸戊糖途径见图 8-7。

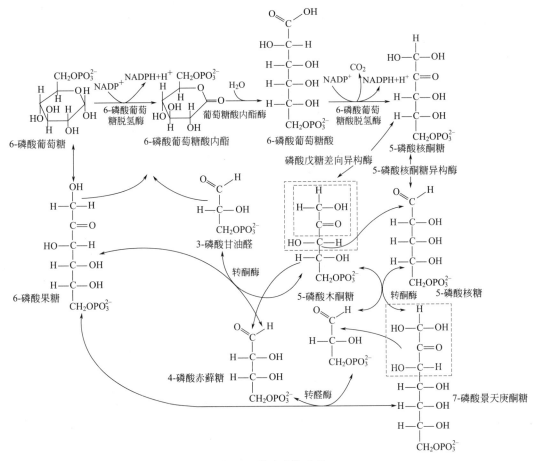

图 8-7 磷酸戊糖途径

氧化阶段包括 3 步反应，即脱氢、水解和脱氢脱羧反应，反应不可逆。6-磷酸葡萄糖在 6-磷酸葡萄糖脱氢酶催化下发生脱氢氧化，生成 NADPH 和 6-磷酸葡萄糖酸，6-磷酸葡萄糖脱氢酶是关键酶。6-磷酸葡萄糖酸通过 6-磷酸葡萄糖酸脱氢酶催化发生脱氢、脱羧生成 5C 的 5-磷酸核酮糖、NADPH 和 CO_2。6-磷酸葡萄糖脱氢酶受 NADPH 的别构调节，其酶活性受到 NADPH 的自我调控。

非氧化阶段包括异构化、转酮反应和转醛反应。在磷酸核酮糖异构酶的作用下，5-磷酸核酮糖异构化成 5-磷酸核糖，在磷酸戊糖差向异构酶催化下，5-磷酸核酮糖转变为 5-磷酸木酮糖。转酮酶将 5-磷酸木酮糖的乙酮醇基（羟乙酰基）转移到 5-磷酸核糖的 C1 位上，生成 3-磷酸甘油醛和 7-磷酸景天庚酮糖。自此，转酮酶转移了一个二碳单位，其受体是醛糖，供体是酮糖。转酮酶以 TPP 为辅酶，作用机制与丙酮酸脱羧酶系相似。在转醛酶作用下，7-磷酸景天庚酮糖结构中的二羟丙酮基转移给 3-磷酸甘油醛，生成 4-磷酸赤藓糖和 6-磷酸果糖。转醛酶转移了一个三碳单位，受体是醛糖，供体也是酮糖。在转酮酶的催化作用下，5-磷酸木酮糖的乙酮醇基转移到 4-磷酸赤藓糖的 C1 位上，生成 3-磷酸甘油醛和 6-磷酸果糖。转酮酶转移的二碳单位受体是醛糖，供体依然是酮糖；6-磷酸果糖异构化可生成 6-磷酸葡萄糖。

2. 磷酸戊糖途径的生理意义

磷酸戊糖途径的主要生理意义是为机体提供 5-磷酸核糖和 NADPH。

（1）磷酸戊糖途径每循环一次降解了 1 分子 6-磷酸葡萄糖，可产生 12 分子 NADPH，经呼吸链可产生 30 分子 ATP；反应生成的 NADPH 可为生物体合成反应提供主要的还原力，为脂肪酸、胆固醇、四氢叶酸等合成，非光合细胞的硝酸盐和亚硝酸还原成氨等提供 H。NADPH 在哺乳动物的脂肪细胞与红细胞的代谢具有重要作用，在脂肪细胞与红细胞中占到 50% 左右，在肝细胞中占到 10% 左右。

生物体内脂肪酸、胆固醇、类固醇激素等物质的生物合成需要大量的 NADPH，主要由磷酸戊糖途径提供。机体合成非必需氨基酸时，先由 α-酮戊二酸与 NADPH 及 NH_3 生成谷氨酸，谷氨酸可与其他 α-酮酸进行转氨基反应而生成相应的氨基酸；同时，NADPH 还参与体内羟化反应。如从鲨烯合成胆固醇，从胆固醇合成胆汁酸、类固醇类激素等。激素灭活、药物、毒物等非营养物质生物转化过程中的羟化反应均需 NADPH 供氢；此外，NADPH 能维持还原型谷胱甘肽的还原状态。NADPH 是谷胱甘肽还原酶的辅酶，参与氧化型谷胱甘肽（G-S-S-G）还原为还原型谷胱甘肽（G—SH）的反应，还原作用由 NADPH 供氢。

$$G\text{-}S\text{-}S\text{-}G + NADPH + H^+ \xrightarrow{\text{谷胱甘肽还原酶}} 2G\text{-}SH + NADP^+$$

G-SH 是体内重要的抗氧化剂，具有保护体内含巯基的蛋白质或酶免遭氧化而丧失功能，保护红细胞膜上的脂类和蛋白质不被氧化，还能清除细胞内 H_2O_2，对维持红细胞膜的完整性、防止溶血起到非常重要的作用。一些红细胞内缺乏 6-磷酸葡萄糖脱氢酶的遗传病患者，磷酸戊糖途径不能有效进行，导致 NADPH 生成量减少，不能保持 G-SH 原状态，红细胞很容易被破坏而发生溶血，尤其是衰老的红细胞易于破裂，发生溶血，出现急性溶血性贫血，常在进食蚕豆以后发病，故称为蚕豆病。

知识链接

蚕豆病

蚕豆病是一种 6-磷酸葡萄糖脱氢酶缺乏所导致的疾病，表现为在遗传性 6-磷酸葡萄糖脱氢酶缺陷的情况下，食用新鲜蚕豆后突然发生的急性血管内溶血，好发于儿童，男性患者约占 90% 以上。大多食蚕豆后 1～2 天发病，早期症状有厌食、疲劳、低热、恶心、不定性腹痛，接着因溶血而发生眼角黄染及全身黄疸，出现酱油色尿和贫血症状。严重时有尿血、休克、心功能和肾功能衰竭的症状，重度缺氧时还可见双眼固定性偏斜，如不及时抢救，可于 1～2 天内死亡。

（2）提供 5-磷酸核糖作为核糖合成的原料。磷酸戊糖途径是机体利用葡萄糖生成 5-磷酸核糖的唯一途径。5-磷酸核糖参与核苷酸合成和核酸合成，并参与蛋白质生物合成，因此，在增殖旺盛或损伤后修复再生作用强的组织，如梗死后的心肌和肝脏部分切除后残存的再生组织中磷酸戊糖途径往往比较活跃。肌肉组织中缺乏 6-磷酸葡萄糖脱氢酶，故不能进行完整的磷酸戊糖途径，其合成核苷酸所需的 5-磷酸核糖可来自 EMP 途径生成的 6-磷酸果糖和 3-磷酸甘油醛经转酮酶、转醛酶、差向异构酶及异构酶的作用而形成。产生的磷酸戊糖是辅酶及核苷酸生物合成的必需原料，4-磷酸赤藓糖和磷酸烯醇式丙酮酸可合成莽草酸，经莽草酸途径可合成芳香族氨基酸。

（3）其他作用。磷酸戊糖途径还可以通过转酮醇基及转醛醇基反应使三碳糖、四碳糖、五碳糖、六碳糖及七碳糖在体内得以互变，为机体提供多种糖。磷酸戊糖途径产生的中间产物（如丙糖、丁糖、戊糖、己糖和庚糖）和酶也是光合作用的中间产物，将光合作用与呼吸作用偶联。此外，与植物的抗性也有关系。如植物干旱、受伤或染病的组织中，磷酸戊糖途径更加活跃。

3. 磷酸戊糖途径的调节

磷酸戊糖途径的关键酶是 6-磷酸葡萄糖脱氢酶，酶活性决定 6-磷酸葡萄糖进入磷酸戊糖途径的水平，受 NADPH/NADP$^+$ 的调节。NADPH/NADP$^+$ 比值高，抑制 6-磷酸葡萄糖脱氢酶和 6-磷酸葡萄糖酸脱氢酶的活性，磷酸戊糖途径受阻；反之，则促进磷酸戊糖途径的进行。NADPH 对 6-磷酸葡萄糖脱氢酶有强烈抑制作用。磷酸戊糖途径代谢水平取决于机体对 NADPH 的需求。

任务三　糖原的合成与分解

糖原的组成单元是葡萄糖，是由葡萄糖通过 α-1,4-糖苷键构成的直链和 α-1,6-糖苷键构成的支链连接而成的无还原性的高聚多糖分子。糖原是糖的贮存形式，主要以呈聚集的颗粒状存在于肝脏和肌肉中，称为肝糖原和肌糖原，是一种极易动员的葡萄糖贮存形式，对维持人体血糖水平有极为重要的作用。正常成人肝糖原总量约 100g，肌糖原 120～400g。肝糖原合成与分解是维持血糖浓度相对恒定的重要基础，也是空腹血糖重要来源之一。对供给脑组织和红细胞能量具有重要作用，肌糖原则主要为肌肉提供能量。

一、糖原合成

糖原的合成部位主要在肝脏和肌肉组织的细胞液。糖原合成发生在机体糖供应充足的情况下。由单糖（主要为葡萄糖）合成糖原的过程称为糖原合成，包括 6-磷酸葡萄糖生成、1-磷酸葡萄糖生成、尿苷二磷酸葡萄糖（UDPG）生成和糖原生成 4 个步骤。糖原合成具体步骤见图 8-8。

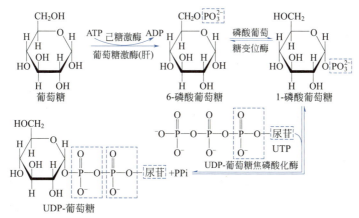

图 8-8　糖原的合成

糖原具体合成过程如下。

① 在己糖激酶或葡萄糖激酶作用下，葡萄糖活化为 6-磷酸葡萄糖。反应过程由 ATP 供能，消耗 1 分子 ATP，反应不可逆。

② 在磷酸葡萄糖变位酶的催化下，6-磷酸葡萄糖的 C6 位磷酸基位移至 C1 部位，生成 1-磷酸葡萄糖，反应可逆，为异构化反应。

③ 在尿苷二磷酸葡萄糖焦磷酸化酶催化下，1-磷酸葡萄糖与尿苷三磷酸（UTP）反应生成尿苷二磷酸葡萄糖（UDPG），并释放出焦磷酸（PPi）。焦磷酸能被焦磷酸酶水解，因此，促进反应往右进行。UDPG 是葡萄糖在体内的活性形式，可作为葡萄糖的供体。反应耗能，1mol 葡萄糖生成 UDPG 需消耗 2 个高能键，视为消耗 2 分子 ATP。

④ 在糖原合酶的作用下，UDPG 以原有糖原分子为引物，通过 α-1,4-糖苷键在糖原引物的

非还原端上连接一个葡萄糖单位,并不断延长,形成糖原分子直链。当延长到12~18个葡萄糖残基时,分支酶就将链长6~7个葡萄糖残基的糖链移至邻近直链上,并以α-1,6-糖苷键相连接,形成糖原分支(图8-9)。如此反复,小分子糖原变为大分子糖原。糖原合酶是糖原合成过程中的关键酶。

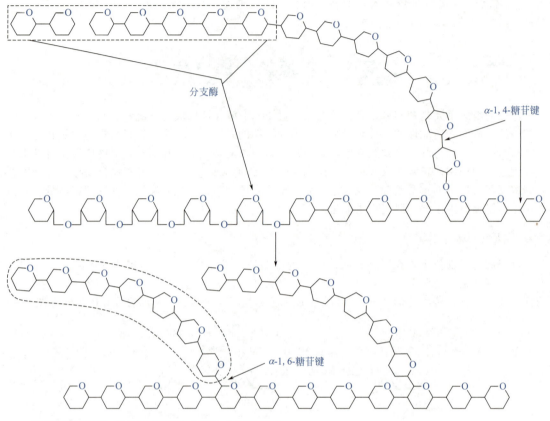

当糖链长度达到12~18个葡萄糖基时,转移6~7个葡萄糖基

图 8-9　糖原分支的形成

葡萄糖活化为 6-磷酸葡萄糖和 1-磷酸葡萄糖经 UDPG 合成糖原时伴有能量消耗。在细胞内,UDP+ATP $\rightleftharpoons$ UTP+ADP 的反应可互变进行。因此,每增加 1 分子葡萄糖单位共消耗 2 分子 ATP。

糖原合酶催化的糖原合成反应不能从头开始,必须要有 1 个含 4 个葡萄糖的残基作为引物,葡萄糖延伸从非还原端开始,每次增加 1 个葡萄糖单位。糖原合酶只能催化糖原的延长,而不能形成分支,当直链长达 11 个葡萄糖残基时,分支酶便引入 7 个葡萄糖残基的糖链,并以 α-1,6-糖苷键相连形成糖原分支结构。糖原合酶受胰岛素活性调节,UDPG 是体内葡萄糖的供体,为活性葡萄糖。

二、糖原的分解

糖原分解首先在糖原磷酸化酶(glycogen phosphorylase)作用下,从糖原分子的非还原端断裂 α-1,4-糖苷键生成比原来少一个葡萄糖残基的糖原和 1 分子 1-磷酸葡萄糖。该过程称为糖原的分解。

$$\text{糖原} + \text{Pi} \xrightleftharpoons{\text{糖原磷酸化酶}} \text{糖原} + \text{1-磷酸葡萄糖}$$
$$(n \text{ 个葡萄糖残基}) \quad\quad (n-1 \text{ 个葡萄糖残基})$$

糖原磷酸化酶只分解α-1,4-糖苷键,在距分支点4个葡萄糖残基处就不能再进行催化。在糖原脱支酶(glycogen debranching enzyme)的协同参与下,才能将糖原彻底分解。糖原脱支酶有两种功能:一方面具有葡萄糖转移酶的功能,可将分支链上的3个葡萄糖残基转移至邻近糖链末端,以α-1,4-糖苷键连接,分支处仅留下α-1,6-糖苷键相连。同时,具有糖苷酶活性,即α-1,6-葡萄糖糖苷酶催化下水解形成游离葡萄糖。糖原分解分为以下3个步骤。

(1)糖原分解为1-磷酸葡萄糖　在糖原磷酸化酶的作用下,从糖原非还原端催化α-1,4-糖苷键逐步酶解,酶解过程需要消耗无机磷(Pi)。当距α-1,6-糖苷键分支点约4个葡萄糖单位时停止酶解,产物为1-磷酸葡萄糖(85%)和极限糊精。

$$\text{糖原}(G_n) + H_3PO_4 \xrightarrow{\text{糖原磷酸化酶}} \text{糖原}(G_{n-1}) + \text{1-磷酸葡萄糖}$$

(2)1-磷酸葡萄糖变位为6-磷酸葡萄糖　在磷酸葡萄糖变位酶催化下,1-磷酸葡萄糖转变为6-磷酸葡萄糖。

$$\text{1-磷酸葡萄糖} \xrightarrow{\text{磷酸葡萄糖变位酶}} \text{6-磷酸葡萄糖}$$

(3)6-磷酸葡萄糖水解为葡萄糖　6-磷酸葡萄糖的转变取决于机体的组织器官,肝脏中有6-磷酸葡萄糖酶,可水解6-磷酸葡萄糖为葡萄糖,葡萄糖经扩散至血液以维持血糖的水平。由于肌肉组织中不含6-磷酸葡萄糖酶,所以,肌糖原不能直接分解成葡萄糖补充血糖,但可以经有氧氧化进行分解代谢生成能量。若进入无氧代谢途径(EMP途径)可生成乳酸,乳酸经血液循环运至肝脏可进行糖原的合成。

$$\text{6-磷酸葡萄糖} + H_2O \xrightarrow[\text{(肝)}]{\text{6-磷酸葡萄糖酶}} \text{葡萄糖} + H_3PO_4$$

糖原分解的所有步骤均在细胞质中进行,糖原合成与分解代谢途径见图8-10。

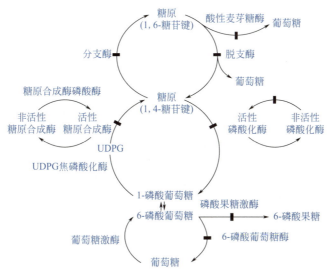

图8-10　糖原合成与分解代谢途径

三、糖原合成与分解的生理意义

糖原合成与分解最重要的生理意义是维持血糖在正常水平,参与维持血糖浓度的相对恒定,也是机体贮存能量和能量供给的重要方式。机体糖供应充足时,在肝脏和肌肉组织中将多余的糖贮存起来,以免血糖过高;糖供应不足(如空腹或禁食时)或能量需求增加时,肝糖原分解为葡萄糖进入血液以补充血糖,对脑和红细胞等依赖葡萄糖供能的组织器官尤为重要。肌糖原分解产生的6-磷酸葡萄糖可通过糖酵解生成乳酸,糖酵解产生的能量可用于肌肉的运动,乳酸经血液运输至肝脏可用于糖原的合成。

四、糖原代谢的调节

糖原合成代谢与糖原分解代谢是两条不同的代谢途径，关键酶分别为糖原合酶和糖原磷酸化酶，这两个酶活性的高低决定了糖原代谢的方向。代谢方向受到别构调节和共价修饰双重调节，也受到机体激素水平的调节。

1. 别构调节

糖原代谢过程中的两个关键酶受到人体代谢产物的调控。6-磷酸葡萄糖既是糖原合酶的别构激活剂，同时也是糖原磷酸化酶的别构抑制剂，分别起到促进糖原合成和抑制糖原分解的作用。葡萄糖和 ATP 是糖原磷酸化酶的别构抑制剂，抑制糖原的分解。Ca^{2+} 能激活糖原磷酸化激酶，有利于糖原的分解代谢。当细胞中 ATP 浓度较高时，磷酸化酶 b 可别构成有活性的糖原磷酸化酶，有利于糖原分解，ATP 为糖原磷酸化酶的负反馈物，能与 AMP 竞争性抑制酶的活性。6-磷酸葡萄糖对磷酸化酶 b 也有别构抑制作用。见图 8-11。

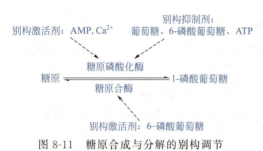

图 8-11　糖原合成与分解的别构调节

2. 共价修饰调节

糖原磷酸化酶有 a 和 b 两种形式。磷酸化酶 a 有活性，磷酸化酶 b 无活性。分子结构中的丝氨酸羟基被 ATP 磷酸化后就变成有活性的磷酸化酶 a，去磷酸化后就失去活性，成为磷酸化酶 b：

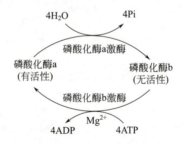

肝糖原磷酸化酶也有 a、b 两种形式。当以磷酸化酶 a 形式存在时，有利于糖原合成，加速糖原合成。若以磷酸化酶 b 存在时，则作用相反。

糖原合酶也有磷酸化和去磷酸化两种形式。其中去磷酸化糖原合酶（糖原合酶 a）有活性，能加速糖原合成，而磷酸化糖原合酶（糖原合酶 b）无活性，抑制糖原合成，使糖原合成减少。

糖原合酶或糖原磷酸化酶的磷酸化反应都是在依赖 cAMP 的蛋白激酶的作用下通过对分子结构中的丝氨酸残基进行磷酸化而实现，去磷酸化反应则是在相应的磷蛋白激酶催化下加水脱磷酸实现。

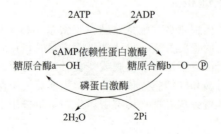

3. 激素的调节作用

胰岛素与胰高血糖素可以调节糖原的合成与分解代谢。当机体血糖浓度降低或在剧烈运动后，胰高血糖素或肾上腺素分泌增加，细胞内的 cAMP 表达水平增加，使有活性的蛋白激酶 A 数量明显增加，该激酶能使糖原合酶磷酸化从而失去活性，也能使糖原磷酸化酶磷酸化为有活性的酶，从而有利于糖原合成。肾上腺素和胰高血糖素能与肝脏或肌肉等组织细胞膜上受体结合，由 G 蛋白介导活化腺苷酸环化酶，使 cAMP 生成增加，并使 cAMP 依赖蛋白激酶 A 活化，从而使有活性的糖原合酶磷酸化为无活性的糖原合酶。同时，使无活性的磷酸化酶 b 激酶磷酸化为有活性的磷酸化酶 b 激酶，活化的磷酸化酶 b 激酶进一步使无活性的糖原磷酸化酶 b 激酶磷酸化为有活性的糖原磷酸化酶 a，最终抑制糖原合成，促进糖原分解。糖原合成与分解代谢的调节见图 8-12。

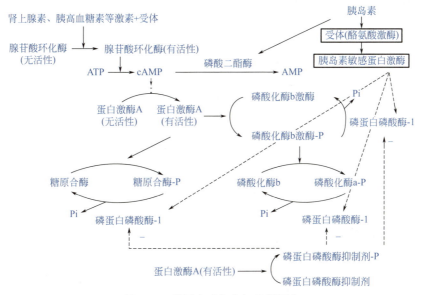

图 8-12　糖原合成与分解代谢调节

任务四　糖异生

由非糖物质（如乳酸、甘油和生糖氨基酸等）转变为葡萄糖或糖原的过程称为糖异生作用（gluconeogenesis）。乳酸主要来自于肌糖原酵解，甘油主要来自于脂肪降解，氨基酸主要来自食物及组织蛋白质的分解。凡能生成丙酮酸的物质都可异生为葡萄糖。如 TCA 循环中的柠檬酸、异柠檬酸、α-酮戊二酸、琥珀酸、延胡索酸和苹果酸等都可转化为草酰乙酸并进入糖异生途径。大多数的氨基酸都是生糖氨基酸，代谢产生的丙酮酸、α-酮戊二酸、草酰乙酸等均可进入糖异生途径。脂肪酸代谢（β-氧化）产生乙酰 CoA，2 分子乙酰 CoA 经乙醛酸循环生成的琥珀酸以及琥珀酸经 TCA 循环生成的草酰乙酸，再转变为磷酸烯醇式丙酮酸，可由糖异生途径生成糖。糖异生器官主要是肝脏，肾脏糖异生能力仅为肝脏的 10%。当饥饿和酸中毒时，肾脏的糖异性作用增强，可占全身糖异生的 40% 左右。

一、糖异生的途径

糖异生的途径与 EMP 途径许多中间产物相同，催化反应的酶也是相同的，但糖异生并非 EMP 途径的简单逆转，因为糖酵解中己糖激酶（肝内为葡萄糖激酶）、磷酸果糖激酶、丙酮酸激酶催化的反应不可逆,且释放大量的能量,糖异生需通过其他途径,或由特异酶催化来绕过这 3 个"能障",使糖酵解反应逆向进行。这些酶包括丙酮酸羧化酶、磷酸烯醇式丙酮酸羧激酶、1,6-二磷酸果糖酶和 6-磷酸葡萄糖酶,这些酶是糖异生途径中的关键酶。

糖异生的途径主要分为 3 个步骤。

1. 磷酸烯醇式丙酮酸的生成(丙酮酸羧化)

在 EMP 途径中,在丙酮酸激酶的作用下,磷酸烯醇式丙酮酸可生成丙酮酸,而在糖异生途径,丙酮酸羧化需要由 2 步反应来完成。首先,在以生物素为辅酶的丙酮酸羧化酶的催化下,由 ATP 供能,细胞质中的丙酮酸进入线粒体,将 CO_2 固定在丙酮酸分子上生成草酰乙酸,生物素起着羧基载体的作用,此反应不可逆,乙酰 CoA 为别构抑制剂;然后,在磷酸烯醇式丙酮酸羧激酶(在细胞质中)的催化下,由 GTP 提供能量和磷酸基,生成的草酰乙酸透出线粒体并生成磷酸烯醇式丙酮酸(PEP),该代谢反应称为丙酮酸羧化支路(图 8-13)。

图 8-13 丙酮酸羧化支路

丙酮酸羧化支路可绕过 EMP 途径的第三个能障,为耗能反应,是许多物质进行糖异生的必经之路。在体内,此反应不可逆,体外条件下,分离得到的磷酸烯醇式丙酮酸激酶可催化该反应的逆反应。

2. 1,6-二磷酸果糖转变成 6-磷酸果糖

由于在糖酵解反应中,在磷酸果糖激酶-1 催化下 6-磷酸果糖可生成 1,6-二磷酸果糖,反应不可逆。因此,在糖异生途径中,由 1,6-二磷酸果糖酶催化 1,6-二磷酸果糖生成 6-磷酸果糖,反应过程中释放大量能量,该反应也不可逆。

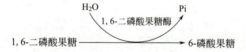

3. 6-磷酸葡萄糖水解生成葡萄糖

在糖异生反应中,6-磷酸葡萄糖酶催化 6-磷酸葡萄糖水解生成葡萄糖和无机磷酸。

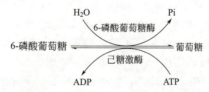

通过上述反应可以看出,糖酵解途径中的 3 个不可逆反应都可经旁路绕道而行,使整个酵解途径成为"可逆"。糖异生过程为耗能反应,由 2 分子丙酮酸合成 1 分子葡萄糖,消耗了 2 分子 ATP 和 4 分子 CTP,同时,还需要 2 分子 NADH 参与代谢。

二、糖异生的生理意义

糖异生的生理意义主要如下。

1. 维持饥饿条件下血糖浓度的相对稳定

糖异生作用最主要的生理意义是在空腹或饥饿条件下保持机体血糖的相对稳定,对于一些依赖葡萄糖作为主要能源物质的组织(如脑、红细胞等)在空腹或饥饿条件下可通过肝糖原分解来维持血糖浓度,但肝糖原贮存量有限,不到12h即被全部耗尽。因此,在饥饿时,机体主要靠糖异生来维持血糖浓度稳定。

2. 有利于乳酸的回收和利用

在静息状态下,机体产生的乳酸很少,但在剧烈运动或循环呼吸功能障碍时,肌糖原降解生成大量乳酸,大部分乳酸经血液运至肝脏并异生成葡萄糖或糖原,可被肌肉重新摄取利用,这样就构成了乳酸循环(也称Cori循环)(图8-14)。因此,糖异生对乳酸再利用和肝糖原的更新、补充肌肉消耗及防止乳酸中毒具有重要意义。

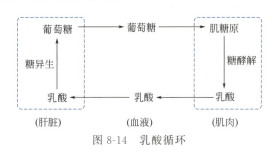

图8-14 乳酸循环

3. 协助氨基酸分解代谢

氨基酸脱氨基生成的α-酮酸(如丙酮酸、草酰乙酸等)可通过糖异生途径合成葡萄糖。由食物消化吸收的氨基酸可通过该途径合成葡萄糖并进一步合成糖原。因此,糖异生作用有利于氨基酸的分解代谢。

4. 有助于维持酸碱平衡

长期饥饿、缺氧或患有肝病和循环衰竭等生理条件下,乳酸在机体内会大量积累,可能导致机体出现酸中毒。机体pH降低可促进肾小管中磷酸烯醇式丙酮酸激酶的合成,有利于糖异生。肾脏可加强谷氨酰胺等氨基酸分解生成的α-酮酸参与糖异生作用,肾小管细胞可将释放的NH_3分泌入肾小管管腔液中,与原尿中的H^+结合生成NH_4^+排出体外,有利于排氢保钠机制,对防止机体中毒和维持机体的酸碱平衡有重要意义。

三、糖异生的调节

糖异生途径中的丙酮酸羧化酶、磷酸烯醇式丙酮酸羧激酶、1,6-二磷酸果糖酶和6-磷酸葡萄糖酶是4个关键酶,通过对这些酶的调节可实现糖异生途径的调节,它们都受到多种因素的影响和调节。

1. 代谢物对糖异生的调节

当肝脏中能异生为糖原的物质(如甘油、氨基酸、乳酸和丙酮酸等)增加时,可促进糖异生代谢的进行。乙酰CoA对糖异生途径有显著的影响。乙酰CoA与草酰乙酸缩合生成的柠檬酸由线粒体进入细胞质中可抑制磷酸果糖激酶,使1,6-二磷酸果糖酶活性升高,促进糖异生。细胞内的乙酰CoA对丙酮酸脱氢酶有反馈抑制,对丙酮酸羧化酶还有激活作用,增加丙酮酸羧化支路,加速丙酮酸生成草酰乙酸,促进糖异生。AMP和ADP能激活磷酸果糖激酶的活性和抑制1,6-二磷酸果糖酶的活性,因此,能促进糖的氧化而抑制糖异生作用。高浓度的6-磷酸葡萄糖可抑制己糖激酶,不利于糖酵解,但却有利于糖异生。1,6-二磷酸果糖酶是糖异生的关键酶,AMP是该酶的抑制剂,抑制糖异生。1,6-二磷酸果糖能强烈抑制1,6-二磷酸果糖酶的活性,不利于糖异生,有利于糖酵解。

2. 激素对糖异生的调节

激素对糖异生的调节是通过调节糖异生和糖酵解两个途径的关键酶的活性来控制肝脂肪酸的供应。肾上腺素与胰高血糖素能诱导肝细胞中的磷酸烯醇式丙酮酸羧激酶的生成和促进脂肪动员，除能提供糖异生的原料甘油外，肝脏中脂肪氧化产生的乙酰 CoA 还可激活丙酮酸羧化酶，有利于糖异生。糖皮质激素可诱导肝合成糖异生的 4 个关键酶，同时，还可促进肝外组织器官蛋白质的分解和脂肪动员，有利于糖异生。胰岛素能抑制糖异生的 4 种关键酶，并有对抗肾上腺素和胰高血糖素的效应，抑制糖异生。

胰高血糖素可激活腺苷酸环化酶，使 cAMP 生成增加和激活依赖 cAMP 的蛋白激酶 A，有利于丙酮酸激酶磷酸化，并阻止磷酸烯醇式丙酮酸转变丙酮酸，刺激糖异生途径。胰高血糖素还可以降低 1,6-二磷酸果糖在肝内的浓度，促进 6-磷酸果糖的生成。

胰高血糖素和胰岛素还能分别诱导或阻遏糖异生和糖酵解调节酶数量。胰高血糖素/胰岛素比例高可诱导合成磷酸烯醇式丙酮酸羧激酶、1,6-二磷酸果糖酶等糖异生途径关键酶的合成，使糖异生作用增强；阻遏葡萄糖激酶和丙酮酸激酶合成，使糖酵解减弱。胰高血糖素能促进脂肪分解，增加血浆脂肪酸含量，以利于肝脏获得大量脂肪酸和甘油，促进糖异生。

任务五　血糖及其调节

血糖（blood sugar）主要指血液中的葡萄糖，是糖在人体内的运输形式。正常人在空腹状态下，血糖浓度一般维持在 3.89～6.11mmol/L（采用葡萄糖氧化酶法测定），清晨空腹血糖浓度在 3.9～5.0mmol/L，进食后，血糖浓度会有上升，一般在 7.8～8.8mmol/L，进食 2h 后，血糖可基本恢复正常。血糖浓度维持在正常水平对保证人体正常机能，特别是需要利用葡萄糖供能的组织器官具有重要作用，如大脑组织、红细胞、骨髓以及神经组织等。这些组织或器官需要利用葡萄糖进行糖酵解产生能量以维持其生理功能。

一、血糖的来源与去路

1. 血糖的来源

正常的健康人，其血液中的葡萄糖常保持一个动态平衡，进食后虽然血糖浓度会有所上升，但 2h 后又可基本恢复正常，这是由于血糖的来源与代谢去路保持基本动态平衡。血糖的来源有 3 个：①来源于食物中的糖。人体摄入食物后，食物中的糖类经消化道酶进行消化分解成葡萄糖或其他单糖（如果糖、半乳糖等），可经小肠吸收进入血液，形成血糖，这是血糖的最主要来源。②肝糖原分解。肝糖原在肝脏中分解代谢生成葡萄糖进入血液中形成血糖。肝糖原分解为葡萄糖入血是空腹时血糖的直接来源，可维持 12h 左右的平衡。③肝中糖异生作用。许多非糖物质如甘油、乳酸、生糖氨基酸等可在肝脏中转变成葡萄糖而进入血液循环，是饥饿时血糖的主要来源，用以维持饥饿状态下血糖的恒定。

2. 血糖的去路

血糖的去路：①氧化分解供能。血糖进入全身组织细胞中彻底氧化分解成 CO_2 和水，释放大量能量，这是血糖的主要去路。②合成糖原。饱食时血糖进入肝脏、肌肉和肾等组织后，可合成肝糖原和肌糖原被贮存起来。③转变为非糖物质和其他物质。血糖在肝和脂肪等组织中可转变为非糖物质，如脂肪和某些氨基酸等，也可转变为核糖、脱氧核糖、氨基酸、唾液酸和葡萄糖醛酸等。④血糖过高时随尿排出。血糖浓度不超过肾糖阈值（8.89～9.99mmol/L）时，肾小管细胞能将原尿中的葡萄糖近乎全部重吸收入血。因此，在正常健康人的尿液中，通常检测不到葡萄糖，而血糖浓度过高时，由于肾小管对血糖重吸收不完全，在尿中可检测到葡萄糖，称糖尿。

血糖的来源与去路总结于图 8-15。

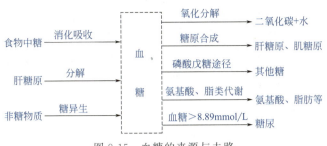

图 8-15 血糖的来源与去路

二、血糖水平的调节

血糖浓度的相对恒定是机体通过肝脏、肾脏、神经和激素等调节机制协同作用的结果。肝脏是调节血糖的主要器官，肾脏对血糖调节也有重要作用。此外，神经系统和激素通过调节肝脏和肾脏的糖代谢来维持血液中糖浓度的动态平衡。

1. 肝脏调节

肝脏是维持血糖浓度的恒定最主要器官，对血糖浓度稳定具有重要调节作用，主要通过糖原的合成与分解及糖异生作用来实现血糖的调节。当血糖浓度高于正常值时，肝糖原合成作用加强（肝细胞可贮存大量糖原，高达肝重的5%），促进血糖的消耗，糖异生作用减弱，限制血糖的供给，从而使血糖降到正常水平。当血糖浓度低于正常水平时，肝糖原分解作用加强，糖异生作用加强，从而使血糖升至正常水平。此外，肝脏对血糖的调节也是在神经系统和激素的作用下进行的。

2. 肾脏调节

肾小球对葡萄糖有很强的重吸收能力，肾小管可将原尿中近乎100%的糖进行重吸收，所以，在正常健康人体中，尿中检测不到葡萄糖。当血糖浓度高于肾糖阈值（8.89～9.99mmol/L），即超过肾小管重吸收糖的能力时则出现糖尿。肾脏对糖的最大重吸收用血糖浓度8.89～9.99mmol/L表示，称肾糖阈值。正常人血糖浓度低于肾糖阈值，这是因为肾小管对肾小球滤液中所含有的葡萄糖进行了重吸收回收到血液中。若血糖浓度高于肾糖阈值，肾小球滤出糖就无法全被肾小管重吸收入血，因而出现糖尿。肾糖阈值是可变动的，长期糖尿病患者肾糖阈值稍高，而妊娠妇女肾糖阈值较低，因此，易出现妊娠性糖尿病。

3. 神经和激素调节

用电刺激交感神经系的视丘下部腹内侧或内脏神经能促进肝糖原分解，血糖升高；而电刺激副交感神经系的视丘下部外侧或迷走神经时，肝糖原合成增加，血糖浓度降低。胰岛β细胞分泌的胰岛素是唯一能降低血糖的激素。升高血糖浓度的激素主要有胰岛α细胞分泌的胰高血糖素、肾上腺髓质分泌的肾上腺素及皮质分泌的糖皮激质素、腺垂体分泌的生长素、甲状腺分泌的甲状腺素等。这两类激素作用相反，可通过协助作用对血糖进行调节。胰岛素主要通过促进肌细胞和脂肪细胞摄取血糖、促进有氧氧化转化为脂肪、促进糖原合成、抑制糖原分解以及抑制糖异生等代谢方式进行降糖。激素对血糖含量的影响见表8-2。

表8-2 激素对血糖含量的影响

激素		效 应
降血糖	胰岛素	(1)促进葡萄糖通过肌肉、脂肪等组织的细胞膜进入细胞内进行糖代谢；(2)诱导葡萄糖激酶（肝脏）、磷酸果糖激酶、丙酮酸激酶的生成,促进糖的氧化代谢；(3)促进糖原的合成；(4)促进糖转化为脂肪；(5)抑制糖原的分解和糖异生作用（通过抑制糖异生的4种关键酶发挥作用）

续表

激素		效应
升血糖	胰高血糖素	(1)促进肝糖原分解为葡萄糖;(2)促进糖异生
	肾上腺素	(1)促进肝糖原分解成葡萄糖;(2)促进糖异生;(3)促进肌糖原酵解成乳酸
	糖皮质激素	(1)增强脂肪的动员,增加血脂水平,从而抑制肌肉及脂肪组织对葡萄糖的摄取与利用;(2)促进糖异生(通过诱导肝细胞合成糖异生的关键酶发挥作用)
	生长素	抗胰岛素作用
	甲状腺素	(1)促进小肠吸收单糖,使血糖升高(作用大);(2)促进肝糖原分解及糖异生,使血糖升高(作用大);(3)促进糖的氧化分解,使血糖降低(作用小),总的趋势是使血糖升高

三、血糖水平异常及疾病

神经系统功能紊乱、内分泌失调、某些糖代谢酶的先天性缺陷、肝肾功能障碍等均可引起糖代谢的紊乱并引发一系列的糖代谢疾病。对于偶尔出现的血糖改变不能认为是糖代谢紊乱,只有在血糖水平持续异常或耐糖曲线异常时才能认为是糖代谢失常,主要表现为低血糖、高血糖或糖尿。

1. 低血糖

空腹时血糖浓度低于 3.89mmol/L 称为低血糖。低血糖有生理性低血糖和病理性低血糖两类。由于长期饥饿或持续剧烈体力活动时引起的低血糖称为生理性低血糖(physiological hypoglycemia),通过食物补充可以很快恢复。而胰岛 β 细胞增生或癌瘤等导致胰岛素分泌过多引起的低血糖、内分泌异常(腺垂体或肾上腺皮质功能减退),使生长素或糖皮质激素等对抗胰岛素的激素分泌不足引起的低血糖以及肿瘤(胃癌等)或严重肝脏疾患(肝癌、糖原贮积症等)导致肝功能严重低下,肝糖原的合成、分解及糖异生等糖代谢作用均受阻引起的低血糖称为病理性低血糖(pathological hypoglycemia)。

脑组织对低血糖反应迅速,常表现为头晕、心悸、出冷汗、面色苍白及饥饿等症状,并影响脑功能。若血糖下降至低于 2.48mmol/L 就会影响脑功能,严重时发生低血糖昏迷,甚至死亡。

2. 高血糖与糖尿

空腹时血糖浓度超过 7.22mmol/L 称为高血糖,若血糖浓度超过肾糖阈值 8.89～9.99mmol/L 时,尿中会出现葡萄糖,称为糖尿。持续性高血糖和糖尿常见于糖尿病。引起高血糖的原因也有生理性和病理性两类:①生理性高血糖。在生理情况下,由于摄入高糖食物,可引起高血糖。一次性食入或静脉输入大量葡萄糖时,也可引起饮食性高血糖和糖尿。情绪过度激动时,交感神经兴奋和肾上腺素分泌增加,肝糖原分解代谢旺盛,也可引起血糖升高,称情绪性高血糖和糖尿。上述原因导致血糖升高的均称之为生理性高血糖和糖尿。高血糖和糖尿是暂时的,空腹血糖为正常值。②病理性高血糖。导致血糖升高的激素分泌亢进或胰岛素分泌障碍可导致病理性高血糖,甚至糖尿。肾脏疾病患者肾小管重吸收葡萄糖能力减弱而导致糖尿称为肾性糖尿,这是由于肾糖阈值下降导致的,血糖水平并不很高。

3. 糖尿病

糖尿病(diabetes mellitus,DM)是由胰岛素绝对或相对分泌不足或细胞对胰岛素敏感性降低引起的糖、脂肪、蛋白质、水和电解质等一系列代谢紊乱的临床综合征。临床上糖尿病分为 I 型糖尿病和 II 型糖尿病。I 型糖尿病也称胰岛素依赖型糖尿病,II 型糖尿病为非胰岛素依赖型糖尿病。我国主要以 II 型糖尿病患者居多。胰岛素受体基因缺陷是 II 型糖尿病的病因之一。糖尿病患者可出现血糖不易进入组织细胞、糖原合成减少而分解增加、组织细胞氧化利用葡萄糖能力减弱、糖异生作用至肝糖原分解增强以及血糖来源增加而去路减少等病症。

糖尿病患者除表现高血糖和糖尿等典型临床症状外,还有"三多一少"的情况出现,即多食、多饮、多尿和体重减轻。严重时可导致患者出现酮症酸中毒。II 型糖尿病受遗传和环境双重影响。正常人偶尔出现一次性高血糖和糖尿并不能确认为糖尿病。

4. 糖代谢异常检测方法

血糖是否正常，临床上常检测空腹血糖和餐后 2h 血糖，还可以进行糖耐量试验。先测定受试者清晨空腹血糖浓度，然后 5min 内进食 75g 葡萄糖或 0.333g/kg 体重剂量静脉注射 50% 葡萄糖溶液，分别于 30min、60min、120min 和 180min 测定测试者血糖含量，以时间为横坐标，以血糖浓度为纵坐标绘制葡萄糖耐受曲线（图 8-16）。

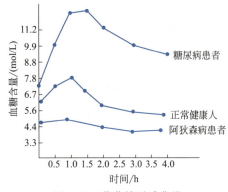

图 8-16 葡萄糖耐受曲线

正常人空腹、餐后 2h 和随机测定血糖浓度均为正常，摄入糖后血糖浓度升高，约 1h 达高峰，但不超过肾糖阈值 8.88mmol/L，2～3h 即恢复到正常水平。而典型糖尿病（胰岛素分泌不足）患者，其空腹、餐后 2h 和随机测定血糖浓度均高于正常水平，特别是在进食糖后，血糖水平急剧上升并超过肾糖阈值。2～3h 无法恢复空腹血糖水平。阿狄森病（addison's disease）患者其空腹血糖低于正常值，进食后由于吸收缓慢，吸收后又迅速被组织利用，血糖浓度升高不明显，短时间就可以恢复到原有水平。主要是由于患者肾上腺皮质功能减退，糖皮质激素分泌不足，糖氧化分解快而糖异生作用弱，故血糖浓度升高不明显。

 知识拓展

糖代谢异常与心血管病变风险

糖尿病（diabetes mellitus）是一种由于体内胰岛素分泌相对或绝对不足而引起的以糖代谢紊乱为主的全身性疾病。糖尿病会诱发一系列心血管病变，包括冠心病（CHD）和脑血管疾病（CVD）在内的心血管疾病，目前是全球范围内的首要死亡原因，占总死亡的 21.9%，估计到 2030 年会增加至 26.3%。CHD 发生的危险因素包括吸烟、血脂异常、肥胖、糖尿病和高血压等，在这些危险因素中，糖尿病（主要是Ⅱ型糖尿病）与 CHD 之间的关系尤为引人关注。糖尿病患者发生 CHD 的风险要比未患糖尿病者高 2～4 倍，而 CVD 占到了糖尿病患者死亡原因的 65%～75%。糖尿病患者与非糖尿病人群比较，在显性的临床动脉硬化疾病风险方面有 2～3 倍的增加。美国糖尿病与心血管疾病指南明确指出了糖尿病是诱发心血管疾病的重要因素并将糖尿病列为 CHD 的等危症。2004年，《欧洲心脏杂志》发表了欧洲心脏调查结果并发现，71% 的 CHD 患者合并糖尿病或糖尿病前期。2006 年，中国心脏调查研究组对 7 个城市 52 家医院 3513 例 CHD 疾病患者进行血糖筛查发现，糖尿病和糖尿病前期者分别占 CHD 患者总数的 53% 和 24%，糖代谢异常的总患病率为 77%。因此，控制糖尿病可以预防心血管疾病发病的风险。

糖尿病合并心血管疾病患者除了要建立健康的生活方式之外，还应当积极进行危险因素的控制，常用控制策略有：①以阿司匹林为核心的抗栓治疗。研究发现，阿司匹林均可显著减少糖尿病患者的心血管事件，阿司匹林使严重血管事件风险下降约 25%，使非致死性心肌梗死风险下降约 35%，使非致死性脑卒中风险下降约 25%，使血管源性死亡风险下降约 17%，国内外指南均推荐阿司匹林用于糖尿病患者心血管疾病的预防治疗。②降压治疗。研究证实，对糖尿病合并高血压患者进行降压治疗可以显著降低心血管事件发生率达 51%。目前认为，当患者血压超过目标值 20/10mmHg，即可直接启动联合治疗。推荐首选血管紧张素Ⅱ受体拮抗剂/血管紧张素转换酶抑制剂（ARB/ACEI）与小剂量噻嗪类利尿剂或长效钙拮抗剂（CCB）联合，特别是血管紧张素Ⅱ受体拮抗剂/氢氯噻嗪（ARB/HCTZ）或血管紧张素Ⅱ受体拮抗剂/钙拮抗剂（ARB/CCB）单片联合制剂。

如果患者合并冠心病或心力衰竭,可考虑在 ARB/ACEI 治疗基础上加用 β 受体阻滞剂。③降脂治疗。血脂异常是糖尿病患者发生心血管事件和死亡的一个显著预测因子。积极控制低密度脂蛋白胆固醇(LDL-C)、高密度脂蛋白胆固醇(HDL-C)以及甘油三酯对于预防心血管事件和死亡而言是至关重要的。他汀类药物能够将 LDL-C 降低 27%~40%,进而能够将心血管事件和死亡的发生率降低 25%~42%。推荐将饮食调整和他汀类药物作为确诊糖尿病或 CVD 患者的一线治疗方案。

重点小结

重 点	难 点
1. 糖的无氧分解是指葡萄糖或糖原在无氧或缺氧条件下分解成为乳酸并产生少量 ATP 的过程,也称为糖酵解。所有酶均分布在细胞质。分为葡萄糖(或糖原)分解生成丙酮酸阶段和丙酮酸还原成乳酸的阶段。 2. 糖酵解反应的丙酮酸的生成包括 6-磷酸葡萄糖的生成(葡萄糖的活化)、6-磷酸葡萄糖异构为 6-磷酸果糖、6-磷酸果糖转变为 1,6-二磷酸果糖、1,6-二磷酸果糖裂解为磷酸丙糖、磷酸丙糖的同分异构化、3-磷酸甘油醛氧化生成 1,3-二磷酸甘油酸、1,3-二磷酸甘油酸转变为 3-磷酸甘油酸、3-磷酸甘油酸转变为 2-磷酸甘油酸、2-磷酸甘油酸转变为磷酸烯醇式丙酮酸和丙酮酸生成 10 个步骤。 3. 糖酵解的生理意义:①是葡萄糖有氧和无氧分解代谢的共同代谢途径;②是人体和动物体无氧时获得能量的有效方式;③糖酵解中间产物可提供其他物质合成原料。 4. 在供氧充足时,糖酵解产生的丙酮酸可由细胞质进入到线粒体有氧氧化生成 CO_2 和 H_2O,并释放大量能量,是糖氧化供能的主要途径。第一阶段为葡萄糖或糖原在细胞质中分解为丙酮酸,在细胞质中完成;第二阶段为乙酰 CoA 的生成,由丙酮酸在丙酮酸脱羧酶系的作用下生成乙酰 CoA,在线粒体中完成;最后一个阶段为 TCA 循环,乙酰 CoA 在线粒体中彻底氧化为 CO_2 和 H_2O,并产生大量能量。 5. 三羧酸循环反应历程:乙酰 CoA 与草酰乙酸缩合生成柠檬酸、柠檬酸异构成异柠檬酸、异柠檬酸氧化脱羧生成 α-酮戊二酸、α-酮戊二酸氧化脱羧生成琥珀酰 CoA、琥珀酰 CoA 生成琥珀酸、琥珀酸脱氢生成延胡索酸、延胡索酸水化生成苹果酸和苹果酸脱氢生成草酰乙酸。 6. 三羧酸循环的生理意义:①是体内糖、脂肪和蛋白质彻底氧化分解的共同途径。TCA 循环中乙酰 CoA 可由糖酵解产生的丙酮酸氧化生成,也可由脂肪水解生成的甘油转化为磷酸二羟基丙酮后再氧化生成,也可经脂肪酸 β-氧化分解生成,还可以由氨基酸经过脱氨基生成的 α-酮酸进一步氧化产生。②是体内糖、脂肪和氨基酸代	1. 葡萄糖在肝外己糖激酶或肝内葡萄糖激酶的催化下活化为 6-磷酸葡萄糖,反应不可逆。磷酸化的葡萄糖不能自由通过细胞膜,可以防止葡萄糖由细胞膜内逸出。激酶是将 ATP 的磷酸基团转移给特定底物并使底物磷酸化的酶。肝细胞内存在 Ⅳ 型己糖激酶,也称为葡萄糖激酶,专一性较强,只催化葡萄糖磷酸化,只有饱食或血糖浓度较高时能进行葡萄糖的磷酸化,有利于餐后大量吸收葡萄糖进入肝脏和起到缓冲血糖的作用。在醛缩酶催化下,1,6-二磷酸果糖裂解为磷酸二羟基丙酮和 3-磷酸甘油醛,是糖酵解的重要步骤,反应可逆。3-磷酸甘油醛是糖酵解过程中唯一一次氧化反应,在 3-磷酸甘油醛脱氢酶催化下,经脱氢、磷酸化形成 1,3-二磷酸甘油酸。当机体组织器官或细胞供氧不足或缺氧时,在乳酸脱氢酶的催化作用下,丙酮酸经加氢还原可生成乳酸。 2. 糖酵解反应的特点主要有:①糖酵解反应全部在细胞质中完成,起始为葡萄糖或糖原,终产物为乳酸,全程无氧参与。糖酵解反应中生成的 $NADH+H^+$ 只能用于丙酮酸的还原生成乳酸。②糖酵解通过底物水平磷酸化可产生少量能量,这对于厌氧微生物来说至关重要。糖酵解反应净生成 ATP 数量为 2。若从糖原开始酵解生成 2 分子乳酸,仅消耗 1 分子 ATP,则净生成 3 分子 ATP。③糖酵解反应的肝外己糖激酶(肝内为葡萄糖激酶)、6-磷酸果糖激酶-1 和丙酮酸激酶为糖酵解反应的 3 个关键酶,催化的反应均为不可逆反应,其中,6-磷酸果糖激酶-1 催化活性最低,是最重要的关键酶。 3. TCA 循环反应的主要特点有:①TCA 循环由草酰乙酸和乙酰 CoA 缩合生成柠檬酸开始,整个循环有 4 次脱氢,3 次脱氢的受体为 NAD^+,1 次脱氢的受体为 FAD,每 1 分子 $NADH+H^+$ 进入到穿梭途径经氧化可生 2.5 分子 ATP,而 $FADH_2$ 进入到线粒体氧化可生成 1.5 分子 ATP,因此,共生成 9 分子 ATP。②TCA 循环每循环 1 次有 1 个乙酰彻底氧化,反应过程有 2 次脱羧,生成两分子 CO_2。TCA 循环 1 次可生成 10 分子

重 点	难 点
谢相互联系的枢纽。葡萄糖(或糖原)分解生成丙酮酸,丙酮酸再氧化脱羧生成乙酰 CoA,随 TCA 循环可与草酰乙酸合成柠檬酸,在细胞质可用于合成脂肪酸并进一步合成脂肪;糖和甘油代谢生成草酰乙酸等 TCA 循环中间产物可用于非必需氨基酸的生物合成;氨基酸分解代谢生成草酰乙酸等 TCA 循环中间物也可用于糖或甘油的生物合成。③能提供其他生物大分子生物合成的前体物质。如琥珀酸 CoA 可与甘氨酸合成血红素。α-酮戊二酸加氨基可生成非必需氨基酸谷氨酸。草酰乙酸氨基化生成天冬氨酸。乙酰 CoA 在细胞质中可用于脂肪酸的合成。丙酮酸、草酰乙酸和 α-酮戊二酸接受氨基可转变为丙氨酸、天冬氨酸和谷氨酸。此外,α-酮戊二酸还是合成谷氨酸、谷氨酰胺、脯氨酸、羧胺脯氨酸和精氨酸的前体物质。草酰乙酸是合成天冬氨酸、天冬氨酰胺、赖氨酸、苏氨酸、甲硫氨酸、异亮氨酸的前体物质。延胡索酸是酪氨酸、苯丙氨酸代谢的产物。 7. 由非糖物质(如乳酸、甘油和生糖氨基酸等)转变为葡萄糖或糖原的过程称为糖异生作用。乳酸主要来自于肌糖原酵解,甘油主要来自于脂肪降解,氨基酸主要来自食物及组织蛋白质的分解。丙酮酸羧化酶、磷酸烯醇式丙酮酸羧激酶、1,6-二磷酸果糖酶和 6-磷酸葡萄糖酶是糖异生途径中的关键酶。 8. 血糖主要指血液中的葡萄糖,是糖在人体内的运输形式。正常人在空腹状态下,血糖浓度一般维持在 3.89~6.11mmol/L(采用葡萄糖氧化酶法测定),清晨空腹血糖浓度为 3.9~5.0mmol/L,进食后,血糖浓度会有上升,一般在 7.8~8.8mmol/L,进食 2h 后,血糖可基本恢复正常。血糖浓度维持在正常水平对保证人体正常机能,特别是需要利用葡萄糖供能的组织器官具有重要作用,如大脑组织、红细胞、骨髓以及神经组织等。 9. 空腹时血糖浓度低于 3.89mmol/L 称为低血糖。空腹时血糖浓度超过 7.22mmol/L 称为高血糖。糖尿病是由于胰岛素绝对或相对分泌不足或细胞对胰岛素敏感性降低引起的糖、脂肪、蛋白质、水和电解质等一系列代谢紊乱的临床综合征。分为Ⅰ型糖尿病和Ⅱ型糖尿病	ATP。③TCA 循环中有柠檬酸合成酶、异柠檬酸脱氢酶系和 α-酮戊二酸脱氢酶系 3 个关键酶。④TCA 循环中,草酰乙酸在循环过程完成后又会再生。⑤三羧酸循环是连通蛋白质代谢、糖代谢和脂代谢的枢纽,代谢过程形成的中间产物可用于氨基酸和脂肪酸的合成。 4. 磷酸戊糖途径从 6-磷酸葡萄糖开始,经脱氢生成 6-磷酸葡萄糖酸、脱羧转变为磷酸戊糖,再在转酮酶和转醛酶的催化下互变异构及重排,生成 6-磷酸果糖和 3-磷酸甘油醛。此反应可以产生 C_3、C_4、C_5、C_6 和 C_7 等不同含碳的糖。磷酸戊糖途径在细胞质中完成。分为氧化阶段和非氧化阶段。氧化阶段包括脱氢、水解和脱氢脱羧反应。非氧化阶段包括异构化、转酮反应和转醛反应。磷酸戊糖途径的主要生理意义是为机体提供 5-磷酸核糖和 NADPH。 5. 糖原是糖的贮存形式,主要以呈聚集的颗粒状存在于肝脏和肌肉中,称为肝糖原和肌糖原,是一种极易动员的葡萄糖贮存形式,对维持人体血糖水平有极为重要的作用。糖原的合成部位主要在肝脏和肌肉组织的细胞液。糖原合成发生在机体供应充足的情况下,包括 6-磷酸葡萄糖生成、1-磷酸葡萄糖生成、尿苷二磷酸葡萄糖(UDPG)生成和糖原生成 4 个步骤。 6. 糖原分解是在糖原磷酸化酶作用下,从糖原分子的非还原端断裂 α-1,4-糖苷键生成比原来少一个葡萄糖残基的糖原和 1 分子 1-磷酸葡萄糖的过程。糖原合成与分解最重要的生理意义是维持血糖在正常水平,参与维持血糖浓度的相对恒定,也是机体贮存能量和能量供给的重要方式。 7. 糖异生的生理意义:①维持饥饿条件下血糖浓度的相对稳定;②有利于乳酸的回收和利用;③协助氨基酸分解代谢;④有助于维持酸碱平衡。 8. 血糖的来源有来源于食物中的糖、肝糖原分解和肝中糖异生作用。血糖的去路有氧化分解供能、合成糖原、转变为非糖物质和其他物质及随尿排出。 9. 神经系统功能紊乱、内分泌失调、某些糖代谢酶的先天性缺陷、肝或肾功能障碍等均可引起糖代谢的紊乱并引发一系列的糖代谢疾病。主要表现为低血糖、高血糖或糖尿

课后习题

一、名词解释

糖酵解、激酶、底物水平磷酸化、三羧酸循环、磷酸戊糖途径、糖原、糖异生、血糖。

二、简答题

1. 简述血糖的来源和去路。

2. 比较糖酵解与有氧氧化的异同。
3. 简述磷酸戊糖途径的主要中间产物和生理意义。
4. 简述糖异生的原料和生理意义。
5. 简述肝脏在血糖浓度调节中的作用。

三、选择题

1. 血糖主要是指血液中的（   ）。
   A. 果糖   B. 葡萄糖   C. 半乳糖   D. 蔗糖
2. 糖酵解是在（   ）进行的。
   A. 线粒体基质   B. 胞液中   C. 内质网膜上   D. 细胞核内
3. 正常人血糖相对稳定的水平为（   ）。
   A. 3.9～6.1mmol/L   B. 4.0～6.5mmol/L
   C. 3.0～6.0mmol/L   D. 4.5～6.5mmol/L
4. 短期饥饿时，血糖浓度的维持主要依靠（   ）。
   A. 肝糖原的分解   B. 肌糖原的分解
   C. 肝脏的糖异生作用   D. 肾脏的糖异生作用
5. 红细胞中还原型谷胱甘肽不足引起的溶血，是因为（   ）的缺陷。
   A. 葡萄糖-6-磷酸酶   B. 果糖二磷酸酶
   C. 磷酸果糖激酶   D. 6-磷酸葡萄糖脱氢酶
6. 成熟红细胞产生ATP的方式是（   ）。
   A. 糖酵解   B. 糖的有氧氧化   C. 磷酸戊糖途径   D. 氧化磷酸化
7. （   ）是机体利用葡萄糖生成5-磷酸核糖的唯一途径。
   A. EMP途径   B. TCA循环   C. 磷酸戊糖途径   D. 乙醛酸循环
8. 糖异生主要器官是（   ）。
   A. 肾脏   B. 肝脏   C. 大脑   D. 心脏
9. 在TCA循环中，下列阶段发生了底物水平磷酸化的是（   ）。
   A. 柠檬酸→α-酮戊二酸   B. α-酮戊二酸→琥珀酸
   C. 琥珀酸→延胡索酸   D. 延胡索酸→苹果酸
10. 丙酮酸脱氢酶复合体中不包括（   ）。
    A. 生物素   B. NAD^+ C. FAD
    D. 硫辛酸   E. 辅酶A
11. 一分子乙酰CoA在线粒体内经TCA循环彻底氧化可生成（   ）个ATP。
    A. 8   B. 10   C. 12   D. 14
12. 一分子葡萄糖在无氧条件下生成（   ）个ATP。
    A. 2   B. 4   C. 6   D. 8

选择题答案：
1—5：BBAAD 6—10：ACBBA 11—12：CB

项目九 脂类代谢

🛪 要点导航

掌握：脂类、必需脂肪酸、脂肪动员、脂肪酸β-氧化、酮体、类脂、血浆脂蛋白等基本概念；脂类的生理功能；甘油的分解代谢途径；脂肪酸的β-氧化途径及能量计算；酮体生成的生理与病理意义；血浆脂蛋白的组成与分类等。

熟悉：酮体的生物合成途径；酮体的氧化途径；甘油磷脂的代谢途径；胆固醇的代谢途径；脂肪的代谢调节；胆固醇的代谢调节等。

了解：脂类的消化吸收；类脂的分解代谢途径；磷脂的生理功能；血脂的来源与去路；血浆脂蛋白的临床意义；脂类代谢紊乱相关疾病。

📖 导学案例

患者，男，51岁，公司中层干部，平时应酬多，饮食偏荤，基本不进行体育锻炼，肥胖，吸烟，饮酒。血压：舒张压110mmHg，收缩压150mmHg，血清甘油三酯为5.03mmol/L，总胆固醇为7.14mmol/L，高密度脂蛋白为0.9mmol/L（理想范围＞1.04mmol/L），低密度脂蛋白为4.34mmol/L（理想范围＜3.37mmol/L），空腹血糖为5.4mmol/L。请思考：该患者的可能诊断是什么？除药物治疗之外，患者平时应注意哪些问题？

任务一 脂类代谢概述

脂类（lipids）是脂肪和类脂（lipoid）及其衍生物的总称。脂肪即甘油三酯（TG），是由1分子甘油和3分子脂肪酸组成。类脂主要包括磷脂、糖脂、胆固醇及其酯，它们都具有不溶于水，易溶于脂溶性溶剂（醇、醚、氯仿、苯等非极性有机溶剂）的共同特性，在生物体内广泛存在。根据脂类在动物体内的分布，将其分为贮存脂和组织脂两大类。贮存脂主要为中性脂肪，分布在动物皮下结缔组织、大网膜、肠系膜、肾脏周围等组织中，其含量随机体能量代谢会有变化，也称可变脂。组织脂主要由类脂组成，分布于动物体所有的细胞中，是构成细胞膜系统（质膜和细胞器膜）的重要组分，其含量基本维持稳定，与机体营养代谢关系不大，也称固定脂。

一、脂类的生理功能

1. 是机体氧化供能和贮存能量的重要载体

脂肪是体内贮存能量和供给能量的重要物质。每克脂肪完全氧化可释放出38.94kJ（约9.3kcal，1cal＝4.18J）的能量，而1g葡萄糖完全氧化产生的能量约17kJ，因此，等量脂肪氧化产生的能量是糖的2倍多。脂肪是疏水物质，其贮藏不伴有水，1g脂肪所占体积约为等量糖原所占体积的1/4，因此，贮藏脂肪所需体积要小很多，脂肪贮藏效率约为糖贮藏的9倍多。脂肪是人和高等动物体内贮存能量的主要形式。当机体摄入过量脂肪时，会贮藏在体内用于能量代谢。当机体摄入能源物质不足以满足生理活动需要时，则动用体内贮存的脂肪氧化供能，因此，脂肪成为饥饿、禁食或患某些疾病时体内能量的主要来源，脂肪贮藏随机体营养状况发生改变。

2. 是细胞的重要组成成分

真核生物体内的细胞器均有细胞膜包裹，细胞器膜和细胞膜结构的完整性是生物体进行物质与能量代谢的基础，也是生物体维持正常生理机能的重要保障。细胞器膜和细胞膜的主要成分为磷脂、糖脂和胆固醇等，细胞器膜和细胞膜将生物机体的代谢区域化，保证机体代谢不出现紊乱。类脂和胆固醇还是神经髓鞘的重要组分，对神经信号的定向传导有重要意义。胆固醇还是性激素、肾上腺激素、活性维生素 D_3 等的重要前体物质，对促进脂溶性营养物质的消化和胆汁酸的消化有重要的作用。磷脂酰肌醇磷酸在细胞信息传导中也起着非常重要的作用。

3. 提供必需脂肪酸

动物体内缺乏 Δ^9 以上的去饱和酶，因此，人体必需的脂肪酸不能在机体合成，必须由食物供给，人体必需脂肪酸有亚油酸（18：2，$\Delta^{9,12}$）、亚麻酸（18：3，$\Delta^{9,12,15}$）和花生四烯酸（20：4，$\Delta^{5,8,11,14}$）。必需脂肪酸可构成磷脂、胆固醇酯和血浆脂蛋白，还可衍生成前列腺素、血栓素和白三烯等生理活性物质，与机体细胞增殖、炎症、变态反应、免疫调节以及心血管疾病等有重要关系。天然脂肪中的脂肪酸大多数是含偶数碳原子的长链脂肪酸，有饱和脂肪酸和不饱和脂肪酸之分，常见的饱和脂肪酸中有软脂酸（16：0）和硬脂酸（18：0）；不饱和脂肪酸有软油酸（16：1，Δ^9）、油酸（18：1，Δ^9）和亚油酸（18：2，$\Delta^{9,12}$）。植物种子中脂肪主要为不饱和脂肪酸，常温下呈液态。动物脂肪含饱和脂肪酸较多，常温状态下呈固态。

4. 保护机体的组织器官和维持体温

由于脂肪导热性差，动物皮下脂肪组织可保护机体的热量散失，有较好保温作用。动物体内贮存的大量皮下脂肪有利于动物抵御严寒，特别是极端严寒地区的动物。此外，动物腹腔内脏周围都有脂肪组织保护，可保护动物内脏在运动过程中避免摩擦和缓冲外部冲击对脏器的影响。

5. 有利于脂溶性维生素和药物的吸收

食物中的脂溶性维生素需溶解于脂肪中并以溶解状态才能消化吸收，如维生素 A、维生素 D、维生素 E、维生素 K 和胡萝卜素等。脂肪还有利于脂溶性药物的吸收，如灰黄霉素是脂溶性抗真菌药物，我国生产的剂型主要为微粒型，在用量小的情况下必须增加脂肪以促进药物吸收。

二、脂类的消化吸收

正常人每日由食物消化的脂类中，甘油三酯占到 90% 以上，还有少量的磷脂、胆固醇及其酯和一些游离脂肪酸。成人口腔和胃中没有脂肪酶，胃内虽然有少量脂肪酶，但此酶只有在中性 pH 时才有活性，因此，正常的胃液中脂肪酶无法正常发挥酶解效应。在婴幼儿期，胃酸浓度较低，胃中 pH 接近中性，乳脂可被部分消化。脂肪的消化主要在小肠中进行。首先在小肠上段，通过小肠蠕动，由胆汁中的胆汁酸将食物脂类乳化，使脂肪分散形成脂肪颗粒，能使疏水的甘油三酯及胆固醇酯等乳化成脂小滴，增加酶与脂类物质的接触，有利于脂类的消化吸收。分泌入小肠的胰液中含有胰脂肪酶、磷脂酶、胆固醇酯酶及辅脂酶等酶类。胰脂肪酶能特异性地催化甘油三酯的第 1,3 位酯键水解，产生 β-甘油一酯并释出两分子脂肪酸。磷脂酶 A_2 在胰液中以酶原形式存在，必须在胰蛋白酶作用下水解，释放一个六肽后被激活，它催化磷脂的第二位酯键水解，生成溶血磷脂及一分子脂肪酸。胆固醇酯酶作用于胆固醇酯，使之水解为游离胆固醇及脂酸。辅脂酶吸引并将胰脂肪酶固定在油相表面，有利胰脂肪酶催化油相内的甘油三酯水解。在胆汁酸盐、胰脂肪酶、辅脂酶等协同作用时需 Ca^{2+} 参与，才能使酶的脂解活性充分发挥。

脂肪及类脂的消化产物吸收主要在十二指肠下段和空肠上段。甘油及中短链脂肪酸（≤10C）可直接吸收进入小肠黏膜并通过门静脉进入血液转运代谢。进入上皮细胞内的长链脂肪酸和甘油一酯大部分重新合成甘油三酯，并与细胞中的载脂蛋白合成乳糜微粒，乳糜微粒聚集包裹在囊泡内，当囊泡移行到细胞侧膜时，通过出胞方式离开上皮细胞进入淋巴循环系统，并融入血液循环。中、短链甘油三酯水解产物脂肪酸和甘油一酯是水溶性的，可由门静脉进入血液系统，而不入淋巴系统。食物中脂类代谢与糖代谢不同，大部分脂类通过淋巴直接进入人体循环，而不通过肝脏，食物中的脂肪主要被肝外组织利用，肝脏利用外源脂类很少。体温状态下呈液态的脂类可以很好地被利用，而那些熔点超过体温的脂类通常较难消化吸收，因此，体温状态下为固体的动物脂类人体较难吸收利用。

任务二 脂肪的氧化分解

人体内的各组织细胞中，除成熟的红细胞外，几乎所有细胞均具有水解脂肪并氧化分解和利用其水解产物的能力，特别是肝脏细胞。通常情况下，脂肪在体内氧化时，首先在脂肪酶的作用下，水解成脂肪酸和甘油。脂肪酸和甘油再分别进行氧化分解。甘油经磷酸化和脱氢过程变为磷酸二羟基丙酮，沿 TCA 循环彻底氧化生成 CO_2 和 H_2O，并释放能量。脂肪酸氧化之前，先与辅酶 A 结合生成脂酰 CoA，然后再通过脂肪酸的 β-氧化进行彻底氧化，生成 CO_2 和 H_2O，并释放能量。脂肪酸的氧化主要在肝脏中进行，肝脏中有大量乙酰 CoA 产生。其中有部分在肝脏特有的酶的作用下缩合生成乙酰乙酸、β-羟丁酸和丙酮，统称为酮体，肝脏是生成酮体的唯一器官，但不是酮体代谢的器官，因为肝脏中缺乏转硫酶，需转运到肝外组织（如心、肾、肌肉）中继续进行氧化。

一、脂肪动员与脂肪细胞分化

脂肪是人和动物体内的重要贮能物质，当机体需要能量时，贮存在脂肪细胞中的甘油三酯被激素敏感脂肪酶逐步水解为游离脂肪酸和甘油。游离脂肪酸进入血液并随血液循环被其他组织氧化利用，这一过程称为脂肪动员（lipid mobilization）。在脂肪动员过程中，激素敏感脂肪酶起了决定性的作用，它是脂肪分解的限速酶，其活性受到多种激素的调控。在禁食、饥饿或交感神经兴奋时，肾上腺素、去甲肾上腺素、胰高血糖素等激素分泌增加使之激活，促进脂肪分解，称为脂解激素。相反，胰岛素等则使其活性抑制，具有拮抗脂解激素的作用。机体对脂肪的动员调控就是通过激素对这一限速酶的调控来实现的。脂肪分解代谢过程见图 9-1。

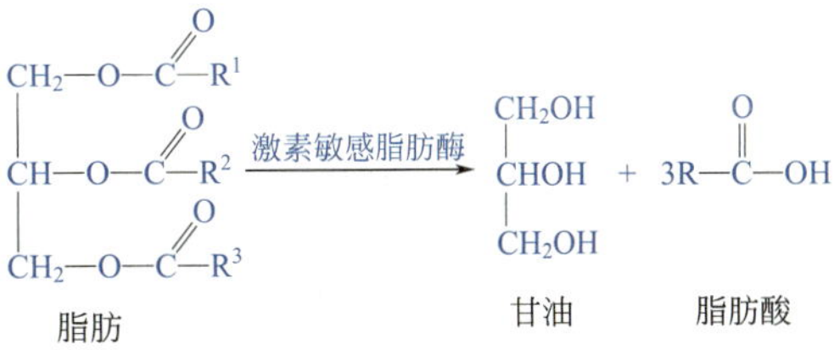

图 9-1 脂肪分解代谢过程

机体的脂肪酶有多种类型，如激素敏感型脂肪酶（HSL）、脂肪甘油三酯脂肪酶（ATGL）、甘油三酯水解酶（TGH）、甘油二酯酶和甘油一酯酶等，在脂肪动员过程中有重要作用。脂滴包被蛋白（perilipin A）对脂肪动员也有一定的作用。

二、甘油的分解代谢

甘油在甘油激酶（存在于肝、肾、泌乳期的乳腺及小肠黏膜等细胞）的作用下，消耗 1 分子 ATP，生成 α-磷酸甘油，然后在磷酸甘油脱氢酶（glycerolphosphate dehydrogenase）作用下脱氢生成磷酸二羟基丙酮。磷酸二羟基丙酮经磷酸丙糖异构酶催化可变为 α-磷酸甘油醛（3-磷酸甘油醛），α-磷酸甘油醛代谢途径有两条：①进入 EMP 途径生成丙酮酸，丙酮酸在丙酮酸氧化脱羧酶系的作用下脱羧生成乙酰 CoA，乙酰 CoA 可进入 TCA 循环彻底氧化为 CO_2 和 H_2O，同时产生能量；②通过糖异生作用合成葡萄糖，进而合成糖原。

甘油的分解代谢见图 9-2。

肝细胞的甘油激酶活性很高，可动员脂肪分解产生甘油并为肝细胞所利用，而脂肪、骨骼肌等组织的脂肪细胞中，由于缺乏甘油激酶，因此，甘油不能在脂肪细胞内进行分解代谢。脂肪分解产生的甘油进入血液后，直接经血液运送至肝、肾、肠等组织。

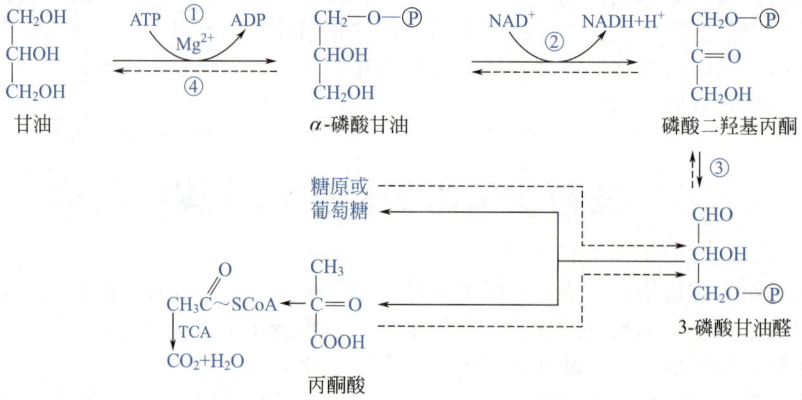

$$\text{甘油} \xrightarrow[④]{\text{ATP} \quad \text{ADP} \quad ①} \text{α-磷酸甘油} \xrightarrow[]{\text{NAD}^+ \quad \text{NADH+H}^+ \quad ②} \text{磷酸二羟基丙酮}$$

图 9-2　甘油分解代谢过程

①—甘油激酶；②—磷酸甘油脱氢酶；③—磷酸丙糖异构酶；④—磷酸酶

三、脂肪酸的分解代谢

脂肪酸是高等动物主要能源物质之一，组织细胞既可从血液中摄取脂肪酸，也可通过自身脂肪降解得到脂肪酸。脂肪酸在供氧充足的条件下，可经脂肪酸 β-氧化途径，分解生成 CO_2 和 H_2O，并释放出大量热量。除脑组织和成熟红细胞外，脂肪酸的氧化分解在各组织细胞中均能进行，尤其以肝及肌肉组织最为活跃。在生物体内，饱和脂肪酸占绝对优势，其氧化有 β-氧化、α-氧化和 ω-氧化等多种形式，脂肪酸的主要氧化方式为 β-氧化。β-氧化由羧基端 β-碳原子开始，碳链逐次断裂，每次产生一个乙酰 CoA，称之为 β-氧化。

（一）脂肪酸 β-氧化理论的发现与建立

在生物体苯环不能被氧化代谢而苯脂酸侧链脂肪烃链容易被氧化断裂的认知背景下，德国著名的生物化学家 Franz Knoop 于 1904 年以苯环为标记，利用化学合成法合成一系列长短不同的直链脂肪酸，并将其与苯基相连（将远离羧基的 ω-碳原子接上苯环），然后用这些合成的苯环标记的苯脂酸进行动物饲喂，收集动物尿液并分析代谢物。研究发现，饲喂含苯基的奇数碳原子脂肪酸，动物尿液中含苯甲酸的衍生物马尿酸；而含偶数碳原子的含苯基脂肪酸，动物尿液中却含苯乙酸的衍生物苯乙尿酸。Knoop 据此推断，脂肪酸的氧化是由羧基端的 β-碳原子开始进行分解代谢的，而且每次断裂 2 个碳单位，该二碳单位经证实为乙酰 CoA，这一理论为脂肪酸的 β-氧化理论。之后，Schoenheimer 等人应用同位素标记及其他方法验证了脂肪酸的 β-氧化理论的正确性。

（二）脂肪酸的 β-氧化（饱和偶数碳原子脂肪酸的氧化分解）

脂肪酸的化学性质比较稳定，需活化后才能进行 β-氧化。脂肪酸的氧化分解包括脂肪酸活化、脂酰 CoA 进入线粒体、活化的脂肪酸在线粒体内经 β-氧化生成乙酰 CoA 及乙酰 CoA 进入 TCA 循环氧化分解 4 个阶段。

1. 脂肪酸的活化

脂肪酸的活化在线粒体外完成，是脂肪酸的羧基与 CoA 发生酯化反应生成脂酰 CoA 的过程，催化这一反应的酶为脂酰 CoA 合成酶（acyl-CoA synthetase，相当于硫激酶）。反应需消耗 2 个高能磷酸键的键能，反应生成焦磷酸（PPi）。

$$R-COOH + ATP + HSCoA \xrightarrow[\text{Mg}^{2+}]{\text{脂酰CoA合成酶}} R-CO\sim SCoA + AMP + PPi$$

焦磷酸在焦磷酸酶催化作用下可水解成无机磷酸（Pi）并释放能量，保证反应向右进行。在脂酰 CoA 分子中，CoA 实际上是脂酰基的载体，不仅含有高能硫酯键，其水溶性也增强了，也增强了脂酰基的代谢活性。

2. 脂酰 CoA 进入线粒体

脂肪酸活化生成脂酰 CoA 是在细胞质中进行的，而脂肪酸的 β-氧化是在线粒体内，且催化脂肪酸氧化的酶系也存在于线粒体基质中，因此，脂酰 CoA 必须要进入到线粒体才能被氧化。

中、短链的脂酰 CoA（C<10）容易跨过线粒体内膜进入线粒体，但长链脂酰 CoA 不能直接穿透线粒体内膜，需要基于载体转运才能进入到线粒体内膜，该载体为 L-β-羟基-γ-三甲基氨基丁酸（也称肉碱或肉毒碱）。位于线粒体外膜的肉碱脂酰转移酶Ⅰ催化脂酰 CoA 将脂酰基转移给肉毒碱生成脂酰肉碱，脂酰肉碱在线粒体内膜的肉毒碱/脂酰肉毒碱转位酶的作用下进入线粒体基质，然后在位于线粒体内膜内侧面的肉毒碱脂酰转移酶Ⅱ的催化下，转变为脂酰 CoA 并释放出肉毒碱。呈游离状态的肉毒碱再被肉碱/脂酰肉毒碱转位酶转运到内膜外侧循环，而脂酰 CoA 则留在线粒体基质内进行脂肪酸的 β-氧化。脂酰 CoA 转入线粒体是脂肪酸 β-氧化的主要限速步骤，肉碱脂酰转移酶Ⅰ是其限速酶。见图 9-3。

当饥饿、食入高脂低糖食物或患糖尿病时，机体需要脂肪酸分解供能，肉碱脂酰转移酶Ⅰ的活性增强；脂肪酸氧化增强。脂肪合成时，丙二酸单酰 CoA 的增加则抑制这个酶的活性。

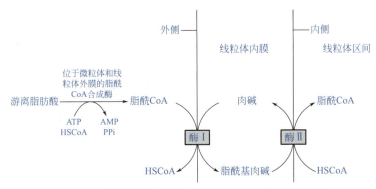

图 9-3　在肉碱参与下的脂肪酸转入线粒体的简要过程

酶Ⅰ：位于外侧的肉碱脂酰转移酶；酶Ⅱ：位于内侧的肉碱脂酰转移酶

> **知识链接**
>
> **左旋肉碱与减肥**
>
> 　　左旋肉碱又称 L-肉碱或者音译卡尼丁，是一种促使脂肪转化为能量的类氨基酸，左旋肉碱主要来源于食物，人体自身也可以部分合成，由人体肝脏和肾脏产生，并储存在肌肉、精液、脑和心脏中。有氧运动时，肌肉组织可分泌左旋肉碱，如果再配合服用适量左旋肉碱，能大大加速机体对脂肪的消耗，所以，左旋肉碱已应用于保健、医药、体育等领域。

3. 脂肪酸的 β-氧化过程

脂酰 CoA 进入线粒体基质后，在一系列酶的作用下从脂酰基的 β-碳原子位置开始脱氢、加水、再脱氢和硫解完成脂肪酸的一轮 β-氧化，每进行一次 β-氧化，可生成 1 分子乙酰 CoA 和 1 个比原来少两个碳原子（$n-2$）的脂酰 CoA。脂肪酸 β-氧化的具体步骤如下。

（1）脱氢　在脂酰 CoA 脱氢酶（acyl-CoA dehydrogenase）的催化下，脂酰 CoA 的 α、β 碳原子上各脱去 1 个氢原子，生成双键的脂酰 CoA，即反式 α,β-烯脂酰 CoA。辅酶 FAD 接受脱下的 2 个 H 原子，生成 $FADH_2$。

$$R-CH_2-CH_2-\overset{O}{\underset{}{C}}\sim SCoA \xrightarrow[\text{脂酰CoA脱氢酶}]{FAD \quad FADH_2} R-CH=CH-\overset{O}{\underset{}{C}}\sim SCoA$$

脂酰CoA α,β-烯脂酰CoA

(2) 加水 反式 α,β-烯脂酰 CoA 在烯脂酰 CoA 水化酶的催化下，在双键位置加水，使烯脂酰 CoA 生成 L-(+)-β-羟脂酰 CoA。

$$R-CH=CH-\overset{O}{\underset{}{C}}\sim SCoA + H_2O \xrightarrow{\text{水化酶}} R-\underset{OH}{\underset{|}{CH}}-CH_2-\overset{O}{\underset{}{C}}\sim SCoA$$

α,β-烯脂酰CoA β-羟脂酰CoA

(3) 再脱氢 由 β-羟脂酰 CoA 脱氢酶（L-3-hydroxyacyl CoA dehyrogenase）催化，L-(+)-β-羟脂酰 CoA 脱去 2 个氢，生成 β-酮脂酰 CoA。NAD^+ 接受脱下的 2 个 H 原子，生成 $NADH+H^+$。

$$R-\underset{OH}{\underset{|}{CH}}-CH_2-\overset{O}{\underset{}{C}}\sim SCoA \xrightarrow[\text{β-羟脂酰CoA脱氢酶}]{NAD^+ \quad NADH+H^+} R-\overset{O}{\underset{}{C}}-CH_2-\overset{O}{\underset{}{C}}\sim SCoA$$

β-羟脂酰CoA β-酮脂酰CoA

(4) 硫解 β-酮脂酰 CoA 在 β-酮脂酰 CoA 硫解酶（thiolase）作用下，α-与 β-碳原子间结合键断裂，生成 1 分子乙酰 CoA 和 1 分子比原来少两个碳原子的脂酰 CoA。

$$R-\overset{O}{\underset{}{C}}-CH_2-\overset{O}{\underset{}{C}}\sim SCoA + HSCoA \xrightarrow{\text{硫解酶}} R-\overset{O}{\underset{}{C}}\sim SCoA + CH_3-\overset{O}{\underset{}{C}}\sim SCoA$$

β-酮脂酰CoA   脂酰CoA(n-2)   乙酰CoA

脂酰 CoA 经过脱氢、加水、再脱氢及硫解 4 个步骤，产生 1 分子乙酰 CoA 和 1 分子比原来少两个碳原子的脂酰 CoA，称为一次 β-氧化过程。新生成的脂酰 CoA 又进入下一轮脂肪酸的 β-氧化，直到完全氧化。脂肪酸的 β-氧化过程如图 9-4 所示。

脂肪酸 β-氧化生成的乙酰 CoA 与线粒体中糖和氨基酸代谢产生的乙酰 CoA 一起进入乙酰 CoA 库。生物体内的乙酰 CoA 可通过 TCA 循环彻底氧化为 CO_2 和 H_2O，也可进一步转变为其他代谢中间产物或参与其他合成代谢。

（三）能量释放

脂肪酸 β-氧化过程中，脂肪酸活化时需要消耗 2 个高能磷酸键，即相当于消耗 2 分子 ATP。剩下的 3 个循环步骤中，每形成 1 分子乙酰 CoA，就使 1 分子 FAD 还原为 $FADH_2$，并使 1 分子 NAD^+ 还原为 $NADH_2$。$FADH_2$ 进入呼吸链生成 1.5 分子 ATP，$NADH_2$ 进入呼吸链，可生成 2.5 分子 ATP，因此，每生成 1 分子乙酰 CoA，就生成 4 分子 ATP。下面以软脂酸为例，阐明脂肪酸 β-氧化过程中 ATP 的生成情况。

软脂酸是含有 16 个碳原子的饱和脂肪酸，其活化需要消耗 2 分子 ATP，生成软脂酰 CoA。由于每循环一次，生成 1 分子乙酰 CoA、1 分子 $FADH_2$ 和 1 分子 $NADH+H^+$，软脂酸完全氧化需要经过 7 轮 β-氧化，共生成 8 分子乙酰 CoA、7 分子 $FADH_2$ 和 7 分子 $NADH+H^+$。

1 分子 $FADH_2$ 进入呼吸链可产生 1.5 分子 ATP，1 分子 $NADH+H^+$ 进入呼吸链可产生 2.5 分子 ATP，$FADH_2$ 和 $NADH+H^+$ 分别有 7 分子，所以产生的能量为 $4\times7=28$ 分子 ATP。

1 分子乙酰 CoA 进行 TCA 循环完全氧化可产生 12 分子 ATP，所以产生的能量共有 $12\times8=96$ 分子 ATP。

减去软脂酸活化时消耗的 2 分子 ATP，软脂酸 β-氧化中产生的能量为 $12\times8+4\times7-2=122$ 分子 ATP，即氧化 1 分子软脂酸可净生成 122 分子的 ATP。

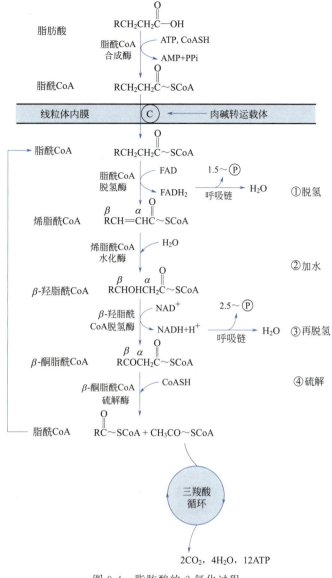

图 9-4　脂肪酸的 β-氧化过程

任务三　酮体的代谢

酮体（ketone body）是乙酰乙酸、D-β-羟基丁酸和丙酮 3 种物质的总称。在大多数细胞中，脂肪酸 β-氧化及糖代谢产生的乙酰 CoA 可通过 TCA 循环彻底氧化为 CO_2 和 H_2O。但在动物的肝、肾和脑等组织中，特别是在饥饿、禁食以及糖尿病等条件下，乙酰 CoA 最终会生成乙酰乙酸、D-β-羟基丁酸和丙酮等物质，其中，以 β-羟基丁酸最多，约占到酮体总量的 70%，乙酰乙酸占 30% 左右，丙酮的量极微。肝脏具有极强的酮体合成酶系，但缺乏酮体分解代谢的酶系，肝内代谢生成的酮体需转运至肝外组织进行分解代谢。酮体是脂肪酸在肝脏分解氧化时特有的中间产物。若肝脏代谢的酮体超过肝外组织的分解代谢能力，则可能形成酮血症、酮尿症和酮症酸中毒。

一、酮体的生成过程

在正常情况下，脂肪酸在肝外组织如心肌、骨骼肌、肾脏等组织中能彻底氧化成 CO_2 和 H_2O。在肝细胞中，由于肝细胞具有活性较强的酮体合成酶系，能使脂肪酸 β-氧化反应生成的乙酰 CoA 转变为酮体。酮体是脂肪酸肝内氧化代谢不彻底的中间产物，在肝细胞线粒体内合成。酮体生成过程分 3 步进行。

（1）乙酰乙酰 CoA 的生成。2 分子乙酰 CoA 在乙酰乙酰 CoA 硫解酶的催化作用下，缩合形成 1 分子乙酰乙酰 CoA，并释放出 1 分子 CoASH。

（2）HMG-CoA 的生成。乙酰乙酰 CoA 在 HMG-CoA 合成酶的催化作用下，再与 1 分子乙酰 CoA 缩合生成羟甲基戊二酸单酰 CoA（HMG-CoA），并释放出 1 分子 CoASH。

（3）酮体的生成。HMG-CoA 在 HMG-CoA 裂解酶的催化作用下，生成乙酰乙酸和乙酰辅酶 A。

乙酰乙酸在 β-羟丁酸脱氢酶催化下还原为 β-羟基丁酸，以辅酶 I 作为氢的受体，乙酰乙酸也可脱羧生成丙酮酸。肝细胞线粒体基质中，含有大量的 HMG-CoA 合成酶和 HMG-CoA 裂解酶。所以，酮体的形成是肝脏代谢的特有现象，但肝脏内缺乏氧化酮体的酶，需转运至肝外组织中才能进行酮体的氧化分解代谢。

肝脏中酮体生成的过程见图 9-5。

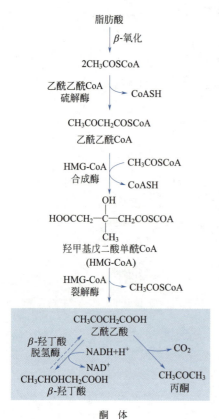

图 9-5 酮体的生成

二、酮体的氧化

肝脏中有活力很强的生成酮体的酶，但缺少利用酮体的酶。肝内线粒体基质内生成的酮体可迅速透出肝细胞进入血液循环，运输到肝外组织。肝外许多组织中都有活性很强的氧化和利用酮体的酶。在心、肾、脑和骨骼肌等组织细胞的线粒体中具有较高的酮体氧化酶，关键酶为琥珀酰 CoA 转硫酶，在此酶催化下，乙酰乙酸可活化为乙酰乙酰 CoA。在肾、心肌和脑组织中，利用酮体的酶主要是乙酰乙酸硫激酶，可直接将乙酰乙酸激活为乙酰乙酰 CoA。然后，再被乙酰乙酰硫解酶分解为两分子乙酰 CoA，随后进入 TCA 循环彻底氧化。

β-羟丁酸在 β-羟丁酸脱氢酶催化下先变成乙酰乙酸，再转变为乙酰 CoA 而被氧化成 CO_2 和 H_2O。正常情况下肝脏中的脂肪酸 β-氧化很少产生丙酮，产生的少量丙酮可由尿中排出。丙酮也可进入肺部直接呼出，或在一系列酶的催化作用下，转变为丙酮酸或乳酸，进而异生为糖。这是脂肪酸碳原子转变成糖碳原子的一条途径。酮体氧化代谢途径如图 9-6 所示。

三、酮体生成的生理与病理意义

1. 生理意义

酮体是脂肪酸在肝组织中代谢的正常中间产物，是正常生理情况下肝脏输出能源的一种形式。酮体分

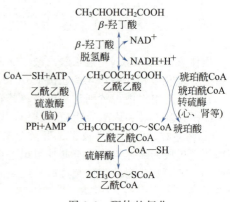

图 9-6 酮体的氧化

子小、水溶性好，便于通过血液系统进行转运，并易于通过血脑屏障及肌肉等组织的毛细血管壁，适合作为脑组织和肌肉利用的能源物质，是肌肉的重要能源，特别是脑组织的重要能源。脑组织不能氧化脂肪酸，却能利用酮体进行氧化分解产生能量，与脂肪酸相比，酮体更有效地代替葡萄糖进行能量代谢。长期饥饿或糖供应不足时酮体可替代葡萄糖提供能量。

2. 病理意义

肝脏在正常代谢情况下，酮体生成量很少，肝脏中产生酮体的速度和肝外组织分解酮体的速度处于动态平衡中，但在持续低血糖（饥饿或禁食）或糖尿病（葡萄糖氧化分解受阻）导致脂肪大量动员的情况下，脂肪酸在肝中经过 β-氧化产生的乙酰 CoA 缩合形成过量的酮体，且超过了肝外组织利用酮体的能力，乙酰 CoA 堆积，酮体生成量增加，特别是糖尿病患者，其酮体生成量可达到正常值的数十倍，这时丙酮可占到酮体的 50％ 以上，引起血液中酮体浓度过高。由于酮体主要成分是酸性物质，其大量积存的结果常导致机体酸碱平衡失调，引起酸中毒，严重时可危及生命，称酮症酸中毒。患酮病时，不仅血中酮体含量升高，酮体还可随乳、尿排出体外。这种情况多发于高产乳牛开始泌乳后以及绵羊（尤其是双胎绵羊）的妊娠后期，由于泌乳和胎儿的需要，其体内葡萄糖的消耗量很大，易造成缺糖，引起酮病。此外，先天性缺乏琥珀酰 CoA 转硫酶的患者也会出现酮症酸中毒（酮血症）和酮尿。

影响酮体生成的因素主要有 3 个：①脂肪动员时酮体生成量增加；②糖代谢弱时，脂肪酸氧化增加，酮体生成量就会增加；③脂酰 CoA 通过膜的速度过快，脂肪酸氧化加速，从而生成大量的酮体。

任务四　类脂代谢

类脂包括磷脂、糖脂、胆固醇和胆固醇酯等。磷脂是生物膜的重要组成部分，对脂类的消化吸收和转运有重要影响，分为甘油磷脂和鞘磷脂两个大类。甘油磷脂又分为磷脂酰胆碱（卵磷脂）、磷脂酰乙醇胺（脑磷脂）、磷脂酰丝氨酸、磷脂酰甘油和二磷脂酰甘油（心磷脂）等。本任务主要介绍磷脂和胆固醇的代谢。

一、磷脂代谢

（一）磷脂的生理功能

含有磷酸的类脂称为磷脂。其中，含有甘油的磷脂称为甘油磷脂，含有鞘氨醇的磷脂称为鞘磷脂。甘油磷脂的核心结构是 3-磷酸甘油，甘油分子中 C1 位和 C2 位上的两个—OH 都被脂肪酸所酯化，C3 位的磷酸基团被各种结构不同的小分子羟基化合物酯化，形成各种甘油磷脂。在生物体内以磷脂酰胆碱（卵磷脂）含量最多，在许多组织可占磷脂总量的 50％ 左右。甘油磷脂结构通式见图 9-7。当 X 为乙醇胺时，为脑磷脂；当 X 为胆碱时，为卵磷脂。

甘油磷脂 C1 和 C2 位上的长链脂酰基是两个疏水性的非极性尾部，C3 位上的磷酰化物含氮碱或羟基是亲水性的极性头部，因此，磷脂具有亲水和疏水的特性，在水和非极性溶液中均有较大的溶解性，能同时与极性和非极性化合物结合，是水溶性蛋白质和非极性脂类最佳的连接"桥梁"。甘油磷脂在体内的含量较高，具有很多重要的生理功能，主要如下。

（1）是生物膜的重要构件　在生物膜中，甘油磷脂含量最多，生物膜结构的完整性对于细胞功能发挥有重要作用，也是体内代谢，特别是分区域代谢的基础。生物膜为双分子结构，由亲水和疏水两部分组成，其亲水头部朝向膜两侧表面，而疏水尾部朝向膜核心，含有胆

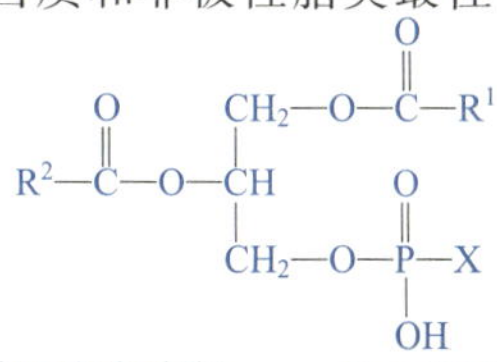

磷脂酰胆碱(卵磷脂)　　X=OCH$_2$CH$_2$N+(CH$_3$)$_3$
磷脂酰乙醇胺(脑磷脂)　　X=OCH$_2$CH$_2$NH$_2$

图 9-7　卵磷脂和脑磷脂化学结构

碱的磷脂（如磷脂酰胆碱）主要分布在膜外侧面，含氨基磷脂（如磷脂酰乙醇胺和磷脂酰丝氨酸）主要分布于膜内侧面，它们共同构成了细胞膜不连续的脂质流动双分子层作为镶嵌膜蛋白的基质，为物质的选择性跨膜运输提供了通透性屏障。不同组织细胞的生物膜其磷脂组分有所差异，这与其膜生物功能多元性有关。

(2) 是构成脂蛋白的重要组成部分　磷脂和蛋白质一起位于脂蛋白表面，其结构中的亲水部分朝向表面，而疏水部分则朝向膜核心，将疏水的非极性分子脂肪、胆固醇酯等包裹在颗粒核心部分。肝、肠等组织是合成磷脂的最活跃部位，形成脂蛋白 CM 和 VLDL，对运输外源性和内源性脂肪和胆固醇起着重要作用。

(3) 是人体必需脂肪酸的贮库　生物膜结构中的甘油磷脂分子 C2 位的脂酰基多为不饱和脂肪酸，其中，亚油酸、亚麻酸和花生四烯酸为必需脂肪酸。前列腺素等生物合成首先靠磷脂酶 A_2 将花生四烯酸从贮库膜磷脂上水解下来。

(4) 二软脂酰磷脂酰胆碱是肺表面活性物质　在肺组织细胞中能合成和分泌 C1 和 C3 位均是饱和软脂酰基的一种特殊磷脂酰胆碱，它是肺表面活性物质的主要成分（占 50%～60%），在肺泡里保持表面张力，可防止气体呼出时肺泡塌陷。这种磷脂在新生儿和动物分娩前不久合成，早产时可由于这种肺表面活性物质合成和分泌的缺陷而患呼吸窘迫综合征（RDS）。为治疗和预防早产婴儿的呼吸窘迫综合征，可注射猪肺磷脂注射液以促进早产胎儿肺表面活性物质的形成。猪肺磷脂是一种天然提取物，磷脂占干重的 90%，大部分为磷脂酰胆碱（PC），具有表面活性的 PC 为二棕榈酸磷脂酰胆碱，其余的磷脂还包括磷脂酰乙醇胺、磷脂酰丝氨酸、磷脂酰肌醇和鞘磷脂。此外，还有 SP-B 和 SP-C 两种表面活性物质（PS）特异性蛋白质。辅料为氯化钠和注射用水。

(5) 磷脂酰胆碱是血小板激活因子的重要组成成分　血小板激活因子（PAF）是一种特殊的磷脂酰胆碱，C1 位以醚键连接一个 18 碳烷基，C2 位连接一个乙酰基。PAF 是一种具有极强生物活性的激素，极低浓度（10^{-11}～10^{-10} mol/L）就可引发血小板聚集并释放 5-羟色胺，对肝、平滑肌、心、子宫及肺有多重作用，能显著降低血压，在炎症和变态反应发生过程中也有重要作用。

（二）甘油磷脂的代谢

1. 甘油磷脂的生物合成

人体的磷脂来自食物，食物中的磷脂被消化吸收到小肠黏膜细胞中重新合成磷脂供机体代谢所用。在人体的许多组织细胞中均能合成磷脂，其中，肝脏、肾脏和小肠等器官是合成磷脂的主要部位。甘油、胆碱、乙醇胺、丝氨酸等是甘油磷脂的合成原料，甘油和脂肪酸可由糖代谢转变而来，甘油磷脂分子的 C2 位一般为不饱和脂肪酸，主要是必需脂肪酸，由食物提供。胆碱可由食物提供或以丝氨酸及蛋氨酸为原料在体内合成。丝氨酸主要由食物提供，乙醇胺可由丝氨酸脱羧基生成，在酶作用下由 S-腺苷甲硫氨酸获得 3 个甲基（甲基移换反应中需要叶酸和维生素 B_{12} 参加）即可生成胆碱。磷脂合成需要 ATP 和 CTP 提供能量。CTP 在磷脂合成中的作用很重要，它不但供能，还为合成 CDP-乙醇胺、CDP-胆碱等重要的活性中间产物所必需。

与甘油磷脂合成过程相似，磷脂酰胆碱和磷脂酰乙醇胺（脑磷脂）的合成过程如图 9-8 所示。

根据被 CTP 活化的部分不同，甘油磷脂可由两条途径进行合成。一条是经由 CTP 活化甘油二酯生成 CTP-甘油二酯，分别与肌醇、磷酸甘油或磷脂酰甘油结合生成磷脂酰肌醇、磷脂酰甘油或心磷脂等；另外一条途径是由 CTP 分别活化胆碱或乙醇胺生成 CDP-胆碱或 CDP-乙醇胺（图 9-9），提供磷酸胆碱或磷酸乙醇胺与甘油二酯生成卵磷脂或脑磷脂。

2. 甘油磷脂的分解

水解甘油磷脂的酶类称为磷脂酶，根据其作用于甘油磷脂分子中不同的酯键，可分为磷脂酶 A_1、磷脂酶 A_2、磷脂酶 C 和磷脂酶 D 等。其中，磷脂酶 A_1、A_2 分别作用于甘油磷脂的 1、2 位

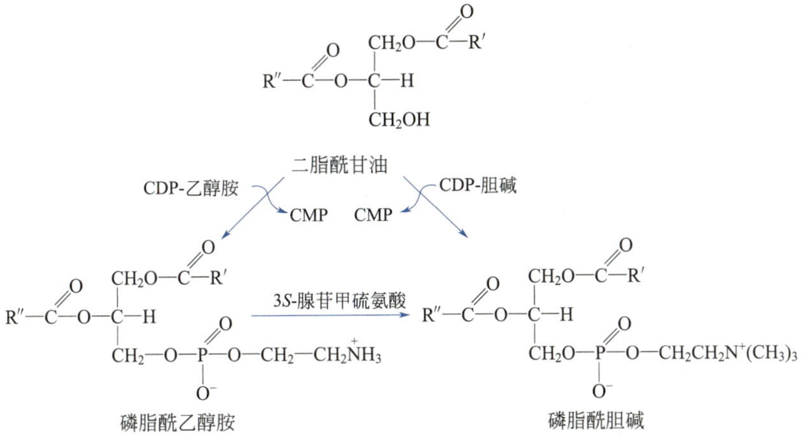

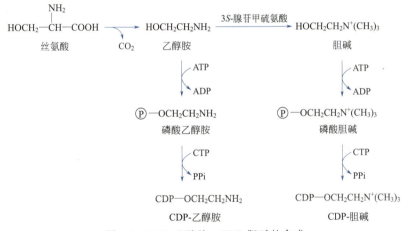

图 9-8 磷脂酰乙醇胺和磷脂酰胆碱的合成

图 9-9 CDP-乙醇胺、CDP-胆碱的合成

酯键,产生溶血磷脂 2 和溶血磷脂 1。溶血磷脂是一类具有较强表面活性的物质,能使红细胞膜和其他细胞膜破坏引起溶血或细胞坏死。溶血磷脂 2 和溶血磷脂 1 又可分别在磷脂酶 B_2(即溶血磷脂酶 2)和磷脂酶 B_1(即溶血磷脂酶 1)的作用下,水解脱去脂酰基生成不具有溶血性的甘油磷酸-X。磷脂酶 C 可以特异地水解甘油磷酸-X 中甘油的第 3 位磷酸酯键,产物是甘油二酯和磷酸胆胺或磷酸胆碱。磷酸与其取代基 X 之间的酯键可由磷脂酶 D 催化水解,磷脂酶 D 主要存在于植物和微生物体内。

磷脂酶 A_1 在自然界广泛分布,主要位于溶酶体中,毒蛇唾液中含有磷脂酶 A_1,因此,被毒蛇咬伤后可能出现溶血而致命。磷脂酶 A_2 存在于动物机体各组织细胞膜和线粒体上,Ca^{2+} 能激活该酶,能脱去 2 位上的脂酰基的磷脂,产物为溶血磷脂 1,产物具有很强的表面活性,能引发红细胞及其他细胞膜破裂造成溶血或细胞坏死。胰腺可分泌大量磷脂酶 A_2 酶原,进入肠道后在胆汁酸盐、胰蛋白酶及 Ca^{2+} 的激活作用下产生溶血磷脂 1。患急性肠炎时,大量磷脂酶 A_2 酶原被激活,导致胰腺细胞坏死,引发急性胰腺炎。

甘油磷脂的分解见图 9-10。

二、胆固醇的代谢

胆固醇(cholesterol)是人及动物机体中一种以环戊烷多氢菲为母核的固醇类化合物,最早

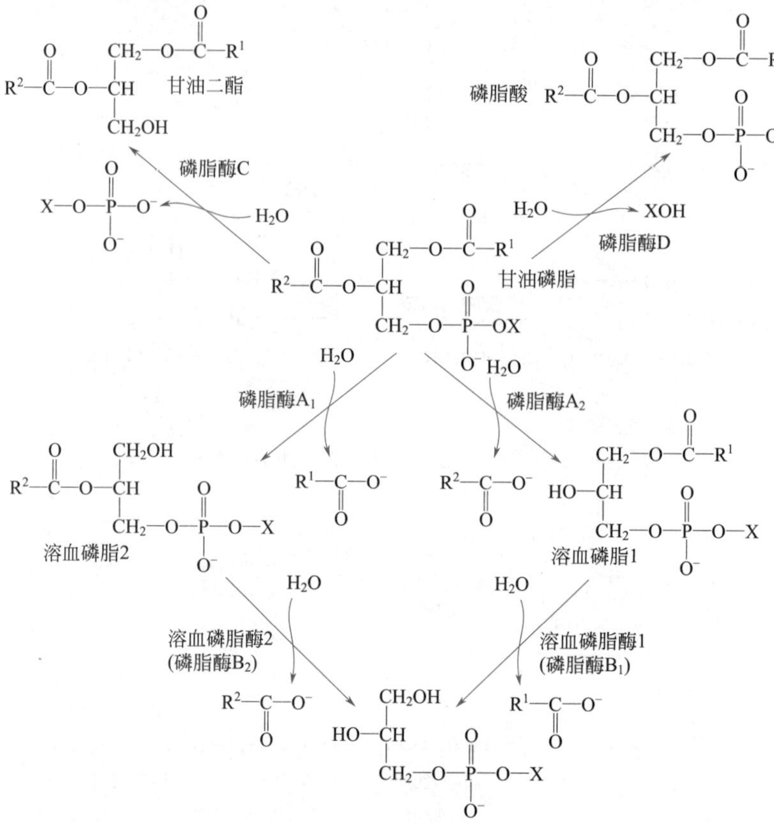

图 9-10 甘油磷脂的分解

从动物胆石中分离得到,故得此名。人体约含胆固醇 140g,广泛分布于身体各组织器官。其中,有约 25% 分布在脑和神经组织中,占脑组织的 2%。脑、肾和小肠黏膜等脏器以及皮肤和脂肪组织中胆固醇含量较高,为 0.2%~0.5%,其他组织中胆固醇含量一般较少。胆固醇中 27 个碳原子构成的烃核及侧链,都是非极性的,但 C3 位上的羟基是极性的,故仍具有两性分子的特点和性质。在生物体内,主要以游离胆固醇及胆固醇酯的形式存在(图 9-11)。

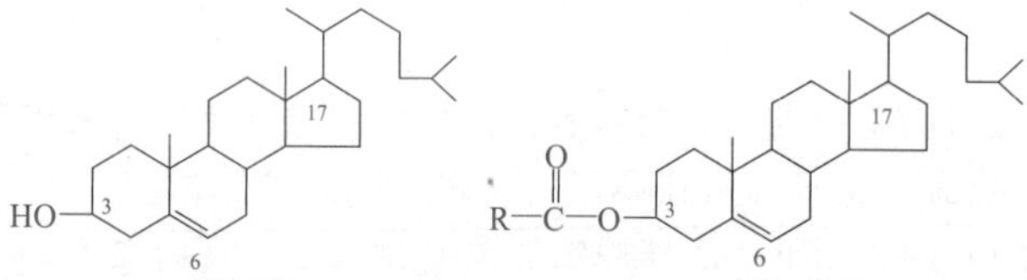

图 9-11 胆固醇和胆固醇酯的化学结构式

胆固醇在组织中一般以非酯化的游离状态存在于细胞膜中,在肾上腺(90%)、血浆(70%)及肝(50%)中大多与脂肪酸结合成胆固醇酯,以胆固醇油酸酯为最多,也有少量亚油酸酯及花生四烯酸酯。在胆固醇酯分子中,3 位仅有的极性羟基被非极性长链占据。胆固醇是生物膜与神经髓鞘的重要组成部分,也是胆汁和类固醇激素的前体,人体胆固醇可来源于食物,但主要由人体自身合成。

(一) 胆固醇的合成

动物几乎所有的组织细胞均可以合成胆固醇,但以肝脏合成量最大,肝脏是合成胆固醇的主要场所,占合成量的 70%~80%;其次是小肠,占 10% 左右。人体每天可合成约 1~1.5g 胆固醇,仅从食物摄取少量。食物中胆固醇主要源自动物内脏、蛋黄、奶油及肉类。植物性食品不含胆固醇,而含植物固醇、麦角固醇等,植物固醇不易被人体吸收利用。

胆固醇合成原料为乙酰CoA，合成酶系主要存在于细胞质，合成27个碳原子的胆固醇分子需18分子的乙酰CoA、10分子的NADPH提供还原氢，并消耗36分子ATP。乙酰CoA和ATP主要来自于糖的有氧氧化，NADPH由磷酸戊糖途径供给，也可以通过柠檬酸-丙酮酸循环转运乙酰CoA获得。胆固醇生物合成途径见图9-12，分为3个阶段。

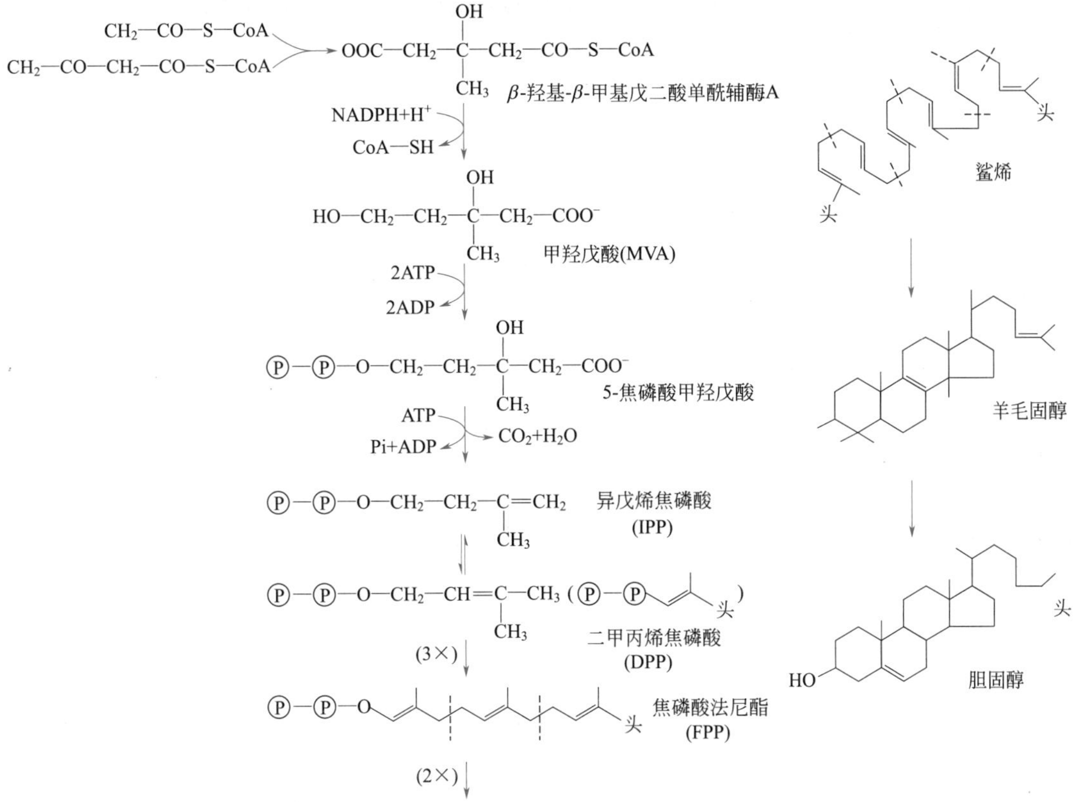

图9-12 胆固醇的生物合成

1. 甲羟戊酸的生成

在乙酰乙酰硫解酶的作用下，2分子乙酰CoA缩合成乙酰乙酰CoA，在HMG-CoA合成酶催化下，乙酰乙酰CoA与1分子乙酰CoA缩合生成β-羟基-β-甲基戊二酸单酰CoA（HMG-CoA）。HMG-CoA是合成胆固醇和酮体共同的中间产物，在肝脏线粒体中裂解生成酮体。在细胞质中，由HMG-CoA还原酶催化和NADPH供氢还原转变为甲羟戊酸（MVA）。HMG-CoA还原酶是胆固醇生物合成的限速酶，它的活性和合成受到多种因子的严格调控。

2. 鲨烯的生成

MVA在甲羟戊酸激酶和脱羧酶的作用下经过3次磷酸化和1次脱羧反应转变成5C的异戊烯焦磷酸（IPP），反应由ATP供能。在异戊烯焦磷酸异构酶的作用下，IPP可异构成二甲丙烯焦磷酸（DPP）。DPP和IPP通过首尾缩合形成牻牛儿焦磷酸（GPP），GPP再与1分子IPP首尾缩合形成15C的焦磷酸法尼酯（FPP）。在鲨烯合酶作用下，2分子15C的焦磷酸法尼酯再经缩合和利用NADPH还原转变成30C的鲨烯（squalene）。鲨烯是一个多烯烃，具有与胆固醇母核相近似的结构。

3. 胆固醇的生成

在动物体内，鲨烯进入内质网，经单加氧酶催化生成2,3-环氧鲨烯，在环化酶催化下形成羊毛固醇。羊毛固醇再经氧化、脱羧、还原等反应生成27C的胆固醇（图9-12）。

（二）胆固醇的生物转变

机体能够进行胆固醇的合成代谢，但却不能将胆固醇彻底氧化分解为 CO_2 和 H_2O，但其环核经氢化、侧链经氧化可转化为类固醇物质（如胆汁酸、类固醇激素和维生素 D_3 等）。因此，胆固醇的生物转化有重要的生理功能。胆固醇除用于生物膜的合成外，还可转化为胆汁酸参与脂类的消化利用，也可转化为皮质激素、性激素和维生素 D 等参与生物体的代谢调控。胆固醇在体内的生物转化主要有以下几个重要方面。

1. 合成胆汁

在肝脏中，胆固醇在肝细胞中经羟化酶作用转化为胆酸和脱氧胆酸，它们再与甘氨酸、牛磺酸等结合成甘氨胆酸、牛磺胆酸、甘氨鹅脱氧胆酸、牛磺鹅脱氧胆酸，并以胆酸盐的形式由胆道排入小肠。胆汁酸是人体合成胆固醇的主要代谢去路，人体约有 40% 的胆固醇在肝内转化为胆汁酸，随胆汁进入肠道参与食物消化，胆汁盐与食物中的脂质接触能使形成的脂质表面积增加，有利于脂酶的酶解，从而有利于食物中脂肪的消化分解和脂溶性维生素的吸收利用。

2. 作为甾体激素的合成原料

胆固醇是肾上腺皮质、睾丸和卵巢等内分泌腺合成类固醇激素的原料。在肾上腺皮质细胞线粒体中，胆固醇首先转变成 21C 的孕烯醇酮，后者再转入胞浆，脱氢转变成孕酮。孕酮作为一个重要的中间物，可经过不同的羟化酶的修饰，衍生出不同的肾上腺类固醇激素，包括调节水盐代谢的醛固酮，调节糖、脂和蛋白质代谢的皮质醇，还有少量其他固醇类性激素。在睾丸间质细胞内可以直接以血浆胆固醇为原料合成睾酮。雌激素有孕酮和雌二醇两类，主要由卵巢的卵泡内膜细胞及黄体分泌。17α-羟化酶及 17C、20C 裂解酶，可使孕酮的 17β-侧链断裂，转变为睾酮。睾酮在卵巢特异的酶系作用下可以转变为雌二醇。雌二醇是远比雌三醇、雌酮活性强的主要雌激素，后两者只是雌二醇的代谢物。

3. 可衍生为维生素 D

胆固醇可以经修饰后转变为 7-脱氢胆固醇，7-脱氢胆固醇在紫外线照射下，B 环的 C9 和 C10 之间开环形成前维生素 D_3，前维生素 D_3 可自发异构化形成维生素 D_3，在肝脏和肾脏中，经羟化后，可形成活性 1,25-二羟基维生素 D_3，可调节机体的 Ca、P 代谢。维生素 D 缺乏，会导致儿童出现佝偻病，成人出现软骨症。植物中含有的麦角固醇也有类似的性质，在紫外线照射下，可以转变为维生素 D_2。家畜放牧接触日光和饲喂干草都是其获得维生素 D 的重要来源。

（三）胆固醇的排泄

肝脏是胆固醇合成的最主要器官，也是胆固醇吸收、转运与排泄的重要器官。大部分胆固醇在肝内转变为胆汁酸，以胆汁酸盐的形式随胆汁排出，这是胆固醇排泄的主要途径。还有一部分胆固醇可在胆汁酸盐的作用下形成混合微团而"溶"于胆汁内直接随胆汁排出，或可随肠黏膜细胞脱落而排入肠道，进入肠道的胆固醇可随同食物胆固醇被吸收，未被吸收的胆固醇可以原型或经肠道菌还原为粪固醇后随粪便排出。因此，患肠梗阻的患者，血液中胆固醇含量会升高。

任务五　血浆脂蛋白

脂类必须与蛋白质结合形成溶解性较好的脂蛋白复合体才便于在血液中进行转运，故称血浆脂蛋白（lipoprotein）。血浆脂蛋白是脂类在血浆中的存在与运输形式，由脂类和蛋白质两部分构成，近似球形，表面是极性部分，由磷脂和蛋白质亲水基团构成，核心由甘油三酯和胆固醇酯等疏水性物质组成。

一、血脂的组成与含量

血浆中所含的脂类统称血脂，包括脂肪及少量的甘油二酯和甘油一酯、磷脂、胆固醇和胆固醇酯及游离的脂肪酸等。磷脂中主要为卵磷脂，约占70%，鞘磷脂和脑磷脂分别占25%和10%左右。血中醇型胆固醇约占总胆固醇的1/3，而酯型占2/3。血脂含量受饮食、职业、年龄、性别及脂类代谢影响较大。如高脂膳食可使血脂大幅升高，在进食3~6h后趋于正常。所以，血脂的测定常需空腹12~14h后采血测定。糖尿病患者由于大量动用脂肪，血脂含量也会偏高。测定血脂含量在临床疾病的诊断和治疗过程中有重要意义。

正常成年人空腹状态下血脂水平见表9-1。

表9-1 正常成年人空腹血脂组成及参考含量

脂类	参考值	
	mmol/L（平均值）	mg/dL（平均值）
总脂类	—	400~700（500）
总胆固醇	2.59~6.21（5.17）	100~240（200）
总磷脂	48.44~80.73（64.58）	150~250（200）
甘油三酯	0.11~1.69（1.13）	10~150（100）
游离脂肪酸	—	5~20（15）
胆固醇脂	1.81~5.17（3.75）	70~200（145）

注：括号内的数据为均值。

二、血脂的来源和去路

血浆脂类仅占脂类总量的极小部分，但血脂运转于各个组织之间，往往可以反映体内脂类代谢的情况。正常人或动物血浆脂类含量的变化范围较大，这与血脂的来源与去路有关。血脂的来源可分为内源性和外源性两个部分：外源性即由食物摄入后消化吸收进入血液的脂类；内源性即由机体合成或脂库中甘油三酯动员进入到血液中的脂类。

血脂的去路主要有：①甘油三酯和游离脂肪酸通过脂肪酸氧化进行能量提供；②体内脂肪酸含量过高时，可进入脂库贮存；③磷脂和胆固醇等可作为生物膜的重要构件；④转变为其他有活性的物质，如皮质类激素、性激素或维生素等。

三、血浆脂蛋白

脂类在生物体内并非以游离态存在，而是与机体蛋白质结合形成脂蛋白。除游离脂肪酸与血浆中清蛋白结合成复合体转运外，其余都以可溶性的血浆脂蛋白形式存在和转运。

1. 血浆脂蛋白的分类

血浆脂蛋白是由血液中的脂质与载脂蛋白组成的可溶性的生物大分子，游离脂肪酸与血浆清蛋白结合形成的脂清复合物通常不纳入脂蛋白分类。由于血浆脂蛋白组成复杂，成分多样，目前，常用超速离心法和电泳法对血浆脂蛋白进行分类。

（1）超速离心法　超速离心法（ultracentrifugation）属于密度离心法，是通过血浆脂蛋白分子密度差异实现差异化分离，由于脂质与载体蛋白密度不同以及组成差异，使不同的脂质蛋白在超速离心条件下实现分离。血浆脂蛋白含蛋白质越多，其密度就越大，在特定密度溶液中超速离心时，就会出现漂浮或沉降行为，常用漂浮率 S_f 值表示。血浆脂蛋白在26℃、密度为1.063g/mL的盐溶液中，每达因克离心力作用下，每秒上浮 10^{-13} cm即为1个 S_f 单位。$1S_f = 10^{-13}$ cm/(s·dyn·g)（26℃）。目前，采用的盐溶液密度分别为1.006g/mL、1.063g/mL和1.210g/mL。根据血浆在上述不同盐浓度制备的不同密度溶液中的漂浮和沉降行为，将血浆脂蛋白分为4类：密度<0.95g/mL称为乳糜微粒（chylomicron，CM）、密度介于0.95~1.006g/mL称为极低密度脂蛋白（very low density lipoprotein，VLDL）、密度介于1.006~1.063g/mL称为低密度脂蛋白（low density lipoprotein，LDL）、密度介于1.063~1.210g/mL称为高密度脂蛋白（high density lipoprotein，HDL）。

（2）电泳法　由于血浆中载体蛋白表面所带电荷和分子量存在差异，在电场作用下具有不同的泳动速率，根据其在电场作用下的迁移率不同，可将脂蛋白进行差异分离。常用琼脂糖凝胶电泳进行分离。脂蛋白电泳后呈现的电泳图谱示意图见图9-13。

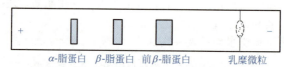

图9-13　血浆脂蛋白的醋酸纤维薄膜电泳图谱

脂蛋白电泳后可分为4条区带。其中，α-脂蛋白（α-lipoprotein，α-LP）移动最快，位于凝胶的最前沿，其次依次为β-脂蛋白（β-lipoprotein，β-LP）、前β-脂蛋白（pre-lipoprotein，preβ-LP），乳糜微粒则留在点样原来位置上。

超速离心法和电泳法分离血浆脂蛋白的原理不同，因此，所分离脂蛋白的排序有所差异也是合理和正常的。

2. 血浆脂蛋白的组成与功能

血浆脂蛋白都具有类似的基本结构，呈球状颗粒，颗粒表面为极性分子（如蛋白质、磷酸等），有亲水性，球状颗粒的内部为胆固醇酯和甘油三酯，有疏水性。磷脂的极性部分可与蛋白质结合，非极性部分可与其他脂类结合。血浆脂蛋白主要由载脂蛋白（APO）、脂肪、磷脂、胆固醇及其酯等成分组成。脂蛋白中的蛋白质是肝及小肠黏膜细胞合成的特异球蛋白，能与脂类结合参与脂类运转，故称为载脂蛋白。各类血浆脂蛋白的组成、性质与生理功能见表9-2。

表9-2　血浆脂蛋白的组成、性质与生理功能

分类	超速离心法	乳糜微粒（CM）	极低密度脂蛋白（VLDL）	低密度脂蛋白（LDL）	高密度脂蛋白（HDL）
物理性质	电泳法	乳糜微粒	前β-脂蛋白	β-脂蛋白	α-脂蛋白
	密度/(g/mL)	<0.95	0.95~1.006	1.006~1.063	1.063~1.210
	颗粒大小/nm	90~1000	30~90	20~30	7.5~10
	S_f值	>400	20~400	0~20	沉降
	电泳位置	原点	$α_2$-球蛋白	β-球蛋白	$α_1$-球蛋白
化学组成/%	蛋白质	1~2	5~10	20~25	45~55
	脂质	98~99	90~95	75~80	45~55
	甘油三酯	84~88	50~54	8~10	6~8
	磷脂	8	16~20	20~24	21~23
	总胆固醇	4	20~22	43~47	18~20
	游离型	1	6~8	6~10	4
	酯化型	3	12~16	37~39	15
	主要载脂蛋白	B_{48} A I C E	B_{100} C II E	B_{100}	A I A II C I
合成部位		小肠	肝	由血液中VLDL转化	肝和肠
主要生理功能		转运外源TG及胆固醇	转运内源TG	转运胆固醇至全身组织	逆向转运胆固醇回肝

CM是由小肠黏膜细胞所合成，主要作用是运输外源性脂肪及胆固醇。VLDL由肝细胞合

成，主要是运输肝中合成的内源性脂肪到肝外其他组织。血浆中的 LDL 是由 VLDL 转变而来，它是转运肝合成的内源性胆固醇到全身组织细胞的主要形式，故与高胆固醇血症的形成密切相关。HDL 主要由肝合成，小肠亦能合成部分，其主要功能是参与胆固醇的逆向转运，即将肝外组织的胆固醇通过血液循环转运到肝，在肝转化为胆汁酸后排出体外，故 HDL 的作用有利于降低血浆胆固醇。

每类脂蛋白中都含有一种或多种载脂蛋白，至今已发现 18 种之多，依据 Alaupovic 建议，将血脂蛋白分为 ApoA、ApoB、ApoC、ApoD 和 ApoE 五大类，每种载脂蛋白根据其氨基酸组成差异又分成若干亚类。如 ApoA 分为 ApoA I 和 ApoA II，ApoB 分为 $ApoB_{48}$ 和 $ApoB_{100}$，ApoC 可分为 ApoC I、ApoC II 和 ApoC III。ApoE 根据其一级结构和等电点不同分为 E-2、E-3 和 E-4。

载脂蛋白是决定脂蛋白结构、功能和代谢的核心。其生理功能主要有以下几方面：①维持脂蛋白的结构，如 ApoA I、ApoC I 和 ApoE 能维持各种脂蛋白的结构。②调节脂蛋白转化关键酶的活性，如 ApoA I 和 ApoC I 能激活卵磷脂胆固醇脂酰基转移酶（LCAT），促进胆固醇的酯化。ApoA II 激活脂蛋白脂肪酶，促进 CM 和 VLDL 中的脂肪降解。③识别脂蛋白受体，如 ApoE 能识别肝细胞 CM 和残余颗粒受体，故能促进 CM 进入肝细胞进行代谢。$ApoB_{100}$ 识别 LDL 受体，促进 LDL 的代谢。

3. 血浆脂蛋白的临床意义

乳糜微粒（CM）含外源甘油三酯约 90%，由于其密度小，颗粒粒径大，不能进入动脉血管壁，不会导致动脉粥样硬化，但易诱发胰腺炎。研究表明，餐后高脂血症（主要为乳糜蛋白）是冠心病的危险因素，乳糜蛋白代谢物可被巨噬细胞表面受体识别并摄入，可能与动脉粥样硬化有关联。极低密度脂蛋白（VLDL）中甘油三酯占到约 50%，其磷脂和胆固醇含量比乳糜微粒要多一些，其颗粒粒径也相对较大，较难进入动脉内壁，但其代谢产物中等密度脂蛋白和低密度脂蛋白（LDL）可引发动脉粥样硬化。因此，极低密度脂蛋白过高也是冠心病的重要因素。中等密度脂蛋白中胆固醇含量较高，血浆中中等密度脂蛋白过高，易伴发动脉粥样硬化。低密度脂蛋白（LDL）是血浆中胆固醇含量最高的脂蛋白类型，胆固醇占比超过 50%，是所有血浆脂蛋白中首要的致动脉粥样硬化的硬化性脂蛋白。其颗粒粒径小，能很快进入动脉内膜，且易被氧化，是导致动脉粥样硬化的"罪魁祸首"。LDL 升高与心血管疾病发病率和死亡率有显著相关性。高密度脂蛋白（HDL）是抗动脉粥样硬化的脂蛋白，能将周围组织中，包括动脉内壁内的胆固醇转运至肝脏代谢，还有抗低密度脂蛋白作用，并能促进内皮细胞的修复。有数据表明，人群中 HDL<0.907mmol/L 的人比 HDL>1.68mmol/L 的人患冠心病的危险性要高出 8 倍，HDL 水平每增加 0.26mmol/L，其患冠心病危险性可下降 2%～3%。

任务六　脂类的代谢调节

脂类的代谢受神经与激素的调节。大脑在调节代谢中具有重要意义，视丘下部与脂类代谢也有关系，因为动物实验证明，动物视丘下部受伤可导致动物出现肥胖。激素对脂类代谢有重要影响，如胰岛功能受限，糖代谢受到抑制，脂肪（脂肪酸）代谢也同时受限。肾上腺素、生长激素、甲状腺素、促肾上腺皮质激素和性激素等激素能促进脂肪的动员和氧化，而胰岛素则抑制脂肪的分解。激素分泌异常可导致脂代谢异常，如性腺萎缩或摘除可引起肥胖，中年人出现的肥胖是由于性腺激素和某些激素（如甲状腺素、垂体激素等）分泌减退引起的。

一、脂肪的代谢调节

乙酰 CoA 羧化酶催化的反应是脂肪酸合成的限速步骤，很多因素都可影响此酶活性，从而使脂肪酸合成速度改变。脂肪酸合成过程中的其他酶，如脂肪酸合成酶、柠檬酸裂解酶等亦可被调节。

1. 代谢物的调节

在高脂膳食后，或因饥饿导致脂肪动员加强时，细胞内软脂酰 CoA 增多，可反馈抑制乙酰 CoA 羧化酶，从而抑制体内脂肪酸合成。而进食糖类，糖代谢加强时，由糖氧化及磷酸戊糖循环提供的乙酰 CoA 及 NADPH 增多，有利于脂肪酸的合成。此外，糖氧化增强，细胞内 ATP 增多，抑制异柠檬酸脱氢酶活性，造成异柠檬酸及柠檬酸堆积，在线粒体内膜相应载体蛋白协助下，由线粒体转入胞液，可别构激活乙酰 CoA 羧化酶，本身也可裂解释放乙酰 CoA，增加脂肪酸合成的原料，从而促进脂肪酸的合成。

2. 激素的调节

胰岛素、胰高血糖素、肾上腺素及生长素等均参与对脂肪酸合成的调节。胰岛素能诱导乙酰 CoA 羧化酶、脂肪酸合成酶及柠檬酸裂解酶的合成，从而促进脂肪酸的合成。此外，还可通过促进乙酰 CoA 羧化酶去磷酸化而使酶活性增强，也使脂肪酸合成加速。胰高血糖素等可通过增加 cAMP，致使乙酰 CoA 羧化酶磷酸化而降低活性，因此，抑制脂肪酸的合成。此外，胰高血糖素也抑制甘油三酯合成，从而增加长链脂酰 CoA 对乙酰 CoA 羧化酶的反馈抑制，亦使脂肪酸合成被抑制。肾上腺素、生长素也能抑制乙酰 CoA 羧化酶，从而抑制脂肪酸合成。

3. 别构调节

真核生物乙酰 CoA 羧化酶有无活性的单体形式和有活性的多聚体形式，这两种形式的互变是别构调节。柠檬酸是关键的别构激活剂，它的平衡点偏向活性的多聚体形式，当细胞 ATP/AMP 比值比较高时和乙酰 CoA 含量丰富时，可抑制异柠檬酸脱氢酶的活性，柠檬酸水平升高并激活乙酰 CoA 羧化酶，丙二酸单酰 CoA 产量增加，加速脂肪酸的合成。异柠檬酸也是乙酰 CoA 羧化酶的别构激活剂，有利于脂肪酸合成。脂肪酸合成终产物棕榈酰 CoA 和其他长链脂酰 CoA 是别构抑制剂，抑制了单体的聚合和乙酰 CoA 羧化酶的活性，从而使脂肪酸的合成受到抑制。棕榈酰 CoA 是脂肪酸合成的产物，对乙酰 CoA 羧化酶有反馈抑制。棕榈酰 CoA 还能抑制柠檬酸进入细胞质和抑制辅酶Ⅱ的产生。在大肠杆菌和其他细菌中，乙酰 CoA 羧化酶不受柠檬酸的调控，而鸟苷酸可调控乙酰 CoA 羧化酶中的羧基转移酶。

乙酰 CoA 羧化酶单体 ⇌（柠檬酸、异柠檬酸 / 棕榈酰 CoA，长链脂酰 CoA）⇌ 乙酰 CoA 羧化酶多聚体

（无活性） （有活性）

4. 磷酸化/去磷酸化调节

乙酰 CoA 羧化酶被依赖于 AMP 的蛋白激酶磷酸化而失活，其结构中第 79 位丝氨酸的磷酸化与酶活性有关，蛋白质磷酸酶可使无活性的乙酰 CoA 羧化酶磷酸基移除而保持活性，当细胞 AMP/ATP 比值高时，脂肪酸合成被阻断。细菌中的乙酰 CoA 羧化酶不受磷酸化/去磷酸化调节。

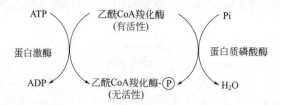

二、胆固醇的代谢调节

机体在正常情况下，胆固醇合成受到严格调控，使胆固醇保持在合适的水平。HMG-CoA 还原酶是胆固醇合成的限速酶，该酶在肝中的半衰期只有约 4h。若该酶活性受到抑制，则可调控胆固醇合成的速度。HMG-CoA 还原酶的代谢调节有昼夜节律性，午夜时酶活性最高，中午时酶活性最低。HMG-CoA 还原酶主要存在于肝、肠以及其他细胞的内质网中，某些多肽激素如胰高血糖素能快速抑制 HMG-CoA 还原酶的活性而抑制胆固醇的生物合成速度。胆固醇的调节途径

主要如下。

1. 低密度脂蛋白-受体复合物的调节

通过 LDL-受体的帮助，胆固醇被摄入细胞后，可以进行生物转化。同时，过多的胆固醇既可以通过对 HMG-CoA 还原酶合成的反馈抑制来减缓胆固醇合成的速度，也可以通过阻断 LDL-受体蛋白的合成来减少胆固醇的细胞内吞。

2. 激素调节

胰岛素和甲状腺素能诱导肝中 HMG-CoA 还原酶的合成，增加胆固醇的合成。甲状腺素还有促进胆固醇在肝中转变为胆汁酸的作用，能降低血清胆固醇含量，而且甲状腺素降低血清胆固醇效果明显。因此，甲亢患者血清中胆固醇含量反而下降。胰高血糖素及皮质醇能抑制 HMG-CoA 还原酶的活性，从而抑制胆固醇的合成。胰高血糖素还可能通过蛋白激酶的作用，使 HMG-CoA 还原酶磷酸化而导致其失活。

3. 饥饿与禁食调节

动物试验表明，饥饿与禁食能抑制肝脏合成胆固醇。如大鼠在禁食 48h 时，其胆固醇的合成减少 11 倍，禁食 96h 减少 17 倍，但通过禁食方式，对肝外组织胆固醇的合成减少不多。饥饿或禁食能减少肝脏 HMG-CoA 还原酶的活性，禁食条件下，还使胆固醇合成的原料，如乙酰 CoA、NADPH+H$^+$ 以及 ATP 减少。相反，若饱食，则会增加 HMG-CoA 还原酶的活性，从而增加胆固醇合成的原料。

4. 胆固醇的调节

胆固醇能反馈抑制肝内胆固醇的合成，主要是抑制了 HMG-CoA 还原酶的合成。HMG-CoA 还原酶在肝脏内的半衰期为 4h，如果该酶合成受到阻断，则肝细胞内的酶含量几小时后将会迅速降低，食物中胆固醇量降低可解除对酶的合成的抑制，使胆固醇合成增加。但食物中的胆固醇不能抑制小肠黏膜细胞内 HMG-CoA 还原酶的活性。因此，食用胆固醇过量的动物性食物可增加血浆中的胆固醇。

某些药物和纤维素多的食物可有利于胆汁酸排出，减少胆汁酸经肠肝循环重吸收，加速胆固醇在肝中转化为胆汁酸，从而降低血清胆固醇。当肝脏转化胆汁酸能力下降或经肠肝循环重吸收的胆汁酸减少，胆汁中胆汁酸和卵磷脂相对胆固醇的比值降低，就可能使难溶于水的胆固醇以胆结石的形式在胆囊中沉淀析出，从而造成胆结石。

任务七　脂类代谢紊乱

一、高脂血症

高脂血症（hyperlipidemia）一般指空腹血脂浓度超出正常值上限，由于血脂在血液中以脂蛋白形式转运，因此，高脂血症患者也可认为是高脂蛋白血症（hyperlipo-proteinemia），包括高胆固醇血症和高甘油三酯血症。高脂血症根据其发病机制不同分为原发性高脂血症和继发性高脂血症两类。原发性高脂血症是由于先天性遗传缺陷所致，继发性高脂血症由肝、肾病变或糖尿病等引起。血脂测定通常以空腹 12~14h 血液为测定样本。国内一般以成年人空腹血清总胆固醇超过 5.72mmol/L，甘油三酯超过 1.70mmol/L，诊断为高脂血症。将总胆固醇在 5.2~5.7mmol/L 者称为边缘性升高。根据血清总胆固醇、甘油三酯和高密度脂蛋白-胆固醇的测定结果，通常将高脂血症分为以下四种类型：①高胆固醇血症。血清总胆固醇含量增高，超过 5.72mmol/L，而甘油三酯含量正常，即甘油三酯＜1.70mmol/L。②高甘油三酯血症。血清甘油三酯含量增高，超过 1.70mmol/L，而总胆固醇含量正常，即总胆固醇＜5.72mmol/L。③混合型高脂血症。血清总胆固醇和甘油三酯含量均增高，即总胆固醇超过＞5.72mmol/L，甘油三酯＞1.70mmol/L。

④低高密度脂蛋白血症。血清高密度脂蛋白胆固醇含量降低（<0.9mmol/L）。

肉和奶制品中富含胆固醇和饱和脂肪酸，因此，每日膳食中更多地进食糖类、蔬菜和鱼，少食用肉类和奶制品可降低血浆中胆固醇的含量。

 知识链接

血脂异常

血脂异常是一类较常见的疾病，是人体内脂蛋白代谢异常引起的，主要包括总胆固醇和低密度脂蛋白胆固醇、甘油三酯升高和/或高密度脂蛋白胆固醇降低等。血脂异常是导致动脉粥样硬化的重要因素之一，是冠心病和缺血性脑卒中的独立危险因素。我国血脂异常发生率高且有逐渐上升趋势，这与我国人民生活水平明显提高、饮食习惯发生改变等原因有密切关系。

二、动脉粥样硬化

动脉粥样硬化（atherosclerosis，AS）是冠心病、脑梗死、外周血管病的主要诱因。脂质代谢障碍为动脉粥样硬化的病变基础，其特点是受累动脉病变从内膜开始，一般先有脂质和复合糖类积聚、出血及血栓形成，进而纤维组织增生及钙质沉着，并有动脉中层的逐渐蜕变和钙化，导致动脉壁增厚变硬、血管腔狭窄。病变常累及大中肌性动脉，一旦发展到足以阻塞动脉腔，则该动脉所供应的组织或器官将缺血或坏死。由于在动脉内膜积聚的脂质外观呈黄色粥样，故称为动脉粥样硬化。AS是血管病中常见的最重要的一种，高脂血症是动脉硬化最重要的危险因素。低密度和极低密度脂蛋白持续升高与动脉粥样硬化的发病更是密切关联。中国人以米、面为主食，容易发生高甘油三酯血症。

高血压患者动脉粥样硬化发病较早，病变较重。高血压时血流冲击力较高，可引起血管内皮细胞损伤，从而造成脂肪类物质、单核细胞等渗入到血管内膜里，加上血小板的参与，促进动脉硬化发生。糖尿病患者血液高密度脂蛋白水平较低，常伴有高甘油三酯血症。大量吸烟者血中一氧化碳升高，从而损伤血管内皮。烟内一种糖蛋白可激活凝血因子，吸烟可使血小板聚集增强，并且使对人们有益的不饱和脂肪酸及高密度脂蛋白降低。家族遗传性高胆固醇血症的血浆低密度脂蛋白水平极度升高。

研究表明，血浆中HDL高的人不仅长寿，而且很少发生心肌梗死。因HDL能清除周围组织中的胆固醇。膳食中多不饱和脂肪酸可以防止血浆中胆固醇的水平升高，而饱和脂肪酸则可增高胆固醇水平。

三、肥胖症

肥胖症（adiposity）是由于体内聚集过多脂肪导致机体发生一系列生理病理变化的疾病。目前，国际上采取体重指数（body mass index，BMI）作为肥胖评价标准。BMI＝体重（kg）/身高^2（m^2）。我国一般认为，BMI在24～26为轻度肥胖，26～28为中度肥胖，>28为重度肥胖。处于生长发育期的儿童肥胖表现为脂肪细胞体积增大，数量也增多；而成年人肥胖则主要表现为脂肪细胞体积增大，脂肪细胞数量一般并不多。

 知识拓展

脂类代谢与人体健康

1. 高脂蛋白血症

空腹时血脂水平升高，超出正常范围，称为高脂血症。因血脂是以脂蛋白形式存在，所以血浆脂蛋白水平也升高，称为高脂蛋白血症。按发病原因又可分为原发性高脂蛋白血症和继发性高脂蛋白血症。原发性高脂蛋白血症是由于遗传因素缺陷所造成的脂蛋白的代谢紊乱，常见的是Ⅱa和Ⅳ型；继发性高脂蛋白血症是由于肝、肾病变或糖尿病引起的脂蛋白代谢紊乱。

2. 酮血症、酮尿症及酸中毒

正常情况下，血液中酮体含量很少，尿中酮体含量很少，一般无法测出。但患糖尿病时，糖利用受阻或长期不能进食，脂肪被大量动员和氧化，肝内生成的酮体超过肝外组织利用限度，血中酮体浓度升高，临床上称为酮血症。患者尿中酮体浓度较高，称酮尿症。酮体中乙酰乙酸和β-羟丁酸是酸性物质，体内积存过多会造成酸中毒。

3. 脂肪肝及肝硬化

由于糖代谢紊乱，大量动员脂肪组织中的脂肪，或由于肝功能损害，或由于脂蛋白合成重要原料卵磷脂或其组成胆碱或参加胆碱合成的甲硫氨酸及甜菜碱供应不足，肝脏脂蛋白合成发生障碍，无法及时将肝细胞脂肪运出，造成脂肪在肝细胞中堆积，影响了肝细胞机能，肝脏脂肪含量超过10%就形成了脂肪肝。脂肪大量堆积，甚至使许多肝细胞破坏，结缔组织增生，造成肝硬化。

4. 胆固醇与动脉粥样硬化

血清中胆固醇水平增高常使动脉粥样硬化的发病率增高。动脉粥样硬化斑的形成和发展与脂类特别是胆固醇代谢紊乱有关。胆固醇进食过量、甲状腺机能衰退、肾病综合征、胆道阻塞和糖尿病等情况常出现高胆固醇血症。

5. 肥胖症

肥胖症是一种发病率很高的疾病，常会出现疲乏、心悸、气短和耐力差，且容易发生糖尿病、动脉粥样硬化、高血压和冠心病等疾病。除少数由于内分泌失调等原因造成的肥胖症外，多数情况下是由于营养失调所造成。预防肥胖，要合理饮食，尤其是控制糖和脂肪的摄入量，加上积极而又适量的运动是最有效的减肥处方。

重点小结

重点	难点
1. 脂类是脂肪和类脂及其衍生物的总称。脂肪是由1分子甘油和3分子脂肪酸组成，类脂主要包括磷脂、糖脂、胆固醇及其酯。它们都具有不溶于水，易溶于脂溶性溶剂(醇、醚、氯仿、苯等非极性有机溶剂)的共同特性。 2. 脂类的生理功能：①是机体氧化供能和贮存能量的重要载体；②是细胞的重要组成成分；③提供必需脂肪酸；④保护机体的组织器官和维持体温；⑤有利于脂溶性维生素和药物的吸收。 3. 脂肪在体内脂肪酶的作用下水解成脂肪酸和甘油。甘油经磷酸化和脱氢过程变为磷酸丙糖，沿TCA循环彻底氧化生成CO_2和H_2O，并释放能量；脂肪酸氧化前与辅酶A结合生成脂酰CoA，再通过脂肪酸β-氧化进行彻底氧化，生成CO_2和H_2O，并释放能量。脂肪酸氧化主要在肝脏中进行，有大量乙酰CoA产生，有部分在肝脏特有酶作用下缩合生成乙酰乙酸、β-羟丁酸和丙酮，统称为酮体，肝脏是生成酮体的唯一器官，但不是酮体代谢的器官。	1. 脂肪酸活化是由线粒体外的脂酰CoA合成酶(相当于硫激酶)催化,有CoA参与并需要利用ATP。脂酰CoA或游离的脂肪酸不能直接通过线粒体内膜进入线粒体,需要肉碱(肉毒碱)转运进入线粒体内膜。脂酰CoA转入线粒体是脂肪酸β-氧化的主要限速步骤,肉碱脂酰转移酶Ⅰ是其限速酶。脂酰CoA进入线粒体后在4种酶的催化下经过脱氢、加水、再脱氢、硫解四步反应形成乙酰CoA,完成脂肪酸的β-氧化过程。 2. 酮体是乙酰乙酸、D-β-羟丁酸和丙酮3种物质的总称。在心、肾、脑和骨骼肌等组织细胞的线粒体中具有较高的酮体氧化酶,关键酶为琥珀酰CoA转硫酶,此酶可将乙酰乙酸活化为乙酰乙酰CoA。在肾、心肌和脑组织中利用酮体的酶主要是乙酰乙酸激酶,可直接将乙酰乙酸激活为乙酰乙酰CoA,再在酶的作用下分解为两分子乙酰CoA,随后进入TCA循环彻底氧化。β-羟丁酸在β-羟丁酸脱氢酶催化下先变成乙酰乙酸,再转变为乙酰CoA而被氧化成CO_2和H_2O。肝脏中脂

重 点	难 点
4. 脂肪酸 β-氧化分解包括脂肪酸活化、脂酰 CoA 进入线粒体、活化的脂肪酸在线粒体内经 β-氧化生成乙酰 CoA 及乙酰 CoA 进入 TCA 循环氧化分解 4 个阶段。 5. 胆固醇合成分甲羟戊酸的生成、鲨烯的生成和胆固醇生成 3 个阶段。胆固醇的生物转变包括合成胆汁、作为甾体激素的合成原料和可衍生为维生素 D。 6. 脂类必须与蛋白质结合形成溶解性较好的脂蛋白复合体才便于在血液中进行转运，故称血浆脂蛋白。血浆脂蛋白是脂类在血浆中的存在与运输形式。 7. 血浆中所含脂类统称血脂，包括脂肪及少量甘油二酯和甘油一酯、磷脂、胆固醇和胆固醇酯及游离的脂肪酸等。磷脂中主要为卵磷脂(70%)，鞘磷脂和脑磷脂分别占 25% 和 10% 左右。其含量受饮食、职业、年龄、性别及脂类代谢等影响。 8. 血脂的来源分内源性和外源性。血脂的去路主要有：甘油三酯和游离脂肪酸通过脂肪酸氧化进行能量提供；体内脂肪酸含量过高时，可进入脂库贮存；磷脂和胆固醇等可作为生物膜的重要构件；转变为其他有活性的物质，如皮质类激素、性激素或维生素等	肪酸 β-氧化很少产生丙酮，产生的少量丙酮可经尿排出或进入肺部直接呼出，或转变为丙酮酸或乳酸进而异生为糖。 3. 类脂包括磷脂、糖脂、胆固醇和胆固醇酯等。磷脂是生物膜的重要组成部分，对脂类的消化吸收和转运有重要影响，分为甘油磷脂和鞘磷脂两个大类。甘油磷脂又分为磷脂酰胆碱(卵磷脂)、磷脂酰乙醇胺(脑磷脂)、磷脂酰丝氨酸、磷脂酰甘油和二磷脂酰甘油(心磷脂)等。 4. 根据血浆在不同盐浓度制备的不同密度溶液中的漂浮和沉降行为，将血浆脂蛋白分为 4 类：密度 < 0.95g/mL 称为乳糜微粒(CM)、密度介于 0.95～1.006g/mL 称为极低密度脂蛋白(VLDL)、密度介于 1.006～1.063g/mL 称为低密度脂蛋白(LDL)、密度介于 1.063～1.210g/mL 称为高密度脂蛋白(HDL)。 5. 脂肪的代谢调节方式有：代谢物的调节、激素的调节、别构调节和磷酸化/去磷酸化调节。胆固醇的代谢调节方式有：低密度脂蛋白-受体复合物的调节、激素调节、饥饿与禁食调节和胆固醇的调节。 6. 脂类代谢紊乱有高脂血症、动脉粥样硬化和肥胖症等。高脂血症分为高胆固醇血症、高甘油三酯血症、混合型高脂血症和低高密度脂蛋白血症 4 类

 课后习题

一、名词解释

脂类、必需脂肪酸、脂肪动员、脂肪酸 β-氧化、酮体、类脂、血浆脂蛋白。

二、简答题

1. 脂类的生理功能有哪些？
2. 试述脂肪酸的 β-氧化过程，并计算 1 分子软脂酸彻底氧化时生成的 ATP 的数量。
3. 什么是酮体？酮体是如何生成及被利用的？酮体的生成有何生理与病理意义？
4. 简述甘油的分解代谢途径。
5. 磷脂的生理功能有哪些？
6. 请简述胆固醇的生物转化途径有哪些？
7. 何谓血浆脂蛋白？用密度分类法和电泳分类法将其分为哪几类？各有何生理功能？
8. 血脂的来源和去路分别有哪些？血浆脂蛋白的临床意义有哪些？

三、选择题

1. 下列物质不是血脂成分的是（　　）。
   A. 甘油三酯　　　　　B. 磷脂　　　　　C. 胆固醇　　　　　D. 糖脂
2. 脂肪大量动员肝内生成的乙酰 CoA 主要转变为（　　）。
   A. 葡萄糖　　　　　B. 酮体　　　　　C. 胆固醇　　　　　D. 草酰乙酸
3. β-氧化的酶促反应顺序为（　　）。
   A. 脱氢、再脱氢、加水、硫解　　　　　B. 脱氢、加水、再脱氢、硫解
   C. 脱氢、脱水、再脱氢、硫解　　　　　D. 加水、脱氢、硫解、再脱氢

4. 合成酮体的主要器官是（　　）。
A. 肝脏　　　　　　　B. 心脏　　　　　　　C. 肾脏　　　　　　　D. 脾脏

5. 要真实反映血脂的情况，常在饭后（　　）采血。
A. 3～6h　　　　　　B. 8～10h　　　　　　C. 12～14h　　　　　　D. 24h 后

6. 有防止动脉粥样硬化的脂蛋白是（　　）。
A. CM　　　　　　　B. VLDL　　　　　　　C. LDL　　　　　　　D. HDL

7. 转运内源性甘油三酯的血浆脂蛋白是（　　）。
A. CM　　　　　　　B. VLDL　　　　　　　C. HDL　　　　　　　D. LDL

8. 脂肪酸 β-氧化的终产物是（　　）。
A. 尿酸　　　　　　　B. 乳酸　　　　　　　C. 丙酮酸　　　　　　D. 乙酰 CoA

9. 脂肪酸 β-氧化反应的场所是（　　）。
A. 细胞质内　　　　　B. 细胞核内　　　　　C. 高尔基体内　　　　D. 线粒体内

10. 酮体合成的限速酶是（　　）。
A. HMG-CoA 裂解酶　　　　　　　　　　　B. HMG-CoA 合成酶
C. 硫解酶　　　　　　　　　　　　　　　　D. HMG-CoA 还原酶

11. 血浆脂蛋白按密度由大到小的正确顺序是（　　）。
A. CM、VLDL、LDL、HDL　　　　　　　B. VLDL、LDL、HDL、CM
C. LDL、VLDL、HDL、CM　　　　　　　D. HDL、LDL、VLDL、CM
E. HDL、VLDL、LDL、CM

12. 导致脂肪肝的主要原因是（　　）。
A. 食入脂肪过多　　　　　　　　　　　　　B. 肝内脂肪合成过多
C. 肝内脂肪分解障碍　　　　　　　　　　　D. 肝内脂肪运出障碍
E. 食入糖过多

13. 他汀类降脂药是（　　）的抑制剂。
A. HMG-CoA 合酶　　　　　　　　　　　　B. HMG-CoA 还原酶
C. 甘油二酯脂肪酶　　　　　　　　　　　　D. 甘油三酯脂肪酶
E. 乙酰 CoA 羧化酶

选择题答案：
1—5：DBBAC　6—10：DBDDB　11—13：DDB

项目十 蛋白质分解代谢

要点导航

掌握：氮平衡、必需氨基酸、蛋白质腐败作用、转氨基、氧化脱氨基、联合脱氨基、生糖氨基酸、生酮氨基酸、生糖兼生酮氨基酸、一碳单位等基本概念；氨基酸脱氨基作用的类型与作用；氨的来源与去路；氨在血液中的转运；α-酮酸的代谢等。

熟悉：鸟氨酸循环；尿素的合成途径及意义；部分氨基酸的特殊代谢途径；一碳单位的生理功能等。

了解：蛋白质的营养价值；蛋白质消化；肽和氨基酸的吸收途径；蛋白质腐败作用；部分氨基酸分解代谢与代谢疾病。

导学案例

男性，36岁，患有肝硬化5年，平时状态尚可。一次进食不洁肉食后，出现高热（39℃）、频繁呕吐和腹泻的症状，之后出现谵妄的症状，入院后检查血氨：80mmol/L，临床诊断：（1）肝硬化；（2）高血氨症；（3）肝性脑病Ⅰ期。请思考：医生给出以上诊断的依据是什么？请分析患者肝性脑病产生的原因是什么？

蛋白质是细胞的重要组成成分，也是生命活动的执行者，机体许多的生理生化活动均离不开蛋白质，蛋白质在组织细胞更新、修复和细胞生长及能量代谢等过程中具有重要作用。氮平衡反映了机体蛋白质的代谢和利用情况，人体摄入蛋白质后需要进行消化吸收并以氨基酸或肽进入人体后才能提供营养成分，蛋白质常以脱氨基或脱羧基等形式进行分解，脱氨基形式主要有氧化脱氨基、转氨基、联合脱氨基和非氧化脱氨基等，而体内蛋白质脱氨基主要以联合脱氨基为主，联合脱氨基也是体内合成非必需氨基酸的主要途径。人体只有摄入足够量的蛋白质才能维持机体的营养需要和正常的生长发育，特别是儿童。手术患者的康复也需要补充足够优质蛋白质用以修复损伤组织。蛋白质还是体内酶、激素、抗体、核酸、血红蛋白和神经递质的重要组成部分。蛋白质代谢途径分为合成代谢途径和分解代谢途径两个方面。在生物体内，蛋白质的合成除需要常见20种氨基酸参与外，还需要核酸、酶等参与。本项目主要介绍蛋白质的分解代谢，特别是氨基酸的分解代谢以及氨基酸代谢与医药学的关系。

任务一 蛋白质的营养作用

人体蛋白质主要由食物提供，食物中的蛋白质营养价值是保障机体生理功能的重要基础。蛋白质主要生理功能有：①参与机体绝大多数的生理生化过程。体内许多有特殊功能的蛋白质，如酶、激素、抗体和调节蛋白等的主要化学组成均为蛋白质。肌肉的收缩、物质运输、血液输氧、血液的凝固等重要生理过程也需要有蛋白质参与，蛋白质和氨基酸代谢产生的含氮化合物也是蛋白质分解和合成代谢的重要组成部分。②可作为机体的能源物质。1g蛋白质经生物氧化后可产生约17kJ的能量。③对修复细胞和组织具有重要作用。重症患者机体的恢复需要优质蛋白质，儿童发育过程中也需要优质蛋白质。蛋白质在儿童生长发育和患者康复等过程中有重要作用，只有保证优质蛋白质的足量供应，才能维持机体组织细胞更新修复、组织创伤愈合的正常需要。评价机体蛋白质的代谢状况常通过氮平衡进行。

一、氮平衡

氮平衡（nitrogen balance）是氮摄入量与排出量的关系，间接反应机体蛋白质代谢状况。摄入的氮主要源于食物中的蛋白质，主要用于人体蛋白质的合成，排出的氮主要源于粪便和尿液中的含氮物质，主要是人体蛋白质分解代谢的产物。蛋白质平均含氮量为16%左右。人体蛋白质维持一个动态平衡，通过测定氮平衡状况可间接测定机体的蛋白质代谢情况，为临床疾病的诊断提供依据。

人体氮平衡的关系可表示为氮总平衡、氮正平衡和氮负平衡3种情况。氮总平衡是指人体蛋白质摄入和排出基本相等，反映蛋白质的合成代谢与分解代谢平衡情况，正常健康人群，人体蛋白质保持氮总平衡。氮正平衡是指蛋白质的摄入超过蛋白质的排出，反映了机体蛋白质的合成代谢水平超过了蛋白质的分解代谢水平。对于儿童、孕妇和康复期患者比较常见，正常健康人若出现氮正平衡，则可能会造成营养过剩。氮负平衡是指蛋白质排出量大于蛋白质摄入量，蛋白质分解代谢占据优势。对于长期处于饥饿、患消耗性疾病、大面积烧伤或大量失血患者、哺乳期妇女、重体力劳动者等易出现氮负平衡情况，这种情况需根据临床表现进行蛋白质或氨基酸的补充。

二、蛋白质的需要量

对于一个体重60kg的成人来说，每日蛋白质消耗量约为20g。由于蛋白质的消化利用率的问题，成人每日蛋白质最低需要量约为30~50g，只有保持这一水平才能保证机体蛋白质更新的需要。我国营养学会推荐成人蛋白质需要量为80g/天。对于老年人和婴幼儿，除保证蛋白质的量外，还需注意摄入蛋白质的质量，特别是对于大出血、术后及恢复期的患者应增加优质蛋白质的供给。但需注意的是，摄入过量含苯丙氨酸、酪氨酸、色氨酸、组氨酸和甲硫氨酸等氨基酸的蛋白质对人体是有害的。

由于不同蛋白质的氨基酸组成不同，任何一种蛋白质都不可能保证机体的全部需要，因此，需要食物的合理搭配。人体有8种氨基酸不能合成，需由食物提供，这8种氨基酸称为人体必需氨基酸（essential amino acid，EAA），分别为赖氨酸、色氨酸、苏氨酸、缬氨酸、亮氨酸、异亮氨酸、苯丙氨酸和甲硫氨酸，其他12种氨基酸机体可以合成，不一定由食物提供，称为非必需氨基酸（nonessential amino acid，NAA）。组氨酸和精氨酸人体可以合成，但合成水平不能满足机体需要，称其为半必需氨基酸。

食物蛋白质的营养价值取决于其氨基酸种类是否合理以及各氨基酸的组成、数量及配比是否与人体蛋白质需求适应。食物中蛋白质氨基酸的组成和配比越与人体蛋白质接近，人体利用率就越高。然而，部分食物蛋白质常存在一种或多种氨基酸的缺乏，如谷类中赖氨酸含量少而色氨酸含量多，豆类则相反。因此，可通过多种蛋白质搭配来保证机体对蛋白质的需求。在临床某些疾病的治疗过程中，也可考虑用氨基酸混合液进行口服或静脉滴注来保持机体对蛋白质的需求。高营养剂治疗法可提高临床疗效，也越来越受到医务工作者的重视。

任务二 蛋白质的消化吸收和腐败

一、蛋白质的消化

人和动物无法直接利用食物中的蛋白质进行组织细胞的修复更新，需要经过消化后才能为机体吸收。食物经消化后可消除蛋白质的种属特异性和抗原性，使蛋白质降解为小分子肽和氨基酸便于机体利用。

1. 蛋白质消化的场所

唾液中不含降解蛋白质的酶类，食物蛋白质的真正消化是从胃开始，主要在小肠中进行。人体消化系统如图 10-1 所示。

食物中的蛋白质在胃中被胃蛋白酶水解为多肽和少量氨基酸，胃蛋白酶属于内肽酶，最适 pH 为 1.5～2.5，胃酸可帮助蛋白质变性，有利于食物蛋白质的水解。胃蛋白酶识别位点为芳香族氨基酸和甲硫氨酸、亮氨酸等所形成的肽键，有较高的专一性。由于食物在胃内停留时间较短，食物蛋白质在胃内消化并不完全，其降解产物主要为多肽和少量氨基酸。在婴幼儿的特殊生理时期，胃中还存在凝乳酶。胃蛋白酶还具有凝乳活性，可将乳汁中的酪蛋白与 Ca^{2+} 形成不溶性的酪蛋白钙，以延长乳汁在胃内停留时间，便于乳汁的消化。未消化完成的蛋白质在小肠内继续进行酶解。小肠是蛋白质消化的主要场所，小肠内的多种蛋白酶和肽酶可将食物蛋白质水解成氨基酸或肽。

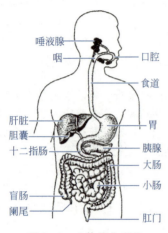

图 10-1　人体消化系统

2. 消化酶的作用

胃中蛋白质的消化主要依靠胃蛋白酶进行水解。胃蛋白酶常以酶原形式存在，这对保护组织免受分解具有重要生理意义。胰腺可分泌内肽酶与外肽酶两类蛋白酶，其最适 pH 在 7.0 左右。内肽酶从蛋白质内部进行消化水解，包括胰蛋白酶、胰凝乳蛋白酶和弹性蛋白酶等，外肽酶从蛋白质的羧基端或氨基端进行外切消化水解，分别称为羧肽酶和氨肽酶。胰液中外肽酶主要是羧肽酶，有羧肽酶 A 和羧肽酶 B 两类，它们从肽链羧基末端起始，每次水解掉一个氨基酸。羧肽酶 A 主要水解除了脯氨酸、精氨酸、赖氨酸之外的多种氨基酸组成的羧基末端肽键，而羧肽酶 B 则主要水解由碱性氨基酸组成的羧基末端肽键。见图 10-2。

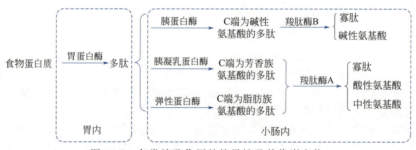

图 10-2　各类胰酶作用的特异性及其代谢产物

这些蛋白酶均以酶原形式由胰腺细胞分泌，进入十二指肠后经肠激酶激活。胰蛋白酶原激活后又将胰凝乳蛋白酶原、弹性蛋白酶原和羧肽酶原激活。经过各种胰酶的消化水解，蛋白水解成 1/3 氨基酸和 2/3 寡肽的混合物。随后进入小肠继续进行消化分解。小肠黏膜细胞存在氨肽酶和二肽酶两类寡肽酶，氨肽酶从氨基末端逐步水解寡肽生成二肽，再由二肽酶水解为氨基酸。因此，寡肽的水解主要发生在小肠黏膜细胞内。

二、肽和氨基酸的吸收

小分子肽的最终水解是在小肠内完成的。小肠黏膜的刷状缘细胞和胞液中含有多种寡肽酶，如氨肽酶（EC 3.4.11）和二肽酶（EC 3.4.13）。肠黏膜细胞、肾小管上皮细胞和肌肉细胞等膜上均具有转运氨基酸的载体蛋白，能将氨基酸主动吸收入细胞内，载体对氨基酸的吸收机理类似于葡萄糖的主动吸收。氨基酸吸收主要发生在小肠。人类小肠上皮细胞表面存在 4 种以上的载体（表 10-1），分别参与不同氨基酸的吸收，主要通过主动转运机制被吸收，需要与 Na^+，K^+-ATP 酶系统偶联。

表 10-1　转运氨基酸的 4 种载体

载体类型	被转运的氨基酸	效果
中性氨基酸载体	侧链上不带电荷的氨基酸以及组氨酸	转运速度快，是最主要的转运载体
碱性氨基酸载体	赖氨酸、精氨酸、鸟氨酸	转运速度低，仅有中性氨基酸转运速度的 10% 左右
酸性氨基酸载体	谷氨酸、天冬氨酸	转运速度最慢
亚氨基及甘氨酸载体	脯氨酸、羟脯氨酸、甘氨酸	转运速度最慢

以前曾认为，蛋白质需水解为氨基酸后才能被消化吸收，然而，近些年研究发现，短肽，如二肽也可以被消化吸收。如 Hartnup 病患小肠上皮黏膜细胞质膜虽然不具备转运游离色氨酸的能力，但患者仍能维持正常生长，其原因就是由于色氨酸通过肽转运的方式进行吸收。不过存在于小肠黏膜细胞微绒毛及胞液的肽酶可将进入细胞内的肽迅速水解为游离氨基酸，因此，门静脉及肝内的不是肽而是游离氨基酸。

除了上述吸收机制外，小肠黏膜细胞、肾小管细胞及脑细胞吸收氨基酸还可通过 γ-谷氨酰基循环进行，此循环的反应过程首先通过谷胱甘肽对氨基酸进行转运，再进行谷胱甘肽的合成，反应中的酶除关键酶 γ-谷氨酰基转移酶位于细胞膜，其余酶均存在于细胞质中。小分子肽的转运机制目前尚不清楚，其可能机制是通过与 Na^+、K^+-ATP 酶系统偶联进行主动运输，小肠细胞吸收游离氨基酸和吸收短肽机制不同，两者不存在竞争关系。

蛋白质未经消化不易吸收，特别是当某些抗原、毒素蛋白通过肠黏膜细胞进入人体内可导致过敏或毒性反应，主要是由于少量蛋白质利用特殊通道直接吸收，从而引起变态反应或其他免疫反应，这就是食物蛋白质过敏的原因。

三、蛋白质的腐败作用

蛋白质的腐败作用（putrefaction）是指肠道中未被消化利用的蛋白质和未被吸收的氨基酸在肠道细菌作用下进行的分解代谢，产生一系列对人体有害的化合物，如胺类、酚类、吲哚、甲基吲哚、硫化氢和氨等。蛋白质腐败作用产生的维生素和脂肪酸对人体具有一定的营养价值。

1. 产生胺类

氨基酸在肠道菌群作用下脱羧基可生成有毒的胺类。组氨酸脱羧生成组胺、赖氨酸脱羧生成尸胺、酪氨酸脱羧生成酪胺、苯丙氨酸脱羧生成苯乙胺等。胺类对人体有毒，如组胺和尸胺具有降低血压的作用，而酪胺具有升高血压的作用。因此，必须经过肝脏代谢并转化为无毒形式排出体外。对于肠梗阻或肝功能障碍患者，蛋白质代谢过程中产生大量的胺或胺无法被有效地降解，从而使得胺进入脑组织产生胺毒性。如肝功能障碍患者由于酪胺和苯乙胺不能在肝内有效降解，可能进入脑细胞，经 β-羟化酶作用转化为结构类似于儿茶酚胺的 β-羟酪胺和苯乙醇胺，也就是假神经递质。这些物质的大量产生可竞争性干扰儿茶酚胺，阻碍正常神经冲动的传递，导致大脑功能障碍而引起昏迷，这就是肝昏迷的假神经递质学说。见图 10-3。

2. 产生氨

肠道中氨的来源主要有两个：一个是肠道中未吸收的氨基酸经肠道菌群脱氨酶的作用脱氨基生成，这是肠道氨的主要来源；另一个是血液中的尿素渗入肠道，经肠道菌群脲酶的水解而生成氨，这部分氨可吸收入血，经血液循环在肝脏合成尿素。降低肠道 pH 和促进铵盐合成能够减少氨的吸收。

3. 产生其他有害物质

除产生胺和氨这两类对人体有害的化学物质外，肠道微生物菌群腐败还可产生其他有毒有害物质，如酚类、吲哚及甲基吲哚以及硫化氢等。酪氨酸脱羧生成酪胺，经氨基和氧化可生成苯酚和对甲

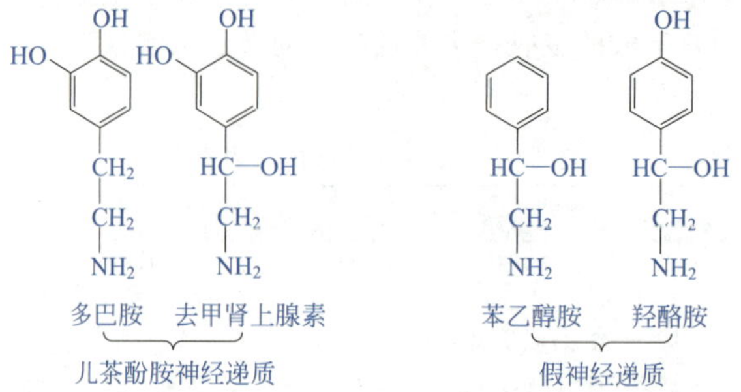

多巴胺　去甲肾上腺素　　苯乙醇胺　羟酪胺
儿茶酚胺神经递质　　　　　　假神经递质

图 10-3　儿茶酚胺神经递质与假神经递质结构示意图

酚等对人体有毒有害的物质。色氨酸经肠道菌群作用可产生吲哚和甲基吲哚，随粪便排出体外，这也是粪臭的主要原因。半胱氨酸在肠道菌群的作用下可分解产生硫醇、硫化氢和甲烷等物质。

任务三　氨基酸的一般代谢

氨基酸在体内代谢十分活跃，人体内的氨基酸合成与分解保持动态平衡，以适应生理需要。氨基酸代谢分为氨基酸的合成代谢与氨基酸的分解代谢两个方面，也分为一般代谢和个别氨基酸的特殊代谢。本任务着重介绍氨基酸的分解代谢。任务四着重介绍个别氨基酸的特殊代谢。氨基酸的一般代谢包括脱氨基作用、脱羧基作用、氨的代谢和 α-酮酸的代谢等。

一、氨基酸的代谢概况

体内不同来源的氨基酸通过血液循环在各组织中参与代谢，称为氨基酸代谢库。氨基酸不能自由穿梭细胞膜，因此，不同的组织器官和细胞中的氨基酸分布呈多样性，如肌肉中氨基酸占氨基酸代谢库的 50% 以上，肝脏约占到 10%，肾脏约占到 4%，血浆中还含有 1%~6% 的氨基酸。肝、肾中游离氨基酸浓度很高，氨基酸代谢也极为旺盛。食物蛋白质分解产物的氨基酸经消化吸收后主要在肝脏中分解，但支链氨基酸主要在骨骼肌。健康成人每日有 1%~2% 的体内蛋白质被降解，大多数是骨骼肌中的蛋白质。降解后产生的绝大多数氨基酸（约 70%~80%）又被机体重新利用以合成新的蛋白质。

氨基酸失去氨基是氨基酸分解代谢的第一步。大部分氨基酸先脱氨生成 α-酮酸，再生物氧化或转化为其他物质。氨基酸也可以在脱羧酶的作用下脱羧生成伯胺和 CO_2，在动物、植物和微生物体内普遍存在，但不是主要代谢途径。

正常情况下，体内氨基酸的来源和去路处于动态平衡状态。氨基酸在体内的代谢有 3 个来源和 4 条去路。3 个来源是食物蛋白质的消化吸收、组织蛋白质的分解及利用 α-酮酸和氨合成一些非必需氨基酸。食物蛋白质经消化吸收的氨基酸（外源性氨基酸）和体内组织蛋白质降解产生的氨基酸及机体合成的非必需氨基酸（内源性氨基酸）混合在一起，分布于机体的各组织、器官以及细胞中，参与生物体内的各种代谢过程，这些游离氨基酸的总体称为生物体内的氨基酸代谢库（amino acid metabolic pool）。氨基酸的 4 个去路为合成组织蛋白质、经脱氨生成 α-酮酸和氨、径脱羧生成胺类和 CO_2 以及经特殊代谢途径转变为一些生理活性物质（如甲状腺激素、肾上腺素以及多肽激素等）或重要的含氮化合物（嘌呤碱和嘧啶碱）等（图 10-4）。

体内氨基酸的主要功能是合成机体的组织蛋白质，转化为重要的含氮化合物（如嘌呤、嘧啶、肾上腺素、甲状腺素等），氧化分解提供能量或转化为糖、脂等。一般情况下，经尿液排出的氨基酸很少。需要强调的是，氨基酸的代谢作用并非主要作为细胞的能源物质，这点与糖、脂类有明显的区别，氨基酸主要用于合成体内的蛋白质。各类氨基酸在体内的分解代谢方式各不相同，但因其结构的相似性，也存在共同的代谢途径。

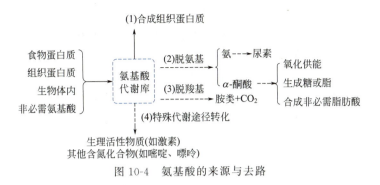

图 10-4 氨基酸的来源与去路

二、氨基酸的脱氨基作用

氨基酸在生物体内的分解代谢主要通过脱氨基（deamination）方式进行，生成 α-酮酸和 NH_3。氨基酸可通过转氨基、氧化脱氨基、联合脱氨基以及其他非氧化脱氨基方式进行氨基酸的脱氨基代谢。其中，联合脱氨基作用是最主要和最重要的脱氨基方式。

（一）转氨基作用

转氨基作用是指在氨基转移酶（aminotransferase，也称转氨酶）的催化作用下，将氨基酸的 α-氨基转移到另一个 α-酮酸的羰基位置，生成相应的 α-酮酸和一个新的氨基酸。该反应只发生氨基转移，无游离 NH_3 产生。

$$\begin{array}{c} R^1 \\ | \\ H-C-NH_2 \\ | \\ COOH \end{array} + \begin{array}{c} R^2 \\ | \\ C=O \\ | \\ COOH \end{array} \xrightleftharpoons{\text{氨基转移酶}} \begin{array}{c} R^1 \\ | \\ C=O \\ | \\ COOH \end{array} + \begin{array}{c} R^2 \\ | \\ H-C-NH_2 \\ | \\ COOH \end{array}$$

转氨基反应是完全可逆的过程，其逆过程是合成体内某些非必需氨基酸的重要途径。除苏氨酸、赖氨酸、脯氨酸和羟脯氨酸等少数氨基酸，绝大多数氨基酸均可进行转氨基作用。如糖代谢中的丙酮酸、草酰乙酸和 α-酮戊二酸经转氨基作用可生成丙氨酸、天冬氨酸和谷氨酸。其他氨基酸侧链末端的氨基，例如鸟氨酸的 δ-氨基也可通过此过程脱去。

动物和高等植物的转氨酶一般只催化 L-氨基酸和 α-酮酸的转氨作用，而某些细菌，如 *B. subtilis* 转氨酶能催化 D-型和 L-型两种氨基酸的转氨基作用。在动物体内，不同氨基酸依赖不同氨基转移酶进行脱氨，体内转氨酶种类多、分布广，最重要的是催化 L-谷氨酸和 α-酮酸之间转氨基的酶，如丙氨酸氨基转移酶（ALT；也称谷丙转氨酶，GPT）与天冬氨酸氨基转移酶（AST；也称谷草转氨酶，GOT）。各组织器官和细胞中 AST 和 ALT 含量不一（表 10-2）。正常人血清中含量甚少，ALT 主要存在于肝脏，AST 主要存在于心脏。

表 10-2 正常人体组织或器官中 ALT 和 AST 活性   单位：单位/g 湿组织

组织或器官	ALT	AST	组织或器官	ALT	AST
血清	16	20	肝	44000	142000
肺	700	10000	心	7100	156000
脾	1200	14000	肾	19000	91000
胰	2000	28000	骨骼肌	4800	99000

氨基转移酶在血清中活性极低，只有当出现组织受损、细胞破裂时才可能大量释放到血液中，使血清氨基转移酶活性明显升高。如肝脏患者，尤其是急性肝炎患者血清 ALT 活性明显增高，心肌梗死患者血清 AST 活性显著升高，临床将其作为疾病诊断和预后的重要参考指标之一。新药的研发过程中，针对治疗肝脏疾患或有关肝脏解毒的药物，通常把氨基转移酶的活性测定作为一项重要的观察指标。

> **知识链接**
>
> **谷丙转氨酶（ALT）和谷草转氨酶（AST）的应用**
>
> 谷丙转氨酶（ALT）主要存在于肝细胞的可溶性部分，当肝脏受损时，此酶可较早释放入血，导致血中该酶的活性增高，是肝细胞损伤的灵敏指标。慢性活动性肝炎或脂肪肝，ALT 轻度增高；肝硬化或肝癌时，ALT 轻度或中度增高。患者发生心肌梗死时，血清中谷草转氨酶（AST）活性增高。各种肝病也可引起患者血清 AST 活性增高。临床常同时测定血清 ALT 和 AST，并计算其比值用于判断肝脏疾病的病程、严重程度及病情。正常人 ALT/AST≈1.5/1，患慢性肝炎、肝硬化和肝癌时，ALT/AST 可分别达到 1.0/1、2.0/1、3.0/1。

转氨基作用需要磷酸吡哆醛和磷酸吡哆胺（维生素 B_6 的磷酸酯，为活性形式）作为氨基转移酶的辅助因子。磷酸吡哆醛是氨基转移酶的辅酶，结合于氨基转移酶的活性中心 ε-氨基上，起着氨基传递作用。磷酸吡哆醛首先接受氨基酸的氨基生成磷酸吡哆胺，原来的氨基酸转化成为 α-酮酸；而磷酸吡哆胺又可将氨基转移到另外一个 α-酮酸上，生成磷酸吡哆醛和相应的 α-氨基酸。磷酸吡哆醛与磷酸吡哆胺相互转变使氨基得以传递。

（二）氧化脱氨基作用

α-氨基酸在酶的催化下氧化生成 α-酮酸和 NH_3，每消耗 1 分子氧产生 2 分子 α-酮酸和 2 分子氨。

$$\underset{\text{氨基酸}}{\overset{R}{\underset{COO^-}{|}}{2HC-NH_3^+}} + O_2 \longrightarrow \underset{\alpha\text{-酮酸}}{\overset{R}{\underset{COO^-}{|}}{2HC=O}} + 2NH_3 + 2H^+$$

氧化脱氨基反应包括脱氢和水解两个反应，脱氢反应是酶促反应，它的产物是亚氨基酸，亚氨基酸在水溶液中极不稳定，自发分解生成 α-酮酸和氨。

$$\underset{\text{L-谷氨酸}}{\overset{NH_2}{\underset{(CH_2)_2-COOH}{|}}{CH-COOH}} \xrightarrow[\text{L-谷氨酸脱氢酶}]{NAD^+ \quad NADH+H^+} \underset{\alpha\text{-亚氨基戊二酸}}{\overset{NH}{\underset{(CH_2)_2-COOH}{\|}}{CH-COOH}} \underset{H_2O}{\rightleftharpoons} \underset{\alpha\text{-酮戊二酸}}{\overset{O}{\underset{(CH_2)_2-COOH}{\|}}{CH-COOH}} + NH_3$$

催化第一步反应的酶称为氨基酸脱氢氧化酶，为一种黄素蛋白（FP），黄素蛋白接受由氨基酸脱去的氢，转变为还原型黄素蛋白（FP-2H），又将氢原子直接与氧结合生成 H_2O_2。过氧化氢由过氧化氢酶水解生成水和氧，过氧化氢可将酮酸氧化为比原来少一个碳原子的脂肪酸。氨基酸的脱氨基作用如果由不需氧脱氢酶催化，则脱出的氢不以分子氧为直接受体，而以辅酶作为受体，然后经呼吸链与氧结合生成水。

在人体组织中，催化氨基酸氧化脱氨基最重要的酶是 L-谷氨酸脱氢酶。这是由于体内转氨基作用使许多氨基酸与 α-酮戊二酸反应生成 L-谷氨酸。在哺乳动物组织中只有 L-谷氨酸能进行高速率的氧化脱氨基作用，催化此氧化脱氨的酶为 L-谷氨酸脱氢酶，此酶为不需氧脱氢酶，广泛分布在肝脏、肾脏和脑等组织中，肌肉中活性较低，最适 pH 为 7.5～8.0，可由 NAD^+ 和 $NADP^+$ 作为辅酶，ATP 是其变构抑制剂，ADP 是其变构激活剂。L-谷氨酸脱氢酶的特异性很强，只能催化 L-谷氨酸的氧化脱氨基作用，其他种类的氨基酸必须通过别的方式脱氨基。

（三）联合脱氨基作用

虽然大多数氨基酸可以通过转氨基方式进行氨基酸的脱氨代谢，但转氨基作用仅发生了氨基的转移，而没有游离氨的生成，只是由新的氨基酸替代原有氨基酸，而且单纯依靠转氨基方式并不能最终脱掉氨基；依赖氧化脱氨基作用也不能满足机体对氨代谢的需要，因为仅 L-谷氨酸脱氢酶活性最高，其他的 L-氨基酸脱氢酶活性并不高，甚至很低，仅限于 L-谷氨酸，其他氨基酸无法通过该途径脱去氨基。研究表明，体内绝大多数氨基酸的脱氨基作用是通过联合脱氨基方式进行，该过程是转氨基作用和谷氨酸氧化脱氨基作用偶联，是体内最主要的脱氨基方式，反应可逆，也是体内合成非必需氨基酸的重要途径。借助联合脱氨基作用可迅速将不同氨基酸的氨基转移到 α-酮戊二酸分子上，生成相应的 α-酮酸和谷氨酸，然后，谷氨酸再在 L-谷氨酸脱氢酶的作用下，脱去氨生成 α-酮戊二酸。

联合脱氨基作用有转氨基作用偶联氧化脱氨基作用和转氨基作用偶联 AMP 循环脱氨基作用两种方式。

1. 转氨基作用偶联氧化脱氨基作用

α-酮戊二酸与 α-氨基酸经转氨基作用可生成谷氨酸，谷氨酸在 L-谷氨酸脱氢酶催化下通过氧化脱氨基作用生成游离的 NH_3，反应过程见图 10-5。

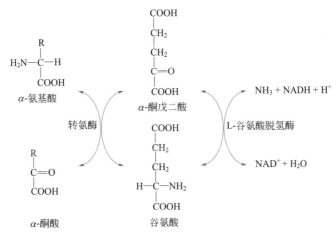

图 10-5　转氨基偶联氧化脱氨基作用

L-谷氨酸脱氢酶在肝脏、肾脏和脑组织中活性最强，因而联合脱氨基作用主要存在于肝、肾和脑组织中。

转氨基作用偶联氧化脱氨基作用的特点如下。

（1）有偶联顺序。对大多数氨基酸脱氨基作用是先转氨，再氧化脱氨。

（2）转氨基作用的氨基受体为 α-酮戊二酸。由于氧化脱氨时，L-谷氨酸脱氢酶活性很高且专一性强，只有 α-酮戊二酸作为受体时，才能保证谷氨酸的合成速度，其他 α-酮酸虽然也能参与转氨基作用，但生成的氨基酸由于缺乏适当的氧化酶，因此，无法进一步进行氧化脱氨。

2. 转氨基作用偶联 AMP 循环脱氨基作用

由于在心肌和骨骼肌中 L-谷氨酸脱氢酶活性很低，采取上述联合脱氨基作用方式无法较好地完成氨基酸的脱氨基作用。在这些组织中，常通过转氨基偶联 AMP 循环来联合脱氨基，这种方式称为嘌呤核苷酸循环（图 10-6），是骨骼肌中氨基酸脱氨基的主要方式。

在转氨基作用偶联 AMP 循环脱氨基作用中，氨基酸先通过两次转氨基作用将氨基转移到草酰乙酸生成天冬氨酸，天冬氨酸再和次黄嘌呤核苷酸（IMP）反应生成腺苷酸代琥珀酸，然后裂解出延胡索酸，同时生成腺嘌呤核苷酸（AMP）。AMP又在腺苷酸脱氨酶的催化下脱去氨基，最终完成了氨基酸的脱氨基作用，而产生的 IMP 又可再次进入循环参与脱氨基。

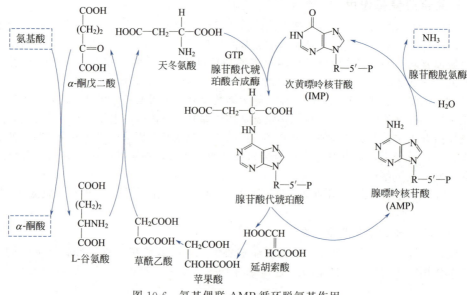

图 10-6　氨基偶联 AMP 循环脱氨基作用

（四）其他非氧化脱氨基作用

体内某些氨基酸还可以通过非氧化脱氨基作用脱去氨基，产生 NH_3 和相应的 α-酮酸。此种方式动物体内不多见，主要存在于微生物体内。如丝氨酸可在丝氨酸脱水酶的催化下脱去氨基，生成丙酮酸。

半胱氨酸可进行 H_2S 脱氨基生成丙酮酸，天冬氨酸可进行裂解脱氨基生成延胡索酸。

三、氨的代谢

氨具有强烈的神经毒性，特别是脑组织对氨毒性特别敏感。消化道经肠道吸收的氨和机体蛋白质（氨基酸）代谢产生的氨汇入到血液中形成血氨。正常人血氨浓度在 $47\sim 65\mu mol/L$。正常情况下，体内的氨可在肝合成尿素而解毒。通常情况下，除门静脉血液外，体内血液中氨浓度很低，不足以引起神经毒性，但当血氨浓度升高时，容易引起脑组织功能障碍。严重肝病患者尿素合成功能降低，血氨增高，引起脑功能紊乱，常与肝性脑病的发生有关。氨在体内的代谢过程是对氨的解毒过程。

（一）氨的来源与去路

1. 氨的来源

体内氨主要来源于组织中氨基酸脱氨基作用、肾脏来源的氨及肠道来源的氨 3 个途径，这些氨汇聚到血液中形成血氨。血液中氨的来源及去路见图 10-7。

（1）氨基酸脱氨基作用和胺类分解产生的氨　氨基酸脱氨基作用是血氨的主要来源。食物蛋白质含量较高时，生成的氨也随之增多。此外，胺类物质的氧化分解也可产生氨，如肾上腺素、多巴胺等在单胺氧化酶和二胺氧化酶作用下分解也可以释放氨。核苷酸及其降解产物嘌呤、嘧啶等化合物分解代谢中也产生氨。

（2）肠道吸收产生的氨　肠道中的氨主要来自于肠道内蛋白质与氨基酸的腐败作用产生氨和血中尿素渗入肠道后水解产生氨。在肠道细菌的作用下，蛋白质经腐败作用、尿素分解每天可产生 4g 左右的氨。肝脏合成的尿素排入肠腔后，也可经肠道菌群脲酶水解生成氨和 CO_2，生成的氨主要在结肠经由

图 10-7　血氨的来源及去路

门静脉吸收入血，是血氨的重要来源。因此，门静脉血氨的浓度要高于其他组织器官。肠道吸收氨的速度和吸收的量与肠腔中的 pH 有关。一般当肠道内 pH<6 时，肠道中的氨或生成的 NH_4^+ 随粪便排出。肠道 pH 偏碱时，氨容易吸收入血。因此，临床上对高血氨患者常采用弱酸性透析液做结肠透析，而不用碱性肥皂水灌肠，以免增加氨的吸收。

（3）肾小管上皮细胞分泌的氨　在肾远曲小管上皮细胞内，谷氨酰胺在谷氨酰胺酶的催化下水解成谷氨酸和 NH_3，占肾脏产生氨的 50% 以上。正常情况下，这部分氨主要被分泌到肾小管管腔内主要与尿中的 H^+ 结合生成 NH_4^+，以铵盐的形式随尿液排出体外，有利于机体酸碱平衡的调节。尿液偏酸时有利于肾小管细胞中的 NH_3 扩散入尿而排出，而尿液偏碱时则不利于氨的排出且氨易被重吸收入血，引起血氨升高。因此，对因肝硬化产生腹水的患者不宜使用碱性利尿药，以防血氨升高加重病情。

2. 氨的去路

氨是体内的有毒物，需尽快转化为无毒物质排出体外，其体内代谢途径主要有 4 个方面：① 在肝脏中合成尿素。在肝细胞中通过鸟氨酸循环变成尿素，经肾脏排出体外，这是氨代谢去路的主要途径。② 合成非必需氨基酸。氨也可以与 α-酮酸氨基缩合生成非必需氨基酸，或参与嘧啶、嘌呤等其他含氮物质的合成。③ 转变为谷氨酰胺。脑组织产生的氨可在谷氨酰胺合成酶的作用下与谷氨酸生成无毒的谷氨酰胺贮存或运输。④ 随尿排出。氨转变成谷氨酰胺后，部分可转运至肾脏，在肾小管上皮细胞中水解释放 NH_3，分泌到肾小管腔中与原尿中的 H^+ 结合生成铵盐排出体外。

（二）氨在血液中的转运

氨有毒性，血液中氨浓度升高可进入脑组织引起脑血管收缩，严重时会引起昏迷甚至死亡。肝外组织代谢产生的氨多数转运至肝脏合成尿素，转变为无毒物质并排出体外。机体各组织产生的氨必须以无毒的方式运到肝脏合成尿素或运送到肾脏以铵盐形式随尿排出才能解除氨的毒性。氨在血液中的运输主要以丙氨酸-葡萄糖循环和谷氨酰胺运氨两种方式进行。

1. 丙氨酸-葡萄糖循环

肌肉组织中的氨基酸在转氨基作用下，可将氨基转给丙酮酸生成丙氨酸，丙氨酸随后经血液循环运送至肝脏，在肝细胞中，丙氨酸与联合脱氨基作用释放的氨结合可合成尿素。脱氨后生成的丙酮酸可进入糖异生途径生成葡萄糖，葡萄糖经由血液循环运送至肌肉组织，经 EMP 途径转变为丙酮酸，接受氨后可再次生成丙氨酸。这一循环可将氨以无毒的丙氨酸形式从肌肉运送到肝脏，成为肌肉组织氨基的重要运输方式，还可避免丙酮酸（或乳酸）在肌肉组织堆积。同时，将葡萄糖从肝脏运输到肌肉内生成丙酮酸，为肌肉运动提供 ATP，从而在肌肉和肝脏之间架起了一座"桥梁"——丙氨酸-葡萄糖循环（图 10-8）。

2. 谷氨酰胺的运氨作用

谷氨酰胺是中性无毒分子，易溶于水，在脑和肌肉等组织中，氨与谷氨酸在谷氨酰胺合成酶催化下合成谷氨酰胺，然后经血液循环转到肝脏、肾脏，经谷氨酰胺酶的作用水解为谷氨酸和氨。在肝脏，氨用于合成其他含氮化合物或合成尿素，通过肾脏排出体外。在肾脏，NH_3 与 H^+

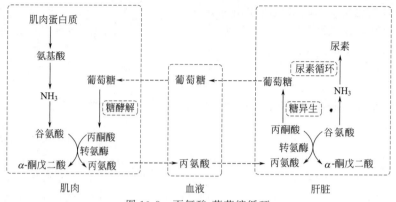

图 10-8　丙氨酸-葡萄糖循环

结合成 NH_4^+，随尿液排出体外。谷氨酰胺不仅是氨的解毒方式，也是运氨、贮氨的一种重要方式。

$$\underset{\text{谷氨酸}}{\begin{array}{c}COOH\\|\\(CH_2)_2\\|\\CHNH_2\\|\\COOH\end{array}} \underset{NH_3\ \text{谷氨酰胺酶}\ H_2O}{\overset{NH_3+ATP\ \text{谷氨酰胺合成酶}\ ADP+Pi}{\rightleftharpoons}} \underset{\text{谷氨酰胺}}{\begin{array}{c}CONH_2\\|\\(CH_2)_2\\|\\CHNH_2\\|\\COOH\end{array}}$$

谷氨酰胺的生成在脑中固定和转运氨的过程中起着重要作用，是脑组织解氨毒的重要方式，故临床上对氨中毒的患者可口服或静脉注射谷氨酸钠盐，以降低血氨浓度解除氨毒。此外，谷氨酰胺可参与体内嘌呤、嘧啶的合成，还可为其他分子提供分子中的酰胺基，在天冬酰胺合成酶催化下，使天冬氨酸转变为天冬酰胺。

正常人体细胞可生成满足蛋白质合成需求量的天冬酰胺，但白血病患者机体细胞和肿瘤患者其体内缺乏天冬酰胺酶或只有少量天冬酰胺合成酶，难以合成足够的天冬酰胺，用天冬氨酸酶（asparaginase）水解癌细胞中的天冬酰胺，使天冬酰胺水平降低，从而抑制了蛋白质的合成，并起到抑癌效果。所以，临床上经常给予天冬酰胺酶使其水解，减少血液中的天冬酰胺，从而达到治疗白血病和肿瘤的目的。谷氨酰胺合成和分解由不同的酶催化，为不可逆反应。

（三）氨在肝脏合成尿素

肝脏是人体氨代谢的主要器官，氨主要通过肝脏合成尿素进行解毒，尿素的合成是人体氨代谢的主要和最重要途径。通过尿素排出人体的氮占到排出总氮的80%以上，仅有少量的氨通过肾脏以铵盐形式由泌尿系统排出体外。

1. 肝脏是尿素合成的重要器官

若出现肝脏损伤，或将动物肝脏部分切除或完全切除，血液和尿中尿素含量会急速下降，若同时给动物补充氨基酸，则大部分氨基酸集聚于血液中，很少一部分通过脱氨基生成 α-酮酸并释放出氨，引起血氨升高。若切除动物肾脏而保留肝脏，则尿素因合成后无法由泌尿系统排出，而集聚血液中导致血液尿素浓度增高。若肝肾同时切除，那么血中尿素含量极低而血氨浓度显著升高。临床实验观察发现，在急性肝坏死的患者的血液和尿液中几乎未见尿素，但氨基酸水平却升高。由此可以说明，肝脏是人体和动物体内合成尿素的最主要器官。虽然，肾脏及部分组织器官也可合成尿素，但合成量却是极低的。

2. Krebs 提出鸟氨酸循环学说

1932 年，Hans Krebs 和 Kurt Henseleit 提出鸟氨酸循环学说（也称尿素循环或 Krebs-Henseleit 循环），这是科学家首次发现的体内代谢循环。TCA 循环学说也是 Hans Krebs 提出来的。Hans Krebs 和 Kurt Henseleit 将大鼠肝脏的薄切片和铵盐等代谢相关物质在有氧条件下保温数小时后，发现铵盐含量减少，而尿素量增多。研究还发现，精氨酸、瓜氨酸和鸟氨酸能加速尿素的合成，但结构与鸟氨酸比较相似的赖氨酸却不能促进尿素的合成。基于这一实验结果以及这些氨基酸的结构，他们推测应该存在以鸟氨酸、NH_3 和 CO_2 为原料合成的一种关键的中间化合物，而这些产物在肝脏中可转化为尿素并转化为鸟氨酸，而且鸟氨酸在尿素合成中起到促进作用，这一观点得到其他学者的认同。他们推测，只有在哺乳类动物的肝脏中，以尿素为氮的代谢终产物才会出现精氨酸酶（arginase），该酶可以将精氨酸分解成鸟氨酸和尿素，其他动物不产生尿素，如鸟类氮代谢是以尿酸为终产物排出体外的。他们还观察到，肝脏切片与大量鸟氨酸及 NH_4^+ 共同保温时，瓜氨酸含量有增加的现象，他们据此推断，鸟氨酸可能是瓜氨酸的前体，而瓜氨酸是精氨酸的前体，并根据这些实验结果提出了肝脏中尿素合成的鸟氨酸循环机制，即由鸟氨酸、NH_3 和 CO_2 为原料首先合成瓜氨酸，然后再接受 1 分子氨生成精氨酸，精氨酸在精氨酸酶的作用下，进一步水解产生尿素和鸟氨酸，鸟氨酸再进入第二次尿素合成循环过程。鸟氨酸循环简单过程见图 10-9。

经过鸟氨酸循环，2 分子 NH_3 以合成尿素形式将氨进行无毒化处理，并经肾脏从尿液中排出。20 世纪 40 年代，人们利用含 ^{15}N 的 NH_4^+ 盐饲养大鼠，发现随尿排出的尿素含有 ^{15}N，说明氨基酸最终产物是尿素。用含 ^{15}N 的氨基酸饲养大鼠，则肝中精氨酸含 ^{15}N，在生成尿素分子中两个氮均有放射性核素标记，但鸟氨酸却没有 ^{15}N 标记；用含 ^{15}C 标记的 $NaH^{14}CO_3$ 饲养大鼠，生成的尿素和瓜氨酸的羧基均含有 ^{15}C。人们利用放射性核素证明了鸟氨酸循环合成尿素的正确性。

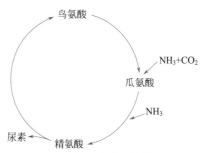

图 10-9 鸟氨酸循环简单过程

3. 鸟氨酸循环合成尿素

鸟氨酸是蛋白质分解代谢的最终产物，尿素也是人体氮代谢的主要方式，占排出总氮的 80%。肝脏是尿素合成的主要器官，尿素合成过程为鸟氨酸循环或尿素循环，合成过程较为复杂，大体分为 5 个步骤：

① NH_3 与 CO_2 结合产生氨甲酰磷酸。
② 鸟氨酸结合氨甲酰磷酸提供的氨甲酰基形成瓜氨酸。
③ 与天冬氨酸结合产生精氨酸代琥珀酸。
④ 精氨酸代琥珀酸分解生成精氨酸和延胡索酸。
⑤ 精氨酸水解产生尿素并转化为鸟氨酸，进入第二次循环。

具体反应步骤如下：

(1) 氨甲酰磷酸的合成　在肝细胞线粒体的氨甲酰磷酸合成酶Ⅰ（CPS-Ⅰ）的催化作用下，来自外周组织或肝脏代谢生成的 NH_3 和 CO_2 在肝细胞内合成氨甲酰磷酸，反应由 ATP 供能，反应不可逆，需 Mg^{2+}、N-乙酰谷氨酸（AGA）共同参与。N-乙酰谷氨酸是氨甲酰磷酸合成酶Ⅰ的别构激活剂，通过 N-乙酰谷氨酸诱导氨甲酰磷酸合成酶Ⅰ构象改变，暴露出了酶分子中的某些巯基，增加对 ATP 亲和力。酰胺键和酸酐键的合成过程消耗 2 分子 ATP。氨甲酰磷酸合成酶Ⅰ是鸟氨酸循环过程的关键酶，氨甲酰磷酸的合成是尿素合成的第一步。

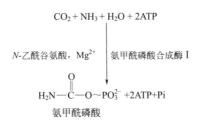

(2) 瓜氨酸的合成　氨甲酰磷酸性质比较活泼，在线粒体内鸟氨酸氨甲酰基转移酶（OCT）

的催化作用下，将氨甲基甲酰转移至鸟氨酸生成瓜氨酸。此反应有生物素的参与，不可逆。瓜氨酸存在于肝细胞线粒体内，由鸟氨酸与氨甲酰磷酸生成。

$$\text{鸟氨酸} + \text{氨甲酰磷酸} \xrightarrow[\text{生物素}]{\text{鸟氨酸氨甲酰基转移酶(OCT)}} \text{瓜氨酸} + H_3PO_4$$

（3）精氨酸代琥珀酸的合成　瓜氨酸在肝细胞线粒体内合成后，在精氨酸代琥珀酸合成酶的催化下经膜载体转运到线粒体外，在细胞质内与天冬氨酸发生缩合反应生成精氨酸代琥珀酸。反应由 ATP 供能。通过该反应，天冬氨酸为尿素分子合成提供了第 2 个氮原子。

$$\text{瓜氨酸} + \text{天冬氨酸} \xrightarrow[\text{ATP AMP+PPi }H_2O]{\text{精氨酸代琥珀酸合成酶} \; Mg^{2+}} \text{精氨酸代琥珀酸}$$

（4）精氨酸的生成　在精氨酸代琥珀酸裂解酶的催化下，精氨酸代琥珀酸裂解生成精氨酸与延胡索酸。延胡索酸经 TCA 循环生成草酰乙酸，草酰乙酸生成天冬氨酸后再参与上述反应。原本反应中游离氨和天冬氨酸分子中的氨依然存在于此反应的产物精氨酸分子中。

$$\text{精氨酸代琥珀酸} \xrightarrow{\text{精氨酸代琥珀酸裂解酶}} \text{精氨酸} + \text{延胡索酸}$$

天冬氨酸只是参加尿素合成的一种形式，反应中的氨基可由体内的多种氨基酸来提供。而延胡索酸和天冬氨酸也能将三羧酸循环与鸟氨酸循环建立一定的联系。

（5）尿素的生成　在精氨酸酶的催化作用下，精氨酸在细胞质中水解产生尿素和鸟氨酸。鸟氨酸经膜载体转运进入线粒体内参与瓜氨酸的合成，通过鸟氨酸循环完成尿素的合成。

$$\text{精氨酸} \xrightarrow[H_2O]{\text{精氨酸酶}} \text{尿素} + \text{鸟氨酸}$$

尿素是氨在体内代谢的终产物，全部排出体外，目前并未发现它在体内还有任何其他的生理功能。尿素生成的总反应式为：

$$2NH_3 + 3H_2O + 3ATP + CO_2 \xrightarrow{酶} H_2N-\overset{\overset{O}{\|}}{C}-NH_2 + 2ADP + 4Pi + AMP$$

尿素分子结构中的两个 N 原子，其中一个直接来自于氨基酸联合脱氨基产生的 NH_3，另一个来自多种氨基酸通过转氨基而生成的天冬氨酸，都是直接或间接地来自于各种氨基酸。转氨基作用在尿素合成过程有重要作用。鸟氨酸循环过程不可逆，每合成 1 分子尿素需消耗 3 分子 ATP。鸟氨酸循环如图 10-10 所示。鸟氨酸循环中的鸟氨酸、瓜氨酸和精氨酸是鸟氨酸循环中间产物，可促进循环的进行，故临床上常用谷氨酸、精氨酸治疗高氨血症。

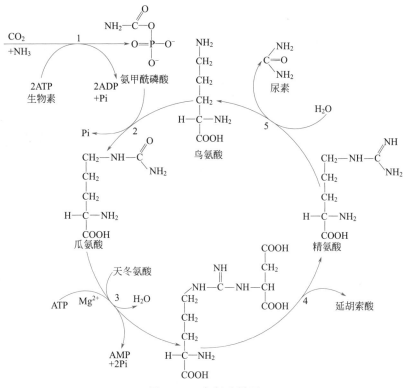

图 10-10 鸟氨酸循环

尿素合成的特点如下。①合成部位：肝脏（肝细胞的胞质和线粒体）；②合成过程：鸟氨酸循环；③主要合成原料：NH_3 和 CO_2；④合成 1 分子尿素需消耗 2 分子 NH_3、1 分子 CO_2 和 3 分子 ATP；⑤尿素是氨的主要解毒产物，是水溶性、无毒物质，主要由肾脏排出。血中尿素测定常作为判断肾功能的重要指标。

4. 尿素合成的调节

影响尿素合成速度的因素如下。

(1) 食物蛋白质的影响　当食物中蛋白质含量较高时，蛋白质代谢会生成大量尿素，尿素排氮量可占总排出量的 90% 左右。若食物中缺乏蛋白质，则尿素合成速度减弱，尿素排氮量低于总排出氮量的 60% 左右。

(2) CPS-Ⅰ 的调节　氨甲酰磷酸合成是尿素循环第一步，也是关键步骤。氨甲酰磷酸合成酶Ⅰ是氨甲酰磷酸合成的催化酶，N-乙酰谷氨酸为氨甲酰磷酸合成酶Ⅰ的变构激活剂。N-乙酰谷氨酸是由乙酰 CoA 和谷氨酸经 AGA 合成酶催化产生的，精氨酸是 N-乙酰谷氨酸合成酶的激活剂，因此，精氨酸浓度升高会导致尿素合成加快。

(3) 精氨酸代琥珀酸合成酶的调节　肝细胞内各种参与尿素循环的酶的活性有很大的差异。其中，精氨酸代琥珀酸合成酶的活性是最低的，是尿素合成的限速酶，可调节尿素合成的速度。

5. 高氨血症和氨中毒

机体在正常生理状态下，血氨的形成与消减是保持动态平衡的，血氨浓度常控制在 $60\mu mol/L$ 以下。肝脏合成尿素是氨的主要排泄形式和解除体内氨毒最有效方式，也是维持体内氮平衡关系的关键因素。当肝功能严重受损时，尿素合成发生障碍，血液中尿素减少，血氨浓度增高称为高氨血症（hyperammonemia）。增高的血氨可穿透血-脑屏障进入脑组织，引起脑细胞的损害和大脑功能障碍，临床上将肝功能损伤导致的脑功能障碍称为肝性脑病或肝性昏迷，其典型的临床症状有厌食、呕吐、间歇性共济失调和昏迷等。

目前，关于高氨血症的毒性作用机制仍未明晰。普遍认为，大量氨经血-脑屏障进入脑组织后，氨与α-酮戊二酸结合生成谷氨酸，再进一步与氨结合生成谷氨酰胺，这些反应需消耗 ATP 和大量的α-酮戊二酸，从而抑制了 TCA 循环的速度，ATP 生成减少，脑组织供能不足，特别是大量氨需借由此途径进行代谢时，能量将严重短缺，从而影响到脑细胞的生理代谢过程，导致患者出现昏迷。也有学者认为，可能是由于谷氨酸和谷氨酰胺的大量合成严重扰乱了脑组织正常的能量代谢，导致渗透压升高引起脑水肿。不管是哪种作用机制，唯一的解救措施就是降低血氨的浓度，临床常通过限制患者的蛋白质饮食、口服抗生素抑制肠道维生素相关酶的活性、使用酸性利尿药增加氨的代谢去路以及酸性灌肠以促进氨转化为氨盐并促进排出体外等措施。

临床上也常利用一些在体内代谢的中间产物治疗氨中毒。如给予谷氨酸，使其与氨结合为无毒的谷氨酰胺。补充适量的鸟氨酸、精氨酸与必需氨基酸相应的α-酮酸，以加速鸟氨酸循环，促进氨迅速转化为尿素排出体外。

四、α-酮酸的代谢

不同的氨基酸经脱氨后可产生α-酮酸，不同的氨基酸产生的α-酮酸会进入不同的代谢途径进行代谢。

1. 合成非必需氨基酸

生物体内的脱氨基过程是可逆的，通过联合脱氨基或转氨基酸作用可生成相应的氨基酸，这是体内合成非必需氨基酸的重要途径。非必需氨基酸可由相应的α-酮酸经氨基化生成。α-酮酸来源广泛，糖代谢、TCA 循环等途径中均可产生α-酮酸中间体，如丙酮酸、草酰乙酸和α-酮戊二酸经氨基化后可生成丙氨酸、天冬氨酸和谷氨酸，沿联合脱氨基反应的逆路径可合成相应的非必需氨基酸。人体必需的 8 种氨基酸除赖氨酸和苏氨酸外，其他 6 种均可通过α-酮酸加氨生成，但与必需氨基酸对应的α-酮酸不能在体内合成，需要由食物供给。

2. 转化为糖和酮体

α-酮酸在体内可以转化为糖和酮体。很多氨基酸可生成糖代谢或 TCA 循环中间产物，经过糖异生途径转化为葡萄糖。在体内可沿糖异生途径转变为糖的氨基酸称为生糖氨基酸；能转化为酮体（如乙酰辅酶 A 转化为酮体）的氨基酸称为生酮氨基酸；少数氨基酸代谢既能生成糖又能生成酮体，称为生糖兼生酮氨基酸。用放射性核黄素标记氨基酸的实验同样证明了上述研究结果的正确性。各类氨基酸结构不同，脱氨基所产生的α-酮酸结构也有较大差异，因此，代谢途径各不相同。

生糖、生酮及生糖兼生酮氨基酸的种类见表 10-3。

表 10-3 生糖、生酮及生糖兼生酮氨基酸的种类

氨基酸类型	对应氨基酸
生糖氨基酸	甘氨酸、丙氨酸、丝氨酸、精氨酸、脯氨酸、谷氨酸、组氨酸、谷氨酰胺、缬氨酸、蛋氨酸（甲硫氨酸）、半胱氨酸、天冬氨酸、天冬酰胺
生酮氨基酸	亮氨酸、赖氨酸
生糖兼生酮氨基酸	苯丙氨酸、酪氨酸、色氨酸、异亮氨酸、苏氨酸

3. 氧化分解供能

α-酮酸在体内可通过 TCA 循环与氧化磷酸化途径彻底氧化生成 CO_2 和 H_2O，并释放能量供生理活动的需要。氨基酸与糖和脂类一样，也可作为能源物质。氨基酸可转变为糖与脂肪，而糖也能转变成脂肪及多数非必需氨基酸的碳骨架部分。TCA 循环是物质代谢的重要枢纽，可使糖、脂肪及氨基酸彻底氧化相互联通，构成一个完整的代谢体系。

任务四　某些氨基酸的特殊代谢

由于不同氨基酸侧链结构的差异，使得部分氨基酸有其独特的代谢方式并产生不同的代谢产物，在机体代谢过程中发挥重要作用，具有重要的生理意义。

一、氨基酸的脱羧基作用

在生物体内，氨基酸在氨基酸脱羧酶的作用下脱羧（decarboxylation）生成伯胺或胺类化合物，辅酶为磷酸吡哆醛。体内胺类虽然含量不高，但却具有重要的生理功能。胺经胺氧化酶催化后可生成相应的醛、氨及过氧化氢，醛类继续氧化生成羧酸，再进一步氧化为二氧化碳和水随尿液排出体外，避免胺类的体内聚集。

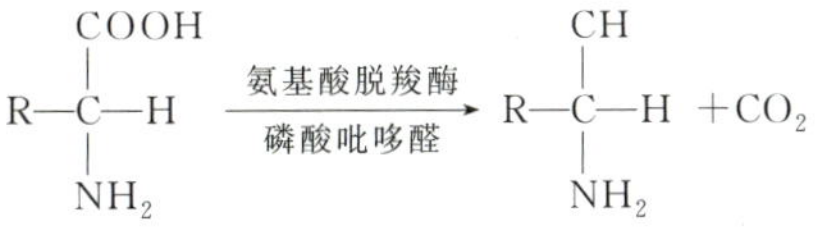

1. 谷氨酸脱羧基生成 γ-氨基丁酸

谷氨酸在谷氨酸脱羧酶的作用下，脱去羧基生成 γ-氨基丁酸（γ-GABA）。

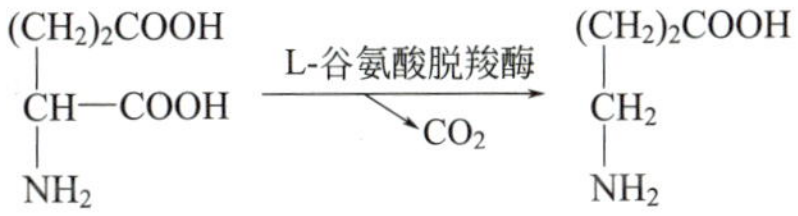

脑组织中的谷氨酸脱羧酶活性很高，其含量占全身各组织的首位，因而该组织中 GABA 浓度较高。催化此反应的酶是 L-谷氨酸脱羧酶，此酶在脑和肾脏组织中活性最高，脑中 γ-GABA 浓度最高。γ-GABA 是一种抑制性神经递质，对中枢神经系统可产生抑制作用，若其生成不足易引起中枢神经系统的过度兴奋。

维生素 B_6 是构成氨基酸脱羧酶的辅酶。临床上，妊娠呕吐和小儿抽搐患者常服用维生素 B_6 进行治疗。原因是维生素 B_6（含吡哆醛）在细胞内磷酸化形成磷酸吡哆醛，促进谷氨酸脱羧生成 γ-GABA，进而抑制神经系统兴奋，从而起到止吐的作用。结核病患者长期联合使用异烟肼与维生素 B_6，但它们的结构相似，对同一酶系产生竞争或结合成胺，从尿中排出，导致维生素 B_6 的缺乏，引起氨基酸代谢障碍进而出现周围神经炎。而维生素 B_6 缺乏时，谷氨酸脱羧基就会出现障碍，使中枢抑制性神经递质 γ-GABA 减少，导致兴奋、失眠、烦躁不安甚至惊厥，诱发精神分裂症和癫痫发作。

2. 组氨酸脱羧基生成组胺

组氨酸在组氨酸脱羧酶作用下，脱去羧基生成组胺。

组胺在乳腺、肝和肺等组织中均有分布,主要由肥大细胞产生并贮存。当肥大组织细胞被破坏时,可释放大量的组胺,造成过敏性反应。组胺是一种强烈的血管扩张剂,能增加毛细血管通透性,使毛细血管扩张,导致局部水肿、血压下降,严重时可引发休克。组胺还可使支气管平滑肌痉挛而引起哮喘。发生变态过敏反应、创伤及烧伤时可释放出大量组胺。组胺也能刺激胃酸和胃蛋白酶原的分泌,常用于胃功能的研究。在中枢神经系统,组胺又可作为一种神经递质,与睡眠、记忆等功能有关。

3. 色氨酸脱羧基生成 5-羟色胺

色氨酸经色氨酸羟化酶催化生成 5-羟色氨酸,再经 5-羟色氨酸脱羧酶脱羧生成 5-羟色胺(5-hydroxytryptamine,5-HT)。

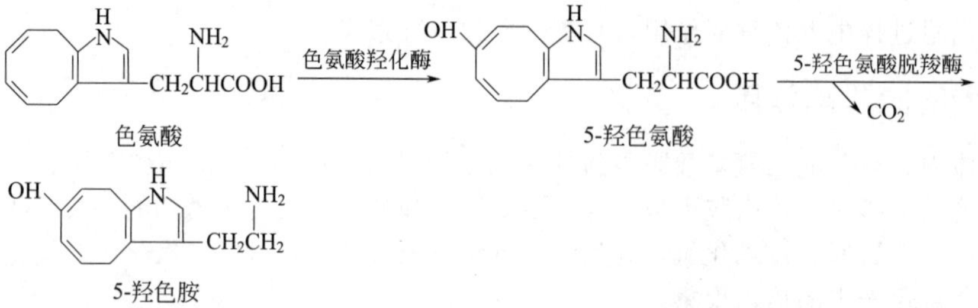

5-HT 最早是从血液中发现的,又名血清素,广泛分布在体内很多组织中。在神经系统、胃肠道、血小板和乳腺等组织均能有发现。在脑组织内,5-HT 作为一种抑制性神经递质,与调节睡眠、体温和痛觉等有关。在外周组织,是一种强烈的血管收缩剂和平滑肌收缩刺激剂。5-HT 还具有增强记忆力的功能,一定程度上保护神经元免受损害。

4. 某些氨基酸脱羧基生成多胺类物质

腐胺因发现于腐败肉中而得名,由鸟氨酸脱羧基产生,鸟氨酸脱羧酶是多胺合成的重要调节酶。腐胺还可转变为精脒(又名亚精胺)和精胺,这两种物质因发现于人的精液中而得名。

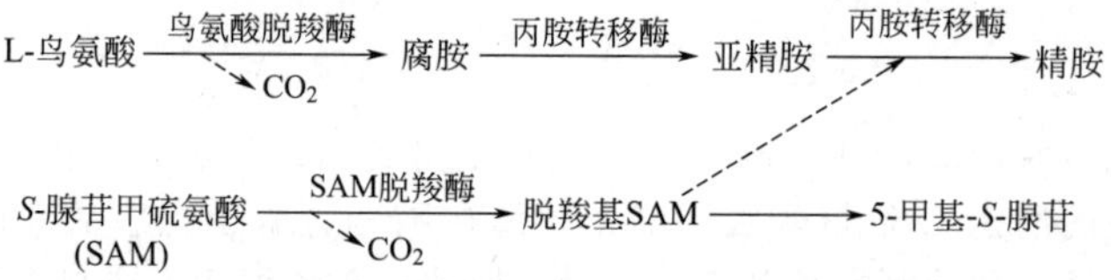

有些氨基酸经脱羧基可产生含有多个氨基的化合物,即多胺类物质。多胺主要有精脒和精胺,它们能促进核酸和蛋白质的生物合成,主要与细胞增殖和细胞生长有关。临床研究发现,在生长旺盛的组织(如胚胎)和肿瘤组织中,与多胺合成有密切关系的鸟氨酸脱羧酶有较高的活性,多胺含量也比较高。因此,临床常测定肿瘤患者血液、尿液中的多胺含量,并将这些指标作为病情进展和辅助诊断癌症的生理生化指标。

多胺促进细胞增殖的机制目前并不十分清楚,可能与稳定核酸和细胞结构、促进核酸和蛋白质的生物合成有一定的关系。大部分多胺将与乙酰基结合随尿液排出体外,小部分则氧化分解为二氧化碳和氨。研究发现,维生素 A 可对鸟氨酸脱羧酶产生抑制,减少多胺生成,因而具备一定的抗肿瘤作用。

5. 半胱氨酸脱羧基生成牛磺酸

牛磺酸又称 β-氨基乙磺酸,因早期从牛黄中分离得到而得名。肝脏中牛磺酸与胆汁酸结合,是结合胆汁酸的重要组成部分。结合胆汁酸有利于对消化道脂类的吸收,具有增加脂质和胆固醇溶解性、解除胆汁阻塞、降低某些游离胆汁酸细胞毒性和抑制胆结石的形成等功能。

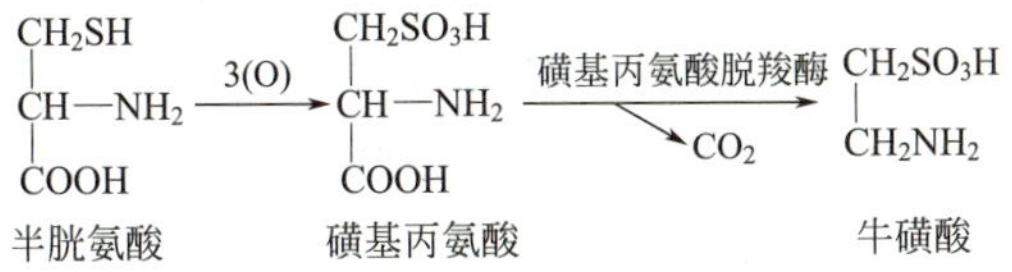

$$\underset{\text{半胱氨酸}}{\begin{array}{c}CH_2SH\\|\\CH-NH_2\\|\\COOH\end{array}}\xrightarrow{3(O)}\underset{\text{磺基丙氨酸}}{\begin{array}{c}CH_2SO_3H\\|\\CH-NH_2\\|\\COOH\end{array}}\xrightarrow[\searrow CO_2]{\text{磺基丙氨酸脱羧酶}}\underset{\text{牛磺酸}}{\begin{array}{c}CH_2SO_3H\\|\\CH_2NH_2\end{array}}$$

> **知识链接**
>
> **从牛磺酸谈母乳喂养的必要性**
>
> 牛磺酸在脑内含量丰富、分布广泛，能明显促进细胞增殖、分化和神经系统的生长发育，在脑神经细胞发育过程中起重要作用。研究表明，早产儿脑中的牛磺酸含量明显低于足月儿，这是因为早产儿体内的半胱氨酸亚磺酸脱氢酶（CSAD）尚未发育成熟，合成牛磺酸不足以满足机体需要，需由母乳补充。母乳中牛磺酸含量较高，尤其初乳中含量更高，补充不足将会使幼儿生长发育缓慢、智力发育迟缓。牛磺酸与胎儿、幼儿中枢神经及视网膜等发育有关，长期单纯牛奶喂养易造成牛磺酸缺乏。

二、一碳单位代谢

1. 一碳单位的概念和来源

部分氨基酸分解代谢过程可产生含有一个碳原子的有机基团，称为一碳单位（一碳基团）。生物体内的一碳单位包括甲基、甲烯基、甲炔基、亚氨甲基、甲酰基等，不包括 CO_2。体内重要的一碳单位见表 10-4。

表 10-4 体内重要的一碳单位

名称	结构	四氢叶酸结合位点	名称	结构	四氢叶酸结合位点
甲基	—CH_3	N^5	甲烯基	—CH_2—	N^5 和 N^{10}
甲炔基	—CH=	N^5 和 N^{10}	亚氨甲基	—CH=NH	N^5
甲酰基	—CHO	N^5 或 N^{10}			

一碳单位参与体内多种化合物的合成，具有重要的生理意义。凡涉及一个碳原子有机基团转移和代谢的反应，统称为一碳单位代谢。在体内，这些基团不能游离存在，通常由载体携带参加代谢反应，常见与四氢叶酸（FH_4）结合而转运。因此，四氢叶酸为一碳单位的主要载体。四氢叶酸由叶酸转变而来，在二氢叶酸还原酶催化下，首先以 NADPH 作供氢体加氢生成 7,8-二氢叶酸（FH_2），再加氢生成 5,6,7,8-四氢叶酸（图 10-11）。一碳单位常见的结合位点是在四氢叶酸分子的第 5 和第 10 位氮原子上，用 N^5 和 N^{10} 来表示。

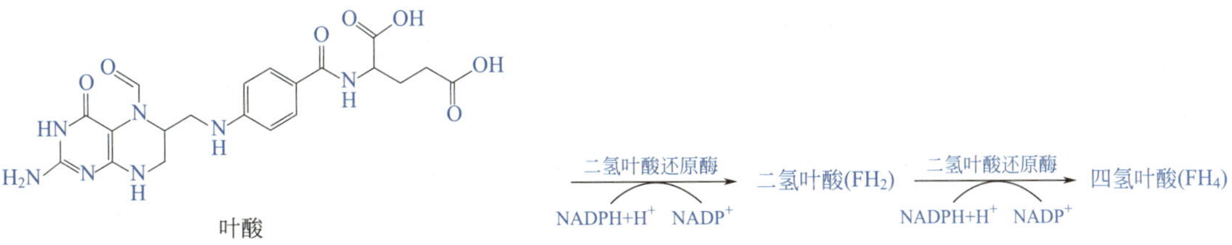

图 10-11 四氢叶酸（FH_4）合成过程

体内重要的一碳单位主要来自于丝氨酸、甘氨酸、组氨酸、色氨酸代谢。甲硫氨酸（蛋氨酸）可通过 S-腺苷甲硫氨酸（SAM）提供"活性甲基"（一碳单位），因此，甲硫氨酸也可产生一碳单位。甘氨酸、苏氨酸、丝氨酸和色氨酸可作为一碳单位的直接来源。甘氨酸和色氨酸在分解代谢过程中生成的甲酸与四氢叶酸反应，生成 N^{10}-甲酰四氢叶酸（N^{10}—CHO—FH_4）；

组氨酸在体内分解生成亚氨甲基谷氨酸,其亚氨甲基转移至四氢叶酸上可生成 N^5-亚氨甲基四氢叶酸(N^5—CH=NH—FH_4),后者可再脱氨生成 N^5,N^{10}-亚甲基四氢叶酸(N^5,N^{10}—CH_2—FH_4);丝氨酸的 β-碳原子可转移到四氢叶酸而生成 N^5,N^{10}-亚甲基四氢叶酸,同时转化为甘氨酸。

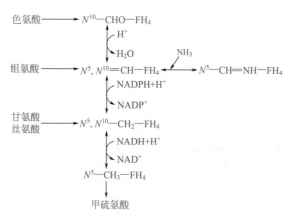

2. 一碳单位的相互转变

与四氢叶酸结合的不同形式的一碳单位,其碳原子氧化状态不相同,可通过氧化还原反应彼此转变(图 10-12)。

N^{10}—CHO—FH_4、N^5,N^{10}—CH_2—FH_4 和 N^5,N^{10}=CH—FH_4 之间在酶的催化下可以相互转变,但 N^5—CH_3FH_4 是转变的盲端,不能逆转变为前三者。N^5—CH_3FH_4 是体内再生甲硫氨酸的甲基供体,此反应需转甲基酶维生素 B_{12} 参与。维生素 B_{12} 缺乏时,N^5—CH_3FH_4 是不能释放甲基的,甲硫氨酸再生障碍,进而导致需要 S-腺苷蛋氨酸(SAM)的各种转甲基反应均无法完成。甲酰基供体是 N^{10}—CHO—FH_4,N^5—CHO—FH_4 是惰性的。N^5-甲基四氢叶酸(N^5—CH_3—FH_4)在体内并非直接生成,可由 N^5,N^{10}-亚甲基四氢叶酸(N^5,N^{10}—CH_2—FH_4)还原生成,反应不可逆。见图 10-12。

图 10-12 几种一碳单位的相互转变

3. 一碳单位的生理功能

一碳单位代谢不仅与一些氨基酸代谢有关,还参与体内许多重要化合物的合成,是氨基酸代谢与核酸代谢相互联系的重要途径。其生理功能主要如下。

(1)是合成嘌呤和嘧啶的必要原料,参与核苷酸和核酸的生物合成,对核酸生物合成有极其重要的作用。如 N^5,N^{10}—CH_2—FH_4 直接提供甲基用于胸腺嘧啶核苷酸的合成。N^{10}—CHO—FH_4 和 N^5,N^{10}—CH=FH_4 分别参与嘌呤碱中 C2、C8 原子的生成。一碳单位将核苷酸代谢与氨基酸代谢紧密联系起来。若叶酸缺乏可引起一碳单位代谢障碍或 FH_4 不足,导致核酸生物合成减少,阻碍细胞增殖,会产生巨幼细胞性贫血等疾病。

(2)提供合成重要化合物的甲基。一碳单位直接参与 S-腺苷甲硫氨酸合成,为激素、核酸和磷脂等合成提供甲基。

(3)与新药设计密切相关。一碳单位载体主要为 FH_4,影响四氢叶酸体内合成的药物可引起一碳单位代谢紊乱。如甲氨蝶呤可竞争性抑制二氢叶酸还原酶,阻止 FH_4,抑制核酸合成,起到抗癌作用。这类药物专一性较差,对人体正常细胞也会产生影响,具有较大毒性。磺胺类药物抑菌及甲氨蝶呤抗肿瘤就是通过影响一碳单位代谢进而干扰核酸合成而发挥作用。磺胺类药物是通过抑制细菌叶酸合成而产生抑菌作用的,因人体所需叶酸从外界食物中摄取,故磺胺类药物对人体的毒性较小。

三、个别氨基酸的分解代谢与代谢疾病

(一) 含硫氨基酸的代谢

体内含硫氨基酸有甲硫氨酸（蛋氨酸）、半胱氨酸和胱氨酸3种。甲硫氨酸为半胱氨酸生成提供硫，半胱氨酸与胱氨酸可相互转化，但后两者均不能转变为甲硫氨酸。因此，甲硫氨酸是人体必需氨基酸之一。

1. 甲硫氨酸（蛋氨酸）代谢

甲硫氨酸在腺苷转移酶催化下，消耗 ATP 转变成活性形式 S-腺苷蛋氨酸，它的甲基为活性甲基，是体内重要的甲基直接供体，SAM 也被称为活性甲硫氨酸。

$$\begin{array}{c} S-CH_3 \\ (CH_2)_2 \\ CHNH_2 \\ COOH \end{array} + ATP \xrightarrow[Pi+PPi]{\text{腺苷转移酶}} \begin{array}{c} CH_3 \\ S-CH_2\text{-腺嘌呤} \\ (CH_2)_2 \\ CHNH_2 \\ COOH \end{array}$$

甲硫氨酸　　　　　　　　S-腺苷蛋氨酸(SAM)

甲硫氨酸除参与甲基转移外，还能产生半胱氨酸。芝麻、葵花子、乳制品、叶类蔬菜等富含甲硫氨酸，多食用这些食物对保证半胱氨酸足量供应有重要作用，可减少甲硫氨酸的消耗。体内肾上腺素、肉碱、胆碱和肌酸等50多种生物活性物质需 SAM 提供甲基，生成甲基化合物。

SAM 可促使其他物质甲基化，而自身转化为 S-腺苷同型半胱氨酸，并进一步生成同型半胱氨酸，接受甲基后再次生成甲硫氨酸，形成循环，称之为甲硫氨酸循环（图 10-13）。

甲硫氨酸循环需以维生素 B_{12} 为辅酶，维生素 B_{12} 缺乏时会导致巨幼细胞性贫血。同型半胱氨酸浓度增加被认可是冠心病及动脉粥样硬化的独立危险因子，但体内不能合成同型半胱氨酸，需由食物中甲硫氨酸转变而来，故甲硫氨酸为必需氨基酸。

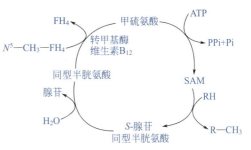

图 10-13　甲硫氨酸循环

2. 半胱氨酸与胱氨酸代谢

半胱氨酸和胱氨酸可通过氧化还原而互变。半胱氨酸含有巯基（—SH），蛋白质中2分子半胱氨酸脱氢氧化以二硫键（—S—S—）相连形成胱氨酸。

$$2 \begin{array}{c} CH_2SH \\ CH-NH_2 \\ COOH \end{array} \xrightleftharpoons[+2H]{-2H} \begin{array}{c} CH_2-S-S-CH_2 \\ CH-NH_2 \quad CH-NH_2 \\ COOH \quad\quad COOH \end{array}$$

半胱氨酸　　　　　　　胱氨酸

二硫键在维持蛋白质和酶的空间构象中有重要作用。如胰岛素分子结构中二硫键断裂将会导致 A、B 两条肽链完全分开，丧失药理活性。乳酸脱氢酶和琥珀酸脱氢酶等都依赖于分子中半胱氨酸残基上的巯基以表现其活性，称为巯基酶。重金属铅、汞等可能和酶分子上的巯基结合而抑制巯基酶活性，从而产生毒性，二巯基丙醇可使已被毒物结合的巯基恢复原状，具有解毒功能。

半胱氨酸在体内经过氧化、脱羧可产生牛磺酸，有助于结合胆汁酸的合成。与谷氨酸和甘氨酸结合形成谷胱甘肽（GSH），有抗氧化和解毒的作用，其结构上的半胱氨酸巯基为谷胱甘肽主要活性基团（故谷胱甘肽常简写为 G-SH），具有还原性，可作为体内重要的还原剂参与生物转化作用。通过还原型 G-SH 和氧化型 G-S-S-G 相互转化将机体内毒物转化为无毒物排出体外。谷胱甘

肽可与一些药物（如对乙酰氨基酚）、毒素（如自由基、碘乙酸、芥子气、铅、汞、砷等重金属）等结合，具有解毒效果。此外，红细胞中的 G-SH 还与维持红细胞膜结构的完整性有关，若 G-SH 显著降低则红细胞破裂。

含硫氨基酸氧化分解后都可生成硫酸根。其中，半胱氨酸是体内硫酸根最主要的来源。半胱氨酸脱去氨基和巯基后的产物 H_2S，在体内氧化为 SO_4^{2-}，与 ATP 作用后生成活性硫酸根，即 3′-磷酸腺苷 5′磷酰硫酸（PAPS）。PAPS 性质活泼，参与体内硫酸软骨素、硫酸角质素的合成，并在肝脏的生物转化中提供活性硫酸根。例如类固醇激素可与 PAPS 结合后转化为硫酸酯而被灭活。一些外源性酚类化合物亦可形成硫酸酯而增加其溶解性，以利于随尿液排出体外。

（二）芳香族氨基酸的代谢

芳香族氨基酸包括苯丙氨酸、酪氨酸和色氨酸 3 种。苯丙氨酸和色氨酸属于人体必需氨基酸。体内苯丙氨酸可由苯丙氨酸羟化酶催化转化为酪氨酸。

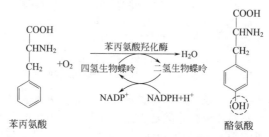

苯丙氨酸羟化酶存在于肝脏，是一种混合功能氧化酶。该酶催化苯丙氨酸氧化生成酪氨酸，反应不可逆，即酪氨酸不能还原生成苯丙氨酸。因此，苯丙氨酸是必需氨基酸而酪氨酸是非必需氨基酸。

在皮肤等组织的黑色素细胞中，酪氨酸在酪氨酸酶催化作用下羟化生成 3,4-二羟基苯丙氨酸（DOPA，多巴）。多巴再经氧化、脱羧等反应生成吲哚醌，聚合成黑色素，形成组织中的色素来源。美白化妆品研制过程中常以酪氨酸酶活性作为一项重要的检测指标。

如果先天性缺乏酪氨酸酶会使黑色素合成受阻，患者毛发、皮肤等组织因缺乏色素而发白，称为白化病。患者视网膜色素缺乏，瞳孔和虹膜呈现浅粉色，怕光。皮肤、眉毛、头发均呈白色或变浅，大多数患者体力和智力发育较差。白化病属于常染色体隐性遗传性疾病，近亲结婚的人群多发。目前无有效治疗药物，只能尽量减少紫外线对皮肤和眼睛的伤害。使用光敏性药物、激素等方法治疗可使患者白斑减弱甚至消失。

1. 苯丙氨酸和酪氨酸代谢

少量苯丙氨酸可通过转氨基生成苯丙酮酸。当先天缺乏苯丙氨酸羟化酶时，苯丙氨酸不能羟化产生酪氨酸，只能转化为苯丙酮酸，易造成苯丙酮酸在血液中蓄积，对中枢神经系统有毒性作用，影响幼儿智力发育。苯丙酮酸过多时可随尿液大量排出，临床称为苯丙酮尿症（PKU）。一般对此种患儿的治疗原则是早期诊断，并控制膳食中的苯丙氨酸含量。

在肾上腺髓质或神经组织中，酪氨酸受到酪氨酸羟化酶的羟化作用生成多巴，经脱羧酶作用可转变为多巴胺，再生成去甲肾上腺素。去甲肾上腺素接受 SAM 提供的活性甲基转变成肾上腺素。由酪氨酸代谢转变生成的多巴胺、去甲肾上腺素和肾上腺素统称为儿茶酚胺（图 10-14）。反应过程中的酪氨酸羟化酶是儿茶酚胺合成的限速酶，其活性受到终产物的反馈抑制。儿茶酚胺具有重要生物活性，多巴胺是一种重要的神经递质，多巴胺生成不足是帕金森病的主要原因。

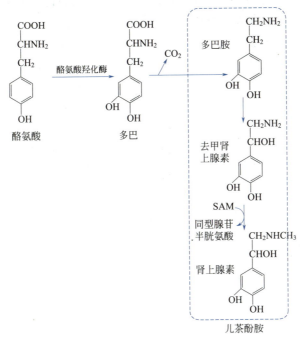

图 10-14　儿茶酚胺的生成

> ### 科学典故
>
> #### 多巴胺
>
> 　　2000 年的诺贝尔生理学或医学奖颁发给时年 77 岁的瑞典人阿尔维德·卡尔森、时年 75 岁的美国人保罗·格林加德和时年 71 岁的美国人埃里克·坎德尔，以表彰他们三人在人类"神经系统信号传送"领域做出的突出贡献。他们研究发现，多巴胺可作为人脑中信号传送器，帕金森病患者正是人脑某个部位中缺少多巴胺。进一步研究发现多巴胺不仅与学习和记忆，及烟酒、毒品、甜品上瘾相关，还与欲望和爱情、运动、自我激励、注意力及精神疾病等有一定关系。

　　酪氨酸脱去氨基生成对羟基苯丙酮酸，进一步氧化、脱羧生成尿黑酸，再氧化分解为延胡索酸和乙酰乙酸。因此，苯丙氨酸和酪氨酸都属于生糖兼生酮氨基酸。

　　当先天性缺乏尿黑酸代谢酶时，尿黑酸无法正常分解，从而大量随尿排出。在碱性条件下易被空气中的氧气氧化为醌类化合物，并进一步生成黑色化合物，使尿液呈现黑色，故称此为尿黑酸尿症。尿黑酸尿症为分子遗传病，非常罕见，发病率仅为 0.4/10 万。

2. 色氨酸代谢

　　色氨酸分解代谢途径是所有氨基酸中最复杂的。某些降解中间产物又是合成一些重要生理物质的前体，如尼克酸（这是合成维生素的特例）、5-羟色胺等。人体和动物体中的色氨酸可经氧化生成烟酸（是合成 NAD^+ 和 $NADP^+$ 的前体物质，参与体内氧化还原反应）。色氨酸还可生成生物活性物质 5-羟色胺，还可进一步分解产生丙酮酸和乙酰乙酰辅酶 A，是生糖兼生酮氨基酸。

　　苯丙氨酸和色氨酸分解代谢过程中有两个主要的酶，即苯丙氨酸羟化酶和色氨酸吡咯酶，这两个酶都主要存在于肝脏，患有严重肝脏疾病时，芳香族氨基酸分解代谢受阻，血液中芳香族氨基酸含量升高，应严格限制食物或补液中的芳香族氨基酸含量且要多补充支链氨基酸。支链氨基酸包括亮氨酸、异亮氨酸和缬氨酸，它们都是必需氨基酸。血液中支链氨基酸与芳香族氨基酸浓度之比正常值应为3.0～3.5，患肝脏严重疾病如肝性昏迷时常可降至1.5～2.0，该比值可作为衡量肝功能是否衰竭的一项重要临床指标。

（三）支链氨基酸的代谢

支链氨基酸包括缬氨酸、亮氨酸和异亮氨酸三种，均属于必需氨基酸。分解代谢主要在骨骼肌中进行，三者代谢开始步骤基本相同。首先，在氨基转移酶催化下脱去氨基生成相应的α-酮酸，然后，经过氧化脱羧等反应降解成各自相应的脂酰CoA，最终进入到TCA循环。见图10-15。

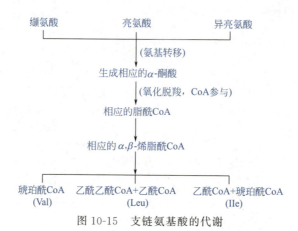

图10-15　支链氨基酸的代谢

如果先天性缺乏支链α-酮酸脱氢酶系，会使支链氨基酸分解受阻，而从尿液中排出具有枫糖浆甜味的特定的α-酮酸，故此称之"枫糖尿病"（maple syrup urine disease，MSUD）。

支链氨基酸的神奇功效

支链氨基酸是亮氨酸、缬氨酸和异亮氨酸的统称，作为氮的载体，可辅助合成肌肉合成所需的其他氨基酸，具有非常好的抗分解作用，有助于预防蛋白分解和肌肉丢失。科学家发现，由亮氨酸、异亮氨酸和缬氨酸组成的混合物有助于延年益寿，研究人员给小白鼠喝含有3种支链氨基酸的水，结果发现它们寿命平均达到869天，普通小白鼠只能存活约774天。小白鼠机体内还发生了一系列积极的生物反应，如细胞得以摄取更多能量、自由基减少等。科学家已经发现这种氨基酸混合物在延长单细胞酵母寿命上的巨大作用。人类首次证明了氨基酸混合物能够延长小白鼠的寿命。这项研究首席科学家恩佐·尼索里教授表示，如果在此基础上发明氨基酸补剂，那么它很可能在未来造福人类，对老年人或患者有很大帮助，尤其是那些患有以细胞能级降低为特征的患者，如心力衰竭或慢性肺病患者等。这个新学说已经刊登在新一期的美国科学杂志《细胞—代谢》（Cell Metabolism）上。

苯丙酮尿症

苯丙酮尿症（PKU）是一种常见的氨基酸代谢病，是由于苯丙氨酸（PA）代谢途径中的酶缺陷，使得苯丙氨酸不能转变成酪氨酸，导致苯丙氨酸及其酮酸蓄积，并从尿中大量排出。本病在遗传性氨基酸代谢缺陷疾病中比较常见，其遗传方式为常染色体隐性遗传。

主要临床特征为智力低下、精神神经症状、湿疹、皮肤抓痕症及色素脱失和鼠气味等,脑电图异常。若能得到早期诊断和治疗,前述临床表现可不发生,智力正常,脑电图异常也可得到恢复。

苯丙氨酸是人体必需的氨基酸之一。正常人每日需要的摄入量约为200~500mg,其中1/3用于蛋白质合成,2/3通过肝细胞中苯丙氨酸羟化酶(PAH)转化为酪氨酸,用于合成甲状腺素、肾上腺素和黑色素等。从苯丙氨酸转化为酪氨酸的过程中,除需PAH外,还必须有四氢生物蝶呤(BH_4)作为辅酶参与。基因突变有可能造成相关酶的活性缺陷,致使苯丙氨酸发生异常累积。

诊断一旦明确,应尽早给予积极治疗,主要是饮食疗法。开始治疗的年龄愈小,效果愈好。预防与治疗策略主要如下。

(1) 低苯丙氨酸饮食:主要适用于典型PKU以及血苯丙氨酸持续高于1.22mmol/L(20mg/dL)的患者。苯丙氨酸是合成蛋白质的必需氨基酸,完全缺乏时亦可导致神经系统损害,因此对婴儿可喂给特制的低苯丙氨酸奶粉,到幼儿期添加辅食时应以淀粉类、蔬菜、水果等低蛋白质食物为主。饮食控制至少需持续到青春期以后。饮食治疗的目的是使血中苯丙氨酸保持在0.24~0.6mmol/L,患儿可以在低苯丙氨酸食品喂养的基础上,辅以母乳和牛奶。限制苯丙氨酸摄入的特制食品价贵,操作起来有一定困难。至于饮食中限制苯丙氨酸摄入的饮食治疗到何时可停止,迄今尚无统一意见,一般认为要坚持10年。在限制苯丙氨酸摄入饮食治疗的同时,联合补充酪氨酸或用补充酪氨酸取代低苯丙氨酸饮食。饮食中补充酪氨酸可以使毛发色素脱失恢复正常,但对智力进步无作用。在限制苯丙氨酸摄入的饮食治疗过程中,应密切观察患儿的生长发育营养状况,及血中苯丙氨酸水平及副作用。副作用主要是其他营养缺乏,可出现腹泻、贫血(大细胞性)、低血糖低蛋白血症和烟酸缺乏样皮疹等。

(2) 四氢生物蝶呤(BH_4)、5-羟色胺和L-多巴:主要用于BH_4缺乏型PKU,除饮食控制外,需给予此类药物。

(3) 避免近亲结婚。开展新生儿筛查,以早期发现,尽早治疗。对有本病家族史孕妇,必须采用DNA分析或检测羊水中蝶呤等方法,对其胎儿进行产前诊断。

重点小结

重 点	难 点
1. 人体氮平衡关系可表示为氮总平衡、氮正平衡和氮负平衡3种情况。氮总平衡是指人体蛋白质摄入和排出基本相等;氮正平衡是指蛋白质的摄入超过蛋白质的排出;氮负平衡是指蛋白质排出量大于蛋白质摄入量。 2. 氨基酸代谢分为氨基酸的合成代谢与氨基酸的分解代谢,氨基酸一般代谢包括脱氨基作用、脱羧基作用、氨的代谢与α-酮酸的代谢等。 3. 氨基酸体内代谢有3个来源和4条去路。3个来源是食物蛋白质的消化吸收、组织蛋白质的分解及利用α-酮酸和氨合成一些非必需氨基酸;4个去路为合成组织蛋白质、经脱氨基生成α-酮酸和氨、脱羧生成胺类和CO_2及经特殊代谢途径转变为一些生理活性物质(如甲状腺激	1. 氨基酸在生物体内的分解代谢主要通过脱氨基方式进行,生成α-酮酸和NH_3。氨基酸可通过转氨基、氧化脱氨基、联合脱氨基以及非氧化脱氨基方式进行氨基酸的脱氨基代谢。其中,联合脱氨基作用是最主要和最重要的脱氨基方式。 2. 转氨基作用是指在氨基转移酶催化下,将氨基酸α-氨基转移到另一个α-酮酸的羰基位置,生成相应α-酮酸和一个新的氨基酸。该反应只发生氨基转移,无游离NH_3产生。转氨基作用需要磷酸吡哆醛和磷酸吡哆胺作为氨基转移酶的辅助因子。磷酸吡哆醛是氨基转移酶的辅酶,结合于氨基转移酶的活性中心ε-氨基上,起着氨基传递作用。

重 点	难 点
素、肾上腺素以及多肽激素等)或重要的含氮化合物(嘌呤碱和嘧啶碱)等。 4. 体内氨主要来源于组织中氨基酸脱氨基作用、肾脏来源的氨及肠道来源的氨3个途径,汇聚到血液中形成血氨。氨在体内的代谢去路有4个方面:在肝脏中合成尿素、合成非必需氨基酸、转变为谷氨酰胺和随尿排出。 5. 血液中氨的运输主要以丙氨酸-葡萄糖循环和谷氨酰胺运氨进行。肌肉组织中氨基酸在转氨基作用下,可将氨基转给丙酮酸生成丙氨酸,丙氨酸经血液循环运送至肝脏,经联合脱氨基作用释放的氨可合成尿素。脱氨后生成丙酮酸可进入糖异生途径生成葡萄糖,葡萄糖经EMP途径转变为丙酮酸,接受氨后可再次生成丙氨酸;氨与谷氨酸在谷氨酰胺合成酶催化下合成谷氨酰胺,再经血液循环转到肝脏、肾脏,经谷氨酰胺酶的作用水解为谷氨酸和氨。在肝脏,氨用于合成其他含氮化合物或尿素,通过肾脏排出体外。在肾脏,NH_3与H^+结合成NH_4^+,随尿液排出体外。谷氨酰胺是氨的解毒方式,也是运氨、贮氨的重要方式。 6. 甲硫氨酸除参与甲基转移外,还能产生半胱氨酸。半胱氨酸和胱氨酸可通过氧化还原而互变。蛋白质中2分子半胱氨酸脱氢氧化以二硫键相连形成胱氨酸。芳香族氨基酸包括苯丙氨酸、酪氨酸和色氨酸3种。苯丙氨酸和色氨酸属于人体必需氨基酸。体内苯丙氨酸可由苯丙氨酸羟化酶催化转化为酪氨酸	3. 氧化脱氨基作用是指 α-氨基酸在酶的催化下氧化生成 α-酮酸和NH_3,每消耗1分子氧产生2分子α-酮酸和2分子氨。氧化脱氨基反应包括脱氢和水解两个反应,脱氢反应是酶促反应,它的产物是亚氨基酸,亚氨基酸在水溶液中极不稳定,自发分解生成 α-酮酸和氨。 4. 联合脱氨基是转氨基作用和谷氨酸氧化脱氨基作用偶联,是体内最主要的脱氨基方式,反应可逆,也是体内合成非必需氨基酸的重要途径。有转氨基作用偶联氧化脱氨基作用和转氨基作用偶联 AMP 循环脱氨基作用两种方式。 5. 肝脏是尿素合成的主要器官,尿素合成过程为鸟氨酸循环或尿素循环,合成过程大体分为5步:①NH_3与CO_2结合产生氨甲酰磷酸;②鸟氨酸结合氨甲酰磷酸提供的氨甲酰基形成瓜氨酸;③与天冬氨酸结合产生精氨酸代琥珀酸;④精氨酸代琥珀酸分解生成精氨酸和延胡索酸;⑤精氨酸水解产生尿素并转化为鸟氨酸。 6. α-酮酸的代谢去路:合成非必需氨基酸、转化为糖和酮体及氧化分解供能。 7. 生物体内的一碳单位包括甲基、甲烯基、甲炔基、亚氨甲基、甲酰基等,不包括CO_2。一碳单位参与体内多种化合物的合成,具有重要的生理意义。凡涉及一个碳原子有机基团转移和代谢的反应,统称为一碳单位代谢。在体内,一碳单位常由载体携带参加代谢反应,常见与四氢叶酸(FH_4)结合而转运。四氢叶酸为一碳单位的主要载体

 课后习题

一、名词解释

氮平衡、必需氨基酸、蛋白质腐败作用、转氨基、氧化脱氨基、联合脱氨基、生糖氨基酸、生酮氨基酸、生糖兼生酮氨基酸、一碳单位。

二、简答题

1. 什么是必需氨基酸?常见必需氨基酸有哪些?
2. 请简述蛋白质的消化过程及吸收过程。
3. 简述体内氨的来源和去路。
4. 氨基酸脱氨基的方式有哪几种?并举例说明。
5. 请简述联合脱氨基作用及其生理意义。
6. 请简述氨的来源与去路有哪些?
7. 请简述氨在血液中的转运方式有哪些?有何生理意义?
8. 请解释高氨血症与氨中毒的原理是什么?如何进行解毒?
9. 请简述 α-酮酸的代谢去路。
10. 举例说明个别氨基酸的代谢障碍与代谢疾病。

三、选择题

1. 中国营养学会推荐成人每日蛋白质需要量为(   )。

A. 3.18g   B. 20g   C. 30～50g   D. 80g

2. 恢复期患者和儿童的氮平衡是（　　）。
A. 氮总平衡   B. 氮正平衡   C. 氮负平衡   D. 摄入氮≤排出氮

3. 氨基酸最主要和最重要的脱氨基方式为（　　）。
A. 转氨基   B. 联合脱氨基   C. 氧化脱氨基   D. 非氧化脱氨基

4. 转氨酶的辅酶是（　　）。
A. TPP   B. 磷酸吡哆醛   C. 生物素   D. 核黄素

5. 鸟氨酸循环中，尿素生成的氨基来源有（　　）。
A. 鸟氨酸   B. 精氨酸   C. 天冬氨酸   D. 瓜氨酸

6. 体内氨的主要运输和贮存形式为（　　）。
A. 苯丙氨酸   B. 天冬氨酸   C. 谷氨酰胺   D. 精氨酸

7. 下列器官是人体内尿素合成的重要器官的是（　　）。
A. 心脏   B. 肾脏   C. 肝脏   D. 脾脏

8. 尿素合成过程称为（　　）。
A. 丙氨酸-葡萄糖循环   B. 核糖体循环
C. 柠檬酸循环   D. 鸟氨酸循环

9. 血氨增高可能与（　　）器官的严重损伤有关。
A. 心   B. 肝   C. 大脑   D. 肾

10. 酪氨酸酶先天性缺乏导致的疾病是（　　）。
A. 白化病   B. 苯丙酮酸尿症   C. 尿黑酸症   D. 肝性脑病

11. 下列氨基酸中可以通过转氨作用生成 α-酮戊二酸的是（　　）。
A. Glu   B. Ala   C. Asp   D. Ser

12. 草酰乙酸经转氨酶催化可转变成为（　　）。
A. 苯丙氨酸   B. 天门冬氨酸   C. 谷氨酸   D. 丙氨酸

13. 对于高血氨的患者，下列处理正确的是（　　）。
A. 碱性肥皂水灌肠   B. 酸性灌肠液灌肠
C. 给碱性利尿药   D. 高蛋白饮食

14. 蛋白质营养价值高低取决于（　　）。
A. 氨基酸的种类   B. 必需氨基酸的种类
C. 必需氨基酸的数量   D. 氨基酸的数量
E. 必需氨基酸的种类、数量及比例

15. 体内氨的主要来源是（　　）。
A. 肠道吸收的氨   B. 肾小管细胞分泌的氨
C. 体内氨基酸脱下的氨   D. 嘧啶分解产生的氨
E. 尿素分解产生的氨

16. 下列氨基酸是必需氨基酸的是（　　）。
A. 甘氨酸   B. 丙氨酸   C. 亮氨酸
D. 谷酸氨   E. 天冬氨酸

选择题答案：
1—5：DBBBB   6—10：CCDBA   11—15：ABBEC   16：C

项目十一　核苷酸代谢

要点导航

掌握：核酸酶、回文序列、从头合成途径、补救合成途径等基本概念；核苷酸的生理功能；嘌呤核苷酸的分解代谢与合成代谢；嘧啶核苷酸的分解代谢与合成代谢。

熟悉：常见核糖核酸酶、脱氧核糖核酸酶及作用机制。

了解：核苷酸抗代谢药物及临床应用；高尿酸血症、痛风和免疫缺陷病的致病机制及嘧啶核苷酸代谢的异常病。

导学案例

刘某某，男性，53岁，教师。两年来因全身关节疼痛，劳累时加重，并伴低热，反复就诊均被诊断为"风湿性关节炎"。经抗风湿和激素治疗后，疼痛缓解。近日，疼痛加剧，加倍口服抗风湿药后，症状仍未缓解。经体检：体温37.5℃，双足第一趾关节肿胀，左侧较明显，双侧耳廓触及绿豆大的结节数个，白细胞15.5×10^9/L，血尿酸618μmol/L，诊断为痛风。给予别嘌呤醇、秋水仙碱、苯溴马隆等药物治疗，3周后病情缓解出院。作为涉药专业的学生，你能给这位患者什么样的用药咨询和出院指导呢？

核酸是生物体内非常重要的生物大分子，核苷酸是核酸的基本结构单位。在生物体内存在核酸水解酶，能将食物或体外核酸类物质分解为各类核苷酸，人体所需要的核苷酸可由食物消化吸收转化而来，但主要由机体自身合成。核苷酸经进一步水解可变为磷酸和核苷，核苷又可分解为含氮碱基和戊糖，含氮碱基分为嘌呤和嘧啶两类。核苷酸水解产物均可被小肠吸收，吸收进入小肠黏膜的核苷及核苷酸多数被进一步水解。

知识链接

饮食中核酸是必须营养素吗？

某公司生产的××核酸胶囊宣传具有"增强基因自我修复能力"，在糖尿病及并发症、肝脏疾病、高脂血症、脑血栓后遗症等心脑血管疾病、阿尔茨海默病、机体震颤麻痹（帕金森病）、关节炎、白细胞减少症、神经系统疾病、肝肾受损等诸多方面都显现独特的保健功效。原国家卫生部批准功能为"免疫调节"。××核酸胶囊真有其宣传的强大功能吗？饮食中核酸是不是人体的必需营养素呢？

食物中核酸主要以核蛋白形式存在，在胃酸作用下分解为核酸与蛋白质。核酸进入小肠后，在胰液和各种酶的作用下逐步水解。胰液中含有核酸酶（RNA酶和DNA酶），可将RNA和DNA水解成单核苷酸，并被核苷酸酶进一步水解成核苷。单核苷酸和核苷在小肠上部被吸收，在肠黏膜细胞中又被进一步水解为戊糖和碱基等基本组分，碱基大部分被氧化分解排出体外，少部分可直接用于合成核苷酸。因此，饮食中核酸不是人体必需的营养素。

> 体内核苷酸主要由自身合成，包括从头合成途径和补救合成途径 2 种，以从头合成为主。从食物中吸收的少量的碱基、核苷可用于补救合成途径。有研究表明，快速增生的组织优先利用体内核酸分解和饮食中获取的核苷和碱基进行补救合成，弥补自身从头合成的不足，用来构成组织核苷酸、核酸，促进生长发育及损伤恢复。因此有学者认为核酸是一种"条件型必需营养素"，有一定保健功能。

任务一　核苷酸代谢概述

一、核苷酸的生理功能

核苷酸是组成核酸的基本结构单位，主要存在于核酸生物大分子中。此外，有少量核苷酸在体内以游离状态存在，这些游离的核苷酸往往具有一些特殊的生理功能。核苷酸参与了生物体的几乎所有的生物化学反应过程。在生物体内主要有以下几个方面的生理功能。

（1）核苷酸是组成核酸生物大分子的基本结构，是 DNA 和 RNA 的前身物。AMP、GMP、CMP 和 UMP 是合成 RNA 的原料。dAMP、dGMP、dCMP 和 dTMP 是合成 DNA 的原料。

（2）三磷酸腺苷（ATP）在细胞能量代谢过程有重要作用。在生物氧化中产生的能量一部分形成 ATP 分子的高能磷酸键。物质合成代谢、肌肉收缩、体温维持等生物过程需要的能量也由 ATP 分解获得。生命活动中一切能量的主要来源是 ATP。

（3）ATP 可将高能磷酸键转移给 UDP、CDP 和 GDP，生成 UTP、CTP 和 GTP，它们在合成代谢中可作为能量提供。有些核苷酸衍生物还是活化的中间代谢物，如 UTP 参与糖原合成作用以供给能量，UDP 还有携带转运葡萄糖的作用。

（4）腺苷酸还可以作为生物体内重要辅酶的重要组成构件。如辅酶Ⅰ（烟酰胺腺嘌呤二核苷酸，NAD^+）、辅酶Ⅱ（烟酰胺腺嘌呤二核苷酸磷酸，$NADP^+$）、黄素腺嘌呤二核苷酸（FAD）及辅酶 A（CoA）等。NAD^+ 及 FAD 是生物氧化体系的氢传递体，CoA 作为有些酶的辅酶成分，参与糖有氧氧化及脂肪酸氧化。

（5）核苷酸参与生物体的代谢调节。UTP 参与糖原的合成，CTP 参与磷脂的合成，ATP 参与蛋白质的化学调节修饰。AMP 和 GMP 参与变构调节，cAMP 和 cGMP 作为第二信使参与物质代谢。

二、核酸酶及核苷酸分解代谢

（一）核酸酶

核酸酶是能水解核酸的酶的总称。按催化部位不同，可分为核酸外切酶和核酸内切酶。核酸外切酶从核酸末端开始逐一水解末端核苷酸，又分为 5'-外切核酸酶和 3'-外切核酸酶，分别从核苷酸的 5'-端和 3'-端进行核苷酸的水解。按催化作用底物的不同，核酸酶可以分为核糖核酸酶（RNA 酶）和脱氧核糖核酸酶（DNA 酶）。RNA 酶和 DNA 酶分别只能水解 RNA 和 DNA。有的核酸酶只水解单链核酸，有些可以水解双链核酸，还有些核酸酶只水解 DNA-RNA 杂交双链核酸。

1. 核糖核酸酶类

这是一类仅水解 RNA 的核酸酶，广泛存在于动、植物和微生物中。常用的有牛胰核糖核酸酶和核糖核酸酶 T_1。牛胰核糖核酸酶（RNase A）存在于牛胰中，只作用于 RNA，分子量为 14kDa，最适 pH 为 7.0～8.2，十分耐热，是具有高度专一性的内切酶，其作用点为嘧啶核苷-3'-磷酸与其他核苷酸之间的连接键，生成 3'-嘧啶核苷酸或以 3'-嘧啶核苷酸结尾的寡核苷酸。核

糖核酸酶 T_1（RNase T_1）是从米曲霉中分离得到的一种核酸内切酶，分子量较小，耐热、耐酸，专一性比 RNase A 更高，其作用点为鸟嘌呤核苷-3′-磷酸与其他核苷酸之间的连接键，产物为 3′-鸟苷酸或以 3′-鸟苷酸结尾的寡核苷酸。

2. 脱氧核糖核酸酶类

这是一类水解 DNA 的核酸酶，常用的有牛胰脱氧核糖核酸酶、牛脾脱氧核糖核酸酶和限制性内切酶。牛胰脱氧核糖核酸酶（DNase Ⅰ）无碱基专一性，它切断双键 DNA 或单链 DNA 成为以 5′-磷酸为末端的寡聚核苷酸，平均长度为四个核苷酸，需 Mg^{2+}，最适 pH7～8。牛脾脱氧核糖核酸酶（DNase Ⅱ）也无碱基专一性，降解 DNA 成为以 3′-磷酸为末端的寡聚核苷酸，平均长度为 6 个核苷酸，最适 pH4～5，需 0.3mol/L Na^+ 激活，Mg^{2+} 可抑制此酶。限制性内切酶（restriction endonuclease）简称限制酶（restriction enzyme），这是一类对 DNA 具有碱基专一性的内切酶，主要从细菌和霉菌中分离得到，是 DNA 测定、基因分离和基团体外重组等研究中十分重要的工具酶，主要降解外源的未经特殊修饰的 DNA，不降解自身细胞 DNA，因为自身 DNA 酶切位点上经甲基化修饰而受到保护。

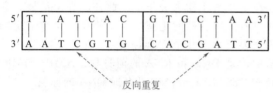

图 11-1 回文结构（反向重复序列结构）

限制性内切酶有较高的碱基专一性，能识别 DNA 分子上的特定碱基顺序并在特定位点切割。一般识别顺序包含 4～6 个碱基对，切点位置绝大多数位于识别顺序内，仅有极少数在识别顺序外。大多数限制性内切酶的识别顺序具有回文结构（palindromic structure）（图 11-1）。回文结构也称反向重复序列（inverted repeats），是指 DNA 分子中，在一个假想轴的两侧，某些碱基序列之间有反向重复关系。加之大多数限制性内切酶对两条 DNA 链进行交错切割，切割后形成末端为单链的互补顺序，即黏性末端（sticky ends 或 cohesive ends）。也有一些限制性内切酶在同一部位切断 DNA，形成平齐末端（blunt ends 或 flush ends）。

以大肠杆菌中分离得到的 EcoR Ⅰ 和嗜血流感杆菌中分离得到的 Hind Ⅱ 为例。EcoR Ⅰ 的识别顺序为 GAATTC，Hind Ⅱ 的识别顺序为 GTPyPuAC。切点如图 11-2 中箭头所示。

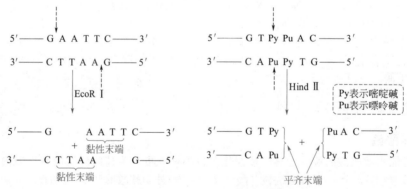

图 11-2 限制性内切酶水解示意图

3. 非专一性核酸酶类

非专一性核酸酶类分为非专一性内切酶和非专一性外切酶。非专一性内切酶有小球菌核酸酶和粗糙链孢霉核酸酶等。小球菌核酸酶（EC.3.1.4.7）存在于链球菌中，分解 RNA 或变性 DNA，需 Ca^{2+}，产物为 3′-核苷酸或寡聚核苷酸。粗糙链孢霉核酸酶作用于变性 DNA 或 RNA，产生 5′-磷酸末端的寡核苷酸，需 Ca^{2+} 或 Mg^{2+}，对鸟苷酸或脱氧鸟苷酸有专一性。

常用的非专一性外切酶有蛇毒磷酸二酯酶和牛脾磷酸二酯酶。蛇毒磷酸二酯酶既能作用于 RNA 也能作用于 DNA，它是从多核苷酸链的 3′-羟基端开始，逐个切开 5′-核苷酸与相邻核苷酸之间的酯键，得 5′-核苷酸。牛脾磷酸二酯酶既能作用于 RNA 也能作用于 DNA，它是从多核苷酸链的 5′-羟基端始，逐个切开 3′-核苷酸与相邻核苷酸之间的酯键，得 3′-核苷酸。

（二）核苷酸的分解

细胞中的核苷酸在核苷酸酶作用下分解为核苷和磷酸，核苷再经核苷磷酸化酶作用，分解成自由的含氮碱基和 1-磷酸核糖。嘌呤的进一步分解代谢是氧化过程，且在不同生物体内产物有差异。嘧啶分解代谢是一个还原过程。1-磷酸核糖可在磷酸核糖变位酶催化下变为 5-磷酸核糖。5-磷酸核糖可通过磷酸戊糖途径进行代谢，5-磷酸脱氧核糖可在组织中分解生成乙醛和 3-磷酸甘油醛，进一步进行氧化分解代谢。

任务二　嘌呤核苷酸的代谢

嘌呤核苷酸的代谢过程分为分解代谢途径和合成代谢途径，下面分别介绍嘌呤核苷酸的分解代谢途径和合成代谢途径。

一、嘌呤核苷酸的分解代谢

在核苷酸酶催化作用下，腺嘌呤核苷酸水解生成腺嘌呤核苷和游离磷酸。经腺嘌呤核苷脱氨酶催化，腺苷变成肌苷（也称为次黄嘌呤核苷），次黄嘌呤核苷经嘌呤核苷磷酸化酶酶解生成次黄嘌呤。在黄嘌呤氧化酶酶促催化下，次黄嘌呤先变为黄嘌呤，再经过一系列分解代谢途径，最终生成尿酸。在嘌呤核苷磷酸化酶酶促催化作用下，鸟苷转变为鸟嘌呤，再由鸟嘌呤脱氨酶酶促催化变为黄嘌呤，再由黄嘌呤氧化酶催化生成尿酸。嘌呤核苷酸的分解代谢如图 11-3 所示。

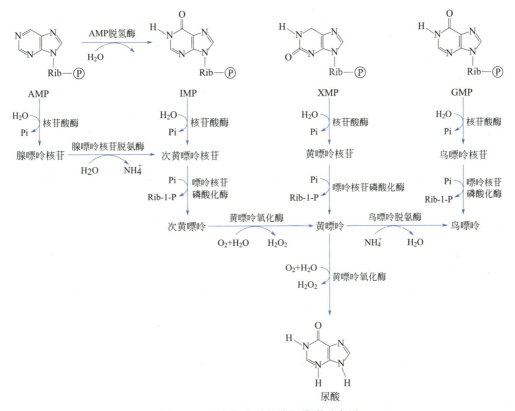

图 11-3　嘌呤核苷酸的分解代谢示意图

动物体内嘌呤碱的分解主要在肝、肾和小肠中进行，黄嘌呤氧化酶在这些脏器中活性较强，该酶为需氧脱氢酶，专一性不强，可将次黄嘌呤氧化为黄嘌呤，并进一步氧化为尿酸，还可以以蝶呤和乙醛为作用底物。不同生物嘌呤碱代谢最终产物有差别，灵长类动物、鸟类、爬虫类和昆虫主要以尿酸为最终代谢产物，灵长类以外的哺乳动物为尿囊酸，大多数鱼类和两栖类可将尿囊酸分解为尿酸和乙醛酸，某些海洋无脊椎动物，如昆虫类、甲壳类可将尿素继续分解为氨和 CO_2，微生物可分解嘌呤为氨、CO_2 和各种低级有机酸（如甲酸、乙酸和乳酸等）。在人体内，嘌呤碱最终代谢产物为尿酸，随肾脏排出体外。由于尿酸的水溶性较差，体内嘌呤代谢异常时，会造成尿酸浓度过高，而形成尿酸盐沉积在关节和软骨组织处，造成痛风这种嘌呤代谢疾病。痛风临床表现为关节肿痛，其原因是嘌呤核苷酸分解过盛（如白血病、先天性嘌呤代谢病）以及尿酸排泄障碍（如肾功能减退等）。别嘌呤醇（allopurinol）在临床上常用于痛风的治疗，其主要作用机理是别嘌呤醇作为次黄嘌呤的结构类似物，可竞争性抑制黄嘌呤氧化酶，使尿酸生成量减少。

二、嘌呤核苷酸的合成代谢

体内嘌呤核苷酸的合成有两条途径：①由简单的化合物合成嘌呤环的途径，称从头合成（de novo synthesis）途径；②利用体内游离的嘌呤或嘌呤核苷，由简单的反应过程合成嘌呤核苷酸，称为补救合成（或重新利用）途径（salvage pathway）。肝细胞及多数细胞以从头合成为主，而脑组织和骨髓则以补救合成为主。

（一）嘌呤核苷酸的从头合成

早在 1948 年，Buchanan 等采用同位素标记不同化合物喂养鸽子，并测定排出的尿酸中标记原子的位置的同位素示踪技术，证实合成嘌呤的前身物为氨基酸（甘氨酸、天冬氨酸和谷氨酰胺）、CO_2 和一碳单位。其中，嘌呤环的 N_1 由天冬氨酸提供，C2 和 C8 来源于 N^{10}-甲酰基四氢叶酸，N3 和 N9 来源于谷氨酰胺的酰胺基，C4、C5 和 C7 均由甘氨酸提供，C6 来自于 CO_2。见图 11-4。

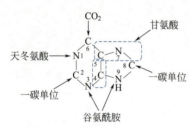

图 11-4 嘌呤环的前身物来源

随后，Buchanan 和 Greenberg 等人明晰了嘌呤核苷酸合成过程。研究发现，体内嘌呤核苷酸合成并非先合成嘌呤碱基，然后再与核糖及磷酸结合，而是在磷酸核糖基础上逐步合成嘌呤核苷酸。人体嘌呤核苷酸主要在肝脏合成，其次是小肠黏膜和胸腺中。嘌呤核苷酸从头合成主要在细胞液中进行，分次黄嘌呤核苷酸（inosine monophosphate，IMP）的合成和通过不同途径分别生成 AMP 和 GMP 两个阶段。

1. IMP 的合成

IMP 的合成包括 11 步反应（图 11-5）。

① 5′-磷酸核糖的活化。嘌呤核苷酸合成的起始物为 α-D-核糖-5′-磷酸，是磷酸戊糖途径的代谢产物。在磷酸核糖焦磷酸激酶（也称磷酸核糖焦磷酸合成酶）催化下，ATP 的焦磷酸根直接转移到 5′-磷酸核糖 C1 位上，生成 5′-磷酸核糖-α-焦磷酸（PRPP）。5′-磷酸核糖的活化是 IMP 合成的关键步骤。PRPP 同时也是嘧啶核苷酸及组氨酸、色氨酸合成的前体。因此，磷酸核糖焦磷酸激酶是多种生物合成过程的重要酶。该酶为变构酶，受多种代谢产物的变构调节。如 PPi 和 2,3-二磷酸甘油酸（2,3-DPG）为其变构激活剂，ADP 和 GDP 为变构抑制剂。

② 获得嘌呤的 N9 原子。在磷酸核糖酰胺转移酶作用下，谷氨酰胺提供的酰胺基取代 PRPP 的焦磷酸基团，形成 β-5-磷酸核糖胺（也称 1-氨基-5′-磷酸核糖，PRA）。此步反应由焦磷酸水解供能，为限速步骤。酰胺转移酶为限速酶，受嘌呤核苷酸的反馈抑制。

③ 获得嘌呤 C4、C5 和 N7 原子。在甘氨酰胺核苷酸合成酶催化下，甘氨酸与 PRA 缩合生

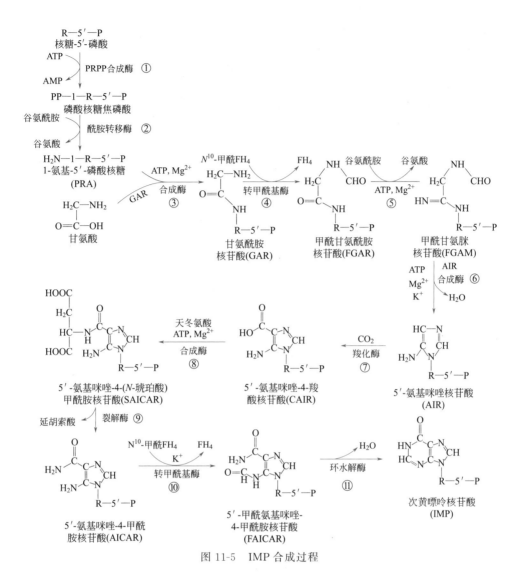

图 11-5 IMP 合成过程

成甘氨酰胺核苷酸（GAR），由 ATP 水解供能。该反应为可逆反应，是唯一可同时获得多个原子的反应。

④ 获得嘌呤 C8 原子。在甘氨酰胺核苷酸转甲酰基酶催化下，GAR 的自由 α-氨基甲酰化生成甲酰甘氨酰胺核苷酸（FGAR），由 N^{10}-甲酰四氢叶酸提供甲酰基。

⑤ 获得嘌呤的 N3 原子。在甲酰甘氨酰胺核苷酸酰胺转移酶的作用下，第二个谷氨酰胺的酰胺基转移到正在生成的嘌呤环 N3 上，生成甲酰甘氨脒核苷酸（FGAM）。此反应由 ATP 供能。

⑥ 嘌呤咪唑环的形成。在 AIR 合成酶催化下，FGAM 经过分子内重排，环化生成 5′-氨基咪唑核苷酸（AIR），该反应由 ATP 供能，需 Mg^{2+} 和 K^+ 参与。

⑦ 获得嘌呤 C6 原子。在氨基咪唑核苷酸羧化酶催化作用下，由 CO_2 提供 C6 原子，5′-氨基咪唑核苷酸羧化生成 5′-氨基咪唑-4-羧酸核苷酸（CAIR）。

⑧ 获得 N1 原子。在 N-琥珀酰-5′-氨基咪唑-4-酰胺核苷酸合成酶的作用下，CAIR 与天冬氨酸缩合生成 5′-氨基咪唑-4-(N-琥珀酸)甲酰胺核苷酸（SAICAR），由 ATP 供能。

⑨ 释放延胡索酸。在 SAICAR 甲酰转移酶（裂解酶）催化下，SAICAR 脱去延胡索酸生成 5′-氨基咪唑-4-甲酰胺核苷酸（AICAR）。⑧和⑨两步反应与尿素循环中精氨酸生成鸟氨酸的反应相似。

⑩ 获得 C2。在 AICAR 甲酰转移酶催化作用下，5′-氨基咪唑-4-甲酰胺核苷酸（AICAR）接受 N^{10}-甲酰四氢叶酸提供的甲酰基，生成 5′-甲酰氨基咪唑-4-甲酰胺核苷酸（FAICAR）。

⑪ 环化生成 IMP。在次黄嘌呤环化脱水酶（也称环水解酶）催化作用下，FAICAR 脱水环化形成在嘌呤核苷酸从头合成中具有完整嘌呤环结构和第一产物——次黄嘌呤核苷酸（IMP），也称腺苷一磷酸。与反应⑥相反，此环化反应无需 ATP 供能。

2. 由 IMP 生成 AMP 和 GMP

IMP 生成 AMP 和 GMP 的反应过程见图 11-6。上述反应生成的 IMP 并不堆积在细胞内，而是迅速转变为 AMP 和 GMP。AMP 与 IMP 的差别仅是 6 位酮基被氨基取代。此反应由两步反应完成。

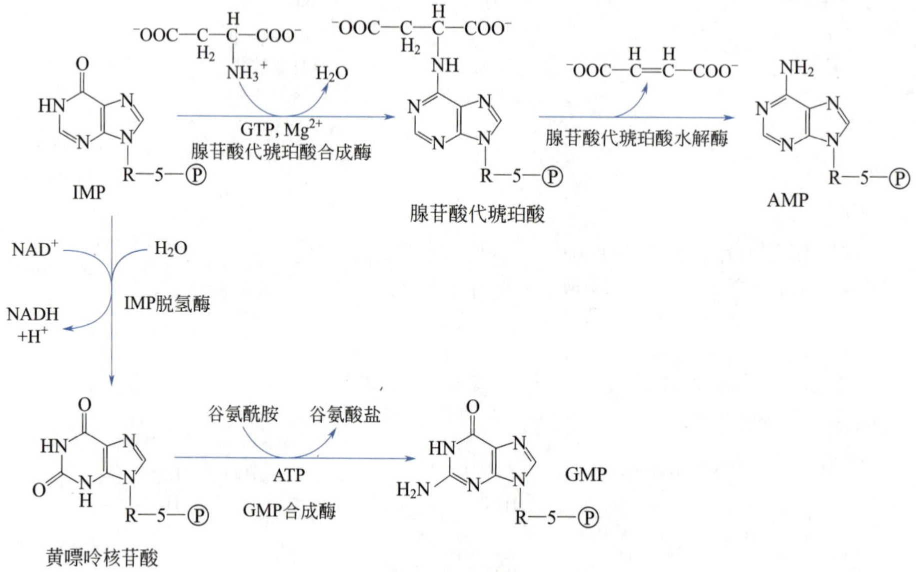

图 11-6　由 IMP 生成 AMP 和 GMP 的化学反应过程

（1）在腺苷酸代琥珀酸合成酶催化下，天冬氨酸的氨基与 IMP 相连生成腺苷酸代琥珀酸，由 GTP 水解供能。然后，在腺苷酸代琥珀酸水解酶作用下脱去延胡索酸生成 AMP。

（2）IMP 由 IMP 脱氢酶催化，加水脱氢，以 NAD^+ 为受氢体，氧化生成黄嘌呤核苷酸（XMP）。谷氨酰胺提供酰胺基取代 XMP 中 C2 上的氧，在 GMP 合成酶催化下生成 GMP，反应由 ATP 水解供能。

3. AMP、GMP 磷酸化生成 ADP、GDP 和 ATP、GTP

AMP 和 GMP 在核苷一磷酸激酶催化作用下生成 ADP 和 GDP，ADP 和 GDP 在核苷二磷酸激酶作用下生成 ATP 和 GTP，磷酸基团均由 ATP 提供。

4. 嘌呤核苷酸从头合成的调节

从头合成是体内合成嘌呤核苷酸的主要途径，此过程要消耗氨基酸及 ATP。机体对合成速度有着精细的调节。在大多数细胞中，分别调节 IMP、ATP 和 GTP 的合成不仅可调节嘌呤核苷酸的总量，而且使 ATP 和 GTP 的水平保持相对平衡。嘌呤核苷酸合成调节网络见图 11-7。

IMP 途径的调节主要在合成的前两步反应，即催化 PRPP 和 PRA 的生成。磷酸核糖焦磷酸激酶受 ADP 和 GDP 的反馈抑制。磷酸核糖酰胺转移酶受到 ATP、ADP、AMP 及 GTP、GDP、GMP 的反馈抑制。ATP、ADP 和 AMP 结合酶的一个抑制位点，而 GTP、GDP 和 GMP 结合另一个抑制位点。因此，IMP 的生成速度受腺嘌呤和鸟嘌呤核苷酸的独立和协同调节。此外，PRPP 可变构激活磷酸核糖酰胺转移酶。

第二水平的调节作用于 IMP 向 AMP 和 GMP 转变过程。GMP 反馈抑制 IMP 向 XMP 转变，

AMP 则反馈抑制 IMP 转变为腺苷酸代琥珀酸，从而防止生成过多 AMP 和 GMP。此外，腺嘌呤和鸟嘌呤的合成是平衡的。GTP 加速 IMP 向 AMP 转变，而 ATP 则可促进 GMP 的生成，这样使腺嘌呤和鸟嘌呤核苷酸的水平保持相对平衡，以满足核酸合成的需要。

（二）补救合成途径

嘌呤核苷酸的补救合成主要在脑、骨髓等组织中进行，该途径是在酶的催化下机体直接利用现有的嘌呤碱基或嘌呤核苷合成嘌呤核苷酸。

大多数细胞更新其核酸（尤其是 RNA）过程中，要分解核酸产生核苷和游离碱基。细胞利用游离碱基或核苷重新合成相应核苷酸的过程称为补救合成（salrage pathway）。与从头合成不同，补救合成过程较简单，消耗能量亦较少。由两种特异性不同的酶参与嘌呤核苷酸的补救合成。腺嘌呤磷酸核糖转移酶（APRT）催化 PRPP 与腺嘌呤合成 AMP。

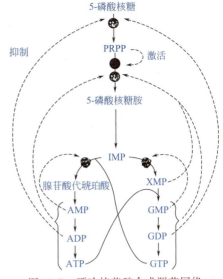

图 11-7　嘌呤核苷酸合成调节网络

$$A + PRPP \xrightleftharpoons{\text{腺嘌呤磷酸核糖转移酶}} AMP + PPi$$

次黄嘌呤-鸟嘌呤磷酸核糖转移酶催化生成 IMP 和 GMP。

$$I + PRPP \xrightleftharpoons{\text{次黄嘌呤-鸟嘌呤磷酸核糖转移酶}} IMP + PPi$$

人体由嘌呤核苷的补救合成只能通过腺苷激酶催化，使嘌呤核苷生成腺嘌呤核苷酸。

任务三　嘧啶核苷酸的代谢

一、嘧啶核苷酸的分解代谢

嘧啶核苷酸在核苷酸酶催化下水解生成核苷，核苷再进一步由核苷磷酸化酶催化生成 1-磷酸核糖和嘧啶，嘧啶则再进一步进行分解代谢。嘧啶的分解代谢主要在肝脏中进行。分解代谢过程中有脱氨基、氧化、还原及脱羧基等反应。胞嘧啶脱氨基转变为尿嘧啶，尿嘧啶和胸腺嘧啶先在二氢嘧啶脱氢酶的催化下，由 $NADPH + H^+$ 供氢，分别还原为二氢尿嘧啶和二氢胸腺嘧啶。二氢嘧啶酶催化嘧啶环水解，分别生成 β-丙氨酸和 β-氨基异丁酸。β-丙氨酸和 β-氨基异丁酸可继续分解代谢。β-氨基异丁酸也可随尿液排出体外。食入含 DNA 丰富的食物、经放射线治疗或化学治疗的患者以及白血病患者，尿中 β-氨基异丁酸排出量增多。嘧啶核苷酸分解代谢途径见图 11-8。

二、嘧啶核苷酸的合成代谢

生物体内嘧啶核苷酸的合成有从头合成和补救合成两条代谢途径。

1. 嘧啶核苷酸的从头合成

嘧啶核苷酸从头合成的原料为磷酸核糖、氨基酸和 CO_2，在细胞质内由一系列酶催化形成，主要在肝细胞的细胞液中进行，除了二氢乳清酸脱氢酶位于线粒体内膜上外，其余酶均位于细胞液中。5′-磷酸核糖-α-焦磷酸（PRPP）提供的磷酸核糖、天冬氨酸、谷氨酰胺和 CO_2 均是嘧啶环合成的原料。其中，嘧啶环的 N1、C2、C5 和 C6 由天冬氨酸提供，C2 由 CO_2 提供，N3 由谷氨酰胺的酰胺基提供。在嘧啶核苷酸的从头合成途径中，先由谷氨酰胺、天冬氨酸和 CO_2 合成嘧

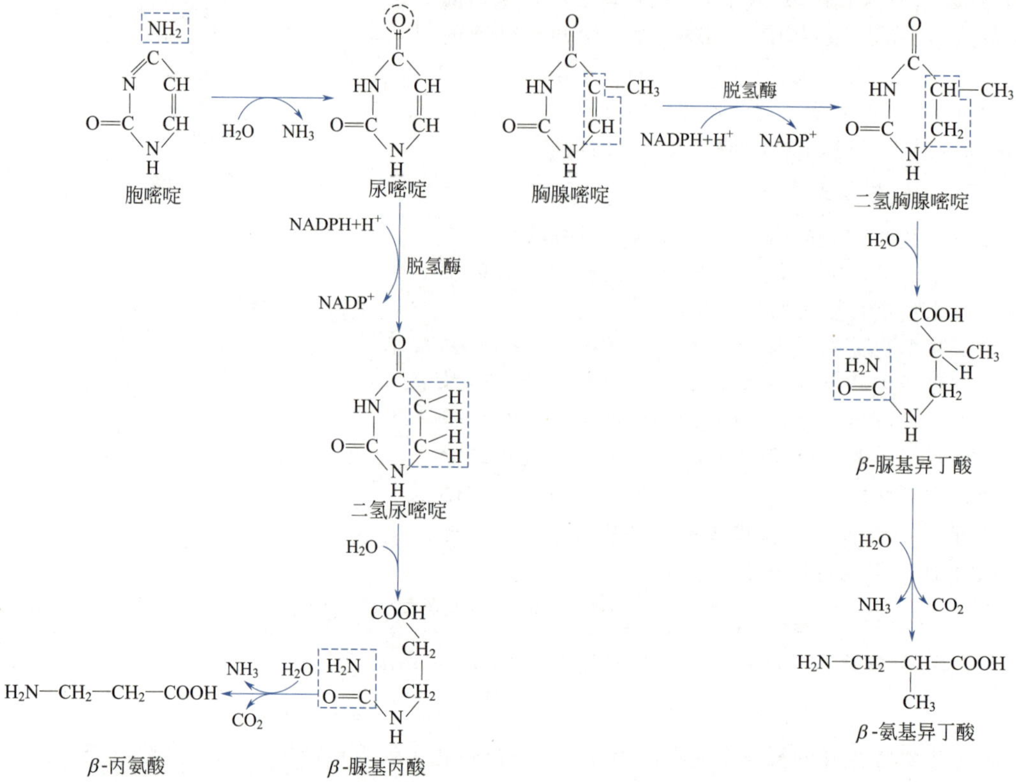

图 11-8　嘧啶核苷酸的分解代谢途径

啶环，由 PRPP 提供磷酸核糖，合成乳清酸核苷酸，在二氢乳清酸脱氢酶的催化作用下再转变为尿嘧啶核苷酸，由尿嘧啶核苷酸再进一步转化生成胞嘧啶核苷酸和胸腺嘧啶核苷酸。

嘧啶核苷酸从头合成的调节的关键酶和调节物因生物种属不同而有所区别。天冬氨酸氨甲酰转移酶是细菌嘧啶核苷从头合成的关键酶，CTP 是变构抑制剂，而 ATP 是变构激活剂。氨甲酰磷酸合成酶 II 是哺乳动物嘧啶核苷酸代谢的关键酶，UMP 是该合成酶的变构抑制剂，而 ATP 和 PRPP 是其变构激活剂。

2. 嘧啶核苷酸的补救合成

在相关酶的催化作用下，细胞利用胞内现有的嘧啶或嘧啶核苷合成嘧啶核苷酸的过程称为嘧啶核苷酸补救合成途径。该补救途径由嘧啶磷酸核糖转移酶催化，嘧啶接受 PRPP 提供的磷酸核糖，在嘧啶磷酸核糖转移酶的作用下合成嘧啶核苷。嘧啶核苷在相应的嘧啶核苷激酶的作用下与 ATP 生成嘧啶核苷酸。

$$\text{嘧啶} + \text{PRPP} \xrightarrow{\text{嘧啶磷酸核糖转移酶}} \text{嘧啶核苷} + \text{PPi}$$

$$\text{嘧啶核苷} + \text{ATP} \xrightarrow{\text{嘧啶核苷激酶}} \text{嘧啶核苷酸} + \text{ADP}$$

胸腺嘧啶、尿嘧啶可由胸腺苷激酶和尿苷激酶催化下由 ATP 提供磷酸基分别生成胸腺嘧啶核苷酸和尿嘧啶核苷酸。该酶不能利用胞嘧啶作为底物。

3. 嘧啶核苷酸合成的调节

原核生物和真核生物从头合成途径所需酶不同，调控机制也不一样。原核生物调节部位为天冬氨酸氨基甲酰转移酶，CTP 是其别构抑制剂，ATP 是别构激活剂。氨甲酰基磷酸合成酶在真核生物及原核生物都是反馈抑制的调控点，受 UTP 的抑制，但可被 PRPP 激活。第二个调节部位是乳清酸脱羧酶处，受 UMP 抑制。由于 PRPP 合成酶是嘧啶与嘌呤两类核苷酸合成过程中共同需要的酶，它可同时接受嘧啶核苷酸及嘌呤核苷酸的反馈抑制。

任务四　核苷酸的抗代谢药物

核苷酸抗代谢药物是化学结构与核苷酸合成代谢正常物质相似，通过竞争性抑制代谢这些物质的酶，从而干扰核苷酸和核酸正常生物合成的物质，有嘌呤核苷酸类似物、嘧啶核苷酸类似物、氨基酸类似物、叶酸类似物等。核苷酸抗代谢药物常用于临床肿瘤的治疗，其作用机制是通过抑制肿瘤细胞核苷酸和核酸的合成，从而干扰肿瘤细胞核酸的正常代谢。由于抗核苷酸的代谢药物专一性较差，对正常细胞的代谢和增殖也产生抑制，因此有较大副作用。

一、嘌呤核苷酸抗代谢药物

嘌呤核苷酸抗代谢药物主要为与嘌呤、叶酸和氨基酸结构类似的化合物。嘌呤类似物有 6-巯基嘌呤（6-MP）、6-巯基鸟嘌呤（6-TG）、8-氮鸟嘌呤（8-AG）等，其中，以 6-MP 在临床中应用较为广泛。6-MP 可竞争性抑制次黄嘌呤-鸟嘌呤磷酸核糖转移酶（HGPRT），抑制核酸的补救途径，在体内可与磷酸核糖结合生成 6-巯基嘌呤核苷酸，结构类似 IMP，能反馈抑制 PRPP 酰胺转移酶，抑制了嘌呤核苷酸的从头合成。6-MP 还能抑制 IMP 转化为 GMP 和 AMP 的代谢途径。甲氨蝶呤（MTX）和氨基蝶呤均为叶酸结构类似物。由于嘌呤核苷酸从头合成中，其嘌呤环 C2 和 C8 均由 N^{10}-甲酰四氢叶酸提供，上述叶酸类似物通过抑制二氢叶酸还原酶，使一碳单位的供给出现障碍，从而使肿瘤细胞的正常代谢出现异常，达到抑制肿瘤生长的目的。氮杂丝氨酸（Azas）是谷氨酰胺的结构类似物，可竞争性地抑制谷氨酰胺参与的嘌呤核苷酸的从头合成，从而也可以起到抑制肿瘤细胞增殖的作用。

二、嘧啶核苷酸抗代谢药物

嘧啶核苷酸抗代谢药物主要是结构与嘧啶、叶酸以及氨基酸结构类似的一系列化合物，以及嘧啶核苷酸结构类似物。嘧啶类似物在临床肿瘤治疗中应用比较广泛的是 5-氟尿嘧啶（5-FU）。5-FU 是由 F 原子取代尿嘧啶 C5 的 H 原子制备得到，在体内可转变为氟尿苷三磷酸（FUTP）和氟脱氧尿苷一磷酸（FdUMP）。在 RNA 的生物合成中，由于 FUTP 作为 RNA 结构部分参与到 RNA 分子的构成，从而使蛋白质翻译出现障碍。FdUMP 能竞争性地抑制 dTMP 的合成，使 DNA 分子的合成因原料不足而起到抑制作用。MTX 和 Azas 为叶酸和氨基酸结构类似物。其中，MTX 是二氢叶酸还原酶的竞争性抑制剂，抑制四氢叶酸的生物合成，使 N^5, N^{10}—CH_2—FH_4 的合成受阻，DNA 合成原料不足，从而抑制 DNA 的合成。Azas 是谷氨酰胺结构类似物，可干扰谷氨酰胺参与的嘧啶核苷酸的合成。阿糖胞苷（AraC）为胞嘧啶与阿拉伯糖缩合形成，是胞嘧啶的结构类似物，在体内经生物转化后可转变为阿糖胞苷三磷酸（Ara-CTP），能抑制 DNA 聚合酶的活性，使 DNA 的合成途径受阻。

任务五　核苷酸代谢异常疾病

一、嘌呤核苷酸代谢异常病

1. 高尿酸血症与痛风

尿酸是嘌呤核苷酸分解代谢的重要产物，血和尿中尿酸浓度的检测是嘌呤代谢紊乱的重要临床检测指标。可由经典的磷钨酸还原法和高度特异的尿酸酶等化学方法检测。血液中尿酸含量异常升高称为高尿酸血症（hyperuricemia）。血液中尿酸含量＞8mg/dL 时，尿酸可结晶析出，并在关节、软骨组织及肾脏等组织器官中沉积，引起关节肿痛和功能障碍，称为痛风。

健康成年男子每天约生成尿酸 600~700mg，其中 60%~70% 由肾脏排出，剩余约 200mg 排入肠道由细菌降解。体内尿酸池维持在 1200mg 尿酸水平。肾排出尿酸的机制是由于尿酸分子量小（168Da），可全部经肾小球滤过，但至少有 98% 被近曲小管重吸收，再经远曲小管主动分泌，因此随尿排出的尿酸主要由肾小管所分泌。肾每天约排出尿酸 400~500mg（2.4~3.0mmol/L），相当于肾小球原滤液中含尿酸的 4%~5%。

在血浆 pH 为 7.4 时，尿酸几乎完全以单钠尿酸盐的形式存在，溶解度仅为 0.42mmol/L（7.0mg/dL）。在 pH5 的尿液中，比尿酸难溶 20 倍。健康成年男子血清尿酸浓度约 0.3mmol/L，女子约低 20%。血清尿酸水平随年龄增加而增高，男性比女性更明显，可达 0.46mmol/L。血清尿酸超过 0.42mmol/L 为高尿酸血症。尿酸结晶可引起急性炎症反应，如急性关节炎，表现为关节剧烈疼痛，反复发作，多见于成年男性。

原发性痛风由于次黄嘌呤-鸟嘌呤磷酸核糖转移酶（HGPRT）活性降低，嘌呤碱不能通过补救合成途径合成核苷酸再利用，分解成尿酸。继发性痛风由于肾功能减退，尿酸排出减少。临床上常用别嘌呤醇治疗痛风，别嘌呤醇与次黄嘌呤结构类似，在黄嘌呤氧化酶作用下生成别黄嘌呤，再与黄嘌呤氧化酶的活性中心紧密结合，使酶分子的钼原子处于+4 价，而不能恢复为+6 价，抑制了黄嘌呤氧化酶的活性。而且，别嘌呤醇在体内可通过嘌呤从头合成途径，与 PRPP 反应生成别嘌呤核苷酸，消耗了 PRPP。此外，别嘌呤醇核苷酸与 IMP 结构也类似，可反馈抑制嘌呤核苷酸的从头合成。基于上述几个方面的原因，可使嘌呤核苷酸合成减少，从而使尿酸的合成水平降低，起到治疗效果。

 知识链接

中国痛风诊疗指南

痛风是尿酸盐沉积所致的晶体相关性关节病，与嘌呤代谢紊乱及（或）尿酸排泄减少所致的高尿酸血症直接相关，属代谢性风湿病范畴。目前，我国痛风患病率在 1%~3%，并呈逐年上升趋势。中国痛风诊疗指南提出，在痛风急性发作期推荐及早（一般应在 24h 内）使用非甾体消炎药、秋水仙碱和糖皮质激素治疗；在痛风患者进行降尿酸治疗时，建议一是使用别嘌呤醇或非布司他抑制尿酸生成，二是使用苯溴马隆促进尿酸排泄。指南还提出，调整生活方式有助于痛风的预防和治疗，如禁烟限酒、减少高嘌呤食物摄入、防止剧烈运动或突然受凉、减少富含果糖饮料摄入、大量饮水（每日 2000mL 以上）、控制体重、增加新鲜蔬菜摄入和规律饮食和作息等。

2. 嘌呤分解代谢异常的免疫缺陷症

腺苷脱氨酶（ADA）基因缺陷是一种常染色体隐性遗传病，由于基因突变造成酶活性下降或消失，常导致 AMP、dAMP 和 dATP 蓄积。dATP 是核糖核苷酸还原酶的别构抑制剂，能减少 dGDP、dCDP 和 dTTP 的合成，使 DNA 合成受阻。在正常情况下，淋巴细胞中 ADA 活性较高，ADA 缺失导致 B 淋巴细胞和 T 淋巴细胞增殖抑制，从而引发机体的细胞免疫和体液免疫机能减弱，产生严重的联合免疫缺陷病（SCID）。ADA 基因突变引起的 SCID 是第一个进行基因治疗的病种，即在体外将正常的 ADA 基因转入患者的淋巴细胞，再回输体内，这是基因工程应用于临床获得成功的首例。

PNP 基因缺陷也是一种罕见的常染色体隐性遗传病。PNP 基因缺陷患者表现为 T 细胞免疫缺陷。由于 PNP 功能异常，患儿体内鸟苷、脱氧鸟苷、次黄苷及脱氧次黄苷浓度均增加，脱氧鸟苷转化成 dGTP，造成 dGTP 堆积，而 dGTP 是核糖核苷酸还原酶的别构抑制剂，导致 dCDP 及 dCTP 下降，最终 DNA 合成不足，影响胸腺细胞增殖，导致 T 细胞免疫缺陷。

二、嘧啶核苷酸代谢异常病

嘧啶核苷酸代谢异常病比较鲜见。乳清酸尿症（Orotic aciduria）是嘧啶核苷酸合成异常导致的一种遗传性疾病，是由于机体嘧啶核苷酸从头合成酶有缺陷，主要表现为尿中排出大量乳清酸、生长迟缓和重度贫血。乳清酸磷酸核糖转移酶与乳清酸核苷酸（OMP）脱羧酶同时缺陷时，产生Ⅰ型乳清酸尿症，患者尿中有大量乳酸存在，Ⅱ型病仅OMP脱羧酶缺陷，尿中可检测到大量的乳清酸和乳清核苷酸。Ⅱ型病比较少见。采用尿苷可治疗Ⅰ型和Ⅱ型乳清酸尿症，主要药理作用是由于尿苷在体内通过补救途径可生成UMP和UTP，反馈抑制乳清酸的生物合成，从而达到治疗疾病的效果。

知识拓展

痛风

痛风又称"高尿酸血症"，是嘌呤代谢障碍，使尿酸累积而引起的疾病，属于关节炎的一种，又称代谢性关节炎。尿酸合成增加或排出减少造成高尿酸血症，血液中尿酸浓度过高时，尿酸即以钠盐的形式沉积在关节、软组织、软骨和肾脏中，引起组织的异物炎性反应，就叫痛风。女性一般在50岁之前不会发生痛风，因为雌激素对尿酸的形成有抑制作用，但是在更年期后会增加发作比率。痛风的起因是血尿酸过多，按形成原因可分为原发性和继发性两类。根据尿酸生成和代谢情况，可进一步分为生成过多型和排泄减少型。

判断尿酸生成过多和排泄减少的方法主要有以下四种。

(1) 24h尿中尿酸定量测定　正常尿中尿酸排泄量＜800mg/天（普食）或＜600mg/天（低嘌呤饮食）属排泄不良型。正常尿中尿酸排泄量＜800mg/天（普食）或＞600mg/天（低嘌呤饮食）属生成过多型。

(2) 尿酸清除率（Cua）测定　尿酸Cua测定方法是准确收集60min尿，留中段尿。同时采血测血尿酸，计算每分钟尿酸排泄量与血清尿酸值之比，正常范围在6.6～12.6mL/min。Cua＞12.6mL/min属生成过多型，＜6.6mL/min可判断为排泄减少型。

(3) Cua与肌酐清除率（C_{Cr}）比值测定　即Cua/C_{Cr}×100%，若＞10%属生成过多型，＜5%属排泄减少型。随意尿与24h尿的Cua/C_{Cr}呈显著正相关，故在门诊可采用简便的一次尿计算法。

(4) 随意尿中尿酸/肌酐比值　测定随意尿中尿酸/肌酐比值是最简便的方法，若＞1.0属生成过多型，＜0.5可判断为排泄减少型。

重点小结

重　点	难　点
1. 核苷酸是核酸基本结构单位。核酸水解可生成磷酸和核苷，核苷又可分解为含氮碱基和戊糖，含氮碱基分为嘌呤和嘧啶两类。 2. 核苷酸的生理功能：①核苷酸是组成核酸生物大分子的基本结构，是DNA和RNA的前身物；②ATP在细胞能量代谢过程有重要作用；③ATP可将高能磷酸键转移给UDP、CDP和GDP生成UTP、CTP和GTP；④腺苷酸还可以作为生物体内重要辅酶的重要组成构件；⑤核苷酸参与生物体的代谢调节。	1. 核酸工具酶有核糖核酸酶类、脱氧核糖核酸酶类、非专一性核酸酶类等。核糖核酸酶类是一类仅水解RNA的酶，有牛胰核糖核酸酶和核糖核酸酶T_1。前者存在于牛胰中，只作用于RNA，具有高度专一性的内切酶；后者是从米曲霉中分离得到的一种核酸内切酶。脱氧核糖核酸酶类是一类水解DNA的核酸酶，常用的有牛胰脱氧核糖核酸酶、牛脾脱氧核糖核酸酶和限制性内切酶。限制性内切酶是一类对DNA具有碱基专一性的内切酶，主要从细菌和霉菌中分离得到，是DNA测定、基因分离和基团体外重组等研究中十分重要的工具

重　点	难　点
3. 核酸酶按催化部位不同分为核酸外切酶和核酸内切酶。核酸外切酶从核酸末端开始逐一水解末端核苷酸，又分为5′-外切核酸酶和3′-外切核酸酶；按催化作用底物的不同，分为核糖核酸酶（RNA酶）和脱氧核糖核酸酶（DNA酶）。 4. 核苷酸抗代谢药物是化学结构与核酸合成代谢正常物质相似，通过竞争性抑制代谢这些物质的酶，从而干扰核苷酸和核酸正常生物合成的物质，有嘌呤核苷酸类似物、嘧啶核苷酸类似物、氨基酸类似物、叶酸类似物等。 5. 血液中尿酸含量异常升高称为高尿酸血症。血液中尿酸含量>8mg/dL时，尿酸可结晶析出，并在关节、软骨组织及肾脏等组织器官中沉积，引起关节肿痛和功能障碍，称为痛风。原发性痛风由于次黄嘌呤-鸟嘌呤磷酸核糖转移酶活性降低，嘌呤碱不能通过补救合成途径合成核苷酸再利用，分解成尿酸；继发性痛风由于肾功能减退，尿酸排出减少。临床上常用别嘌呤醇治疗痛风。 6. 腺苷脱氨酶（ADA）基因缺陷导致AMP、dAMP和dATP蓄积。在正常情况下，淋巴细胞中ADA活性较高，ADA缺失导致B淋巴细胞和T淋巴细胞增殖抑制，从而引发机体细胞免疫和体液免疫机能减弱，产生严重的联合免疫缺陷病（SCID）	酶，主要降解外源的未经特殊修饰的DNA，不降解自身细胞DNA，因为自身DNA酶切位点上经甲基化修饰而受到保护。 2. 嘌呤核苷酸代谢药物主要为与嘌呤、叶酸和氨基酸结构类似的化合物。嘌呤类似物有6-巯基嘌呤、6-巯基鸟嘌呤、8-氮鸟嘌呤等，以6-MP在临床中应用较为广泛。甲氨蝶呤和氨基蝶呤能抑制二氢叶酸还原酶，使一碳单位的供给出现障碍，达到抑制肿瘤生长的作用；氮杂丝氨酸可竞争性抑制谷氨酰参与嘌呤核苷酸从头合成，可起到抑制肿瘤细胞增殖的作用。 3. 嘧啶核苷酸抗代谢药物主要是结构与嘧啶、叶酸、氨基酸结构类似的一系列化合物以及嘧啶核苷酸结构类似物。应用比较广泛的是5-氟尿嘧啶（5-FU），在体内可转变为氟尿苷三磷酸（FUTP）和氟脱氧尿苷一磷酸（FdUMP）。由于FUTP作为RNA结构部分参与RNA分子构成，使蛋白质翻译出现障碍。FdUMP能竞争性地抑制dTMP的合成，使DNA合成因原料不足起到抑制作用；MTX和Azas为叶酸和氨基酸结构类似物。其中MTX是二氢叶酸还原酶的竞争性抑制剂，抑制四氢叶酸的生物合成，使DNA合成原料不足，抑制DNA合成。Azas可干扰谷氨酰胺参与的嘧啶核苷酸的合成；阿糖胞苷（AraC）在体内经生物转化后可转变为阿糖胞苷三磷酸（Ara-CTP），能抑制DNA聚合酶的活性，使DNA的合成途径受阻

课后习题

一、名词解释

核酸酶、回文序列、从头合成途径、补救合成途径。

二、简答题

1. 简述核苷酸的生物学功能。
2. 简述嘌呤核苷酸的分解代谢途径。
3. 举例说明核苷酸代谢异常会产生哪些疾病及形成原因。

三、选择题

1. 人体排泄的嘌呤代谢终产物是（　　）。

A. 氨　　　　　　B. 尿素　　　　　　C. 尿酸　　　　　　D. 尿囊素

2. 嘌呤核苷酸的主要合成途径中首先合成的是（　　）。

A. AMP　　　　　B. GMP　　　　　　C. IMP　　　　　　D. XMP

3. 5-氟尿嘧啶的抗癌机制是（　　）。

A. 合成错误的DNA　　　　　　　　B. 抑制尿嘧啶的合成
C. 抑制胞嘧啶的合成　　　　　　　D. 抑制胸苷酸的合成

4. 核苷酸补救合成途径的主要部位是（　　）。

A. 脑　　　　　　B. 肝脏　　　　　　C. 肾　　　　　　D. 肠

5. 别嘌呤醇特异性抑制（　　）。

A. 尿酸氧化酶　　　　　　　　　　B. 黄嘌呤氧化酶

C. 腺苷酸脱氨酶   D. 尿嘧啶核糖转移酶

6. 哺乳动物体内直接催化尿酸生成的酶是（　　）。
A. 尿酸氧化酶   B. 黄嘌呤氧化酶   C. 腺苷酸脱氨酶   D. 鸟嘌呤脱氨酶

7. 嘌呤环中的 N_7 来于（　　）。
A. 天冬氨酸   B. 谷氨酰胺   C. 甲酸盐   D. 甘氨酸

8. 下列氨基酸中，直接参与嘌呤环和嘧啶环合成的是（　　）。
A. 天冬氨酸   B. 谷氨酰胺   C. 甘氨酸   D. 谷氨酸

9. 嘌呤核苷酸的嘌呤核上第 1 位 N 原子来自（　　）。
A. Gly   B. Gln   C. Asp   D. 甲酸

10. 脱氧核糖核酸合成的途径是（　　）。
A. 从头合成   B. 在脱氧核糖上合成碱基
C. 核糖核苷酸还原   D. 在碱基上合成核糖

选择题答案：
1—5：CCDAB   6—10：BDACC

项目十二　蛋白质的生物合成体系

要点导航

掌握：结构基因、调节基因、半保留复制、中心法则、DNA 突变、RNA 复制等基本概念；掌握 DNA 复制的过程；掌握 DNA 逆转录的过程；掌握 DNA 突变的方式及修复类型；掌握 RNA 转录的基本过程；掌握蛋白质翻译的基本过程。

熟悉：真核生物与原核生物 DNA 聚合酶的类别及作用特点；参与 DNA 复制的主要蛋白因子和酶类；参与 RNA 转录的条件及参与转录的酶类及蛋白因子。

了解：氨基酸活化的基本过程；蛋白质转运及翻译后蛋白质前体加工的方式；异常蛋白质与分子病的概念，药物对蛋白质合成的影响。

导学案例

从 1958 年开始，中国科学院上海生物化学研究所、中国科学院上海有机化学研究所和北京大学生物系三个单位联合组建科研协作组，在前人对胰岛素结构和肽链合成方法研究的基础上，探索用化学方法合成胰岛素，于 1965 年成功合成结晶牛胰岛素。请思考：为什么人工合成胰岛素会如此振奋人心？

蛋白质是生命活动的执行者，也是遗传信息表现的功能形式，是生命的物质基础，赋予细胞乃至个体的生物学功能或表型。蛋白质合成的原料为 20 种基本的氨基酸。蛋白质合成也称为蛋白质翻译，转录和翻译统称为基因的表达。蛋白质合成是以 mRNA 为模板，将 mRNA 分子中的 A、U、G 和 C 四种核苷酸的排列顺序转变为蛋白质或多肽链分子中 20 种氨基酸排序的过程，蛋白质是遗传信息传递过程的终结产物。不同组织和细胞中有具有不同生理功能的蛋白质，参与蛋白质生物合成的物质，除作为原料的氨基酸外，还有 mRNA、tRNA、核糖体、有关的酶（氨基酰-tRNA 合成酶）和蛋白因子，以及 ATP、GTP 等供能物质和必要的无机离子等。

任务一　概　述

一、基因的概念

基因（gene）是遗传学的基本概念，是指 DNA 分子上携带着遗传信息的碱基序列片段。基因支持着生命的基本构造和性能，也贮存着生命的种族、血型、孕育、生长、凋亡等过程的全部信息。一个基因的结构除编码特定功能产物的 DNA 序列外，还包括对这特定产物表达所需的邻近 DNA 序列，当该序列发生变化时，可能使蛋白质功能产生改变，表达出错误的蛋白质，并可能引发遗传病。基因具有双重属性，即物质性和信息性。基因有两个特点：一是能忠实地复制自己，以保持生物的基本特征；二是基因能够"突变"，绝大多数突变会导致疾病，另外的一小部分是非致病突变。非致病突变给自然选择带来了原始材料，使生物可以在自然选择中被选择出最适合自然的个体。基因有三个基本属性：①可通过复制，将遗传信息由亲代传递给子代；②经转录对表型有一定的效应；③可突变形成各种等位基因。

根据基因的功能不同，可将基因分为结构基因、调节基因、核糖体 RNA 基因和转运 RNA 基因。结构基因（structural gene）是指能决定某种蛋白质或多肽链分子结构的基因，结构基因的突变可导致特定蛋白质或多肽链一级结构发生改变，从而影响这些生物大分子的功能。调节基因（regulatory gene）是指某些可调节结构基因表达的基因。调节基因的突变可影响一个或多个结构基因的表达，或导致一个或多个蛋白质（或多肽链）的生物学功能的改变。核糖体 RNA 基因（ribosomal RNA gene）与转运 RNA 基因（transfer RNA gene）只转录产生相应的 RNA，不直接翻译出蛋白质。核糖体 RNA 基因也称为 rRNA 基因，只负责转录 rRNA；转运 RNA 基因也称为 tRNA 基因，专门负责 tRNA 的转录。

二、遗传信息的传递与中心法则

DNA 是绝大多数生物体遗传信息的载体，生物体的遗传信息以特定的核苷酸排列顺序贮存于 DNA 分子中。继 1953 年 Watson 和 Crick 提出 DNA 双螺旋结构模型后，1958 年，Crick 又提出了"中心法则"揭示了遗传信息的传递规律。中心法则（central dogma）是指以 DNA 为模板合成 mRNA，并以 mRNA 核苷酸顺序为模板翻译出蛋白质，这一遗传信息的传递过程称为中心法则。

1970 年，美国学者 Baltimore D 和 Temin H M 在肿瘤研究过程中发现了逆转录酶，并阐明了逆转录现象的机制，提出生物界还存在另外一条遗传信息传递的途径。这些 RNA 病毒的遗传信息贮存在 RNA 分子中，能以自己的 RNA 为模板复制出新的病毒 RNA，还有一些 RNA 病毒能以其 RNA 为模板合成 DNA，称为逆转录（reverse transcription）。在这些生物体中，遗传信息的流向是 RNA 通过复制，将遗传信息由亲代传递给子代，通过反转录将遗传信息传递给 DNA，再由 DNA 通过转录和翻译传递给蛋白质，这种遗传信息的流向就称为反中心法则，这使得中心法则得以修正。遗传信息传递的中心法则见图 12-1。

图 12-1　遗传信息传递的中心法则

任务二　DNA 的复制与修复

DNA 的生物合成方式包括 DNA 复制、DNA 修复和 DNA 的逆转录。DNA 复制是以亲代 DNA 为模板，合成 DNA 子代的过程。DNA 复制保证了物种遗传信息传递的忠实性、稳定性和延续性。DNA 发生损伤时，机体可启动修复机制，从而保证大部分 DNA 损伤得以修复并维持 DNA 结构和功能，DNA 修复可认为是一种特殊的复制现象。DNA 逆转录是对遗传中心法则的补充，RNA 病毒可以以自身 RNA 为模板，通过逆转录方式合成 DNA。

一、DNA 复制

（一）DNA 复制的特点及意义

DNA 复制采取半保留复制（semi-conservative replication，SCR）机制，DNA 双螺旋结构是 DNA 半保留复制的物质基础。在复制时，DNA 双螺旋结构松解，解开形成的两条单链称为母链，以两条母链分别作为模板，在 DNA 聚合酶的催化下按碱基互补的原则合成的两条与模板母链互补的新链称为子链。子链与母链重新形成双螺旋结构，以组成新的 DNA 分子。一个母链

DNA 分子就可以复制两个完全相同的子链 DNA 分子，这样新形成的两个子代 DNA 分子与原来母代 DNA 分子的碱基顺序完全一样。由于子代 DNA 分子中一条链来自母代，另一条链是新合成的，因此这种复制方式称为半保留复制。

1953 年 Watson 和 Crick 在 DNA 双螺旋结构基础上提出半保留复制的假说，并在 1958 年由 Meselosn 和 Stahl 通过大肠杆菌 N 素标记得到证实，其验证实验过程见图 12-2。他们将大肠杆菌（$E.coli$）放在含有 ^{15}N 标记的 NH_4Cl 培养基培养 15 代（代时约 20～30min），DNA 全部被 ^{15}N 标记，然后将细菌转移到含有 ^{14}N 标记的 NH_4Cl 培养基继续培养，在培养不同代数时，收集细菌并进行细胞的裂解，用氯化铯（CsCl）密度梯度离心法观察 DNA 所处的位置，由于 ^{15}N-DNA 与 ^{14}N-DNA 密度不同，因此，离心后可以看到明显的分层。他们通过实验发现，在重培养基培养出的 ^{15}N-DNA 显示为一条重密度带，位于离心管底部；用 ^{14}N-DNA 轻培养基继续培养得到的离心结果得到了一条中密度带，其实质为 ^{15}N-DNA 和 ^{14}N-DNA 的杂交分子。第二代有中密度带和低密度带两个区带，表明它们分别为 $^{15}N/^{14}N$-DNA 和 $^{14}N/^{14}N$-DNA，继续培养，特别是随着培养代数的增加，低密度带增强，而中密度带逐渐消失，表明 DNA 复制采取的是半保留复制机制。

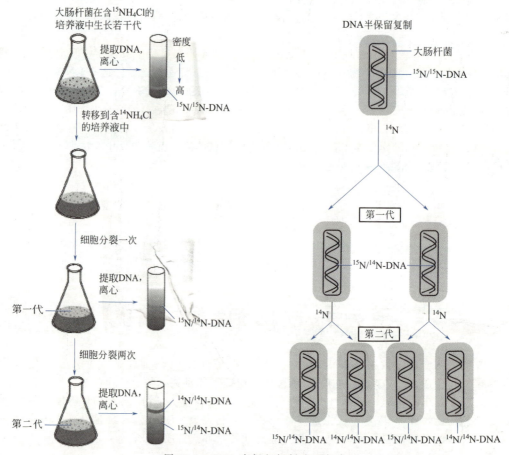

图 12-2　DNA 半保留复制验证实验

根据对病毒、原核生物甚至真核生物 DNA 复制机制的研究，在生物界复制方向存在两种情况：①从起始点向一个方向进行，通常称为单向复制；②从起始点向两个方向进行，称为双向复制（bidirectional replication）。见图 12-3。

（二）DNA 复制过程

复制是一个连续的过程，分为复制起始、复制延伸和复制终止三个阶段。见图 12-4。

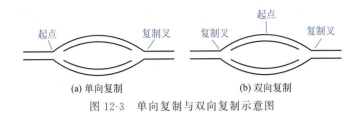

图 12-3　单向复制与双向复制示意图

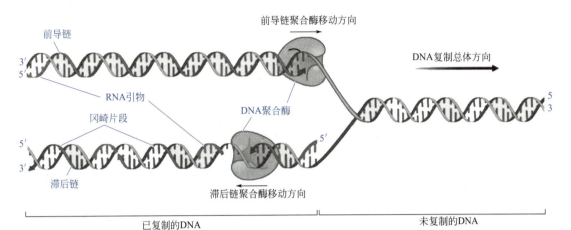

图 12-4　DNA 复制过程示意图

1. 复制的起始

DNA 复制的起始阶段，由预引发和引发两步构成。预引发包括解旋解链形成复制叉和引发体组装两个步骤：①解旋解链形成复制叉。DNA 在复制时，需在特定的位点起始，这是一些具有特定核苷酸排列顺序的片段，即复制起始点（复制子）（replicon）（在原核生物中，复制起始点通常为一个，而在真核生物中则为多个）。复制时，由蛋白因子识别复制起始点，由拓扑异构酶和 DNA 解链酶使 DNA 超螺旋及双螺旋结构解开，碱基间氢键断裂，形成两条单链 DNA。单链 DNA 结合蛋白（SSB）结合在两条单链 DNA 上，形成复制点。这个复制点的形状像一个叉子，称为复制叉（replication fork）。②引发体组装。由其他蛋白因子以及引物酶一起组装形成引发体。引发过程是指在引物酶的催化下，识别起始部位，以四种核糖核苷酸为原料，以解开的一段 DNA 链为模板，合成一段短的 RNA 片段，从而获得 3′ 端自由羟基（3′-OH）的阶段。这一阶段只合成引物 RNA，为 DNA 链的合成做好准备，此引物的 3′-OH 末端就是合成新的 DNA 的起点，这也标志着复制正式开始。因为参与 DNA 复制的 DNA 聚合酶必须以一段具有 3′ 端自由羟基（3′-OH）的 RNA 作为引物，才能开始聚合子代 DNA 链。RNA 引物的大小，通常为 1～10 个核苷酸。RNA 引物的碱基顺序，与其模板 DNA 的碱基顺序相配对。

2. 复制的延伸

复制延伸是在多种酶和蛋白质参与下形成复制叉后，DNA 聚合酶催化 DNA 新生链形成，dNTP 以 dNMP 的方式逐个加到引物或延长中的子链中，其化学本质是磷酸二酯键的不断生成。

DNA 复制延伸由 DNA 聚合酶催化，以 3′→5′ 方向的亲代 DNA 链为模板，从 5′→3′ 方向聚合子代 DNA。在原核生物中，参与 DNA 复制延长的是 DNA 聚合酶Ⅲ，在真核生物中，是 DNA 聚合酶 α（延长滞后链）和 δ（延长前导链）。以 3′→5′ 方向的亲代 DNA 链作模板的子代链在复制时基本上是连续进行的，其子代链的聚合方向为 5′→3′，这一条链被称为前导链（leading strand）；而以 5′→3′ 方向的亲代 DNA 链为模板的子代链在复制时其链的聚合方向与复制叉移动的方向相反，这条链是不连续合成的，称为滞后链。前导链的连续复制和滞后链的不连续复制在生物界具有普遍性，称之为 DNA 的半不连续复制。

由于亲代 DNA 双链在复制时是逐步解开的，因此，滞后链的合成是不连续的。这些不连续的短 DNA 片段最先是由日本科学家冈崎在电子显微镜下发现，称为冈崎片段。冈崎片段的大小，在原核生物中约为 1000～2000 个核苷酸，而在真核生物中约为 100 个核苷酸。

3. 复制的终止

DNA 片段合成至一定长度后，RNA 酶（核酸外切酶）将链中的 RNA 引物水解去除，RNA 引物除去后，在冈崎片段间便留下了间隙，在 DNA 聚合酶催化下又合成 DNA 进行填补。在 DNA 连接酶的催化下，形成最后一个磷酸酯键，将冈崎片段连接起来，形成完整的 DNA 长链。在大肠杆菌染色体中发现有 DNA 复制终止位点（Ter），其上有一段保守的核心序列（5′-GTGT-GTTGT)，该位点可结合一种特异性的蛋白质分子（tus），该蛋白质可阻止解旋酶的活性而使 DNA 复制终止。

（三）参与复制的酶及作用

在细胞中，DNA 聚合酶只能延长已有的 DNA 或 RNA 引物链，不能从头起始 DNA 链的合成，且在 DNA 复制中形成特殊的复制叉（或生长叉）结构区内，DNA 双螺旋中的两条链缠绕在一起，要拷贝每一条链都必须将双螺旋 DNA 解旋，并释放或吸收由此产生的扭力，这就要求双螺旋和超螺旋的解旋与重新形成，DNA 聚合酶不能完成这一过程。在不连续合成中形成短的冈崎片段的连接也是 DNA 聚合酶无法完成的。实际上，在复制叉处进行复杂的 DNA 复制过程中，需要许多相关的酶和蛋白因子参与。DNA 复制过程参与的酶主要有 DNA 聚合酶、DNA 解旋酶、解链酶、DNA 结合蛋白（SSB）、引物酶、RNA 引物、RNA 酶（核酸外切酶）和 DNA 连接酶等重要的酶与蛋白因子等（图 12-5）。

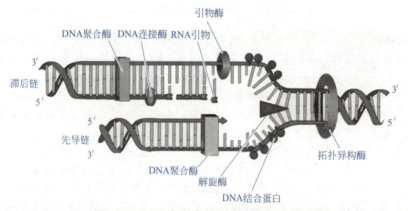

图 12-5　DNA 复制参与的主要酶类和蛋白质

（1）DNA 聚合酶的种类和生理功能　DNA 聚合酶以亲代 DNA 链为模板，以 4 种 dNTP（dATP、dGTP、dCTP 和 dTTP）作为底物，按照碱基互补配对原则，使脱氧核苷酸按 $5'\to3'$ 方向逐个聚合到多核苷酸链上。原核生物与真核生物中 DNA 聚合酶有几种类型，其作用方式基本相同，但也有些不同的特性和功能。见表 12-1、表 12-2。

表 12-1　大肠杆菌 3 种 DNA 聚合酶的区别

区别	DNA 聚合酶 I	DNA 聚合酶 II	DNA 聚合酶 III
分子量	109000	120000	400000
每个细胞的分子统计数	400	100	10-20
$5'\to3'$ 聚合酶作用	有	有	有
$3'\to5'$ 核酸外切酶作用	有（纠错）	有	有
$5'\to3'$ 核酸外切酶作用	有（切引物）	无	无
聚合能力强弱	弱	一般	强
功能	切除引物,损伤修复	修复酶非复制酶	复制

表 12-2　真核生物 DNA 聚合酶

性质	DNA 聚合酶				
	α	β	γ	δ	ε
分布	细胞核	细胞核	线粒体	细胞核	细胞核
分子量/kDa	>250	36～38	160～300	170	256
3′→5′外切酶	无	无	有	有	有
5′→3′外切酶	有	有	有	有	有
主要功能	复制	修复	复制	复制	复制,修复

(2) DNA 解旋酶　利用 ATP 化学能在复制叉位置将两条 DNA 亲本链解离成两条单链的酶称为 DNA 解旋酶（helicase）。大肠杆菌中的 DNA 解旋酶又称拓扑异构酶（topoisomerase），兼具内切酶和连接酶活力，能迅速将 DNA 超螺旋或双螺旋紧张状态变成松弛状态便于解链。DNA 拓扑异构酶有 Ⅰ 型和 Ⅱ 型，广泛存在于原核和真核生物中。拓扑异构酶 Ⅰ 可使 DNA 双链中的一条链切断，松开双螺旋后再将 DNA 链连接起来，从而避免出现链的缠绕。拓扑异构酶 Ⅱ 可切断 DNA 双链，使 DNA 的超螺旋松解后，再将其连接起来。DNA 解旋酶对真核细胞有丝分裂也是非常重要的，如果不解开缠绕，在任何细胞周期中姊妹染色体都将无法分离。此外，DNA 解旋酶在转录、同源重组及可移动元件的转座中都起重要作用。

(3) DNA 解链酶　DNA 解链酶是一类通过 ATP 水解获得能量并促进 DNA 互补双链分离的酶，是解开双链 DNA 并在 DNA 分子上沿一定方向移动的一类酶的总称（又称解螺旋酶）。原核生物大肠杆菌为 DnaB 和 Rep 蛋白，DnaB 结合于滞后链模板。

(4) 单链 DNA 结合蛋白　单链 DNA 结合蛋白（single strand DNA-binding protein，SSB）是一些能够与单链 DNA 结合的蛋白质因子。DNA 复制过程中，一旦有单链 DNA 形成，SSB 便会选择性地立即与单链 DNA 结合，覆盖在单链 DNA 上的 SSB 能阻止单链 DNA 重新形成双螺旋，起到稳定单链 DNA 的作用，便于以其为模板复制子代 DNA，还可保护单链 DNA 避免核酸酶水解。目前发现至少存在两种解链酶。

(5) 引物酶与引物 RNA 的合成　引物酶在复制起始点处合成 RNA 引物，引发 DNA 的复制，可催化核糖核苷酸和脱氧核糖核苷酸的聚合，其功能是启动 DNA 转录合成 RNA，并将遗传信息传递至 RNA。

(6) DNA 连接酶　DNA 连接酶是利用 ATP（真核生物）或 NAD$^+$（原核生物）水解提供的能量，催化 DNA 链的 5′-末端与另一 DNA 链的 5′-末端生成磷酸二酯链以封闭 DNA 链上的缺口。需说明的是，这两条单链 DNA 必须是与同一条 DNA 链互补配对结合的，且必须是相邻的两条 DNA 链才能被连接。也就是说 DNA 连接酶连接的双链 DNA 上的单链 DNA 缺口，而不能连接单独游离的 DNA 链或 RNA 链的末端。

二、DNA 逆转录合成

逆转录（reverse transcription）又称反转录，是以 RNA 为模板，以 dNTP 为原料，在逆转录酶的催化下合成 DNA 的过程。具体过程分为两步：首先，在逆转录酶作用下，在病毒 RNA 链上合成出一条互补的带有致癌信息的 DNA 链，形成 RNA-DNA 杂交分子。然后，以此杂交分子中的 DNA 链为模板复制合成致癌的双链 DNA 分子。释放的 RNA 链可再合成下一代致癌杂交分子。致癌 DNA 分子又称前病毒，可整合到宿主细胞 DNA 中，随着复制传递给子代 DNA，引起子代细胞癌变。逆转录酶不仅在致癌病毒和动物病毒中发现，它也存在于哺乳动物的胚胎细胞和正在分裂的淋巴细胞中。

三、DNA 突变（损伤）与修复

1. DNA 的突变

虽然 RNA 聚合酶校读功能可对复制过程产生的错配进行及时修复，但仍有一些错配被保留下来，这样就导致 DNA 发生了突变（mutation），其化学本质是 DNA 的损伤。

2. 引起突变的因素

导致 DNA 突变的因素可以分为自发因素、物理因素和化学因素 3 大类。

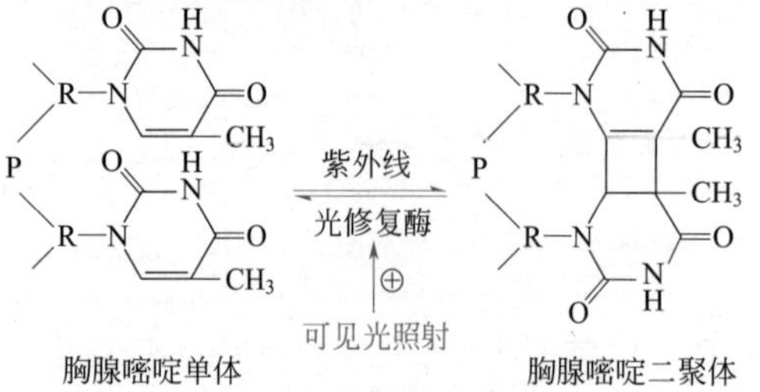

自发因素如脱嘌呤、脱嘧啶、碱基的脱氨基作用、碱基的互变异构以及细胞代谢物对 DNA 的损伤等。物理因素如紫外线和各种电离辐射。紫外线可使胸腺嘧啶形成二聚体（图 12-6），而 X 射线、γ 射线可使细胞产生自由基，自由基的出现使 DNA 分子的双链氢键断裂，也可使单链或双链断裂。化学因素主要是一些化学诱变剂，大多为致癌物。如亚硝酸可引起碱基氧化脱氨；偶氮类染料可造成个别核苷酸对的增加或减少而引起移码突变；苯并芘在体内代谢后生成四羟苯并芘，与嘌呤共价结合引起损伤；5-氟尿嘧啶（5-FU）和 6-巯基嘌呤（6-MP）等碱基类似物可掺入到 DNA 分子中引起损伤或突变。

图 12-6 胸腺嘧啶二聚体形成过程

3. 突变的类型

碱基序列发生改变的基因称之为突变基因。携带突变基因的生物个体或群体或株系通常称为突变体。基因没有发生变化而表现正常的生物个体则称为野生型。按照突变生成的过程可分为自发突变和诱发突变（诱变）两种类型。目前，人们比较了解和常见的基因突变主要是点突变和移码突变两种。点突变是指 DNA 分子中的一个碱基对替代另一个碱基对。移码突变分为插入突变和缺失突变两类。插入突变是指 DNA 分子中插入一个或几个碱基造成的突变，而缺失突变是指 DNA 分子中缺失一个或几个碱基造成的突变。

点突变属于碱基转换突变，是指基因中一个或少数几个碱基被替代的突变。最简单的碱基置换突变是点突变，即 DNA 序列上单个碱基的改变。如镰刀形红细胞贫血病人的血红蛋白中，β 链第 6 位谷氨酸被缬氨酸取代，其编码链 DNA 序列中的谷氨酸密码子 GAG 被置换为缬氨酸密码子 GTG，两者之间仅发生了一个碱基的改变。点突变如果是嘌呤与嘌呤之间、嘧啶与嘧啶之间发生互换，称之为转换；如果是嘌呤与嘧啶之间发生互换，称之为颠换。点突变的表型效应是多样化的，根据点突变发生的性质和部位的不同，可分为同义突变（silent mutation）、错义突变（missense mutation）、无义突变（nonsense mutation）、终止密码子突变、起始密码子突变等类型。大部分发生在基因编码序列中的点突变，可引起蛋白质结构改变，但一般不影响基因的表达，少数情况下可伴有基因表达水平的降低。基因的非编码序列也可发生碱基置换突变。

移码突变是指在 DNA 编码区内丢失或增加 3 或 3 的倍数个核苷酸而导致的基因突变。这类突变效应是使基因翻译至突变处时丢失或增加 1 个或数个氨基酸，突变位点后的氨基酸序列并无改变。如果插入或缺失涉及的核苷酸数目不等于 3 的倍数，将会造成突变点后全部密码子阅读框架移位，进而翻译产生的氨基酸序列与正常蛋白质完全不同，或者使肽链合成提前终止或延长，产生无正常功能的异常蛋白质，这种基因突变称为移码突变。移码突变的结果是所翻译出的蛋白质序列从突变点起至 C 末端都完全被改变了，若此突变发生在有重要功能的基因中，常可导致生物个体死亡。

4. DNA 损伤修复的类型

生物体内 DNA 损伤修复存在光复活修复系统、切除修复系统、重组修复系统、错配修复系统、SOS 修复系统等多种修复类型。

光复活修复为直接修复，是一种广泛存在的修复方式，能够修复任何嘧啶二聚体的损伤。切除修复也称为暗修复，需先识别损伤部位，再切除损伤的碱基或核苷酸，并用正常的碱基或核苷酸填补缺口和连接酶连接切口才能完成修复，分为碱基切除修复和核苷酸切除修复两类。重组修复是在不切除胸腺嘧啶二聚体或其他损伤情况下进行的，其修复过程如图 12-7 所示。重组修复过程分为复制、重组、填补并连接 3 个过程：①复制，损伤的 DNA 可继续复制，但复制到损伤部位时子链出现缺口。②重组，从完整的母链将相应的片段移到缺口，而母链上形成缺口。③填补和连接，母链上的缺口由 DNA 聚合酶进行填补合成，最后由 DNA 连接酶连接。重组修复是 DNA 复制过程中所采用的一种有差错的修复方式。修复过程中 DNA 损伤并未真正移除，而是随着复制的不断进行，损伤部位被逐渐稀释，从而消除了损伤对细胞功能的影响。SOS 修复为 DNA 的"紧急呼救"修复方式，只有当 DNA 分子受到较大范围损伤且正常复制缺少模板而阻断时才启用。通过诱导产生新的 DNA 聚合酶（识别碱基能力差）在无模板情况下催化空缺部分的 DNA 完成修复，易产生基因突变。

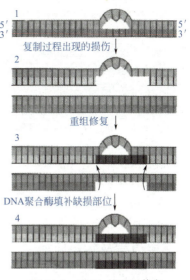

图 12-7　DNA 的重组修复

任务三　RNA 转录与加工

RNA 在传递 DNA 遗传信息和控制蛋白质的生物合成过程中发挥重要作用，贮存在 DNA 上的遗传信息必须转录成 mRNA 才能用于蛋白质或多肽合成的指导。RNA 转录是以 DNA 单链为模板，在 DNA 依赖的 RNA 聚合酶催化下，以 NTP（ATP、CTP、GTP 和 UTP）为原料合成 RNA 链的过程。RNA 合成有两种方式：一是 DNA 指导的 RNA 合成，此为生物体内的主要合成方式；另一种是 RNA 指导的 RNA 合成，常见于病毒。转录是基因表达的第一步，是遗传信息的中间环节。

一、转录的条件

转录是以 DNA 为模板的 RNA 酶促合成，由 RNA 聚合酶催化，需要单链 DNA 模板和核苷酸原料（ATP，UTP，GTP 和 CTP）等。RNA 合成方向为 $5'→3'$。转录起始于一定特定的位点，并在另一位点终止，这一转录区域称为转录单位。转录单位可以是一个基因，也有可能是多个基因。RNA 转录的条件见表 12-3。

表 12-3　RNA 转录的条件

模板	DNA(不对称转录)
原料	NTP
酶	RNA 聚合酶
产物	mRNA,tRNA,rRNA,小 RNA 分子
配对	A-U,T-A,G-C
方向	$5'→3'$
引物	不需要

二、参与转录的酶类及蛋白因子

RNA 聚合酶又称 DNA 指导的 RNA 聚合酶或转录酶。RNA 聚合酶不需要引物就能直接启动 RNA 链的延长。RNA 聚合酶和 DNA 的特殊序列结合后，就能启动 RNA 合成。以 DNA 为模

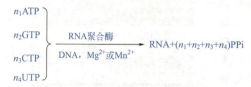

图 12-8　RNA 聚合酶催化的聚合反应
n_1、n_2、n_3 和 n_4 表示各种核苷酸的数量

板，催化 2 个游离的 NTP 形成 3′,5′-磷酸二酯键。见图 12-8。

原核生物 RNA 聚合酶由多个亚基组成，具有识别转录起始点、终止及连接各核苷酸等多种功能。真核生物的 RNA 聚合酶比较复杂，有Ⅰ、Ⅱ、Ⅲ三种类型，它们在细胞中的定位及转录产物也各不相同。大肠杆菌 RNA 聚合酶是由 4 种亚基 α、β、β′、σ 组成的五聚体蛋白质，全酶是 $α_2ββ′σ$，即 σ 亚基+核心酶。σ 亚基（亦称 σ 因子）是一种特异的蛋白质因子，其功能是辨认转录起始点，转录起始阶段需要全酶，核心酶是 $α_2ββ′$，能催化 NTP 按模板的指引合成 RNA，在转录延长全过程中均起作用。在大肠杆菌和噬菌体中发现有称为 ρ 因子的蛋白因子，与 RNA 终止有关。大肠杆菌 ρ 因子为四聚体，分子量约 200kDa。

三、转录过程及转录后加工

转录过程可以分成转录起始、RNA 延伸和转录终止 3 个阶段。

1. 转录起始

转录起始需要转录装置识别并结合到启动子上，转录起始点之前有一段核苷酸序列组成的启动子（启动基因），由 σ 因子辨认启动部位，从起始点开始向模板链 5′末端方向进行，使核心酶结合在启动部位上形成复合物，在此附近的 DNA 双链因构象变化、结构松散而暂时打开，形成局部单链区域。与 DNA 复制不同，解开的两条链中只有一条具有转录功能，称为模板链或有意义链，相对应的互补链无转录功能，称为编码链或反意义链，RNA 的这种转录称为不对称转录。在 DNA 分子的不同节段，模板链并非始终是同一条链。双链打开后，根据模板链上碱基序列，按碱基互补原则，从转录起始点开始转录，其中，第一个核苷酸为嘌呤核苷酸。

2. RNA 延伸

当第一个核苷酸合成后，σ 因子即从全酶中脱落下来，于是核心酶在 DNA 模板链上以一定速度向模板链下游（3′→5′）方向滑行，同时 DNA 双螺旋逐渐解开，与 DNA 模板链序列相互补的三磷酸核苷逐一地进入反应体系。在 RNA 聚合酶催化下，核苷酸间以磷酸二酯键相连接进行 RNA 合成反应，合成 5′→3′方向。如此，合成出的转录本 RNA 从末端处逐步地延长。脱落的因子可以再次与核心酶结合而循环使用。转录本 RNA 生成后，暂先与模板链形成 DNA-RNA 杂交体，随后又脱离 DNA 模板链，于是 DNA 又重新形成螺旋结构。

3. 转录终止

在 RNA 延伸过程中，核心酶滑行到 DNA 模板链终止信号时转录终止。这是由于终止信号中特殊碱基排列使生成的 RNA 具有特殊结构，阻碍核心酶的滑行。还有一种蛋白因子，也与之结合阻碍核心酶的滑行。此时，新合成的转录本 RNA 链、核心酶、因子从 DNA 模板上释放出来，转录终止。释放的核心酶可再与因子结合，再识别起始部位，而结合另一条 RNA 链。转录作用产生的 mRNA、tRNA、rRNA 的初级转录本全部都是没有生物学活性的前体 RNA，需经过剪切、拼接、修饰等进一步加工才能变成成熟的和有活性的 RNA。

四、RNA 的复制

RNA 复制（RNA replication）是以 RNA 为模板，在 RNA 指导的 RNA 聚合酶（也称复制酶）催化作用下，酶促合成互补 RNA 链的过程。该酶底物为核苷三磷酸（NTP），合成方向也为 5′→3′方向。RNA 复制酶是病毒感染宿主细胞并在宿主细胞中产生的，有很强的模板专一性，专一性识别病毒本身的 RNA，对宿主细胞或他类病毒无法识别。作为模板的 RNA 有 3 类：正链 RNA（既可作为模板，也可以作为 mRNA）、负链 RNA（只作为模板）和双链 RNA（由正负两条链组成）。

正链 RNA 病毒侵入宿主细胞后先合成 RNA 聚合酶和复制所需的相关蛋白质，再以正链 RNA 为模板合成负链 RNA，并以负链 RNA 为模板合成病毒 RNA，如脊髓灰质炎病毒和大肠杆菌 Q_β 噬菌体；负链 RNA 病毒侵入宿主细胞后，基于病毒自身携带的 RNA 聚合酶合成正链 RNA，再以正链 RNA 为模板合成新的负链 RNA，同时，正链 RNA 合成病毒 RNA 聚合酶和复制所需的相关蛋白质，并在宿主细胞内组装成病毒粒子，如狂犬病病毒和水疱性口炎病毒；双链 RNA 病毒侵入宿主细胞后，在 RNA 聚合酶的作用下，双链 RNA 作为模板进行不对称转录，合成正链 RNA，再以正链 RNA 为模板合成负链 RNA，形成病毒 RNA 分子，同时，正链 RNA 复制出 RNA 聚合酶和复制所需的相关蛋白质，并在宿主细胞内组装形成病毒粒子，如呼肠孤病毒。

任务四　蛋白质翻译、转运与加工

蛋白质翻译是指以 mRNA 为模板合成蛋白质的过程。mRNA 的碱基序列决定蛋白质中氨基酸的顺序。蛋白质翻译是以氨基酸为原料、以 mRNA 为模板、以 tRNA 为运载工具、以核糖体为合成场所，在蛋白因子参与下经过起始、延长和终止各阶段加工成为有活性蛋白质的过程。真核生物和原核生物的蛋白质翻译过程分为 3 个阶段，即起始阶段（initiation）、延伸阶段（elongation）和终止阶段（termination）。起始是核糖体与 mRNA 结合，延伸是氨基酸的连续加入，终止是指新肽链的释放。在翻译过程中，核糖体从开放可读的阅读框架 5′-AUG 开始向 3′端阅读 mRNA 上的三联体密码子（表 12-4），直到阅读到终止密码子蛋白质翻译即终止，蛋白质（多肽）链的合成是由 N 端向 C 端延伸。终止密码子前一位的三联体密码子为蛋白质的 C 端氨基酸。

表 12-4　遗传三联体密码子表

第一个核苷酸 5′	第二个核苷酸				第三个核苷酸 3′
	U	C	A	G	
U	UUU 苯丙氨酸 UUC 苯丙氨酸 UUA 亮氨酸 UUG 亮氨酸	UCU 丝氨酸 UCC 丝氨酸 UCA 丝氨酸 UCG 丝氨酸	UAU 酪氨酸 UAC 酪氨酸 UAA 终止密码子 UAG 终止密码子	UGU 半胱氨酸 UGC 半胱氨酸 UGA 终止密码子 UGG 色氨酸	U C A G
C	CUU 亮氨酸 CUC 亮氨酸 CUA 亮氨酸 CUG 亮氨酸	CCU 脯氨酸 CCC 脯氨酸 CCA 脯氨酸 CCG 脯氨酸	CAU 组氨酸 CAC 组氨酸 CAA 谷氨酰胺 CAG 谷氨酰胺	CGU 精氨酸 CGC 精氨酸 CGA 精氨酸 CGG 精氨酸	U C A G
A	AUU 异亮氨酸 AUC 异亮氨酸 AUA 异亮氨酸 AUG 甲硫氨酸	ACU 苏氨酸 ACC 苏氨酸 ACA 苏氨酸 ACG 苏氨酸	AAU 天冬酰胺 AAC 天冬酰胺 AAA 赖氨酸 AAG 赖氨酸	AGU 丝氨酸 AGC 丝氨酸 AGA 精氨酸 AGG 精氨酸	U C A G
G	GUU 缬氨酸 GUC 缬氨酸 GUA 缬氨酸 GUG 缬氨酸	GCU 丙氨酸 GCC 丙氨酸 GCA 丙氨酸 GCG 丙氨酸	GAU 天冬氨酸 GAC 天冬氨酸 GAA 谷氨酸 GAG 谷氨酸	GGU 甘氨酸 GGC 甘氨酸 GGA 甘氨酸 GGG 甘氨酸	U C A G

一、氨基酸的活化

氨基酸的活化是指氨基酸的 α-羧基与特异性的 tRNA 3′的 CCA-OH 缩合形成氨酰 tRNA 的过程，反应由氨酰 tRNA 合成酶催化。该反应分为两个步骤，首先，氨酰 tRNA 合成酶识别催化底物氨基酸及 ATP，氨基酸的羧基与 AMP 磷酸形成酯键，生成氨酰 AMP-E 中间复合物，并释放出 1 分子 PPi。随后，氨酰 AMP-E 中间复合物与 tRNA 作用生成氨酰 tRNA，并重新释放出

AMP 和氨酰 tRNA 合成酶。见图 12-9。

氨基酸与 tRNA 正确结合是保证翻译正确性的前提和关键步骤，氨酰 tRNA 合成酶在其中起关键作用。氨酰 tRNA 合成酶存在于细胞质中，对氨基酸和 tRNA 有高度专一性。此外，氨酰 tRNA 合成酶还具有校正活性，即酯酶活性，能将错配的氨基酸水解下来，再换上正确的氨基酸。

二、合成阶段

蛋白质生物合成早期以大肠杆菌无细胞体系进行研究，大肠杆菌蛋白质翻译体系研究得比较透彻，所以以原核生物为例介绍蛋白质的合成过程。蛋白质翻译过程分为起始、延伸和终止三个阶段。

1. 起始阶段

起始阶段是指 mRNA、起始氨酰 tRNA 分别与核糖体结合形成翻译起始复合体的过程。翻译起始是整个蛋白质翻译过程的限速步骤。起始阶段需要游离核糖体大小亚基、mRNA 5′端起始密码子-AUG、起始氨酰 tRNA、三种可溶性起始因子、GTP 供能以及 Mg^{2+} 等物质。起始因子是一类非核糖体蛋白质，参与原核蛋白质合成的起始。原核生物有 3 类起始因子，即 IF_1、IF_2 和 IF_3。IF_1 是增加 IF_2 和 IF_3 活性。IF_2 是使 fMet-tRNA^{fMet} 选择性地与 30S 亚基结合，需 GTP。IF_3 是促使 30S 亚基与 mRNA 起始部位连接，阻止 30S 亚基与 50S 亚基的结合。

首先，IF_3 与游离的 30S 亚基结合。其次，IF_3-30S 与 mRNA 结合成 IF_3-30S-mRNA 复合物。在 IF_2 和 GTP 的帮助下，fMet-tRNA^{fMet} 结合到 mRNA-30S 复合物中，释放 IF_3，形成 30S 起始复合物。30S 起始复合物与 50S 亚基结合，释放 IF_2，并把 GTP 水解成 GDP 和 Pi，组装成 70S 起始复合物。此时 mRNA 起始密码和甲酰蛋氨酰-tRNA 处于大亚基的肽酰位，mRNA 的第二个密码处于氨酰位。见图 12-10。

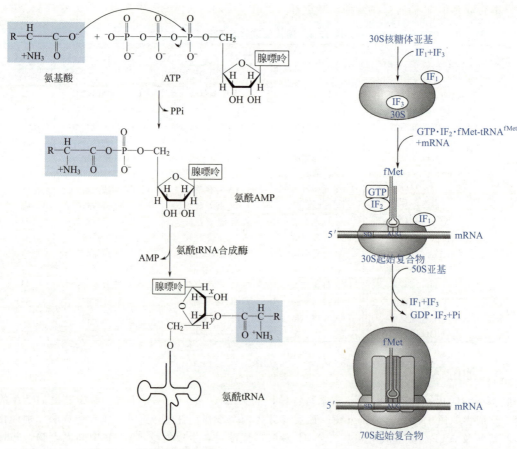

图 12-9　氨基酸活化过程　　　　图 12-10　70S 起始复合物的形成过程

2. 肽链的延伸

核糖体在起始因子的协助下形成起始复合物，核糖体的 P 位被 fMet-tRNA^{fMet} 占据，此后氨基酸按 mRNA 的密码子排列顺序进入 A 位并陆续结合上去。每添加一个氨基酸，肽链就延长一个氨基酸，完成一个循环，每次循环增加一个氨基酸，包括三步（进位、成肽、移位），每步都是在延长因子 EF-T（EF-Tu，EF-Ts）和 EF-G 下完成。通过进位、转肽、移位不断重复进行，使肽链合成按 mRNA 上的密码子顺序不断延长。见表 12-5。

表 12-5 肽链合成的延长因子

原核延伸因子	生理功能
EF-Tu	促进氨酰 tRNA 进入核糖体 A 位；具有 GTP 酶活性
EF-Ts	调节亚基，促进 EF-Tu 新生
EF-G	具有转位酶活性，促进肽酰 tRNA 由 A 位移到 P 位；具有 GTP 酶活性，为核糖体向 mRNA 5′端移动及卸载 tRNA 释放供能

3. 肽链合成的终止

当 mRNA 上终止信号（终止密码 UAA、UAG、UGA）出现后，多肽链合成停止，肽链从肽酰 tRNA 中释出，mRNA、核蛋白体等分离，这些过程称为肽链合成终止。需相应的蛋白因子（释放因子有 RF_1、RF_2 和 RF_3 三种，其中 RF_1 识别 UAA 和 UAG，RF_2 识别 UAA 和 UGA，RF_3 负责激活 RF_1 和 RF_2）参与。

4. 蛋白质合成的抑制剂

原核生物蛋白质合成抑制剂主要是一些抗生素，如嘌呤霉素、氯霉素、四环素、链霉素、新霉素、卡那霉素等，可用作治疗细菌感染的药物。真核生物蛋白质合成抑制剂主要是亚胺环己酮，与 80S 核糖体结合。另外，白喉毒素也是一种毒性很强的蛋白质合成抑制剂，是已知的毒性最大的毒素，只要一分子的白喉毒素就足以使真核细胞内的延伸因子 eEF-2 失活，是对真核生物有剧毒的毒素，抑制蛋白质的合成，几微克即可置人于死命。

三、蛋白质的转运

不管是真核生物还是原核生物，在细胞浆内合成的蛋白质均需定位于细胞特定的区域。蛋白质转移分为两类：翻译-转运同步进行和翻译后转运两种。分泌型蛋白质大多以同步机制转运为主。细胞器发育过程中，从细胞质进入细胞器的蛋白质主要以翻译后转运为主，参与生物膜形成的蛋白质则采取上述两种机制嵌入膜内。一般蛋白质 N 端有特异的肽序列，可引导蛋白质转运到不同的靶位置，这段序列称为信号肽（signal peptide）。分泌蛋白的主要的生理功能有：①执行抗体功能，如 IgA 等分泌型抗体，在支气管的黏液层执行抗体功能；②激素功能，如人生长激素为蛋白质类激素，由垂体分泌；③消化酶，如胰腺的外分泌部分分泌胰蛋白酶原，当运到小肠内后被激活，表现分解蛋白质的活性。

在真核细胞中，蛋白质存在非分泌途径，如线粒体蛋白、叶绿体蛋白和过氧化物体蛋白等非分泌型蛋白质，以翻译后转运机制进行蛋白质的转运，其中信号肽对跨膜转运有重要作用。

四、翻译后蛋白质前体的加工

真核生物 mRNA 翻译出来的蛋白质大多是没有功能的前体蛋白，需加工改造后才具有生理功能，主要以前体加工和蛋白质修饰等方式进行蛋白质前体的成熟加工。

肽链合成后得到的是蛋白质前体，没有活性，需经加工修饰后才会变成有活性的蛋白质，这种加工方式为后修饰加工，真核生物主要在细胞内的高尔基体、内质网等细胞器内进行。前体加工主要以氨基端和羧基端的修饰较为常见。在原核生物中几乎所有蛋白质都是从 N-甲酰甲硫氨酸开始，真核生物从甲硫氨酸开始。甲酰基经酶水解而除去，甲硫氨酸或者氨基端的一些氨基酸残基常由氨肽酶催化而水解除去，包括除去信号肽序列。部分蛋白质分子氨基端要进行乙酰化，在羧基端也要进行修饰。

蛋白质修饰方式有一级结构的加工修饰、高级结构的形成和辅基的连接等修饰手段。一级结构的加工修饰有 N 端甲酰甲硫氨酸或甲硫氨酸的切除、氨基酸的修饰（如糖基化、羟基化、磷酸化、甲酰化）、二硫键的形成等方式。高级结构的形成则包括构象的形成和亚基聚合等方式。此外，辅基的连接也是蛋白质修饰的重要方式，如血红蛋白（HbA）的聚合。

任务五 蛋白质代谢病及药物对蛋白质合成体系的影响

一、异常蛋白质与分子病

由于 DNA 分子的基因缺陷，引起 RNA 和蛋白质发生异常，这种由于内部遗传信息的改变而引起的遗传表型发生改变的变异称为突变（mutation），也称分子病。目前，已查明的因某种蛋白质缺陷或异常导致的分子病有 1400 多种。因基因突变引发的异常血红蛋白全世界就有 400 多种，其中，以镰刀型细胞贫血病较为常见。该分子病是由于血红蛋白 β 链 N 端第 6 位谷氨酸被缬氨酸取代，从而引起血红蛋白的带电特性发生改变，进而影响到血红蛋白的携氧能力，细胞脆性增加，容易发生溶血性贫血。此外，DNA 分子结构或功能异常引起酶蛋白构象的改变导致的代谢病也较为常见，因 DNA 损伤产生的肿瘤与放射病也归类到分子病。

二、药物对蛋白质合成体系的影响

病原微生物、病毒等病原体进入人体后可在体内大量增殖，病原微生物增殖需要多种蛋白质参与，进而影响人体正常代谢，并引发疾病，若能阻断病原体蛋白质合成，就可以起到抑制病原体增殖的目的。目前，抗肿瘤药物和抗生素正是基于该机制进行设计。如抗生素类药物中的氨基糖苷类、四环素类、氯霉素、红霉素等能干扰致病微生物 DNA 复制、RNA 转录和蛋白质合成，可选择性抑制或杀灭细菌和癌细胞的生长繁殖。烷化剂能与细胞中的 DNA 中鸟嘌呤发生烷化反应，并使鸟嘌呤脱落，造成 DNA 缺损，引起 DNA 复制时紊乱，也可起到抑制肿瘤细胞的作用。烷化剂属非特异性药物，对生长发育愈快的组织作用愈强，对恶性肿瘤组织有相对选择性，当然对人体生长较快的正常组织也产生抑制，引发不良反应。常用烷化剂有氮芥、环磷酰胺、洛莫司汀、噻替哌、白消安等。此外，部分中药代谢产物也能调节蛋白质代谢，从而具有抗癌作用，如甘草能抑制细菌 DNA 复制，对 RNA 转录也有抑制作用；喜树碱和羟喜树碱抑制癌细胞的 DNA 的合成，长春碱和长春新碱抑制癌细胞蛋白质的合成。近些年，紫杉醇也开发成了抑制肿瘤的药物。干扰素是病毒或干扰素诱导剂进入细胞内产生的蛋白质，具有广谱抗肿瘤活性，对肿瘤细胞有较好的抑制作用。目前，已开发出干扰素 α、β、γ、ω 4 种系列药物，用于肿瘤的抑制。干扰素对肿瘤的抑制有种属特异性，对增殖分裂盛期的肿瘤细胞也有一定的选择性。

> **知识链接**
>
> **红霉素的抗菌机制**
>
> 红霉素为大环内酯类抗生素，可与核糖核蛋白 50S 亚基相结合，抑制转位酶，影响核糖核蛋白体的移位过程，妨碍肽链增长，从而抑制细菌蛋白质合成。红霉素抗菌谱和青霉素相似，主要是对革兰阳性菌如金黄色葡萄球菌、溶血性链球菌、肺炎球菌、白喉杆菌、炭疽杆菌及梭状芽胞杆菌等均有很强的抗菌作用；对革兰阴性菌如脑膜炎球菌、淋球菌、百日咳鲍特菌、流感杆菌、布氏杆菌、部分痢疾杆菌及大肠埃希菌等也有一定的作用。

知识拓展

遗传密码的破译

20世纪60年代初，M. W. Nirenbrge 等人推断出64个密码子，并利用人工合成的多尿嘧啶核苷酸［poly(U)］为模板，在体外无细胞蛋白质合成体系中合成了多苯胺酸，从而确定 UUU 代表苯丙氨酸。其后，又用同样的方法证明了 CCC、AAA 分别代表脯氨酸和赖氨酸。另外，H. G. Khorana 等将化学合成与酶促合成巧妙地结合起来，合成含有重复序列的多核苷酸共聚物，并以此为模块确定了半胱氨酸、缬氨酸等密码子。R. W. Holley 成功地制备了一种纯的 tRNA，标示着有生物学活性的核酸的化学结构的确定。经过多位科学家的共同努力，于1966年确定了64个密码子的意义，在现代生物学研究史上写下了不朽的篇章。Nirenbreg、Khorana 和 Holley 这三位美国科学家因此共同荣获1986年诺贝尔生理医学奖。

重点小结

重　点	难　点
1. 基因是指 DNA 分子上携带着遗传信息的碱基序列片段，具有物质性和信息性双重属性，能忠实地复制自己，以保持生物的基本特征和能够"突变"。根据功能不同，可分为结构基因、调节基因、核糖体 RNA 基因和转运 RNA 基因。 2. 遗传信息传递中心法则：通过 DNA 复制以亲代的 DNA 分子为模板把亲代细胞所含的遗传信息忠实地传递给两个子代细胞。在子代细胞的生长发育过程中，这些遗传信息通过转录以 DNA 为模板合成出相应的 mRNA，再由 RNA 通过翻译即在 RNA 的控制下，转变成具有特定氨基酸序列的蛋白质多肽链。 3. DNA 在复制时，两条链解开分别作为模板，在 DNA 聚合酶的催化下按碱基互补的原则合成两条与模板链互补的新链，以组成新的 DNA 分子。这样新形成的两个 DNA 分子与亲代 DNA 分子的碱基顺序完全一样。由于子代 DNA 分子中一条链来自亲代，另一条链是新合成的，因此这种复制方式称为半保留复制。复制的意义在于保证遗传信息传递的忠实性、稳定性，保证遗传与变异的统一。复制分起始、延伸及终止三个阶段。主要酶和蛋白因子有 DNA 聚合酶、解旋酶、解链酶、DNA 结合蛋白（SSB）、引物酶、RNA 引物、RNA 酶和 DNA 连接酶等。 4. DNA 的损伤（突变）与修复：某些物理、化学因子，如紫外线、电离辐射和化学诱变剂等，都会引起生物突变和致死的作用，其机理是作用于 DNA，造成 DNA 结构和功能的破坏，称为 DNA 的损伤。突变的类型有点突变和移码突变。修复途径有光复活修复系统、切除修复系统、重组修复系统、错配修复系统、SOS 修复系统等。 5. RNA 合成有两种方式：一是 DNA 指导的 RNA 合成，此为生物体内的主要合成方式；另一种是 RNA 指导的 RNA 合成，常见于病毒。转录过程可以分成转录起始、RNA 延伸和转录终止3个阶段。	1. 结构基因是指能决定某种蛋白质或多肽链分子结构的基因，结构基因的突变可导致特定蛋白质或多肽链一级结构发生改变，从而影响这些生物大分子的功能；调节基因是指某些可调节结构基因表达的基因。调节基因的突变可影响一个或多个结构基因的表达，或导致一个或多个蛋白质（或多肽链）生物学功能的改变；核糖体 RNA 基因与转运 RNA 基因只转录产生相应的 RNA，不直接翻译出蛋白质。 2. DNA 复制分为复制起始、复制延伸和复制终止三个阶段。复制起始由预引发和引发2步构成。预引发包括解旋解链形成复制叉和引发体组装。复制延伸是在多种酶和蛋白质参与下形成复制叉后，DNA 聚合酶催化 DNA 新生链形成，dNTP 以 dNMP 的方式逐个加到引物或延长中的子链中，其化学本质是磷酸二酯键的不断生成。DNA 片段合成至一定长度后，RNA 酶将链中的 RNA 引物水解去除，RNA 引物除去后，在冈崎片段间便留下了间隙，在 DNA 聚合酶催化下又合成 DNA 进行填补。在 DNA 连接酶的催化下，形成最后一个磷酸酯键，将冈崎片段连接起来，形成完整的 DNA 长链，即 DNA 复制终止。 3. 逆转录又称反转录，是以 RNA 为模板，以 dNTP 为原料，在逆转录酶的催化下合成 DNA 的过程。 4. RNA 复制是以 RNA 为模板，在 RNA 指导的 RNA 聚合酶（也称复制酶）催化作用下，酶促合成互补 RNA 链的过程。作为模板的 RNA 有3类：正链 RNA（既可作为模板，也可以作为 mRNA）、负链 RNA（只作为模板）和双链 RNA（由正负两条链组成）。正链 RNA 病毒如脊髓灰质炎病毒和大肠杆菌 Q_β 噬菌体；负链 RNA 病毒如狂犬病病毒和水疱性口炎病毒；双链 RNA 病毒如呼肠孤病毒。

重　点	难　点
6.蛋白质翻译是指以 mRNA 为模板合成蛋白质的过程。mRNA 碱基序列决定蛋白质中氨基酸的顺序。是以氨基酸为原料、以 mRNA 为模板、以 tRNA 为运载工具、以核糖体为合成场所,在蛋白因子参与下经过起始、延长和终止各阶段加工成为有活性蛋白质的过程。蛋白质翻译过程分为起始阶段、延伸阶段和终止阶段	5.蛋白质修饰方式有一级结构加工修饰、高级结构形成和辅基连接等修饰手段。一级结构的加工修饰有 N 端甲酰甲硫氨酸或甲硫氨酸的切除、氨基酸修饰(如糖基化、羟基化、磷酸化、甲酰化)、二硫键的形成等方式。高级结构形成则包括构象的形成和亚基聚合等方式。辅基的连接也是蛋白质修饰的重要方式,如血红蛋白(HbA)的聚合。 6.DNA 分子基因缺陷可引起 RNA 和蛋白质发生异常,这种由于内部遗传信息的改变而引起的遗传表型发生改变,称为分子病。DNA 分子结构或功能异常引起酶蛋白构象的改变导致的代谢病也较为常见,因 DNA 损伤产生的肿瘤与放射病也归类到分子病

 课后习题

一、名词解释

结构基因、调节基因、半保留复制、中心法则、DNA 突变、RNA 复制。

二、简答题

1. 什么是基因?基因根据其功能不同,可细分为哪些基因?
2. 何谓 DNA 的半保留复制?简要说明其主要过程。
3. 请简要说明 RNA 的逆转录合成。
4. 引起 DNA 突变的因素有哪些?生物体内有哪些修复机制?
5. 简要说明 RNA 复制的基本过程。
6. 试述蛋白质生物合成的基本过程。

三、选择题

1. 蛋白质合成所需的能量来自(　　)。
   A. ATP　　　　B. GTP　　　　C. ATP 和 GTP　　　　D. CTP
2. 细胞内编码 20 种氨基酸的密码子总数为(　　)。
   A. 16　　　　B. 64　　　　C. 20　　　　D. 61
3. 下列不是终止密码子的是(　　)。
   A. UAA　　　　B. UAC　　　　C. UAG　　　　D. UGA
4. 以 mRNA 为模板合成蛋白质的过程是(　　)。
   A. 复制　　　　B. 转录　　　　C. 翻译　　　　D. 逆转录
5. 遗传密码共有(　　)。
   A. 3 种　　　　B. 20 种　　　　C. 61 种　　　　D. 64 种
6. 下列属于起始密码子的是(　　)。
   A. GUA　　　　B. AUG　　　　C. UAA　　　　D. UAG
7. 作为氨基酸转运工具的是(　　)。
   A. mRNA　　　　B. tRNA　　　　C. rRNA　　　　D. DNA
8. rRNA 的主要功能是(　　)。
   A. 作为蛋白质生物合成直接模板
   B. 转运氨基酸的工具

C. 参与构成核糖体，作为蛋白质生物合成的场所
D. 遗传信息的载体
9. 每新生成一个肽键所消耗的高能键的个数为（　　）。
A. 1　　　　　　B. 2　　　　　　C. 3　　　　　　D. 4
10. 能识别 mRNA 分子上的密码子 UAC 的反密码子是（　　）。
A. AUG　　　　B. CAU　　　　C. UGC　　　　D. GUA

选择题答案：
1—5：CDBCD　6—10：BBCDD

项目十三 肝脏生物化学

> **要点导航**
>
> **掌握**：生物转化的概念和意义；胆色素的代谢。
> **熟悉**：肝在物质代谢中的作用；胆汁酸的代谢。
> **了解**：黄疸的形成机制；不同类型黄疸血、尿、粪的指标特征。

> **导学案例**
>
> 张先生，50岁，企业营销骨干，长期以来在工作中需陪客户喝酒。三个月前明显感觉肚子胀，腹部隐隐作痛，且伴有乏力、厌油、腹泻等，最近出现水肿、巩膜黄染、排黑便。经医院诊断为晚期的酒精性肝硬化，半年后去世。请思考：乙醇等物质在体内怎样进行代谢转变？肝脏发生疾病时为什么会出现黄疸？酒精性肝硬化又是如何形成的呢？

肝是人体内最大的实质性器官，同时也是人体内最大的腺体。肝脏的功能与它的组织结构和化学组成特点密不可分。肝脏具有复杂多样的生物学功能，不仅在机体的糖类、脂类、蛋白质、维生素、激素及药物等物质代谢中处于中心地位，还具有分泌、排泄、生物转化等重要生理功能。因此，肝脏被称为"物质代谢中枢"。

任务一 肝在物质代谢中的作用

一、肝在物质代谢中的作用

（一）肝在糖代谢中的作用

肝脏的糖代谢不仅为自身的生理活动提供能量，还能为其他器官提供葡萄糖，是维持血糖相对恒定的主要器官。通过糖原的合成、糖原的分解和糖异生这3种作用维持血糖水平在正常范围以保障全身各组织，特别是脑和红细胞的能量供应。正常情况下，机体主要依靠激素调节，使血糖的来源与去路处于动态平衡。饱餐状态下，血糖浓度升高，肝脏利用血液中大量的葡萄糖合成糖原贮存起来，每1kg肝可贮藏65g糖原。过多的血糖还可以转变为脂肪等，从而降低血糖浓度。在空腹状态下，肝糖原可分解生成葡萄糖并释放入血以补充血糖供中枢神经系统和红细胞等利用。饥饿状态下，肝糖原几乎被耗尽，肝脏可利用甘油、乳酸、丙酮酸等非糖物质通过糖异生途径转化为葡萄糖以补充血糖，空腹24～48h糖异生可达最大反应速度，其主要原料氨基酸来自肌蛋白质的分解。此时，肝脏还将脂肪动员所释放的脂肪酸氧化成酮体，供大脑利用以节省葡萄糖的消耗。当肝细胞受损时，肝糖原合成与分解及糖异生途径受阻，可出现耐糖能力下降，餐后或输入葡萄糖后出现高血糖，空腹或饥饿时易发生低血糖。

（二）肝在脂类代谢中的作用

肝脏在脂类代谢中占据重要位置，肝细胞可合成并分泌胆汁酸以帮助脂类消化和吸收。肝脏也是体内产生酮体的主要器官。肝脏在脂类消化、吸收、分解、合成及运输等代谢过程中均起重要作用。

1. 促进脂类物质的消化和吸收

肝细胞合成并分泌的胆汁酸盐能将脂类物质乳化为微小乳滴，有助于脂类物质的消化吸收。肝胆疾病时脂类消化吸收障碍，可出现厌油腻食物、脂肪泻等症状。

2. 肝脏是甘油三酯代谢的主要场所，也是酮体生成的唯一器官

肝脏主要通过氧化脂肪酸释放的能量满足自身需要。空腹、饥饿状态下，肝细胞脂肪酸 β-氧化加强，产生大量乙酰 CoA 并经三羧循环彻底氧化放能以供肝脏利用，大部分乙酰 CoA 在肝合成酮体释放入血，供脑、肌肉等肝外组织摄取利用。肝也是合成脂肪酸、甘油三酯的主要部位。肝脏氧化脂肪酸的能力有限，但酯化脂肪酸的能力很强。饱食状态下，肝脏可将大量糖及一些氨基酸分解产生的乙酰 CoA 合成脂肪酸，进一步合成甘油三酯贮存于脂库，也可将外源脂肪酸合成甘油三酯、磷脂和胆固醇。肝脏合成的甘油三酯与胆固醇及磷脂一起组成极低密度脂蛋白（very low density lipoprotein，VLDL）释放入血，供肝外组织利用或储存。肝脏合成甘油三酯的量超过其合成与分泌 VLDL 的能力，甘油三酯便积存于肝内，约 50% 的肥胖都在肝内有少量脂肪堆积，且较为常见。脂肪肝多见于内分泌疾病，糖尿病常有不同程度的脂肪堆积。

3. 肝是胆固醇合成及转化的主要场所

肝脏在胆固醇代谢中起着重要作用。肝是合成胆固醇最活跃的部位，其合成量占全身合成总量的 3/4 以上，是空腹时血浆胆固醇的主要来源；同时，在肝脏合成胆汁酸是胆固醇转化与排泄的主要途径，部分胆固醇也可溶于胆汁，经肠道排泄。因此，肝脏是维持机体胆固醇平衡的主要器官。粪便中的胆固醇除来自肠黏膜脱落细胞外，均来自肝。胆汁酸的生成是肝降解胆固醇的最重要途径。肝损害和胆管阻塞时均可出现脂类的消化和吸收不良，产生厌油腻和脂肪泻等症状。

4. 肝在脂蛋白的合成及代谢过程中发挥重要作用

肝是合成 VLDL 及高密度脂蛋白（high density lipoprotein，HDL）的主要部位，还合成分泌卵磷脂胆固醇脂酰转移酶（lecithin-cholesterolacyltransferase，LCAT），促进 HDL 对胆固醇的转运，许多载脂蛋白（如 apoA、apoB、apoC、apoE 等）由肝合成。

另外，肝脏也是合成磷脂最活跃的器官。磷脂是血浆脂蛋白的重要成分，当肝功能障碍或磷脂合成原料缺乏时，肝内磷脂合成减少，VLDL 减少，导致脂肪运输障碍而在肝中堆积引起脂肪肝。

 知识链接

脂肪肝

脂肪肝（fatty liver）是指由于各种原因引起的肝细胞内脂肪堆积过多的病变，是一种常见的肝脏病理改变，而非一种独立的疾病。脂肪性肝病正严重威胁人类健康，成为仅次于病毒性肝炎的第二大肝病，发病率在不断升高，且发病年龄日趋年轻化。正常人肝组织中含有少量的脂肪，如甘油三酯、磷脂、糖脂和胆固醇等，其重量约为肝重量的 3%～5%，如果肝内脂肪蓄积太多，超过肝重量的 5% 或在组织学上肝细胞 50% 以上有脂肪变性时，就可称为脂肪肝，其临床表现轻者无症状，重者病情凶猛。一般而言，脂肪肝属可逆性疾病，早期诊断并及时治疗常可恢复正常。目前认为脂肪肝的形成与肥胖、酒精、快速减肥、营养不良、糖尿病、药物、妊娠等因素有关。通过合理膳食、适当运动、慎用药物及保持心情开朗等可以进行干预。

（三）肝脏在蛋白质代谢中的作用

肝细胞可合成几乎所有的血浆蛋白质，肝脏也是清理氨基酸代谢产物的重要器官，在蛋白质合成、分解及氨基酸代谢中起重要作用。

1. 肝脏是合成血浆蛋白质的重要器官

肝脏除了合成其自身所需的蛋白质和酶外，还可合成和分泌大部分血浆蛋白质。血浆中清蛋白、凝血因子Ⅰ、凝血酶原和多种载脂蛋白均由肝细胞合成，除γ-球蛋白由浆细胞合成外，大部分的α-球蛋白和β-球蛋白也是由肝细胞合成的。肝脏分泌蛋白质的速度主要取决于其合成速度。其中，血浆清蛋白、粘连蛋白和$α_1$-蛋白酶抑制物分泌速度最快。清蛋白从合成到分泌仅需20～30min，成人肝每日可合成12g清蛋白，约占全身总蛋白量的1/20，几乎占肝蛋白质合成量的1/4。血浆中清蛋白是许多脂溶性物质（如游离脂肪酸、胆红素等）的非特异性运输载体，在维持血浆胶体渗透压方面起着重要作用。肝功能严重受损时，主要是清蛋白合成减少，而免疫刺激浆细胞合成γ-球蛋白往往增加，导致血浆清蛋白与球蛋白比值（A/G）下降甚至倒置。血浆清蛋白减少，引起血浆胶体渗透压降低而出现组织水肿或腹水等症状；凝血酶原、凝血因子Ⅰ等凝血因子合成减少，导致凝血时间延长和出血倾向。

胎儿肝脏可合成一种与血浆清蛋白分子量相似的甲胎蛋白，胎儿出生后其合成受到抑制，正常人血浆很难检出。肝癌时，癌细胞中甲胎蛋白基因失去阻遏，血浆中可能再次检出此种蛋白质，对肝癌的诊断有一定意义。

 知识链接

甲胎蛋白

甲胎蛋白（AFP）是一种糖蛋白，它属于白蛋白家族，主要由胎儿肝细胞及卵黄囊合成。甲胎蛋白在胎儿血液循环中具有较高的浓度，出生后则下降，至出生后2～3月甲胎蛋白基本被白蛋白替代，血液中较难检出，故在成人血清中含量极低。甲胎蛋白具有很多重要的生理功能，包括运输功能、作为生长调节因子的双向调节功能、免疫抑制、T淋巴细胞诱导凋亡等。甲胎蛋白与肝癌及多种肿瘤的发生发展密切相关，在多种肿瘤中均可表现出较高浓度，可作为多种肿瘤的阳性检测指标。目前临床上主要作为原发性肝癌的血清标志物，用于原发性肝癌的诊断及疗效监测。血清甲胎蛋白含量正常参考值为<25μg/L（25ng/mL）。成人60%～70%原发性肝癌患者AFP含量增高，睾丸癌、卵巢肿瘤、恶性畸胎瘤、胰腺癌、胃癌、肠癌、肺癌等患者AFP含量也增高。急慢性肝炎、肝硬化等良性肝病患者血清AFP水平有不同程度升高，但大多低于1000μg/L，其升高与肝细胞坏死和再生程度有关。

2. 肝是氨基酸分解代谢的主要器官

除了支链氨基酸（亮氨酸，异亮氨酸和缬氨酸）主要在肌肉进行分解代谢外，其余氨基酸主要在肝细胞完成分解代谢。肝细胞含有丰富的与氨基酸代谢有关的酶类，如多种氨基转移酶。当肝细胞受损时，细胞内酶释放入血，致使血浆中谷丙转氨酶（ALT）活性明显增高，这是临床上诊断肝病的重要指标之一。

 知识链接

谷丙转氨酶

谷丙转氨酶（ALT）主要存在于各种细胞中，尤以肝细胞为最，整个肝脏内转氨酶含量约为血中含量的100倍。正常时，只要少量释放入血中，血清中ALT酶的活性即可明显升高。在各种病毒性肝炎的急性期、药物中毒性肝细胞坏死时，ALT大量释放入血中，因此，它是诊断病毒性肝炎、中毒性肝炎的重要指标。肝细胞内谷丙转氨酶的浓度比血清高1000～3000倍。只要有1%的肝细胞坏死，便可使血中酶活性增高1倍，因此，转氨酶（尤其是 ALT）是急性肝细胞损害的敏感标志。正常参考值为 0～40U/L。ALT 主要存在于肝脏、心脏组织细胞中，当这些组织发生病变时，该酶活力增多。一般以 ALT 超过正常参考值上限 2.5 倍，持续异常超过半个月，作为诊断肝炎的标准。肝外许多因素可引起血清 ALT 活性增高，如营养不良、酗酒、心肌病、脑血管病、骨骼肌疾病、传染性单核细胞增多症和胰腺炎等。此外，某些对肝脏有毒性的药物和毒物，如氯丙嗪、异烟肼、奎宁、水杨酸制剂、氨苄西林、四氯化碳、有机磷等亦可导致血清 ALT 活性增高。

3. 肝脏是合成尿素和解除氨毒的主要器官

肝脏是合成尿素的最主要器官，通过鸟氨酸循环将氨基酸代谢产生的有毒的氨转变为无毒的尿素，经泌尿系统排出体外，从而解除了游离氨的毒性。肝是清除血氨的主要器官。每日食 100g 蛋白质的老年人每日排氮 16.5g，其中 80%～90% 以尿素形式排入尿中。当肝功能严重受损时，肝合成尿素能力明显下降，使血氨浓度升高，可引起肝性脑病。

在肠道细菌的氨基酸脱羧酶作用下，芳香族氨基酸可脱羧生成相应的芳香胺类，如酪胺。正常情况下，由肠道进入机体的大部分芳香胺类可被肝细胞线粒体的单胺氧化酶氧化分解。在严重肝病时，进入机体的芳香胺类不能得到清除，在大脑可取代正常的神经递质，引起神经活动的紊乱，这些芳香胺类称为假神经递质。

二、肝在维生素和激素代谢中的作用

（一）肝脏在维生素代谢中的作用

肝脏在维生素的吸收、储存、运输和转化等方面也有重要作用。肝脏合成和分泌的胆汁酸可促进维生素 A、D、E、K 的吸收。肝脏内可储存多种维生素，肝胆疾病患者常伴有脂溶性维生素吸收障碍。血浆中的维生素 A 与视黄醇结合蛋白、清蛋白以 1∶1∶1 结合而运输。视黄醇结合蛋白由肝脏合成。肝细胞疾病、锌缺乏和蛋白质营养障碍均可使该结合蛋白合成减少，造成血浆中维生素 A 水平降低。肝脏也是很多 B 族维生素转化为相应辅酶或辅基最为活跃的器官。

（二）肝脏在激素代谢中的作用

肝脏是激素灭活和排泄的主要器官。许多激素在发挥其调节作用之后，主要在肝中转化降解而失去活性，此过程称为激素的灭活。激素灭活的产物随尿液或胆汁排出体外。当肝功能严重受损时，对激素的灭活能力降低，导致多种激素在体内堆积，引起代谢紊乱，如雌激素增多可出现男性乳房增生、蜘蛛痣、肝掌（雌激素对小血管的扩张作用）等症状；醛固酮、血管升压素增多可引起高血压及水钠潴留等现象。

 知识链接

蜘蛛痣与肝掌

慢性肝炎和肝硬化的患者脸部、颈部、手部经常发现有一种形态很像蜘蛛网样的痣，痣的中心是一个小红点，周围放射出许多细小的红丝，整个直径约 0.2～2cm，这种痣称为蜘蛛痣。肝掌的发生原因与蜘蛛痣一样，表现为肝病患者手掌的大、小鱼际及手指掌面、手指基部呈现的粉红色（融合或未融合）胭脂样斑点，压之褪色，久者可形成紫褐色，如仔细观察可见许多星星点点扩张连成片的小动脉。肝掌也随肝功能好转而减轻或消失。

三、肝脏在药物代谢中的作用

肝脏也是药物代谢的重要器官。进入人体的药物的生物转化主要在肝脏中进行，如药物的氧化反应大多在肝细胞微粒体中进行。药物代谢酶主要分布在肝细胞微粒体，催化药物多种类型的氧化、偶氮或硝基的还原、酯或酰胺的水解、甲基和葡萄糖醛酸（简称葡糖醛酸）结合反应等。药物在体内经生物转化后，其药理活性减弱或消失（药物失活），或毒性多数会降低。有药理活性或毒性基本不变或反而增高的现象，如低抗菌活性的百浪多息经生物转化后可生成高抗菌活性的磺胺。因此，肝脏对药物的转化作用不能简单理解为"解毒"作用。当肝脏功能受损时，肝的生物转化能力减弱，药物代谢速率降低，可造成药物在体内蓄积，引起 A 型药物不良反应（如呕吐、腹泻、粒细胞和血小板减少、运动失调、眼球震颤和昏睡）。

任务二　肝脏的生物转化作用

一、生物转化的概念及反应类型

（一）生物转化的概念及生理意义

机体将非营养物质经代谢转变，增强极性和提高水溶性，并排出体外的过程称为生物转化。人体内某些物质既不参与机体构成，又不能氧化供能，且其中许多物质对机体有一定的异常生物活性或毒性作用，这类物质常称为非营养物质。非营养物质多呈脂溶性，体内蓄积过多对人体有害，经生物转化作用可促其排出体外，按其来源分为内源性和外源性两类。内源性非营养物质包括体内代谢物（如胺类、胆红素等）等对机体有毒性的物质或中间代谢物，以及有待灭活的激素和神经递质等。外源性非营养物质是由外界进入体内的异源性物质，如药物、毒物、环境污染物和食品添加剂等，以及肠道吸收的细菌腐败作用产物，如胺、酚、吲哚等。

肝脏是人体生物转化的最主要器官，其他组织（如肾、肺、皮肤、胎盘和胃肠道）也具有一定生物转化功能，但肝脏生物转化效率最高，也最为重要。肝脏生物转化的生理意义在于：①通过生物转化作用使非营养物质活性降低或丧失（灭活），或使有毒物质毒性降低或解除；②通过生物转化作用增大非营养物质的水溶性，以易于从胆汁或尿液排出。需指出的是，有些物质经肝脏生物转化后，其毒性反而增加或溶解性反而降低，不易排出体外，而有的药物如环磷酰胺、百浪多息、水合氯醛、硫唑嘌呤和中药大黄等经生物转化才能成为有活性药物。

（二）肝脏生物转化反应类型

肝脏生物转化类型涉及的化学反应有氧化、还原、水解和结合反应。其中，氧化反应、还原反应、水解反应称为第一相反应，结合反应称为第二相反应。许多营养物质经过第一相反应极性增加后即可大量排出体外，但有的物质还需再进行第二相反应，须与葡糖醛酸和硫酸等极性更强的物质结合，以进一步提高溶解度后才能排出体外。

1. 氧化反应

肝细胞的微粒体、线粒体和胞质中含有不同的氧化酶，可催化不同类型的氧化反应。

（1）加单氧酶系　此酶系存在于肝细胞线粒体中，可催化多种化合物羟化，如维生素 D_3、胆汁酸和类固醇激素等，不仅能增加药物或毒物的水溶性以有利于排泄，还能参与体内许多重要的羟化过程。

反应式为：$RH + NADPH + H^+ + O_2 \rightarrow ROH + NADP^+ + H_2O$

（2）单胺氧化酶系　该酶系存在于肝细胞线粒体中，属黄素酶类，可催化蛋白质腐败作用及一些肾上腺素使药物氧化脱氨基生成相应醛类，再进一步氧化为酸。

反应式为：$RCH_2NH_2 + O_2 + H_2O \rightarrow RCHO + NH_3 + H_2O_2$

（3）脱氢酶系　醇脱氢酶和醛脱氢酶存在于肝细胞的胞质和微粒体中，分别催化醇或醛氧化为相应的醛和酸。

反应式为：

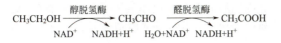

> **知识链接**
>
> **喝酒脸红与酒量**
>
> 　　肝脏中存在乙醇脱氢酶和乙醛脱氢酶。前者把酒精（乙醇）转化成乙醛，后者把乙醛转化成乙酸。乙酸再转变成二氧化碳和水。其中，乙醛毒性最大，长期大量累积容易导致肝癌。乙醛有扩张血管的作用，尤其是毛细血管，会导致人的面部潮红。不同人体内含有这两种酶的活性和数量不同。喝酒脸红是因为这些人体内有足够的乙醇脱氢酶把酒精转化成乙醛，乙醛扩张血管导致脸红，但这种人没有足够的乙醛脱氢酶或乙醛脱氢酶活性不足，大量乙醛堆积是有害的。如果两种酶都缺乏，是最危险的，喝进去的乙醇原封不动地进入血管。乙醇对血管刺激，喝酒脸不红，这种人喝到某一个点可能就能达到乙醇报警上线，机体报警即酒精中毒。

2. 还原反应

肝细胞微粒体中含有还原酶系，主要是硝基还原酶和偶氮还原酶，可催化硝基化合物和偶氮化合物还原为相应的胺类，反应时需 NADPH 或 NADH 提供氢。

硝基苯 → 亚硝基苯 → 羟胺苯 → 苯胺

3. 水解反应

肝细胞的胞质和内质网中含有酯酶、酰胺酶和糖苷酶等水解酶类，可水解酯键、酰胺键和糖苷键类化合物，以减低或消除其生物活性，如乙酰水杨酸通过水解反应生成水杨酸，阿司匹林进入体内很快酯酶水解，生成水杨酸和乙酸。

乙酰水杨酸 →(水解) 水杨酸 →(氧化) 羟基水杨酸 →(结合反应) 排出体外

4. 结合反应

第一相反应的产物可直接排出体外，也可进一步进行第二相反应生成极性更强的化合物，肝细胞中含有催化进行结合反应的酶类。含有羟基、羧基、氨基的药物、毒物或激素均可与葡糖醛酸、硫酸和谷胱甘肽等进行结合反应进行酰基化和甲基化。其中，以与葡糖醛酸的结合最普遍。

（1）葡糖醛酸结合反应　肝细胞微粒体中的葡糖醛酸基转移酶以尿苷二磷酸葡糖醛酸（UDPGA）为供体，催化葡糖醛酸基转移到醇、酚、胺及羧酸类化合物的羟基、羧基及氨基上，生成葡糖醛酸苷。苯酚的反应式如下：

苯酚 + UDPGA →(葡萄糖醛酸基转移酶) 苯-β-葡萄糖醛酸苷 + UDP

（2）硫酸结合反应　肝细胞胞质中的硫酸基转移酶可催化 3′-磷酸腺苷 5′-磷酸硫酸（PAPS）的硫酸基转移到醇、酚或芳香胺类等非营养物质上，生成硫酸酯。如雌酮转化为硫酸酯而灭活。反应式如下：

雌酮 →(硫酸转移酶, PAPS → PAP) 雌酮硫酸酯(灭活的雌酮)

项目十三　肝脏生物化学

(3) 乙酰基化反应　肝细胞胞质中的乙酰基转移酶以乙酰辅酶 A 为供体，催化乙酰基转移到含氨基或肼的非营养物质分子中，并与氨基或肼结合形成相应的乙酰化衍生物而灭活。如磺胺药在体内的转化反应式如下：

$$H_2N-\phi-SO_2-NH-R + H_3C-\overset{O}{\underset{\|}{C}}-SCoA \longrightarrow H_3C-\overset{O}{\underset{\|}{C}}-NH-\phi-SO_2-NH-R + CoASH$$

磺胺　　　　　　　　　　　　　　　　　　　　N-乙酰磺胺

(4) 甲基化反应　肝细胞中的各种甲基转移酶可以 S-腺苷甲硫氨酸（SAM）为供体，催化体内含有氨基、羟基、巯基的药物或某些活性物质甲基化而灭活。如儿茶酚胺和 5-羟色胺等。

(5) 甘氨酸、牛磺酸结合反应　含羧基的药物和毒物的羧基被激活为酰基 CoA 后，可与甘氨酸、牛磺酸结合生成相应的结合产物。如苯甲酸与甘氨酸结合形成马尿酸，随尿液排出体外。

(6) 谷胱甘肽结合反应　肝细胞胞质中富含谷胱甘肽 S-转移酶，可与多种环氧化合物和卤代化合物结合生成相应结合产物，主要参与对致癌物、环境污染物、抗肿瘤药物及内源性活性物质的生物转化。

二、生物转化的特点及影响因素

（一）生物转化的特点

1. 多样性和连续性

一种物质的生物转化作用往往需要连续进行几种反应，产生多种产物，这就是生物转化作用的连续性。如阿司匹林（乙酰水杨酸）进入机体后先被水解为水杨酸，然后再进行结合反应才能排出体外。同一种物质在体内可进行多种类型反应，称生物转化多样性。如水杨酸进行结合反应时，既可与葡糖醛酸结合，又可与甘氨酸结合，还可以进行氧化反应。

2. 解毒与致毒的双重性

生物转化既有解毒作用也有致毒作用。大多数物质经生物转化后其毒性减弱或消失，但有些物质经生物转化后出现毒性或毒性增强。如致癌性极强的黄曲霉毒素 B_1 在体外并没有致病性，但经肝生物转化后可与 DNA 结合而致癌。有的药物（如硫唑嘌呤等）需经生物转化才能成为有活性的药物。因此，不能将肝的生物转化简单理解为解毒作用。

（二）影响生物转化作用的因素

生物转化作用主要受年龄、性别、药物的诱导与抑制及疾病等多种因素的影响。

1. 年龄

年龄对生物转化作用有明显的影响。新生儿生物转化酶系发育不全，对药物和毒物代谢转化能力不足，易发生药物及毒物中毒。老年人因器官功能退化，生物转化能力下降，药物在体内半衰期延长，药效增强，不良反应增大。如安替比林和保泰松的半衰期在青年人体内分别为 12h 和 81h，老年人分别为 17h 和 105h。因此，老年人用药剂量应比青年人少。因此，临床上对新生儿和老年人使用药物时要特别慎重，药物用量也较青年人更少。

2. 性别

某些生物转化反应存在明显性别差异，如在女性体内醇脱氢酶的活性高于男性，女性对乙醇的处理能力比男性强；女性转化氨基比林的能力高于男性，氨基比林在女性体内的半衰期低于男性，但在妊娠晚期女性很多参与生物转化的酶活性下降，导致生物转化能力降低。

3. 药物的诱导与抑制

许多药物或毒物可诱导生物转化酶类合成，增强肝脏生物转化能力。如长期服用苯巴比妥可诱导肝微粒体加单氧酶系合成，使机体对苯巴比妥类催眠药产生一定的耐药性。苯巴比妥还可诱导肝微粒体 UDP-葡糖醛酸转移酶合成，故临床上用来治疗新生儿黄疸。由于很多物质的生物转化常受同一酶系的催化，因而同时服用几种药物时，可发生药物对酶的竞争性抑制作用，影响药物生物转化，保泰松可抑制双香豆素代谢，增强双香豆素抗凝作用，如同时服用保泰松和双香豆素，人体抗凝作用增强，易发生出血。

4. 疾病

肝实质损伤直接影响生物转化酶类合成，造成肝生物转化能力减弱，药物和毒物的摄取和灭活速度下降，药物治疗剂量和毒性剂量之间差距变小，故肝病患者用药应慎重。遗传因素也可明显影响生物转化酶活性。遗传变异可引起不同人体之间生物转化酶分子结构的差异或合成量的差异。

常吃烧烤的危害

苯并芘是一类多环芳烃，世界卫生组织（WHO）下属的国际癌症研究机构（IARC）分类定级为Ⅰ类致癌物。食物中苯并芘含量最高的是熏烤食品，如烤羊肉串、熏鱼、熏肉之类；日常炒菜、油炸、烤肉、烤鱼时也会产生苯并芘，特别是焦糊的鱼肉类食品，苯并芘含量会相当可观，同时还伴随产生杂环胺、丙烯酰胺等其他致癌物。苯并芘存在于煤、石油等燃烧产生的烟气、香烟烟雾、汽车尾气中，以及炼油、沥青、塑料等工业污水中。人体肺和消化道等组织器官密切接触苯并芘，易被诱发产生癌变。

任务三 胆汁酸的代谢

胆汁是由肝细胞分泌的一种有色液体，暂时储存于胆囊，通过胆管系统排入十二指肠。胆汁主要固体成分是胆汁酸，占固体成分的50%~70%，其他成分还有胆色素、胆固醇、磷脂、黏蛋白、无机盐、多种酶类等。胆汁酸主要以钠盐或钾盐形式存在。胆汁中除胆汁酸盐外，其他成分（如胆色素、胆固醇等）多属排泄物。按胆汁酸结构可分为游离胆汁酸和结合胆汁酸两类。游离胆汁酸包括胆酸、鹅脱氧胆酸、脱氧胆酸和少量石胆酸，这些游离胆汁酸分别与甘氨酸和牛磺酸结合可生成相应的结合胆汁酸。胆汁酸按其生成部位与顺序分为初级胆汁酸和次级胆汁酸。初级胆汁酸包括胆酸、鹅脱氧胆酸及其与甘氨酸或牛磺酸结合的产物，次级胆汁酸包括脱氧胆酸、石胆酸及其与甘氨酸或牛磺酸结合的产物。

一、胆汁酸的生成及其肠肝循环

（一）初级胆汁酸的生成

在肝细胞内，通过复杂的酶促反应将胆固醇转变生成初级胆汁酸，这是胆固醇的主要代谢途径，也是体内清除胆固醇的主要方式。胆汁酸的合成主要发生在肝细胞的微粒体和胞质中，胆固醇经胞质中的7α-羟化酶催化生成7α-羟胆固醇，再在多种酶作用下，经12α-羟化、加氢、侧链氧化断裂、加水等一系列反应生成胆酸；若不经12α-羟化，则生成鹅脱氧胆酸，二者均属于初级游离胆汁酸。初级游离胆汁酸再与甘氨酸或牛磺酸结合生成初级结合胆汁酸，包括甘氨胆酸、牛磺胆酸、甘氨鹅脱氧胆酸、牛磺鹅脱氧胆酸，并以胆汁酸钠盐或钾盐形式随胆汁入肠道。

初级胆汁酸的结构如图13-1。

胆固醇7α-羟化酶是胆汁酸合成的限速酶，糖皮质激素和生长激素可提高该酶活性，胆汁酸可反馈抑制该酶活性。甲状腺激素可诱导该酶mRNA合成，所以，甲状腺功能亢进症患者血浆胆固醇含量降低，而甲状腺功能减退症患者血浆胆固醇含量增高。

（二）次级胆汁酸的生成

进入肠道的初级胆汁酸在促进脂类物质的消化吸收后，在回肠和结肠上段受肠道细菌酶作

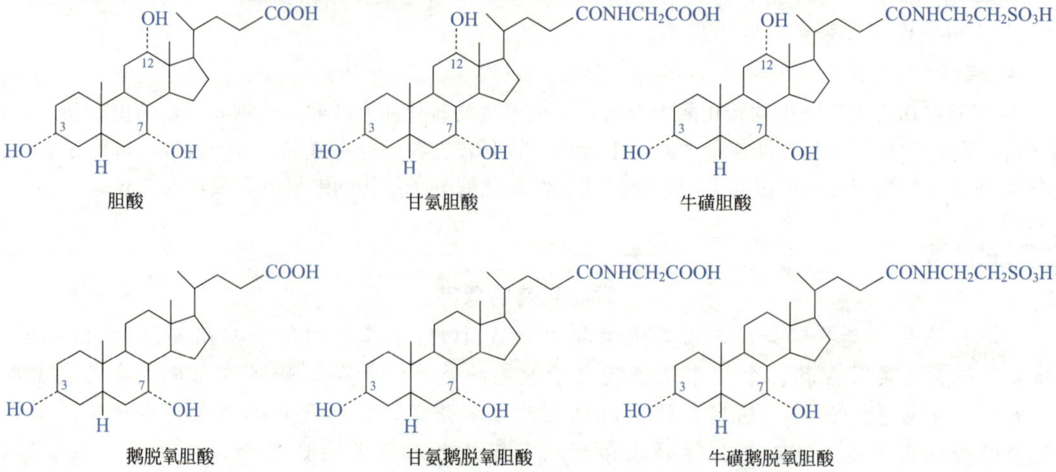

图 13-1 初级胆汁酸的结构

用，先水解脱去甘氨酸或牛磺酸，再脱去 7α-羟基，生成次级游离胆汁酸，即胆酸脱去 7α-羟基生成脱氧胆酸，鹅脱氧胆酸脱去 7α-羟基生成石胆酸。次级游离胆汁酸的生成如图 13-2。

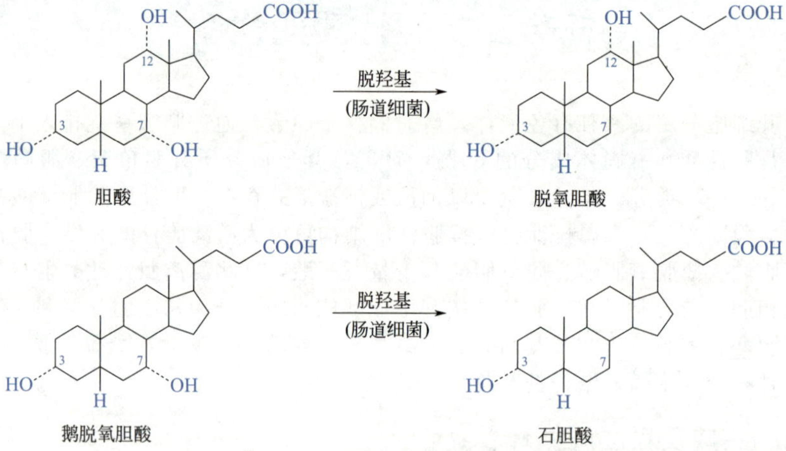

图 13-2 次级游离胆汁酸的生成

石胆酸溶解度小，绝大部分随粪便排出体外。这两种次级游离胆汁酸可经肠肝循环被重吸收入肝，在肝细胞中与甘氨酸或牛磺酸结合生成次级结合胆汁酸，包括甘氨脱氧胆酸、牛磺脱氧胆酸、甘氨石胆酸、牛磺石胆酸，后两者含量极少。次级结合胆汁酸以胆盐形式随胆汁进入胆囊储存。

各种胆汁酸的转化及关系如图 13-3 所示。

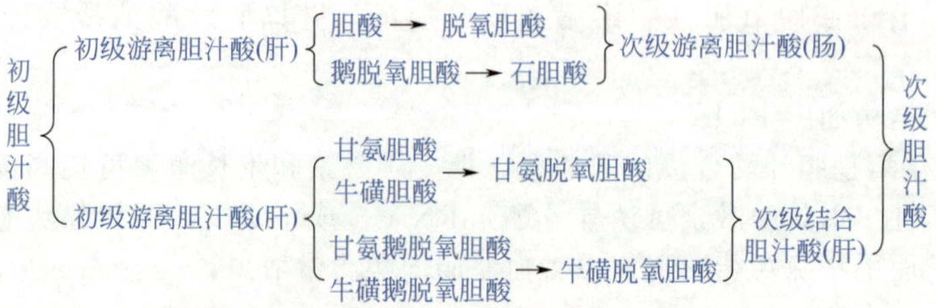

图 13-3 各种胆汁酸的关系与转化

> **知识链接**
>
> **熊脱氧胆酸**
>
> 肠道细菌除可将初级胆汁酸转化为脱氧胆酸和石胆酸外，还可将鹅脱氧胆酸 7α-羟基转变为 $7-\beta$ 羟基，生成一种特殊次级游离胆汁酸——熊脱氧胆酸。熊脱氧胆酸在体内胆汁酸池中含量非常低，但有一定的药理学作用。其亲水性较强，去垢性差，具有抗氧化应激作用，或降低慢性肝炎和肝内胆汁酸潴留所引起的肝损伤。

（三）胆汁酸的肠肝循环及生理意义

进入肠道的胆汁酸大部分（约 95%）可被肠道重吸收，其余随粪便排出（主要为石胆酸）。胆汁酸重吸收有两种方式，以结合胆汁酸在回肠部位主动重吸收为主，游离胆汁酸在小肠各部和大肠被动重吸收。被肠道吸收的胆汁酸经门静脉入肝，在肝细胞内，游离胆汁酸重新转变为结合胆汁酸，汇同新合成的结合胆汁酸重新随胆汁入肠，此过程称为胆汁酸肠肝循环（图 13-4）。

胆汁酸肠肝循环的生理意义在于通过反复利用有限的胆汁酸，满足脂类物质消化需要。人体每日需要 16~32g 胆汁酸来帮助脂类消化吸收，但体内胆汁酸储备总量只有 3~5g，因此只能通过反复利用胆汁酸来满足脂类乳化需要。人体每餐后进行 2~4 次肠肝循环的意义还在于维持胆汁中胆汁酸盐的比重，避免胆固醇浓度过高而结晶析出胆结石。因此，若肠道切除手术或腹泻等原因破坏了胆汁酸肠肝循环，则会导致患者脂类物质消化能力下降，并易形成胆结石。

胆汁酸螯合剂为碱性阴离子交换树脂，是一类安全有效的降血浆总胆固醇和高密度脂蛋白中胆固醇的药物，常用药物有考来烯胺（消胆胺）和考来替泊（降胆宁）。由于胆汁酸螯合剂分子质量大，口服进入小肠后不被破坏和吸收，与胆汁酸结合，阻止胆汁酸肠肝循环，并由粪便排出，减少胆汁酸重吸收，从而促进肝内胆固醇转化为胆汁酸，致使肝内胆固醇大量被消耗，进而降低血浆总胆固醇和高密度脂蛋白中胆固醇含量。

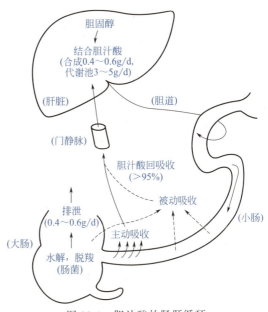

图 13-4 胆汁酸的肠肝循环

二、胆汁酸的生理功能

1. 促进脂类和脂溶性维生素的消化吸收

胆汁酸分子内含有亲水（羟基、羧基、磺酸基）和疏水（烃核和甲基）两种基团，这种结构如同表面活性剂，使其具有很强的界面活性，能降低油/水两相之间的界面张力，促进脂类乳化并形成直径 20μm 以内的微团，增加消化酶和脂类接触面积，加速脂类消化吸收。胆汁酸乳化作用还能促进脂溶性维生素 A、D、E、K 的吸收。在消化道内，脂类物质覆盖在食物微团表面，阻碍了消化酶与食物中其他营养物质接触。胆汁酸对脂类乳化作用间接促进了对其他营养物质的消化吸收。如胆汁酸分泌不足，肠道残留过多未消化物，在肠道细菌的作用下，则发生更多的腐败作用和气体。

2. 酸中和作用

胆汁酸呈碱性，在肠道能中和来自胃的酸性食糜。

3. 抑制胆汁中胆固醇析出产生胆结石

胆固醇的环戊烷多氢菲结构使胆固醇难溶于水，易形成结石。胆汁酸还有防止胆石生成的作用，胆汁中的卵磷脂和胆汁酸盐可与胆固醇形成微团，使其不易沉淀析出。因此，胆汁中胆固醇溶解度与胆汁酸盐、卵磷脂与胆固醇相对比例有关。如果肝合成胆汁酸能力下降，消化道丢失胆汁酸过多或胆汁酸肠肝循环减少、肠肝循环中摄取胆汁酸过少、高胆固醇血症导致排入胆汁中的胆固醇过多，均可造成胆汁中胆汁酸、卵磷脂和胆固醇比值下降，当胆汁酸及卵磷脂与胆固醇比值小于1∶10时，可引起胆汁中胆固醇的沉淀结晶析出形成结石。不同胆汁酸对结石形成作用不同，鹅脱氧胆酸可使胆固醇结石溶解，而胆酸及脱氧胆酸则无此作用。临床上常用鹅脱氧胆酸或熊脱氧胆酸治疗胆固醇结石。某些肝病患者，在血清胆红素、ALT等肝功能指标正常的情况下，血清总胆汁酸可增高，故血清胆汁酸测定是反映肝实质损害的灵敏指标。胆汁中的胆汁酸盐必须通过和卵磷脂协同作用，才能通过胆道转运至肠道排出体外，而不致结晶沉淀析出。除了有利于胆固醇的排泄，胆汁酸也是肝脏排出药物、毒物、胆色素、各种无机物的重要载体。

 知识链接

胆结石的分类

按胆结石内所含成分可分三类：①胆固醇结石：由于胆汁中所含的胆固醇过多，溶解不掉而逐渐沉积的结石。单发者居多，质地坚硬，呈圆形或椭圆形，结石内约含胆固醇98%。②胆色素结石：是我国最多见的一种结石，形状不定，质软易碎，剖面无核心或分层，称"东方型结石"。结石由胆色素、钙盐、细菌、虫卵等组成。③混合性结石：不论是胆色素结石或胆固醇结石，在结石形成后，又可以在原来的结石外面，再形成胆固醇或胆色素、钙盐的沉积，从而形成胆色素胆固醇混合性胆石。

 知识链接

为什么胆石症患者女性多？

据资料统计，胆石症女性居多，这与女性的生理特点分不开。一方面雌激素影响肝脏酶的代谢，使肝细胞分泌胆酸含量减少，胆固醇含量增加；另一方面干扰胆囊收缩功能，使胆汁排出受阻，胆汁淤积，促使胆结石形成。此外，多次妊娠、多胎生育、喜静不爱动、不吃早餐、爱吃甜食的女性都易患胆结石。

任务四 血红素的代谢

血红素是血红蛋白、肌红蛋白、细胞色素、过氧化物酶和过氧化氢酶等的辅基，是一种铁卟啉化合物。机体内大多数组织具有合成血红素的能力，以肝脏和骨髓为主要场所。血红素也主要在肝内转化与排泄。

一、血红素的合成代谢

血红素合成的原料是甘氨酸、琥珀酰辅酶A和Fe^{2+}，合成部位是线粒体及胞质。血红素合成过程分为4个阶段。

（1）δ-氨基-γ-酮戊酸的生成 在线粒体内琥珀酰辅酶A与甘氨酸在ALA合酶的催化下，缩合成δ-氨基-γ-酮戊酸（ALA）。ALA合酶是血红素合成代谢的限速酶，其辅酶为磷酸吡哆醛，此酶活性受血红素的反馈调节。促红细胞生成素（EPO）是肾脏合成的一种糖蛋白，能诱导

ALA合酶的合成,从而促进血红素和血红蛋白的生成。

(2) 胆色素原的生成　ALA在线粒体生成后进入胞质中,经ALA脱水酶作用,2分子ALA脱水生成1分子胆色素原(PBG)。

(3) 尿卟啉原Ⅲ和粪卟啉原Ⅲ的生成　在胞质中,经尿卟啉原Ⅰ同合酶催化,4分子胆色素原脱氨转化为线状四吡咯,后者经尿卟啉原Ⅲ同合酶催化生成尿卟啉原Ⅲ(UPGⅢ)。在UPGⅢ脱羧酶催化下,UPGⅢ转变为粪卟啉原Ⅲ。

(4) 血红素的生成　粪卟啉原Ⅲ从胞质中扩散入线粒体,在粪卟啉原Ⅲ氧化脱羧酶和原卟啉原Ⅸ氧化酶的作用下,转变为原卟啉原Ⅸ,最后经亚铁螯合酶催化,与Fe^{2+}螯合为血红素。在线粒体内血红素生成后转运至胞质中,在骨髓有核红细胞和网状红细胞中与珠蛋白结合生成血红蛋白。

血红蛋白的生物合成途径如图13-5所示。

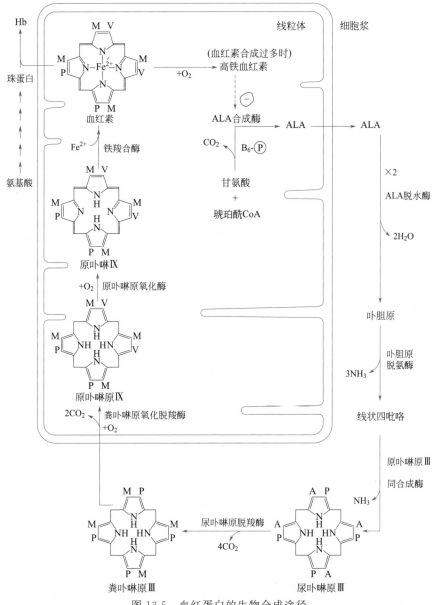

图13-5　血红蛋白的生物合成途径

二、血红素的分解代谢

血红素分解产物为胆色素，包括胆红素（橙黄色）、胆绿素（蓝绿色）、胆素原（无色）和胆素（黄色）等。正常情况下，这些化合物主要随胆汁排泄。

（一）胆红素的生成

胆红素是血红素降解的产物，正常成人每天产生 250~350mg 胆红素。80% 来自红细胞衰老后释放出的血红蛋白，其余来自造血过程中红细胞过早破坏的血红蛋白，以及肌红蛋白、细胞色素、过氧化物酶、过氧化氢酶等含有铁卟啉化合物的细胞组分。红细胞的平均寿命约为 120 天，衰老的红细胞被肝、脾、骨髓等单核吞噬系统细胞识别并吞噬，释放出血红蛋白。正常成人每天约有 $2×10^{11}$ 个红细胞被破坏，释放出约 6g 血红蛋白。血红蛋白随后分解为珠蛋白和血红素，其中珠蛋白按照蛋白质代谢的一般途径分解为氨基酸并被再次利用；血红素在微粒体上血红素加氧酶催化下生成胆绿素，胆绿素进一步在胞质中胆绿素还原酶催化下，被还原为胆红素。胆红素具有亲脂疏水的性质，可以自由穿透细胞膜进入血流。过多的胆红素可与脑部基底核的脂类结合，干扰正常的脑功能，称为胆红素或胆红素脑病。

胆红素的生成过程如图 13-6 所示。

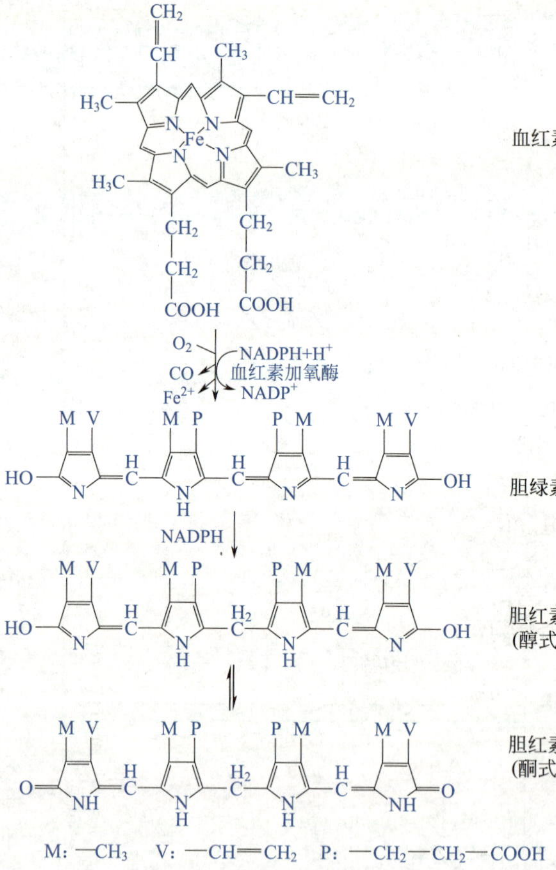

图 13-6　胆红素的生成过程

（二）胆红素的运输

胆红素在单核吞噬细胞中生成后释放入血，在血浆中主要以胆红素-清蛋白复合体形式存在和运输，这种形式既提高了血浆对胆红素的运输能力，又限制了胆红素自由通透各种生物膜，避免其对组织细胞的毒性作用。正常情况下，每 100mL 血浆中的清蛋白可结合 20~25mg 胆红素。由于血液中的胆红素-清蛋白复合体并没有进入肝内进行结合反应，因此称为未结合胆红素、游离胆红素或血胆红素。因其分子内存在氢键，不能直接与重氮试剂反应，只有在加入乙醇或尿素等物质破坏氢键后才能与重氮试剂反应，生成紫红色偶氮化合物，故又称为间接胆红素。胆红素与清蛋白结合后分子量变大，可防止其从肾小球滤过随尿排出，故正常人尿液中无游离胆红素。

胆红素进入血液后，与血浆白蛋白结合，理化性质发生改变。其生理意义在于：①增加了亲水性，使其溶解度增加，有利于在血液中运输；②亲脂性减小，不易透过生物膜，对细胞产生毒害。此时的胆红素虽然结合了白蛋白，但还未经肝脏生物转化，仍然称为游离胆红素或未结合胆红素。胆红素-白蛋白复合物由于相对分子质量较大，不能从肾小球滤过排出，因此，尿液中无游离胆红素。即使血浆胆红素浓度偏高，尿液检测仍然呈阴性。

正常人血浆中胆红素浓度为 3.7~17.1μmol/L。由于每分子白蛋白能结合两分子胆红素，因此，正常人每 100mL 血浆能结合约 25mg 胆红素，足以结合正常情况下人体产生的全部胆红素。如果血中白蛋白含量明显降低、胆红素浓度升高、白蛋白的结合部位被其他物质占据或与胆红素的亲和力降低，均可导致胆红素再次游离出来，损伤细胞。某些有机阴离子如磺胺药、脂肪酸、水杨酸、胆汁酸等可与胆红素竞争结合白蛋白分子，干扰胆红素与白蛋白的结合或改变白蛋白的构象使胆红素游离出来。过多的游离胆红素可与脑部基底核的脂类结合，将神经核黄染，同时引起一系列神经精神症状，干扰脑的正常功能，发生胆红素脑病。因此，对有黄疸倾向的患者或新生儿应该尽量避免使用上述药物。

 知识链接

胆红素脑病

胆红素脑病又称核黄疸，是由于血中胆红素增高，主要是未结合胆红素增高，后者进入中枢神经系统，在大脑基底节、视丘下部、苍白球等部位引起病变，血清的胆红素＞342μmol/L（20mg/dL）就有发生胆红素脑病的危险。主要表现为重度黄疸肌张力过低或过高、嗜睡、拒奶、强直、角弓反张、惊厥等。本病多由于新生儿溶血病所致，黄疸、贫血程度严重者易并发胆红素脑病，如已出现胆红素脑病，则治疗效果欠佳，后果严重，容易遗留智力低下、手足徐动、听觉障碍抽搐等后遗症。

（三）胆红素在肝细胞中的转变

血液中胆红素以胆红素-清蛋白复合体的形式运输至肝后，与清蛋白分离，并被肝细胞摄取进入细胞内。在肝细胞的胞质中，胆红素与 Y 蛋白和 Z 蛋白两种配体蛋白结合，以胆红素-Y 蛋白或胆红素-Z 蛋白形式运至内质网。在内质网，胆红素在葡糖醛酸基转移酶（UGT）催化下，由 UDP-葡糖醛酸提供葡糖醛酸基，胆红素与葡糖醛酸结合成葡糖醛酸胆红素，即结合胆红素，也称为肝胆红素。结合胆红素是极性较强的水溶性物质，易被分泌入胆汁，如进入血液，也不易通过细胞膜和血-脑屏障，不易造成中毒反应，也可从肾小球滤过随尿排出，故可将胆红素的结合反应理解为肝细胞对有毒性的胆红素的一种生物转化作用。又因其可迅速、直接与重氮试剂发生反应，故又称为直接胆红素。

结合胆红素与未结合胆红素的性质比较见表 13-1。

表 13-1　未结合胆红素与结合胆红素的性质比较

性质	未结合胆红素	结合胆红素
常用名称	游离胆红素、间接胆红素、血胆红素、肝前胆红素	直接胆红素、肝胆红素
与重氮试剂反应	缓慢、间接阳性	迅速、直接阳性
与葡糖醛酸结合	未结合	结合

续表

性质	未结合胆红素	结合胆红素
溶解性	脂溶性	水溶性
透过细胞膜能力	强	弱
经肾随尿排出	不能	能
对脑的毒性作用	大	小

（四）胆红素在肠道中的转变及胆素原的肠肝循环

1. 胆红素在肠道中转变为胆素原

肝内生成的结合胆红素随胆汁进入肠道后，在肠菌作用下，脱去葡糖醛酸基并最终被还原成无色的胆素原（包括胆素原、粪胆素原和尿胆素原）。大部分胆素原（80%～90%）随粪便排泄，在肠管下段被空气氧化为黄褐色的粪胆素，成为粪便的主要颜色。正常人每日排出的胆素原总量为 40～280mg，肠道完全梗阻时，胆素原不能排入肠道形成胆素原进而形成胆素，因此，粪便呈灰白色或陶土色。新生儿肠道细菌稀少，粪便中有未被细菌作用的胆红素，所以新生儿粪便呈现橙黄色。

2. 胆素原的肠肝循环

肠道中形成的胆素原有 10%～20% 被肠黏膜细胞重吸收，经门静脉入肝，其中大部分再次由肝细胞分泌随胆汁排入肠道，形成胆素原的肠肝循环，而只有小部分胆素原进入体循环，经肾随尿排出体外。正常人每天随尿排出胆素原 0.5～4.0mg，胆素原接触空气后被氧化为尿胆素，成为尿的主要颜色来源。临床上将尿胆素原、尿胆素及尿胆红素合称为尿三胆，是鉴别黄疸类型的常用指标，正常人尿中检查不到胆红素。

（五）血清胆红素与黄疸

正常人血清胆红素总量为 3.4～17.1μmol/L（0.2～1.0mg/dL），其中约 4/5 是未结合胆红素，其余是结合胆红素。过量的胆红素可扩散入组织造成组织黄染，这一体征称为黄疸。当血清胆红素超过 34.3μmol/L 时，肉眼可见皮肤、黏膜及巩膜等组织黄染，临床上称为显性黄疸。若血清胆红素高于正常，但不超过 34.2μmol/L 时，肉眼观察不到黄染现象，称为隐性黄疸。临床上根据黄疸发病的原因不同，将黄疸分为三类。

1. 溶血性黄疸

溶血性黄疸又称为肝前性黄疸，常见于由某些药物、某些疾病（恶性疟疾、过敏等）、输血不当、蚕豆病等多种因素导致红细胞大量破坏，生成过多的未结合胆红素，当超过了肝脏的摄取、转化和排泄能力，引起未结合胆红素在血中显著升高而引起的黄疸称溶血性黄疸。此时，血浆总胆红素、未结合胆红素含量增高，结合胆红素含量变化不大，尿胆红素阴性。由于肝对胆红素的摄取、转化、排泄增多，导致尿胆素原、粪胆素原均增加。尿液颜色加深，粪便颜色也加深。

2. 肝细胞性黄疸

肝细胞性黄疸又称肝原性黄疸，常见于肝实质性疾病，如各种肝炎、肝硬化、自身免疫性肝病、药物性肝损伤、中毒性肝炎、酒精性肝病、遗传代谢性肝病和肝肿瘤等，由于肝细胞功能受损，使其摄取、转化和排泄胆红素能力降低而所致黄疸。由于肝细胞摄取胆红素能力减弱，造成血清未结合胆红素浓度升高，而且因肝细胞肿胀，造成毛细胆管阻塞，导致部分结合胆红素反流入血，引起血清结合胆红素浓度也增高。结合胆红素可通过肾小球滤过，故尿胆红素呈现阳性，尿液颜色加深。结合胆红素进入肠道减少，粪便颜色可变浅。

3. 阻塞性黄疸

阻塞性黄疸又称肝后性黄疸，常见于胆管炎、胆结石、肿瘤或先天性胆管闭锁等疾病。由胆汁排泄通道受阻，使胆小管和毛细胆管内压力增高而破裂，导致结合胆红素反流入血，血清结合胆红素明显升高，尿胆红素呈阳性，尿液颜色变深。胆管阻塞使肠道生成的胆素原减少。生成的胆素原和粪胆素原减少，粪便颜色变浅，完全阻塞时，粪便因无胆素而变成灰白色或白陶土色。

上述3种类型黄疸血、尿、粪的实验室检查比较见表13-2。

表13-2 三种类型黄疸血、尿、粪的实验室检查比较

项目	正常	溶血性黄疸	肝细胞性黄疸	阻塞性黄疸
血清总胆红素/(μmol/L)	3.4~17.2	17.2~85.6	1.7~819.7	17.2~513.8
血清结合胆红素/(μmol/L)	<3.4		↑	↑↑
血清未结合胆红素/(μmol/L)	<13.7	↑↑	↑	
尿胆红素	—	—	++	++
尿胆素原	少量	↑	不一定	↓
尿胆素	少量	↑	不一定	↓
尿液颜色	浅黄	↑	↓或正常	↓或—
粪便颜色	正常	深	变浅或正常	完全阻塞时，陶土色

注："—"表示阴性；"++"表示强阳性。

 知识链接

蓝光治疗新生儿黄疸

新生儿黄疸又称新生儿高胆红素血症，有生理性和病理性两种情况。常见于新生儿早期尤其是早产儿。部分病理性黄疸可致中枢神经系统受损，产生胆红素脑病，故应积极采取治疗措施。蓝光照射是目前治疗新生儿黄疸的首选方法，蓝光照射患儿后，血液中的胆红素吸收光谱后发生光学反应，产生水溶性的产物，通过胆汁、尿液、粪便排出体外，从而降低血液中胆红素的浓度。此种治疗方法见效快，新生儿痛苦少，安全又经济。

 重点小结

重　点	难　点
1. 肝是人体中最大的腺体，具有多种代谢功能并具有分泌、排泄、生物转化等方面的功能。 2. 肝通过生物转化作用对非营养物质进行改造，增高其溶解度，降低其毒性，促使其排出体外。肝生物转化作用分两相反应，第一相反应包括氧化、还原和水解反应；第二相反应是结合反应，主要与葡糖醛酸等结合。 3. 胆汁是肝细胞分泌的液体。胆汁酸在肝细胞内由胆固醇转化而来，是肝清除体内胆固醇的主要形式。肝细胞合成的胆汁酸称为初级胆汁酸，在肠道中受细菌作用生成次级胆汁酸。大部分胆汁酸经肠肝循环而再被利用，以补体内合成的不足，满足对脂类消化吸收的生理需要。	1. 胆色素是铁卟啉化合物在体内的主要分解代谢产物，包括胆红素、胆绿素、胆素原和胆素。在血液中，胆红素主要与清蛋白结合（未结合胆红素）。在肝细胞内，被转化成葡糖醛酸胆红素（结合胆红素）。后者经胆管排入小肠。在肠道中，胆红素被还原成胆素原。少部分胆素原被肠黏膜重吸收入肝，其中大部分又被排入肠道形成胆素原的肠肝循环；小部分胆素原经肾排入尿中。 2. 正常时由于肝对胆红素的强大摄取、结合、转化与排泄作用，血浆中胆红素的含量甚微。血浆胆红素浓度升高可引起黄疸。临床上常见有溶血性黄疸、肝细胞性黄疸和阻塞性黄疸。各种黄疸均有其独特的生化检查指标。

课后习题

一、名词解释

生物转化、显性黄疸、隐性黄疸。

二、简答题

1. 简述肝在三大物质代谢中的作用。
2. 简述肠肝循环及生理意义。
3. 试比较结合胆红素与未结合胆红素的区别。

三、选择题

1. 人体进行生物转化最主要的器官是（　　）。
   A. 肾　　　　　　B. 肝　　　　　　C. 肌肉　　　　　　D. 肺
2. 肝脏在糖代谢中的作用，最主要的是（　　）。
   A. 维持血糖浓度的相对稳定　　　　　B. 使糖转变成营养物质
   C. 使血糖浓度降低　　　　　　　　　D. 使血糖浓度升高
3. 不属于胆色素的是（　　）。
   A. 胆素　　　　　B. 胆红素　　　　C. 血红素　　　　　D. 胆绿素
4. 未结合胆色素是指胆红素与（　　）结合。
   A. 清蛋白　　　　B. 球蛋白　　　　C. Z 蛋白　　　　　D. Y 蛋白
5. 在体内可转变生成胆汁酸的原料是（　　）。
   A. 胆汁　　　　　B. 胆固醇　　　　C. 胆绿素　　　　　D. 血红素
6. 激素灭活的主要器官是（　　）。
   A. 肝　　　　　　B. 肾　　　　　　C. 肠　　　　　　　D. 皮肤
7. 胆道阻塞时，可能导致（　　）缺乏。
   A. 维生素 PP　　　B. 维生素 B_1　　C. 维生素 C　　　　D. 维生素 K
8. 肝脏疾病的男性患者出现乳房发育、蜘蛛痣，主要是由于（　　）。
   A. 雌激素分泌过多　B. 雄激素分泌过少　C. 雌激素灭活不好　D. 雄激素灭活不好
9. 生物转化的主要目的是（　　）。
   A. 解毒　　　　　　　　　　　　　　B. 灭活激素
   C. 使药物药理作用减弱　　　　　　　D. 使药理作用增强
   E. 增强非营养物质的水溶性，加快排泄
10. 属于初级结合游离胆汁酸的是（　　）。
    A. 甘氨胆酸　　　B. 石胆酸　　　　C. 脱氧胆酸
    D. 鹅脱氧胆酸　　E. 牛磺脱氧胆酸
11. 属于结合胆汁酸的是（　　）。
    A. 胆酸　　　　　B. 石胆酸　　　　C. 脱氧胆酸
    D. 鹅脱氧胆酸　　E. 甘氨胆酸
12. 溶血性黄疸血浆中升高的是（　　）。
    A. 胆素原　　　　B. 胆素　　　　　C. 未结合胆红素　　D. 结合胆红素

选择题答案：
1—5：BACAB　6—10：ADCED　11—12：EC

项目十四 血液生物化学

> **要点导航**
>
> **掌握**：血液的组成；血浆蛋白质的功能。
> **熟悉**：血浆蛋白质的种类与分离方法。
> **了解**：疾病过程中血浆蛋白质的变化情况。

> **导学案例**
>
> 　　临床上，通过检测患者的血液生化指标，如果 C-反应蛋白升高，再结合高热、皮疹、关节痛、肝脾大、神志改变、休克等临床症状，可诊断为败血症。败血症是指致病菌或条件致病菌侵入血液循环，在血液中生长繁殖并产生毒素而发生的急性全身性感染。若侵入血流的细菌被人体防御功能所清除，无明显毒血症症状时称为菌血症。若伴有多发性脓肿且病程较长者称为脓毒血症。败血症如未能迅速控制，可由原发感染部位向身体其他部位发展，引起转移性脓肿。请思考：C-反应蛋白属于急性时相反应蛋白，人体内还有哪些急性时相反应？血液的组成成分还有哪些？它们的生理功能是什么？

　　血液是存在于心血管系统内的液体组织，是由血浆和悬浮于其中的血细胞组成。血液不断地与各器官、组织之间进行物质交换，各种物质不断进出血液，因此，血液的化学组成非常复杂。血液在心血管系统内周而复始地循环游动，具有运输气体、输送营养物质、参与机体免疫防御活动，以及调节和维持内环境稳态等基本功能。

任务一 血液的组成

　　血液是体液的重要组成部分，在体内发挥着举足轻重的作用，包括运输、免疫、维持体内环境稳定等，化学成分复杂，且流经全身，并与各组织器官保持着密切的物质交换。正常生理情况下，血液中各种成分的含量相对恒定。血液是由血细胞和血浆组成，分布于心血管系统内的流体组织。血细胞以红细胞为主（占细胞总数的99%），此外，还有少量白细胞和血小板。成年人血液总量约占体重的8%左右，婴幼儿比成人血容量大。若一次失血少于总量的10%，对身体影响不大；若大于总量的20%以上，则可严重影响身体健康；当失血超过总量的30%时将危及生命。血液在沟通内外环境及机体各部分之间、维持机体内环境恒定，以及多种物质的运输、免疫、凝血和抗凝血等方面都具有重要作用。同时，由于血液取材方便，通过监测血液中某些代谢物浓度的变化可反映体内代谢或功能状况。

　　正常人血液的 pH 为 7.35～7.45，相对密度为 1.050～1.060，血液黏度为水的 4～5 倍，37℃时的渗透压为 6.8 个大气压。正常人血液化学成分可简要概括为下列 3 类：①水：正常人全血含水为 77%～81%，血浆中含水达 92%～93%；②气体：氧、二氧化碳、氮等；③可溶性固体：分为有机物与无机物两大类。其中，有机物包括蛋白质（血红蛋白、血浆蛋白质及酶与蛋白类激素）、非蛋白含氮化合物、糖及其他有机物和维生素、脂类（包括类固醇激素）；无机物主要

为各种离子如 Na^+、K^+ 和 Cl^- 等。

> 📖 **知识链接**
>
> **血液制品**
>
> 人血液制品是指各种人血浆蛋白制品，包括人血白蛋白、人胎盘血白蛋白、静脉注射用人免疫球蛋白、肌内注射人免疫球蛋白、组胺人免疫球蛋白、特异性免疫球蛋白、乙型肝炎免疫球蛋白、狂犬病免疫球蛋白、破伤风免疫球蛋白、人凝血因子Ⅷ、人凝血酶原复合物、人纤维蛋白原、抗人淋巴细胞免疫球蛋白等。

一、蛋白质

（一）血红蛋白

血红蛋白是高等生物体内负责运载氧的一种蛋白质（缩写为 Hb 或 HGB）。血红蛋白是使血液呈红色的关键蛋白质，由 4 条链组成（2 条 α 链和 2 条 β 链），每条链有一个包含一个 Fe^{2+} 的环状血红素，结构如图 14-1 所示。氧气结合在 Fe^{2+} 上，被血液运输。

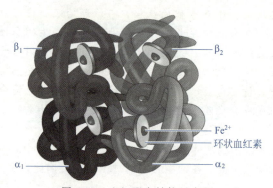

图 14-1 血红蛋白结构示意图

血红蛋白在氧含量高时容易与氧结合，而在氧含量低时容易与氧分离，该特性使红细胞具有运输氧的生物学功能。血红蛋白占成熟红细胞湿重的 32%，干重的 97%。正常成年男性血液中血红蛋白含量为 120~160g/L，正常成年女性为 110~150g/L。血红蛋白减少是指单位容积血液中血红蛋白低于正常值，临床中常通过检测血红蛋白含量来诊断有无贫血。

> 📖 **知识链接**
>
> **血红蛋白的工作原理**
>
> 血红蛋白结合氧的过程非常神奇。首先，一个氧分子与血红蛋白四个亚基中的一个结合，与氧结合之后的珠蛋白结构发生变化，造成整个血红蛋白结构改变，这种变化使得第二个氧分子相比于第一个氧分子更容易与血红蛋白的另一个亚基结合，而且它的结合会进一步促使与第三个氧分子结合，以此类推，直到构成血红蛋白的四个亚基分别与四个氧分子结合。在组织内释放氧的过程也是这样，一个氧分子的离去会刺激另一个氧分子的离去，直到完全释放所有的氧分子，这种有趣的现象称为协同效应。

（二）血浆蛋白质

血浆蛋白质（plasma protein）是指血液中血球蛋白质以外的蛋白质，占血浆重量的 7%~8%。血浆是浓的蛋白质溶液。按分离方法、来源或功能不同，可对血浆蛋白进行分类。常用分离方法有盐析法和电泳法。血浆蛋白分为白蛋白、球蛋白和纤维蛋白原3类。用滤纸电泳或醋酸纤维素薄膜电泳可将球蛋白为分 α_1、α_2、β 和 γ 球蛋白等。正常成人血浆蛋白含量为 60～80g/L，其中，白蛋白为 40～50g/L，球蛋白为 20～30g/L。除 γ 球蛋白来自于浆细胞外，白蛋白和大多数蛋白主要由肝脏产生。因此，肝脏存在疾病时常导致血浆蛋白合成减少，出现白蛋白与球蛋白的比值下降或倒置。迄今为止，人们对血浆蛋白的了解还十分有限，只有很少一部分血浆蛋白被用于常规的临床诊断。

二、非蛋白质含氮物

血液中除蛋白质以外的含氮物质主要有尿素、尿酸、肌酸、肌酐、氨基酸、氨、肽、胆红素等，这些物质总称为非蛋白含氮化合物，其含氮量称为非蛋白氮（non protein nitrogen，NPN）。正常成人血中 NPN 含量为 14.28～24.99mmol/L，这些化合物中绝大多数为蛋白质和核酸分解代谢终产物，可经血液循环运输到肾脏，并随尿液排出体外。肾功能障碍影响排泄时，会导致 NPN 在血液中浓度升高，这也是血液中 NPN 升高的最常见原因。此外，肾血流量下降，体内蛋白质摄入过多，消化道出血或蛋白质分解加强等也会使血中 NPN 升高，临床上将血液中 NPN 升高称为氮质血症（azotemia）。

（1）尿素　是体内蛋白质代谢的终产物，由血液运输到肾脏排出体外。血液尿素氮（blood urea nitrogen，BUN）占血液 NPN 总量的 1/3～1/2，临床上检测尿素氮的意义和测定 NPN 的意义大致相同，都能反映肾脏排泄功能。血中尿素氮的浓度受体内蛋白质分解情况的影响，当蛋白质分解加强（如糖尿病）时，尿素合成增加，血中尿素浓度上升。

（2）尿酸　是人体内嘌呤代谢的主要终产物，也由肾脏排出。痛风、体内核酸分解增多（如白血病、恶性肿瘤）或肾功能障碍时，均会出现血尿酸增高现象。

知识链接

尿酸与人体健康

正常情况下，体内尿酸大约有 1200mg，每天新生成约 600mg，同时排泄掉 600mg，处于动态平衡。如体内产生过多尿酸或者尿酸排泄机制退化，可引起尿酸增高。当血液尿酸浓度长期大于 7mg/dL，可引发痛风。过于疲劳或是休息不足也可导致痛风。尿酸积聚原因包括过量食用高嘌呤食物、体内嘌呤代谢障碍、排泄量过少和无法正常排泄。体液尿酸含量变化可反映人体内代谢、免疫等机能状况。尿酸高及痛风患者应限制能量摄入。痛风患者饮水宜选用白开水、淡茶水、矿泉水。建议患者戒烟忌酒（特别是啤酒），坚持运动，控制体重，每日中等强度运动 30min 以上。

（3）肌酸和肌酐　是以甘氨酸、精氨酸和甲硫氨酸为原料在肝脏中合成的物质，随血液运至肌肉，在肌肉组织中合成磷酸肌酸，肌酸脱水或磷酸肌酸脱去磷酸即为肌酐。肌酸和肌酐均由尿液排出体外。正常人体血液中肌酸为 0.23～0.58mmol/L，肌酐约为 0.09～0.18mmol/L。

知识链接

肌酸与肌酐

肌酸是人体自然产生的一种氨基酸衍生物，Michel Eugène Chevreul 于 1832 年首次在骨骼肌中发现，由精氨酸、甘氨酸及甲硫氨酸 3 种氨基酸合成，也可由食物摄取。可快速提供能量（运动时 ATP 很快消耗殆尽，肌酸能快速再合成 ATP 以供给能量），还能增加力量，增长肌肉、加快疲劳恢复。在人体存储量越多，能量供给就越充分，疲劳恢复就越快，运动能量也就越强。

肌酐是肌肉在人体内的代谢产物，主要由肾小球滤过排出体外。人体血液中肌酐来源包括外源性和内源性两部分，血肌酐几乎全部经肾小球滤过进入原尿，且不被肾小管重吸收。内源性肌酐每日生成量几乎保持恒定，严格控制外源性肌酐的摄入时，血肌酐浓度为稳定值，测定血肌酐浓度可反映肾小球滤过功能。正常人的血清肌酐男性为 54～106 μmol/L，女性为 44～97 μmol/L，小儿为 24.9～69.7 μmol/L；尿肌酐主要来自血液经过肾小球过滤后随尿液排出的肌酐，8.4～13.25 mmol/24h 尿或 40mg/dL 到 130mg/dL 是正常的。当血肌酐值高时说明患者肾功能出现了问题，肾脏代谢废物能力下降，体内的一些有害毒素不能正常地排出体外。

　　（4）血氨　人体内氨的来源是蛋白质代谢过程中由氨基酸脱氨生成，肾脏谷氨酰胺分解和肠道内细菌作用也是体内氨的来源。正常人血氨为 27～82 μmol/L。大部分氨在肝脏内通过鸟氨酸循环合成尿素，一部分用于酮酸的氨基化、合成谷氨酰胺和在肾内形成氨盐从尿中排出。血氨升高常见于重症肝病、尿素生成功能下降、门静脉侧支循环增强、先天性鸟氨酸循环的有关酶缺乏症。

　　（5）胆红素　来源于含铁卟啉的化合物（血红蛋白、肌红蛋白、细胞色素、过氧化物酶和过氧化氢酶等）。正常血浆中含量很少，总胆红素为 3.4～17.1 μmol/L，结合胆红素 0～6.8 μmol/L。当总胆红素在 17.1～34.2 μmol/L 时，无肉眼可见的黄疸，为隐性黄疸。当超过 34.2 μmol/L 时，肉眼可见巩膜变黄，为显性黄疸。黄疸是临床重要症状之一。

三、不含氮的有机物

　　血浆中的葡萄糖、乳酸、酮体和脂类等的含量与糖代谢和脂类代谢有密切关系。

四、无机盐

　　血浆中的无机盐主要以离子状态存在。阳离子主要有 Na^+、K^+、Ca^{2+}、Mg^{2+} 等；阴离子主要有 Cl^-、HCO_3^-、HPO_4^{2-} 等。这些离子在维持血浆渗透压、酸碱平衡和神经肌肉兴奋性等方面发挥重要作用。

任务二　血浆蛋白质

一、血浆蛋白质的种类与分离方法

　　血浆蛋白质是血浆中最主要的固体成分，含量约 65～85g/L。血浆蛋白质种类繁多，功能各异。血浆中各种蛋白质的含量差别极大，多者每升达数十克，少的仅为 mg 甚至 μg 水平。绝大多数血浆蛋白质由肝脏合成，如白蛋白、纤维蛋白原、部分球蛋白等，还有少量血浆蛋白质（如免疫球蛋白和蛋白质类激素）由其他组织细胞合成。用不同的分离方法可将血浆蛋白分为不同的种类（表 14-1）。

表 14-1　人血浆中分离出的一些重要蛋白质

血浆蛋白质	生物学功能	血浆蛋白质	生物学功能
血清蛋白	参与甲状腺激素、视黄醇转运	脂蛋白	运输脂类
清蛋白（白蛋白）	维持血浆渗透压及 pH	运铁蛋白	运输铁
皮质激素传递蛋白	肾上腺皮质激素载体	血红素结合蛋白	具有血红素特异结合能力

血浆蛋白质	生物学功能	血浆蛋白质	生物学功能
甲状腺结合蛋白	与甲状腺激素特异结合	免疫球蛋白	抗体活性
铜蓝蛋白	具有亚铁氧化酶活性	纤溶酶原	活化后具有分解纤维蛋白能力
结合珠蛋白	特异地与血红蛋白结合	纤维蛋白原	凝血因子

血浆蛋白质可根据各种蛋白质分子大小、表面电荷及电泳动速度不同实现分离,称电泳法。血清样品醋酸纤维素薄膜电泳可得到五条区带,即清蛋白、α_1球蛋白、α_2球蛋白、β球蛋白和γ球蛋白(图14-2)。

根据血浆蛋白中各种蛋白质在不同浓度盐溶液中的溶解度不同加以分离,称盐析法。用硫酸铵、氯化钠可将血浆蛋白质按清蛋白、球蛋白及纤维蛋白原进行分离。清蛋白可被饱和硫酸铵沉淀,球蛋白和纤维蛋白质可被半饱和硫酸铵沉淀,而纤维蛋白原又可被半饱和氯化钠沉淀。

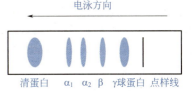

图 14-2 正常人血清蛋白醋酸纤维薄膜电泳图

二、血浆蛋白质的功能

血浆蛋白的主要功能包括以下方面。

(一) 维持血浆胶体渗透压

血浆胶体渗透压的大小取决于各种蛋白质的分子量。正常人血浆胶体渗透压的大小取决于血浆蛋白质的摩尔浓度。白蛋白(清蛋白)的分子量小,摩尔浓度高,且在生理pH条件下电负性高,能使水分子聚集在其分子表面,所以,清蛋白最能有效地维持血浆胶体渗透压。因此,血浆胶体渗透压主要是由白蛋白维持,在调节血管内外水的分布方面起着重要作用。由清蛋白产生的胶体渗透压约占总胶体渗透压的75%~80%。

(二) 维持血浆正常的pH

血浆白蛋白及其钠盐组成的缓冲对与其他无机盐缓冲对(主要是$NaHCO_3/H_2CO_3$)一起,能缓冲血浆中可能发生的酸碱变化,参与维持血浆正常pH。正常血浆pH为7.35~7.45,而血浆蛋白质等电点大多在4.0~7.3之间,所以,在生理pH环境下,血浆蛋白质为弱酸,其中一部分可与Na^+等形成弱酸盐,弱酸与弱酸盐组成缓冲对以保持血液pH相对稳定。

(三) 运输作用

血浆蛋白中白蛋白、α球蛋白和β球蛋白作为载体蛋白运输激素、脂质、离子、维生素及代谢产物等小分子物质。血浆蛋白质分子表面有众多的亲脂性结合位点,可结合运输脂溶性物质;此外,血浆蛋白质还能和一些易被细胞摄取或易随尿液排出的小分子物质结合。

(四) 免疫作用

血浆中可发挥免疫作用的蛋白质称为免疫球蛋白(抗体)。参与机体免疫功能的多种免疫球蛋白、补体等都由血浆球蛋白构成。抗原(病原菌等)刺激机体可产生特异性抗体,它能识别特异性并与之结合成抗原-抗体复合物,继而激活补体系统来杀伤抗原。

(五) 催化作用

血浆中的酶主要在血浆中发挥催化作用,绝大多数由肝合成后分泌入血,如参与凝血和纤溶的一系列蛋白水解酶、铜蓝蛋白、肾素和脂蛋白脂肪酶等。外分泌酶是由外分泌腺分泌的酶,如唾液淀粉酶、胃蛋白酶、胰蛋白酶、胰脂肪酶、胰淀粉酶等,这些酶在生理条件下很少逸入血浆，与血浆正常功能无直接关系，但血浆中这些酶的活性可反应相应腺体的功能状态，有助于临床上对相关疾病的诊断，如急性胰腺炎时，血浆淀粉酶活性升高。细胞酶是存在于细胞和组织中参与物质代谢的酶类，在细胞更新过程中可释放入血，但正常时血浆中含量甚微。这类酶大多数无器官特异性，有少部分可来源于特定器官，血浆中相应酶活性升高时，往往相关脏器细胞破损或细胞膜通透性升高，如肝炎时可检测到血浆中丙氨酸氨基转移酶活性（谷丙转氨酶和谷草转氨酶）升高，有助于对疾病的诊断和对预后的判断。

（六）营养作用

血浆蛋白可被组织摄取，分解生成氨基酸供组织蛋白质的合成、转变成其他含氮物质或氧化供能。体内的某些细胞，如单核吞噬细胞系统可吞饮血浆蛋白质，这些血浆蛋白质被细胞内的酶消化分解为氨基酸后参与氨基酸代谢池可用于合成组织蛋白、转变成其他含氮化合物、异生成糖或氧化分解供能。

（七）凝血、抗凝血和纤溶作用

参与血液凝固的物质统称为凝血因子。绝大多数血浆蛋白是凝血因子，是重要的抗凝物质，同时有些蛋白质与纤溶有关。已知的凝血因子主要有 14 种，大多数凝血因子均为存在于血浆中的蛋白质，并以酶原形式存在。当血管内皮损伤，血液流出血管时，凝血因子参与连锁酶促反应，使水溶性纤维蛋白原转变成凝胶状纤维蛋白，并聚合成网状，黏附血细胞，形成血凝块而止血。在生理情况下，也可能发生血管内皮损伤、血小板活化和少量凝血因子激活，从而发生血管内凝血，形成血栓。血浆中存在的抗凝成分和纤溶系统，与凝血系统维持动态平衡，保证了血流的通畅性。纤溶过程包括纤溶酶原激活和纤维蛋白溶解。纤溶酶原由 790 个氨基酸残基组成，经蛋白酶水解为纤溶酶后，可特异性催化纤维蛋白或纤维蛋白原中由精氨酸或赖氨酸残基的羧基构成的肽键水解，产生一系列降解产物，使血凝块溶解，防止血栓形成。

> **知识链接**
>
> **白蛋白能够增强人的免疫力和抵抗力吗？**
>
> 人血白蛋白是血液制品的一种，俗称"救命药"。它是从健康人的血液中提炼加工而成。临床上主要用于失血创伤和烧伤等引起的休克、脑水肿，以及肝硬化、肾病引起的水肿或腹水等危重病症的治疗，以及低蛋白血症，白蛋白不能增强人的免疫力和抵抗力。

三、疾病与血浆蛋白

（一）炎症和创伤

急性炎症或某些组织损伤时，有些血浆蛋白质含量增高，有些会降低，这些血浆蛋白质被称为急性时相反应蛋白，包括 α_1-抗胰蛋白酶、α_1-酸性糖蛋白、结合珠蛋白、铜蓝蛋白、补体 C4 和 C3、C-反应蛋白、纤维蛋白原、前白蛋白、白蛋白、转铁蛋白等。除后三者外，其他的血浆浓度在炎症、创伤、心肌梗死、感染、肿瘤等情况下显著上升，少则升高 50%，多则升高 1000 倍，而前白蛋白、白蛋白及转铁蛋白则出现相应的下降。

急性时相反应是机体防御机制的一部分，其可能机制是在机体受损或炎症时释放某些小分子蛋白质（如细胞因子）导致肝细胞中上述蛋白质的合成增加或减少。机体处于炎症或损伤状态时，由于组织坏死及组织更新的增加，血浆蛋白质相继出现一系列特征性变化，这些变化与炎症创伤的时间进程相关，可用于鉴别急性、亚急性与慢性病理状态，在一定程度上与病理损伤的性质和范围也有相关。

（二）风湿病

风湿病患者血浆蛋白的异常改变主要包括急性炎症反应和由于抗原刺激引起的免疫系统增强的反应。

（三）肝脏疾病

肝脏是合成大多数血浆蛋白的主要器官，肝细胞可参与免疫细胞的生成调节，因此，肝脏疾病可影响到很多血浆蛋白质的变化。急性肝炎时可出现非典型急性时相反应，如乙型肝炎活动期，$α_1$-抗胰蛋白酶增高，$α_1$-酸性糖蛋白大致正常，而结合珠蛋白常偏低，免疫球蛋白 M 起病时即可上升，血清前白蛋白、白蛋白往往下降，特别血清前白蛋白是肝功能损害敏感指标。

（四）肾脏疾病

不少肾脏病变早期就可出现蛋白尿，导致血浆蛋白质丢失，丢失的蛋白质与其分子量有关。小分子量蛋白质丢失最明显，而大分子量蛋白质因肝细胞代偿性合成增加，绝对含量可升高，表现为血浆白蛋白含量明显下降，前白蛋白、$α_1$-酸性糖蛋白、$α_1$-抗凝蛋白酶及转铁蛋白含量降低，$α_2$-巨球蛋白、β-脂蛋白及结合珠蛋白多聚体增加；免疫球蛋白 G 含量降低，而免疫球蛋白 M 可增加。

重点小结

重　点	难　点
血液由血浆和红细胞、白细胞、血小板等成分组成。加入抗凝剂的血液离心后血细胞下沉，浅黄色上清液即为血浆。血液在体外凝固后析出的淡黄色透明液体称为血清。血液化学成分非常复杂。正常人血液含水量约为 77%～81%，还溶有少量 O_2、CO_2 等气体和一些可溶性固体。血液中固体成分包括各类蛋白质、非蛋白质含氮物、不含氮的有机物、无机盐等	血浆蛋白质的功能包括：维持血浆胶体渗透压、维持血浆正常的 pH、运输作用、免疫作用、催化作用、营养作用，以及凝血、抗凝血和纤溶作用

课后习题

一、名词解释

血浆蛋白质、非蛋白氮。

二、简答题

1. 人体血浆中分离出了哪些重要蛋白质，它们的主要生物学功能是什么？
2. 在临床或药剂工作中，为避免因药物引起药物性痛风，应该注意什么？

三、选择题

1. 正常成年男性血液中血红蛋白含量为（　　）。
   A. 90～160g/L　　B. 120～140g/L　　C. 90～140g/L　　D. 120～160g/L
2. 正常成年女性血液中血红蛋白含量为（　　）。
   A. 90～160g/L　　B. 120～140g/L　　C. 110～150g/L　　D. 120～160g/L
3. 正常人血浆中含量最多的阳离子和阴离子为（　　）。
   A. Na^+ 和 HCO_3^-　　B. Na^+ 和 HPO_4^{2-}　　C. Na^+ 和 SO_4^{2-}　　D. Na^+ 和 Cl^-
4. 血液中含有微量氨，正常人血氨为（　　）。
   A. 28～82μmol/L　　　　　　　　B. 27～60μmol/L
   C. 27～82μmol/L　　　　　　　　D. 20～60μmol/L

5. 正常人血中肌酸和肌酐分别为（　　）。
A. 0.23～0.58mmol/L，0.09～0.18mmol/L
B. 0.09～0.58mmol/L，0.18～0.23mmol/L
C. 0.09～0.18mmol/L，0.23～0.58mmol/L
D. 0.18～0.23mmol/L，0.09～0.58mmol/L

选择题答案：
1—5：DCDCA

项目十五　水盐代谢与酸碱平衡

要点导航

掌握：水和无机盐在体内的生理功能；体液的含量和分布；体内酸碱性物质的来源。
熟悉：体液平衡及其调节；酸碱平衡的调节。
了解：水盐代谢紊乱；酸碱平衡紊乱。

导学案例

某糖尿病患者，其血气分析结果：pH＝6.82，$[HCO_3^-]<3.0$ mmol/L，P_{CO_2}＝12mmHg，P_{O_2}＝147mmHg；其尿常规检查结果：尿酮体（＋＋），葡萄糖（＋＋＋）。请思考：这些检查结果有何临床意义？从检查结果可诊断患者发生酸中毒，试分析酸中毒类型及成因。

水和无机盐既是人体的重要组成成分，也是构成体液的主要成分。体液是指体内的水分及溶解于水中的无机盐和有机物的总称。体液不仅是组成各组织器官的重要成分，还对输送生命所需物质、转移代谢产物、维持细胞正常渗透压、沟通各组织器官间联系，及调节体温等起重要作用。掌握水和无机盐代谢的基础理论有助于正确地分析诊断疾病和运用体液疗法。机体在代谢过程中不断产生酸和碱，生理条件下，机体维持体液酸碱度相对稳定的过程称为酸碱平衡，酸碱平衡是机体维持正常生命活动的重要基础。

任务一　水盐代谢

一、水和无机盐在体内的生理功能

（一）水的生理功能

水是维持人体正常代谢活动和生理功能所必需的物质之一，是人体内含量最多的成分，在人体正常生命活动中发挥着重要作用。其主要有以下生理功能。

1. 维持组织的形态与功能

水是构成机体组织的重要成分，体内的水除了以自由水的形式分布在体液中，还有相当一部分水以结合水形成存在。结合水是指与蛋白质、核酸和蛋白多糖等物质结合而存在的水，无流动性，主要作用是使组织器官具有一定形态、硬度及弹性，参与构成细胞质，保证某些特殊生理功能的发挥。如心肌含有79%的水，血液含水量高达90%，骨骼中也含22%的水。血液中的水多以自由水形式存在，使血液流动自如，但心肌主要含有结合水，使心脏具有一定形态，同时使心肌具有独特的机械功能，保证心脏有力地推动血液循环。

2. 调节并维持体温恒定

水比热容大，能吸收代谢过程中产生的大量热量而使体温不会过高；水蒸发热也大，当外界温度不低于30℃或体内产热过多时，通过蒸发或出汗使体温保持恒定；环境温度降低时，可通过减少蒸发而保持体温。1g水每升高1℃需4.2kJ热量，因此，水能吸收较多的热而本身温度升高不多，因水比热容大，不易随外界温度变化而发生显著改变，故水能维持产热与散热平衡，对体温调节有重要作用。水的流动性大，能将代谢产生的热量通过血液循环迅速带往全身，使热能迅速转移，以维持机体的正常体温。

3. 运输作用

机体所需的多种营养物质和许多代谢产物能溶于水中而得以运输，即使是某些难溶或不溶于水的物质（如脂类）也能与亲水性蛋白质分子结合，分散于水中形成胶体溶液，通过血液循环运输至全身。

4. 促进物质溶解并参与物质代谢

体内许多代谢物都能溶解或分散水中，从而容易进行化学反应。水介电常数高，能促进各种电解质解离，也能促进化学反应加速进行。水还直接参与体内物质代谢（水解、水化、加水脱氢等）。

5. 润滑作用

水是一种良好的机体润滑剂。如唾液有助于食物吞咽；泪液有助于眼球转动，可防止眼球干燥；关节囊液、浆膜液可以使器官之间免于摩擦受损，且能转动灵活；关节腔滑液可减少关节面的摩擦等。

（二）无机盐的生理功能

无机盐在人体化学组成中含量并不多，约占体重4%~5%，但种类很多，有些无机盐含量甚微，却具有很重要的生理功能，是组成人体组织不可缺少的原料。其主要生理功能如下。

1. 维持体液渗透压和酸碱平衡

Na^+、Cl^-是维持细胞外液渗透压的主要离子，K^+、HPO_4^{2-}是维持细胞内液渗透压的主要离子。当这些电解质浓度发生改变时，细胞内外渗透压发生改变，从而影响体内水分布。体液电解质中的阴离子（HCO_3^-等）与其相应酸类形成缓冲对，是构成维持体液酸碱平衡的缓冲物质。K^+可通过细胞膜与细胞外液的H^+和Na^+进行交换以维持和调节体液酸碱平衡。

2. 维持神经肌肉的兴奋性

Na^+、K^+可提高神经肌肉兴奋性，Ca^{2+}、Mg^{2+}和H^+可降低神经肌肉兴奋性。低血钾患者常出现肌肉松弛、腱反射减弱或消失，严重者可导致肌肉麻痹、胃肠蠕动减弱、腹胀，甚至肠麻痹等症状；低血钙或低血镁者可出现手足抽搐。正常神经、肌肉兴奋性是各种离子综合影响的结果。对于心肌，Ca^{2+}、K^+作用恰好相反，Na^+、Ca^{2+}使心肌兴奋性增高，而K^+、Mg^{2+}和H^+使心肌兴奋性降低，故Na^+、Ca^{2+}和K^+、Mg^{2+}、H^+间有拮抗作用。因此，常用钠盐或钙盐治疗高血钾或高血镁对心肌所致的毒性作用。血K^+浓度过高对心肌有抑制作用，使心肌兴奋性降低，可出现心动过缓、心率减慢，传导阻滞和收缩力减弱，严重时可使心跳停止于舒张期；而血K^+浓度过低时，心肌兴奋性增强，可出现心率加快、心律失常，严重时可使心跳停止于收缩期。Na^+和Ca^{2+}可拮抗K^+对心肌的作用，维持心肌正常状态和正常功能。

3. 构成组织细胞和体液的成分

体液中含有重要的无机盐，包括Na^+、K^+、Cl^-、HCO_3^-、HPO_4^{2-}等。所有组织细胞都有电解质成分，如钙、磷和镁组成骨骼、牙齿组织中的主要成分；含硫酸根的蛋白多糖参与构成软骨、皮肤和角膜等组织；软组织含较多的钾、铁是形成血红蛋白的关键物质等。

4. 维持细胞正常的新陈代谢

某些无机离子是多种酶类激活剂或辅助因子。如细胞色素氧化酶需要Fe^{2+}、Cu^+。Cl^-、

Br^- 及 I^- 可促进唾液淀粉酶对淀粉水解，ATP 酶需一定浓度 Na^+、K^+、Mg^{2+}、Ca^{2+} 存在才表现活性，Ca^{2+} 参与凝血过程；糖类、脂类、蛋白质和核酸合成都需要 Mg^{2+} 参与，K^+ 参与糖原、蛋白质合成，Na^+ 参与小肠对葡萄糖的吸收，Ca^{2+} 可作为细胞信号第二信使等。无机盐在机体代谢及其调控中起着重要作用。

二、体液的含量和分布

成年人体液占体重的 60% 左右，其中，细胞内液占体重的 40%，细胞外液占体重的 20%。不同年龄正常人的体液分布（占体重的百分比）如表 15-1 所示。体液中主要电解质的含量如表 15-2 所示。

表 15-1 不同年龄正常人的体液分布　　　　　　　　　　　　　　单位：%

年龄	体液总量	细胞内液	细胞外液		
			总量	细胞间液	血浆
新生儿	80	35	45	40	5
婴儿	70	40	30	25	5
儿童（2～14 岁）	65	40	25	20	5
成年人	55～65	40～45	15～20	10～15	5
老年人	55	30	25	18	7

表 15-2 体液中主要电解质的含量　　　　　　　　　　　　　　单位：mmol/L

电解质		血浆		细胞间液		细胞内液	
		离子	电荷	离子	电荷	离子	电荷
阳离子	Na^+	145	145	139	139	10	10
	K^+	4.5	4.5	4	4	158	158
	Ca^{2+}	2.5	5	2	4	3	6
	Mg^{2+}	0.8	1.6	0.5	1	15.5	31
阴离子	Cl^-	103	103	112	112	1	1
	HCO_3^-	27	27	25	25	10	10
	HPO_4^{2-}	1	2	1	2	12	21
	SO_4^{2-}	0.5	1	0.5	1	9.5	19
蛋白质		2.25	18	0.25	2	8.1	65
有机酸		5	5	5	5	16	16
有机磷酸		—	—	—	—	23.3	70

三、体液平衡及其调节

（一）水的平衡

1. 水的摄入

成人每天所需水量为 2000～2500mL，主要来源有：①饮用水。这是人体水的主要来源，成人需每日摄入 1200mL 以上，但会因气候、劳动强度、运动和生活习惯等因素而存在较大的差别。②食物水。成人每日从食物中得到的水量变动不大，摄入量约为 1000mL。③代谢水（内生水）。即由糖类、脂肪、蛋白质三大营养物质分解代谢产生的水分，每日约为 300mL。每 100g 糖、脂肪、蛋白质彻底氧化分解产生的水量分别为 55mL、107mL 和 41mL。

2. 水的排出

人体可由尿液、粪便、肺呼吸及皮肤蒸发排泄水分。每天排出量与摄入量相一致才能维持体内水的动态平衡。正常成人每天排出的水为 2000～2500mL。

（1）肺呼出　肺呼吸以水蒸气形式排出部分水分，肺排出量取决于呼吸的深度和频率。一般成人每天由此挥发的水约 350mL。

（2）皮肤蒸发　皮肤排水有 2 种方式：①非显性出汗，即体表水分蒸发，因其中电解质含量甚微，故可将其视为纯水。成人每天由此蒸发水 500mL。②显性出汗，为皮肤汗腺活动分泌的汗液，其量多少与劳动强度、环境温湿度有关。汗液是低渗溶液，高温作业或强体力劳动大量出汗后，除失水外也有 Na^+、K^+ 和 Cl^- 等电解质丢失，在补充水分基础上还应注意电解质的补充。

（3）消化道排出　各种消化腺分泌进入胃肠道的唾液、胃液、胆汁、胰液和肠液等的消化液，平均每天约 8000mL，其中含有大量水分和电解质。正常情况下，这些消化液绝大部分被肠道重吸收，只有 150mL 左右随粪便排出。不同消化液其水和电解质含量不同，在呕吐、腹泻、胃肠减压和肠瘘等情况下，消化液大量丢失，会导致不同性质的失水、失电解质，故临床补液时应根据丢失消化液的性质决定其应补充的电解质种类。

（4）肾排出　肾脏形成尿是机体水分排出的主要途径，正常成人每天尿量平均约为 1500mL，这对维持机体水、电解质的动态平衡起重要作用，但尿量受饮水量和其他途径排水量影响较大。成人每天约由尿排出 35～40g 左右固体代谢废物，1g 固体溶质至少需要 15mL 水才能使之溶解，故成人每天至少需排尿 500mL 才能将代谢废物排尽，500mL 尿量称为最低尿量。尿量少于 500mL 时则称为少尿，此时代谢废物将潴留在体内，造成尿毒症。

正常成人每天水的进出量大致相等，约为 2000～2500mL。儿童、孕妇和恢复期患者需保留部分作为组织生长或修复的需要，故其摄水量略大于排水量。婴幼儿新陈代谢旺盛，每天水的需要量按千克体重计算比成人约高 2～4 倍，但因其神经、内分泌系统发育尚不健全，调节水、电解质平衡的能力较差，所以，比成人更容易发生水、电解质平衡失调。不能进水的患者（如昏迷或禁食患者）每天最少也要补充 1500mL 水才能维持水平衡，称为最低需水量。为保证新陈代谢顺利进行，每天最好补充 2500mL 水。

一般成人每日水的出入量如表 15-3 所示。

表 15-3　一般成人每日水的出入量

水的摄入途径	摄入量/(mL/d)	水的排出途径	排出量/(mL/d)
饮水	1200	呼吸	350
食物	1000	皮肤蒸发	500
代谢水	300	粪便排出	150
		肾排出	1500
合计	2500	合计	2500

知识链接

脱水与水中毒

脱水：机体内水分摄入减少或排泄增多可造成脱水，依程度不同可分为轻度脱水、中度脱水和重度脱水。脱水量达到体重的 2% 时为轻度脱水，表现为口渴。脱水量达到体重的 4% 时为中度脱水，表现为严重口渴、心率加快、体温升高、血压下降等。脱水量达到体重的 6% 时为重度脱水，表现为恶心、食欲丧失、易怒、肌肉抽搐、出现幻觉、昏迷等。

水中毒：在病理或人为治疗因素作用下，水在体内潴留时间过长，超过正常体液中水的含量，水与电解质比例失调，血钠降低，出现低血钠症。过多的水进入细胞内，可引起水中毒，表现为躁动、嗜睡、抽搐、甚至脑细胞水肿，可危及生命。

(二) 无机盐的平衡

1. 无机盐的摄入

人体通过每天的饮食摄入无机盐，NaCl 是主要摄入成分。盐摄入量因个人饮食习惯不同而有很大差别。正常成人每天大约摄入食盐 8~15g，已远远超过机体需要，一般不会缺乏。

（1）Na^+ 体内 Na^+ 总量的 44%~50% 存在于细胞外液，血钠浓度为 130~150mmol/L。10%~20% 存在于细胞液，35%~45% 存在于骨骼。

（2）K^+ 摄入也依靠食物。食盐中含少量钾盐，肉类、水果、蔬菜等含钾量比较丰富。正常人每日摄入量约 2~4g（50~100mmol/L），正常进食者一般不会缺乏 K^+。成人体内 K^+ 总量约 110g，约 98% 存在细胞内，细胞外液仅占 2%。血浆中 K^+ 正常浓度为 3.5~5.5mmol/L，凡低于 3.5mmol/L 的称为低血钾，高于 5.5mmol/L 的，称为高血钾。细胞内外液中钾离子分布可因某些生理因素而变化。

一般饮食情况下，其他无机盐离子如 Cl^-、Ca^{2+}、Mg^{2+}、Fe^{2+} 等都能满足机体需要。

2. 无机盐的排出

（1）Na^+ 大约 90%~95% 是通过肾脏排泄，少量由汗腺排出。排出量与进食量大致相等。肾脏调节钠的能力很强，进食过量钠，则肾排出量增加，若完全停止钠盐摄取，肾脏排钠量可降至很低甚至趋近于零。可总结为"多吃多排，少吃少排，不吃不排"。肾炎患者肾脏排钠功能降低，宜少进食盐。Na^+ 经肠道排泄量很少，严重腹泻时可导致大量 Na^+ 丢失。

（2）K^+ 肾脏也是排钾的主要器官。大约 90% 由肾脏排出，其余 10% 由肠道排出，大量出汗也可排出少量钾。钾在肾小管的排出与钠的重吸收有关。在远曲小管通过 Na^+-K^+ 交换，保钠排钾。每日约有 2g 钾随尿排出，即使不摄入钾，尿中仍要排出钾，因此，肾脏排钾情况不如钠严格，可总结为"多吃多排，少吃少排，不吃也排"。腹泻可导致 K^+ 丢失；注射胰岛素可驱动 K^+ 进入细胞内，导致血钾降低。各种原因可导致低血钾，所以补钾是很重要的。补 K^+ 宜慢，K^+ 在各部分体液之间的平衡比水慢，大约需要 15h。

 知识链接

低血钾与高血钾

低血钾：血钾浓度低于 3.5mmol/L 时称为低血钾，钾摄入不足、排除量增加，钾自细胞外大量移入细胞内，可导致低血钾，其主要表现为四肢软弱无力、倦怠、腹胀、心律失常等。

高血钾：当血钾浓度高于 5.5mmol/L 时称为高血钾。钾摄入过多、排除障碍或细胞内的钾转运至细胞外均可引起高血钾，其主要表现为极度疲乏、肌肉酸痛、肢体湿冷、嗜睡等。

（三）体液调节

人体每天都摄入和排出一定量的水和无机盐，使体液维持着正常渗透压和容积。血浆渗透压是调节水、电解质平衡的主要因素。当血浆渗透压发生变化时，机体可以通过神经和激素调节使其恢复动态平衡。

1. 神经系统的调节

中枢神经系统在水、电解质平衡的调节上起着很重要的作用。当机体失水过多或饮食盐过多时，都可引起血浆和细胞间液的渗透压升高。减少盐摄入有预防和缓解高血压的作用。

2. 肾脏的调节

肾脏在水和无机盐平衡调节过程中有很重要的地位。通过肾小球滤过作用、肾小管重吸收作用及远曲小管中的离子交换作用来调节水和无机盐平衡。正常人每日约有 180L 水、1300g NaCl

和35gK$^+$通过肾小球。通过肾小球的水、K$^+$、Na$^+$、Cl$^-$有99%以上被肾小球重吸收。生理尿量是1000～2000mL，肾小管重吸收作用对机体保存水和盐类是非常重要的。任何因素对通过肾脏的血流量或肾小球有效滤过压、通透性、滤过面积等发生影响时，均可使肾脏排出的水和盐类的量发生改变。

3. 激素的调节

主要激素是抗利尿激素和醛固酮。抗利尿激素又称为血管升压素（antidiuretic hormone，ADH），主要由下丘脑视上核神经细胞所分泌并在神经垂体贮存，能提高肾远曲小管和集合管对水的通透性，从而促进水的重吸收，降低尿量，以维持体液渗透压相对恒定，维持血容量。影响抗利尿素释放的主要刺激是血浆晶体渗透压循环血量，当机体失去大量水分而使血浆晶体渗透压增高时，刺激下丘脑视上核或其周围区的渗透压感受器而使抗利尿素释放增多，则血浆渗透压可因肾吸收水分增多而有所回降；大量饮水的情况正好相反，抗利尿素释放减少，肾排水增多。血浆渗透压升高。血量过多时，可刺激左心房和胸腔内大静脉的容量感受器，反射性地引起抗利尿素释放减少，结果引起利尿而使血量减少；反之，当失血等原因使血量减少时，抗利尿素可因容量感受器所受刺激减弱而释放增加，尿量减少而有助于血量的恢复。动脉血压升高时可通过刺激颈动脉窦压力感受器而反射性地抑制抗利尿素释放；疼痛刺激和情绪紧张可使抗利尿素释放增多；血管紧张素Ⅰ增多也可刺激抗利尿素分泌。

醛固酮是肾上腺皮质球状带所分泌的一种盐皮质激素，主要作用是促进肾远曲小管H$^+$-Na$^+$和K$^+$-Na$^+$的交换，从而增加肾对Na$^+$、水的重吸收以及K$^+$、H$^+$的排泄。因此，醛固酮具有排钾泌氢、保钠保水的作用。醛固酮是调节细胞外液容量和电解质的激素，其分泌通过肾素-血管紧张素系统实现。当细胞外液容量下降时，刺激肾小球旁细胞分泌肾素，激活肾素-血管紧张素-醛固酮系统，醛固酮分泌增加，使肾重吸收Na$^+$增加，进而引起水重吸收增加，细胞外液容量增多；相反细胞外液容量增多时，通过上述相反的机制，使醛固酮分泌减少，肾重吸收Na$^+$和水减少，细胞外液容量下降。血钠降低、血钾升高同样刺激肾上腺皮质，使醛固酮分泌增加。

知识链接

为什么会口渴

细胞外渗透压升高时，下丘脑视前驱的渗透压感受器受到刺激，产生兴奋并传至大脑皮层，引起渴的感觉。细胞外液渗透压升高使细胞内的水向外移动而致细胞内失水，使唾液分泌不足，引起口渴反射。这时适量饮水，则细胞外液的渗透压下降，水自细胞外向细胞内移动又重新恢复平衡。

四、水盐代谢紊乱

在神经-体液-内分泌网络的调节下，保持水和氯化钠等无机盐的摄入量和排出量的动态平衡，并维持体内含量相对恒定。脱水和水肿是水盐代谢紊乱的两种情况。

（一）脱水

依据水与电解质丢失比例不同分为3种类型。

1. 高渗性脱水

水的丢失量大于电解质的丢失量，体液呈高渗状态，细胞外液渗透压增高，又称缺水性脱水或原发性脱水。由于细胞内液渗透压相对较低，细胞内水分移向细胞间隙，导致细胞内脱水。主要原因有水摄入量不足或水排出量过多（如利尿剂和脱水剂的应用、多汗、尿崩症、大面积皮肤烧伤、长期禁食、上消化道梗阻、昏迷、高热、气管切开等情况）。

调节途径：①因血浆Na$^+$浓度增高，使醛固酮分泌减少；②因血浆渗透压升高，使抗利尿激素分泌增多；③细胞间液中的水补充血浆，进而细胞内的水进入细胞间液，最终形成细胞内脱水。

2. 低渗性脱水

以电解质丢失为主，体液渗透压下降，又称为缺钠性脱水。细胞外液渗透压降低，导致低钠血症。主要原因有如呕吐、腹泻使消化液大量丢失，或大量出汗，大面积烧伤，反复抽放胸腹水，利尿剂应用等引起水和电解质的丢失。在此基础上只补充水而未补充 Na^+ 时，发生低渗脱水。

调节途径：①因血浆含量降低，导致醛固酮分泌升高，肾重吸收 Na^+ 增多为主要调节；②血浆渗透压降低引起 ADH 分泌减少，肾回收水分减少；③细胞间液内"Na^+ 入血，水入细胞内"，造成细胞间液总量减少，直接引起血容量下降，皮肤弹性降低。

3. 等渗性脱水

多发生在低渗性脱水的基础上又无水的补充时，造成体液内水、电解质等比例丢失，体液呈等渗状态，又称为混合性脱水。细胞外液渗透压可保持正常，细胞外液量迅速缩减，细胞内液一般不发生变化，但若脱水时间较久，细胞内液可外移使细胞脱水。主要原因：急性腹膜炎、急性肠梗阻、肠瘘、大面积烧伤早期体液大量渗出和胃肠道丢失或肾丢失（如呕吐、腹泻、应用利尿剂治疗、肾脏疾病、肾上腺疾病）。如丧失大量胃肠消化液（等渗液）的情况下，未补充水，又从皮肤和肺不断丢失水分，造成体液中水及 Na^+ 都丢失。如只补充部分水或低渗盐水可产生等渗脱水，等渗脱水既有细胞内脱水，有明显口渴，又有缺 Na^+ 性脱水造成的血容量降低；既有醛固酮分泌增高，也有 ADH 分泌增多，使肾重吸收 Na^+ 及水都增多。

（二）水肿

水肿是由细胞外液水潴留所致，如毛细血管血压增高、静脉端水回流不畅是心源性或静脉阻塞性水肿的重要原因。肝、肾功能不良或营养不良导致血浆清蛋白含量降低，血管内胶体渗透压降低，水由毛细血管进入细胞间液或组织间液，是造成腹水和水肿的重要原因；肾性水肿是由于体内 Na^+ 潴留、血浆渗透压升高，使肾对水的重吸收增多，以致水潴留形成水肿。此外，正常人在神经、体液、肾脏等的调节下，即使摄入水较多，也可以经肾脏及时排出过多的水分。但是，如果摄入的水过多，超出肾脏排出的限度，则易引起水中毒。

造成水中毒的原因可能是抗利尿激素分泌过多（如恐惧、疼痛、失血、休克、外伤及手术后等）、肾血流量不足，使肾脏不能正常排出水分（如急、慢性肾功能不全的少尿期，严重心功能不全及肝硬化合并肾血流量不足），或低渗性脱水患者过多输入水或葡萄糖溶液时，易发展成水中毒。

任务二 酸碱平衡

人体正常代谢和生理活动需要在相对恒定的 pH 条件下进行，正常人血浆的 pH 维持在 7.35～7.45，细胞内液、细胞间液的 pH 低于血浆。尽管体内代谢不断产生酸性或碱性物质，人从食物中也摄取一定量的酸碱物质，体液 pH 并没有发生显著变化，这是由于机体通过一定的调节使体液 pH 维持在相对恒定范围，这种调节过程称为酸碱平衡。

一、体内酸碱性物质的来源

（一）酸性物质的来源

体内酸性物质来源较广，主要是由糖、脂肪和蛋白质及核酸分解代谢产生的。因此，糖、脂肪、蛋白质和核酸是成酸物质。其次少量来自某些食物和药物，食物中的醋酸及酸性药物（如氯化铵和阿司匹林等）都能够解离出 H^+ 或在体内转变成酸性物质，如氯化铵转变成尿素和 HCl。体内酸性物质可分为挥发酸和非挥发酸两类。

（1）挥发酸 糖、脂肪、蛋白质及核酸在体内彻底氧化生成的 CO_2 和 H_2O，在碳酸酐酶催化下化合成 H_2CO_3，H_2CO_3 可电离出 H^+，这是体内酸的主要来源。血液通过肺时，H_2CO_3 分解成 CO_2 和 H_2O，由肺呼出，成人每日经代谢产生的 CO_2 为 300～400L，相当于 13～18mol 的 H_2CO_3，所以通常把 H_2CO_3 称为挥发性酸，是体内产生的主要酸性物质。

（2）非挥发性酸 又称为固定酸，是指糖、脂肪、蛋白质和核酸在分解代谢中产生的丙酮酸、乳酸、β-羟丁酸、乙酰乙酸、乳酸、尿酸等有机酸，以及磷酸和硫酸等无机酸。正常成人每日产生的这些酸释放出的 H^+ 有 50～90mmol，比每天产生的挥发性酸要少得多，这些酸中经肾随尿排出体外，不具有挥发性。固定酸还可来自食物和某些酸性药物，如醋酸、水杨酸、阿司匹林等。

（二）碱性物质的来源

人体代谢过程既能产酸又能产碱，如氨基酸分解代谢产生的氨就是碱性物质，但在正常生理条件以产酸为主。体内碱性物质主要来源有 3 个途径。

① 蔬菜、瓜果中的有机酸盐。蔬菜和水果含有丰富的有机酸盐，如枸橼酸钠、草酸钠、柠檬酸和苹果酸的钠盐和钾盐，是弱酸弱碱盐，解离呈碱性；

② 碱性药物或食物中含有小苏打（$NaHCO_3$）；

③ 代谢产生的 NH_3 等。HCO_3^- 是体内最重要的碱，通过代谢，有机酸根会氧化分解成 CO_2 和 H_2O，Na^+ 和 K^+ 则与体液的 HCO_3^- 结合成碱性的碳酸氢盐。

在正常饮食情况下，机体代谢产生的酸性物质多于碱性物质，临床上酸中毒多于碱中毒，体内酸性物质被碱中和后，还剩余 0.07mol 左右的 H^+，因此，机体对酸碱平衡调节以对酸性物质的调节为主。

 知识链接

酸性食物和碱性食物

很多人对于酸性食物和碱性食物的认识是很模糊的，并非吃起来是酸的食物就是酸性食物，吃起来不酸的就是碱性食物，也不是直接测试食物的 pH。

食物的酸碱性不是用简单的味觉来判定的。所谓食物的酸碱性，是指食物中经过代谢以后生成的最终物质属于酸性还是属于碱性。鱼、肉、米饭、酒、砂糖等，全都是酸性食物；碱性食物如水果、酸角、海带、蔬菜、白萝卜、豆腐等。实际上，将食物强分酸碱是不科学的，因为机体是非常复杂的，不一定就是碱性物质好或酸性物质好，膳食只要平衡合理就好。从营养的角度看，酸性食物和碱性食物合理搭配是身体健康的保证。

 知识链接

人体酸碱度是靠食物调节的吗？

人体的酸碱度和食物的酸碱性是两个完全不同的概念，人体的酸碱度是靠肺、肾、血液来调整的而不是食物，食物不可能改变人体的酸碱度。长期、大量、单一的摄入某种食物，只会加重身体负荷，最终影响酸碱代谢平衡。"碱性食物能抗癌"的说法存在偷换概念。多吃果蔬类食物并不是因为它们的酸碱性，而是其本身的营养价值，这并不能撼动人体正常的 pH 范围。

二、酸碱平衡的调节

人体在生命活动过程中不断地产生酸性和碱性物质，同时也不断地从食物中获取酸性和碱性物质，但血浆 pH 却能维持在 7.35～7.45 相对恒定范围，这主要是体内血液的缓冲作用、肺排

出 CO_2 的调节作用和肾的排泄与重吸收作用共同作用的结果。血液、肺、肾脏三者在中枢神经系统的参与下，构成一个统一的调节系统来实现体液 pH 恒定。

（一）血浆缓冲系统在调节酸碱平衡中的作用

1. 血浆缓冲系统

血液中一种弱酸与该弱酸和强碱所组成的盐构成一对缓冲系统，又称缓冲对，其溶液具有缓冲酸或碱的能力，称为缓冲溶液。血浆中的缓冲体系有碳酸氢盐缓冲体系（$NaHCO_3/H_2CO_3$）、磷酸盐缓冲体系（NaH_2PO_4/Na_2HPO_4）和蛋白质缓冲体系（H-Pr/Na-Pr，Pr 指血浆蛋白，主要缓冲固定酸与碱）等，它们分布在血浆和红细胞中。

2. 红细胞中的缓冲体系（主要缓冲挥发性酸）

红细胞中的缓冲体系有 $KHCO_3/H_2CO_3$、K_2HPO_4/KH_2PO_4、K-Hb/H-Hb、$K-HbO_2/H-HbO_2$（Hb 指血红蛋白，HbO_2 指氧合血红蛋白）。这些缓冲对中，血浆中以 $NaHCO_3/H_2CO_3$ 缓冲体系最为重要，红细胞中以 K-Hb/H-Hb、$K-HbO_2/H-HbO_2$ 缓冲体系最为重要。

3. 血液缓冲体系的缓冲作用

血浆 pH 取决于血浆中 $[NaHCO_3]/[H_2CO_3]$ 比值。正常情况下，血浆 $[NaHCO_3]$ 为 24mmol/L，$[H_2CO_3]$ 为 1.2mmol/L，两者比值 20∶1。酸性物质进入血浆后可与 $NaHCO_3$ 作用生成 H_2CO_3，生成的 H_2CO_3 部分可由血浆中其他缓冲系统的作用变成 CO_3^-，部分分解成 CO_2 由肺呼出。血浆 $[HCO_3^-]/[H_2CO_3]$ 缓冲对最为重要，主要是因为：①抗酸能力强。一定程度上 $[HCO_3^-]$ 可代表血浆对固定酸的缓冲能力，故称碱储；②血浆 pH 主要取决于此缓冲对比值；③易受肺与肾的调节。

（二）肺脏在维持酸碱平衡中的作用

肺主要通过 CO_2 呼出量来调节血浆中 H_2CO_3 的浓度。肺呼出 CO_2 的作用受呼吸中枢的调节，而呼吸中枢的兴奋性又受血液中 P_{CO_2} 及 pH 的影响。肺脏通过增加或减少 CO_2 的排出量控制体内 H_2CO_3 浓度，维持正常的 pH。呼吸中枢的兴奋性又受血液中 P_{CO_2} 及 pH 的影响。呼吸加深加快→CO_2 呼出增多→H_2CO_3 减少，呼吸变浅变慢→CO_2 呼出减少→H_2CO_3 增加。通过呼吸运动控制肺脏对 CO_2 的排出量，影响血浆中 $[H_2CO_3]$；肺脏 CO_2 的排出量受呼吸中枢的控制；呼吸中枢对血浆 pH 和 P_{CO_2} 极为敏感：

H_2CO_3 增加，血浆 pH 降低，P_{CO_2} 增加，呼吸深快；

H_2CO_3 降低，血浆 pH 增加，P_{CO_2} 降低，呼吸浅慢。

肺呼出 CO_2 的量受延髓呼吸中枢的调节。血液 P_{CO_2} 和 pH 影响呼吸中枢的兴奋性，当血液 P_{CO_2} 升高或 pH 降低时，呼吸中枢兴奋性增加，呼吸加深加快，CO_2 排出增多；反之，当血液 P_{CO_2} 降低和 pH 升高时，呼吸中枢兴奋性降低，呼吸变浅变慢，CO_2 排出减少。肺通过呼出 CO_2 来调节血中 H_2CO_3 的浓度，以维持 $[NaHCO_3]/[H_2CO_3]$ 的正常比值。所以，在临床上密切观察患者的呼吸频率和呼吸深度具有重要意义。

（三）肾脏对酸碱平衡的调节

肾对酸碱平衡的调节作用主要是通过排出机体在代谢过程中产生的过多的酸或碱，调节血浆中 $NaHCO_3$ 浓度以维持血浆 pH 恒定。当血浆中 $NaHCO_3$ 浓度降低时，肾则加强对酸的排泄及对 $NaHCO_3$ 的重吸收作用以恢复血浆中 $NaHCO_3$ 的正常浓度。当血浆中 $NaHCO_3$ 浓度升高时，肾则减少对 $NaHCO_3$ 的重吸收并排出过多碱性物质使血浆中 $NaHCO_3$ 浓度仍维持在正常范围。肾对酸碱平衡的调节作用实质上就是调节 $NaHCO_3$ 的浓度。肾的这种作用主要是通过肾小管细胞的泌氢、泌氨及泌钾作用排出多余的酸性物质来实现的。肾脏主要通过排出和回收酸性或碱性物质来调节血浆 $NaHCO_3$ 含量。肾脏对酸碱平衡的调节是较为彻底和根本性的。

1. H^+-Na^+ 交换

（1）H^+-Na^+ 交换与 $NaHCO_3$ 的重吸收　机体每天通过肾小球滤过的碳酸氢盐约为

5000mmol（相当于 420g $NaHCO_3$），但排出量仅为 4～6mmol，只占滤过量的 0.1%，这表明肾对 $NaHCO_3$ 有很强的重吸收能力。血浆 [$NaHCO_3$] 低于 28mmol/L 时，原尿中 $NaHCO_3$ 可完全被重吸收。当超过此值时，则不能完全吸收，多余部分随尿排出体外。肾脏通过 H^+-Na^+ 交换调节体内 $NaHCO_3$ 绝对量和 HCO_3^-/H_2CO_3 比值。H^+-Na^+ 交换与 $NaHCO_3$ 的重吸收如图 15-1 所示。

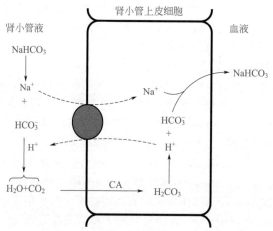

图 15-1　H^+-Na^+ 交换与 $NaHCO_3$ 的重吸收

(2) H^+-Na^+ 交换与尿液的酸化　正常 [Na_2HPO_4]/[NaH_2PO_4] 为 4∶1。原尿保持此比值，终尿排出 NaH_2PO_4 增加而比值变小，尿液 pH 降低的过程称为尿液酸化。磷酸盐缓冲系统是正常情况下原尿中最重要的缓冲系统。H^+-Na^+ 交换与尿液酸化如图 15-2 所示。

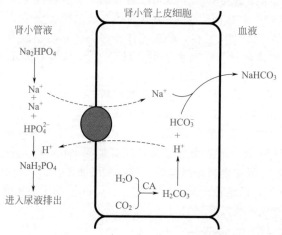

图 15-2　H^+-Na^+ 交换与尿液酸化

2. NH_4^+-Na^+ 交换

严重酸中毒时 NH_3 排出增加，肾小管泌 NH_3 与泌 H^+ 可相互促进。尿液酸性愈强，NH_3 分泌愈多，尿液呈碱性时，NH_3 的分泌减少甚至停止。NH_4^+-Na^+ 交换和铵盐的排泄如图 15-3 所示。

通过 NH_4^+-Na^+ 交换可将肾小管腔液的强酸盐中 Na^+ 换回，重新生成 $NaHCO_3$ 回到血液，强酸根以铵盐形式排出体外可避免终尿产生强酸对肾组织造成损害，提高肾脏排 H^+ 能力。肾小管 NH_3 来源：①NH_3 主要来源于血液转运的谷氨酰胺的分解（占 60%），在谷氨酰胺酶催化下可分解为谷氨酸和 NH_3；②另一部分 NH_3 则来源于肾小管细胞内氨基酸的脱氨基作用（占 40%）。

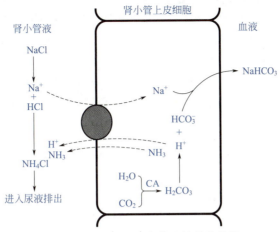

图 15-3 NH_4^+-Na^+ 交换和铵盐的排泄

正常成人 24h 有 30～50mmolNH_3 与 H^+ 结合成 NH_4^+ 随尿排出。但在酸中毒时每天排出量可增加 10 倍，多达 400mmol。因为酸中毒时，糖皮质激素分泌增强，使线粒体内膜对谷氨酰胺的通透性增加几十倍，线粒体内 NH_3 的生成量也随之增加 15～20 倍，酸中毒还可诱导肾近曲小管细胞内谷氨酰胺酶的合成。

3. K^+-Na^+ 交换

肾远曲小管上皮细胞具有 K^+-Na^+ 交换作用，K^+-Na^+ 交换与 H^+-Na^+ 交换有竞争性抑制作用，故间接影响了体内酸碱平衡。血钾升高时，肾小管细胞 K^+-Na^+ 交换增强，H^+-Na^+ 交换减弱，尿 K^+ 排出增加，H^+ 保留在体内，故高血钾时常伴有酸中毒；血钾降低时，K^+-Na^+ 交换减弱，H^+-Na^+ 交换增强，尿 K^+ 排出减少，细胞外液 H^+ 浓度降低，低血钾时常伴有碱中毒。

综上所述，体内酸碱平衡主要通过血液缓冲体系、肺和肾的调节作用维持。进入血液的酸性或碱性物质首先由血液缓冲体系进行缓冲，缓冲后引起 $NaHCO_3$ 和 H_2CO_3 含量和比值发生变化，但可通过肺呼吸作用调节血中 H_2CO_3 含量，通过肾 H^+-Na^+ 交换、NH_4^+-Na^+ 交换和 K^+-Na^+ 交换调节血浆 $NaHCO_3$，协调 [$NaHCO_3$] / [H_2CO_3] 的比值在 20：1，维持血液 pH 在 7.35～7.45 范围内。血液调节作用最快，肺调节作用较迅速，而肾调节作用较慢但持久。

> **知识链接**
>
> **酸性体质诱发了肿瘤？**
>
> 对于癌症而言，并不是所谓"酸性体质"诱发了肿瘤，而是肿瘤的生长会导致实体瘤周边的微环境变酸。因为肿瘤细胞比正常细胞生长快，而肿瘤组织中血管的供应往往跟不上肿瘤细胞快速扩增的脚步，导致供氧和养料不足。因此，肿瘤细胞缺氧又缺养料，新陈代谢也发生了改变，生成了更多的乳酸等酸性代谢产物，使得肿瘤组织周边的组织液 pH 较低。

三、酸碱平衡紊乱

酸碱平衡紊乱是指机体内酸性或碱性物质绝对量或相对量过多或过少，人体一时不能调整或缺乏调节能力。如肺、肾功能障碍，体内电解质平衡紊乱等原因都可引起酸碱平衡失调。酸碱平衡失调时，必然影响血浆中 $NaHCO_3$ 和 H_2CO_3 含量和比值。由于血浆 $NaHCO_3$ 原发性减少引起的称为代谢性酸中毒，$NaHCO_3$ 原发性增加引起的则称为代谢性碱中毒。H_2CO_3 原发性增加引起的称为呼吸性酸中毒，H_2CO_3 原发性减少引起的称为呼吸性碱中毒。经过体内调节，血液 pH 仍然超出正常范围的称为失代偿性酸碱平衡紊乱，经调节后 pH 虽正常但缓冲体系的绝对值超出正常范围的称代偿性酸碱平衡紊乱。

（一）代谢性酸中毒

代谢性酸中毒是临床上最常发生的酸碱平衡紊乱，是血浆中 $NaHCO_3$ 含量原发性减少所致。HCO_3^- 的原发性降低导致代谢性酸中毒。常见原因如下。

① 非挥发性酸产生或是食入过多以致消耗过多 $NaHCO_3$，如糖尿病酮症酸中毒、缺氧引起的乳酸中毒；

② 体内 $NaHCO_3$ 丢失过多，如腹泻、肠瘘、胆瘘或肠引流等，丢失大量碱性肠液、胰液或胆汁；

③ 高血钾、大面积烧伤引起大量血浆渗出等；

④ 酸性代谢产物排出障碍，如肾功能衰竭时，肾小管分泌 H^+ 和 NH_4^+ 能力下降，引起酸性代谢产物在体内积聚；

⑤ 血氯升高。

（二）呼吸性酸中毒

呼吸性酸中毒主要是由于肺脏的呼吸功能障碍导致体内 CO_2 潴留，使血浆中 H_2CO_3 浓度原发性增高所致。H_2CO_3 的原发性增高导致呼吸性酸中毒。常见原因如下。

① 呼吸道和肺部疾病，如哮喘、肺气肿、气胸等；

② 呼吸中枢受抑制，如使用麻醉药、吗啡、安眠药等过量；

③ 心脏疾病、脑血管硬化。

（三）代谢性碱中毒

代谢性碱中毒体内 H^+、Cl^- 丢失或碳酸氢盐积蓄所致。HCO_3^- 原发性增高导致代谢性碱中毒。常见原因如下。

① 碱性药物摄入过多，超过肾脏排泄能力；

② 固定酸丢失过多；

③ 血钾降低。当肾小管细胞内浓度过低时，K^+-Na^+ 交换减弱而 K^+-Na^+ 交换加强，使 $NaHCO_3$ 进入血液增加，可造成细胞外碱中毒，细胞内酸中毒；

④ 血氯降低。如胃液丢失和补充 NaCl 不足时可引起体内氯缺少。原发性醛固酮增多症或注射盐皮质激素过多等都可以引起代谢性碱中毒。

（四）呼吸性碱中毒

肺呼吸过快，换气过度，CO_2 排出过多，血浆 H_2CO_3 浓度减少所致。如中枢神经疾病包括脑炎、脑肿瘤、脑膜炎，以及水杨酸中毒、高烧、分离性障碍，甚至大哭等都可诱发呼吸碱中毒。H_2CO_3 的原发性降低导致呼吸性碱中毒。

各种酸中毒的原理特征总结如表 15-4。

表 15-4　各种酸中毒的原理特征

类别	原因	代偿机理	基本特征
代谢性酸中毒	1. 固定酸产生过多； 2. 肾排酸和回收 $NaHCO_3$ 障碍，引起酸物质潴留体内； 3. $NaHCO_3$ 丢失过多； 4. 高血钾	1. 过多酸物质被血浆 $NaHCO_3$ 中和，导致 $[NaHCO_3]$ 降低，$[H_2CO_3]$ 增高，pH 降低； 2. pH 降低，使呼吸加深加快，加快 CO_2 排出，$[H_2CO_3]$ 降低； 3. 肾泌 H^+ 泌 NH_4^+ 增高，重吸收 $NaHCO_3$ 增高和固定酸排出	血浆 $[NaHCO_3]$ 原发性降低

续表

类别	原因	代偿机理	基本特征
代谢性碱中毒	1. 胃液持续大理丢液； 2. 摄入过多的碱性药物； 3. 低血钾	1. [$NaHCO_3$]增高，pH 增高，呼吸变浅变慢使机体保留较多 CO_2，血浆[H_2CO_3]增高； 2. 肾泌 H^+ 泌 NH_4^+ 降低，排 $NaHCO_3$ 增高	血浆[$NaHCO_3$]原发性增高
呼吸性酸中毒	1. 通气量明显降低，CO_2 呼出障碍； 2. CO_2 吸入过多，pH 降低	pH 降低，肾泌 H^+ 泌 NH_4^+ 增高，加速排酸和重吸收 $NaHCO_3$	[H_2CO_3]增高 P_{CO_2} 增高
呼吸性碱中毒	体内 CO_2 呼出过强过快（换气过度）	肾泌 H^+ 泌 NH_4^+ 降低，$NaHCO_3$ 排出增高	[H_2CO_3]降低 P_{CO_2} 降低

重点小结

重　　点	难　　点
1. 水是构成体液的主要成分和重要溶剂，是许多生物化学反应的媒体。必须维持每天水的出入量平衡。 2. 体液是生命体内溶解多种电解质、蛋白质及小分子有机物的水溶液，分为血浆、细胞间液与细胞内液。晶体渗透压和胶体渗透压是体液转移主要动力。 3. 体内电解质以钠、钾、氯含量最多，人体每日电解质的摄入与排出平衡依赖神经、激素、肾脏的调节	人体物质代谢不断产生酸性物质或碱性物质，以酸性物质为主。但人体血液的 pH 总是维持在 7.35～7.45，这种平衡的调节主要依靠体液中缓冲体系的缓冲作用、肺的呼吸作用及肾脏的排泄与重吸收功能。在酸碱平衡紊乱中，代谢性酸中毒、代谢性碱中毒、呼吸性酸中毒、呼吸性碱中毒四种类型，以代谢性酸中毒为最常见

课后习题

一、名词解释

血钾、血钠、酸碱平衡、挥发性酸。

二、简答题

1. 简述正常机体内的水平衡。
2. 简述正常机体内的无机盐平衡。

三、选择题

1. 血浆约占体重的（　　）。
A. 20％　　　　　　B. 15％　　　　　　C. 8％　　　　　　D. 5％
2. 成人每天所需的水量约为（　　）。
A. 2000～2500mL　　B. 5000～7500mL　　C. 1000～2500mL　　D. 2500～5000mL
3. 维持细胞外液渗透压的主要离子是（　　）。
A. Na^+ 和 Cl^-　　B. K^+ 和 HPO_4^{2-}　　C. Na^+ 和 HPO_4^{2-}　　D. K^+ 和 Cl^-
4. 血浆中的钾正常浓度为（　　）。
A. 1.5～3.5mmol/L　　　　　　B. 5.5～7.5mmol/L
C. 3.5～5.5mmol/L　　　　　　D. 1.5～7.5mmol/L
5. 血钠浓度为（　　）。
A. 90～130mmol/L　　　　　　B. 130～150mmol/L
C. 150～180mmol/L　　　　　　D. 90～180mmol/L

6. 酸中毒时常伴有血钾过高，其主要原因是（　　）。
A. NH_4^+-Na^+ 交换增加　　　　　　　　　　B. H^+-Na^+ 交换加强
C. 使细胞内 K^+ 逸出细胞　　　　　　　　　　D. 醛固酮分泌减少
E. 肾衰竭，排 K^+ 障碍
7. 低血钾的阈值是（　　）mmol/L。
A. 2.5　　　　　　B. 3.5　　　　　　C. 4.5　　　　　　D. 5.5
8. 正常成人每日消耗混合食物，可产生的水量为（　　）mL。
A. 50　　　　　　B. 100　　　　　　C. 200　　　　　　D. 300
9. 机体对固定酸缓冲的主要缓冲系统是（　　）。
A. 血浆蛋白缓冲系统　　　　　　　　　　B. 血红蛋白缓冲系统
C. 磷酸盐缓冲系统　　　　　　　　　　　D. 碳酸氢盐缓冲系统
E. 氧合血红蛋白缓冲体系
10. 糖代谢紊乱致体内 β-羟丁酸和乙酰乙酸过多，血液发挥缓冲作用的主要是（　　）。
A. 血浆蛋白缓冲系统　　　　　　　　　　B. 血红蛋白缓冲系统
C. 磷酸盐缓冲系统　　　　　　　　　　　D. 碳酸氢盐缓冲系统
E. 氧合血红蛋白缓冲体系

选择题答案：
1—5：DAACB　6—10：BBDDD

项目十六 生物化学实验

实验一 糖的显色反应

一、实验目的

(1) 掌握鉴定糖类和区分醛糖、酮糖的原理及操作。
(2) 了解鉴定还原糖的方法及原理。

二、实验原理

(1) Molish 反应 浓硫酸或浓盐酸作用下糖脱水形成糖醛及其衍生物,与 α-萘酚反应生成紫红色复合物,在糖液和浓硫酸液分界处形成紫环,也称紫环反应。游离糖和结合糖均可发生紫环反应。各种醛糖衍生物、葡萄糖醛酸及丙酮、甲酸和乳酸等也能产生颜色近似的阳性反应。可用于糖类物质存在与否的鉴别。阳性反应仅能证明糖存在的可能性,需通过其他糖定性试验才能确定糖的存在。

(2) 蒽酮反应 在浓酸的作用下糖可生成糖醛及其衍生物,与蒽酮(10-酮-9,10-二氢蒽)反应可生成蓝绿色复合物,颜色深浅可用于糖的定量分析。

(3) 酮糖的 Seliwanoff 反应 Seliwanoff 反应是鉴定酮糖的特殊反应。酮糖在酸作用下比醛糖更易生成羟甲基糠醛,反应速度更快,仅需 20~30s,羟甲基糠醛与间苯二酚反应可生成鲜红色复合物。而醛糖在浓度较高时或长时间煮沸时才能产生微弱的阳性反应,因此,可用于醛糖、酮糖的区别。

(4) Fehling 试验 Fehling 试剂是含有硫酸铜和酒石酸钾钠的 NaOH 溶液,硫酸铜与碱溶液混合后加热可生成黑色氧化铜沉淀。若同时有还原糖存在,则产生黄色或砖红色氧化亚铜沉淀。为防止 Cu^{2+} 和碱生成氧化铜或碱性碳酸铜沉淀,在 Fehling 试剂中加入了酒石酸钾钠,它与 Cu^{2+} 形成的酒石酸钾钠配位铜离子是可溶性的配位离子,反应可逆。反应达到平衡后,溶液内保持一定浓度的 $Cu(OH)_2$。Fehling 试剂是一种弱氧化剂,不与酮和芳香醛反应。

(5) Benedict 试验 Benedict 试剂是改良的 Fehling 试剂,利用柠檬酸作为 Cu^{2+} 的配位剂。其碱性较 Fehling 试剂要弱,但灵敏度更高,且受其他因素的干扰较少。

(6) Barfoed 试验 在酸性溶液中,单糖和还原二糖的还原速度有明显差异。Barfoed 试剂为弱酸性,单糖在该试剂作用下能将 Cu^{2+} 还原为砖红色的氧化亚铜,时间约 3min。而还原二糖需 20min 左右,因此,可用于区别单糖与还原二糖。长时间加热条件下,非还原性二糖经水解后也能呈阳性反应。

三、实验材料与试剂

1. 实验材料

1%葡萄糖、1%蔗糖、1%淀粉、1%果糖和1%麦芽糖。

2. 主要实验试剂

(1) Molish 试剂 称取 5g α-萘酚,用 95%乙醇溶液溶解至 100mL,临用前配制,棕色瓶保存。

（2）蒽酮试剂　称取 0.2g 蒽酮，溶于 100mL 浓硫酸中，临用前配制。

（3）Seliwanoff 试剂　称取 0.5g 间苯二酚，溶于 1L 盐酸（$H_2O：HCl=2：1$）中，临用前配制。

（4）Fehling 试剂　试剂甲：称取 34.5g 硫酸铜（$CuSO_4·5H_2O$），溶于 500mL 蒸馏水中；试剂乙：称取 125g NaOH 和 137g 酒石酸钾钠溶于 500mL 蒸馏水中，贮存于具有橡胶塞的玻璃瓶中。临用前将试剂甲和乙等量混合。

（5）Benedict 试剂　将 170g 柠檬酸钠（$Na_3C_6H_3O_7·11H_2O$）和 100g Na_2CO_3 溶于 800mL 水中，另将 17g $CuSO_4$ 溶于 100mL 热水中。将硫酸铜溶液缓慢倒入柠檬酸-碳酸钠溶液中，边加边搅拌，最后定容至 1000mL，该试剂可长期使用。

（6）Barfoed 试剂　将 16.7g 乙酸铜溶于近 200mL 水中，加入 1.5mL 冰醋酸，定容至 250mL。

四、实验步骤

1. Molish 反应

取 4 支试管，编好号后分别加入 1％葡萄糖、1％蔗糖和 1％淀粉各 1mL，另有 1 支用蒸馏水代替糖溶液，然后加入 2 滴 Molish 试剂，摇匀。倾斜试管，沿管壁小心加入 1mL 浓硫酸，切勿摇动，小心竖直后仔细观察两层液面交界处的颜色变化，并记录结果。

2. 蒽酮反应

取 4 支试管，编好号后均加入 1mL 蒽酮试剂，再分别向各管加入 2～3 滴 1％葡萄糖、1％蔗糖和 1％淀粉，另有 1 支用蒸馏水代替糖溶液。充分混匀，观察各管颜色变化。

3. Seliwanoff 反应

取 3 支试管，编好号后加入 Seliwanoff 试剂 1mL，再依次加入 1％葡萄糖、1％蔗糖和 1％果糖各 4 滴，混匀，放入沸水浴中比较各管颜色变化。

4. Fehling 试验

取 3 支试管，编号后各加入 1mL Fehling 试剂甲和乙，摇匀后，分别加入 4 滴 1％葡萄糖、1％蔗糖和 1％淀粉溶液，沸水浴中加热 2～3min，取出冷却，观察沉淀和颜色变化。

5. Benedict 试验

取 3 支试管，编号后分别加入 2mL Benedict 试剂和 4 滴 1％葡萄糖、1％蔗糖和 1％淀粉溶液，沸水浴中加热 5min，冷却后观察各管沉淀和颜色变化，注意与 Fehling 试验比较。

6. Barfoed 试验

取 3 支试管，编号后分别加入 2mL Barfoed 试剂和 2～3 滴 1％葡萄糖、1％蔗糖和 1％麦芽糖溶液，煮沸 3～5min，放置 20min 以上，比较各管沉淀和颜色变化。

五、注意事项

（1）Molish 反应非常灵敏，0.001％葡萄糖和 0.0001％蔗糖就能呈阳性反应。果糖浓度过高时，由于浓硫酸对其焦化作用，将呈现红色及褐色而不呈紫色，需稀释后再做。加浓硫酸时一定要倾斜试管，小心加入。

（2）果糖与 Seliwanoff 试剂反应非常迅速，呈鲜红色；而葡萄糖需时间较长，且只呈现黄色至淡黄色。戊糖也能与 Seliwanoff 试剂发生反应。戊糖经酸脱水生成糖醛，与间苯二酚缩合可生成绿色至蓝色产物。

（3）酮基本身没有还原性，只有在变成烯醇式后才显示还原作用。

（4）糖的还原作用生成氧化亚铜沉淀的颜色取决于颗粒的大小，生成的 Cu_2O 颗粒大小又取决于反应速度。反应速度快时，生成颗粒较小，呈黄绿色；反应较慢时，生成颗粒较大，呈红色。溶液中还原糖的浓度可从生成的沉淀多少来估计，而不能由颜色来判断。

(5) Barfoed 反应生成的 Cu_2O 沉淀聚集在试管底部，溶液仍为深蓝色，应观察试管底部红色的出现。

六、思考题

(1) 各反应的原理是什么？通过这些反应可以进行糖的哪些性质鉴别？
(2) 运用本实验的原理和方法，设计鉴定一个未知糖的试验方案。

实验二　还原糖和总糖的测定

一、实验目的

(1) 掌握 3,5-二硝基水杨酸测定还原糖和总糖的原理和操作。
(2) 掌握分光光度计的使用及使用注意事项。

二、实验原理

还原糖是指含有自由醛基或酮基的糖类，单糖都是还原糖，双糖和多糖不一定是还原糖，如乳糖和麦芽糖是还原糖，而蔗糖和淀粉是非还原糖。对非还原性的双糖和多糖，可用酸水解法使其降解成还原性单糖后再进行测定，分别求出样品中还原糖和总糖含量（常以葡萄糖含量计）。还原糖在碱性条件下加热可被氧化成糖酸及其他产物，氧化剂 3,5-二硝基水杨酸可被还原为棕红色的 3-氨基-5-硝基水杨酸。在一定范围内，还原糖的含量与棕红色物质颜色深浅呈线性关系。在 540nm 波长下测定吸光度值并查阅标准曲线可求出样品中还原糖和总糖的含量。由于多糖水解为单糖时，每断裂一个糖苷键需加入一分子水，所以，在计算多糖含量时应乘以系数 0.9。

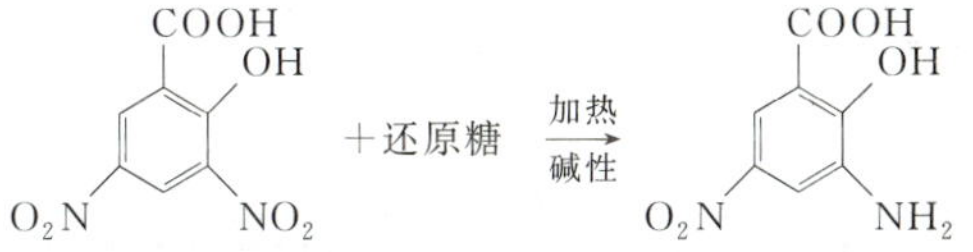

$$\text{3,5-二硝基水杨酸} + \text{还原糖} \xrightarrow[\text{碱性}]{\text{加热}} \text{3-氨基-5-硝基水杨酸}$$

三、实验材料与试剂

1. 实验材料

面粉、具塞玻璃刻度试管、离心管、烧杯、三角瓶、量瓶、移液管、恒温水浴锅、离心机、分光光度计等。

2. 主要实验试剂

1mg/mL 葡萄糖标准液：准确称取 80℃烘干至恒重的分析纯葡萄糖 100mg 于小烧杯中，加少量蒸馏水溶解后定容至 100mL，混匀，4℃冰箱中保存备用。

3,5-二硝基水杨酸（DNS）试剂：将 6.3g DNS 和 262mL 2mol/L NaOH 溶液加入 500mL 含 185g 酒石酸钾钠的热水溶液中，再加 5g 结晶酚和 5g 亚硫酸钠，搅拌溶解，冷却后加蒸馏水定容至 1000mL，贮于棕色瓶中备用。

碘-碘化钾溶液：称取 5g 碘和 10g 碘化钾，溶于 100mL 蒸馏水中。

酚酞指示剂：称取 0.1g 酚酞溶于 250mL 70% 乙醇中。

四、实验步骤

1. 制作葡萄糖标准曲线

取 7 支具塞刻度试管编号并按表 16-1 分别加入浓度为 1mg/mL 葡萄糖标准液、蒸馏水和

DNS 试剂，配成不同浓度的葡萄糖反应液。

表 16-1　葡萄糖标准曲线制作

管号	1mg/mL 葡萄糖标准液/mL	蒸馏水/mL	DNS/mL	葡萄糖含量/mg	A_{540}
0	0	2	1.5	0	
1	0.2	1.8	1.5	0.2	
2	0.4	1.6	1.5	0.4	
3	0.6	1.4	1.5	0.6	
4	0.8	1.2	1.5	0.8	
5	1.0	1.0	1.5	1.0	
6	1.2	0.8	1.5	1.2	

将各管摇匀，并在沸水浴中准确加热 5min 取出，冷却至室温，用蒸馏水补足至 10mL，加塞后颠倒混匀，在分光光度计上进行比色。以 0 号管为参比，于 540nm 处测定 1~6 号管的吸光度值。以葡萄糖含量为横坐标，吸光度值 A_{540} 为纵坐标，绘制葡萄糖标准曲线。

2. 样品中还原糖和总糖的测定

（1）还原糖的提取　准确称取 3.00g 食用面粉，放入 100mL 烧杯中，先用少量蒸馏水调成糊状，然后补足至 50mL 蒸馏水，搅匀，置 50℃恒温水浴中保温 20min，使还原糖浸出。将浸出液（含沉淀）转移到 50mL 离心管中，于 4000r/min 离心 5min，沉淀可用 20mL 蒸馏水洗一次，再离心，将两次离心上清液合并在 100mL 量瓶中，用蒸馏水定容至刻度，混匀，作为还原糖待测液。

（2）总糖的水解和提取　准确称取 1.00g 食用面粉，放入 100mL 三角瓶中，加 15mL 蒸馏水及 10mL 6mol/L HCl，置沸水浴中加热水解 30min（用碘-碘化钾溶液检查水解是否完全）。待淀粉水解液冷却后，加入 1 滴酚酞指示剂，用 6mol/L NaOH 中和至微红色（至中性），蒸馏水定容至 100mL，混匀。过滤并取滤液 10mL 移至 100mL 量瓶中定容，混匀，作为总糖待测液。

（3）显色和比色　取 6 支具塞刻度试管编号，按表 16-2 分别加入待测液和显色剂，空白调零可使用制作标准曲线的 0 号管。操作与制作标准曲线相同。

表 16-2　样品还原糖测定

管号	还原糖待测液/mL	总糖待测液/mL	蒸馏水/mL	DNS/mL	A_{540}	查曲线葡萄糖量/mg
7	0.5		1.5	1.5		
8	0.5		1.5	1.5		
9	0.5		1.5	1.5		
10		1	1	1.5		
11		1	1	1.5		
12		1	1	1.5		

3. 结果与计算

计算出 7~9 号管 A_{540} 平均值和 10~12 号管 A_{540} 平均值，在葡萄糖标准曲线上分别查出对应的还原糖质量数（mg），按下式计算样品中还原糖和总糖的百分含量：

$$还原糖(\%)=\frac{查曲线所得葡萄糖质量数(mg)\times 提取液总体积/测定体积}{样品质量数(mg)}\times 100\%$$

$$总糖(\%)=\frac{查曲线所得水解后还原糖质量数(mg)\times 稀释倍数}{样品质量数(mg)}\times 0.9\times 100\%$$

五、注意事项

（1）离心时，离心样品必需要对称放置在离心机中，并保证对称离心管重量近似相等。

（2）标准曲线制作与样品测定在同一条件下进行，并均以 0 号管作为参比调零。

(3) 若比色液颜色过深,可适当稀释后再显色测定,计算时要将稀释倍数代入公式计算。

六、思考题

(1) 3,5-二硝基水杨酸比色法测定总糖和还原糖的原理是什么?是如何进行测定的?
(2) 使用标准曲线法进行未知样品总糖和还原糖定量时,应注意什么?
(3) 比色时,为什么要以 0 号管作为参比调零?

实验三　邻甲苯胺法测定血糖含量

一、实验目的

掌握邻甲苯胺法测定血糖的原理与方法。

二、实验原理

血糖主要指的是血液中的葡萄糖,是糖在体内最重要的运输形式。目前,医院主要采取葡萄糖氧化酶法和邻甲苯胺法测定血糖。葡萄糖氧化酶法特异性强,价格低,方法简单,其正常值:空腹全血为 3.6～5.3mmol/L(65～95mg/dL),血浆为 3.9～6.1mmol/L(70～110mg/dL)。邻甲苯胺法由于血中绝大部分非糖物质及抗凝剂中的氧化物同时被沉淀下来,因此不易出现假性过高或过低,结果可靠,其正常值:空腹全血为 3.3～5.6mmol/L(60～100mg/dL),血浆为 3.9～6.4mmol/L(70～115mg/dL)。本实验采用后者进行血糖的测定。测定原理为葡萄糖在酸性介质中加热脱水生成 5-羟甲基-2-呋喃甲醛,分子中的醛基与邻甲苯胺缩合形成青色的 Schiff 碱,通过比色可定量测得血糖含量。

三、实验材料与试剂

1. 实验材料

人血清、具塞试管、分光光度计等。

2. 主要实验试剂

邻甲苯胺试剂:称取硫脲 1.5g,溶于 750mL 冰醋酸中,加邻甲苯胺 150mL 及饱和硼酸 40mL,混匀后加冰醋酸至 1000mL,置棕色瓶中,冰箱保存。

葡萄糖标准溶液:5.0mg/mL,临用时稀释成 1.0mg/mL。

四、实验步骤

1. 标准曲线

取 6 支试管编号,并按表 16-3 标准曲线制作要求的顺序加入试剂。

表 16-3　葡萄糖标准曲线制作

试剂	试管编号					
	0	1	2	3	4	5
标准葡萄糖溶液/mL	0.00	0.02	0.04	0.06	0.08	0.10
蒸馏水/mL	0.10	0.08	0.06	0.04	0.02	0.00
邻甲苯胺试剂/mL	5.0	5.0	5.0	5.0	5.0	5.0
A_{630}						

试剂加入完成后温和混匀,于沸水浴中煮沸 4min 取下,冷却并放置 30min,以 0 号管为参

比，测定样品在 630nm 的吸光度值，并绘制葡萄糖标准曲线。

2. 样品测定

取 3 支试管，编号后按表 16-4 样品测定要求加入试剂，并与标准曲线相同方法进行比色。

表 16-4 样品测定

试剂	试管编号		
	0	样品1	样品2
测定样品/mL	0.00	0.10	0.10
蒸馏水/mL	0.10	0.00	0.00
邻甲苯胺试剂/mL	5.0	5.0	5.0
A_{630}			

试剂加入完成后温和混匀，于沸水浴中煮沸 4min 取下，冷却并放置 30min 后，以试剂空白（0 号管）为参比，在 630nm 处测定吸光度值，从标准曲线中查出样品的血糖含量。

五、注意事项

邻苯甲胺法测定血糖具有操作简单、特异性较高等优点，成本较低，在教学或规模较小的基层医院中常用于血糖的测定，但该法需在高温条件下反应，要注意操作安全。

六、思考题

（1）血糖测定的临床意义是什么？
（2）邻甲苯胺法测定血糖的原理是什么？测定过程中要注意什么？

实验四 氨基酸的薄层色谱分离和鉴定

一、实验目的

（1）掌握薄层色谱分离的基本原理。
（2）掌握氨基酸色谱分离与鉴定的基本操作。

二、实验原理

根据薄层色谱的基本原理，以硅胶 G 作为色谱分离的固相支持物，用羧甲基纤维素钠（CMC-Na）作为黏合剂，以正丁醇、冰醋酸和水的混合液作为展开剂，当液相（展开剂）在固定相流动时，由于吸附剂对不同氨基酸有不同的吸附性，氨基酸在展开溶剂中的溶解度也就有所差异，点在薄板上的混合氨基酸随展开剂的移动速率也不同，通过吸附-解吸附-再吸附-再解吸附的反复进行，将混合氨基酸样品分开。通过测定混合氨基酸中各分离斑点的 R_f 值，分离和鉴别混合氨基酸的成分，可实现氨基酸的定性与定量分析。

三、实验材料与试剂

1. 实验材料

薄层色谱板（10cm×20cm 或 20cm×20cm）、烧杯、量筒、小尺子、电吹风、毛细玻璃管、色谱缸、烘箱等。

2. 主要实验试剂

0.01mol/L 丙氨酸、精氨酸、甘氨酸：分别称取 8.9mg 丙氨酸、17.4mg 精氨酸和 7.5mg 甘氨酸溶于90％异丙醇溶液10mL。

混合氨基酸：将0.01mol/L丙氨酸、精氨酸和甘氨酸按等体积混匀即为氨基酸混合液。

硅胶G（C.P.）：薄层色谱用。

0.5％羧甲基纤维素钠（CMC-Na）：称取CMC-Na 5g溶于1000mL蒸馏水中并煮沸，静置冷却，弃沉淀，取上清液备用。

展开剂：按80∶10∶10比例（$v/v/v$）混合正丁醇、冰醋酸及蒸馏水，临用前配置。

0.1％茚三酮溶液：取茚三酮（A.R.）0.1g溶于无水丙酮（A.R.）至100mL。

显示剂：按10∶1比例（v/v）混匀展开剂和0.1％茚三酮溶液。

四、实验步骤

1. 硅胶G薄层板的制备

（1）清洗玻璃板：先用洗衣粉、自来水和去离子水将薄层色谱板清洗干净，放入烘箱烘干。烘干后取出薄层板时只能接触薄层板的边缘，不要触及薄层板的中间部分。

（2）制备硅胶G浆液：称取3g硅胶G于烧杯中，缓慢地加入9mL 0.5％羧甲基纤维素钠（CMC-Na）溶液，边加边搅拌，加料完毕后剧烈搅拌调成均匀的硅胶G浆液。

（3）涂片：将调好的硅胶G浆液倒在洗净并烘干的薄层玻璃板上，将板倾斜使其均匀铺开，再将板拿起用手左右摇晃，使硅胶G浆液均匀附在玻璃板上，厚度约为0.25～1mm。用纸擦去薄板四周多余浆液（取拿板时只能接触薄层板的顶端和两侧），放于实验台面自然晾干。

（4）活化：将晾干的硅胶板于70℃烘干60min，再于105～110℃烘箱内干燥30min，取出后放在干燥器内备用（注意活化温度一般低于128℃，以免脱水失去固着能力）。

2. 点样

（1）在距离硅胶板一端约1.5～2.0cm处用铅笔轻轻画一条点样线。

（2）用直径约1mm或0.55mm的玻璃毛细管分别沾取丙氨酸、精氨酸、甘氨酸及混合氨基酸溶液，在点样线上点样，两点样位置要相距0.8～1.0cm。点样时，毛细管与薄板要垂直，点样直径约2～3mm。待点样处干后（可用吹风机用冷风吹干），再将样品在原点样处重复点一次。

（3）氨基酸点样量以5μL为宜，含氨基酸0.5～2.0μg。

3. 色谱

（1）提前将展开剂加入色谱缸中，使溶剂平衡一定时间。

（2）打开色谱缸，将硅胶板点样端向下（注意样品点样线不能浸入到展开剂中，以免引起样品扩散），倾斜地放入色谱缸内，使其与缸底平面呈约15°～30°。点样端浸入展开剂深度以0.5～0.8cm为宜。

（3）盖上色谱缸盖进行色谱层析。当溶剂前沿距硅胶板上缘约2cm处时，取出薄层板，并立即用笔标出溶剂前沿所在位置，将硅胶板置干燥箱中烘干。

4. 显色

烘干后，用喷雾器将茚三酮显色剂均匀喷洒在薄层板上，然后，将薄板置105℃干燥箱内烘干，10min左右即可显示粉红色斑点（注意：若样品中含有脯氨酸，经显色后为黄色）。

5. 结果与计算

用尺子量出每个斑点中心至原点的距离及原点至展开剂前沿的距离，计算R_f值。

$$R_f = \frac{\text{氨基酸移动的距离（cm）}}{\text{溶剂移动的距离（cm）}} = \frac{\text{样品点样位置至色斑中心的距离（cm）}}{\text{样品点样位置至溶剂前沿的距离（cm）}}$$

五、注意事项

（1）为防止硅胶板被汗液和其他物质污染，操作时需戴手套操作。

(2) 需重复点样时可用吹风机冷风吹干后再点氨基酸样品，茚三酮显色时用热风吹干薄层。

(3) 硅胶一般以通过 200 目左右筛孔为宜。颗粒太大，展开时溶剂推进速度太快，分离效果不好；颗粒太小，展开太慢，斑点容易拖尾或互相交叉。点样后斑点直径一般为 2mm 左右，不宜太大。

六、思考题

(1) 简述氨基酸薄层色谱操作中的注意事项。
(2) 影响色谱效果的因素有哪些？

实验五　双缩脲法测定血清白蛋白的含量

一、实验目的

掌握蛋白质双缩脲法定量测定的原理与操作。

二、实验原理

双缩脲（$H_2NOC-NH-CONH_2$）为两分子尿素在 180℃左右加热释放出一分子氨（NH_3）后得到的产物。在强碱条件下，双缩脲与 $CuSO_4$ 生成紫色络合物，该反应称为双缩脲反应。含有两个及以上肽键的有机化合物或类似肽键的有机化合物都能发生双缩脲反应。蛋白质可发生双缩脲反应，产物颜色与蛋白质浓度在一定范围内呈良好的线性关系，与蛋白质分子量和氨基酸组成成分无关，广泛应用于蛋白质含量的测定。双缩脲法对样品蛋白质含量要求相对较高（1～10mg/mL 蛋白质）。Tris、部分氨基酸、EDTA、草酰胺、多肽会干扰测定。在一定范围内，产物最大吸收波长为 540nm。将未知浓度的蛋白质样品溶液与一系列已知浓度的标准蛋白质溶液同时与双缩脲试剂反应，并在 540nm 处比色，可通过标准蛋白质（如牛或人血清蛋白、卵清蛋白等）绘制的蛋白质标准曲线求出未知蛋白质的含量。具有操作简单、快速、线性关系好等优点，可用于快速测定蛋白质含量。

动物体内血清总蛋白含量关系到血液与组织间水分的分布情况，在机体脱水的情况下，血清总蛋白含量升高。机体发生水肿时，血清总蛋白含量下降。所以，测定血清蛋白质含量具有重要的临床意义。

三、实验材料与试剂

1. 实验材料

可见分光光度计、恒温水浴锅、分析天平、三角瓶、量瓶、吸管、试管等。

2. 主要实验试剂

双缩脲试剂：称取硫酸铜（$CuSO_4 \cdot 5H_2O$）1.5g、酒石酸钾钠（$NaKC_4H_4O_6 \cdot 4H_2O$）6.0g，分别用 250mL 蒸馏水溶解，一并转入 1000mL 量瓶中，搅拌下加入 30mL 10%（w/v）的 NaOH 溶液，然后用蒸馏水定容至 1000mL。将该试液贮藏于塑料瓶中（如无红色或黑色沉淀出现，可长期保存）。

标准蛋白质溶液：准确称取 1.0g 酪蛋白（干酪素），溶于 0.05mol/L NaOH 溶液中，并定容至 100mL，即为 10mg/mL 的蛋白质标准溶液。

未知蛋白质溶液：浓度应控制在 1～10mg/L 范围内，可根据测定结果对血清蛋白质进行适当稀释，置冰箱保存备用。

四、实验步骤

1. 标准曲线的绘制

取 6 支试管,按表 16-5 进行试剂的添加。

表 16-5 双缩脲法测定血清白蛋白标准曲线制作

试剂	0	1	2	3	4	5
标准蛋白质/mL	0	0.2	0.4	0.6	0.8	1.0
蒸馏水/mL	1.0	0.8	0.69	0.4	0.2	0.0
蛋白质含量/mg	0.0	2.0	4.0	6.0	8.0	10.0
双缩脲试剂/mL	4.0	4.0	4.0	4.0	4.0	4.0

混匀后,在室温条件下(15～25℃)静置 30min 后,于 540nm 处测定吸光度值,以标准蛋白质含量为横坐标,以吸光度值 A_{540} 为纵坐标,绘制蛋白质标准曲线。

2. 样品测定

(1) 血清白蛋白的制备:动物空腹静脉采血,不加抗凝血剂,让血液在室温下自行凝固(约 5～10min),取血液析出的血清,根据情况适当进行稀释,置冰箱中保存。

(2) 样品测定:取 2 支试管,分别加入血清 1.0mL、双缩脲试剂 4.0mL,混匀,37℃静置 20min 后于 540nm 处测定吸光度值,以 0 号管调零,测定其吸光度值。利用标准曲线查出相应的蛋白质,并根据稀释倍数计算出原血清中的蛋白质含量。

五、思考题

(1) 为什么作为标准的蛋白质必须用凯氏定氮法测定纯度?
(2) 对于作为标准蛋白质有何要求?
(3) 为什么双缩脲法测定蛋白质简单快速,但准确度不高?

实验六 蛋白质等电点测定

一、实验目的

(1) 了解蛋白质等电点测定意义。
(2) 掌握蛋白质等电点测定的基本方法和蛋白质两性解离的性质。

二、实验原理

蛋白质与氨基酸一样,都为两性电解质,调节蛋白质溶液的 pH,可以使蛋白质带正电荷或负电荷,在某一特定 pH 时,蛋白质所带正负电荷相等,以兼性离子存在,此时,蛋白质净电荷为零,在外加电场作用时,蛋白质既不向正极移动,也不向负极移动,此时溶液 pH 为该蛋白质等电点(pI)。在等电点条件下,蛋白质溶解性最小,能沉淀析出。不同蛋白质由于氨基酸组成不同,具有不同的等电点。

三、实验材料与试剂

1. 实验材料

试管、滴管、移液管、pH 试纸等。

2. 主要实验试剂

0.5%酪蛋白溶液:0.5g 酪蛋白,先加入几滴 1mol/L NaOH 使其润湿,用玻璃棒搅拌研磨成糊状，逐滴加入 0.01mol/L NaOH 使其完全溶解后定容到 100mL。

酪蛋白-醋酸钠溶液：将 0.25g 酪蛋白加 5mL 1mol/L NaOH 溶解，加 20mL 温水使其完全溶解后，再加入 5mL 1mol/L 的乙酸，混合后转入 50mL 容量瓶加水定容，混匀备用（pH 应为 8.0～8.5）。

0.1mol/L 醋酸、0.01mol/L 醋酸和 1mol/L 醋酸：分别准确量取 1mL 冰醋酸、0.1mL 冰醋酸和 1mL 冰醋酸用蒸馏水稀释到 170mL、170mL 和 17mL。

四、实验步骤

取 9 支试管，分别编号 1～9，按表 16-6 顺序在各管中加入蛋白质溶液、蒸馏水及各浓度醋酸溶液，加入后立即摇匀。

表 16-6　蛋白质等电点测定

试剂	试管编号								
	1	2	3	4	5	6	7	8	9
H_2O/mL	2.4	3.2	—	2.0	3.0	3.5	1.5	2.75	3.38
1mol/L 醋酸/mL	1.6	0.8	—	—	—	—	—	—	—
0.1mol/L 醋酸/mL	—	—	4.0	2.0	1.0	0.5	—	—	—
0.01mol/L 醋酸/mL	—	—	—	—	—	—	2.5	1.25	0.62
酪蛋白-醋酸钠溶液/mL	1.0	1.0	1.0	1.0	1.0	1.0	1.0	1.0	1.0
溶液最终 pH	3.5	3.8	4.1	4.4	4.7	5.0	5.3	5.6	5.9
管内溶液的混浊度									

试剂加完后要混匀并静置 20min 后，观察各管产生的混浊并根据混浊度来判断酪蛋白的等电点。观察时可用＋、＋＋、＋＋＋表示混浊度。

五、思考题

（1）什么是蛋白质的等电点？在等电点处蛋白质有什么特性？
（2）测定蛋白质的等电点为什么要在缓冲溶液中进行？

实验七　蛋白质的盐析与透析

一、实验目的

（1）掌握蛋白质盐析沉淀的基本原理与操作。
（2）掌握蛋白质透析分离的基本操作。

二、实验原理

蛋白质是亲水胶体，借助水化膜和同性电荷（在 pH7.0 的溶液中一般蛋白质带负电荷）相互排斥作用维持蛋白质胶体的稳定，向蛋白质溶液中加入中性盐可破坏这些稳定因素，使蛋白质沉淀析出，称为盐析。盐析所得到的蛋白质沉淀经透析或用水稀释以减低或除去盐后，蛋白质能再次溶解而恢复其天然结构和生物活性，称为透析。由于蛋白质分子量很大，其颗粒直径范围在 1～100nm 内，不能透过半透膜。选用合适孔径的半透膜可使小分子物质透过，而蛋白质不能透过半透膜，从而可以除去与蛋白质混合的中性盐及其他小分子物质。蛋白质盐析常用中性盐，如硫酸铵、硫酸钠、NaCl 等。蛋白质经盐析沉淀后，需脱盐才能获得纯品。脱盐最常用的方法为透析法。由于蛋白质分子量较大，不能透过半透膜，而无机盐及其他低分子物质可以透过，故利用透析法可将盐析得到的蛋白质进行纯化。将蛋白质溶液装入透析袋内，袋口用线扎紧，然后将其放进蒸馏水中，蛋白质分子量大，不能透过透析袋而被截留在袋内，而小分子盐由于透析袋内外浓度差，可透过透析袋，通过不断更换袋外蒸馏水，直至袋内盐分透析完为止。透析常需较长时间，为保证蛋白质不变性，透析宜在低温下进行。

三、实验材料与试剂

1. 实验材料

10％鸡蛋清溶液，含鸡蛋清的氯化钠蛋白质溶液。

2. 主要实验试剂

饱和硫酸铵溶液：称取固体硫酸铵 850g 加入 1000mL 蒸馏水中，在 70～80℃下搅拌溶解，室温放置过夜，杯底析出白色晶体，上清液即为饱和硫酸铵溶液。

硫酸铵晶体、1％硝酸银溶液等。

四、实验步骤

1. 透析袋的预处理

为防干裂，新透析袋出厂时常用 10％甘油进行处理，并含少量的硫化物、重金属和一些具有紫外吸收的杂质，需除去。将透析袋剪成 100～120mm 的小段，用 50％乙醇煮沸 1h，再依次用 50％乙醇、0.01mol/L 碳酸氢钠和 0.001mol/L EDTA 溶液洗涤，最后用蒸馏水冲洗 3～5 次（新透析袋如不作上述特殊处理，也可用沸水煮 5～10min，再用蒸馏水洗净即可使用）。透析袋一端用橡皮筋或线绳扎紧，也可用特殊的透析袋夹夹紧，从另一端灌满水，用手指稍加压，检查是否有渗漏，没有渗漏后方可使用。处理好的透析袋保存于蒸馏水中待用。

2. 蛋白质盐析

取 10％鸡蛋清溶液 5mL 于试管中，加入等量饱和硫酸铵溶液，微微摇动试管，使溶液混合后静置数分钟，蛋清蛋白质即可析出。如无沉淀可再加少许饱和硫酸铵溶液，观察蛋白质的析出。取少量沉淀的蛋白质，加水稀释，观察沉淀是否会再次溶解。

3. 蛋白质的透析

注入含鸡蛋清的氯化钠蛋白质溶液 5mL 于透析袋中，将袋的开口端用线扎紧，并悬挂在盛有蒸馏水的烧杯中，开口端位于液面之上。10min 后，自烧杯中取出 1mL 溶液于试管中，加 1％硝酸银溶液一滴，如有白色氯化银沉淀生成，则证明蒸馏水中有 Cl^- 存在。再自烧杯中取出 1mL 溶液置于另一试管中，加入 1mL 10％氢氧化钠溶液，然后滴加 1～2 滴 1％硫酸铜溶液，观察有无蓝紫色出现。每隔 20min 更换蒸馏水一次，数小时后可观察到透析袋内出现轻微混浊，此为蛋白质沉淀。继续透析至蒸馏水中不再生成氯化银沉淀为止。实验记录透析完成所需的时间。

五、注意事项

蛋白质溶液用透析除盐时，正负离子透过半透膜的速度不相同，如 $(NH_4)_2SO_4$ 中的 NH_4^+ 透析速度快，而透析过程中膜内的 SO_4^{2-} 会生成 H_2SO_4，使膜内蛋白质溶液呈酸性。因此，为避免蛋白质变性，用盐析法纯化蛋白质时，开始时应用 0.1mol/L 的 NH_4OH 透析。此外，为了保证蛋白质在透析过程中不发生变性，可以将透析过程置于低温下进行。

六、思考题

（1）透析法沉淀蛋白质的原理是什么？透析与盐析的区别是什么？

（2）透析时，如何保证中性盐去除干净且避免蛋白质变性？

实验八　卵磷脂的提取与鉴定

一、实验目的
（1）理解卵磷脂的结构与性质。
（2）掌握卵磷脂提取鉴定的原理和方法。

二、实验原理
磷脂是生物体细胞组织的重要组成成分，主要存在于大豆等植物组织以及肝脏、脑组织、脾脏、心脏等组织器官中，其中，以蛋黄中含量最高（约10%）。卵磷脂和脑磷脂均能溶于乙醚，但不溶于丙酮，可以利用此性质进行分离。此外，卵磷脂能溶于乙醇而脑磷脂不溶于乙醇，因此，可用乙醇溶液将脑磷脂与卵磷脂进行分离。提取出来的卵磷脂为白色，在空气中氧化后呈黄褐色，主要是由于卵磷脂中的不饱和脂肪酸发生了氧化。卵磷脂经碱水解后可生成脂肪酸、甘油、胆碱和磷酸盐。甘油与硫酸氢钾共热，生成具有特殊臭味的丙烯醛。磷酸盐在酸性条件下与钼酸铵作用生成黄色的磷钼酸沉淀。胆碱在碱性的进一步水解下生成无色且具有氨和鱼腥味的三甲胺，利用这些特殊反应可以对卵磷脂进行鉴别。

三、实验材料与试剂

1. 实验材料
鸡蛋蛋黄、小烧杯、试管、红色石蕊试纸等。

2. 主要实验试剂
钼酸铵试剂：将6g钼酸铵溶于15mL蒸馏水中，加入5mL浓氨水，另外将24mL浓硝酸溶于46mL蒸馏水中，两者混合静置1天后使用。
95%乙醇、10%NaOH溶液、丙酮、乙醚、3%四氯化碳溶液、硫酸氢钾。

四、实验步骤

1. 卵磷脂的提取
称取约10g蛋黄于小烧杯中，加入温热的95%乙醇30mL，边加边搅拌，冷却后过滤。如滤液仍混浊，可重新过滤直到完全透明。将滤液置于蒸发皿内，水浴锅中蒸干，所得干燥后的物质即为卵磷脂粗提取物。

2. 卵磷脂的溶解性
取干燥试管加入少许卵磷脂，再加入5mL乙醚，用玻璃棒搅动使其溶解，逐滴加入丙酮3～5mL，观察实验现象。

3. 卵磷脂的鉴定
（1）三甲胺的检验　取干燥试管一支，加入少量提取的卵磷脂以及2～5mL NaOH溶液，放入水浴锅中加热15min，在管口放一片红色石蕊试纸，观察颜色有无变化，并嗅其气味。将加热过的溶液过滤，滤液供下面实验所用。
（2）不饱和性检验　取干净试管一支，加入10滴上述溶液，再加1～2滴含3%溴的四氯化碳溶液，振摇试管，观察有何现象产生。
（3）磷酸的检验　取干净试管一支，加入10滴上述滤液和5～10滴95%乙醇溶液，然后再加入5～10滴钼酸铵试剂，观察现象，最后将试管放入热水浴中加热5～10min，观察有何变化。

(4) 甘油的检验　取干净试管一支，加入少许卵磷脂和 0.2g 硫酸氢钾，用试管夹夹住并在小火上略微加热，使卵磷脂和硫酸氢钾混熔，然后再集中加热，待有水蒸气放出时，嗅其气味。

五、思考题

(1) 写出卵磷脂的化学结构并解释为什么卵磷脂是良好的乳化剂？
(2) 如何有效分离卵磷脂和中性脂肪？如何有效分离卵磷脂和脑磷脂？

实验九　血清中磷脂的测定

一、实验目的

掌握血清中磷脂的测定原理与操作方法。

二、实验原理

磷脂是分子中含有磷酸基的多种脂质，是一类物质的总称。血清中磷脂包括 60% 左右的卵磷脂、2%～10% 溶血卵磷脂、2% 磷脂酰乙醇胺和 20% 鞘磷脂。血清中磷脂定量分析方法常用化学法和酶法两类。化学法测定包括血清磷脂的抽提分离、灰化和显色及比色 3 个步骤，常以有机混合溶剂抽提血清中磷脂，再用浓硫酸和过氯酸消化抽提液中的脂类和其他有机化合物，用硝酸盐与磷反应生成有色化合物，进行比色定量。本法可用于组织细胞中磷脂的抽提和定量分析。酶法测定是分别利用磷脂酶 A、B、C 和 D 四种酶进行水解，然后测定其产物并对血清中磷脂进行定量分析。一般多采用磷脂酶 D 进行定量分析。该酶特异性不高，能水解血清中的卵磷脂、溶血卵磷脂和神经磷脂（三者约占到血清磷脂的 95%），释放出胆碱，胆碱在胆碱氧化酶作用下生成甜菜碱和 H_2O_2，在过氧化物酶的作用下，H_2O_2 与 4-氨基安替吡啉和酚发生反应生成红色醌亚胺化合物，在 500nm 波长处其颜色深浅与这三种磷脂的含量成正比。磷脂酶 D 可作用于含有卵磷脂、溶血卵磷脂和鞘磷脂以及含胆碱的磷脂，快速准确，便于自动生化分析仪的批量检测。

三、实验材料与试剂

1. 实验材料

人血清、试管、恒温水浴锅、高速离心机、分光光度计等。

2. 主要实验试剂

抽提液：无水乙醇∶乙醚=3∶1。

消化液：用 1000mL 容器加水约 500mL，置冷水中缓慢加入浓硫酸 280mL，冷却后加 70% 过氯酸 65mL，混匀，加蒸馏水至 1000mL。

显色剂：称取钼酸铵 2.5g 和无水醋酸钠 8.2g，加蒸馏水溶解并稀释至 1000mL，临用时取此液体 9 份加 1 份新配的 10% 维生素 C 混合即可。

1mg/L 参考液：称干燥 KH_2PO_4 0.4393g 溶于蒸馏水中，转移至 100mL 量瓶中，用蒸馏水加水至刻度，4℃ 冷藏。

0.04mg/mL 参考液：取上述 1mg/L 参考液 2mL 加水至 50mL，4℃ 冷藏。

酶应用液：每 100mL Tris-His 缓冲液（50mmol/L，pH7.8）中含 45U 磷脂酶 D、100U 胆碱氧化酶、220U 过氧化物酶、12mg 4-氨基安替吡啉、20mg 酚、8mg $CaCl_2 \cdot 2H_2O$、0.2g TritonX-100。

2mg/mL 卵磷脂标准液：纯卵磷脂，临用前配制，含 0.5% TritonX-100。

四、实验步骤

1. 化学法

（1）准备 3 支试管，分别标记为空白管、测定管和标准管。在测定管中加入 0.1mL 血清和 2.4mL 抽提液，盖上试管盖后，室温下充分振荡 10min，然后以 3000r/min 室温离心 10min。将测定管中上清液取出 1mL 置于一个新的测定管中，在沸水浴中蒸干。

（2）消化。在蒸干后的测定管中加入 0.1mL 水和 0.2mL 消化液。在空白管中加入 0.1mL 水和 0.2mL 消化液。在标准管中加入 0.1mL 0.04mg/mL 参考液和 0.2mL 消化液。将 3 支试管放置在电炉上加热消化，直到测定管中黑色转为清亮为准。室温下静置冷却。

（3）显色。分别向 3 支试管中加入 2mL 显色剂，在 60～70℃ 水浴条件下保温 10min，然后在室温冷却。

（4）测定。以空白管调零，在 700nm 波长处测定标准管和测定管中的吸光度值，并分别记为 T 和 A。

（5）计算。血清磷脂 （mg/dL）= $A/T \times 10$；血清磷脂 （以卵磷脂计，mmol/L）= $A/T \times 10 \times 0.3229$。

2. 酶法

（1）在 3mL 酶应用液中加入血清（测定管 A）20μL，标准管 （T）加标准液 20μL，空白管加水 20μL，放置 37℃水浴 10min 后，波长 500nm 处测定吸光度值，以空白管调零。

（2）计算。血清磷脂 （mg/dL）= $A/T \times 200$；血清磷脂 （mmol/L）= 血清磷脂 （mg/dL）× 0.01292。

五、思考题

简单说明这两种测试血清磷脂含量方法的优缺点。

实验十　动物肝脏 RNA 的制备及琼脂糖电泳的鉴定

一、实验目的

（1）掌握动物肝脏中总 RNA 制备的原理和方法。
（2）掌握琼脂糖电泳分离 RNA 的原理与操作。
（3）掌握鉴定 RNA 纯度及完整性的方法。

二、实验原理

DNA 是遗传物质的基础，RNA 主要参与遗传信息的表达，基因 RNA 表达量的改变可较准确地反应该基因的表达情况。RNA 在细胞中多与蛋白质结合以核蛋白形式存在。提取 RNA 时首先需要将细胞破碎，使 RNA 与蛋白质分离，并将蛋白质以及 DNA 等其他成分除去，以保证 RNA 纯度。RNA 提取方法很多，利用异硫氰酸胍/氯仿一步提取法提取的 RNA 不易降解，方法简单且快速。该方法利用异硫氰酸胍和 β-巯基乙醇抑制 RNA 酶活性，通过异硫氰酸胍（GTC）和十二烷基肌氨酸钠（SLS）联合作用，促使 RNA 降解并将 RNA 释放到溶液中，然后用酸酚选择性地将 RNA 抽提至水相，实现与 DNA 和蛋白质的分离，经异丙醇沉淀能回收总 RNA。由于 RNA 酶（RNase）耐酸、耐碱、耐热，并广泛存在，在细胞破碎过程中也可释放出内源性 RNase，实验室试剂、器皿、空气及操作者的手都可能存在外源性 RNase，为防止 RNA 降解，在提取过程中必须加入 RNase 抑制剂，并尽量避免外源性 RNase 的污染。常用 RNase 抑制剂有异硫氰酸胍、RNasin 及焦碳酸二乙酯（DEPC）等。

RNA 完整性通常采用变性琼脂糖凝胶电泳进行鉴定。常用变性剂有甲醛、乙二醛等。电泳后于紫外灯下可观察到三条带，即 28S rRNA、18S rRNA 和 5S rRNA。其中，28S rRNA 和 18S rRNA 区带浓度较高，EB 染色强度应为 2∶1 左右。如 28S rRNA 电泳条带较弱，5S rRNA 区带量较大，表明该 RNA 已经降解。利用核酸紫外吸收特性可对核酸进行定量测定，其含量可以通过测定 A_{260} 得到。通常无其他物质污染的 RNA，A_{260}/A_{280} 在 1.6～1.8 之间。若低于此值，则说明 RNA 样品中存在较多蛋白质的污染。

三、实验材料与试剂

1. 实验材料

匀浆器、低温冷冻离心机、高压锅、制冰机、混匀器、分光光度计、微波炉、电泳仪、紫外分析仪、移液枪、小鼠肝脏、EP 管、吸头、滤纸、一次性手套等。

2. 主要实验试剂

DEPC 处理水：三蒸水（dddH_2O）1000mL、DEPC 1mL，磁力搅拌 20min，放置过夜后高压灭菌。

变性液：异硫氰酸胍 4mol/L、柠檬酸钠 25mmol/L、十二烷基肌氨酸钠 0.5％、β-巯基乙醇 0.1mol/L，过滤除菌，4℃避光保存。

2mol/L NaAc（pH＝4.0）：NaAc 16.4g、双蒸水（ddH_2O）80mL、DEPC 100μL，冰醋酸调节 pH＝4.0，加入 ddH_2O 定容至 100mL，处理过夜后，高压灭菌 15min。

水饱和酚：重蒸酚于 65℃水浴溶解后，取 200mL，加入 0.2g 8-羟基喹啉及 200mL DEPC 水，混匀，饱和 4h，去除水相。再加入等体积 DEPC 水，继续饱和 4h 后，去除水相。再加入 50mL DEPC 水饱和 1h，4℃避光保存。

10×MOPS：MOPS 20.96g、DEPC 处理水 400mL、3mol/L NaAc 8.3mL，用 NaOH 调节 pH＝7.0，加 10mL DEPC 处理过的 0.5mol/L EDTA（pH8.0），加 DEPC 处理水定容至 500mL，过滤除菌后避光保存于 4℃。

10×上样缓冲液（RNA 专用）：聚蔗糖 2.5g、溴酚蓝 25mg、二甲苯青 25mg、0.5mol/L EDTA 20μL，DEPC 处理水定容至 10mL。

10mg/mL EB：EB 0.1g、DEPC 处理水 10mL。

37％甲醛、甲酰胺、氯仿、异丙醇、75％乙醇等。

四、实验步骤

1. RNA 提取

断颈处死小鼠，取鼠肝称重，加入预冷变性液充分匀浆，加入 1/10 变性液体积的 2mol/L NaAc 混匀，加入等体积水饱和酚和 1/5 体积氯仿，充分振荡混匀，冰浴放置 15min，4℃ 12000r/min 离心 10min；将上层水转移至 EP 管中，加入等体积异丙醇，－20℃沉淀 1h；4℃ 12000r/min 离心 10min，弃上清。加入 1mL 75％乙醇洗涤沉淀，混悬，4℃ 12000r/min 离心 5min，弃上清。可用同样方法再洗涤一次沉淀，空气中干燥 15min，加入适量 DEPC 水溶解沉淀。

2. RNA 鉴定

（1）RNA 完整性鉴定

① 制备凝胶。将 0.75g 无 RNase 的琼脂糖溶于 54mL DEPC 处理水中，加热使其溶解，冷却至 60℃，加入 10×MOPS 7.5mL、37％甲醛 13.5mL，灌胶厚约 0.5cm。以 1×MOPS 作为电泳缓冲液。

② 样品处理。在 0.5mL EP 管中依次加入：

甲酰胺　　　　　　　24.5μL-RNA 体积

37%甲醛	3.5μL
10×MOPS	2μL
RNA	<14.5μL
总体积	30μL

混合均匀后离心，65℃水浴15min后迅速置冰上15min，加入3μL 10×上样缓冲液，混匀后上样（可在其中一个样品中加入1μL 10mg/mL EB，以便观察）。

③ 电泳。预电泳后，以5V/cm稳压电泳约3h。

（2）RNA浓度和纯度测定 取适量RNA溶液，按一定比例稀释后，测定A_{260}和A_{280}值。计算A_{260}/A_{280}比值，并计算RNA浓度。RNA浓度（μg/μL）=A_{260}×40×稀释倍数/1000。

五、注意事项

（1）实验中所用仪器和溶液均需严格无RNase处理，操作环境尽量避免RNase污染，操作者应戴一次性手套和口罩。

（2）整个实验过程尽量低温操作。

（3）组织取出后要迅速且充分匀浆。

（4）RNA样品贮存于-20℃或-70℃备用。

六、思考题

（1）如何判断RNA是否被降解？

（2）RNA提取过程中主要注意什么？

实验十一 二苯胺显色法测定DNA的含量

一、实验目的

掌握二苯胺显色法测定DNA含量的原理和操作方法。

二、实验原理

强酸和加热条件下，可使DNA中嘌呤碱与脱氧核糖间糖苷键断裂，产生嘌呤碱基、脱氧核糖与嘧啶核苷酸。其中，2′-脱氧核糖在酸性环境中成为ω-羟基-γ-酮基戊醛，可与二苯胺反应生成蓝色化合物，其最大吸收波长为595nm。DNA在40～400μg范围内吸光度与DNA浓度成正比，在反应液中加入少量乙醛可提高反应的灵敏度，该反应中其他化合物干扰也显著降低。样品含有少量RNA时不影响测定，但蛋白质、多种糖及其衍生物等能干扰测定。

三、实验材料与试剂

1. 实验材料

分析天平、恒温水浴、试管、吸量管、分光光度计等。

2. 主要实验试剂

二苯胺试剂：称取0.8g二苯胺（需在70%乙醇中重结晶2次）溶于180mL冰醋酸中，加入8mL过氯酸（60%以上）混匀待用。临用前加入0.8mL 1.6%乙醛溶液，应为无色。

DNA标准溶液（需经定磷法确定其浓度）：称取标准DNA样品，以0.01mol/L NaOH配成200μg/mL的DNA标准液。

1.6％乙醛：量取 47％乙醛 3.4mL，加重蒸水定容至 100mL（冰箱可保存一周）。

样品液：准确称取猪脾 DNA 或用紫外分光法中剩下的 DNA 液配成 $10\mu g/mL$ 溶液。

四、实验步骤

1. DNA 标准曲线绘制

取 10 支试管，分成 2 组，依次加入 0.4mL、0.8mL、1.2mL、1.6mL 和 2.0mL DNA 标准溶液，加蒸馏水使终体积为 2.0mL。再取 2 只试管各加 2mL 蒸馏水作为对照。然后各加入 4mL 二苯胺试剂，混匀。于 60℃恒温水浴中保温 1h，冷却后于 595nm 处比色。取两管平均值，以 DNA 浓度为横坐标，A_{595} 为纵坐标，绘制 DNA 标准曲线。

2. 样品测定

取 2 支试管，各加 2mL 待测液（内含 DNA 应在标准曲线的可测定范围之内）和 4mL 二苯胺试剂，摇匀，操作同标准曲线绘制。

3. DNA 含量的测定

根据测定的吸光度值，从标准曲线上查出该吸光度值对应的 DNA 含量，计算百分含量。

五、思考题

(1) 二苯胺显色法测定 DNA 含量的原理是什么？

(2) 操作过程中的影响因素有哪些？应注意什么？

实验十二　碱性磷酸酶 K_m 值的测定

一、实验目的

(1) 掌握双倒数法测定酶 K_m 值的原理。

(2) 掌握碱性磷酸酶 K_m 值测定的原理及操作。

二、实验原理

在温度、pH 及酶浓度恒定的条件下，酶促反应速率与底物浓度之间的关系可用米氏方程来表示，即 $V = \dfrac{V_{max}[S]}{K_m + [S]}$，其中，$K_m$ 为米氏常数，其物理意义是当 $V = 1/2 V_{max}$ 时的底物浓度，是酶的特征性常数，与酶浓度无关。以 V 为纵坐标，以 [S] 为横坐标作图可得一条双曲线。利用此曲线计算酶 K_m 值的最大缺陷是最大速度不易准确求得。所以，通常采用米氏方程的双倒数形式，即 $\dfrac{1}{V} = \dfrac{K_m}{V_{max}} \dfrac{1}{[S]} + \dfrac{1}{V_{max}}$。以 1/S 为横坐标，为 1/V 为纵坐标作图，可得到一条直线。

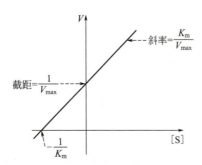

直线截距为 $1/V_{max}$，其延长部分与横坐标交汇点为 $-1/K_m$，可分别求出 V_{max} 及 K_m 值。

碱性磷酸酶主要存在于动物肝脏、骨、胎盘、小肠及血清中，能以多种人工或天然磷酸酯为底物，催化其水解脱磷酸，最适 pH 为 10，故称碱性磷酸酶。Mg^{2+}、Mn^{2+} 等金属二价阳离子是酶的激活剂，一些阴离子如 PO_4^{3-}、CN^- 等是酶的抑制剂。本实验无需显色剂，产物为有颜色化合物，底物与酶结合后可利用分光光度法监测反应过程，底物为无色对硝基酚磷酸酯（p-nitrophenylphosphate，PNPP），经碱性磷酸酶催化后生成对硝基酚（PNP），PNP 在酸性环境中无色，但在碱性条件下呈黄色。根据黄色深浅可测出酶促反应速率快慢。以 $1/V$ 为纵坐标，$1/[S]$ 为横坐标作图，即可求得碱性磷酸酶的 K_m 值。

三、实验材料与试剂

1. 实验材料

紫外-可见分光光度计、比色杯、吸量管、移液枪、塑料吸头等。

2. 主要实验试剂

碱性磷酸酶溶液（3.2U/mL）：碱性磷酸酶（6.8U/mg）40mg，0.05mol/L 碳酸盐缓冲液 85mL，溶解混匀，放 4℃冰箱可保存一周。

碱性磷酸酶应用液（酶液）：碱性磷酸酶溶液（3.2U/mL）和 0.05mol/L 碳酸盐缓冲液各 1 份。

0.2mol/L 碳酸盐缓冲液：Na_2CO_3 12.72g、$NaHCO_3$ 6.72g，单蒸水（dH_2O）定容至 1000mL。

0.2mol/L $MgCl_2$ 溶液：$MgCl_2$ 40.66g，dH_2O 定容至 1000mL。

0.05mol/L 碳酸盐缓冲液（pH10.0，含 50mmol/L $MgCl_2$）：0.2mol/L 碳酸盐缓冲液 125mL、0.2mol/L $MgCl_2$ 125mL、dH_2O 150mL，混匀，调 pH 至 10.0 后 dH_2O 定容至 500mL。

16mmol/L PNPP（对硝基酚磷酸酯）：PNPP 0.595g、dH_2O 100mL，溶解并混匀，2mol/L HCl 调 pH 至 10.0，置棕色瓶中，4℃冰箱避光保存。

4mmol/L PNPP（底物液）：0.2mol/L 碳酸盐缓冲液 100mL、0.2mol/L $MgCl_2$ 10mL、16mmol/L PNPP 100mL，dH_2O 定容至 400mL，混匀，2mol/L HCl 调 pH 至 10.0，置棕色瓶中，4℃冰箱避光保存。

四、实验步骤

取 5 只比色杯，标号，按表 16-7 加入试剂，并混匀，注意不要破坏比色杯。

表 16-7 试剂配制表

杯号	4mmol/L PNPP/mL	0.05mol/L 磷酸盐缓冲液/mL	PNPP 终浓度/(mmol/L)
0	2.9	0	3.86
1	1.5	1.4	2
2	0.8	2.1	1.07
3	0.4	2.5	0.53
4	0.2	2.7	0.27

波长调至 404nm，以 0 号比色杯为参比调吸光度为零，然后加入 0.1mL 酶液，立即混匀并开始计时。每隔 30s 记录一次 A_{404}，共记录 3min。1～4 号比色杯操作同 0 号杯。另取一只比色杯，加入 2.9mL dH_2O 和 0.1mL 酶液，以水为空白读 A_{404}，以该管作为酶空白管，应分别从上述 0～4 号比色杯所测定的吸光度值中减去此空白管的吸光度值。以时间为横坐标，吸光度值为纵坐标作图，求出各曲线起始部分直线段斜率，并以此值作为各管反应初速率。再以各管 $1/V$ 为纵坐标，各管底物浓度倒数 $1/[S]$ 为横坐标作双倒数图，求出 K_m 值。

五、注意事项

（1）用玻璃棒混匀加入试剂时，不要触及比色杯透光面，以免破坏比色杯。加入酶后，混匀操作越快越好。

(2) 若室温较低，酶活性较低，可适当延长时间间隔。

(3) 各管加样量一定要准确，读取吸光度值时，时间间隔要一致。

六、思考题

(1) 为什么酶促反应速率常以初速率表示？

(2) 影响实验结果的因素有哪些？如何进行优化？

实验十三　pH 对酶促反应速率的影响

一、实验目的

(1) 熟悉 pH 变化对酶促反应速率的影响机制。

(2) 掌握 pH 变化对酶促反应速率影响的测试方法。

二、实验原理

对于特定酶，其酶促反应只有在一定 pH 时才表现出最高酶活性，此时的 pH 称为该酶最适作用 pH。pH 对酶活性的影响机制主要有：①改变酶分子的构象，从而使酶的专一性和活性发生变化；②影响酶活性中心必需基团的解离状态，从而改变酶活性；③pH 过低或过高会引起酶分子发生不可逆变性。酶最适作用 pH 不仅与酶分子本身有关，还与底物性质、底物浓度、酶解体系组分以及酶解温度等有重要关系。因此，酶促反应的最适 pH 是条件性酶学参数，需严格控制酶解反应的 pH。本实验通过测定不同 pH 条件下碱性磷酸酶的酶促反应速率，来研究 pH 对酶促反应的影响。

三、实验材料与试验

1. 实验材料

酸度计、分光光度计、比色杯、吸量管、移液枪、恒温水浴锅、塑料吸头等。

2. 主要实验试剂

碱性磷酸酶应用液：碱性磷酸酶溶液（3.2U/mL）和 0.05mol/L 碳酸盐缓冲液各 1 份。

0.2mol/L $MgCl_2$ 溶液：$MgCl_2$ 40.66g，dH_2O 定容至 1000mL。

16mmol/L PNPP（对硝基酚磷酸酯）：PNPP 0.595g，dH_2O 100mL，溶解并混匀，2mol/L HCl 调 pH 至 10.0，置棕色瓶中，4℃冰箱避光保存。

1mol/L NaOH 溶液：用作反应终止液。

0.1mol/L Na_2CO_3：Na_2CO_3 1.06g，dH_2O 定容至 100mL。

0.1mol/L $NaHCO_3$：$NaHCO_3$ 0.84g，dH_2O 定容至 100mL。

四、实验步骤

取 8 支试管，按表 16-8 加入试剂。用振荡器混匀，测定各管 pH，并填入表中相应栏中。

表 16-8　试剂配制表　　　　　　　　　　　　　　　　　　　　　　　　　　单位：mL

管号	0.1mol/L Na_2CO_3	0.1mol/L $NaHCO_3$	dH_2O	16mmol/L PNPP	0.2mol/L $MgCl_2$	实测 pH
1	0.00	5.00	2.25	2.50	0.25	
2	0.50	4.50	2.25	2.50	0.25	
3	1.25	3.75	2.25	2.50	0.25	

续表

管号	0.1mol/L Na$_2$CO$_3$	0.1mol/L NaHCO$_3$	dH$_2$O	16mmol/L PNPP	0.2mol/L MgCl$_2$	实测 pH
4	2.50	2.50	2.25	2.50	0.25	
5	3.75	1.25	2.25	2.50	0.25	
6	4.50	0.50	2.25	2.50	0.25	
7	5.00	0.00	2.25	2.50	0.25	
8	2.50	2.50	2.25	2.50	0.25	

取 8 号试管，加入 0.4mL 反应终止液并混匀，然后再加入碱性磷酸酶液 0.1mL 混匀，此管为空白管。分别向 1~7 号管中加入碱性磷酸酶液 0.1mL，迅速混匀，立即开始计时。准确计时 3min 后，加入 0.4mL 反应终止液，迅速混匀。测定各管的 A_{404}。以各管 pH 为横坐标，以吸光度值为纵坐标绘制 pH 对碱性磷酸酯酶酶促反应速率影响的曲线，从图中找出碱性磷酸酶的最适 pH 范围。

五、注意事项

(1) 1~8 号管在加样过程中，一定要保证加样量的准确。

(2) 严格控制好酶促反应的起始反应和终止反应时间，并将其他酶解条件控制在一致水平。

六、思考题

(1) pH 对酶解反应的影响机制是什么？如何保证精密控制 pH 对酶解反应的影响？

(2) pH 对碱性磷酸酯酶影响的控制关键点有哪些？如何进行有效控制？

实验十四　温度对酶促反应速率的影响

一、实验目的

(1) 熟悉温度变化对酶促反应速率的影响机制。

(2) 掌握温度对酶促反应速率影响的测定方法。

二、实验原理

酶对温度的变化是极为敏感的。在一定的温度范围内，酶促反应速率随温度的升高而加快，但达到某一限定温度后，温度继续增加，酶促反应速率不再加快，反而会有不同程度的下降，这是因为温度对酶促反应有双重影响。升高温度一方面能加速反应，但也可能加速酶蛋白的变性而降低催化效率。当两种影响达到平衡时，温度最有利酶促反应的进行，此时的温度称为酶的最适作用温度。酶最适作用温度不是一个特性常数，而是一个条件性参数，受许多因素影响，如酶解时间、酶解 pH、激活剂和抑制剂等。如酶反应进行时间很短，其最适温度可能比反应进行时间较长者要高些。此外，酶对温度的稳定性与其存在形式也有关，一般情况下，固体状态下的酶比液体状态下的酶稳定性更好，因此，在实际应用中，常将酶制成固体制剂。有些酶在干燥的固体状态下比较稳定，在 4℃ 或室温下可保存数月至一年。本实验通过测定不同温度条件下碱性磷酸酶的酶促反应速率，来确定酶最适温度及最适温度的大致区间。

三、实验材料与试剂

1. 实验材料

恒温水浴锅、冰块、分光光度计、比色杯、吸量管、移液枪、塑料吸头等。

2. 主要实验试剂

4mmol/L PNPP（底物液）：0.2mol/L 碳酸盐缓冲液 100mL、0.2mol/L $MgCl_2$ 10mL、16mmol/L PNPP 100mL，dH_2O 定容至 400mL，混匀，2mol/L HCl 调 pH 至 10.0，置棕色瓶中，4℃冰箱避光保存。

碱性磷酸酶稀释液（1∶1）：碱性磷酸酶溶液（3.2U/mL）和 0.05mol/L 碳酸盐缓冲液各 1 份。

1mol/L NaOH 溶液：用作反应终止液。

四、实验步骤

准备冰浴、20℃、37℃、50℃、70℃水浴各一个，温度控制在±0.5℃范围内。取 6 支试管并编号，按表 16-9 加入试剂。

表 16-9　试剂配制表

管号	1	2	3	4	5	6
4mmol/L PNPP 保温温度	4.0mL 0℃	4.0mL 20℃	4.0mL 37℃	4.0mL 50℃	4.0mL 70℃	4.0mL 室温
各管温浴 5min							
反应终止液 碱性磷酸酶	— 0.1mL	— 0.1mL	— 0.1mL	— 0.1mL	— 0.1mL	0.4mL 0.1mL
立即混匀,同时开始计时,各管保温 30min							
反应终止液	0.4mL	0.4mL	0.4mL	0.4mL	0.4mL	—
立即混匀,取出放室温							

以第 6 号管为空白，测定各管的 A_{404} 值。以酶解温度为横坐标，以对应的 A_{404} 值为纵坐标绘制温度对酶促反应速率影响的曲线，从图中找出碱性磷酸酶的最适温度范围。

五、注意事项

（1）在条件受限时，可用 20℃水浴代替室温对酶解反应的影响实验。

（2）严格控制各管的保温时间。

（3）所有样品的添加量一定要准确控制，同时严格控制反应的时间（起始时间和终止时间）。

六、思考题

（1）温度对酶促反应速率的影响机制是什么？如何确定酶促反应速率的最适作用温度？

（2）该实验的关键控制点有哪些？如何进行有效控制？

附录 生物化学常用实验数据

一、常用生化试剂的配制

(1) 0.5mol/L NaOH 溶液的配置：准确称取氢氧化钠 20g，用去离子水溶解并定容至 1000mL。

(2) 0.5mol/L HCl 溶液的配置：准确量取盐酸 83.4mL，用去离子水稀释并定容至 1000mL。

(3) 含 0.5mol/L NaCl 的 0.5mol/L NaOH 溶液的配制：准确称取 NaCl 14.65g 用 0.5mol/L NaOH 溶液溶解，并定容至 1000mL。

(4) 2% 标准葡萄糖贮存液配制：称取葡萄糖 3g 置于称量瓶中，70℃ 干燥 2h，干燥器中冷却至室温，重复干燥至恒重后，准确称取 2.000g，用去离子水溶解并定容至 100mL。于 4℃ 冰箱保存。使用时用去离子水稀释 10 倍，即为工作液。

(5) 2.5mg/mL 标准牛血清白蛋白贮存液配制：准确称取 250mg 标准牛血清白蛋白，用 0.03mol/L pH7.8 的磷酸缓冲溶液溶解并定容至 100mL。4℃ 冰箱保存。使用时用去离子水稀释 10 倍，即为工作液。

(6) DNS 试剂（3,5-二硝基水杨酸试剂）配制：称取 3,5-二硝基水杨酸 5g，加入 2mol/L NaOH 溶液 100mL，将 3,5-二硝基水杨酸溶解后，加入酒石酸钾钠 150g，待其完全溶解，用去离子水定容至 1000mL，棕色瓶封闭保存。

(7) 5% 蔗糖溶液的配制：称取蔗糖 50g，用去离子水溶解定容至 1000mL，4℃ 冰箱保存。

(8) 0.1mol/L 蔗糖溶液的配制：称取蔗糖 34.230g，用去离子水溶解并定容至 1000mL。

(9) 20% 乙酸溶液的配制：量取冰醋酸 300mL，用去离子水稀释至 1200mL。

(10) 30% 丙烯酰胺溶液的配制：将 29g 丙烯酰胺和 1g N,N'-亚甲基双丙烯酰胺溶于总体积为 60mL 的水中。加热至 37℃ 溶解之，补加水至终体积为 100mL。用 Nalgene 滤器（0.45μm 孔径）过滤除菌，查证该溶液的 pH 应不大于 7.0，置棕色瓶中保存于室温。

(11) 40% 丙烯酰胺溶液的配制：把 380g 丙烯酰胺（DNA 测序级）和 20g N,N'-亚甲基双丙烯酰胺溶于总体积为 600mL 的蒸馏水中。继续按上述配制 30% 丙烯酰胺溶液的方法处理，但加热溶解后应以蒸馏水补足至终体积为 1L。

(12) 10% 过硫酸铵溶液的配制：把 1g 过硫酸铵溶解于终量为 10mL 的水溶液中，该溶液可在 4℃ 保存数周。

(13) 考马斯亮蓝 R250 染色液的配制：称取 1g 考马斯亮蓝 R250，置于 1000mL 烧杯中。量取 250mL 的异丙醇加入上述烧杯中，搅拌溶解。加入 100mL 的冰醋酸，搅拌均匀。加入 650mL 的去离子水，搅拌均匀。用滤纸除去颗粒物质后，室温保存。

(14) 考马斯亮蓝脱色液的配制：量取醋酸 100mL、乙醇 50mL、dH_2O 850mL 于 1000mL 烧杯中，充分混合后使用。

(15) 1mol/L 二硫苏糖醇贮存液的配制：用 20mL 0.01mol/L 乙酸钠溶液（pH5.2）溶解 3.09g DTT，过滤除菌后分装成 1mL 小份贮存于 -20℃ 保存。DTT 或含有 DTT 的溶液不能进行高压处理。

(16) 0.1mol/L pH2.4 甘氨酸-HCl 缓冲液的配制：称取固体甘氨酸 15.01g，用蒸馏水溶解后，加入 0.2mol/L HCl 648mL，然后定容成 2000mL。

(17) 2×SDS 凝胶加样缓冲液的配制：100mmol/L Tris-HCl（pH6.8）、200mmol/L 二硫苏

糖醇（DTT）、4％SDS（电泳级）、0.2％溴酚蓝、20％甘油。不含二硫苏糖醇的 2×SDS 凝胶加样缓冲液可以保存于室温，临用前须从 1mol/L 二硫苏糖醇（DTT）贮存液现用现加于上述缓冲液。

（18）10％十二烷基磺酸钠的配制：在 900mL 蒸馏水中溶解 100g 电泳级 SDS，加热至 68℃助溶，加入几滴浓盐酸调节溶液的 pH 至 7.2，加水定容至 1L，分装备用。

（19）Tris-乙酸 50×（TAE）的配制：Tris 碱 242g、冰醋酸 57.1mL、0.5mol/L EDTA（pH8.0）100mL，蒸馏水定容至 1L。

（20）Tris-硼酸 5×（TBE）的配制：Tris 碱 54g、硼酸 27.5g、0.5mol/L EDTA（pH8.0）20mL，蒸馏水定容至 1L。

（21）TE 缓冲液 10×（pH7.4，7.6，8.0）的配制：量取 1mol/L Tris-HCl（pH7.4，7.6，8.0）100mL 和 500mmol/L EDTA（pH8.0）20mL 于 1000mL 烧杯中。向烧杯中加入约 800mL 的去离子水，均匀混合。将溶液定容至 1L 后，高温高压灭菌。室温保存。

（22）Tris-甘氨酸缓冲液（Tris-Glycine Buffer 5×）的配制：Tris 15.1g、甘氨酸（电泳级）94g、10％SDS（电泳级）50mL，蒸馏水定容至 1000mL。

（22）二苯胺试剂的配制：A 液：称取 1.5g 二苯胺溶于 100mL 冰醋酸中，再加 15mL 浓硫酸，用棕色瓶保存。如冰醋酸呈结晶状态，则需加温后待其熔化后再使用。B 液：体积分数为 0.2％的乙醛溶液。将 0.1mL B 液加入到 10mL A 液中，现配现用（注意：配制完成后试剂应为无色）。

二、常用缓冲液的配制

（1）0.2mol/L pH6.0 磷酸缓冲液的配制：称取 $Na_2HPO_4 \cdot 12H_2O$ 8.82g，用去离子水溶解并定容至 1000mL，室温保存（使用时稀释 40 倍使用）。

（2）0.3mol/L pH7.8 磷酸缓液冲液的配制：准确称取 $Na_2HPO_4 \cdot 12H_2O$ 98.300g，$NaH_2PO_4 \cdot 2H_2O$ 4.000g，用去离子水溶解并定容至 1000mL。室温保存（使用时稀释 10 倍使用）。

（3）0.2mol/L 酸缓冲溶液的配制：准确称取 $NaAc \cdot 3H_2O$ 54.44g，用 500mL 去离子水溶解，加入 23mL 冰醋酸，混匀，去离子水定容至 2000mL，4℃保存。

（4）20×SSC pH7.0 缓冲液的配制：准确称取 175.2g NaCl、88.2g 柠檬酸钠，溶解于 800mL 去离子水。加入数滴 10mol/L NaOH 溶液调节 pH 至 7.0。加去离子水定容至 1000mL（可分装后高压灭菌）。10×SSC、5×SSC 和 1×SSC 可经稀释得到。

（5）0.15mol/L pH8.0 NaCl-EDTA-2Na 缓冲液的配制：准确称取 NaCl 8.77g，EDTA-2Na 37.2g，加入 800mL 去离子水中，用固体氢氧化钠助溶并调 pH 为 8.0。加去离子水定容至 1000mL。

（6）5×Tris-Gly 缓冲液（SDS-PAGE 电泳缓冲液）的配制：分别称取 Tris 15.1g、甘氨酸 94g、SDS 5.0g 于 1000mL 烧杯中，加入约 800mL 的去离子水，搅拌溶解。用去离子水定容至 1000mL 后，室温保存。

（7）2×SDS-PAGE 上样缓冲溶液的配制：首先配制 1mol/L Tris-HCl（pH6.8）和 10％SDS 溶液。然后称取 0.02g 溴酚蓝于小烧杯中，依次加入 1mol/L Tris-HCl（pH6.8）1mL、10％SDS 溶液 4mL、甘油 2mL、去离子水 2mL，完全溶解后，加入 β-巯基乙醇 1mL，混匀，分装，−20℃保存（β-巯基乙醇是还原剂，使用前加入）。

三、常用蛋白质分子量标准数据

高分子量标准	分子量	低分子量标准	分子量	宽分子量标准	分子量
肌球蛋白	212000	磷酸化酶 B	97400	肌球蛋白	212000
β-半乳糖苷酶	116000	牛血清白蛋白	66200	β-半乳糖苷酶	116000

续表

高分子量标准	分子量	低分子量标准	分子量	宽分子量标准	分子量
磷酸化酶 B	97400	卵清蛋白	44287	磷酸化酶 B	97400
牛血清白蛋白	66200	碳酸酐酶	29000	牛血清白蛋白	66200
卵清蛋白	44287	大豆胰蛋白酶抑制剂	20100	卵清蛋白	44287
		溶菌酶	14300	碳酸酐酶	29000
				大豆胰蛋白酶抑制剂	20100
				溶菌酶	14300
				抑肽酶	6500

四、琼脂糖凝胶浓度与线形 DNA 的最佳分辨范围

琼脂糖浓度	最佳线形 DNA 分辨范围/bp	琼脂糖浓度	最佳线形 DNA 分辨范围/bp
0.5%	1000～30000	0.7%	800～12000
1.0%	500～10000	1.2%	400～7000
1.5%	200～3000	2.0%	50～2000

五、聚丙烯酰胺凝胶配表（核酸电泳用）

胶浓度及组分	各种凝胶体积所对应的各种组分的需要量/mL							
	15mL	20mL	25mL	30mL	40mL	50mL	80mL	100mL
3.5%凝胶								
H_2O	11.7	15.5	19.4	23.3	31.1	38.9	62.2	77.7
30%丙烯酰胺	1.7	2.3	2.9	3.5	4.6	5.8	9.3	11.6
10×TBE	1.5	2.0	2.5	3.0	4.0	5.0	8.0	10.0
10%过硫酸铵	0.11	0.14	0.18	0.21	0.28	0.35	0.56	0.7
TEMED	0.010	0.013	0.016	0.020	0.026	0.033	0.052	0.065
5.0%凝胶								
H_2O	10.9	14.5	18.2	21.8	29.1	36.4	58.2	72.7
30%丙烯酰胺	2.5	3.3	4.2	5.0	6.6	8.3	13.3	16.6
10×TBE	1.5	2.0	2.5	3.0	4.0	5.0	8.0	10.0
10%过硫酸铵	0.11	0.14	0.18	0.21	0.28	0.35	0.56	0.70
TEMED	0.010	0.013	0.016	0.020	0.026	0.033	0.052	0.065
8%凝胶								
H_2O	9.4	12.5	15.7	18.8	25.1	31.4	50.2	62.7
30%丙烯酰胺	4.0	5.3	6.7	8.0	10.6	13.3	21.3	26.6
10×TBE	1.5	2.0	2.5	3.0	4.0	5.0	8.0	10.0
10%过硫酸铵	0.11	0.14	0.18	0.21	0.28	0.35	0.56	0.70
TEMED	0.010	0.013	0.016	0.020	0.026	0.033	0.052	0.065
12%凝胶								
H_2O	7.4	9.9	12.3	14.8	19.7	24.7	39.4	49.3
30%丙烯酰胺	6.0	8.0	10.0	12.0	16.0	20.2	32.0	40.0
10×TBE	1.5	2.0	2.5	3.0	4.0	5.0	8.0	10.0
10%过硫酸铵	0.11	0.14	0.18	0.21	0.28	0.35	0.56	0.70
TEMED	0.010	0.013	0.016	0.020	0.026	0.033	0.052	0.065
20%凝胶								
H_2O	3.4	4.5	5.7	6.8	9.1	11.4	18.2	22.7
30%丙烯酰胺	10.0	13.3	16.7	20.0	26.6	33.3	53.3	66.6

续表

胶浓度及组分	各种凝胶体积所对应的各种组分的需要量/mL							
	15mL	20mL	25mL	30mL	40mL	50mL	80mL	100mL
20%凝胶								
10×TBE	1.5	2.0	2.5	3.0	4.0	5.0	8.0	10.0
10%过硫酸铵	0.11	0.14	0.18	0.21	0.28	0.35	0.56	0.70
TEMED	0.010	0.013	0.016	0.020	0.026	0.033	0.052	0.065

六、SDS-PAGE 浓缩胶（5%丙烯酰胺）

溶液配方	不同体积凝胶液中各组成成分体积/mL							
	1mL	2mL	3mL	4mL	5mL	6mL	8mL	10mL
H₂O	0.68	1.4	2.1	2.7	3.4	4.1	5.5	6.8
30%丙烯酰胺溶液	0.17	0.33	0.50	0.67	0.83	1.0	1.3	1.7
1.0mol/L Tris(pH6.8)	0.13	0.25	0.38	0.50	0.63	0.75	1.00	1.25
10%SDS	0.01	0.02	0.03	0.04	0.05	0.06	0.08	0.10
10%过硫酸铵	0.01	0.02	0.03	0.04	0.05	0.06	0.08	0.10
TEMED	0.001	0.002	0.003	0.004	0.005	0.006	0.008	0.01

七、SDS-PAGE 分离胶浓度与最佳分离范围

SDS-PAGE 分离胶浓度	最佳分离范围	SDS-PAGE 分离胶浓度	最佳分离范围
6%胶	50~150kDa	8%胶	30~90kDa
10%胶	20~80kDa	12%胶	12~30kDa
15%胶	10~40kDa		

八、SDS-PAGE 分离胶配方

胶浓度及组分	不同体积凝胶所对应的各种组分的需要量/mL						
	5mL	10mL	15mL	20mL	25mL	30mL	40mL	50mL
6%凝胶							
H₂O	2.6	5.3	7.9	10.6	13.2	15.9	21.2	26.5
30%丙烯酰胺	1.0	2.0	3.0	4.0	5.0	6.0	8.0	10.0
1.5mol/L Tris(pH8.8)	1.3	2.5	3.8	5.0	6.3	7.5	10.0	12.5
10% SDS	0.05	0.10	0.15	0.20	0.25	0.30	0.40	0.50
10%过硫酸铵	0.05	0.10	0.15	0.20	0.25	0.30	0.40	0.50
TEMED	0.004	0.008	0.012	0.016	0.020	0.024	0.032	0.040
8.0%凝胶							
H₂O	2.3	4.6	6.9	9.3	11.5	13.9	18.5	23.2
30%丙烯酰胺	1.3	2.7	4.0	5.3	6.7	8.0	10.7	13.3
1.5mol/L Tris(pH8.8)	1.3	2.5	3.8	5.0	6.3	7.5	10.0	12.5
10% SDS	0.05	0.10	0.15	0.20	0.25	0.30	0.40	0.50
10%过硫酸铵	0.05	0.10	0.15	0.20	0.25	0.30	0.40	0.50
TEMED	0.003	0.006	0.009	0.012	0.015	0.018	0.024	0.030
10.0%凝胶							
H₂O	1.9	4.0	5.9	7.9	9.9	11.9	15.9	19.8
30%丙烯酰胺	1.7	3.3	5.0	6.7	8.3	10.0	13.3	16.7

续表

胶浓度及组分	不同体积凝胶所对应的各种组分的需要量/mL							
	5mL	10mL	15mL	20mL	25mL	30mL	40mL	50mL
10.0%凝胶								
1.5mol/L Tris(pH8.8)	1.3	2.5	3.8	5.0	6.3	7.5	10.0	12.5
10%SDS	0.05	0.10	0.15	0.20	0.25	0.30	0.40	0.50
10%过硫酸铵	0.05	0.10	0.15	0.20	0.25	0.30	0.40	0.50
TEMED	0.002	0.004	0.006	0.008	0.010	0.012	0.016	0.020
12.0%凝胶								
H_2O	1.6	3.3	4.9	6.6	8.2	9.9	13.2	16.5
30%丙烯酰胺	2.0	4.0	6.0	8.0	10.0	12.0	16.0	20.0
1.5mol/L Tris(pH8.8)	1.3	2.5	3.8	5.0	6.3	7.5	10.0	12.5
10% SDS	0.05	0.10	0.15	0.20	0.25	0.30	0.40	0.50
10%过硫酸铵	0.05	0.10	0.15	0.20	0.25	0.30	0.40	0.50
TEMED	0.002	0.004	0.006	0.008	0.010	0.012	0.016	0.020
15.0%凝胶								
H_2O	1.1	2.3	3.4	4.6	5.7	6.9	9.2	11.5
30%丙烯酰胺	2.5	5.0	7.5	10.0	12.5	15.0	20.0	25.0
1.5mol/L Tris(pH8.8)	1.3	2.5	3.8	5.0	6.3	7.5	10.0	12.5
10% SDS	0.05	0.10	0.15	0.20	0.25	0.30	0.40	0.50
10%过硫酸铵	0.05	0.10	0.15	0.20	0.25	0.30	0.40	0.50
TEMED	0.002	0.004	0.006	0.008	0.010	0.012	0.016	0.020

参 考 文 献

[1] 郑里翔. 生物化学 [M]. 北京：中国医药科技出版社，2015.
[2] 田华. 生物化学 [M]. 北京：科学出版社，2011.
[3] 倪菊华，郏代萍，刘观昌. 生物化学 [M]. 北京：北京大学医学出版社，2014.
[4] 王镜岩. 生物化学（上、下册）[M]. 北京：高等教育出版社，2002.
[5] 金国琴. 生物化学 [M]. 上海：上海科学技术出版社，2006.
[6] 唐炳华，王继峰. 生物化学 [M]. 北京：中国中医药出版社，2005.
[7] 程伟. 生物化学 [M]. 北京：科学出版社，2003.
[8] 杨红. 生物化学实验指导 [M]. 北京：中国医药科技出版社，2016.
[9] 夏俊，段巧玲. 医学生物化学实验与习题指导 [M]. 合肥：中国科学技术大学出版社，2016.
[10] B. D. Hames, N. M. Hooper. Biochemistry. 2th ed. [M]. 北京：科学出版社，2007.
[11] 郑里翔，杨云. 生物化学 [M]. 2版. 北京：中国医药科技出版社，2018.
[12] 李清秀. 生物化学 [M]. 3版. 北京：人民卫生出版社，2018.
[13] 梁金华，徐坤山. 生物化学 [M]. 北京：化学工业出版社，2018.
[14] 李保存，王含彦. 生物化学 [M]. 武汉：华中科技大学出版社，2019.
[15] 黄洪媛，毛中华. 生物化学 [M]. 北京：冶金工业出版社，2018.
[16] 姚文兵. 生物化学 [M]. 8版. 北京：人民卫生出版社，2016.
[17] 余坤山. 生物化学 [M]. 北京：化学工业出版社，2017.